普通高等教育电工电子基础课程系列教材

模拟电子技术基础

第2版

主　编　王晓兰
副主编　杨新华
参　编　吴丽珍　李晓英　缑新科

机械工业出版社

本书针对应用型本科电气信息类专业的教学特点编写而成，内容安排上兼顾基础性和先进性，理论联系实际，强调工程应用。主要内容包括：半导体二极管及其应用电路；双极结型晶体管及其基本放大电路；场效应晶体管及其放大电路；放大电路的频率响应；输出级和功率放大电路；多级放大电路和集成运算放大器；放大电路中的反馈；信号的运算与处理电路；信号的产生与变换电路；直流稳压电源等。

本书可作为应用型本科电气信息类专业的教学用书，也可供从事电子技术工作的工程技术人员参考。

图书在版编目（CIP）数据

模拟电子技术基础/王晓兰主编. —2版. —北京：机械工业出版社，2022.8

普通高等教育电工电子基础课程系列教材

ISBN 978-7-111-71131-5

Ⅰ.①模… Ⅱ.①王… Ⅲ.①模拟电路-电子技术-高等学校-教材 Ⅳ.①TN710.4

中国版本图书馆CIP数据核字（2022）第113946号

机械工业出版社（北京市百万庄大街22号 邮政编码100037）

策划编辑：王雅新 责任编辑：王雅新 聂文君

责任校对：樊钟英 贾立萍 封面设计：张 静

责任印制：常天培

北京机工印刷厂有限公司印刷

2022年10月第2版第1次印刷

184mm×260mm · 21.75印张 · 535千字

标准书号：ISBN 978-7-111-71131-5

定价：59.80元

电话服务	网络服务
客服电话：010-88361066	机 工 官 网：www.cmpbook.com
010-88379833	机 工 官 博：weibo.com/cmp1952
010-68326294	金 书 网：www.golden-book.com
封底无防伪标均为盗版	机工教育服务网：www.cmpedu.com

前　言

模拟电子技术基础是电气信息类专业的一门技术基础课程，主要学习半导体器件的特性与选型，含有半导体器件电路的分析、设计与应用。本课程是本科电气信息类专业在电子技术方面入门性质的技术基础课，它的任务是学生通过学习模拟电子技术方面的基本概念、基本原理、基本分析方法及基本应用，能够比较系统地掌握常用电子元器件的工作原理、电子电路的分析与设计方法，为深入学习电子技术及其在专业中的应用打下基础。

针对高等工程教育进一步强化学生工程应用能力培养的要求以及应用型本科电气信息类专业的教学特点，本书以“保证基础、突出应用”为基本原则，在内容组织上注重理论联系实际，简化理论推导，注重物理概念讲解，强调工程应用。内容撰写由浅入深，由易到难，循序渐进，并以服务于培养目标为出发点，在构建具有特色的应用型电子技术课程教材体系方面进行了探索和尝试。具体的做法简述如下：

1）从电子系统的角度，引入电子电路的作用，为学生在复杂的应用问题中选择合适的电子电路建立基本思路。

2）注重与前后课程的知识衔接，尤其是对前面数学和电路等课程中所学方法的应用。

3）分散难点，循序渐进。例如，在第1~6章以介绍常用半导体器件和基本放大电路为主线，系统介绍了电子电路的时域和频域分析方法，第1~3章均以一类半导体器件及其基本电路单独成章，便于学习和掌握，在第1章半导体二极管及其应用电路中引入了小信号等效电路法，利于学生加深对这种基本方法的理解，在第3章以MOS场效应晶体管为切入点，并采用内部结构和外部特性相结合的方式，介绍了场效应晶体管的工作原理和应用。

4）在每章开始，配有引言，以引出问题，在每章结束，有本章小结，以总结本章主要知识点。同时，在各章均有大量结合应用的例题供学生参考。

5）本书配套7个附录，在机械工业出版社教育服务网（http://www.cmpedu.com）上提供下载。这些附录分别是附录A：二极管1N4148数据手册；附录B：稳压二极管IN5333-IN5388主要参数；附录C：三极管2N3904数据手册；附录D：场效应晶体管2N435数据手册；附录E：集成运算放大器LM324数据手册；附录F：电子设计常用元器件外形及符号；附录G：Multisim在电子线路分析中的应用。结合正文中的例题，学生可以学会半导体器件的选型方法。

6）每章安排了Multisim仿真习题，学生在课程学习过程中可作为课外练习，课程结束后可作为大作业提交。

本书是国家和省级一流专业建设、教育部卓越工程师计划、省级精品课程建设等多年教学研究和改革的成果总结。

王晓兰担任本书主编并负责统稿，书中正文由王晓兰、杨新华编写，例题由杨新华、李晓英编写，习题由吴丽珍、缑新科编写，曾贤强老师为习题编写做了大量工作，谢兴锋老师整理了 Multisim 仿真练习，课程组的其他老师提供了大量资料。在此，编者向为本书的出版付出辛勤劳动的各位老师表示衷心的感谢。

由于能力和水平有限，书中难免存在疏漏和不妥之处，恳请各位读者多加指正。编者电子邮箱：WangZT@ Lut. cn。

编　者

模拟电子技术基础符号说明

几点原则

1. 电压和电流（以基极电流为例，其他电流、电压类比）

$I_{B(AV)}$	表示平均值
I_B（I_{BQ}）	大写字母、大写下标，表示直流量（或静态量）
i_B	小写字母、大写下标，表示交直流量的瞬时总量
I_b	大写字母、小写下标，表示交流有效值
i_b	小写字母、小写下标，表示交流瞬时值
$\dot{I}_b$	表示交流量的相量
Δi_B	表示交直流量瞬时值的变化量

2. 电阻

R	电路中的电阻或等效电阻
r	器件内部的等效电阻

基本符号

1. 电流和电压

I、i	电流的通用符号
U、u	电压的通用符号
i_f（$\dot{I}_f$）、u_f（$\dot{U}_f$）	反馈电流、电压（相量）
i_i（$\dot{I}_i$）、u_i（$\dot{U}_i$）	交流输入电流、电压（相量）
i_o（$\dot{I}_o$）、u_o（$\dot{U}_o$）	交流输出电流、电压（相量）
I_Q、U_Q	电流、电压静态值
I_{REF}、U_{REF}	参考电流、电压
i_P、u_P	集成运算放大器同相输入端的电流、对地电压
i_N、u_N	集成运算放大器反相输入端的电流、对地电压
u_{Ic}、Δu_{Ic}	共模输入电压、共模输入电压变化量

u_{Id}、Δu_{Id}	差模输入电压、差模输入电压变化量
u_s（$\dot{U}_s$）	交流信号源电压（相量）
U_T	电压比较器的阈值电压
U_{OH}、U_{OL}	电压比较器的输出高电平、输出低电平
U_{om}	输出电压的最大值
V_{BB}	基极回路电源
V_{CC}	集电极回路电源
V_{DD}	漏极回路电源
V_{EE}	发射极回路电源
V_{SS}	源极回路电源

2. 功率和效率

P	功率通用符号
p	瞬时功率
P_o	输出交流功率
P_{omax}	最大输出交流功率
P_T	晶体管耗散功率
P_V	电源输出的功率

3. 频率

f	频率通用符号
f_{bw}	通频带
f_C	放大电路增益为0dB的信号频率
f_P	使放大电路相位穿过-180°的信号频率
f_H、f_L	放大电路的上限截止频率、下限截止频率
f_0（ω_0）	电路的振荡（角）频率、选频电路的谐振（角）频率
f_n（ω_n）	滤波电路的特征（角）频率
ω	角频率通用符号

4. 电阻、电导、电容、电感

R	电阻通用符号
G	电导通用符号
C	电容通用符号
L	电感通用符号
R_b、R_c、R_e	晶体管的基极电阻、集电极电阻、发射极电阻
R_g、R_d、R_s	场效应晶体管的栅极电阻、漏极电阻、源极电阻
R_i、R_{if}	放大电路的输入电阻、负反馈电路的输入电阻
R_L	负载电阻
R_N、R_P	集成运算放大器反相输入端外接的等效电阻、同相输入端外接的电阻
R_o、R_{of}	放大电路的输出电阻、负反馈放大电路的输出电阻
R_s	信号源内阻

5. 放大倍数、增益

A	放大倍数或增益的通用符号
$\dot{A}_{u}$	电压放大倍数（增益）的通用符号，$\dot{A}_{u}=\dot{U}_{o}/\dot{U}_{i}$
$\dot{A}_{uh}$	高频电压放大倍数（增益）
$\dot{A}_{ul}$	低频电压放大倍数（增益）
$\dot{A}_{um}$	中频电压放大倍数（增益）
$\dot{A}_{us}$	输出对信号源电压的放大倍数，$\dot{A}_{us}=\dot{U}_{o}/\dot{U}_{s}$
$\dot{A}_{uu}$	$\dot{A}_{uu}=\dot{U}_{o}/\dot{U}_{i}$为电压放大倍数，第一个下标为输出量，第二个下标为输入量，$\dot{A}_{ui}$、$\dot{A}_{ii}$、$\dot{A}_{iu}$依此类推
$\dot{A}_{up}$	有源滤波电路的通带放大倍数
$\dot{A}_{uf}$	反馈放大电路的闭环增益
$\dot{A}_{uo}$	反馈放大电路的开环增益
$\dot{F}$	反馈系数通用符号
$\dot{F}_{uu}$	$\dot{F}_{uu}=\dot{U}_{f}/\dot{U}_{o}$为电压串联负反馈的反馈系数，第一个下标为反馈电路输出量，第二个下标为反馈电路输入量，$\dot{F}_{ui}$、$\dot{F}_{ii}$、$\dot{F}_{iu}$依此类推

器件参数符号

1. P 型、N 型半导体和 PN 结

C_{b}	势垒电容
C_{d}	扩散电容
C_{j}	结电容
U_{T}	温度电压当量

2. 二极管

VD	二极管
VS	稳压管
I_{D}	二极管的电流
$I_{D(AV)}$	二极管的整流平均电流
I_{F}	二极管的最大整流电流平均值
I_{R}、I_{S}	二极管的反向电流、反向饱和电流
r_{d}	二极管导通时的动态电阻
r_{z}	稳压管工作在稳压状态下的动态电阻
U_{on}	二极管的开启电压
$U_{(BR)}$	二极管的击穿电压

3. 晶体管

VT	晶体管

b、c、e	基极、集电极、发射极
$C_{b'c}$（C_{μ}）、$C_{b'e}$（C_{π}）	混合 π 形等效电路集电结、发射结的等效电容
f_{β}	晶体管共射极接法时电流放大系数的上限截止频率
f_{α}	晶体管共基极接法时电流放大系数的上限截止频率
f_{T}	晶体管特征频率，即共射极接法下使电流放大系数为 1 的频率
g_{m}	跨导
h_{11}、h_{12} h_{21}、h_{22}	晶体管共射极接法 H 参数等效电路的四个参数
I_{CBO}	发射极开路时 b-c 间的反向电流
I_{CEO}	基极开路时 c-e 间的穿透电流
I_{CM}	集电极最大允许电流
P_{CM}	集电极最大允许耗散功率
$r_{bb'}$	基区体电阻
$r_{b'e}$	发射结的动态电阻
$U_{(BR)CBO}$	发射极开路时 b-c 间的击穿电压
$U_{(BR)EBO}$	集电极开路时 e-b 间的击穿电压
$U_{(BR)CEO}$	基极开路时 c-e 间的击穿电压
U_{CES}	晶体管饱和管压降
U_{on}	晶体管 b-e 间的开启电压
α、$\overline{\alpha}$	晶体管共基极接法时的交流电流放大系数和直流电流放大系数
β、$\overline{\beta}$	晶体管共射极接法时的交流电流放大系数和直流电流放大系数

4. 场效应晶体管

VF	场效应晶体管
d、g、s	漏极、栅极、源极
C_{ds}、C_{gs}、C_{gd}	d-s 间等效电容、g-s 间等效电容、g-d 间等效电容
g_{m}	跨导
i_{D}、i_{S}	漏极电流、源极电流
I_{DO}	增强型场效应晶体管的 $U_{GS}=2U_{T}$ 时的漏极电流
I_{DSS}	结型场效应晶体管 $U_{GS}=0$ 时的漏极电流
P_{DM}	漏极最大允许耗散功率
r_{ds}	d-s 间的动态电阻
U_{P}	耗尽型场效应晶体管的夹断电压
U_{T}	增强型场效应晶体管的开启电压

5. 集成运算放大器

A_{c}	共模电压放大倍数
A_{d}	差模电压放大倍数
A_{od}	开环差模电压增益
A_{oc}	开环共模电压增益

f_C　　单位增益带宽

I_{IB}　　输入级偏置电流

I_{IO}、$\frac{\Delta I_{IO}}{\Delta T}$　　输入失调电流、输入失调电流的温度漂移

K_{CMR}　　共模抑制比

r_{id}　　差模输入电阻

SR　　转换速率

U_{IO}、$\frac{\Delta U_{IO}}{\Delta T}$　　输入失调电压、输入失调电压的温度漂移

其他符号

K　　热力学温度的单位

Q　　静态工作点

S　　整流电路的脉动系数

S_r　　稳压电路的稳压系数

S_T　　稳压电路的温度系数

T　　温度，周期

η　　效率

τ　　时间常数

φ　　相位角

目 录

绪　论

以微电子技术为标志的现代电子技术，推动了自动控制、计算机、通信和互联网等技术的发展，使人类迅速进入了信息时代。信息的处理离不开电子技术。电子技术的基本任务就是信号的处理，完成这些基本任务的电路称为电子电路。按照功能和构成原理的不同，电子电路分为模拟电子电路和数字电子电路两大类。本书着重讨论模拟电子电路的基本概念、基本原理、基本分析方法及基本应用。

本绪论首先简要地讨论信号与电子系统的基本概念，接着介绍本课程的主要内容和学习方法，以便为后续各章的学习提供必要的准备知识。

1. 电子系统与信号

（1）电子系统及其举例

1）电子系统。电子系统是由若干相互连接、相互作用的基本电路组成的，具有特定功能的电路整体，其基本功能是实现信号的处理。例如，在电视系统中，传输配有声音的景物时，先利用图像传感器把景物转换成图像信号，并利用传声器把声音转换成伴音信号，这些就是电视要传输的带有信息的电信号。然后把这些信号送入电视发射机进行处理，产生一种反映信息变化的便于传输的高频电信号，再由天线将高频电信号转换成电磁波发射出去，在空间远距离传播。电视观众用接收天线截获电磁波的一部分能量并送入电视接收机。接收机的作用与发射机相反，它能对接收到的由电磁波转换得到的高频电信号进行处理，从而恢复出原来的图像和伴音信号，并分别送入显示器与扬声器，供观众欣赏。整个过程可用一个简明的如图 0.1 所示的框图表示。

一个复杂的系统是由若干个相互关联的子系统构成的，图 0.1 所示的电视系统，即由变换器、发射器、天线、接收器、信号处理等部分组成，各个子系统之间是通过信号相互联系和相互作用的。电子系统的种类很多，下面再举两例说明。

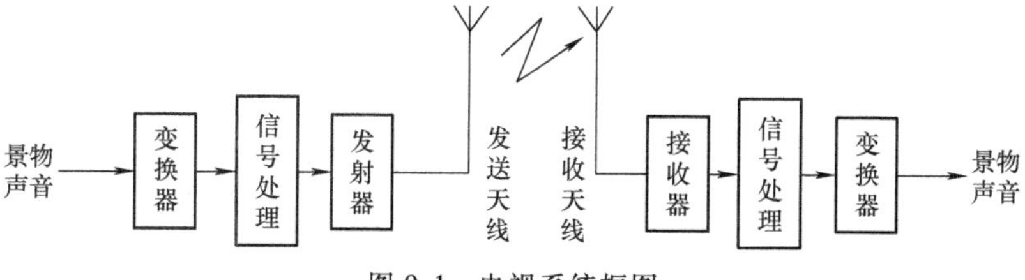

图 0.1　电视系统框图

2）电子测量系统举例。图 0.2 所示的热电偶炉温测量系统是电子测量系统的一个例子。一对热电偶的两个结点，一个与待测温度的物体接触，另一个浸于冰槽的冰水中，以产生稳定的参考温度。当热电偶的两个结点间存在温差时，两端就会产生相应的模拟电压信号 u_T，此电压信号反映待测温度与参考温度的差。将此电压信号送到放大器进行处理时，因为 u_T 与上述温度差是非线性关系，所以要进行非线性补偿，以使获得的测量电压正比于温度差值。最后，把经非线性补偿后的信号送往显示器显示出来。

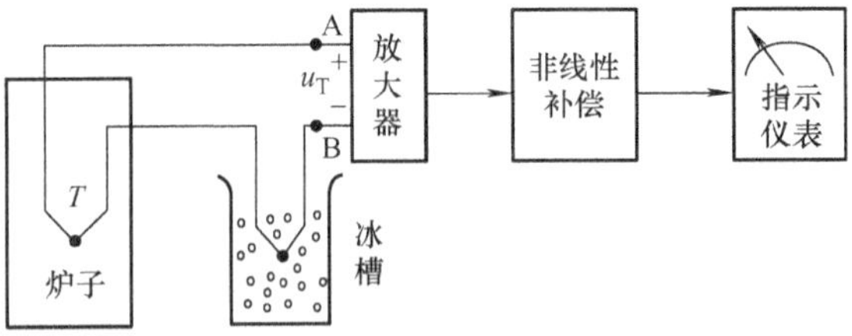

图 0.2　热电偶炉温测量系统框图

3）自动控制系统举例。图 0.3 所示是一炉温自动控制系统框图。炉温的期望值存储在控制器内存中。热电偶两端的电压 u_T 经放大、滤波、非线性补偿后，再经模/数转换器把电压信号转换为与所测温度相对应的数字信号。然后，控制器根据炉温的期望值和实际炉温值，经过适当的计算，得到相应的控制输出的数字信号。该信号经数/模转换器转换为相应的模拟电压信号，以驱动功率调节器，改变电阻丝的加热功率，使炉温调整到期望值。

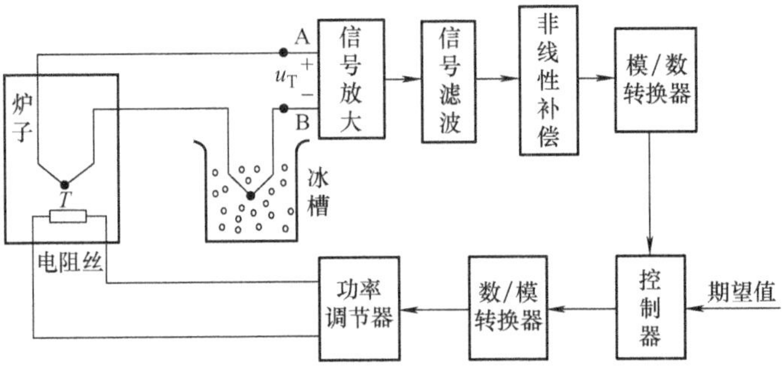

图 0.3　炉温自动控制系统框图

上述炉温自动控制系统由炉温测量、信号放大、信号滤波与补偿处理、模/数转换器、控制器、数/模转换器、功率调节器等部分组成，各部分之间通过信号的相互作用而联系起来。

（2）信号及其表达

1）信号。信号是信息的载体，或者说是信息的一种表达。语言、文字、图像等可用来表达信息，也是信息的一种载体。由于在很多情况下，这些表达信息的语言、文字、图像等不便于直接传输，因此，各种信息常用电信号来表达，即利用特定装置把各种信息转换为随时间变化的电压或电流。这种表达信息的电压或电流就是电信号。在电信号传递到目的地后，再利用相反的变换装置，把电信号还原成原来的信息。图 0.1 所示的电视系统中，发送端的变换器指的是把表达信息的景物和声音转换为电信号的装置，如图像传感器和传声器等；接收端的变换器则是把电信号转换为景物和声音的装置，如 LED 显示器和扬声器等。

能将各种非电信号转换为电信号的器件或装置称为传感器，如电视系统中的传声器，就是将声音信号转换为电信号的传感器。炉温测量系统中的热电偶，是将温度信号转换为电信号的传感器。传感器输出的电信号一般作为电子系统的输入，因此常将其描述为电子系统的信号源。常见的信号源可用戴维南等效电路或诺顿等效电路来表达，如图 0.4 所示，这两类

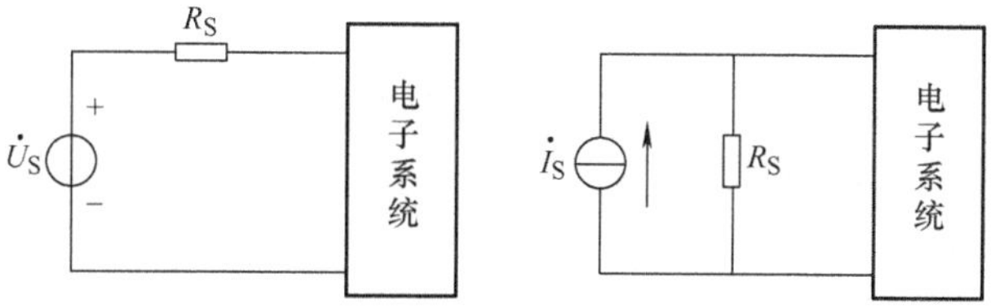

a) 戴维南等效电路　　b) 诺顿等效电路

图 0.4　信号源的两类等效电路

等效电路可以互相转换。根据传感器的不同性质，使用不同的信号源表达形式。

2）信号的表达。驱动系统工作的是系统中的信号，而电子系统的主要任务是对信号的处理和变换。通常，信号是随时间变化的，可表达为时间的函数，如前述的传声器输出的一段电压信号。这些信号可能表面上看是无规则的，但信号中的特征参数是设计信号处理电路的重要依据，需要用适当的方法提取。

如果将信号表达为时间的函数，则称为信号的时域表达。如常用的正弦电压信号，可用式（0.1）表示，其随时间变化的关系如图 0.5 所示。

$$u(t)=U_m\sin(\omega_0 t+\theta) \tag{0.1}$$

式中，U_m 为信号的幅值；ω_0 为信号的角频率，$\omega_0=2\pi f$；f 为信号的频率；T 为信号的周期，$T=\frac{2\pi}{\omega_0}$；θ 为初相角。

从高等数学和电路的知识可知，任意周期性信号，只要满足狄里赫利条件，均可以分解成傅里叶级数。以图 0.6 所示的周期性方波为例，它的时域函数表达为

$$u(t)=\begin{cases} U_s & \text{当 } nT\leqslant t\leqslant(2n+1)\dfrac{T}{2} \\ 0 & \text{当}(2n+1)\dfrac{T}{2}\leqslant t\leqslant(2n+1)T \end{cases} \quad n=0,1,2,3,\cdots \tag{0.2}$$

式中，U_s 为方波的幅值；T 为方波的周期。

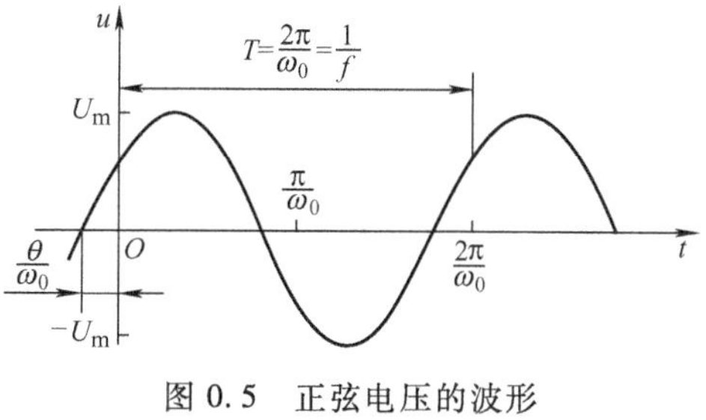

图 0.5　正弦电压的波形

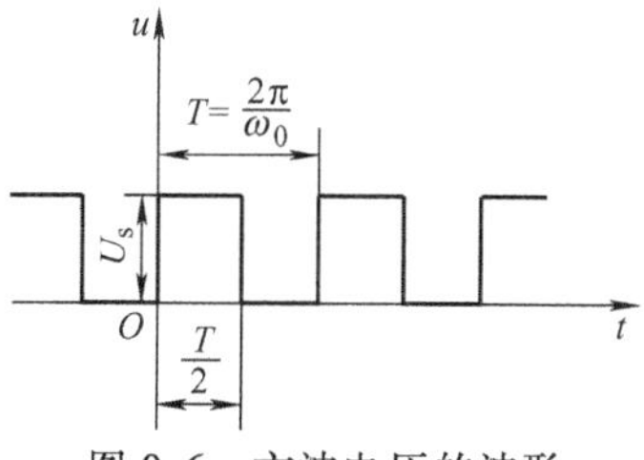

图 0.6　方波电压的波形

此方波信号的傅里叶级数为

$$u(t)=\frac{U_s}{2}+\frac{2U_s}{\pi}\left(\sin\omega_0 t+\frac{1}{3}\sin3\omega_0 t+\frac{1}{5}\sin5\omega_0 t+\cdots\right) \tag{0.3}$$

式中，$\frac{U_s}{2}$为方波中的直流分量；ω_0 为基波角频率，$\omega_0=\frac{2\pi}{T}$；$\frac{2U_s}{\pi}\sin\omega_0 t$ 为该方波信号的基波，其频率与方波信号相同。

式（0.3）中，其他角频率为 $3\omega_0$，$5\omega_0$，…的项，称为方波信号的高次谐波分量，它们的角频率是基波角频率的整数倍。如果画出式（0.3）中各频率成分的幅值随角频率变化的关系，就得到了方波信号的幅值频率特性，如图 0.7 所示。除了幅值频率特性（简称幅频特性）之外，常见信号中各频率成分的相位角也是频率的函数，称为相位频率特性（简称相频特性）。

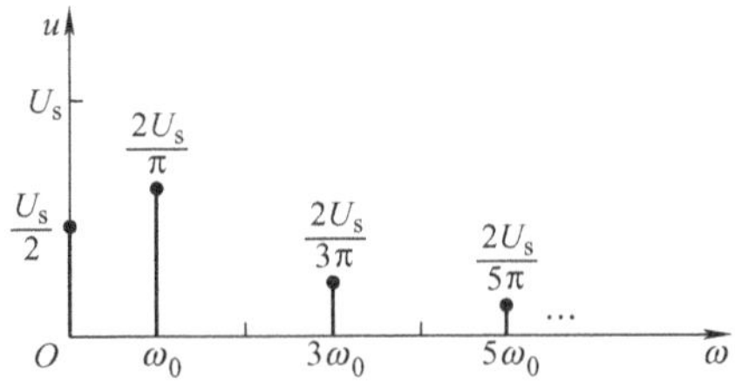

图 0.7　方波信号的幅频特性

由傅里叶级数的特性可知，许多周期信号的频谱都是由直流分量、基波分量以及无穷多项高次谐波分量所组成。周期性信号的频谱表现为一系列离散频率（角频率）上的幅值，并且随着谐波次数的递增，信号幅值的总趋势是逐渐减小的。如果只截取 $N\omega_0$（N 为有限正值）频率以下的信号，则可以得到原周期信号的近似波形，N 越大，截取信号与实际信号的误差越小。虽然放大电路要处理各种特性的信号，但工程中常见的信号可分解成傅里叶级数，为了使放大电路对信号表现出的特性有一个易于得到和理解的描述，在研究放大电路的特性时，常以正弦信号作为基本输入信号。

上述正弦信号和方波信号都是周期信号，即在一个周期内已包含了信号的全部信息，任何重复周期都没有新的信息出现。实际上，客观物理世界的信号远没有这么简单，如果从时间函数来看，往往很难直接用一个简单的表达式来描述。例如，炉温随时间的变化曲线可能如图 0.8 所示，它就是一个非周期的时间函数。运用傅里叶变换可以将非周期信号变换为连续的频谱，它包含了所有可能的频率（$0\leqslant\omega<\infty$）成分。图 0.9 所示为图 0.8 信号的频谱，其频谱函数总趋势是随频率的增大而衰减的。由于实际电路处理信号的能力不可能延伸至无穷大频率处，因此通常选择一个适当的截止角频率 ω_c，对角频率 ω_c 以下的信号进行处理。若把高于 ω_c 频率的部分信号截断，而不会对信号特性带来太大影响，则把保留部分的频率范围称为信号的带宽。

由上述分析可知，信号的频域表达得到了某些比时域表达更有意义的参数。信号的频谱特性是设计电子电路频率响应指标的主要依据。

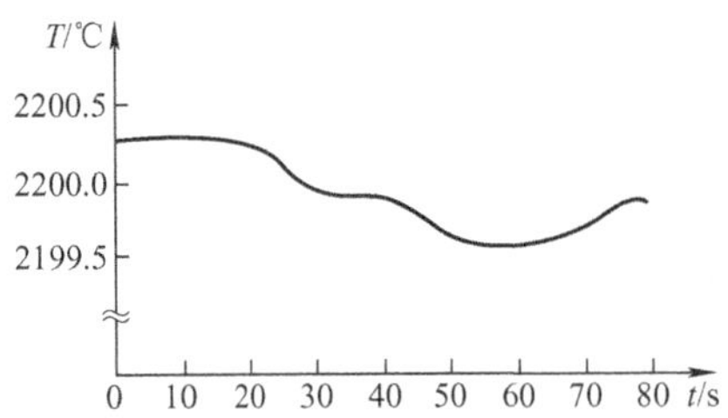

图 0.8　炉温随时间的变化曲线

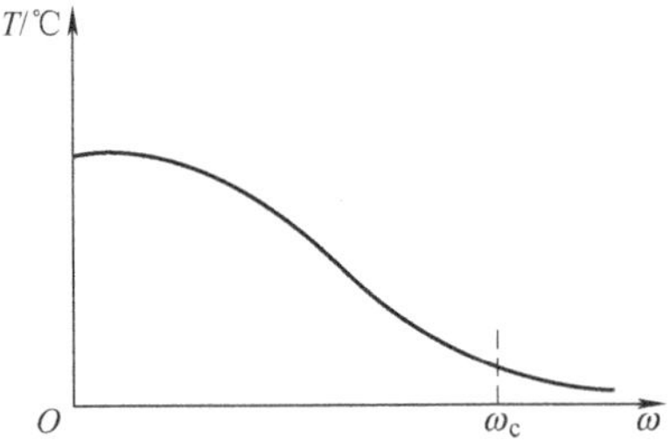

图 0.9　炉温信号的频谱

3）模拟信号和数字信号。在时间和幅值上都是连续的信号称为模拟信号，在时间和幅值上都是离散的信号称为数字信号。处理模拟信号的电子电路称为模拟电路，处理数字信号的电子电路称为数字电路。按时间和幅值的连续性和离散性，信号可分为四类，即时间上连续、数值上也连续的信号，时间上离散、数值上连续的信号，时间上连续、数值上离散的信号，时间上离散、数值上也离散的信号。

“模拟电子技术基础”课程主要研究对模拟信号的处理问题。图 0.10 所示的电压波形有正弦波、三角波、调幅波和阻尼振荡波等，均为复杂的数学函数。它们随时间的变化规律是不同的，但它们都是模拟信号。模拟信号的幅值随时间呈连续变化，波形上任意一点的数值均有其物理意义。在前面介绍的电视系统中，代表语音的音频信号和代表图像的视频信号都是模拟信号。自然界中大部分物理量均可用模拟量表达，如温度、压力、位置、速度和重量等。在电子技术中，为了测量和分析的需要，常常将这些非电量转换成模拟电信号，再由模拟电子电路完成对这些电信号的处理。常见的交、直流放大器和音频信号发生器等，都是模拟电子电路。

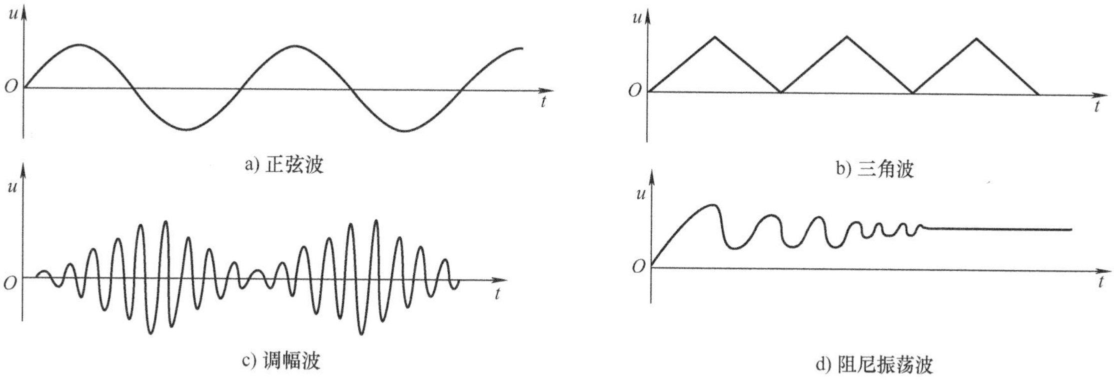

图 0.10　几种模拟信号波形

与模拟信号相对应的是数字信号，它只在某些不连续的时间给出函数值，其函数值通常是某个最小单位的整数倍，如电灯的“亮”和“灭”、工厂产品数量的统计等，都是数字信号。图 0.11 所示的波形就是典型的数字信号。产生和处理数字信号的电路称为数字电子电路，数字电子电路将在其他后续课程中学习。

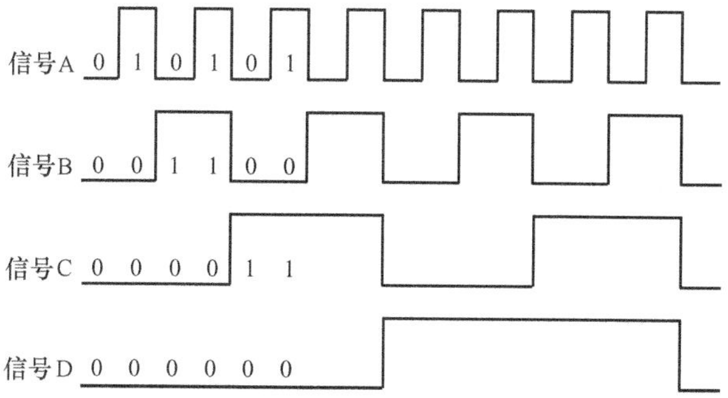

图 0.11　数字信号波形

2. 本课程的主要内容和学习方法

实现信号处理的电子电路，一般以半导体器件为主构成。因此，电子技术就是研究半导体电子器件、电子电路及其应用的科学技术，其主要涉及含半导体器件电路的分析、设计与应用问题。为了使读者对电子技术有一个概貌性的了解，下面对电子器件、电子电路及其应用作一简要介绍。

（1）电子器件、电子电路及电子技术的应用

1）电子器件。最早的电子器件是电子管，也称为真空管，是第一代电子器件。第二代电子器件是晶体管（Transistor），由半导体材料制成，也称为半导体器件（Semiconductor Device）或者固体器件（Solid-state Device）。半导体器件体积小、质量轻、寿命长、功耗小，在现代电子设备中应用广泛。本课程主要学习常见的半导体器件。

2）电子电路。电子器件与常用的电阻器、电感器、电容器等适当连接起来，组成具有一定

功能的电路，称为电子电路。电子电路与普通电路的区别，在于其包含有电子器件，而这些器件的特性往往是非线性的，因此，需要采用非线性电路的分析方法来分析电子电路。

由晶体管与电阻等元器件构成的电路称为分立元器件电路（Discrete Circuit）。分立元器件电路通常是把许多元器件焊接在印制电路板上组成的。复杂的电路有成千上万个焊点，这些焊点的质量，往往是电子设备发生故障的主要原因之一，直接影响到电子设备的可靠性。

随着半导体技术的发展，出现了能把晶体管与电阻等元器件制作在同一块硅晶片上的电路，这种电路称为集成电路（Integrated Circuit，IC）。集成电路使电子系统进一步缩小了体积，减轻了重量，降低了功耗，减少了焊接点，提高了可靠性。自从 1959 年世界上第一块集成电路在美国的德州仪器公司诞生以来，它的发展经历了小规模（SSI）、中规模（MSI）、大规模（LSI）和超大规模（VLSI）等不同阶段，与此同时，集成电路的速度和功耗等性能也迅速提高。集成电路的出现，使电子技术进入了微电子（Microelectronics）时代。

采用集成电路芯片，配合一些分立的电阻、电容等元件，就可以组成具有特定功能的电子系统。利用这种方法设计电子系统，不仅可以使系统的电路结构设计和制作得到简化，而且能使系统的可靠性和性能价格比得到很大提高。

3）电子技术的应用。电子技术最初应用于通信系统，它与无线电技术相结合，使通信技术在 20 世纪取得到了惊人的发展。自动控制系统是电子技术另一个广泛的应用领域。在自动控制系统中，首先需要检测被控对象的运行状态，然后进行自动调节，而控制与测量经常是联系在一起的，因此电子测量技术由于其快速、灵敏、准确等特点，应用日益广泛。火箭发射等的控制，更是离不开电子技术。在电力系统中，依靠电子技术，可以远距离测量各发电厂的参数，并及时进行合理的自动调节和调度，保证运行的可靠性，提高劳动生产率。电子技术有力地推动了计算机技术的发展。例如，20 世纪 40 年代出现的第一台数字电子计算机，用了 1.8 万个电子管，需要功率 130kW，重达 30t，占地约 $150m^2$，运算速度每秒仅约 5000 次，并且故障率高。现代的微型计算机，采用了大规模和超大规模集成电路，具有功耗低、体积小、质量轻、运算速度快、功能强、可靠性高等特点。

（2）本课程的特点和学习方法

本课程是本科电气信息类专业在电子技术方面入门性质的技术基础课。它的任务是使学生学习电子技术方面的基本概念、基本原理、基本分析方法及基本应用，培养学生分析问题和解决问题的能力，为以后深入学习电子技术，以及电子技术在专业中的应用打好基础。

电子器件，包括集成电路，是电子技术基础课程的基本内容，课程中只介绍常用的半导体器件，其他器件的性能可查阅器件手册，学习的重点在于了解它们的外部特性和在电路中的应用，而对器件内部的微观物理过程及生产工艺不深入讨论。

任何电子电路，无论多么复杂，都是由各种基本的电子电路组成，并在一定的组合原则下协调工作。因此，学习的重点应放在最基本的电路结构、工作原理、分析方法、组合规律以及典型的应用方面，并注意器件、电路、应用三者的关系。虽然分立元器件电路在很多应用场合已经被集成电路所代替，但是有些分立元器件电路仍然是电子电路中最核心的电路，也是集成电路中的基本单元电路。通过对基本分立元器件电路的学习，可以掌握电子电路的基本分析方法，并为学习集成电路的外特性以及集成电路的应用打好基础。

本课程属于技术基础性质的课程，它与大学物理、电路等基础理论课程相比，更接近工程实际，因此，在学习时要更加注重物理概念，并注意采用工程观点。同时，它又是一门实践性很强的课程，所以应重视实验技术，同时注意计算机辅助分析与设计技术的应用。

1）注重物理概念。电子电路中包含的电子器件具有非线性特性，精确地分析和计算非常困难，因此，常常通过物理特性的描述来讨论和解决有关问题，故而物理概念就显得更加重要。一般来说，只要概念搞清楚了，就能对电子系统的工作特性做出正确的、定性的判断，而且利用简化的方法做定量估算也就比较容易了。

2）采用工程观点。电子电路的分析和设计往往与工程背景有直接关系，会遇到很多实际问题，精确地分析计算比较困难。电子器件的特性具有分散性，如同型号器件的特性有一定的差异，同一器件的实际参数值与标称值也有一定的偏差。例如，标称值为1kΩ，允许偏差范围为±10%的电阻器，实际阻值在0.9~1.1kΩ之间；环境温度的变化、器件的老化以及电源电压的波动，也都会使电路中的电压、电流偏离设计值。由于这些因素，电子电路的分析计算一般是在一定条件下的近似估算，即利用手工分析计算时，往往有条件地忽略一些次要因素，这样既能使复杂的工程问题得到简化，又能满足实际工作中的计算要求。这就是工程估算法。

在采用工程估算法时，不能简单地因为某个量很大或很小，而忽略不计。某些量可以忽略的主要依据是简化处理所造成的相对误差必须在允许的范围内。工程上一般认为合理的估算结果所产生的误差应不超过10%。工程估算法虽然比较简单，要能正确使用也不是一件容易的事情。例如，对某一复杂的电子电路，要计算出某一个量忽略后，对计算结果所造成的相对误差，也是一个非常复杂的过程。因此，对有些问题的简化处理往往是根据已有的经验，或者说是在前人严格的计算或实验基础上进行的。对初学者来说，要掌握简单的工程估算法，必须经过一定的实践，并及时总结和继承前人的经验。实际上，工程估算的目的并不是为了获得精确的结果，而是通过简单的分析估算，获得清晰的、定性的概念和结论。利用这些概念和结论进一步指导电路和系统的设计，在实验中迅速判断电路出现故障的原因，并通过改变某些元器件的参数，使电路和系统的指标达到设计要求。

3）重视实验技术。实验技术在电子技术基础课程中占有相当重要的地位，只有书本知识，而缺乏实践，是不能把电子技术真正学到手的。由于影响电子电路工作的因素非常复杂，难以用简单的电路模型进行全面而精确的分析，因此，一般电子设备都是在设计完成后，要经过反复调试、修改才能达到设计要求。如果工程技术人员的实验技术水平不高，就不可能设计出高水平的电子产品。更为重要的是，初学者必须通过实验调试，才能理解许多基本概念，学习许多实际知识，并且只有掌握了实验技能，才能使理论与实践紧密结合。

随着电子设备和集成电路芯片设计的日益复杂化，传统定性分析、定量估算、实验验证的电子系统分析和设计方法，已很难解决复杂电子系统的分析和设计问题，计算机辅助分析（Computer-Aided Analysis，CAA）、计算机辅助设计（Computer-Aided Design，CAD）和电子设计自动化（Electronic Design Automation，EDA）等现代电子系统分析和设计工具已得到了广泛应用，因此在本课程的学习过程中，也要注意EDA等新技术的应用。利用这些新技术，可以得出难以直接从物理概念或从简化电路得出的数值结果。然而，这种结果有时候与实验室结果会不一致，这是实际使用的器件参数与计算机辅助分析软件中的模型参数有一定差别等因素造成的，因此，计算机辅助分析技术也不能完全代替实验调试技术。

第1章　半导体二极管及其应用电路

引言

半导体器件是现代电子技术的重要组成部分，由于其体积小、寿命长而得到了广泛的应用。以此为基础的大规模集成电路技术，使电子设备在微型化、可靠性和灵活性方面得到不断发展，并使电子技术成为当今高新技术的龙头。

由半导体材料制成的半导体器件，是构成电子电路的基本器件，这些器件主要包括半导体二极管、双极结型晶体管、场效应晶体管以及在此基础上制成的各类集成电路。PN 结是构成各类半导体器件的基础，在 20 世纪 40 年代初由美国科学家 Russell Ohl 发明。在 1940 年 2 月，Ohl 发现一个中间断裂的硅晶体放在光源附近时，其电流大幅度提高的现象，在这个发现基础上的进一步研究表明，两个断裂面的纯度是不同的，并且在结合处形成了势垒，使电流仅能单向流过。这个发现导致了 PN 结及二极管的发明，同时，这种对光的敏感性还导致了太阳电池的开发。

本章主要学习半导体的基础知识，重点讨论半导体器件的基础——PN 结，以及由此构成的半导体二极管的结构、工作原理、特性曲线和主要参数，并学习常见二极管应用电路及其分析方法。在此基础上，简要介绍稳压管、变容二极管、发光二极管、光电二极管及太阳电池的特性和应用。

1.1　半导体基础知识

1.1.1　半导体材料

根据导电能力的不同，材料可分为导体、绝缘体和半导体。导电能力介于导体和绝缘体之间的材料为半导体，是构成现代电子器件的基础材料，因此，现代晶体管和集成电路也称为半导体器件。

总体来说，构成电子器件的半导体包含单晶体和复合晶体两大类。单晶体半导体主要有锗（Ge）和硅（Si）晶体。复合半导体由具有不同原子结构的两种或多种半导体材料复合而成，如砷化镓（GaAs）、硫化镉（CdS）、氮化镓（GaN）和磷砷化镓（GaAsP）等。锗是最早用于制造电子器件的材料，但这种材料对温度敏感，由其制成的器件的温度稳定性较差。在1954年之后，由于具有更好的温度稳定性和更低的成本，硅迅速成为使用最广泛的半导体材料。随着对电子系统运行速度要求的日益提高，20世纪70年代早期，出现了砷化镓晶体管，今天，砷化镓材料已广泛应用于高速、超大规模集成电路中。

物质的导电能力决定于其原子结构。导体一般为低价元素，它最外层的电子极易挣脱原子核的束缚成为自由电子，并在外电场作用下，产生定向移动，形成电流。高价元素（如惰性气体）或高分子物质（如橡胶），最外层电子受到原子核很强的束缚，很难成为自由电子，所以导电性能极差，称为绝缘体。常用的半导体材料硅和锗均为四价元素，它们最外层的电子既不像导体那样容易挣脱原子核的束缚，也不像绝缘体那样被原子核束缚得那么紧，因而其导电性能介于二者之间。

1.1.2 本征半导体

1. 本征半导体的晶体结构

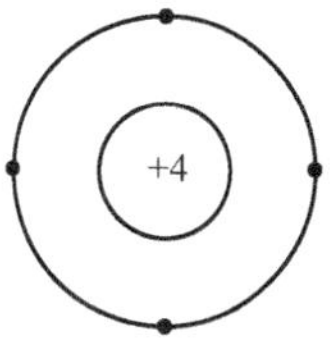

图1.1.1 硅和锗的简化原子结构模型

电子器件广泛使用硅和锗材料，其简化的原子结构模型如图1.1.1所示。由图可以看出，原子最外层有四个电子，称为价电子；由于原子呈电中性，故该原子中的其他部分用带圆圈的+4符号表示，为不能移动的带四个正电荷的离子。当硅或锗形成晶体时，它们的原子形成有序的排列，相邻原子之间由共价键结合，形成共价键结构。原子最外层的价电子被共价键束缚，也称为束缚电子，如图1.1.2所示。这种完全纯净的、结构完整的半导体晶体称为本征半导体。

半导体的导电能力取决于其材料内部单位体积中所含的能够移动的电荷数目，电荷的浓度越高，其导电能力越强。半导体内部电荷的浓度取决于许多因素，如果在纯净的半导体中，加入微量的杂质，提高其内部电荷的浓度，其导电能力会得到显著的提高。另外，半导体所处的环境温度不同，其导电能力也会发生变化。

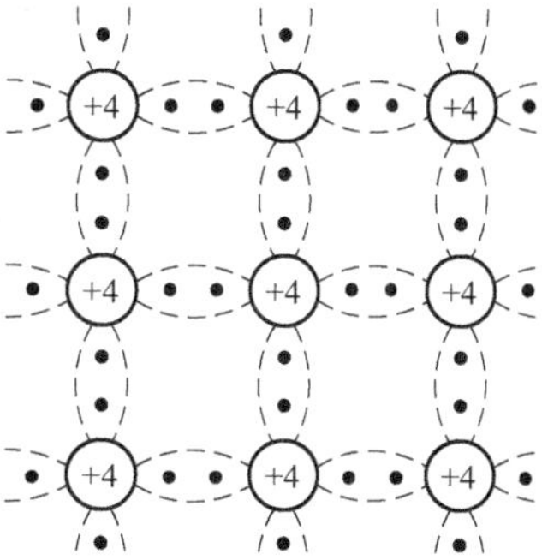

图1.1.2 硅和锗的晶体结构

2. 本征半导体中的载流子

在环境温度 $T=0\mathrm{K}$ 和没有外界激发时，每一原子最外层的价电子被共价键束缚，晶体中没有能够自由移动的电子，半导体不能导电，导电性质类似于绝缘体。

当环境温度上升，如上升到室温时，由于半导体共价键中的价电子并不像绝缘体中那样被原子核束缚得很紧，因此价电子会获得足够的随机热振动能量而挣脱共价键的束缚，成为自由电子。同时，在原共价键中留下一个空位置，称为空穴，原子因失去一个价电子而带正电，或者说，空穴带正电，如图1.1.3所示。这种现象称为本征激发。

在本征半导体中，本征激发产生的自由电子和空穴总是成对出现，即自由电子和空穴数目相等。若在这种半导体两端外加一电场，一方面，自由电子将产生定向移动，形成电子电流；另一方面，由于空穴的存在，价电子将按一定方向依次填补空穴，而在电子原来的位置上留下新的空位，以后其他电子又可转移到这个新的空位，使束缚电子在空间不断移动，类似于空穴在空间不断移动，且移动方向和电子的移动方向相反，因而，可用空穴移动产生的电流代表束缚电子移动产生的电流。如图 1.1.4 所示，如果在 x1 处出现一个空位（空穴），x2 处的电子可填补这个空位，使空穴由 x1 处移动到 x2 处。如果接着 x3 处的电子又填补了 x2 处的空穴，使空穴由 x2 处移动到 x3 处。则空穴的移动轨迹为 x1→x2→x3。可见空穴的移动是靠相邻共价键中的价电子依次充填空穴来实现的。

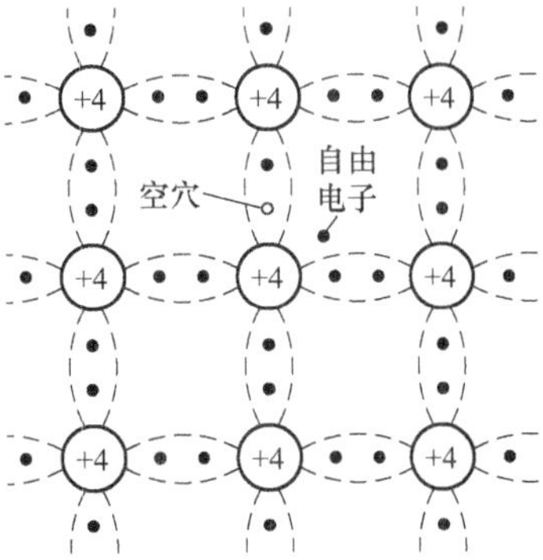

图 1.1.3　随机热振动产生的电子-空穴对

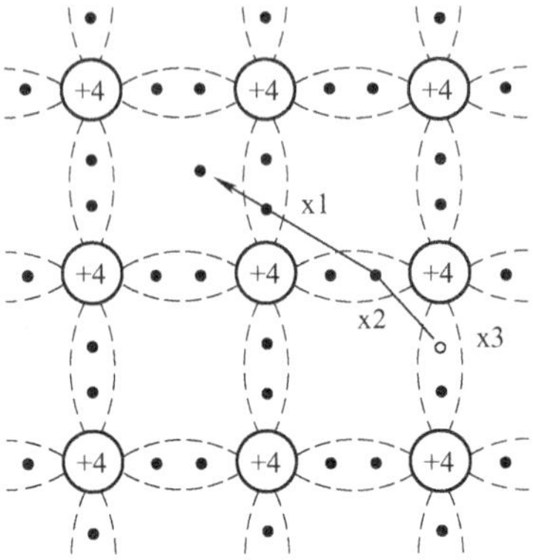

图 1.1.4　电子和空穴的移动

本征半导体中的电流是由自由电子和空穴共同产生的，即出现了电子和空穴两种可以形成电流的带电粒子，这两种带电粒子统称为载流子（Carriers）。出现空穴，是半导体区别于导体的重要特点。半导体中有自由电子和空穴两种载流子，两种载流子共同参与导电，而导体中只有自由电子一种载流子形成电流。

3. 本征半导体中的载流子浓度

本征激发产生的电子和空穴对，总是成对出现。本征半导体中，电子和空穴相遇，电子就会填补空穴，使两者同时消失，这种现象称为复合。当本征激发产生的自由电子和空穴对与复合的电子和空穴对数量相等时，就达到了一种动态平衡。此时，本征半导体中载流子的浓度将保持不变。该浓度一般很低，故这种半导体的导电能力很低，难以满足制造半导体器件的要求，需要通过其他手段进一步提高浓度以提高其导电能力。

当环境温度变化时，载流子的浓度会发生较大的变化，引起导电能力变化。如果环境温度升高，热振动增强，则本征激发加剧，电子空穴对增加，半导体的导电能力提高。这种半导体材料对温度的敏感性，一方面其可用于制作热敏或光敏器件，另一方面使其制成的半导体器件温度稳定性较差。

1.1.3　杂质半导体

通过扩散工艺，在本征半导体中掺入少量合适的其他元素，可得到杂质半导体。按掺入的杂质元素不同，可形成 N 型半导体和 P 型半导体。控制掺入的杂质元素的浓度，就可控制杂质半导体的导电性能。

1. N 型半导体

在纯净的硅晶体中，掺入五价元素，如磷，使之取代晶格中硅原子的位置，由于杂质原子的最外层有五个价电子，除了有四个与周围硅原子形成共价键之外，还多出一个电子，如

图 1.1.5 所示。在常温下，多出的电子由于热激发获得的能量就可以使其成为自由电子。而杂质原子因固定在晶格上，所以成为不能移动的正离子。每个五价元素由于其贡献了一个自由电子，而称为施主原子。一个施主原子及其所贡献的电子的示意图如图 1.1.6 所示。形成的 N 型半导体的示意图如图 1.1.7 所示。其中，• 表示电子，∘表示本征激发产生的空穴，⊕表示施主原子。

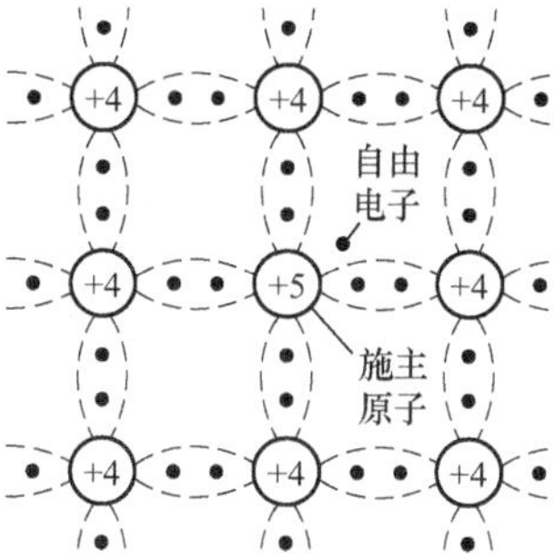

图 1.1.5　N 型半导体的共价键结构

在 N 型半导体中，本征激发产生的电子空穴对，以及由于掺杂产生的电子同时存在，而电子的浓度远大于空穴的浓度，故电子称为多数载流子，简称多子；空穴称为少数载流子，简称少子。N 型半导体主要靠电子导电，而电子带负电荷(Negative)，故称为 N 型半导体。掺入的杂质越多，多子的浓度越高，导电能力越强。

2. P 型半导体

图 1.1.6　施主原子及其所贡献电子的示意图

在纯净的硅晶体中，掺入三价元素，如硼，使之取代晶格中硅原子的位置，就形成了 P 型半导体。由于杂质原子的最外层有三个价电子，三个价电子除与周围硅原子形成共价键之外，还产生了一个空位，如图 1.1.8 所示。因杂质原子中的空穴吸收电子，而称为受主原子。因为受主原子固定在晶格上，所以其成为不能移动的负离子。一个受主原子及其所贡献的空穴示意图如图 1.1.9 所示。形成的 P 型半导体的示意图如图 1.1.10 所示。其中，∘表示多数载流子空穴，• 表示本征激发产生的电子，⊖表示受主原子。

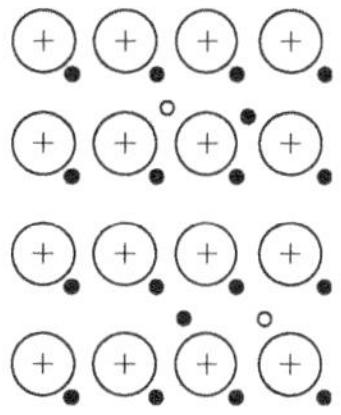
图 1.1.7　N 型半导体的示意图

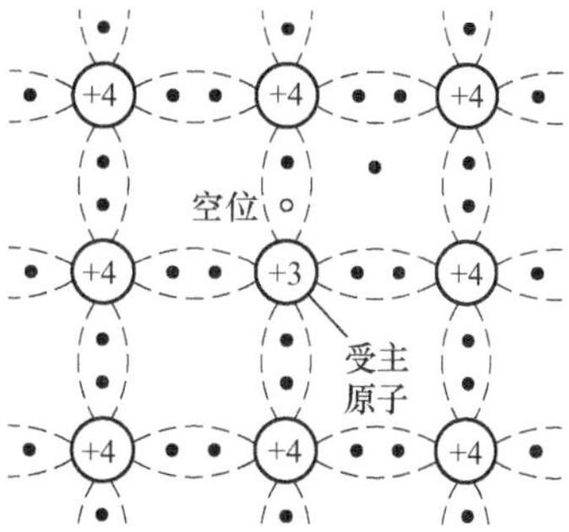

图 1.1.8　P 型半导体的共价键结构

图 1.1.9　受主原子及其所贡献的空穴示意图

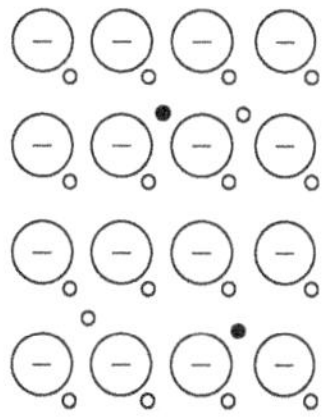
图 1.1.10　P 型半导体的示意图

在 P 型半导体中，本征激发产生的电子空穴对，以及掺杂产生的空穴同时存在，而空穴的浓度远大于电子的浓度，故空穴称为多数载流子，简称多子；电子称为少数载流子，简称少子。P 型半导体主要依靠空穴导电，而空穴带正电荷（Positive），故称为 P 型半导体。掺入的杂质越多，多子的浓度越高，导电能力越强。

1.2　PN 结及其特性

1.2.1　PN 结

将 P 型半导体和 N 型半导体制作在同一块硅片上，使二者相互接触，则在交界面两侧出现了电子和空穴的浓度差，电子和空穴都要从浓度高的地方向浓度低的地方扩散。N 型半导体中的多数载流子电子要从 N 型区向 P 型区扩散（Diffusion），P 型半导体中的多数载流子空穴要从 P 型区向 N 型区扩散，如图 1.2.1 所示。

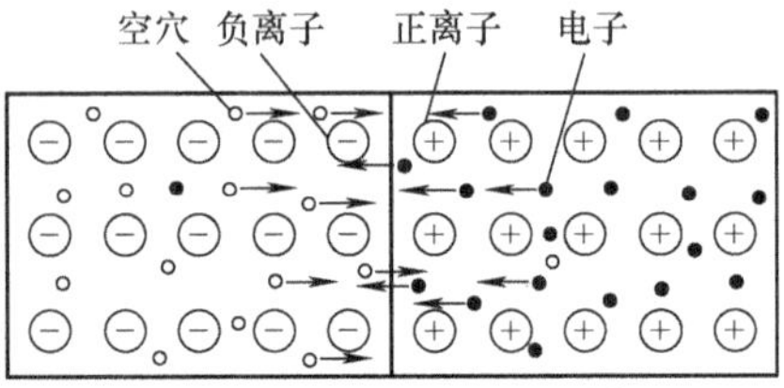

图 1.2.1　多数载流子的扩散

扩散的结果使 P 区一边失去空穴，留下不能移动的带负电的杂质离子，图中用㊀表示；N 区一边失去电子，留下不能移动的带正电的杂质离子，图中用㊉表示。由于这些离子不能移动，因此并不参与导电。这些不能移动的离子集中在 P 区和 N 区交界面附近，形成了一个很薄的空间电荷区。在这个区域内，多数载流子已扩散到对方并复合掉了，或者说消耗尽了，因此空间电荷区也称为耗尽层，它的电阻率很高。扩散越强，空间电荷区越宽。在出现了空间电荷区后，空间电荷就形成了一个电场。由于该电场是由半导体内部载流子的运动形成的，而不是由外加电压形成的，因而称为内电场。这个内电场是阻止扩散运动的。随着扩散运动的进行，空间电荷区加宽，内电场增强，又进一步阻止了扩散运动。

另一方面，内电场使 P 型区的少数载流子电子向 N 型区移动，同时使 N 型区的少数载流子空穴向 P 型区移动，这种在内电场作用下，少数载流子的运动称为漂移（Drift）。漂移运动的方向和扩散运动的方向相反，其结果是使空间电荷区变窄，内电场减弱，又使扩散运动容易进行。当扩散运动和漂移运动相同时，空间电荷区便达到一个动态平衡状态，这个平衡状态的空间电荷区称为 PN 结（PN Junction），如图 1.2.2 所示。

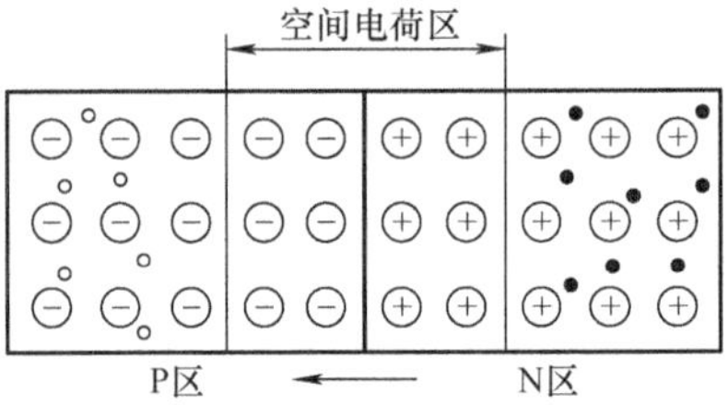

图 1.2.2　空间电荷区

1.2.2　PN 结的特性

如果在 PN 结的两端外加一定的电压，就会破坏原来的平衡状态。当外加不同极性的电压时，PN 结表现出截然不同的导电性能。

1. PN 结的单向导电性

（1）PN 结外加正向电压时的导通状态

当外电源的高电位端接 PN 结的 P 端，低电位端接 PN 结的 N 端时，称 PN 结外加正向电压，也称 PN 结正向偏置，如图 1.2.3 所示。此时外加电场将多数载流子推向空间电荷区，使空间电荷区变窄，内电场削弱，扩散运动加剧，而漂移运动减弱。由于外电源的作用，扩散运动将源源不断地进行，从而形成由扩散运动起支配作用的电流 I，称为 PN 结的正向电流。该电流实际方向为流进 P 区。该电流随外加电压的增加而急速上升，这种正向偏置的 PN 结对电流的阻碍作用很小，称 PN 结为正向导通。

此时，少数载流子的漂移运动减弱，由其形成的电流和扩散电流方向相反，其数值很小，可忽略不计。

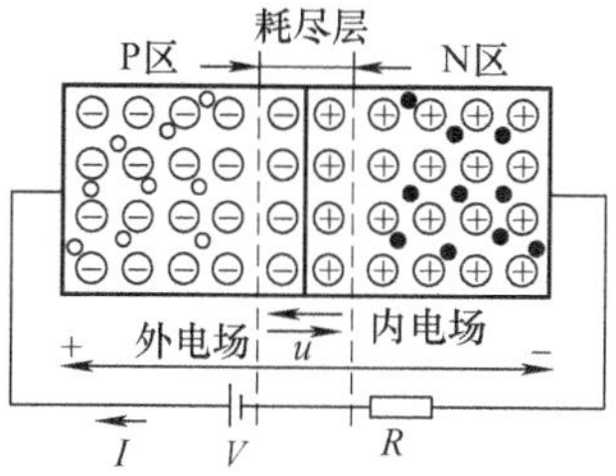

图 1.2.3　PN 结外加正向电压时的导通状态

（2）PN 结外加反向电压时的截止状态

当电源的高电位端接 PN 结的 N 端，低电位端接 PN 结的 P 端时，称 PN 结外加反向电压，也称 PN 结反向偏置。此时外加电压使空间电荷区变宽，阻止扩散运动的进行，而加剧漂移运动，形成流向 N 区的由漂移运动起支配作用的电流，称为 PN 结的反向电流，少数载流子的漂移运动形成的电流和扩散运动形成的电流方向相反，如图 1.2.4 所示。因参与漂移运动的少数载流子的数量很少，即使所有的少数载流子都参与漂移运动，形成的反向电流也非常小，分析计算时，经常可以忽略不计。这种反向偏置的 PN 结对电流的阻碍作用很大，PN 结基本不导电，称 PN 结为反向截止。

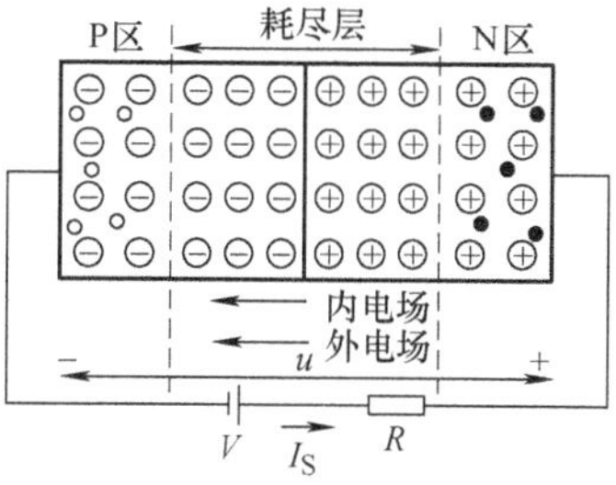

图 1.2.4　PN 结外加反向电压时的截止状态

产生反向电流的少数载流子是由本征激发产生的，其数量取决于温度，而几乎与外加反向电压无关。在一定的温度下，该电流的值趋于恒定，称为反向饱和电流 I_S。

上述分析可见，当 PN 结外加正向电压时，称为正向偏置，PN 结表现为一个阻值很小的电阻，形成由扩散运动起支配作用的较大电流 I，称 PN 结正向导通。当 PN 结外加反向电压时，称为反向偏置，PN 结表现为一个阻值很大的电阻，形成由漂移运动起支配作用的很小电流 I_S，称为 PN 结反向截止。此特性称为 PN 结的单向导电性。PN 结的这种特性是结型半导体器件的基础。

2. PN 结的电压电流特性

若 PN 结两端的电压、电流的参考方向如图 1.2.5 所示，由半导体物理分析可知，PN 结两端的电压 u 与流过它的电流 i 的关系为式（1.2.1），称为 PN 结的电压电流特性，也称伏安特性。

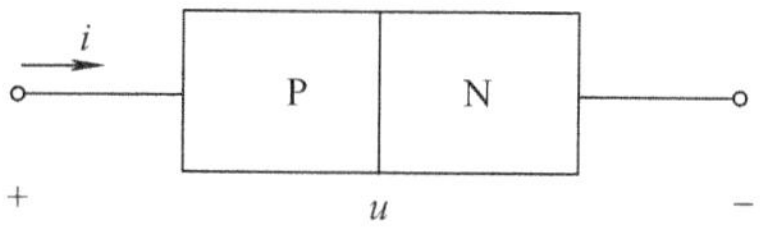

图 1.2.5　PN 结两端的电压和电流

$$i=I_S(e^{\frac{u}{U_T}}-1) \tag{1.2.1}$$

式中，I_S 为反向饱和电流，对于分立器件，其典型值约为 $10^{-14}\sim10^{-8}$A，对集成电路中的二极管，其值更小；U_T 为温度电压当量，$U_T=\frac{kT}{q}$，其中的 k 为玻耳兹曼常数，T 为热力学温度，q 为电子的电荷量，在常温下，如 $T=300\mathrm{K}$ 时，$U_T\approx 26\mathrm{mV}$。

将式（1.2.1）表示在 u-i 平面上，如图 1.2.6 所示，称为 PN 结的电压电流特性。

当 $u>0$，即 PN 结加正向电压时，电压电流关系称为正向特性。当正向电压很小时，电流近似为零，表现为一段死区特性。当正向电压增大时，可近似认为 $u\gg U_T$，式（1.2.1）可近似为 $i=I_S e^{\frac{u}{U_T}}$，电流随电压近似按照指数规律变化，随电压的增加，电流上升很快，PN 结正向导通。

当 $u<0$，即 PN 结加反向电压时，PN 结工作在反向截止区，电压电流关系称为反向特性。

在 $U_{(BR)}<u<0$ 的区段内，式（1.2.1）中的指数项远远小于 1，可以忽略，则式（1.2.1）可近似为 $i\approx -I_S$，反向电流数值上等于反向饱和电流。

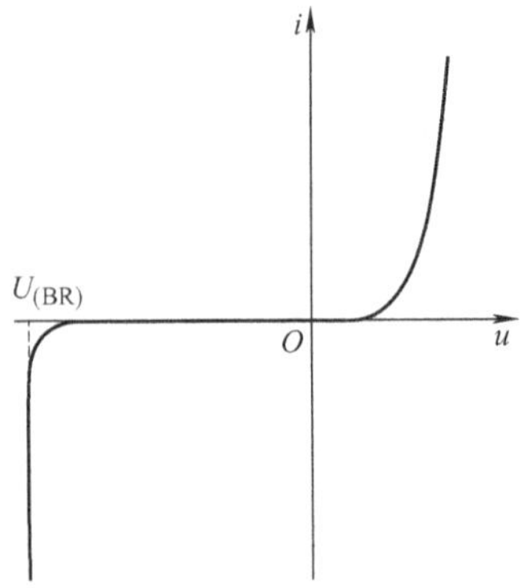

图 1.2.6　PN 结的电压电流特性

当反向电压超过一定数值，如图 1.2.6 中的 $U_{(BR)}$ 时，电流便急剧增大，称之为反向击穿。若对电流不加限制，会造成 PN 结的永久损坏。

3. PN 结电压电流特性的温度效应

由于式（1.2.1）中，I_S 和 U_T 都是温度的函数，PN 结的电压电流特性会受温度的影响。图 1.2.7 给出了其他参数不变，环境温度分别为 20℃ 和 80℃ 时的两条伏安特性曲线。在正向特性部分，对一定的电流，当温度升高时，需要的正向偏置电压降低。在反向特性部分，当温度升高时，反向饱和电流增大。

4. PN 结的击穿

当 PN 结加反向电压，且达到一定数值，如 $U_{(BR)}$ 时，PN 结会发生击穿现象。把电流开始急剧增加时的反向电压，称为反向击穿电压。击穿时，二极管的电流急剧增加，而电压基本不变。

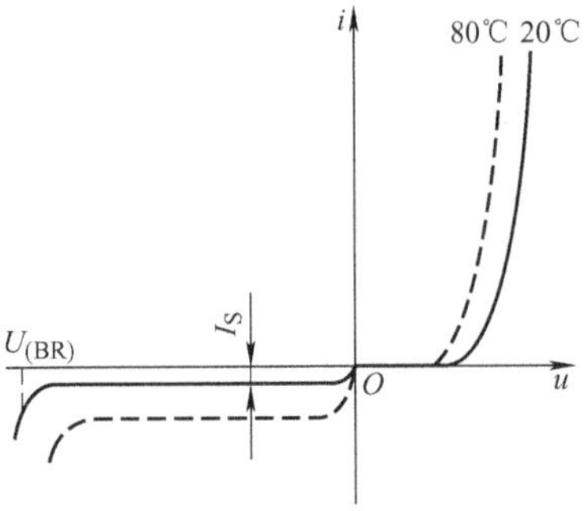

图 1.2.7　PN 结电压电流特性的温度效应

PN 结的击穿按机理分为齐纳击穿和雪崩击穿。齐纳击穿的机理是：在高掺杂的情况下，因耗尽层宽度很小，外加的反向电压在耗尽层形成很强的电场，该电场将直接破坏共价键，使价电子脱离共价键束缚，产生电子-空穴对，使电流急剧增大。雪崩击穿的机理是：当反向电压增加到一定数值时，耗尽层的电场使少数载流子的漂移速度加快，直接与共价键中的电子碰撞，把价电子撞出共价键，产生电子-空穴对。新产生的电子-空穴对被电场加速后，又撞出其他价电子，载流子数量雪崩式地倍增，致使电流急剧增加，类似于自然界中的雪崩过程。实际中，两种击穿同时存在，但在反向电压较小时，主要是齐纳击穿。应用中，需要采取措施，限制反向击穿电流，使其不超过一定数值，以免损害 PN 结。

5. PN 结的电容效应

PN 结具有电容效应，根据产生的原因不同分为势垒电容和扩散电容。

1）势垒电容：PN 结是由扩散和漂移运动平衡后的空间电荷区构成的。当 PN 结外加的电压变化时，空间电荷区的宽度将随之变化，即耗尽层的电荷量随外加电压而变化。这种现象与电容器的充放电过程相似，形成势垒（Potential Barrier）电容 C_b。C_b 的值与结面积、半导体的介电常数以及外加电压有关。在其他参数一定的情况下，C_b 随反向电压而变化，利用这一特性，可制成变容二极管。

2）扩散电容：在正向偏置下，当载流子扩散到 PN 结另一侧时，载流子会继续扩散。在载流子的扩散路程中，存在载流子的浓度梯度。当正向电压变化时，扩散路程中的载流子浓度和浓度梯度均会发生变化，即出现电荷的积累和释放。这种现象与电容器的充放电过程相似，形成扩散电容 C_d。

3）结电容：PN 结的结电容为 C_b 与 C_d 之和，即

$$C_j = C_b + C_d \tag{1.2.2}$$

结电容一般很小，结面积小的一般为 1pF 左右，结面积大的一般为几十到几百皮法。

1.3　二极管

将 PN 结加上电极引线，用外壳封装起来，就构成了一只半导体二极管，简称二极管（Diode）。二极管的构成如图 1.3.1a 所示，电路图形及文字符号如图 1.3.1b 所示。P 区引出的电极为正极，也称阳极，N 区引出的电极为负极，也称阴极。

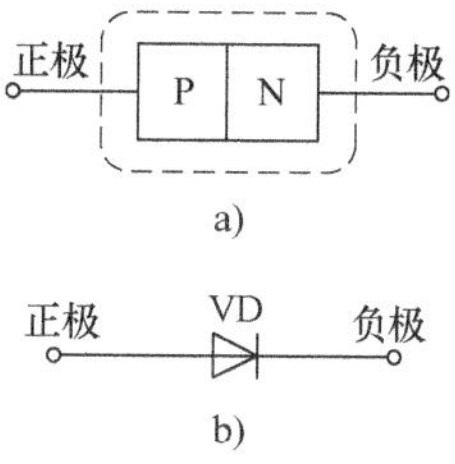

图 1.3.1　二极管的构成及其电路图形符号

1.3.1　二极管的几种常见结构

常见的几种二极管的外形如图 1.3.2 所示。

图 1.3.2　二极管的外形

半导体二极管的常见结构如图 1.3.3 所示。图 1.3.3a 所示为点接触型二极管，由一根金属细丝经过特殊工艺与半导体表面接触，形成 PN 结。这种结构的二极管结面积小，能够

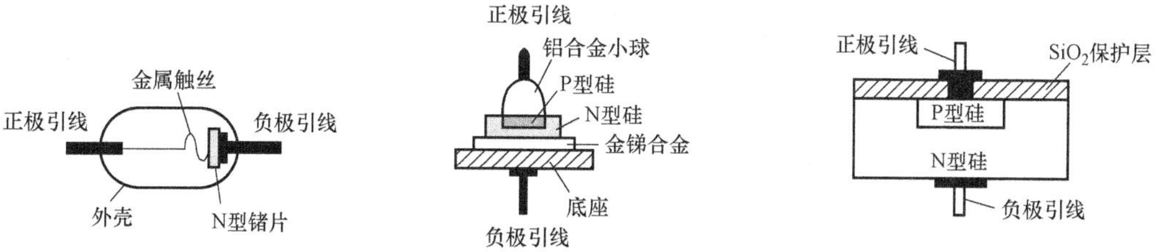

a) 点接触型二极管　　b) 面接触型二极管　　c) 平面型二极管

图 1.3.3　二极管的结构示意图

通过的电流小，结电容很小，因此使用在高频、小电流场合，如高频电子电路中。图 1.3.3b 所示为面接触型二极管，采用合金法工艺制成，结面积大，能够通过较大电流，但结电容也大，因此使用在低频、大电流场合，如整流电路中。图 1.3.3c 所示是集成电路中常见的平面型二极管，采用扩散法制成，结面积较大的可用于大功率场合，结面积较小的可作为数字电路中的开关管使用。

1.3.2　二极管的电压电流特性及主要参数

1. 二极管的电压电流特性

二极管的电压电流特性与 PN 结的电压电流特性类似。若二极管 VD 上的电压电流参考方向如图 1.3.4 所示，一个实测的硅二极管的电压电流特性如图 1.3.5 所示，锗二极管的电压电流特性如图 1.3.6 所示。二极管的电压电流特性分为正向特性和反向特性。

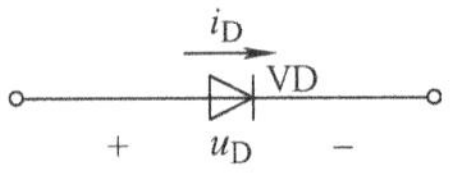

图 1.3.4　电压电流方向

正向特性为二极管加正向电压所表现出的特性，分为死区和正向导通区。实测发现，在正向特性部分，只有当正向电压足够高时，二极管的电流才随电压的增加按指数规律增大。把电流开始增加时的这个正向电压称为开启电压 U_{on}。当正向电压小于开启电压时，电流近似为零，故电压高于零但低于开启电压的部分称为死区，开启电压也称为死区电压。只有在正向电压高于开启电压后，二极管才真正开始导通。导通后二极管两端的电压称为正向导通压降。对硅管，开启电压 U_{on} 一般为 0.5V 左右，导通压降 U_D 一般为 0.6~0.8V，近似计算时，一般可取 0.7V；对锗管，开启电压 U_{on} 一般为 0.1V 左右，导通压降 U_D 一般为 0.1~0.3V，近似计算时，一般可取 0.2V。

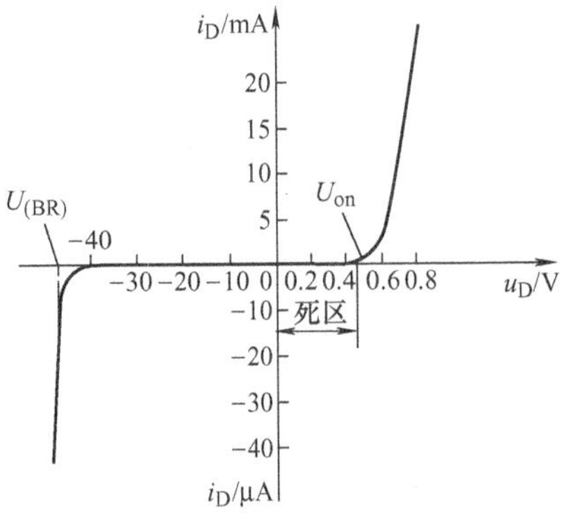

图 1.3.5　硅二极管的电压电流特性

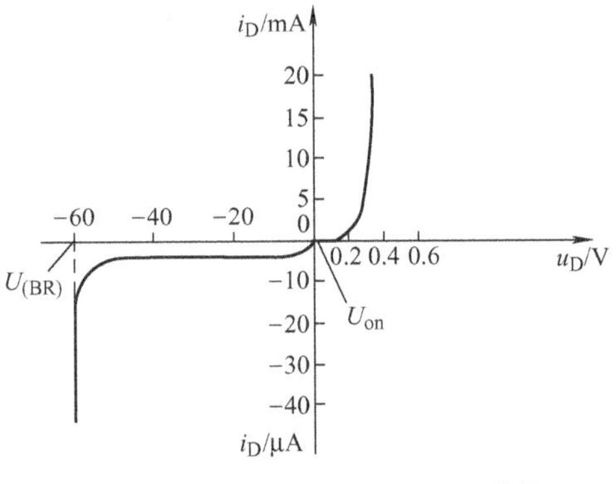

图 1.3.6　锗二极管的电压电流特性

反向特性为二极管加反向电压时所表现出的特性，由反向饱和部分和反向击穿部分构成。当二极管所加反向电压较小时，少数载流子的运动形成反向饱和电流。由于少数载流子的数量很少，较小的反向电压就可以让全部少数载流子参与漂移，故与此相应的电流称为反向饱和电流。温度升高时，少数载流子的数量会增大，因此反向饱和电流将随温度上升而急剧增加。

当二极管所加反向电压较大，达到图 1.3.5 和图 1.3.6 中的 $U_{(BR)}$ 时，进入反向击穿区。该区段中，当电流在一定范围内变化时，二极管两端的电压基本不变，利用此特性可进行稳压，但需要将二极管的电流限制在一定的范围内，以避免二极管因功耗过大而损坏。

2. 二极管的主要参数

二极管的参数是其性能的重要描述，是选择二极管的依据。常见的参数如下：

1）最大整流电流 I_F：指管子长期运行时，允许通过的最大正向电流的平均值。在规定散热条件下，二极管的正向平均电流若超过此值，会因 PN 结结温过高而损坏。

2）反向击穿电压 $U_{(BR)}$：指管子反向击穿时的电压值。如二极管 2AP1 的反向击穿电压大于 40V。

3）最高反向工作电压 U_R：为保证管子安全运行而允许加在二极管上的最大反向电压，数值上一般为反向击穿电压的一半。

4）反向电流 I_R：指二极管未击穿时的反向电流。I_R 越小，二极管的单向导电性越好。一般取电压为 U_R 时对应的电流为 I_R。

5）最高工作频率 f_M：二极管工作频率的上限。超过此值时，由于结电容的作用，二极管将不能很好地体现单向导电性。

3. 半导体器件的命名规则

表 1.3.1 为国产二极管、三极管的命名规则，各部分的含义见表 1.3.1 的具体说明，如 2CZ 为硅整流管，3AD 为锗材料构成的 PNP 型低频大功率晶体管。表 1.3.2 为部分国产二极管的参数。表 1.3.3 为美国产二极管、三极管的命名规则。例如，JAN2N3251 表示含两个 PN 结的 PNP 型高频小功率开关晶体管，其中，JAN 表示军品级、N 为 EIA 注册标志、3251 表示 EIA 登记顺序号；1N4148 表示含有一个 PN 结的非军用品级（普通级）二极管，其中 4148 表示 EIA 登记顺序号。

从表 1.3.2 可以看出，半导体二极管的参数具有分散性。由于同一型号的器件，参数会有较大的差异，因此手册上给出的往往是参数的上限值、下限值或范围。此外，使用二极管时，应注意手册上参数的测试条件，当使用条件与测试条件不同时，参数也会发生变化。更多二极管的参数请参考相关手册。

实际应用中，应根据二极管承受的最高反向电压、最大整流电流、工作频率等，与手册参数对照，选择合适的二极管型号。

表 1.3.1 国产二极管、三极管的命名规则

第一部分		第二部分		第三部分				第四部分	第五部分
用数字表示器件的电极数量		用汉语拼音字母表示器件的材料和极性		用汉语拼音字母表示器件的类型				用数字表示器件序号	用汉语拼音字母表示规格号
符号	意义	符号	意义	符号	意义	符号	意义		
2	二极管	A	N型，锗材料	P	普通管	D	低频大功率管		
		B	P型，锗材料	V	微波管				
				Z	整流管				
		C	N型，硅材料	W	稳压管	A	高频大功率管		
		D	P型，硅材料	C	参量管				
				D	低频大功率管	T	半导体闸流管（可控整流器）		
3	三极管	A	PNP型，锗材料	Z	整流管				
		B	NPN型，锗材料	L	整流堆				
		C	PNP型，硅材料	S	隧道管	Y	体效应器件		
		D	NPN型，硅材料	N	阻尼管	H	雪崩管		
		E	化合物材料	U	光电器件	J	阶跃恢复管		
				K	开关管	CS	场效应器件		
						BT	半导体特殊器件		

（续）

第一部分		第二部分		第三部分				第四部分	第五部分
用数字表示器件的电极数量		用汉语拼音字母表示器件的材料和极性		用汉语拼音字母表示器件的类型				用数字表示器件序号	用汉语拼音字母表示规格号
符号	意义	符号	意义	符号	意义	符号	意义		
				X G	低频小功率管 高频小功率管	FH PIN JG	复合管 PIN 型管 激光器件		

表 1.3.2　部分国产二极管的参数

2AP1～2AP7 检波二极管（点接触型锗管，在电子设备中作检波和小电流整流用）

型号	最大整流电流 /mA	最高反向工作电压（峰值） /V	反向击穿电压（反向电流为 400μA） /V	正向电流（正向电压为 1V） /mA	反向电流（反向电压分别为 10V，100V） /μA	最高工作频率 /MHz	极间电容 /pF
2AP1	16	20	≥40	≥2.5	≤250	150	≤1
2AP2	12	100	≥150	≥5.0	≤250	160	≤1

2CZ52～2CZ57 系列整流二极管（用于电子设备的整流电路中）

型号	最大整流电流 /A	最高反向工作电压（峰值） /V	最高反向工作电压下的反向电流（125℃） /μA	正向压降（平均值）（25℃） /V	最高工作频率 /kHz
2CZ52	0.1	25，50，100，200，300，400，500，600，700，800，900，1000，1200，1400，1600，1800，2000，2200，2400，2600，2800，3000	1000	≤0.8	3
2CZ54	0.5		1000	≤0.8	3
2CZ57	5		1000	≤0.8	3

表 1.3.3　美国产二极管、三极管的命名规则

第一部分		第二部分		第三部分		第四部分		第五部分	
用符号表示器件用途的类型		用数字表示 PN 结数目		美国电子工业协会（EIA）注册标志		美国电子工业协会登记顺序号		用字母表示器件分档	
符号	意义	符号	意义	符号	意义	符号	意义	符号	意义
JAN JANTX JANTXV JANS 无	军品级 特军品级 超特军品级 宇航级 非军用品	1 2 3 n	二极管 三极管 三个 PN 结器件 依此类推	N	该器件已在美国电子工业协会（EIA）注册登记	多位数字	该器件在美国电子工业协会登记的顺序号	A B C D ⋮	A 档 B 档 C 档 D 档 依此类推

1.4　二极管应用电路的分析

与电路中熟悉的电阻类似，二极管也是一个二端器件，其上的电压电流关系可用 u-i 平面上的一条曲线描述。但与线性电阻不同，二极管可看成非线性电阻，因此任何非线性电路的分析方法，均可用于含二极管的电路分析。通过对半导体器件的电压电流特性建立不同近似程度的模型，可以使含半导体器件的电路分析得到简化。如果能够得到半导体器件特性的近似线性化模型，则可将含半导体器件的非线性电路分析简化为线性电路的分析，电路中已经学习过的线性电路的分析方法均可使用。

【例 1.4.1】 含二极管的电路如图 1.4.1a 所示，其另一种画法如图 1.4.1b 所示。其中，二极管的伏安特性如图 1.4.1c 所示，二极管的反向饱和电流 $I_S = 10^{-13}$A，电阻 $R = 2\text{k}\Omega$，电源电压 $V_{DD} = 5$V。求二极管上的电压和电流。

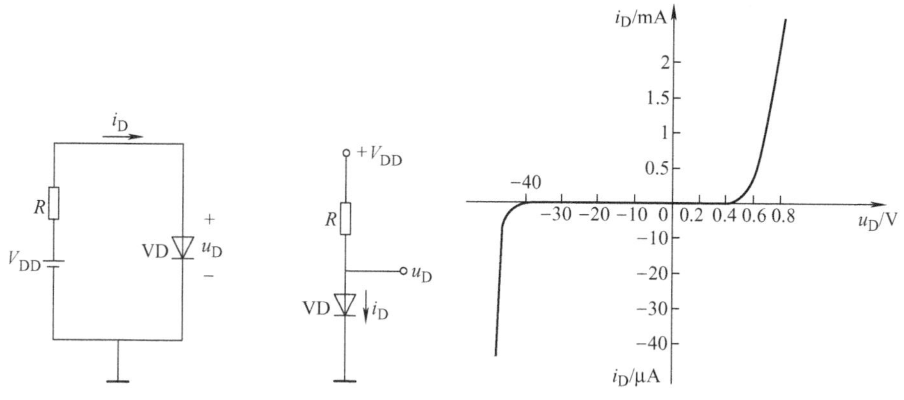

a) 电路　　b) 另一种画法　　c) 二极管的伏安特性

图 1.4.1　例 1.4.1 图

解：

解法 1： 设二极管上的电压、电流为 u_D 和 i_D。

1）在图 1.4.1a 中，电压源和电阻电路支路的外特性为

$$u_D = V_{DD} - Ri_D \tag{1.4.1}$$

式（1.4.1）描述的关系为 u_D-i_D 平面上的一条直线，如图 1.4.2 所示。该直线与水平轴的交点坐标为（V_{DD}，0），与垂直轴的交点坐标为$\left(0, \dfrac{V_{DD}}{R}\right)$。

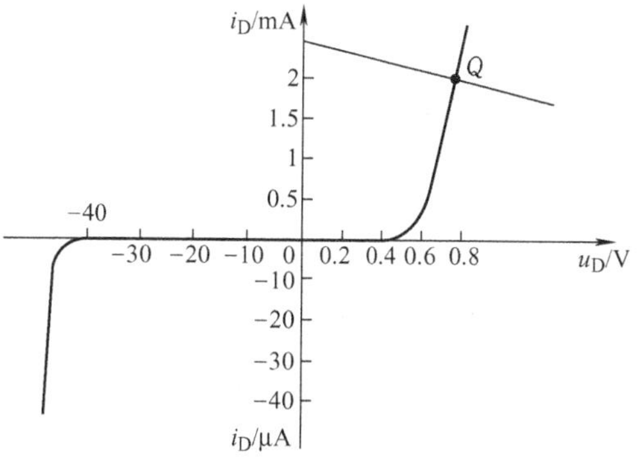

图 1.4.2　解法 1 图示

2）由图 1.4.1a 知，二极管处于正向偏置，因此上述直线与二极管的正向特性的交点 Q 对应的电压和电流值，即为要求的电压和电流。因此，$u_D \approx 0.75$V，$i_D \approx 2.0$mA。

上述求解过程称为图解法。其求解过程直观，但需要已知所用型号二极管的电压电流特性。

解法 2： 图 1.4.1a 中，二极管两端的电压和电流关系为

$$i_D = I_S\left(e^{\frac{u_D}{U_T}} - 1\right) \tag{1.4.2}$$

考虑到二极管正向偏置，$u_D > 0$，$U_T = 26$mA，联立解式（1.4.1）和式（1.4.2），可得到和解法 1 同样的结果。但是这种解法涉及非线性方程的求解，数学运算比较复杂。为了简化分析，在一定的条件下，可用线性器件构成的电路来近似代替二极管的特性，称为二极管的等效模型或等效电路，并用其代替电路中的二极管，将含二极管的电路转化为线性电路，

使分析简化。

根据二极管的外特性，可以构造多种等效电路，根据不同的应用需求，可选择不同的等效电路，以达到对分析误差的不同要求。分段线性化模型和小信号模型是常用的两类等效模型。采用不同的分段线性化模型，会得出误差程度不同的结果。

1.4.1　二极管的分段线性化模型

根据近似程度的不同，二极管的分段线性化模型有理想二极管模型、常数电压模型和斜线模型。

1. 理想二极管的模型

如图 1.4.3a 所示，将实际二极管的特性曲线 1 用近似线性曲线 2 代替。用曲线 2 描述的二极管特性即为理想二极管模型。即二极管正向导通时，其上的电压为 0，相当于闭合的开关，二极管反向截止时，通过的电流为 0，相当于断开的开关，如图 1.4.3b、c 所示。与理想模型特性对应的二极管称为理想二极管，是实际二极管的理想近似，其电路图形及文字符号如图 1.4.4 所示。

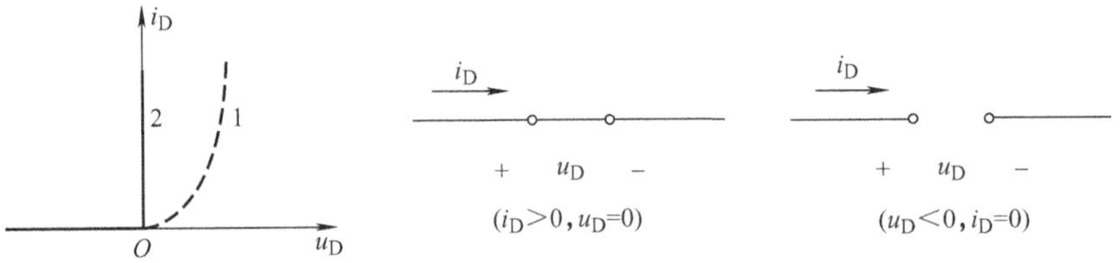

a) 二极管的特性曲线　b) 二极管正向导通时的情况　c) 二极管反向截止时的情况

图 1.4.3　二极管的理想模型

2. 二极管的常数电压模型

如图 1.4.5a 所示，将实际二极管的特性曲线 1 用近似线性曲线 3 代替。即二极管正向导通时，其上的电压为一常数 U_{on}，U_{on} 为二极管的开启电压；二极管反向截止时，通过的电流为 0。其等效电路如图 1.4.5b 所示，其中 VD 为理想二极管。

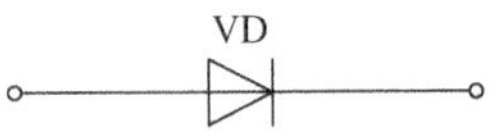

图 1.4.4　理想二极管的电路图形及文字符号

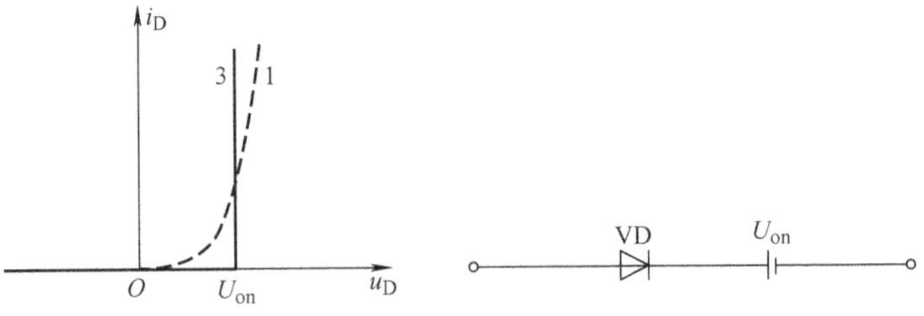

a) 二极管的特性曲线　b) 二极管的常数电压模型

图 1.4.5　二极管的常数电压模型

3. 二极管的斜线模型

如图 1.4.6a 所示，将实际二极管的特性曲线 1 用近似线性曲线 4 代替。用曲线 4 描述的二极管特性即为二极管的斜线模型。电流从 0 开始增长的电压值为 U_{on}，当二极管上的电

压大于 U_{on} 时，二极管正向导通，其上的电压和电流之间满足斜率为 $1/r_D$ 的斜线约束，其中 $r_D=\Delta U/\Delta I$。斜线模型的等效电路如图 1.4.6b 所示，其中 VD 为理想二极管。

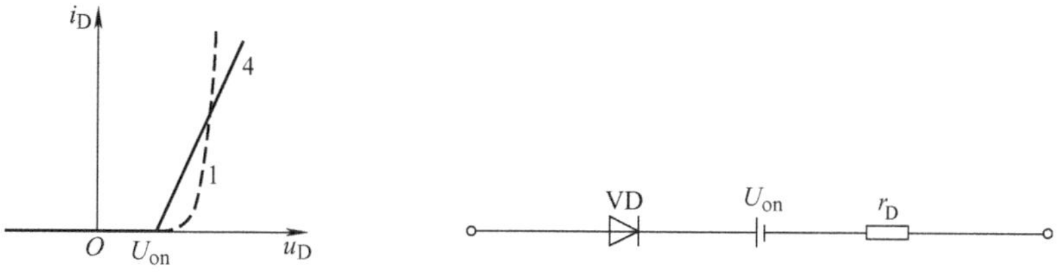

a) 二极管的特性曲线　　b) 二极管的斜线模型

图 1.4.6　二极管的斜线模型

在斜线模型中，当斜线的斜率为∞时，$r_D=0$，斜线模型成为常数电压模型，当常数电压模型中的 $U_{on}=0$ 时，成为理想模型。

4. 分段线性化模型在电路分析中的应用

【例 1.4.2】 含二极管的电路如图 1.4.7a 所示，电源电压为图 1.4.7b 所示的正弦交流电压。设二极管采用理想模型，分析电路输出端电压的波形。

解： 在正弦电压的正半周，$u_i>0$，二极管正向导通，理想二极管表现为一闭合的理想开关，如图 1.4.7c 所示，因此，电路输出电压和电源电压相等，输出电压波形如图 1.4.7e 中 $0\sim\pi$ 的部分所示。在正弦电压的负半周，$u_i<0$，二极管反向截止，理想二极管表现为一断开的理想开关，如图 1.4.7d 所示，因此，电阻 R 中没有电流，输出电压为 0，输出电压波形如图 1.4.7e 中 $\pi\sim2\pi$ 的部分所示。

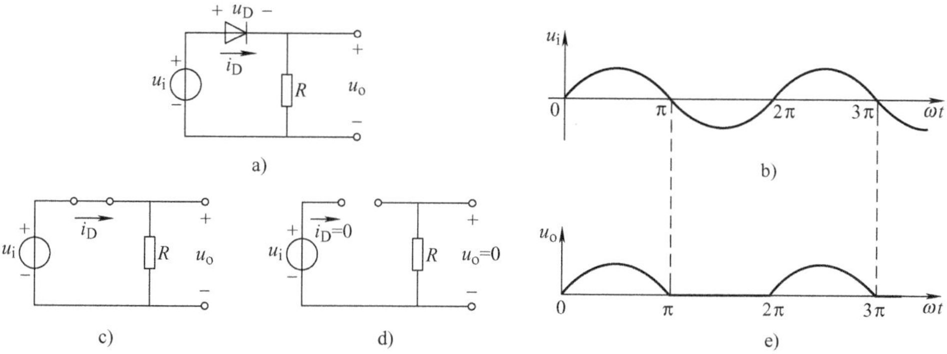

图 1.4.7　例 1.4.2 图

【例 1.4.3】 含二极管的电路如图 1.4.1a、b 所示。二极管的 $U_{on}=0.5V$，$r_D=0.2k\Omega$，电阻 $R=2k\Omega$，电源电压 $V_{DD}=5V$。求二极管上的电压和电流。

解： 采用上述三种不同的二极管模型分析电路。

1）采用二极管的理想模型进行分析，得到等效电路如图 1.4.8 所示。由于二极管正向偏置，二极管表现为闭合的理想开关。故

$$u_D=0,\ i_D=\frac{V_{DD}-u_D}{R}=2.5mA$$

2）采用二极管的常数电压模型进行分析，得到等效电路如图 1.4.9 所示。二极管正向

偏置，表现为理想二极管和 U_{on} 的串联。故

$$i_D=\frac{V_{DD}-U_{on}}{R}=2.25\text{mA},u_D=U_{on}=0.5\text{V}$$

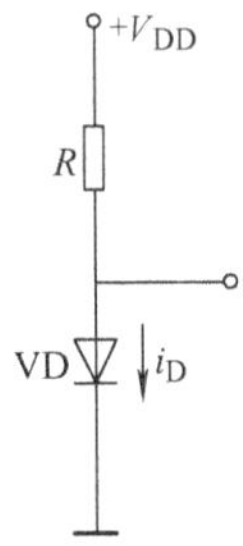

图 1.4.8 采用理想二极管模型的等效电路

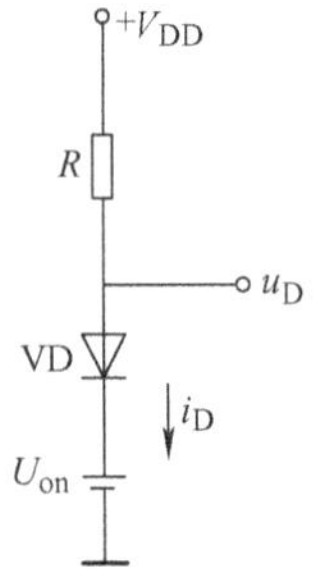

图 1.4.9 采用常数电压模型的等效电路

3）二极管采用折线模型近似，$r_D=0.2\text{k}\Omega$，二极管正向偏置，等效电路如图 1.4.10 所示，故

$$i_D=\frac{V_{DD}-U_{on}}{R+r_D}=2.05\text{mA},\ u_D=U_{on}+r_Di_D=0.91\text{V}$$

可见采用不同的等效模型，得到的计算结果也不相同。模型和实际二极管的特性越接近，得到的结果和实际测试结果越相符。

采用半导体器件的模型，对含有半导体器件的电路进行分析，是一种近似估算。利用等效模型分析计算的结果，都是实测结果的近似。考虑计算的简单性和计算结果的准确性之间的折中，根据对分析准确度的不同要求，可采用不同近似程度的模型。同时，分析的结果只能作为设计的参考，电路工作时的实际电压电流等参数，还需要通过实际测试得到。

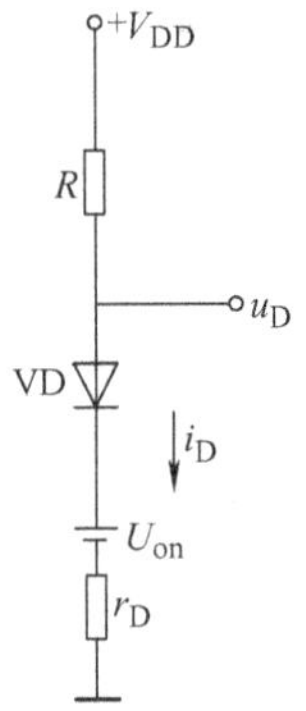

图 1.4.10 采用折线模型的等效电路

1.4.2 二极管的小信号模型及其应用

1. 二极管的小信号模型

含二极管的电路如图 1.4.11a 所示，电路的激励源中包含直流电源 V_{DD} 和正弦交流电源 u_i，u_i 的幅值远小于 V_{DD}，电路的输入 $u_I=V_{DD}+u_i$。直流电源 V_{DD} 在二极管上建立直流电压 U_{DQ} 和直流电流 I_{DQ}。交流输入 u_i 在二极管上建立电压 u_d 和电流 i_d，二者相加，得到二极管上实际的电压 U_D 与电流 i_D，即 $u_D=U_{DQ}+u_d$，$i_D=I_{DQ}+i_d$，波形如图 1.4.11b、c 所示。得到图 1.4.11b、c 所示波形的过程如图 1.4.11d 所示，由直流电源建立的 U_{DQ} 和 I_{DQ} 对应图 1.4.11d 中的 Q 点，二极管上的电压与电流 u_d 和 i_d 相当于在 Q 点基础上的一个小的变化量。那么，这两个小变化量 u_d 和 i_d 之间的关系又如何呢？

考虑二极管的电压电流关系

$$i_D=I_S(e^{\frac{u_D}{U_T}}-1)$$

由于二极管正向偏置，且 $u_D\gg U_T$，因此有

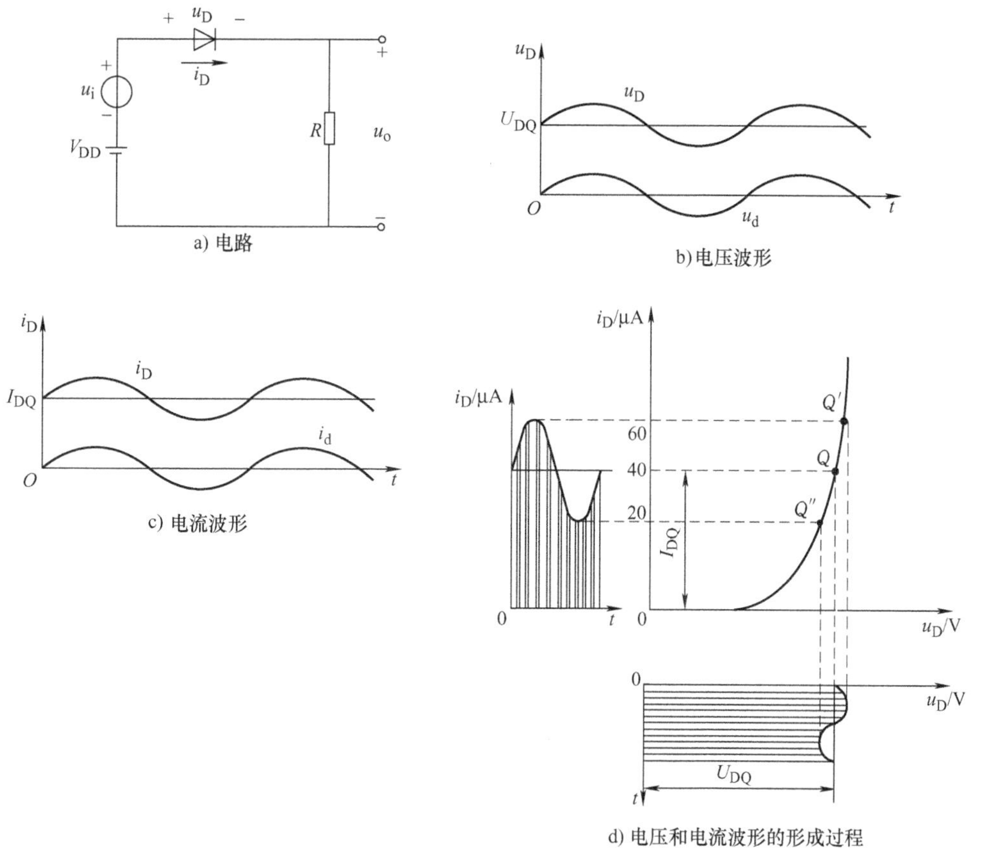

图 1.4.11　直流电源和交流电源共同作用时的二极管电路和电压电流波形

$$i_D = I_S(e^{\frac{u_D}{U_T}} - 1) \approx I_S e^{\frac{u_D}{U_T}} = I_S e^{\frac{u_{DQ}+u_d}{U_T}} = I_S e^{\frac{u_{DQ}}{U_T}} e^{\frac{u_d}{U_T}}$$

式中

$$I_S e^{\frac{U_{DQ}}{U_T}} = I_{DQ}$$

则

$$i_D = I_{DQ} e^{\frac{u_d}{U_T}}$$

如果交流信号是个小信号，即有 $u_d \ll U_T$ 成立，可求 $e^{\frac{u_d}{U_T}}$的泰勒展开式，并忽略二阶以上的高次项，有

$$e^{\frac{u_d}{U_T}} \approx 1 + \frac{u_d}{U_T}$$

故

$$i_D = I_{DQ}\left(1 + \frac{u_d}{U_T}\right) = I_{DQ} + \frac{I_{DQ}}{U_T}u_d = I_{DQ} + g_d u_d = I_{DQ} + i_d$$

式中，$g_d=\dfrac{I_{DQ}}{U_T}$，$i_d=g_d u_d$，故

$$r_d=\frac{1}{g_d}=\frac{U_T}{I_{DQ}} \tag{1.4.3}$$

r_d 为二极管的交流小信号电阻，也称为小信号动态电阻，其值随 I_{DQ} 而变化。r_d 的几何含义是在图 1.4.11d 中，过 Q 点做切线，切线斜率的倒数即为 r_d。则二极管在 Q 基础上的微小电压变化量 u_d 和电流变化量 i_d 之间的关系为

$$u_d=r_d i_d \tag{1.4.4}$$

可见对小信号 u_d 和 i_d 而言，二极管可等效为一个动态电阻 r_d，如图 1.4.12 所示，此电阻电路即为二极管的小信号模型。

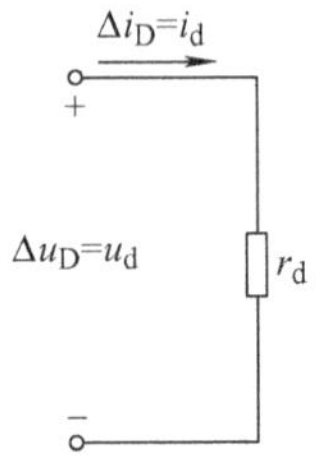

图 1.4.12　二极管的小信号模型

2. 小信号模型在电路分析中的应用

【例 1.4.4】 电路如图 1.4.11a 所示。其中 $V_{DD}=5\text{V}$，$R=5\text{k}\Omega$，$U_{on}=0.6\text{V}$，$u_i=0.1\sin\omega t\text{V}$。求二极管上的电流和电压以及电路输出电压的表达式。

解： 电路的激励由直流电源和交流电源共同组成，由于 u_i 的变化范围相对 V_{DD} 来说很小，因此电路的响应可分解为图 1.4.13a 和图 1.4.13b 两个电路的响应之和。

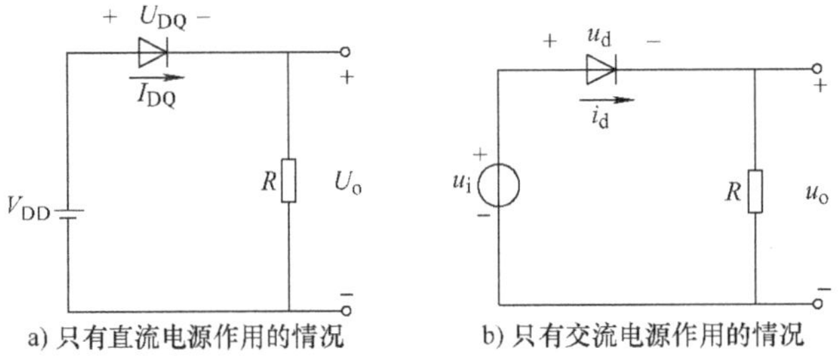

图 1.4.13　例 1.4.4 电路

1）先求直流电源产生的电压和电流。在图 1.4.13a 中，二极管正向导通，采用常数电压模型代替二极管，有

$$I_{DQ}=\frac{V_{DD}-U_{on}}{R}=\frac{5-0.6}{5}\text{mA}=0.88\text{mA}\qquad U_{DQ}=0.6\text{V}$$

$$U_o=I_{DQ}R=0.88\times5\text{V}=4.4\text{V}$$

2）再求交流电源产生的电压和电流。二极管可用小信号模型代替，等效电路如图 1.4.14 所示。

图 1.4.14 中，$r_d=\dfrac{U_T}{I_{DQ}}=\dfrac{0.026}{0.88}\text{k}\Omega=0.0295\text{k}\Omega$。

由 KVL 有 $u_i=i_d r_d+i_d R=i_d(r_d+R)$，所以

$$i_d=\frac{u_i}{r_d+R}=\frac{0.1\sin\omega t}{0.0295+5}\text{mA}=19.9\sin\omega t\,\mu\text{A}$$

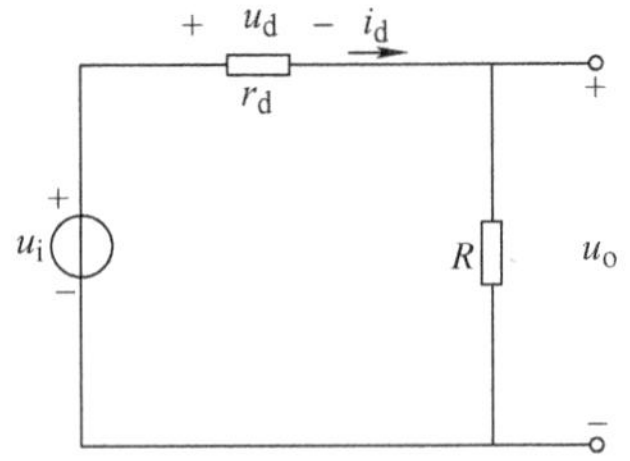

图 1.4.14　例 1.4.4 的小信号等效电路

则

$$u_o = i_d R = 0.0995\sin\omega t\ \text{V}$$

$$u_d = i_d r_d = 0.59\sin\omega t\ \text{V}$$

3）求总的电压和电流

$$i_D = I_{DQ} + i_d = 0.88\text{mA} + 19.9\sin\omega t\,\mu\text{A} = (0.88 + 0.0199\sin\omega t)\,\text{mA}$$

$$u_D = U_{DQ} + u_d = (0.6 + 0.59\sin\omega t)\,\text{V}$$

$$u_o = U_o + u_o = (4.4 + 0.0995\sin\omega t)\,\text{V}$$

1.4.3　二极管应用电路举例

二极管应用广泛，下面对常见的应用电路举例说明，更多的应用电路请参考相关资料。

【例 1.4.5】　基本限幅电路。当输入信号电压在一定范围内变化时，输出电压随输入电压相应变化，而当输入电压超出一定范围时，输出电压保持不变，使输出幅值得到限制，完成此功能的电路称为限幅电路。一种二极管构成的限幅电路如图 1.4.15 所示。输入为正弦波，即 $u_i = U_{im}\sin\omega t$，且 $0 \leqslant E < U_{im}$，分析输出端的电压波形。

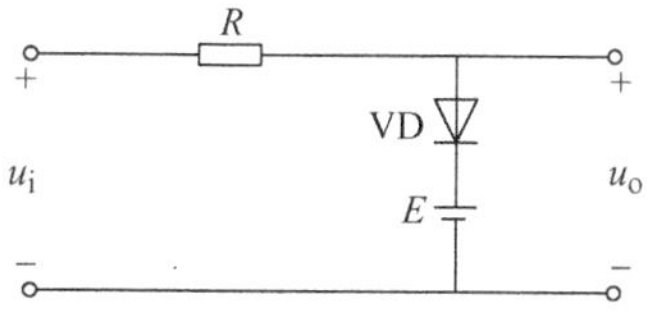

图 1.4.15　例 1.4.5 的限幅电路

解： 假设忽略开启电压，使用二极管的理想模型。

1）先分析 $E=0$ 的简单情况。

由于 $E=0$，在 u_i 过零的时刻，二极管 VD 两端的电压为零，即 $t=\dfrac{T}{2}$和 $t=T$ 时，$u_D=0$，$u_o=u_D+E=0$。当 $0<t<\dfrac{T}{2}$时，$u_i>E$，二极管正向导通，$U_D=0$，$u_o=u_D+E=0$。当$\dfrac{T}{2}<t<T$ 时，$u_i<E$，二极管反向截止，$i_R=0$，$u_o=u_i$。输出电压的波形如图 1.4.16a 所示，输出电压的最大值限制在 $E=0$ 上。

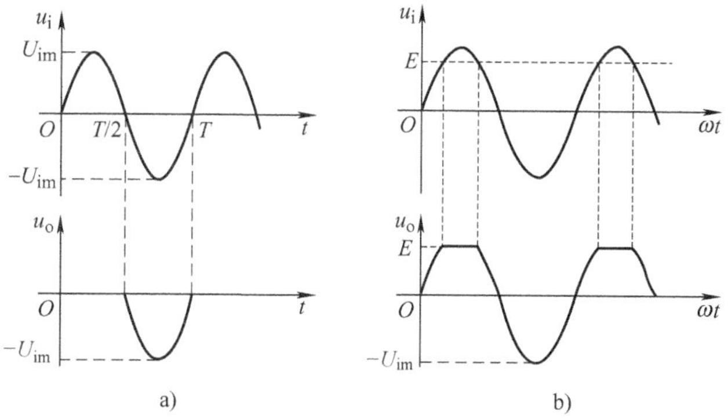

图 1.4.16　限幅电路输出波形

2）当 $0<E<U_{im}$ 时，二极管 VD 两端的电压为零的时刻出现在 u_i 与 E 相交处，如图 1.4.16b 所示。当 $u_i>E$ 时，二极管导通，$u_D=0$　$u_o=u_D+E=E$。当 $u_i<E$ 时，二极管截止，$i_R=0$，$u_o=u_i$。

输出电压的波形如图 1.4.16b 所示，输出电压的最大值限制在 E 上，改变 E 值就可改变限幅电平。

【例 1.4.6】　运算放大器输入端接入 VD_1、VD_2 和 R 构成的电路如图 1.4.17 所示。分

析 VD_1、VD_2 和 R 的作用。

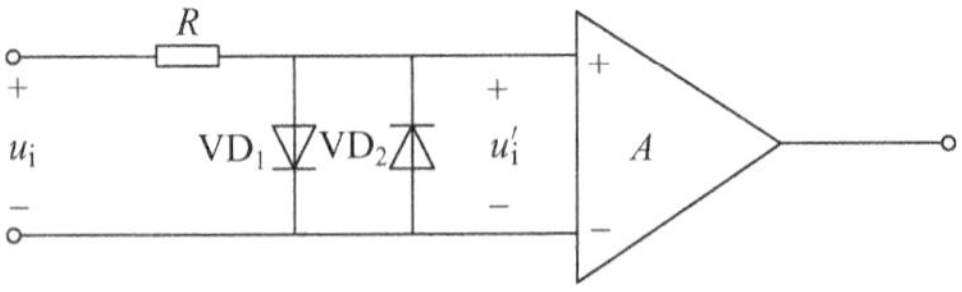

图 1.4.17　例 1.4.6 电路

解：1）当 u_i 较小，使二极管 VD_1和 VD_2 均截止时，$u_i'=u_i$，电路正常放大。

2）当 u_i 正向较大时，VD_1 导通，VD_2 截止，u_i'被限制在 U_D；当 u_i 负向较大时，VD_2 导通，VD_1 截止，u_i'被限制在$-U_D$。

因此，VD_1、VD_2 和 R 的作用是限制放大器输入端电压的范围，R 为二极管的限流电阻。VD_1、VD_2 和 R 构成限幅电路，将运算放大器输入端的电压限制在$-U_D \sim U_D$ 之间。

如果电路输入端 u_i 的波形如图 1.4.18a 所示，运算放大器输入端 u_i'的波形如图 1.4.18b 所示，u_i'被限制在$-U_D \sim +U_D$ 之间。

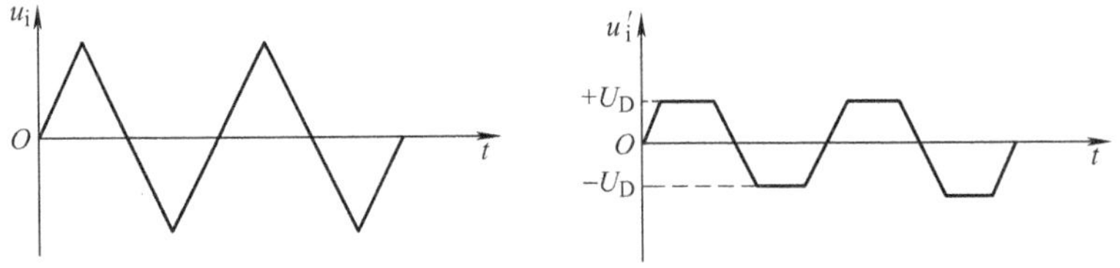

a) 电路输入波形　　b) 运算放大器输入端波形

图 1.4.18　例 1.4.6 电路的波形

另一种限幅电路如图 1.4.19 所示，当 u_i 正向较大时，VD_1 导通，VD_2 截止，u_i'被限制在$+V_{DD}$；当 u_i 负向较大时，VD_2 导通，VD_1 截止，u_i'被限制在$-V_{DD}$。

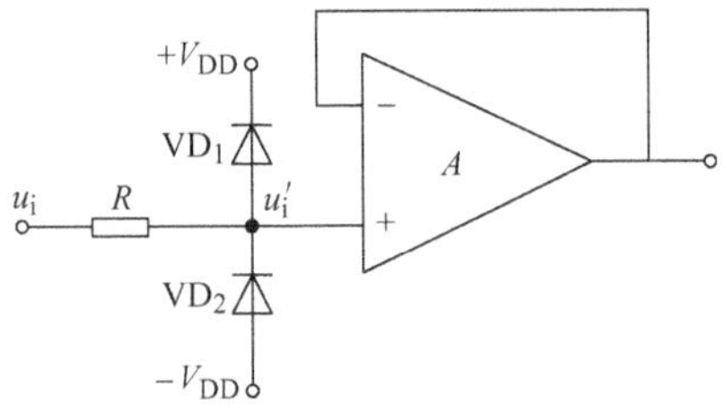

图 1.4.19　另一种限幅电路

下面列举几种典型的应用电路。

1）整流电路。在电子电路中，经常需要将交流电压转换成为直流电压，这一过程称为整流。利用二极管的单向导电性可以构成整流电路。图 1.4.20 所示为单个二极管构成的整流电路。忽略二极管的正向导通压降，若变压器二次电压 u_2 为正弦波，则负载电阻 R_L 上得到的电压波形如图 1.4.21 所示，为大小变化但方向不变的脉动直流电压，实现了整流。

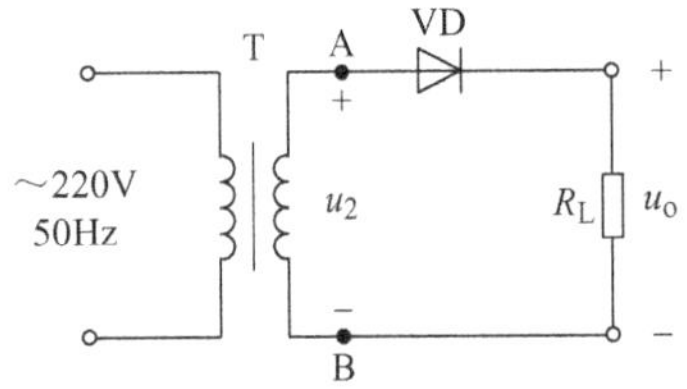

图 1.4.20　二极管构成的整流电路

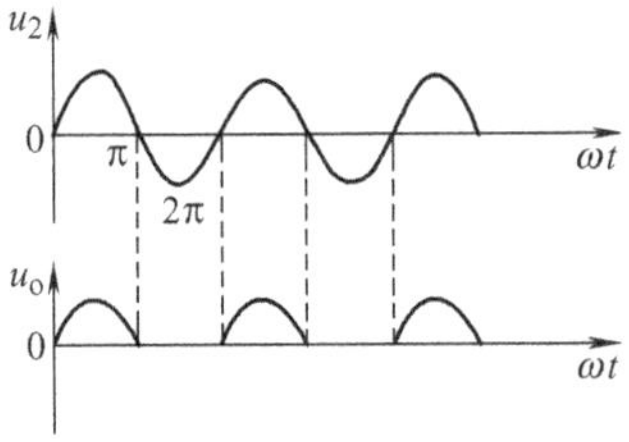

图 1.4.21　图 1.4.20 所示电路的波形

2）开关电路。利用二极管的单向导电性可以接通或断开电路，二极管作为电子开关，在数字电路中得到广泛应用。图 1.4.22 所示为二极管构成的开关电路，其中 $V_{CC}=5V$。以下分析中，二极管视为理想，忽略其导通压降。

当 $u_1=0V$、$u_2=0V$ 时，二极管 VD_1、VD_2 均导通，$u_o=0V$；当 $u_1=0V$、$u_2=5V$ 时，二

极管 VD_1 导通，VD_2 截止，$u_o = u_1 = 0V$；当 $u_1 = 5V$、$u_2 = 0V$ 时，二极管 VD_2 导通，VD_1 截止，$u_o = u_2 = 0V$；而当 $u_1 = 5V$、$u_2 = 5V$ 时，二极管 VD_1、VD_2 均截止，$u_o = V_{CC} = 5V$。画出输入和输出电压波形如图 1.4.23 所示。如果电压为 0V 视为逻辑 0，电压为 5V 视为逻辑 1，则图 1.4.22 所示的电路构成逻辑与门。

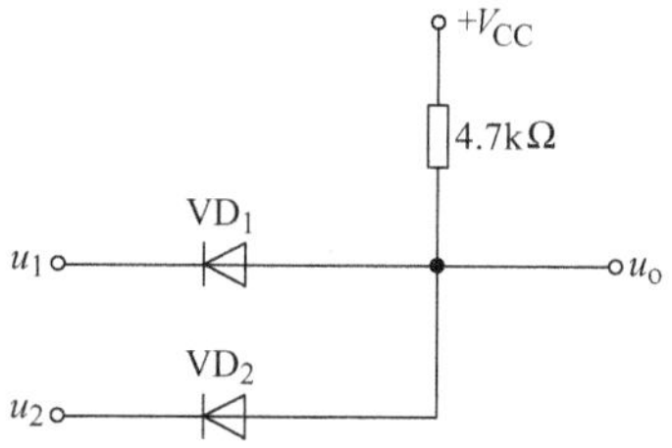

图 1.4.22 二极管构成的开关电路

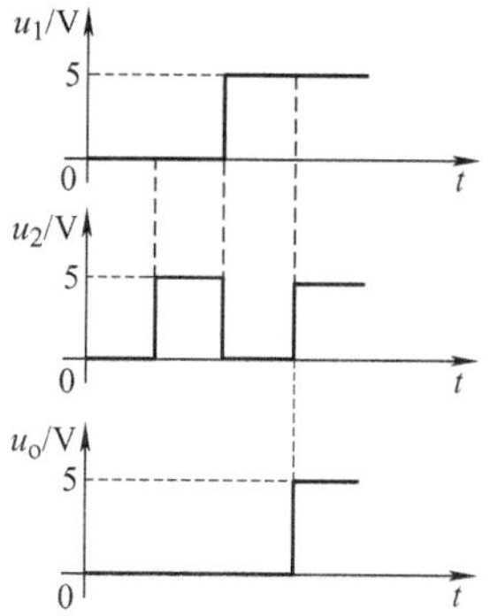

图 1.4.23 图 1.4.22 电路的波形图

3）续流电路。在驱动感性负载的电路中，二极管常用于续流。图 1.4.24 所示为晶体管 VT_1 驱动继电器线圈的原理电路。当 VT_1 导通时，线圈通过电流，VD_1 截止，而当 VT_1 从导通变为关断时，线圈产生反电动势，该反电动势使二极管 VD_1 导通，线圈中的电流通过二极管续流，保护了晶体管 VT_1。

4）检波电路。在高频电子电路中，对于采用调幅方式的调制波，在接收端，需要将调制信号从调幅波中分离出来，这一过程叫做检波，可以利用二极管构成的检波电路完成。图 1.4.25 就是一个由二极管构成的检波电路（检波器）。检波电路的输入信号是由调制信号（如音频信号）调制的调幅波，图中二极管 VD 叫作检波二极管，电容 C 是滤波电容，构成低通滤波器。检波电路的输出信号为从调幅波中分离出来的调制信号（音频信号）。

二极管的应用还有很多，具体可参阅其他资料。

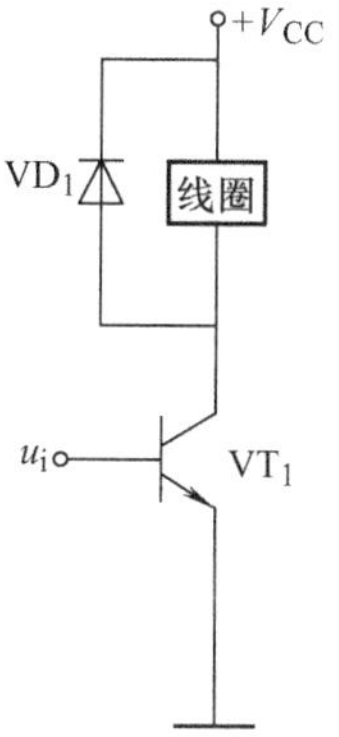

图 1.4.24 续流电路

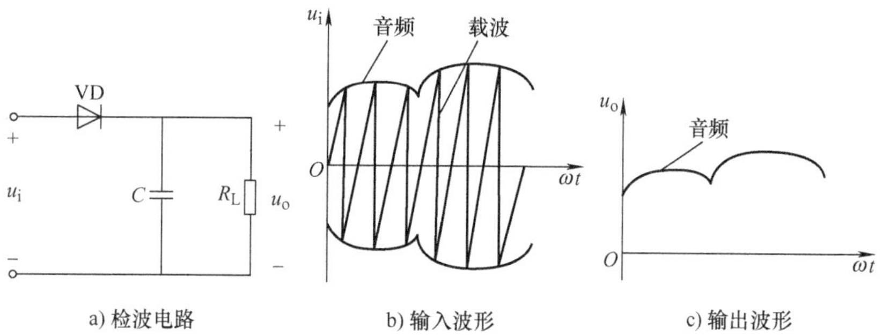

图 1.4.25 检波电路

1.5 其他类型的二极管

除了前面讨论的普通二极管外，还有许多具有特殊性能的其他二极管。下面介绍常用的几种特殊二极管。

1.5.1　稳压管及其基本应用电路

1. 稳压管

稳压管是一种硅材料制成的面接触型二极管。当其工作在反向击穿区时，如果将其电流限制在一定的范围内，那么当电流变化时，二极管两端的反向电压基本不变，表现出稳压特性，故称为稳压管，也称齐纳二极管（Zener Diode）。稳压管广泛应用在稳压和限幅电路中。

（1）稳压管的电压电流特性

稳压管电压电流特性的正向部分与普通二极管类似，其反向击穿特性很陡。稳压管通常工作于反向击穿区，也称为稳压区，如图 1.5.1 所示。工作在稳压区时，要求 $I_{Zmin}<I_Z<I_{Zmax}$，以使稳压管工作在击穿区，且不因功耗过大而损坏。稳压管的电路图形及文字符号如图 1.5.2 所示。

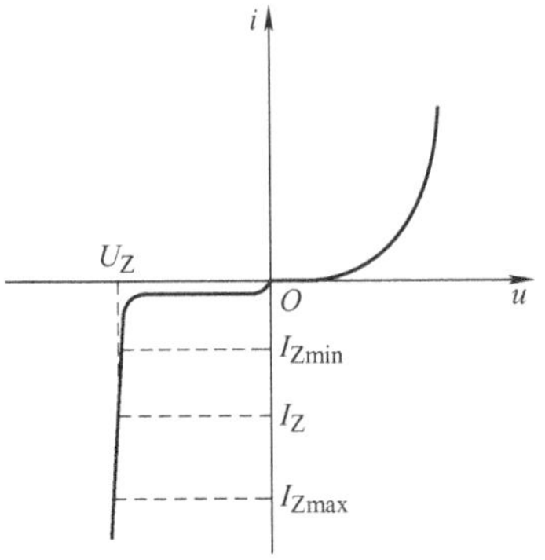

图 1.5.1　稳压管的电压电流特性

（2）稳压管的主要参数

1）稳定电压 U_Z：在规定的电流条件下，稳压管的反向击穿电压。同一型号的管子，其稳压值分散性很大。如 2CW11 的稳压值为 3.2～4.5V，但就某一管子而言，稳压值是固定的。

2）动态电阻 r_z：稳压管工作在稳压区时，其上的电压变化量与电流变化量的比值，即

$$r_z=\frac{\Delta U_Z}{\Delta I_Z} \tag{1.5.1}$$

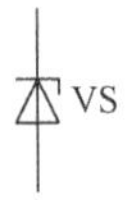

图 1.5.2　稳压管的电路图形及文字符号

该值越小，稳压性能越好。

3）稳定电流 I_Z：指稳压管工作在稳压状态时的参考电流，电流低于此值时，稳压效果将变差，甚至不能稳压。故 I_Z 常取为稳压管工作于稳压区的最小电流 I_{Zmin}。

4）最大允许功率 P_{ZM}：稳压管允许的最大耗散功率，$P_{ZM}=U_ZI_{Zmax}$。

当稳压管的实际功耗大于 P_{ZM} 时，管子将因结温过高而损坏。使用时，由于稳压值一定，所以需要限制管子的工作电流，使之不超过 I_{Zmax}。

5）温度系数：环境温度每变化 1℃时，对应的稳定电压 U_Z 的相对变化量，称为温度系数，用 α 表示

$$\alpha=\frac{\Delta U_Z}{\Delta T}\times 100\% \tag{1.5.2}$$

α 描述了温度变化对稳压值的影响，α 值越小，U_Z 的温度稳定性越高。

由于稳压管的反向电流小于 I_{Zmin} 时不能稳压，大于 I_{Zmax} 时，会因超过允许功率而损坏，所以在稳压管稳压电路中，必须串联一个电阻来限制电流，以保证稳压管正常工作，该电阻称为限流电阻。只有限流电阻取合适的值，稳压管才能安全地工作在稳压状态。

2. 稳压管基本应用电路

（1）并联式稳压电路

图 1.5.3 所示为稳压管构成的稳压电路。其输入为待稳定的直流电压，一般由整流滤波

电路提供。R 为限流电阻，其作用是使 VS 有一个合适的工作电流，负载 R_L 与稳压管并联，故称为并联式稳压电路。下面通过一个例子来分析并联式稳压电路。

【例 1.5.1】 汽车音响中的稳压电路如图 1.5.4 所示。其中 U_I来自车上的铅酸蓄电池，其范围为 11~13.6V。音响负载需要的电压为 9V，从关闭音响到音量最大时，需要的电流范围为 0~100mA。求限流电阻 R 的值，并选择合适的稳压管。

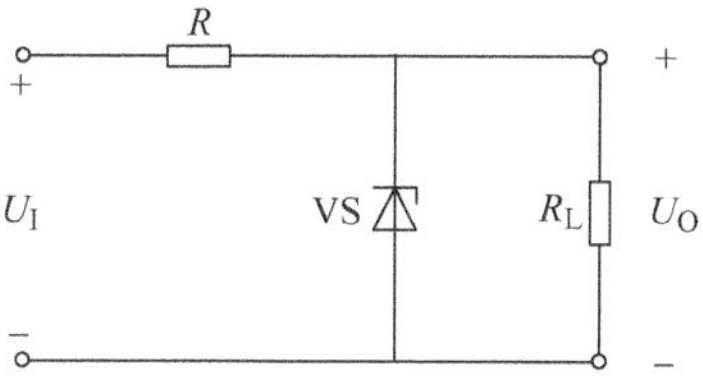

图 1.5.3 并联式稳压电路

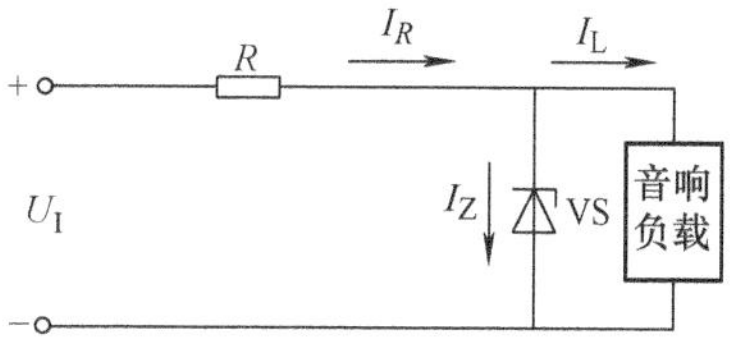

图 1.5.4 汽车音响中的稳压电路

解： 1）由于负载需要的电压为 9V，因此可选稳压管的 $U_Z=9V$。

2）选择合适的限流电阻 R。由于

$$R=\frac{U_I-U_Z}{I_Z+I_L} \tag{1.5.3}$$

因此当稳压电路的输入电压最小，即 $U_I=U_{Imin}$，负载电流最大，即 $I_L=I_{Lmax}$ 时，稳压管的电流 I_Z 应至少达到其最小工作电流 I_{Zmin}，即

$$R=\frac{U_{Imin}-U_Z}{I_{Zmin}+I_{Lmax}} \tag{1.5.4}$$

当稳压电路的输入电压最大，即 $U_I=U_{Imax}$，负载电流最小，即 $I_L=I_{Lmin}$ 时，稳压管的电流 I_Z 应不超过其最大工作电流 I_{Zmax}，即

$$R=\frac{U_{Imax}-U_Z}{I_{Zmax}+I_{Lmin}} \tag{1.5.5}$$

在式（1.5.4）及式（1.5.5）中，稳压管的最大和最小电流未知，但一般下式成立

$$I_{Zmin}=0.1I_{Zmax} \tag{1.5.6}$$

联立解式（1.5.4）~式（1.5.6）得 $I_{Zmax}=300mA$，$I_{Zmin}=30mA$，则

$$R=\frac{U_{Imax}-U_Z}{I_{Zmax}+I_{Lmin}}=\frac{13.6-9}{0.3}\Omega=15.3\Omega$$

3）稳压管的最大功耗，$P_Z=U_ZI_{Zmax}=2.7W$，电阻的功率 $P_R=\dfrac{(U_{Imax}-U_Z)^2}{R}=1.4W$。据此查手册，可选择合适的稳压管和限流电阻，并由 U_Z 和 I_{Zmax} 的计算结果，可选择型号为 1N5436 的稳压管。

（2）限幅电路

为了满足不同负载对电压幅值的要求，常利用稳压管构成限幅电路。图 1.5.5 所示为一比较器及其输出限幅电路，其中 R_2 和 VS 构成双向限幅电路，R_2 为 VS 的限流电阻。未经限幅的比较器输出 u_{O1} 的幅值为运算放大器输出的正负向限幅值$+U_{OH}$ 和$-U_{OL}$，经过限幅电

路后的输出 u_{O2} 的最大值和最小值由稳压管的稳压值$\pm U_Z$ 决定，如图 1.5.6 所示。

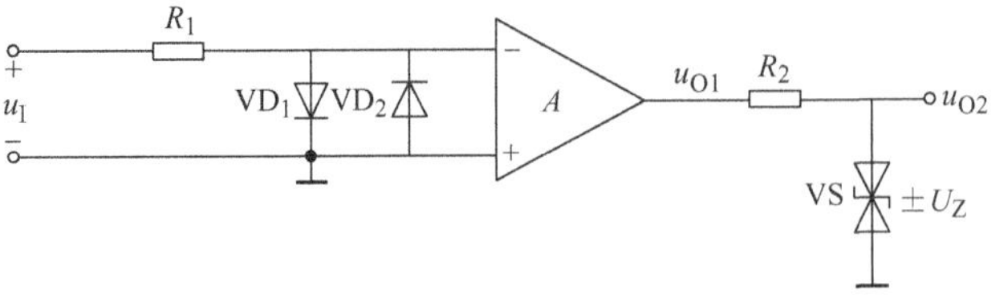

图 1.5.5　稳压二极管构成的输出限幅电路

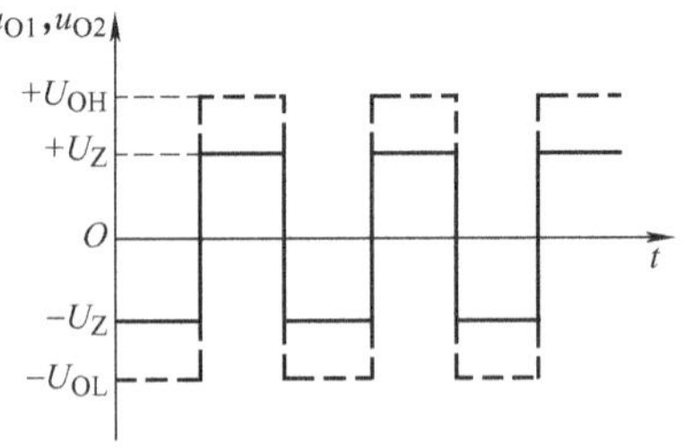

图 1.5.6　输出波形

1.5.2　变容二极管

根据二极管反向偏置时，反向电阻大，结电容作用大且结电容可调的原理，可构成变容二极管，其电路图形符号如图 1.5.7a 所示。其容量与所加反向偏置电压的大小有关，电容值与所加电压之间的关系称为二极管的电容电压特性曲线，即 *C-U* 曲线。常见的 *C-U* 曲线如图 1.5.7b 所示。由图可见，此时二极管表现为一压控电容，利用此特点，变容二极管常用在调谐回路中代替可变电容器。图 1.5.8 所示是电视机的输入调谐回路，当调节电位器 R_P，改变变容二极管两端的直流反向偏置电压时，其结电容 C_j 改变。图中，C_1 的容量远大于 C_j，用来对直流电流进行隔离，以避免因电感 *L* 使二极管两端的直流偏置电压被短路。输入回路的谐振频率可随 U_D 的变化而改变，调节 U_D 即可选取不同频道的电视信号，实现所谓的电调谐。

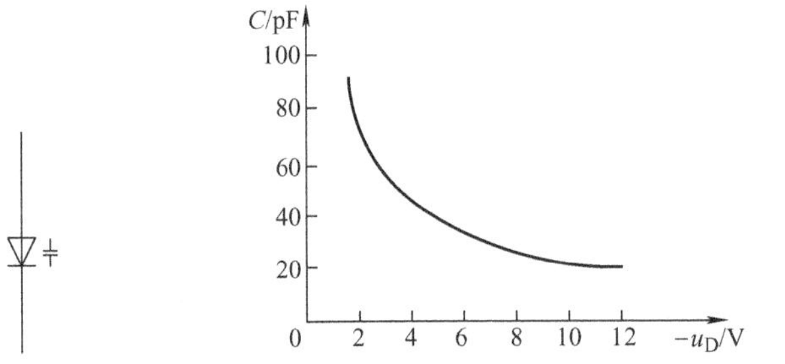

a) 变容二极管的电路图形符号　　b) 变容二极管的特性曲线

图 1.5.7　变容二极管的电路图形符号及特性曲线

1.5.3　发光二极管

发光二极管（Light-Emitting Diode，LED）通过一定的电流时，将发出各种颜色的可见光或不可见光，因此常作为显示器件使用。发光二极管的电路图形符号如图 1.5.9a 所示。发光二极管使用时需要加正向电压，并且需要足够的电流才能发光，正向电流越大，发光越强。发光二极管的开启电压比普通二极管的大，一般在 1.6~2V。发光二极管的基本应用电路如图 1.5.9b 所示，在电源电压一定的情况下，需要通过电阻 *R* 的选择，使发光二极管上通过的电流达到工作电流。例如 $V_{CC}=5V$，正向导通压降 $U_D=1.5V$，发光二极管的正常工作电流 $I_D=10\sim15mA$，则电阻 $R=\dfrac{V_{CC}-U_D}{I_D}=0.35\sim0.23k\Omega$。

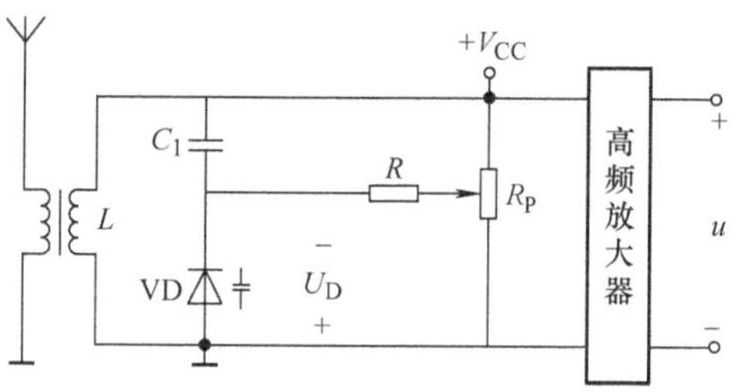

图 1.5.8　变容二极管的一种应用

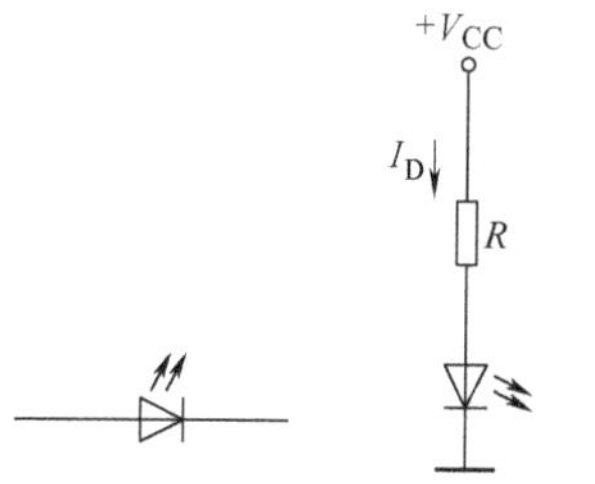

a) 电路图形符号　　b) 应用电路

图 1.5.9　发光二极管的电路图形符号及应用电路

发光二极管除单个使用外，常做成七段或八段显示器，如图 1.5.10 所示。

1.5.4　光电二极管

光电二极管的结构与普通二极管相似，在它的 PN 结处，通过管壳上的一个玻璃窗口接收外部光照。当这种器件的 PN 结反向偏置时，器件上通过的反向电流与光照强度成正比，从而可将光信号转换为电信号。其电路图形符号如图 1.5.11 所示，电压电流特性如图 1.5.12a 所示，应用电路如图 1.5.12b 所示。

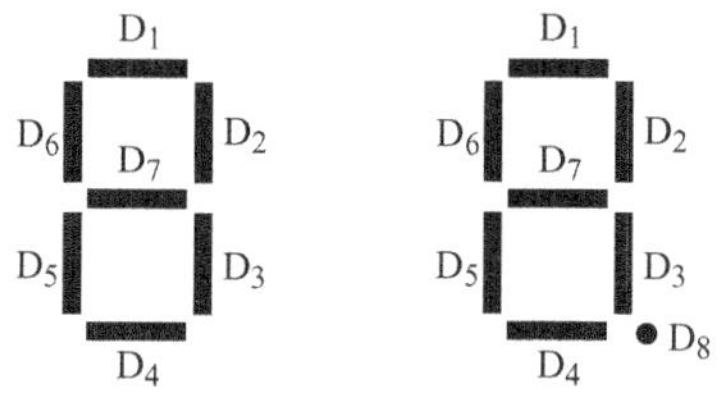

a) 七段显示器　　b) 八段显示器

图 1.5.10　七段和八段显示器

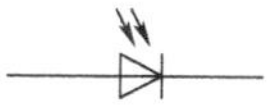

图 1.5.11　光电二极管的电路图形符号

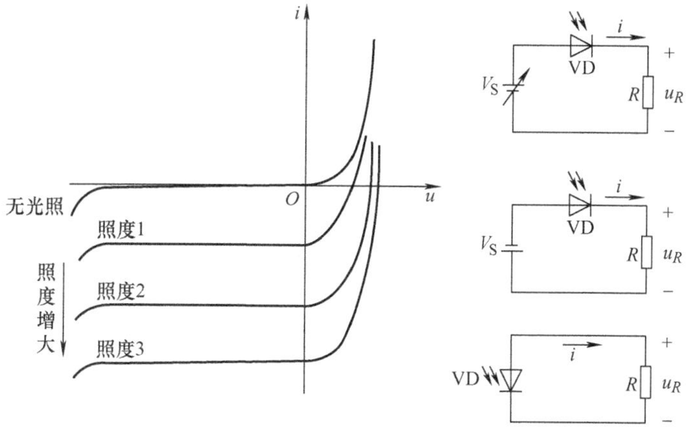

a) 光电二极管的电压电流特性　　b) 光电二极管的应用电路

图 1.5.12　光电二极管的电压电流特性及应用电路

光电二极管常作为将光信号转换为电信号的器件，也用于光信号测量。光电二极管和发光二极管组合应用，能够完成光信号和电信号之间的接口功能，将电信号转换为光信号或反之。例如发光二极管将电信号转换为光信号，通过光缆传输，然后再用光电二极管接收，再现电信号，如图 1.5.13 所示。

光电二极管和发光二极管的组合器件称为光电耦合器，简称光耦，可实现电路各个部分之间电信号的隔离，如图 1.5.14 所示。

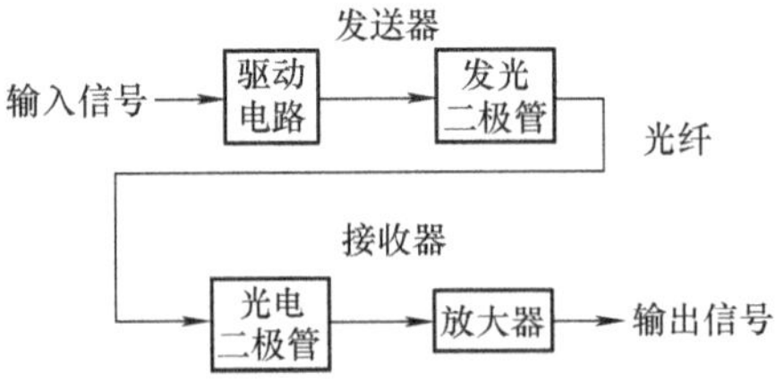

图 1.5.13　光信号传输的基本构成

1.5.5　太阳能电池

太阳能电池广泛作为卫星等飞行器中电子设备的电源。今天，太阳能转换为电能的应用越加广泛。太阳能电池的核心部分是特殊的 PN 结，当太阳光照在 PN 结表面时，将在内部产生电子和空穴，电子和空穴的运动产生光电流，该电流将在负载两端产生电压，给负载供电。太阳能电池原理电路如图 1.5.15 所示。

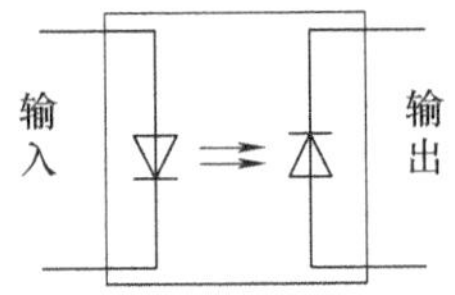

图 1.5.14　光电耦合器

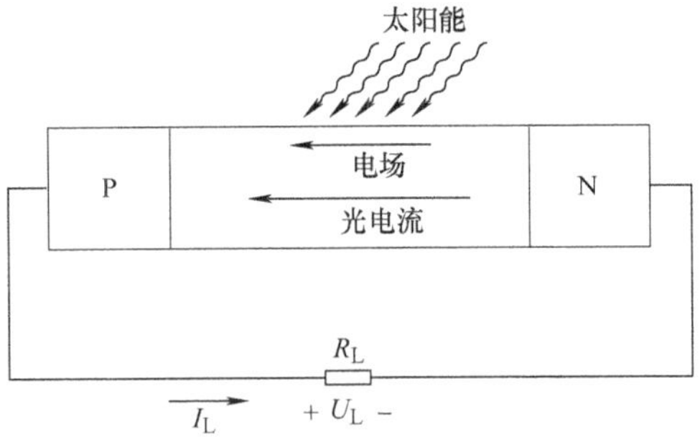

图 1.5.15　太阳能电池原理电路

本章小结

本章介绍了半导体的基础知识，重点讨论了 PN 结、二极管的工作原理、特性曲线和主要参数，学习了二极管基本电路及其分析方法。现就各部分归纳如下：

1. 杂质半导体与 PN 结

在本征半导体中掺入不同杂质就形成 N 型半导体和 P 型半导体，控制掺入杂质的浓度就可有效地改变其导电性。半导体中有两种载流子：自由电子和空穴。电子为多数载流子的杂质半导体为 N 型半导体，空穴为多数载流子的杂质半导体为 P 型半导体。在同一个硅片（或锗片）上制作两种杂质半导体，在它们的交界面上就形成 PN 结。PN 结具有单向导电性，是构成二极管、双极结型三极管的基础。

2. 半导体二极管

一个 PN 结经封装并引出电极后就构成二极管。二极管加正向电压时，产生扩散电流，电流与电压成指数关系；加反向电压时，产生漂移电流，其数值很小，体现出单向导电性。当反向电压达到一定值时，二极管进入击穿区。I_F、I_R、U_R 和 f_M 是二极管的主要参数。

利用 PN 结击穿时的特性可制成稳压管，利用 PN 结的电容效应可制成变容二极管，利用发光材料可制成发光二极管，利用 PN 结的光敏性可制成光电二极管。

含二极管的电路本质上为非线性电路。静态分析时，一般采用分段线性化分析方法；动态分析时，一般采用小信号模型法。

学完本章后，应能掌握以下几点：

1）PN 结及其特性。

2）二极管的工作原理、特性曲线和主要参数。

3）含二极管的电路及其分析方法。

4）二极管、稳压管选用的原则。

思　考　题

1.1　为什么称空穴是载流子？

1.2　如何从 PN 结的电压电流特性方程来理解其伏安特性曲线和温度对伏安特性的影响？

习　　题

1.1　电路如图 T1.1 所示，输入电压是峰值为 8V、频率为 50Hz 的正弦波，假设图中二极管特性均为理想。试对应画出各图中输入与输出电压的波形，并标出相应的幅值。

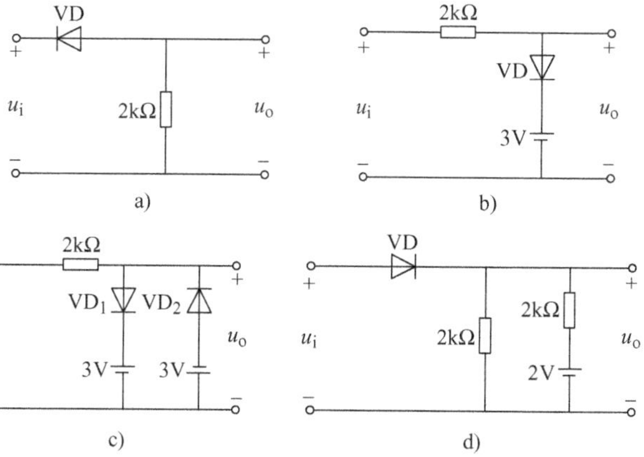

图 T1.1

1.2　电路如图 T1.2a 所示，其输入电压 u_{i1} 和 u_{i2} 的波形如图 T1.2b 所示，假设图中二极管特性均为理想。试画出输出电压 u_o 的波形，并标出幅值。

1.3　在图 T1.3 所示的电路中，交流电源的电压有效值为 220V，现有三只二极管 VD_1、VD_2、VD_3 和三只 220V、40W 灯泡 HL_1、HL_2、HL_3 接在该电源上。试问哪只（或哪

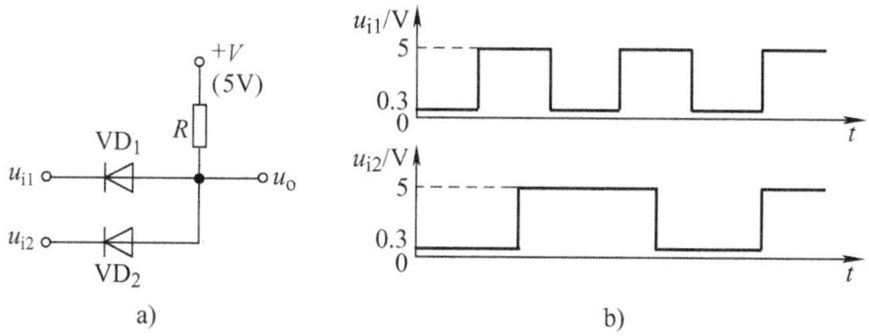

图 T1.2

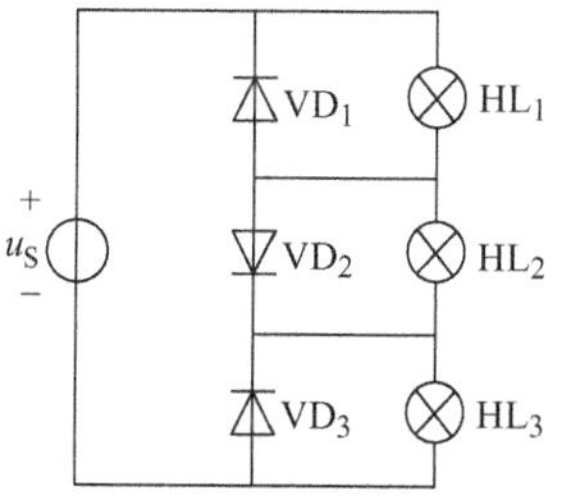

图 T1.3

些）灯泡发光最亮？哪只（或哪些）二极管承受的反向电压最大？

1.4　设图 T1.4 所示各电路中的二极管性能均为理想。试判断各电路中的二极管是导通还是截止，并求出 A、B 两点之间的电压 U_{AB} 的值。

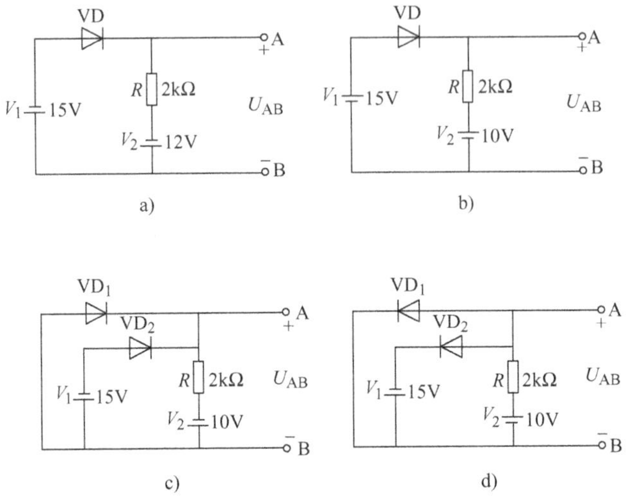

图 T1.4

1.5　已知图 T1.5 所示电路中稳压管的稳定电压 $U_Z=6V$，最小稳定电流 $I_{Zmin}=5mA$，最大稳定电流 $I_{Zmax}=25mA$。

（1）分别计算 U_I 为 10V、15V、35V 三种情况下输出电压 U_O 的值；

（2）若 $U_I=35V$ 时负载开路，则会出现什么现象？为什么？

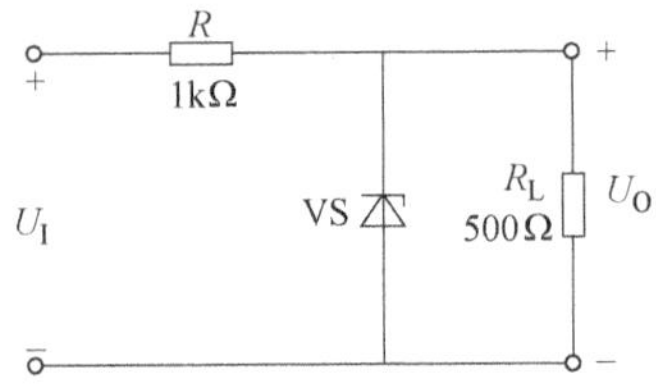

图 T1.5

1.6　电路如图 T1.6a、b 所示，稳压管的稳定电压 $U_Z=4V$，R 的取值合适，u_I 的波形如图 T1.6c 所示。试分别画出 u_{O1} 和 u_{O2} 的波形。

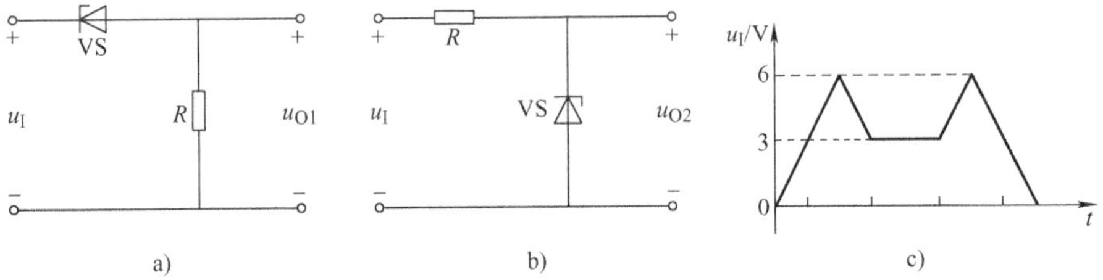

图 T1.6

1.7　已知稳压管的稳压值 $U_Z=6V$，稳定电流的最小值 $I_{Zmin}=5mA$。求图 T1.7 所示电路中 U_{O1} 和 U_{O2} 的值。

1.8　在图 T1.8 所示电路中，发光二极管导通电压 $U_D=1.5V$，正向电流在 5～15mA 时才能正常工作。试问：

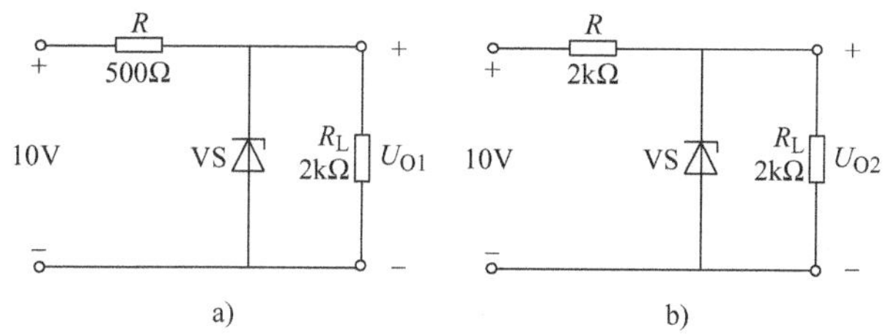

图 T1.7

（1）开关 S 在什么位置时发光二极管才能发光？

（2）*R* 的取值范围是多少？

1.9　图 T1.9 所示电路，输入为正弦交流电压。利用 Multisim 研究在电阻 *R* 的阻值变化时，二极管上的直流电压和交流电流的变化，并总结仿真结果。

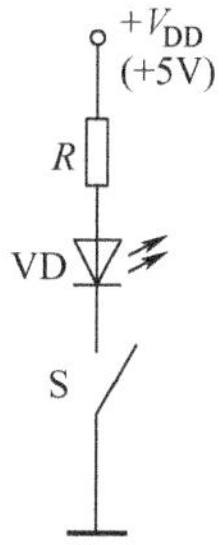

图 T1.8

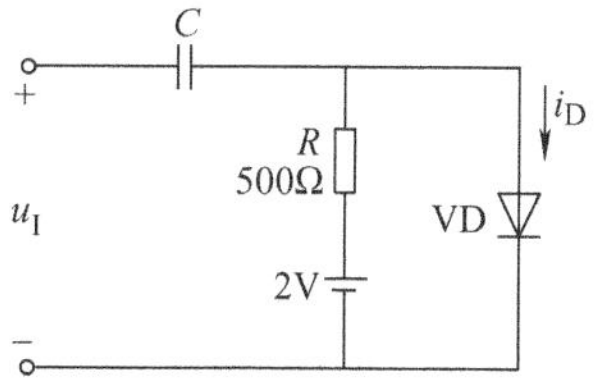

图 T1.9

第2章 双极结型晶体管及其基本放大电路

引言

1945 年夏天，贝尔实验室制定了一个庞大的研究计划：决定以固体物理为主要研究方向。1945 年 10 月，巴丁（John Bardeen）加入贝尔实验室的肖克利小组，参与研究开发制造晶体管的项目。这个小组还有另外两位美国物理学家：课题负责人肖克利（William Shockley）和布拉顿（Walter Houser Brattain）。这三人可谓珠联璧合，肖克利是毕业于麻省理工学院，研究半导体的物理博士，当时已经在 PN 结及晶体管领域研究了数年，布拉顿是实验高手，而巴丁是理论天才。

1947 年 12 月 23 日，他们终于实现了两个触点间 100 倍的电压增益，第一个晶体管就此诞生了！一个月之后，肖克利又发明了一种全新的、能稳定工作的"PN 结型晶体管"。第一个基于锗半导体的具有放大功能的点接触式晶体管面世，标志着现代半导体产业的诞生和第一次电子技术革命的正式开启。二十世纪五六十年代，肖克利在推动晶体管商业化的同时，造就了如今加州电子工业密布的硅谷地区。

1956 年，由于晶体管的发明，巴丁、肖克利和布拉顿共同获得了诺贝尔物理学奖。1972 年，巴丁因超导理论方面的贡献，第二次获得诺贝尔物理学奖。

本章是学习后续各章的基础，因此是本课程的重点之一。本章主要讨论双极结型晶体管的结构、工作原理、特性曲线和主要参数。学习放大电路的基础知识、双极结型晶体管放大电路的工作原理、放大电路静态工作点的作用及其求解，放大电路的图解分析法和小信号等效分析法，从共射极放大电路入手，学习共射极放大电路、共基极放大电路和共集电极放大电路的三种组态及其动态性能指标的求解和特点，为选择合适的放大电路打下基础。

2.1 双极结型晶体管

双极结型晶体管（Bipolar Junction Transistor，BJT），简称晶体管，是通过一定的工艺，将两个 PN 结结合在一起的器件。由于该器件中电子和空穴同时参与形成电流，通过两个 PN 结之间的相互影响，使其表现出不同于单个 PN 结的特性而具有电流放大作用，故称为双极结型晶体管。双极结型晶体管是构成放大电路的基础。

2.1.1　双极结型晶体管的结构及类型

在同一个硅片上，制造出三个掺杂区域，并形成两个 PN 结，就构成了双极结型晶体管。采用平面工艺制成的 NPN 型硅材料晶体管的结构如图 2.1.1 所示。图 2.1.1a 中，位于中间的 P 型区称为基区，它很薄，掺杂浓度很低；位于上层的 N 区是发射区，掺杂浓度很高；位于下层的 N 区是集电区，面积最大，掺杂浓度较发射区低。三个区域引出的三个电极分别称为基极（Base），发射极（Emitter）和集电极（Collector）。发射区和基区之间的 PN 结称为发射结，基区和集电区之间的 PN 结称为集电结。若发射区和集电区为 P 型，基区为 N 型，则构成 PNP 型晶体管。NPN 型晶体管和 PNP 型晶体管的电路图形符号如图 2.1.1c 所示，其发射极的箭头表示晶体管工作在放大状态时发射极的实际电流方向。

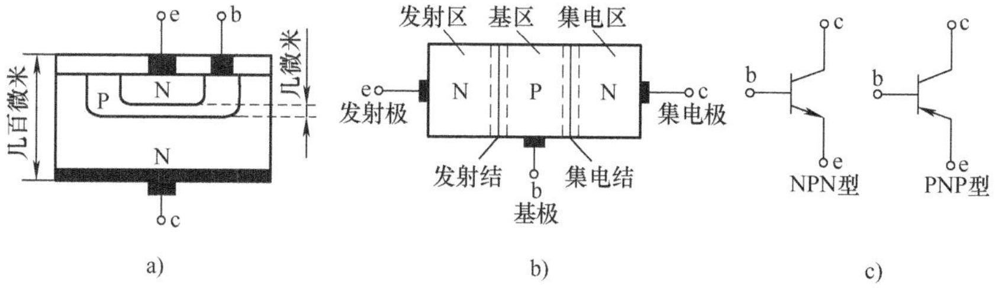

图 2.1.1　双极结型晶体管的结构

常见双极结型晶体管的外形与封装如图 2.1.2 所示。

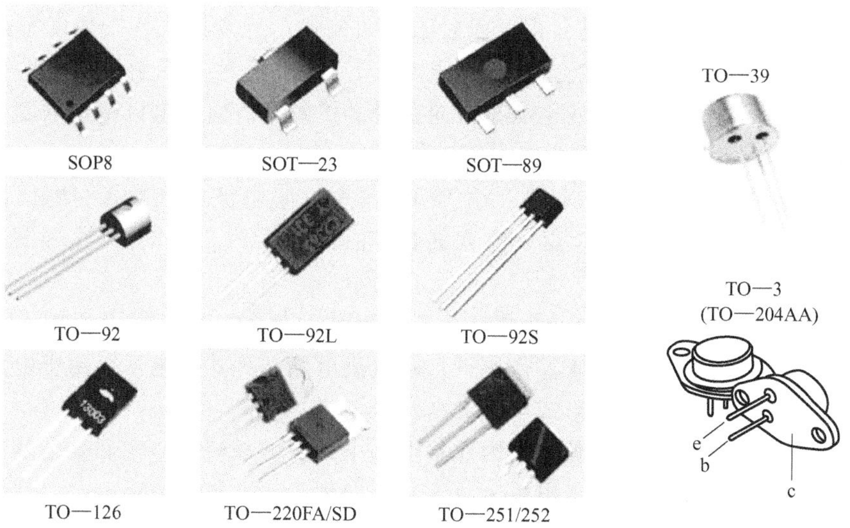

图 2.1.2　常见双极结型晶体管的外形与封装

晶体管的种类很多，按照工作频率分，有高频管、低频管；按照功率分，有小、中、大功率管；按照所用的半导体材料分，有硅管和锗管；按照结构不同分，有 NPN 型管和 PNP 型管。

本节以硅材料 NPN 型晶体管为例，讲述晶体管的电流放大原理、电压电流特性和主要参数。

2.1.2　双极结型晶体管的电流放大作用

将 NPN 型晶体管接成如图 2.1.3 所示的电路。其中，V_{CC}、V_{BB}、R_b、R_c 的选择使晶体管集电极的电位最高，发射极的电位最低，基极的电位位于两者之间，从而使发射结正向偏置，集电结反向偏置。因这时小的基极电流可以控制大的集电极电流，故称这时晶体管工作在放大状态。

1. 晶体管内部载流子的运动

将图 2.1.3 中的晶体管展开，得到如图 2.1.4 所示的电路，这时晶体管内部载流子的运动过程如下：

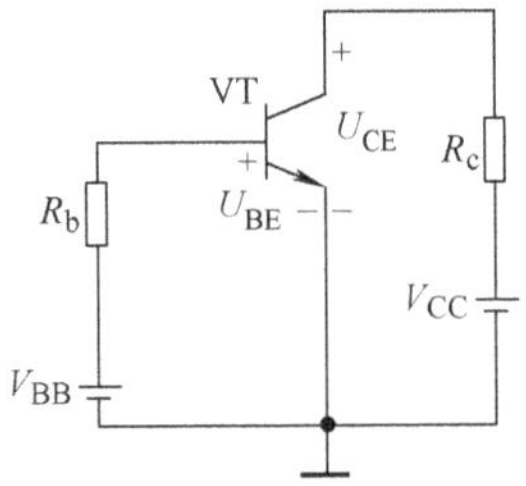

图 2.1.3　工作在放大状态的 NPN 型晶体管

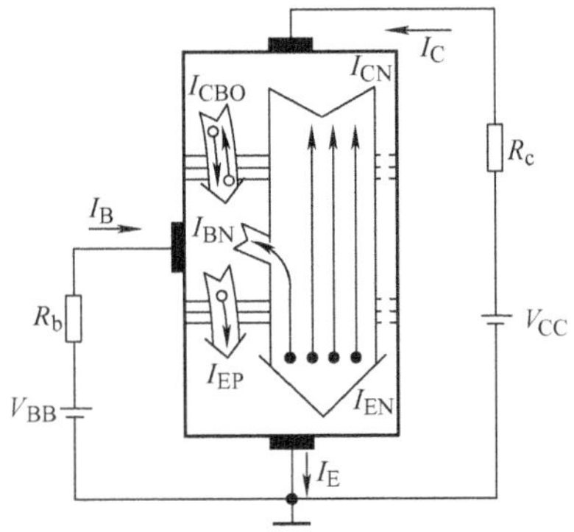

图 2.1.4　晶体管内部载流子运动与外部电流

1）发射区载流子的扩散运动：由于发射结正向偏置，且发射区掺杂浓度很高，因此大量电子因扩散运动越过发射结到达基区，形成电流 I_{EN}，下标 N 表示由电子的扩散形成的电流。同时，基区的多数载流子空穴也从基区向发射区扩散，但由于基区掺杂浓度很低，所以空穴形成的电流 I_{EP} 很小，近似分析时，可以忽略不计。

2）扩散到基区的电子与空穴复合：由于基区很薄，集电极具有最高的电位，因此扩散到基区的电子只有很少一部分和基区的空穴复合，由于电源 V_{BB} 的作用，这种复合运动源源不断地进行，从而形成电流 I_{BN}。

3）扩散到基区的电子被集电区收集：由于集电结加反向电压且结面积较大，因此绝大多数扩散到基区的电子在外电场 V_{CC} 作用下，越过集电结，到达集电区，由于电源 V_{CC} 的作用，这种过程源源不断地进行，形成电流 I_{CN}。

与此同时，由于集电结反向偏置，因此集电区中的少数载流子空穴和基区的少数载流子电子在集电结存在漂移运动，形成电流 I_{CBO}，其方向和 I_{CN} 的方向相同。

2. 电流分配关系

从上述载流子的内部运动过程可以得到晶体管的发射极电流、基极电流和集电极电流如下：

$$I_E = I_{EN} + I_{EP} \approx I_{EN} \tag{2.1.1}$$

$$I_B = I_{BN} - I_{CBO} \tag{2.1.2}$$

$$I_C = I_{CN} + I_{CBO} \tag{2.1.3}$$

式中，I_E、I_B、I_C 的实际方向如图 2.1.4 所示。从晶体管的外部看，三个电极的电流有下列关系：

$$I_E = I_B + I_C \tag{2.1.4}$$

3. 晶体管的电流放大系数

若将基极和发射极构成的回路作为输入回路，集电极和发射极构成的回路作为输出回路，则输入回路和输出回路之间的公共端为发射极，故图 2.1.3 的电路称为共射极接法。

定义：发射区扩散到基区被集电区所收集的电子形成的电流 I_{CN}，与扩散到基区在基区与空穴复合的电子形成的电流 I_{BN} 之间的比值，为共射直流电流放大系数 $\bar{\beta}$

$$\bar{\beta} = \frac{I_{CN}}{I_{BN}} = \frac{I_C - I_{CBO}}{I_B + I_{CBO}} \approx \frac{I_C}{I_B} \tag{2.1.5}$$

整理式（2.1.5）得

$$I_C = \bar{\beta} I_B + (1+\bar{\beta}) I_{CBO} \tag{2.1.6}$$

式中，$(1+\bar{\beta})I_{CBO} = I_{CEO}$ 称为集电极-发射极穿透电流。

一般情况下，$I_B \gg I_{CBO}$，$\bar{\beta} \gg 1$，所以

$$I_C \approx \bar{\beta} I_B \tag{2.1.7}$$

而

$$I_E \approx (1+\bar{\beta}) I_B \tag{2.1.8}$$

对实际的晶体管，由于 $\bar{\beta} \gg 1$，故图 2.1.3 所示电路输出回路的电流 I_C 比输入回路的电流 I_B 大很多倍，此为晶体管的电流放大作用。

由式（2.1.8）求出 I_B，代入式（2.1.7）有

$$I_C = \left(\frac{\bar{\beta}}{1+\bar{\beta}}\right) I_E = \bar{\alpha} I_E \tag{2.1.9}$$

$$\bar{\alpha} = \frac{I_C}{I_E} \tag{2.1.10}$$

称为共基直流电流放大系数。$\bar{\alpha}$ 和 $\bar{\beta}$ 的关系为

$$\bar{\alpha} = \frac{\bar{\beta}}{1+\bar{\beta}} \tag{2.1.11}$$

对于实际的晶体管，由于 $\bar{\beta} \gg 1$，故 $\bar{\alpha}$ 小于 1，但很接近 1。

如果晶体管为 PNP 型管，采用图 2.1.5a、b 所示的电路使晶体管工作在放大状态，外

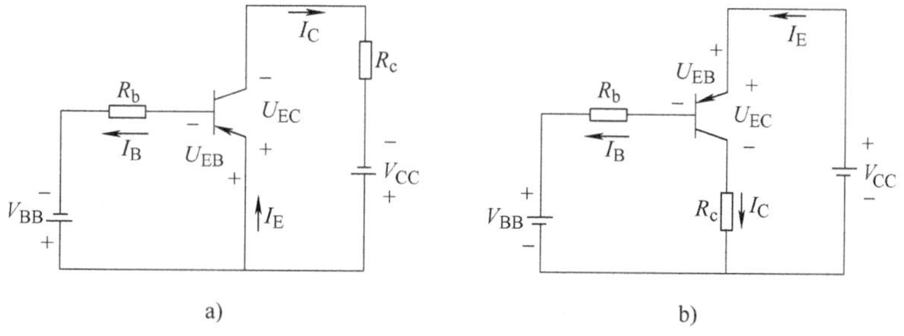

图 2.1.5　工作在放大状态的 PNP 型晶体管

加电压使发射结正向偏置，集电结反向偏置，则此时集电极电位最低，发射极电位最高，基极电位位于二者之间，晶体管工作在放大区，上述的电流关系对应成立，只是各极的电流实际方向和 NPN 型管的电流方向相反。

2.1.3　双极结型晶体管的电压电流特性

晶体管的电压电流特性指各极的电压与电流之间的关系，常用电压电流特性曲线表示。晶体管的电压电流特性由输入特性和输出特性构成，输入特性描述输入端口上电压和电流之间的关系，输出特性描述输出端口上电压和电流之间的关系。晶体管在放大电路中使用时常有如图 2.1.6 所示的三种典型接法，分别称为共射极（CE）接法，共基极（CB）接法和共集电极（CC）接法。接法不同，电压电流特性对应的电压、电流也不同。下面以 NPN 型晶体管的共射极接法为例，研究其电压电流特性。

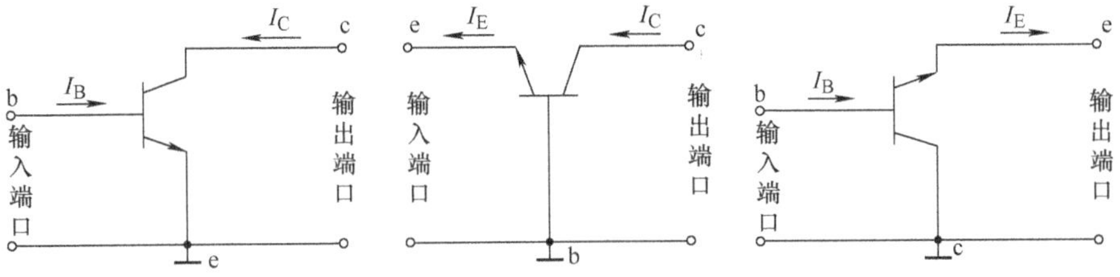

a) 共射极接法　　b) 共基极接法　　c) 共集电极接法

图 2.1.6　晶体管在放大电路中的三种典型接法

1. 输入特性

共射极接法时，输入特性描述 u_{CE} 一定的情况下，输入回路中基极电流 i_B 和发射结电压 u_{BE} 之间的关系，即

$$i_B = f(u_{BE})\big|_{u_{CE}=常数} \tag{2.1.12}$$

式中，f 为任意函数。

取不同的 u_{CE} 值，得到 u_{BE} 和 i_B 的关系，如图 2.1.7 所示，即为输入特性曲线。

当 $u_{CE}=0$ 时，相当于集电极和发射极直接短接，发射结和集电结并联，i_B 和 u_{BE} 的关系和正向偏置的 PN 结特性类似。

当 u_{CE} 增大时，集电区收集电子的能力增强，电子在基区复合的机会相对减小。在特性曲线上，对相同的 u_{BE}，i_B 减小，特性曲线右移。但当 u_{CE} 大于 1V 以后，由于集电区的电场已足够强，再增大 u_{CE}，对 i_B 几乎没有影响，因此特性曲线不再明显右移。对小功率晶体管，可用 u_{CE} 大于 1V 的曲线近似代表 u_{CE} 大于 1V 的所有曲线。

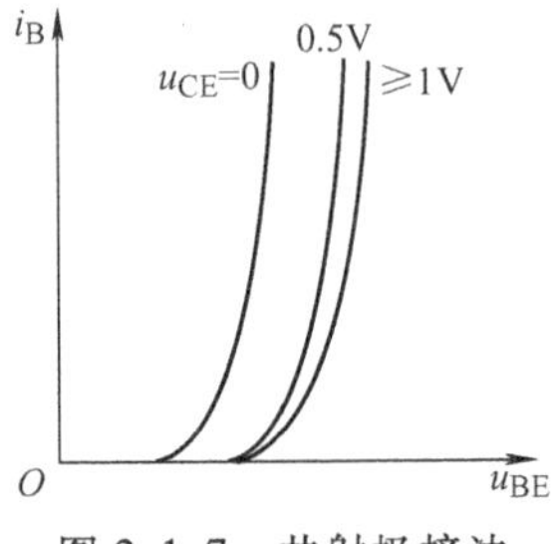

图 2.1.7　共射极接法时的输入特性

2. 输出特性

共射极接法时，输出特性指在基极电流 i_B 一定的情况下，输出回路中集电极电流 i_C 与集电极和发射极之间的电压 u_{CE} 之间的关系，即

$$i_C = f(u_{CE})\big|_{i_B=常数} \tag{2.1.13}$$

式中，f 为任意函数。

取不同的 i_B 值，得到 i_C 和 u_{CE} 的关系如图 2.1.8 所示。对某一常数 i_B，如 $i_B=I_{B1}$，在输出特性的起始部分，u_{CE} 很小，当其略有增加时，i_C 增加很快。这是由于 u_{CE} 较小（对硅管，约 1V 以下）时，集电结的反向电压很小，对到达基区的电子的吸引力不足，u_{CE} 略有增加，从基区到达集电区的电子也增加，i_C 随 u_{CE} 的增加而增加。

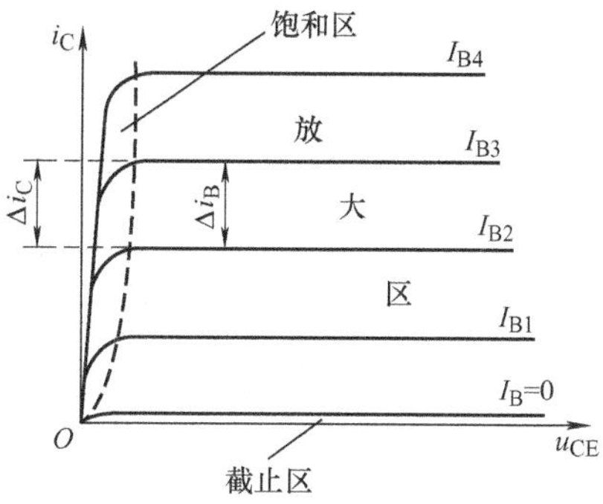

图 2.1.8 共射极接法下的输出特性

当 u_{CE} 超过某一值（约 1V）后，特性曲线变得比较平坦，即 i_C 基本不随 u_{CE} 的增加而增加。这是由于 u_{CE} 大于 1V 后，集电结的电场已足够强，使发射区扩散到基区的电子绝大部分都能到达集电区，故 u_{CE} 增加，i_C 不再明显增加。改变 i_B 的值，可得到一组输出特性。i_B 增加时，特性曲线上移。

在输出特性曲线的平坦部分，随着 u_{CE} 的增加，i_C 略有增加，曲线稍向上倾斜。这是由于当 u_{CE} 增加时，u_{BE} 变化较小，而 $u_{CE}=u_{CB}+u_{BE}$，故集电结反向偏置电压 u_{CB} 随之增加，u_{CB} 的增加使集电结空间电荷区的宽度增加，致使基区有效宽度减小，使基区内载流子的复合机会减小，在 i_B 不变的情况下，i_C 略有增加，特性曲线向上倾斜。这种现象称为基区宽度调制效应。

3. 晶体管的三个工作区

图 2.1.8 已在输出特性曲线上标出了晶体管的三个工作区，下面分析不同工作区的特点。

1）放大区：发射结正向偏置且结电压大于开启电压，集电结反向偏置，即 $U_{BE}>U_{on}$，$U_{CE}>U_{BE}$。i_C 几乎仅决定于 i_B，而与 u_{CE} 无关，表现出 i_B 对 i_C 的控制作用。在理想情况下，当 i_B 按等差变化时，特性曲线是一组和横轴平行的等距离直线。I_B 和 I_C 之间的关系满足：$I_C=\bar{\beta}I_B$。

晶体管常工作在有输入交流信号的情况下，如从基极回路输入一个变化的电压 u_i，则引起基极电流产生一个变化 Δi_B，相应的集电极电流的变化量为 Δi_C，则 Δi_C 与 Δi_B 之比称为共射交流电流放大系数 β

$$\beta=\frac{\Delta i_C}{\Delta i_B} \tag{2.1.14}$$

式（2.1.14）的含义如图 2.1.8 所示，表示在工作点处，i_C 与 i_B 的变化量的比值。式（2.1.14）表达了晶体管对变化信号的放大能力。在放大区，β 可认为是基本恒定的。实际中，常用晶体管参数测试仪测量 β，或通过输出特性曲线估算出 β。

在晶体管的输出特性曲线等间距且忽略 I_{CEO} 的情况下，从数值上可认为

$$\beta\approx\bar{\beta} \tag{2.1.15}$$

故实际计算中，β 和 $\bar{\beta}$ 经常采用同一数值。

同理，可定义共基交流电流放大系数：

$$\alpha=\frac{\Delta i_C}{\Delta i_E}$$

且数值上可认为：$\alpha \approx \bar{\alpha}$

2）截止区：发射结反向偏置，或发射结正向偏置但结电压小于开启电压，集电结反向偏置，即 $U_{BE} \leqslant U_{on}$，$U_{CE} > U_{BE}$，则 $i_B = 0$，$i_C = I_{CEO}$。由于 I_{CEO} 很小，晶体管工作在截止区时，一般取 $i_C = 0$。

3）饱和区：发射结和集电结均处于正向偏置，即 $U_{BE} > U_{on}$，$U_{CE} \leqslant U_{BE}$。I_C 不仅与 I_B 有关，而且明显随 u_{CE} 的增大而增大。此时实际的 I_C 小于 $\bar{\beta} I_B$。当 $U_{CE} = U_{BE}$，即 $U_{CB} = 0$ 时，集电结的偏置电压为 0，处于饱和区与放大区的交界处，称为临界饱和。晶体管饱和时的 U_{CE} 称为饱和管压降，记为 U_{CES}，一般情况下，其值约为 0.1~0.3V。

在模拟电路中，需要晶体管工作在放大区，在数字电路中，需要晶体管在饱和区和截止区之间不断转换。

2.1.4　双极结型晶体管的主要参数

1. 直流参数

1）共射直流电流放大系数

$$\bar{\beta} = \left. \frac{I_C}{I_B} \right|_{U_{CE} = 常数}$$

2）共基直流电流放大系数

$$\bar{\alpha} = \left. \frac{I_C}{I_E} \right|_{U_{CB} = 常数}$$

3）极间反向电流

① 集电极-基极间反向饱和电流 I_{CBO}：指发射极开路、集电结反向偏置时，集电极和基极之间的反向饱和电流。如图 2.1.4 和图 2.1.9 所示。相当于集电结少数载流子漂移形成的电流，只决定于少数载流子的浓度和环境温度。

② 集电极-发射极间的反向饱和电流 I_{CEO}：表示基极开路、集电极和发射极间加上一定的反向电压时的集电极电流。由于这个电流由集电区穿过基区至发射区，故又叫穿透电流，如图 2.1.4 和图 2.1.10 所示。

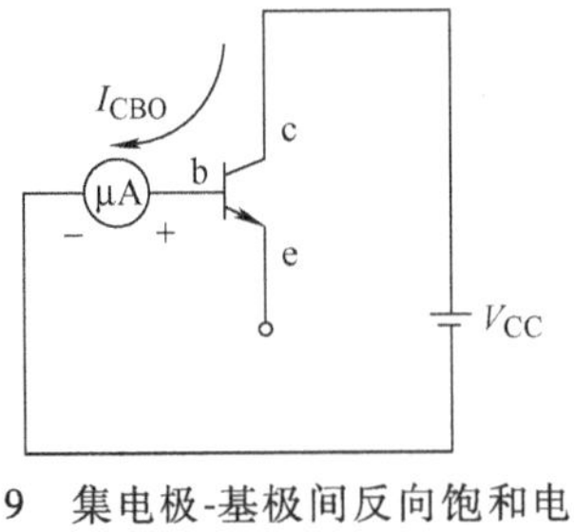

图 2.1.9　集电极-基极间反向饱和电流 I_{CBO}

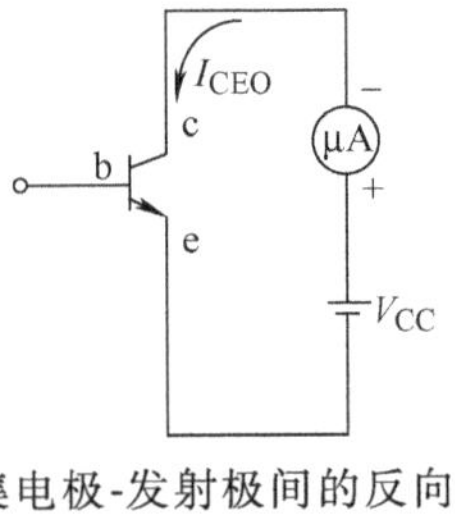

图 2.1.10　集电极-发射极间的反向饱和电流 I_{CEO}

一方面，当集电极-发射极间加上反向电压 V_{CC} 后，使发射结承受正向电压，集电结承受反向电压，集电结在反向电压作用下，集电区的少数载流子空穴要漂移到基区，形成 I_{CBO}。另一方面，发射结在正向电压作用下，发射区的多数载流子电子要扩散到基区，由于基区开路，集电区的空穴漂移到基区后，不能由基极外部电源补充电子与其复合，而只能与发射区注入基区的电子复合，这部分复合的电子数量等于从集电区到达基区的空穴数量，对应的电流为 I_{CBO}。

发射区发射的多数载流子的其余大部分到达集电区，根据晶体管的电流分配规律，发射区每向基区供给一个复合用的载流子，就要向集电区供给 β 个载流子，因此，到达集电极的电子数等于在基区复合数的 β 倍，形成 βI_{CBO} 的电流，则集电极到发射极总的电流 $I_{CEO}=(1+\beta)I_{CBO}$。

2. 交流参数

交流参数描述晶体管对于动态信号的性能指标。

1）共射交流电流放大系数

$$\beta=\left.\frac{\Delta i_C}{\Delta i_B}\right|_{u_{CE}=常数}$$

2）共基交流电流放大系数

$$\alpha=\left.\frac{\Delta i_C}{\Delta i_E}\right|_{u_{CB}=常数}$$

3. 极限参数

极限参数是为了保证晶体管正常工作，不使性能严重变坏，而对其上的电压、电流和功率所作的限制。

1）极间反向击穿电压：晶体管的某一极开路，另外两个极间所允许加的最高反向电压为极间反向击穿电压，超过此电压值，晶体管会发生击穿，甚至损坏。下面是各种击穿电压的定义：

① $U_{(BR)CBO}$：发射极开路时，集电结的反向击穿电压。

② $U_{(BR)EBO}$：集电极开路时，发射结的反向击穿电压。

③ $U_{(BR)CEO}$：基极开路时，集电极和发射极间的击穿电压。

2）集电极最大允许电流 I_{CM}：指晶体管的参数变化不超过允许值时的集电极最大电流。当电流超过 I_{CM} 时，管子的性能将显著下降。如 $I_C>I_{CM}$ 时，β 减小，放大能力将下降。

3）集电极最大允许功率损耗 P_{CM}：不致使管子性能下降或烧毁的集电极最大功率损耗。使用中应满足

$$P_C=i_C u_{CE}<P_{CM}$$

在输出特性曲线上，$i_C u_{CE}=P_{CM}$ 决定了管子的允许功率损耗曲线，为图 2.1.11 中的双曲线。该曲线与 $U_{(BR)CEO}$、I_{CM} 共同决定了管子的安全工作区，而 $i_C u_{CE}=P_{CM}$ 曲线以上的部分称为过损耗区，集电极电流大于 I_{CM} 的区域称为过电流区，而 $u_{CE}>U_{(BR)CEO}$ 的区域称为击穿区。使用中，应保证晶体管工作在安全工作区。对大功率晶体管，为了提高 P_{CM}，常采用加装散热器的办法。

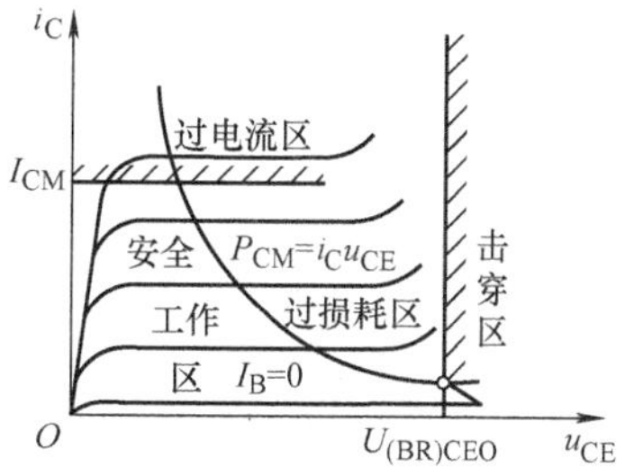

图 2.1.11 晶体管的安全工作区

2.2 放大电路的作用和主要性能指标

放大是对模拟信号处理的基本要求。在大多数电子系统中都含有各种各样的放大电路，

其作用是将微弱信号放大到所需的数值。放大电路是构成其他模拟电路的基本单元和基础，因此也是模拟电子技术课程研究的主要内容。

2.2.1　放大电路的作用

放大电路是由晶体管、集成运算放大器、电阻和电容等元器件构成的二端口网络，可用图 2.2.1 所示的电路符号表示。其中，输入端口 1-1′接信号源，为需要放大的信号，端口输入电压为 u_i，输入电流为 i_i；输出端口 2-2′输出放大以后的信号，2-2′接负载，输出电压为 u_o，输出电流用 i_o 表示。图 2.2.1 中的各电压、电流的正方向是按照二端口网络的习惯规定标出来的。在放大电路输入端口和输出端口之间有一个公共端“0”，用来作为零电位参考点，称为放大器的“地”。

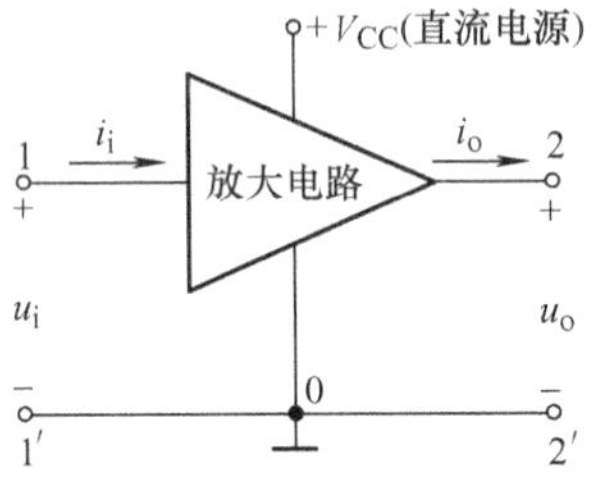

图 2.2.1　放大电路的电路符号

扩音机就是放大电路的一个应用例子，如图 2.2.2a 所示。当人们对着传声器讲话时，传声器把声音转变成频率和振幅随时间变化的微弱电压信号，放大器把微弱的电压信号进行放大，得到足够大的电压信号，驱动扬声器发出需要的声音。从扩音机的工作过程看，传声器的作用可用一个电压为 u_s、内阻为 R_s 的信号源等效，该信号源为放大器提供输入电压信号 u_i。放大以后的信号送到扬声器，驱动扬声器发声，扬声器可等效为放大器的负载电阻 R_L，如图 2.2.2b 所示。

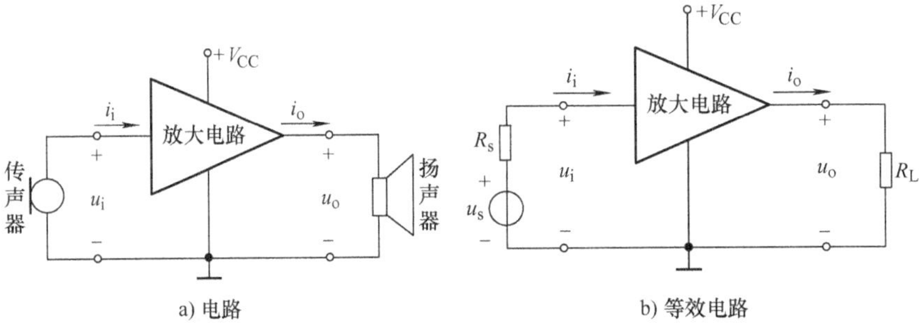

图 2.2.2　扩音机原理

所谓放大，表面看来是将信号的幅度由小增大，但是在电子技术中，放大的本质首先是实现能量的控制与转换。由于输入信号的能量较微弱，不足以推动负载，因此需要在放大电路中另外提供一个直流电源，再通过晶体管等器件的控制，使放大电路将直流电源的能量转换为较大的交流输出能量，去驱动负载。这种小能量对大能量的控制作用就是放大作用。因此，放大电路也称为有源电路，放大电路中的放大器件，如晶体管等，也称为有源器件。另外，放大的前提是不失真，即要求放大后的信号波形与放大前的波形相同，否则会丢失要传送的信息，失去了放大的意义。

2.2.2　放大电路的主要性能指标

放大电路的质量好坏必须用一些性能指标来衡量，这些指标主要是围绕放大能力和不失真等方面的要求提出来的。但所制定的指标除了能衡量放大电路的优劣之外，还必须便于测量，所以常用正弦电压信号作为电路分析和实验测试的标准输入信号。

1. 增益

增益也称为放大倍数，是衡量放大能力的重要指标，其定义为放大电路输出与输入的比值。对于图 2.2.1 所示的放大电路，由于输入和输出信号都有电压和电流量，因此当研究的对象不同时，可用四种增益来表示。

1）电压增益 $\dot{A}_u$：为输出电压 $\dot{U}_o$ 与输入电压 $\dot{U}_i$ 之比，即

$$\dot{A}_u = \frac{\dot{U}_o}{\dot{U}_i} \tag{2.2.1}$$

2）电流增益 $\dot{A}_i$：为输出电流 $\dot{I}_o$ 与输入电流 $\dot{I}_i$ 之比，即

$$\dot{A}_i = \frac{\dot{I}_o}{\dot{I}_i} \tag{2.2.2}$$

3）互阻增益 $\dot{A}_r$：为输出电压 $\dot{U}_o$ 与输入电流 $\dot{I}_i$ 之比，即

$$\dot{A}_r = \frac{\dot{U}_o}{\dot{I}_i} \tag{2.2.3}$$

4）互导增益 $\dot{A}_g$：为输出电流 $\dot{I}_o$ 与输入电压 $\dot{U}_i$ 之比，即

$$\dot{A}_g = \frac{\dot{I}_o}{\dot{U}_i} \tag{2.2.4}$$

增益表达为输入输出为正弦情况下，输出相量与输入相量的比值，为复数，其幅值表示输出量与输入量大小的比值，辐角表示输出量与输入量的相角差。

由于增益值通常很大，因此应用中，增益幅值常以分贝（dB）为单位。以电压增益为例，其定义为

$$A_u = 20\lg|\dot{A}_u|\,\mathrm{dB} \tag{2.2.5}$$

2. 输入电阻

放大电路与信号源相连接就成为信号源的负载，必然从信号源汲取电流。汲取电流的大小表明了放大电路对信号源的影响程度，可用输入电阻的大小衡量，输入电阻越大，从信号源汲取的电流越小。输入电阻 R_i 是从放大电路输入端看进去的等效电阻，定义为输入电压 $\dot{U}_i$ 和输入电流 $\dot{I}_i$ 之比，即

$$R_i = \frac{\dot{U}_i}{\dot{I}_i} \tag{2.2.6}$$

由图 2.2.3 可见，当信号源具有电压源形式时，R_i 越大，输入回路的电流 $\dot{I}_i$ 越小，信号源内阻 R_s 上电压越小，输入端所得到的电压 $\dot{U}_i$ 越接近信号源电压 $\dot{U}_s$。

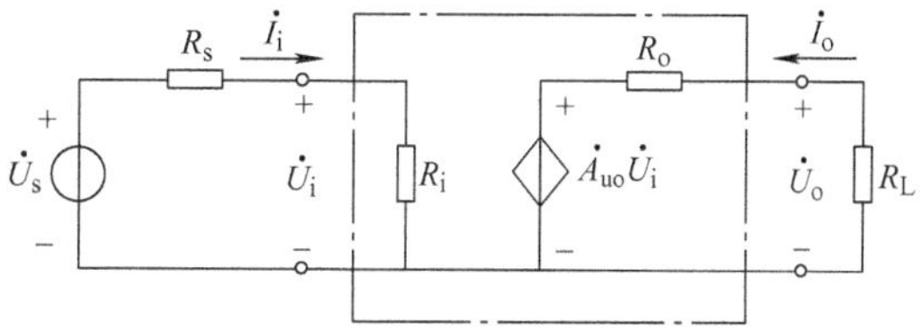

图 2.2.3　放大器的输入电阻和输出电阻

3. 输出电阻

输出电阻 R_o 是从放大电路输出端看进去的等效电阻，定义为放大电路内部的独立源不作用时，输出端电压 $\dot{U}_o$ 和输出端电流 $\dot{I}_o$ 之比，即

$$R_o = \frac{\dot{U}_o}{\dot{I}_o} \tag{2.2.7}$$

任何放大电路的输出端都可等效为一个有内阻的受控源。以电压放大为例，如图 2.2.3 所示，放大电路的输出电阻为 R_o，$\dot{A}_{uo}\dot{U}_i$ 为负载 R_L 开路，即放大电路空载时的输出电压，$\dot{A}_{uo}$ 称为放大电路的开路电压增益。由图可得，带负载 R_L 时的输出电压为

$$\dot{U}_o=\frac{R_L}{R_L+R_o}\dot{A}_{uo}\dot{U}_i \tag{2.2.8}$$

可见 R_o 越小，放大电路带负载前后的输出电压相差越小，即放大电路受负载影响的程度越小。因此，输出电阻是衡量放大器带负载能力的重要参数。

输出电阻可由实验测得。在放大器的输入端加一正弦信号，测出负载 R_L 开路时的输出电压 $\dot{A}_{uo}\dot{U}_i$，再测出接入负载 R_L 时的输出电压 $\dot{U}_o$，由式（2.2.8）可求得输出电阻为

$$R_o=\left(\frac{\dot{A}_{uo}\dot{U}_i}{\dot{U}_o}-1\right)R_L \tag{2.2.9}$$

4. 非线性失真

传输特性表示放大电路输出与输入之间的关系，理想放大器具有线性传输特性，如图 2.2.4 所示。传输特性的斜率，即为放大电路输出与输入之间的增益，应是常数。当输入单一频率的正弦信号时，输出应是同频率的正弦信号，且输出的大小正比于输入的大小。然而，实际放大器的传输特性往往是非线性的，如图 2.2.5 所示，这是因为放大器是由晶体管等具有非线性特性的器件组成的。当输入信号较大，使放大电路的工作范围超出晶体管的线性工作区而进入非线性工作区时，放大电路的输出信号不再与输入信号成正比。当输入正弦波时，输出成为非正弦波，输出信号中除了与输入同频率的基波外，还含有许多谐波分量，即在输出信号中产生了输入信号中没有的新的频率分量，这是非线性失真的基本特征。

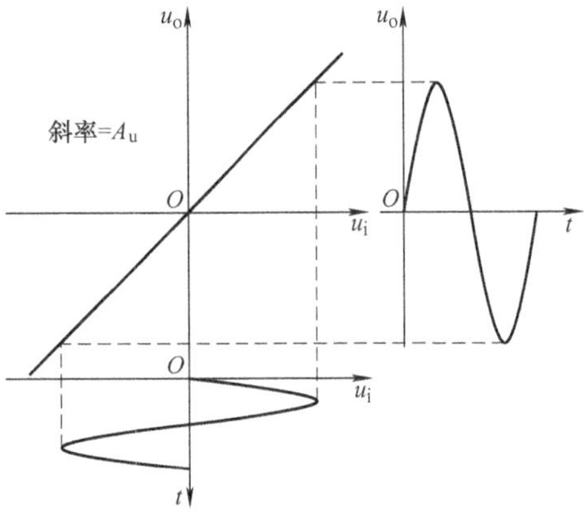

图 2.2.4　线性传输特性与线性放大

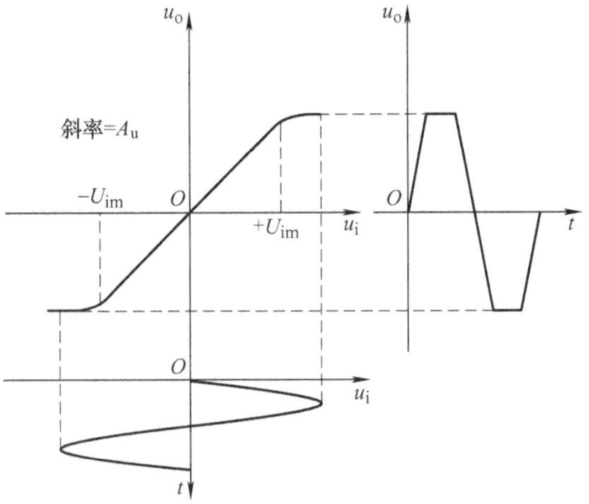

图 2.2.5　非线性传输特性与非线性失真

非线性失真是由放大电路的非线性特性引起的。向放大电路输入标准的正弦波信号，可以测定输出信号的非线性失真，并用下面定义的非线性失真系数来衡量：

$$\gamma=\frac{\sqrt{\sum_{k=2}^{\infty}U_{ok}^2}}{U_{o1}}\times 100\% \tag{2.2.10}$$

式中，U_{o1} 是输出电压信号基波分量的有效值；U_{ok} 是高次谐波分量的有效值；k 是正整数。

非线性失真对某些放大电路显得尤其重要，如高保真度的音响系统和广播电视系统就是常见的例子。

5. 最大输出幅值

实际放大电路只在一定的输入信号范围内具有线性的传输特性，如图 2.2.5 所示，当输入在 $-U_{im} \sim +U_{im}$ 之间时，输出电压与输入电压成线性关系；超出这个范围，输出波形将出现失真。也就是说，实际放大器的输入信号、输出信号最大值是受限制的。通常把非线性失真系数达到某一规定值，如 5%时的输出幅值称为放大电路的最大输出幅值。

6. 最大输出功率与效率

最大输出功率是指放大电路输出信号不失真的情况下，能够输出的最大功率，也称最大不失真功率，记作 P_{omax}。

在放大电路中，输入信号的功率是很小的，经过放大后可得到较大的输出功率，这些多出来的能量是由直流电源提供的。放大的实质是能量的控制和转换，因此就存在转换效率问题。放大电路的效率定义为

$$\eta = \frac{P_o}{P_V} \tag{2.2.11}$$

式中，P_o 是输出信号功率；P_V 为直流电源提供的平均功率。

7. 频率响应

放大电路中总是存在一些电抗元件，如电容、电感、电子器件的极间电容、接线电容以及接线电感等，它们对不同频率的信号呈现不同的阻抗，使放大电路对不同频率的信号具有不同的增益。该增益用复数表示，是频率的函数，即

$$\dot{A}_u = |\dot{A}_u(j\omega)| \angle \varphi(j\omega) \tag{2.2.12}$$

式中，$|\dot{A}_u(j\omega)|$表示电压增益的幅值与频率的关系，称为幅频响应；$\varphi(j\omega)$ 表示放大电路输出电压与输入电压之间的相位差与频率的关系，称为相频响应。式（2.2.12）是常用的放大电路频率响应的表达式。

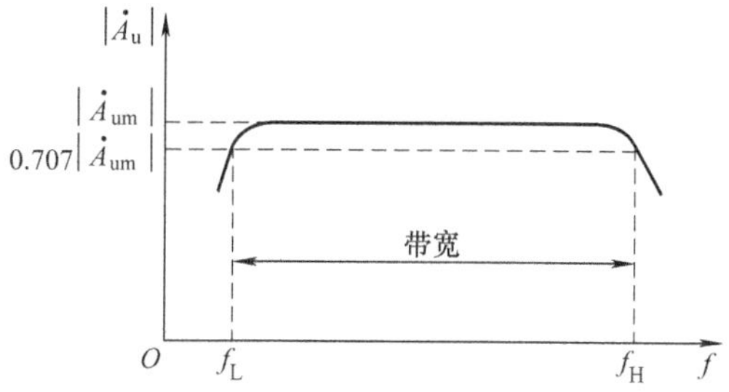

图 2.2.6 阻容耦合放大电路的幅频响应

图 2.2.6 所示为阻容耦合放大电路的幅频响应。由图可见，在一个较宽的频率范围内，曲线是平坦的，即电压增益的幅值不随信号的频率而变，把这个频率范围称为中频区，对应的电压增益称为中频增益，用$|\dot{A}_{um}|$表示。在中频区以外，信号的频率升高或降低时，电压增益都将下降，当频率升高而使电压增益下降为中频区增益$|\dot{A}_{um}|$的 0.707 倍时，对应的频率称为上限截止频率，用f_H 表示。同样，当频率降低而使电压增益下降为$|\dot{A}_{um}|$的 0.707 倍时，对应的频率称为下限截止频率，用f_L 表示。f_H 与 f_L 之间的频率范围又称为放大电路的通频带，简称带宽，用f_{bw} 表示，即

$$f_{bw} = f_H - f_L \tag{2.2.13}$$

通频带越宽，表明放大电路对信号频率的适应能力越强。实际放大电路的输入信号一般不会是单一频率的正弦信号，而是含有多个频率成分。由于一个复杂信号可分解为许多不同

频率的正弦分量，而放大电路的带宽却是有限的，因此若放大电路对复杂信号的各个频率成分放大程度不一样，就会造成频率失真。

在图 2.2.7a 中，输入信号由基波和二次谐波组成，如果受放大电路带宽限制，对基波的增益较小，而对二次谐波的增益较大，则输出电压波形会产生失真，称为幅度失真。同样，当放大电路对不同频率的信号产生的相移不同时，也要产生失真，称为相位失真。例如在图 2.2.7b 中，如果放大电路对基波和二次谐波的相移不同，放大后的二次谐波比输入中的二次谐波滞后一个相角，则输出波形也会变形。需要指出的是，产生幅度失真的同时，往往会产生相位失真。幅度失真和相位失真统称为频率失真，它们都是由于放大电路中的电抗元件引起的，所以又称为线性失真，以区别于因为元器件的非线性造成的非线性失真。

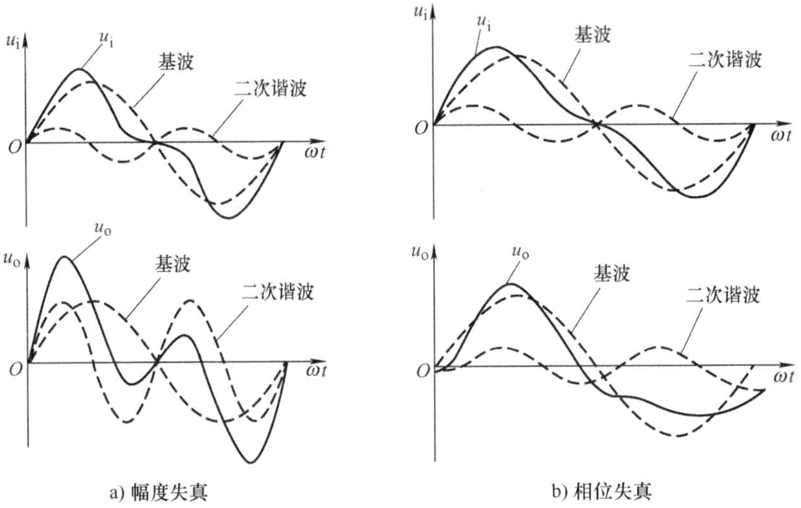

图 2.2.7　频率失真

对放大电路通频带的要求，要视放大电路的用途、信号的特点及允许的失真度来确定。设计放大电路时，要正确估计信号的有效带宽，以使电路带宽与信号带宽相匹配。例如，对于收音机、扩音机来说，放大电路的带宽一般在 20Hz~20kHz，这与人类听觉的生理功能相匹配。这类放大电路具有合适的带宽，意味着可以将原乐曲中丰富的高、低音都表现出来。放大电路的带宽过宽，会造成噪声升高或生产成本增加，因此有些情况下，希望通频带较窄，以减小干扰和噪声。

2.2.3　放大电路模型

根据放大电路中的输入信号和输出信号是电压或电流，放大电路可分为四种类型，而且可分别用不同的电路模型描述。

1. 电压放大电路

如图 2.2.8 所示，点画线框内给出了电压放大电路的模型，它由输入电阻 R_i，电压控制电压源 $\dot{A}_{uo}\dot{U}_i$ 和输出电阻 R_o 三个元件组成。其中 $\dot{A}_{uo}$ 为放大器输

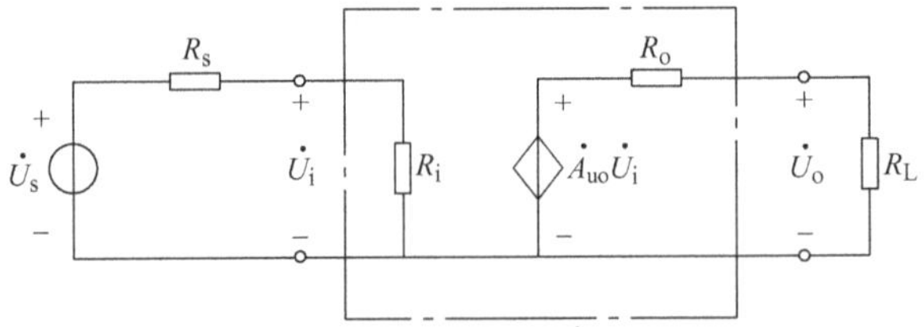

图 2.2.8　电压放大电路模型

出开路（$R_L=\infty$）时的电压增益。从图 2.2.8 可以看出，电压放大电路对信号源的电压增益为

$$\dot{A}_{us}=\frac{\dot{U}_o}{\dot{U}_s}=\frac{\dot{U}_i}{\dot{U}_s}\frac{\dot{U}_o}{\dot{U}_i}=\frac{R_i}{R_s+R_i}\dot{A}_u$$

其中

$$\dot{A}_u=\frac{\dot{U}_o}{\dot{U}_i}$$

$$\dot{U}_o=\frac{R_L}{R_L+R_o}\dot{A}_{uo}\dot{U}_i$$

显然，只有当 $R_i \gg R_s$ 时，才能使 R_s 对信号的衰减作用减小。同样，应使 $R_o \ll R_L$，以尽量减小输出回路的信号衰减。这就要求设计电路时，应尽量设法提高电压放大电路的输入电阻 R_i，并尽量减小输出电阻 R_o。理想电压放大电路的输入电阻应为无穷大，输出电阻应为零。

2. 电流放大电路

如图 2.2.9 所示，点画线框内是电流放大电路模型。与电压放大电路模型相比，输出回路是由电流控制电流源 $\dot{A}_{is}\dot{I}_i$ 和输出电阻 R_o 并联而成，其中 $\dot{A}_{is}$ 为输出短路（$R_L=0$）时的电流增益。为了表达输入为电流信号，信号源采用了诺顿等效电路。

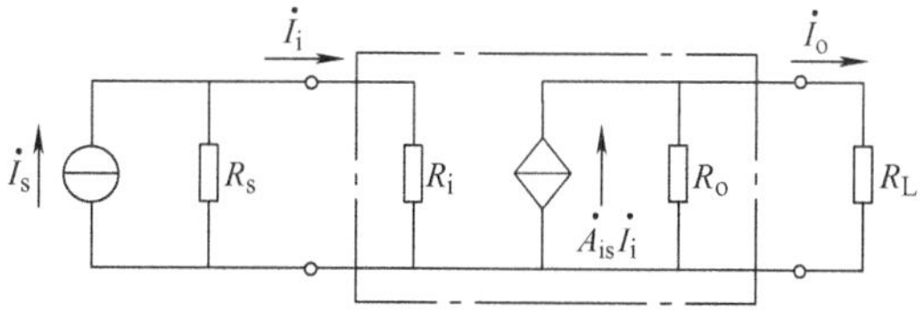

图 2.2.9　电流放大电路模型

与电压放大电路相对应，在输入回路中，由于信号源内阻 R_s 对信号电流的分流作用，使放大电路实际输入的电流 $\dot{I}_i$ 小于信号源的电流 $\dot{I}_s$。在输出回路，由于放大电路输出电阻 R_o 的分流作用，使负载电流 $\dot{I}_o$ 小于受控电流源的电流。因此，电流放大电路一般适用于信号源内阻 R_s 较大，而负载电阻 R_L 较小的场合。只有当 $R_o \gg R_L$ 和 $R_i \ll R_s$ 时，才可使电路具有较理想的电流放大效果。

3. 互阻放大电路和互导放大电路

互阻放大电路和互导放大电路的模型如图 2.2.10 点画线框内所示。图 2.2.10a 所示的互阻放大电路中，输出信号由电流控制电压源 $\dot{A}_{ro}\dot{I}_i$ 产生。$\dot{A}_{ro}$ 为互阻放大电路在负载电阻 R_L 开路（$R_L=\infty$）时的互阻增益；互阻放大电路的输入电阻 R_i 和输出电阻 R_o 越小，放大性能越好。图 2.2.10b 所示的互导放大电路中，输出信号由电压控制电流源 $\dot{A}_{gs}\dot{U}_i$ 产生，$\dot{A}_{gs}$ 为互导放大器在负载电阻 R_L 短路（$R_L=0$）时的互导增益；互导放大电路的输入电阻 R_i 和输出电阻 R_o 越大，放大性能越好。

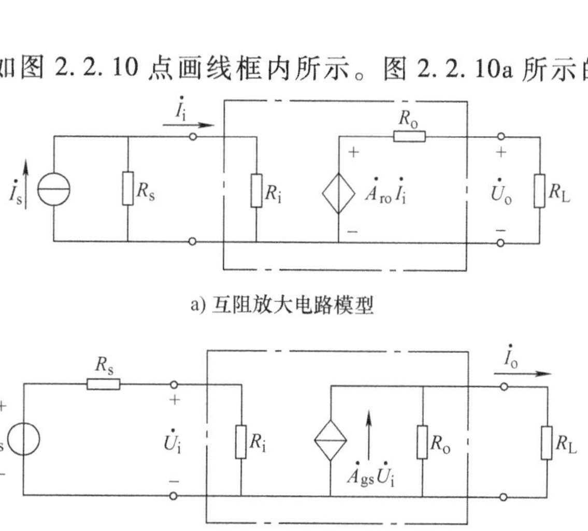

a) 互阻放大电路模型

b) 互导放大电路模型

图 2.2.10　互阻放大电路和互导放大电路的模型

根据戴维南-诺顿等效变换原理，

上述四种模型是可以互相转换的。例如，一个放大电路既可以用图 2.2.8 中的电压放大电路模型表示，也可以用图 2.2.9 所示的电流放大电路模型表示。

上述放大电路的模型是放大电路的一个简化描述，只考虑了放大电路的三个指标，即增益、输入电阻和输出电阻，实际的放大电路需要考虑更多的性能指标，如最大输出功率、效率、信号噪声比、抗干扰能力等。要全面达到要求的技术指标，除合理设计电路外，还要靠选择高质量的元器件来保证。

2.3 共射极放大电路的工作原理

本节将以基本共射极放大电路为例，学习单个晶体管组成的基本放大电路原理。

2.3.1 共射极放大电路的工作原理及波形分析

图 2.3.1 所示为基本共射极放大电路。其中 VT 为 NPN 型晶体管，待放大的输入电压 Δu_I 送入 VT 的基极和射极之间，放大以后的电压 Δu_O 由 VT 的集电极和射极输出，射极是输入和输出的公共极。V_{BB} 使 VT 的发射结为正向偏置，且 U_{BE} 大于 PN 结的开启电压，V_{CC} 使集电结反向偏置，从而使 VT 工作在放大区。电路中的电流电压关系分析如下：

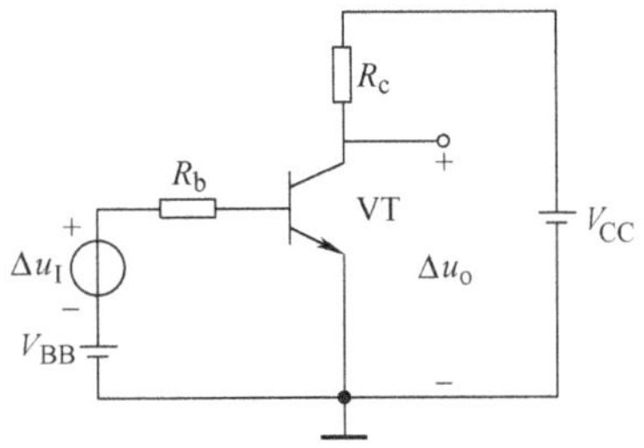

图 2.3.1 基本共射极放大电路

假设 $V_{BB}=1.3\text{V}$，$U_{BE}=0.7\text{V}$，$R_b=100\text{k}\Omega$，$V_{CC}=5\text{V}$，$R_c=4\text{k}\Omega$，$\beta=100$。则基极电流为

$$i_B=\frac{V_{BB}+\Delta u_I-U_{BE}}{R_b}=\frac{1.3+\Delta u_I-0.7}{100}=\left(0.006+\frac{\Delta u_I}{100}\right)\text{mA}$$

集电极电流为

$$i_C=\beta i_B=\left(0.6+\frac{\Delta u_I}{1\times10^3}\right)\text{mA}$$

c-e 间电压为

$$u_{CE}=V_{CC}-R_c i_C=V_{CC}-R_c\beta i_B=V_{CC}-R_c\beta\frac{1.3+\Delta u_I-0.7}{100\times10^3}=(2.6-4\Delta u_I)\text{V}$$

输出电压为

$$u_o=u_{CE}=(2.6-4\Delta u_I)\text{V}$$

输出电压的变化量为

$$\Delta u_o=-4\Delta u_I\ \text{V}$$

即输出电压的大小是输入电压的 4 倍，输出电压是输入电压的放大。

上述计算式写成更一般的形式

$$i_B=I_B+\Delta i_B=\left(0.006+\frac{\Delta u_I}{100}\right)\text{mA}$$

$$i_C=I_C+\Delta i_C=\left(0.6+\frac{\Delta u_I}{1}\right)\text{mA}$$

$$u_{CE}=U_{CE}+\Delta u_{CE}=(2.6-4\Delta u_I)\text{V}$$

若 Δu_I 按照正弦规律变化，如图 2.3.2a 所示，则上述各式对应的波形如图 2.3.2b～d 所示。其中，I_B、I_C、U_{CE} 是由直流电源 V_{BB} 和 V_{CC} 建立的静态直流量，这些值决定的工作点称为静态工作点 Q（quiescent point，Q-point），因此，I_B、I_C、U_{CE} 也常写为 I_{BQ}、I_{CQ}、U_{CEQ}。Δi_B、Δi_C、Δu_{CE}、Δu_o 是由变化的输入 Δu_I 引起的交变部分。因此在放大电路中，各电压电流中同时存在直流成分和交变成分。为了使电路分析简化，常将直流电源作用下的电路和交变输入作用下的电路分开进行分析。

在以后的分析计算中，用一些约定的符号表示上述的各类电压和电流信号。大写字母、大写下标，如 I_B、U_{BE} 表示直流电流和电压；小写字母、小写下标，如 i_b、u_{be} 表示交流电流和电压的瞬时值，其含义与上述的 Δi_B、Δu_{BE} 相同；而用小写字母、大写下标，如 i_B、u_{BE} 表示既含有直流分量也含有交流分量的电流和电压的瞬时值；而当交流电流和电压为正弦时，常用相量表示为 $\dot{I}_b$、$\dot{U}_{be}$。这些记法在本书中一直使用。

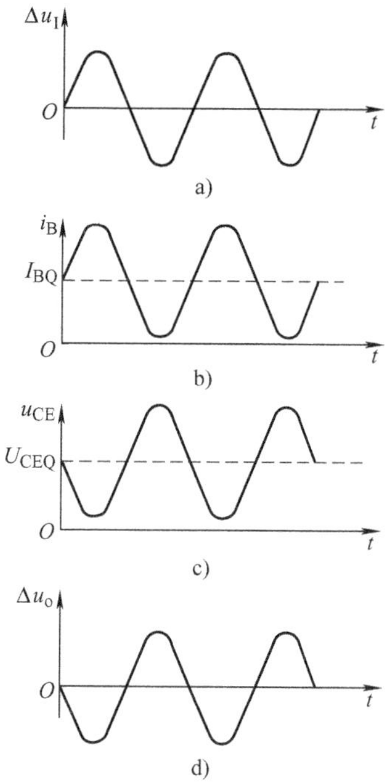

图 2.3.2　基本共射极放大电路的电压电流波形

2.3.2　共射极放大电路的组成及各元器件的作用

在组成基本共射极放大电路时，必须遵循以下几个原则：

1）根据所用晶体管的类型设置直流电源，以建立合适的静态工作点，并为输出提供能源。选择合适的电阻，使晶体管工作在放大区。

2）输入信号能够作用于放大电路的输入回路，对共射极放大电路而言，输入信号必须能够改变基极和发射极之间的电压，产生 Δu_{BE}，或改变基极电流，产生 Δi_B。

3）当负载接入时，必须保证放大电路输出回路的动态电流 Δi_C 能够作用于负载，从而使负载获得比输入信号大得多的电流或电压。

按照上述原则，常见的共射极放大电路有如图 2.3.3a 所示的阻容耦合放大电路和图 2.3.3b 所示直接耦合放大电路两种。

以图 2.3.3a 所示电路为例，说明电路中各元器件的作用。将图 2.3.1 所示电路中的 V_{BB} 和 V_{CC} 合并为一个直流电源 V_{CC}，该电源通过电阻 R_C 接 VT 的集电极，同时经较大的电阻 R_b 接基极，使发射结正偏，集电结反偏，晶体管工作在放大区。集电极电阻 R_c 除了保证静态时有合适的 U_{CE} 外，其另一个作用是将集电极电流 i_C 的变化转变为集电极电压 u_{CE} 的变化，进而引起输出电压 u_o 的变化。基极电阻值 R_b 的作用是为基极提供合适的偏置电流 I_B，因此也称为偏置电阻。

电容 C_1 用于连接信号源与放大电路的输入，通过电容 C_1 和放大电路的输入电阻将信号源和放大电路连接起来。电容 C_2 用于连接放大电路的输出和负载，通过电容 C_2 将放大后的信号传输到负载。所以该电路称为阻容耦合放大电路，C_1、C_2 称为耦合电容。耦合电容的容量一般较大，对直流量，其容抗可视为无穷大，所以信号源与放大电路、放大电路与负载之间没有直流量通过。对输入的交变信号，在输入交流信号的一定频率范围内，电容 C_1、C_2 的容抗很小，可视为短路，所以输入交流信号可以无损失地传输到放大电路的输入端，放大以后信号中的交变成分可以无损失地传输到负载。可见耦合电容的作用是“隔离直流，传输交流”。

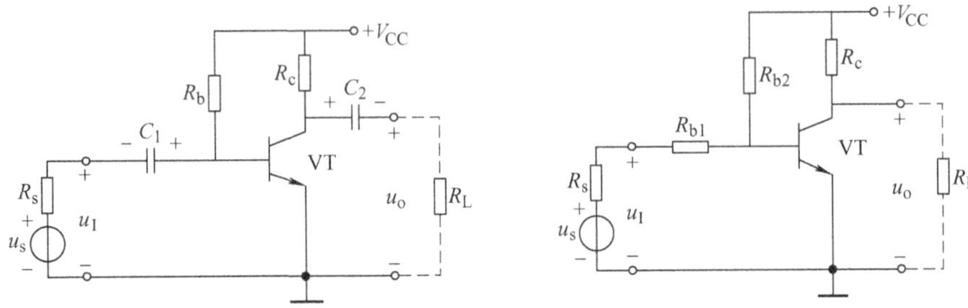

a) 阻容耦合放大电路　　b) 直接耦合放大电路

图 2.3.3　常见的共射极放大电路

2.4　放大电路的分析

分析放大电路就是在理解放大电路工作原理的基础上，求解静态工作点和各项动态参数。本节以 NPN 型晶体管构成的基本放大电路为例，针对电子电路中存在晶体管等非线性器件，而且交流量和直流量同时存在于电路中的特点，讨论具有普遍意义的放大电路分析方法。

分析放大电路时，一般先进行静态分析，然后再进行动态分析。静态分析在直流通路中进行，动态分析在交流通路中进行。通过静态分析，求得电路的静态工作点，只有静态工作点合适，动态分析才有意义。

2.4.1　直流通路和交流通路

一般情况下，放大电路中直流量和交流量同时存在。但由于电容、电感等电抗元件的作用，直流量所流经的通路和交流量所流经的通路是不完全相同的。因此，为了研究问题的方便，常把直流电源对电路的作用和交流输入信号对电路的作用区分开来，分别处理。因此，首先需要找到直流电源作用于电路中时，直流量所流经的通路，即直流通路，从直流通路中可以求得电路的直流电流和电压，用于研究静态工作点的情况。在原电路图中，将电容视为开路，电感视为短路，交流电压源视为短路，交流电流源视为开路，但保留二者的内阻，即可得到原电路对应的直流通路。

按照上述原则，得到图 2.3.3a 所示阻容耦合放大电路的直流通路，如图 2.4.1a 所示，以及图 2.3.3b 直接耦合放大电路的直流通

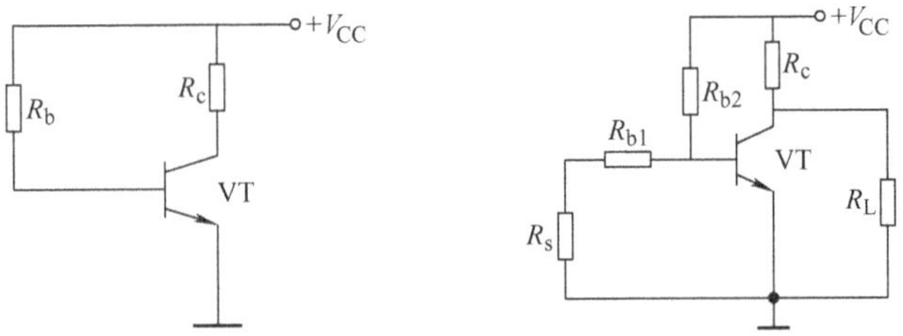

a) 阻容耦合放大电路的直流通路　　b) 直接耦合放大电路的直流通路

图 2.4.1　直流通路

路，如图 2.4.1b 所示。其中，R_s 为信号源内阻。

在直流通路中，根据电路中所学的方法，通过静态分析，可求得静态工作点等参数。

各项动态参数是放大电路对交流输入表现出的性能，分析它们是动态分析的主要任务。为简化分析，应去掉原电路中直流电源的作用，仅考虑交流输入作用下交流量流通的路径，即交流通路，从交流通路中即可以方便地求得放大倍数等各项动态参数，完成动态分析。在原电路图中，将耦合电容等大容量的电容视为短路，无内阻的直流电压源如 $+V_{CC}$ 视为短路，内阻很大的直流电流源视为开路。按照此原则，可得到图 2.3.3a 所示阻容耦合放大电路的交流通路，如图 2.4.2a 所示。图 2.3.3b 所示直接耦合放大电路的交流通路，如图 2.4.2b 所示。

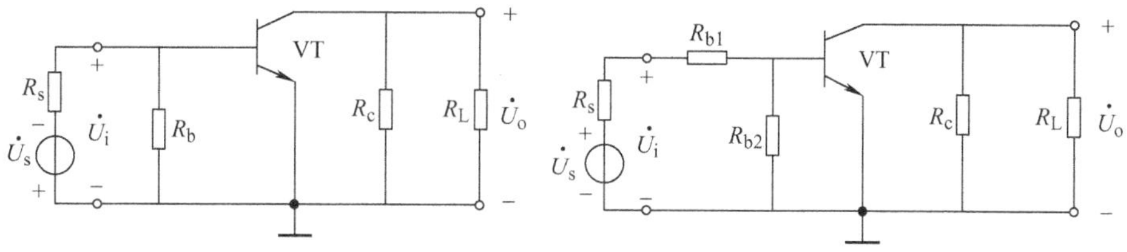

a) 阻容耦合放大电路的交流通路　　b) 直接耦合放大电路的交流通路

图 2.4.2　交流通路

【例 2.4.1】 电路如图 2.4.3 所示，设图中的电容对交流信号可视为短路，试画出其直流通路和交流通路。

解： 图 2.4.3 所示电路为变压器耦合的放大电路。首先画直流通路：将电容开路，输入端变压器的二次绕组和输出端变压器的一次绕组短路，得到图 2.4.3 所示电路的直流通路如图 2.4.4a 所示；其另一种习惯性的画法为图 2.4.4a 右图。

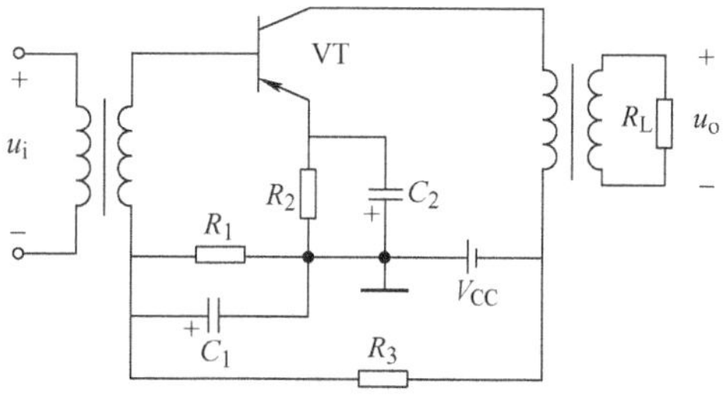

图 2.4.3　例 2.4.1 图

再画交流通路：将电容短路，则 R_1、R_2 被短路，直流电源短路，则 R_3 被短路，可得到图 2.4.3 所示电路的交流通路，如图 2.4.4b 所示。

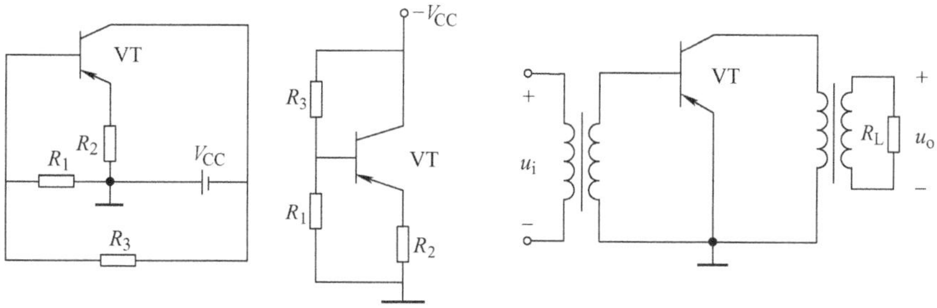

a) 图2.4.3电路的直流通路　　b) 图2.4.3电路的交流通路

图 2.4.4　图 2.4.3 的直流通路

2.4.2　图解分析法

在已知放大电路中晶体管的输入特性、输出特性以及放大电路中各元件参数的情况下，利用作图的方法，对放大电路的工作情况进行分析，称为图解分析法。下面以阻容耦合共射极放大电路为例说明图解分析法。

1. 静态工作情况分析

在放大电路中没有输入信号时，电路中各处的电压、电流都是不变的直流，称为直流工作状态或静态。在静态工作情况下，晶体管各极的电压和电流的数值决定了静态工作点。

（1）近似估算静态工作点

在图 2.3.3a 所示电路中，假设 $V_{CC}=12V$，$R_b=300k\Omega$，$R_c=4k\Omega$，$\beta=50$，$U_{BE}=0.7V$。静态工作点在图 2.4.1a 所示的直流通路中求解。在 V_{CC}、R_b 和 VT 的 b、e 极构成的输入回路中，满足的电压方程为

$$U_{BEQ}=V_{CC}-R_bI_{BQ} \tag{2.4.1}$$

则

$$I_{BQ}=\frac{V_{CC}-U_{BEQ}}{R_b}\approx\frac{V_{CC}}{R_b}=40\mu A$$

且

$$I_{CQ}=\beta I_{BQ}=2mA$$

在图 2.4.1a 所示直流通路中，由 V_{CC}、R_c 和 VT 的 c、e 极构成的输出回路，满足的电压方程为

$$U_{CEQ}=V_{CC}-R_cI_{CQ} \tag{2.4.2}$$

代入具体参数，求得 $U_{CEQ}=4V$，则得到该电路静态工作点上的值为

$$I_{BQ}=40\mu A,\ U_{BEQ}=0.7V,\ I_{CQ}=2mA,\ U_{CEQ}=4V$$

（2）图解法求解静态工作点

在放大电路的输入回路中，基极电流和 b-e 间电压既应满足式（2.4.1），又应满足晶体管的输入特性曲线。式（2.4.1）在 u_{BE}-i_B 平面上为一直线，如图 2.4.5a 所示，该直线称为输入回路的直流负载线，其斜率为 $-1/R_b$。该负载线与晶体管的输入特性曲线的交点 Q，即为该直流通路中基极电流和 b-e 间电压的解（U_{BEQ}，I_{BQ}）。

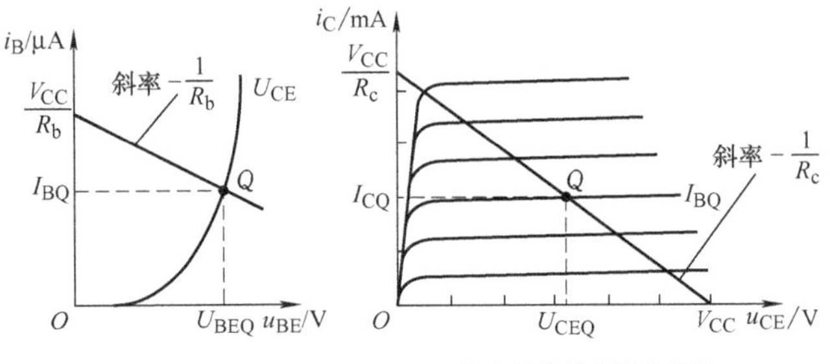

图 2.4.5　图解法求解静态工作点

在图 2.4.1a 所示直流通路中，在 V_{CC}、R_c、VT 的 c-e 之间，满足的电压方程为式（2.4.2）。式（2.4.2）在 u_{CE}-i_C 平面上为一直线，如图 2.4.5b 所示，其斜率为 $-1/R_c$，与横轴的交点坐标为（V_{CC}，0），与纵轴的交点坐标为（0，V_{CC}/R_c），该直线称为输出回路的直流负载线。在放大电路的输出回路中，集电极电流和 c-e 间电压既应满足式（2.4.2），又应满足晶体管的输出特性曲线。该负载线与晶体管的输出特性曲线有很多交点，但由于输入回路已求得 I_{BQ}，因此，输出直流负载线与该特定 I_{BQ} 对应的那条输出特性曲线的交点 Q，即为该直流通路中 c-e 间电压和集电极电流的解（U_{CEQ}，I_{CQ}）。

通过上述作图分析，得到该电路的静态工作点 Q 为（U_{BEQ}，I_{BQ}，U_{CEQ}，I_{CQ}）。具体数值可直接从图中读出，其值应与近似估算的静态工作点基本一致。

2. 动态工作情况分析

（1）放大电路输入正弦信号时的工作情况

假设图 2.3.3a 所示基本共射极放大电路中，在放大电路的输入端接入需要放大的正弦交流信号 $u_i = U_m \sin\omega t$。根据输入电压 u_i，通过图解法求得输出电压 u_o，从而可以得到输出电压 u_o 和输入电压 u_i 之间的变化关系。图解法的步骤是先根据输入电压 u_i，在输入特性上画出 i_B 的波形，然后根据 i_B 的变化，在输出特性上求出 i_c 和 u_{CE} 的波形，进而求出输出电压的波形。

1）根据 u_i，在输入特性上求 i_B。$u_i = U_m \sin\omega t$ 加到放大电路的输入端时，电容对该交流信号可看作短路，则晶体管的基极和发射极之间的电压 u_{BE} 就在原有直流电压 U_{BEQ} 的基础上要叠加一个交流量 u_i（u_{be}）。基极电流 i_B 就在原有直流电流 I_{BQ} 的基础上要叠加一个交流量 i_b，如图 2.4.6 所示。当 u_i 为 0 时，电路工作在 Q 点。当 u_i 从零开始，向正方向变化时，电路的工作点离开 Q 点，沿输入特性曲线向 Q'点移动，到 u_i 的最大值时，工作点到达 Q'点，之后 u_i 从最大值开始下降，工作轨迹从 Q'点移动到 Q 点。此后 u_i 从 0 开始变负，工作轨迹从 Q 点沿输入特性曲线向 Q''点移动，u_i 到达负向最大值时，工作点到达 Q''点，之后 u_i 从负的最大值向 0 变化，工作轨迹从 Q''点移动到 Q 点。若 u_i 的幅值为 0.02V，从输入特性曲线上得到 Q'和 Q''对应的基极电流分别为 60μA 和 20μA。则 i_B 为在 I_B 基础上叠加正弦变化的电流 i_b，波形如图 2.4.6 所示。以上波形所描述的电压和电流，可用下列表达式表示：

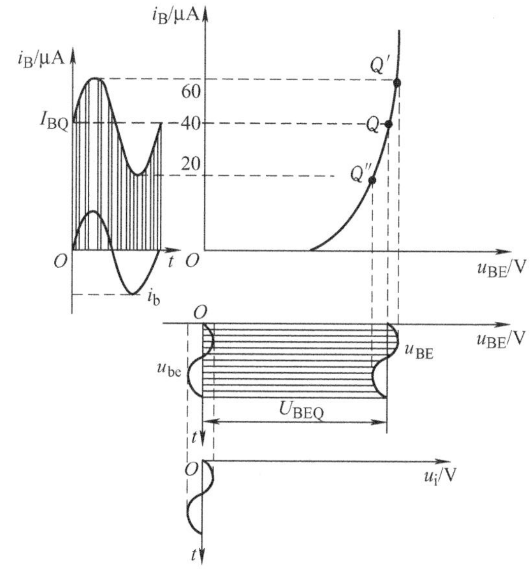

图 2.4.6 输入电压与电流波形

$$i_B = I_B + i_b \tag{2.4.3}$$

$$u_{BE} = U_{BE} + u_{be} \tag{2.4.4}$$

2）根据 i_B 在输出特性上求 i_C 和 u_{CE}。i_B 的变化引起 i_C 和 u_{CE} 的变化，由图 2.4.2a 所示的交流通路可见，对 i_C 和 u_{CE} 的变化部分，对应的负载电阻应为 R_c 和 R_L 的并联，即为 $R'_L = R_c /\!/ R_L = \dfrac{R_c R_L}{R_c + R_L}$。若 $R_L = 4\text{k}\Omega$，则 $R'_L = 2\text{k}\Omega$。即表示集电极电流和 c-e 间电压的变化部分之间的负载线斜率为 $-1/R'_L$，而不是 $-1/R_c$。把斜率为 $-1/R_c$ 的负载线称为直流负载线，而把斜率为 $-1/R'_L$ 的负载线称为交流负载线，它由交流通路决定，如图 2.4.7 所示。由于交变信号变化过

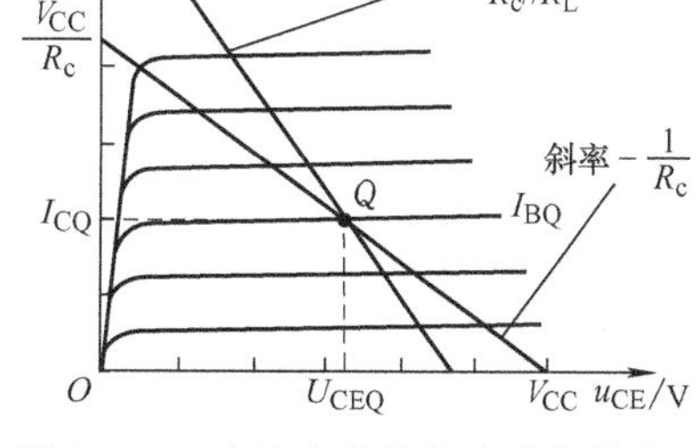

图 2.4.7 交流负载线与直流负载线

程中必有过零点，此时，交流负载线和直流负载线在 Q 点相交，故交流负载线也过 Q 点，但其斜率为 $-1/R'_L$。因此，交流负载线的作法是，过 Q 点，作一斜率为 $-1/R'_L$ 的斜线，即为所求的交流负载线。

当 i_B 按照图 2.4.6 所示变化时，在放大电路的输出端，引起 i_C 和 u_{CE} 的变化。画出晶体管的输出特性，并在 $u_{CE}-i_C$ 平面上作出交流负载线，如图 2.4.8 所示。当 i_B 在 20~60μA 之间变化时，i_C 也按相同规律变化，由 Q' 和 Q'' 决定其最大值和最小值。当 i_C 沿交流负载线增大时，u_{CE} 将沿交流负载线减小，同样，当 i_C 沿交流负载线减小时，u_{CE} 将沿交流负载线增大，如图 2.4.8 所示。对照图 2.3.3a 所示阻容耦合共射极放大电路，u_{CE} 和负载上的输出电压之间只有一个电容 C_2，其作用是将 u_{CE} 中的直流分量除去，使传输到负载上的电压只为 u_{CE} 中的交流分量，因此 u_o 的波形为 u_{CE} 中去掉直流分量后的部分，如图 2.4.8 所示。比较 u_i 和 u_o 的波形，可以看出 u_o 与 u_i 变化方向相反，即 u_o 与 u_i 的相位相反。u_o 与 u_i 同为正弦波，但变化范围比 u_i 大得多，因此 u_o 是 u_i 的放大，即电路实现了信号的放大功能。从图中读出 u_o 的幅值，与 u_i 的幅值相除，即可得到电路的放大倍数。

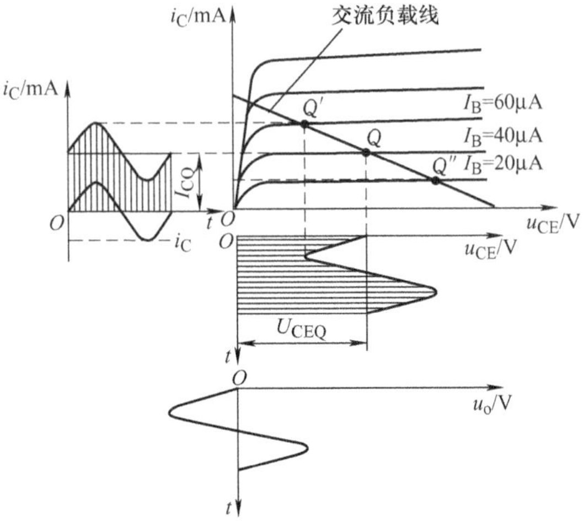

图 2.4.8　输出电压与电流波形

以上分析得到的 i_C 和 u_{CE} 也可用下式表示：

$$i_C = I_{CQ} + i_c \tag{2.4.5}$$

$$u_{CE} = U_{CEQ} + u_{ce} \tag{2.4.6}$$

（2）静态工作点对放大性能的影响

以上分析的放大电路，均有一定的静态电压和电流，即有一定的 U_{BEQ}、I_{BQ}、U_{CEQ}、I_{CQ}，参考图 2.4.6，当交变的输入信号送到放大电路的输入端时，形成的 $u_{BE}=U_{BE}+u_{be}$ 始终大于零并大于发射结的死区电压，保证了输入信号正弦变化时，工作点从 Q' 到 Q'' 的工作轨迹在输入特性的近似线性段上，使基极电流的变化量近似为正弦，从而保证了在输出端得到一个放大以后的正弦电压。

下面以图 2.3.3a 所示放大电路中负载开路的情况为例，来说明静态工作点对放大性能的影响。此时由于 $R_L=\infty$，交流负载线的斜率 $-1/R'_L=-1/R_c$，即交流负载线和直流负载线重合。

如果静态时工作点设置得太低，即 U_{BEQ}、I_{BQ} 值太小，则 $u_{BE}=U_{BE}+u_{be}$ 变小，导致在输入信号负半周的某些范围内，发射结进入死区，基极电流变小，i_b 的负半周不再为正弦，如图 2.4.9a 所示。同理，由于 I_{CQ} 太小，在输出特性上，静态工作点太低，在 i_C 的负半周上，晶体管进入截止区，使 i_C 的负半周和 u_{CE} 的正半周也不为正弦，如图 2.4.9b 所示，u_{CE} 的交变部分 u_o 的正半周也不为正弦，使 u_o 和 u_i 的波形不一致，u_o 相对于 u_i 出现了失真。这种失真是由于静态工作点设置得太低，工作轨迹进入截止区引起的，因而称为截止失真。

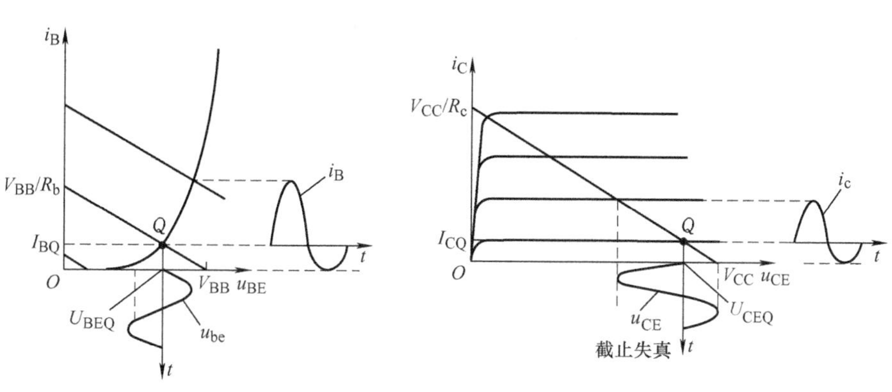

a) 输入波形　　b) 输出波形

图 2.4.9　静态工作点设置太低引起截止失真

如果静态时工作点设置得太高，即 U_{BEQ}、I_{BQ} 值太大，如图 2.4.10 所示，尽管 u_{BE}、i_B 仍然为正弦波，如图 2.4.10a 所示，但在输出特性上，当 i_B 在正半周变化，引起 i_C 变化时，工作轨迹沿交流负载线进入晶体管的饱和区，使 i_C 的变化幅度减小，i_C 的正半周不为正弦。同理，u_{CE} 的负半周也不为正弦，如图 2.4.10b 所示，由 u_{CE} 得到的 u_o 的负半周也不再为正弦，使 u_o 和 u_i 的波形不一致，u_o 相对于 u_i 出现了失真。这种失真是由于工作点设置太高，而使工作轨迹进入饱和区引起的，因而称为饱和失真。

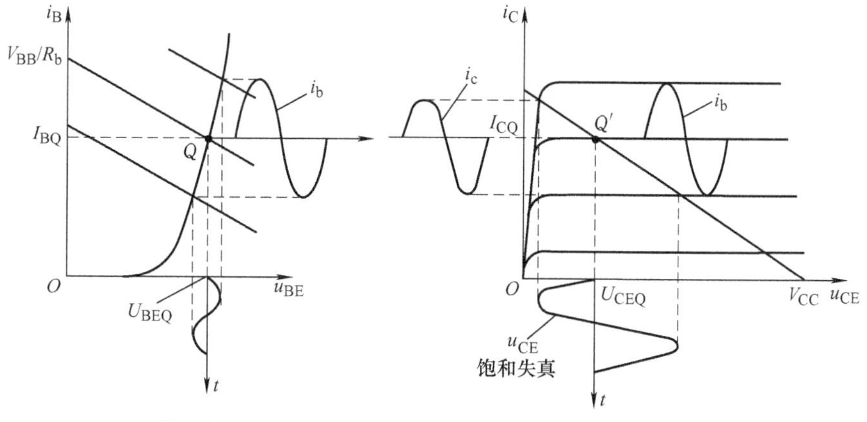

a) 输入波形　　b) 输出波形

图 2.4.10　静态工作点设置太高引起饱和失真

以上分析可以看出，静态工作点太低或太高，均会使放大产生失真，是线性放大所不允许的。那么，何为合适的静态工作点？

常见的办法是将静态工作点设置在输出交流负载线的中间位置。即在忽略晶体管的饱和压降 U_{CES} 的情况下，使 $U_{CEQ}=\frac{1}{2}V_{CC}$。此时 u_{CE} 在正负方向上均有最大的变化范围 $\frac{1}{2}V_{CC}$。如果考虑 U_{CES} 和 I_{CEO}，则变化范围均达不到该值。应用中，如果输入信号比较小，将静态工作点设置在交流负载线中段的某点，只要保证输入在正负方向变化时，工作轨迹不进入晶体管的截止区和饱和区，就可以使放大不产生失真。如果输入信号比较大，则为了得到最大不失真输出电压，静态工作点必须要仔细选择。

以上讨论均以负载开路为例进行说明，如果接入负载，则由于 $R_L'<R_c$，交流负载线的斜率数值上大于直流负载线的斜率，其最大不失真范围会相应减小。

【例 2.4.2】 电路如图 2.4.11a 所示，图 2.4.11b 所示是晶体管 VT 的输出特性，静态时 $U_{BEQ}=0.7V$。利用图解法分别求出 $R_L=\infty$ 和 $R_L=3k\Omega$ 时，电路的静态工作点和最大不失真输出电压有效值 U_o。

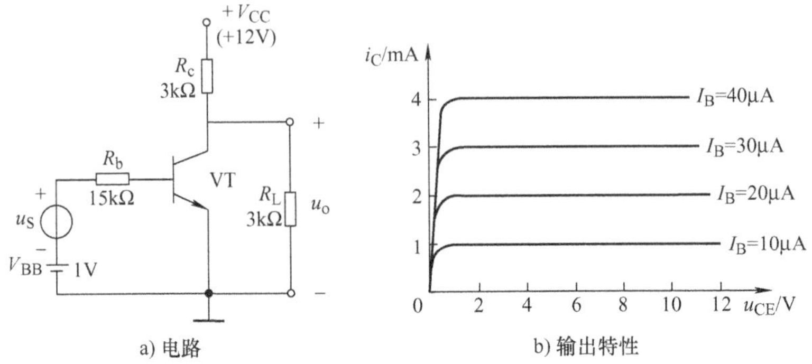

a) 电路　　　b) 输出特性

图 2.4.11　例 2.4.2 图

解： 由输出特性可知，晶体管的 $\beta=\dfrac{\Delta i_C}{\Delta i_B}=\dfrac{3mA-2mA}{30\mu A-20\mu A}=100$。

1）空载情况分析。

① 求电路的静态工作点。将 u_S 短接，即可得到该电路的直流通路。在直流通路中

$$I_{BQ}=\frac{V_{BB}-U_{BEQ}}{R_b}=20\mu A \qquad I_{CQ}=\beta I_{BQ}=2mA$$

$$U_{CEQ}=V_{CC}-R_cI_C=6V$$

静态工作点即为图 2.4.12 中的 Q_1。

② 求最大不失真输出范围。由于负载开路，因此交流负载线和直流负载线重合，直流负载线方程为 $U_{CEQ}=V_{CC}-R_cI_C$，直流负载线为图 2.4.12 中的直线 AB，该负载线与横坐标的交点为（V_{CC}，0）=（12，0），与纵坐标的交点为（0，V_{CC}/R_c）=（0，4）。如果$U_{CES}=0V$，则最大不失真输出电压峰值约为$\dfrac{1}{2}V_{CC}=6V$。若考虑晶体管的最大饱和压降$U_{CES}=0.7V$，则最大不失真输出电压峰值约为$\dfrac{1}{2}V_{CC}-U_{CES}=5.3V$，有效值约为 3.75V。

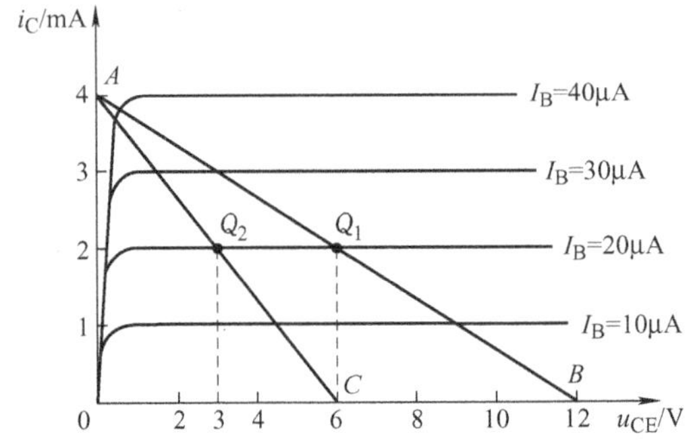

图 2.4.12　空载和负载情况的负载线

2）带载情况分析。

① 求电路的静态工作点。在直流通路中

$$I_{BQ}=\frac{V_{BB}-U_{BEQ}}{R_b}=20\mu A, \qquad I_{CQ}=\beta I_{BQ}=2mA$$

由于电路的输出端没有隔直电容，因此静态时，R_L 与 R_c 并联，共同决定静态工作点，即

$$U_{CEQ}=V_{CC}-R_c\left(I_C+\frac{U_{CEQ}}{R_L}\right)=V_{CC}-R_cI_C-\frac{R_c}{R_L}U_{CEQ}$$

则

$$2U_{CEQ}=V_{CC}-R_cI_C$$

解之得 $U_{CEQ}=3V$，静态工作点即为图 2.4.12 中的 Q_2。

② 求最大不失真输出范围。首先画交流负载线。由于放大电路和负载直接耦合，因此输出回路中的直流负载线和交流负载线仍然重合。直流负载线方程为 $2U_{CEQ}=V_{CC}-R_cI_C$，直流负载线与横坐标的交点为（$V_{CC}/2$，0）=（6，0），与纵坐标的交点为（0，V_{CC}/R_c）=（0，4），因此得到直流负载线，同时也是交流负载线，如图 2.4.12 中的直线 AC。如果 $U_{CES}=0V$，则最大不失真输出电压峰值约为 $\frac{1}{4}V_{CC}=3V$。若 $U_{CES}=0.7V$，则最大不失真输出电压峰值约为 2.3V，有效值约为 1.63V。

2.4.3　小信号模型分析法

由于晶体管具有非线性的输入和输出特性，使得电子电路的分析不能直接采用线性电路的分析方法。如果在一定范围内，可以用一个线性电路等效代替晶体管，就可以将含有晶体管的非线性电路的分析转化为线性电路的分析。实际上，当放大电路的输入信号较小时，就可以在小范围内将晶体管的特性近似线性化，该线性化的等效电路称为晶体管的小信号模型，也称为晶体管的微变等效电路。晶体管的小信号等效电路只适合于动态分析。

下面以共射极接法的晶体管为例，分析其小信号模型。

1. 双极结型晶体管的小信号模型

共射极接法的晶体管有输入和输出两个端口，是一个由有源器件构成的二端口网络，如图 2.4.13 所示，可以用适合低频使用的混合 H 参数描述。

晶体管的输入输出特性方程为

$$i_B=f(u_{BE})\big|_{u_{CE}}$$

$$i_C=f(u_{CE})\big|_{i_B}$$

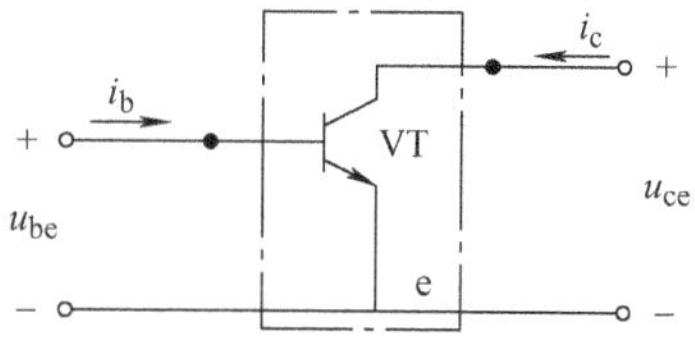

图 2.4.13　晶体管作为二端口网络

可以看出，u_{BE} 是 i_B 和 u_{CE} 的函数，i_C 也是 i_B 和 u_{CE} 的函数，因此有下列方程成立

$$u_{BE}=f(i_B,u_{CE})$$

$$i_C=f(i_B,u_{CE}) \tag{2.4.7}$$

对式（2.4.7）求全微分得

$$du_{BE}=\frac{\partial u_{BE}}{\partial i_B}\bigg|_{u_{CE}}di_B+\frac{\partial u_{BE}}{\partial u_{CE}}\bigg|_{i_B}du_{CE}$$

$$di_C=\frac{\partial i_C}{\partial i_B}\bigg|_{u_{CE}}di_B+\frac{\partial i_C}{\partial u_{CE}}\bigg|_{i_B}du_{CE} \tag{2.4.8}$$

其中，du_{BE}、di_C、di_B、du_{CE} 分别表示 u_{BE}、i_C、i_B、u_{CE} 中的变化量，即前述的 u_{be}、i_c、

i_b、u_{ce}。记

$$h_{11}=\left.\frac{\partial u_{BE}}{\partial i_B}\right|_{u_{CE}}$$

$$h_{12}=\left.\frac{\partial u_{BE}}{\partial u_{CE}}\right|_{i_B}$$

$$h_{21}=\left.\frac{\partial i_C}{\partial i_B}\right|_{u_{CE}}$$

$$h_{22}=\left.\frac{\partial i_C}{\partial u_{CE}}\right|_{i_B}$$

则式（2.4.8）可以写为

$$\begin{aligned}u_{be}&=h_{11}i_b+h_{12}u_{ce}\\ i_c&=h_{21}i_b+h_{22}u_{ce}\end{aligned}\tag{2.4.9}$$

若式（2.4.9）中的电压电流均为正弦量，则其相量形式为

$$\begin{aligned}\dot{U}_{be}&=h_{11}\dot{I}_b+h_{12}\dot{U}_{ce}\\ \dot{I}_c&=h_{21}\dot{I}_b+h_{22}\dot{U}_{ce}\end{aligned}\tag{2.4.10}$$

式（2.4.9）对应的等效电路如图 2.4.14 所示，式（2.4.9）中的第一个方程由图 2.4.14 中 b、e 之间的输入回路表述，第二个方程由图 2.4.14 中 c、e 之间的输出回路表述。

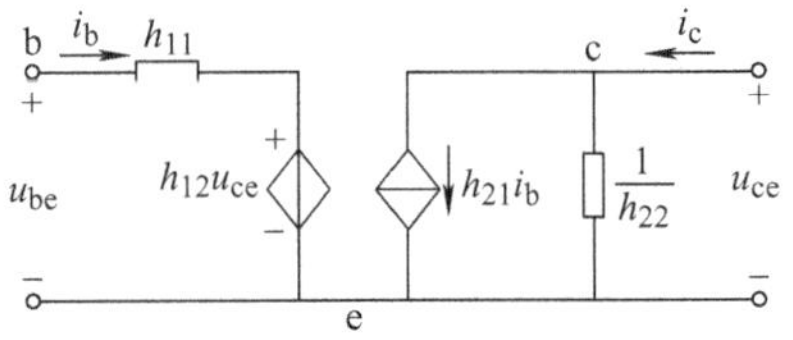

图 2.4.14　*H* 参数等效电路

下面分析各 *H* 参数的具体含义及其近似求法。

$h_{11}=\left.\frac{\partial u_{BE}}{\partial i_B}\right|_{u_{CE}}$ 表示在一定的 u_{CE} 下，u_{BE} 和 i_B 的变化量的比值，如图 2.4.15a 所示。h_{11} 的几何含义是当 u_{BE} 和 i_B 的变化量比较小时，在一定 u_{CE} 对应的晶体管的输入特性曲线上，过 *Q* 点作其切线，切线斜率的倒数近似等于 h_{11}，近似等于晶体管共射极接法时，输入端口看进去的等效电阻，也称为晶体管共射极接法时的输入电阻，记为 r_{be}。当静态工作点确定时，该电阻为常数，即

$$h_{11}=\left.\frac{\partial u_{BE}}{\partial i_B}\right|_{u_{CE}}=r_{be}$$

$h_{12}=\left.\frac{\partial u_{BE}}{\partial u_{CE}}\right|_{i_B}$ 表示在一定的 i_B 下，u_{BE} 和 u_{CE} 的变化量的比值，如图 2.4.15b 所示。当晶体管工作在放大区时，u_{CE} 的变化对 u_{BE} 的影响很小，故 $h_{12}u_{ce}$ 常为 $10^{-3}\sim10^{-4}$，可以忽略。

$h_{21}=\left.\frac{\partial i_C}{\partial i_B}\right|_{u_{CE}}$ 表示在一定的 u_{CE} 下，i_C 和 i_B 的变化量的比值，如图 2.4.15c 所示。当晶体管工作在放大区时，该值近似等于晶体管的交流电流放大倍数，即 $h_{21}=\left.\frac{\partial i_C}{\partial i_B}\right|_{u_{CE}}=\beta$。

$h_{22}=\left.\frac{\partial i_C}{\partial u_{CE}}\right|_{i_B}$ 表示在一定的 i_B 下，即某条输出特性曲线上，i_C 和 u_{CE} 的变化量的比值，

如图 2.4.15d 所示。当晶体管工作在放大区时，u_{CE} 的变化对 i_C 的影响很小，故 h_{22} 的值接近 0。h_{22} 的倒数为共射极接法时，晶体管输出端动态电压与电流的比值，该值称为晶体管的输出电阻 r_{ce}，即

$$h_{22}=\left.\frac{\partial i_C}{\partial u_{CE}}\right|_{i_B}=\frac{1}{r_{ce}}$$

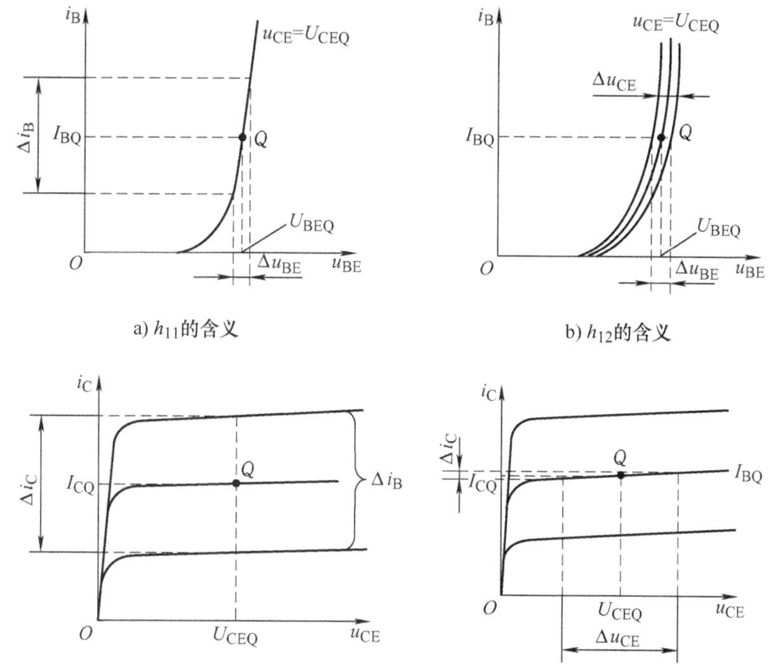

a) h_{11}的含义　　b) h_{12}的含义

c) h_{21}的含义　　d) h_{22}的含义

图 2.4.15　*H* 参数的含义

r_{ce} 一般很大，常在 100kΩ 以上，和受控电流源并联时，可以近似认为开路。由此可得到简化的晶体管 *H* 参数小信号等效电路，如图 2.4.16 所示。

如果输出回路所接负载 R_L 与 r_{ce} 的值比较接近，则在电路分析中需要考虑 r_{ce} 的影响。考虑 r_{ce} 的 *H* 参数等效电路如图 2.4.17 所示。

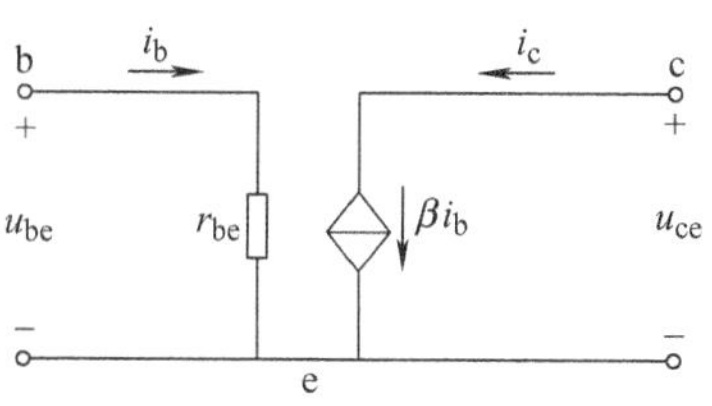

图 2.4.16　简化的小信号等效电路

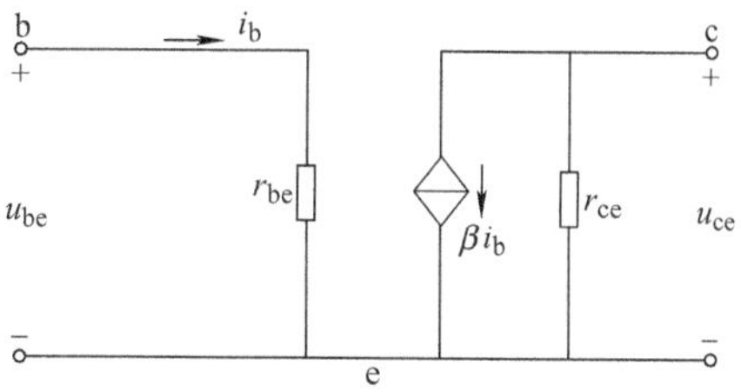

图 2.4.17　考虑 r_{ce} 的 *H* 参数等效电路

从图 2.4.16 和图 2.4.17 所示的等效电路可以看出，晶体管的输入回路近似为一线性电阻，输出回路为一电流控制的电流源，整个电路为一含受控源的线性二端口网络。

在图 2.4.16 所示简化的晶体管小信号等效电路中，需要知道其中的 r_{be} 和 β 两个参数，才能进行电路的分析计算。下面对其进行估算。

图 2.4.18a 所示为晶体管的结构示意图。从图中可以看出，b-e 间的电阻由基区体电阻 $r_{bb'}$、发射结电阻 $r_{b'e'}$ 和发射区体电阻 $r_{e'}$ 组成。$r_{bb'}$ 和 $r_{e'}$ 仅与杂质浓度和制造工艺有关。因为基区很薄且多数载流子浓度很低，所以 $r_{bb'}$ 的数值较大，对于小功率管，一般在几十到几百欧，可以通过查阅手册得到，计算中一般取 $r_{bb'}\approx 100\sim 300\Omega$。因为发射区多数载流子的浓度很高，所以 $r_{e'}$ 的数值很小，与 $r_{bb'}$ 和 $r_{b'e'}$ 相比，可以忽略不计，即 $r_{b'e'}\approx r_{b'e}$。因此，晶体管输入回路的等效电路可用图 2.4.18b 表示。

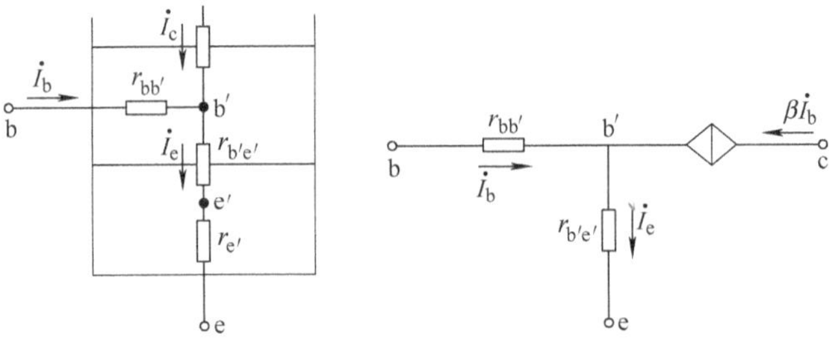

a) 结构示意图　　b) 等效电路

图 2.4.18　晶体管的结构示意图

从图 2.4.18b 中可以看出

$$r_{be}=\frac{u_{be}}{i_b}=\frac{u_{bb'}+u_{b'e}}{i_b}=\frac{u_{bb'}}{i_b}+\frac{u_{b'e}}{i_b}=r_{bb'}+\frac{i_e r_{b'e}}{i_b}=r_{bb'}+(1+\beta)r_{b'e}$$

其中，$r_{bb'}\approx 100\sim 300\Omega$，$r_{b'e}$ 为发射结的电阻，参考式（1.4.3）中 PN 结电阻的计算方法，有

$$r_{b'e}=\frac{U_T}{I_{EQ}}\approx\frac{26\text{mV}}{I_{EQ}} \tag{2.4.11}$$

则有

$$r_{be}=r_{bb'}+(1+\beta)\frac{U_T}{I_{EQ}} \tag{2.4.12}$$

β 的值可以通过实测得到，或在已知静态工作点的基础上，通过手册查到。

2. 放大电路的小信号模型分析法

在放大电路的交流通路中，用晶体管的 H 参数等效模型代替晶体管，就得到放大电路的小信号等效电路。用该电路可进行放大电路的动态分析，求取电压放大倍数、输入电阻、输出电阻等交流参数。

仍以图 2.3.3a 所示阻容耦合放大电路为例，进行求解。其步骤如下：

第 1 步：画出图 2.3.3a 所示阻容耦合放大电路的交流通路，如图 2.4.2a 所示。

第 2 步：在图 2.4.2a 所示的交流通路中，将晶体管用其 H 参数等效模型代替，得到放大电路的小信号等效电路，如图 2.4.19 所示。

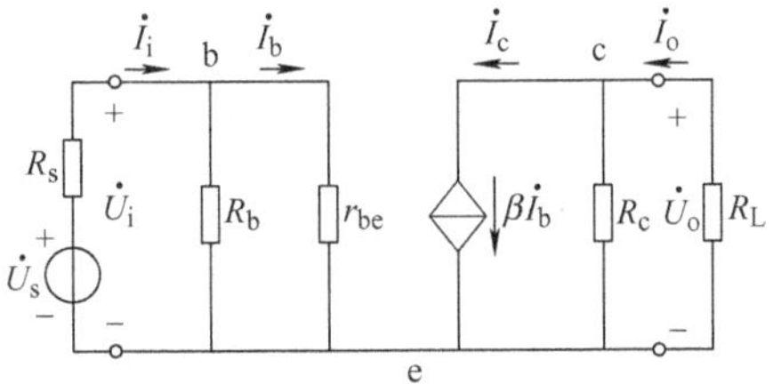

图 2.4.19　放大电路的小信号等效电路

第 3 步：求放大电路的交流参数。

① 求电压放大倍数 $\dot{A}_u=\dfrac{\dot{U}_o}{\dot{U}_i}$：由图 2.4.19 所示电路的输入回路有 $\dot{U}_i=\dot{I}_b r_{be}$，由输出回路有 $\dot{U}_o=-\dot{I}_c(R_c//R_L)$。考虑到 $\dot{I}_c=\beta\dot{I}_b$，则电压放大倍数

$$\dot{A}_u=\frac{\dot{U}_o}{\dot{U}_i}=-\frac{\beta(R_c/\!/R_L)}{r_{be}}=-\frac{\beta R_L'}{r_{be}} \tag{2.4.13}$$

式中，$R_L'=R_c/\!/R_L$。

该放大倍数 $\dot{A}_u$ 表示输出电压相量与输入电压相量的比值，为负的实数，且绝对值远大于 1。$\dot{A}_u$ 的绝对值远大于 1 说明输出电压数值上比输入电压大很多，实现了线性放大，而 $\dot{A}_u$ 为负值说明输出电压和输入电压之间相位相反，这和前面图解法得到的结论一致。

② 求输入电阻 R_i：放大电路的输入电阻是从放大电路的输入端看进去的等效电阻，如图 2.4.20 所示。从输入端口看进去，放大电路为无源网络，有

$$R_i=\frac{\dot{U}_i}{\dot{I}_i}=R_b/\!/r_{be} \tag{2.4.14}$$

③ 求输出电阻 R_o：放大电路的输出电阻是从放大电路的输出端看进去的等效电阻。从输出端口看进去，放大电路为一含源网络。其中的独立电压源短路，如图 2.4.21 所示。从输出端口有

$$R_o=\frac{\dot{U}_{VT}}{\dot{I}_{VT}}$$

由于 $\dot{U}_s$ 被短路，所以 $\dot{I}_b$ 等于 0，输出回路的受控电流源 $\beta\dot{I}_b$ 也为 0，所以

$$R_o=\frac{\dot{U}_{VT}}{\dot{I}_{VT}}=R_c \tag{2.4.15}$$

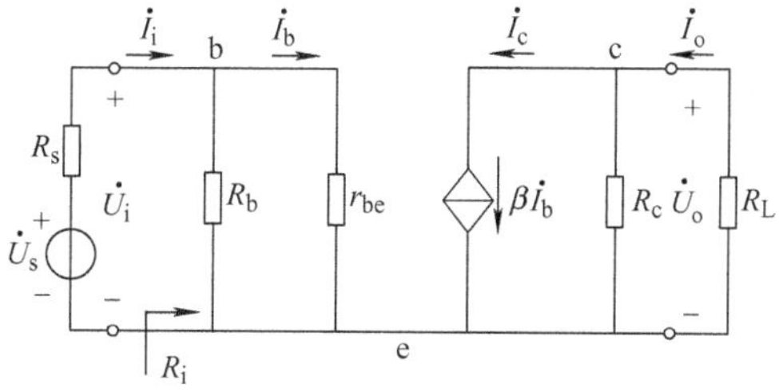

图 2.4.20　求输入电阻的等效电路

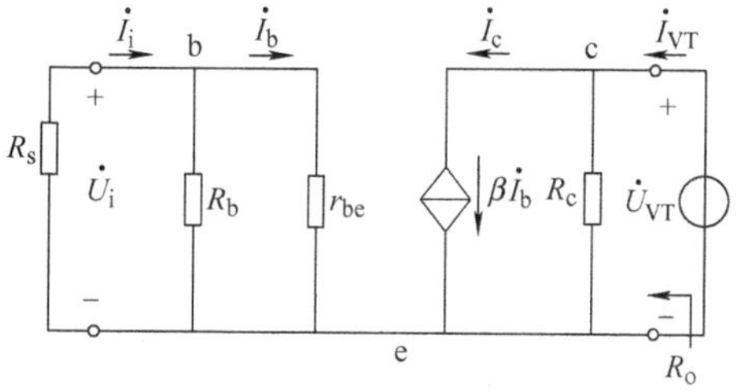

图 2.4.21　求输出电阻的等效电路

【例 2.4.3】　直接耦合放大电路如图 2.3.3b 所示。求：1）电路的静态工作点；2）电压放大倍数、输入电阻、输出电阻。

解：1）求静态工作点。首先画出图 2.3.3b 所示电路的直流通路，如图 2.4.22 所示。然后在直流通路中，估算各电压电流值

$$I_{BQ}=\frac{V_{CC}-U_{BEQ}}{R_{b2}}-\frac{U_{BEQ}}{R_{b1}+R_s}$$

$$I_{CQ}=\beta I_{BQ}$$

$$U_{CEQ}=V_{CC}-R_c\left(I_{CQ}+\frac{U_{CEQ}}{R_L}\right)=V_{CC}-R_cI_{CQ}-\frac{R_c}{R_L}U_{CEQ}$$

2）求电压放大倍数、输入电阻、输出电阻。

第 1 步：画出图 2.3.3b 所示电路的交流通路，如图 2.4.2b 所示。

第 2 步：在图 2.4.2b 所示电路的基础上，画出图 2.3.3b 所示电路的小信号等效电路，如图 2.4.23 所示。

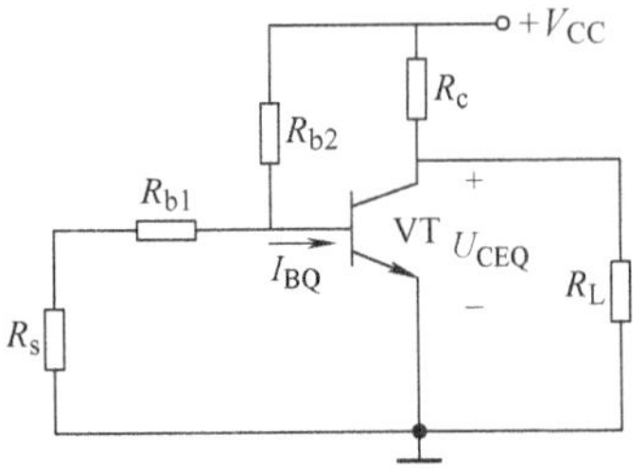

图 2.4.22　图 2.3.3b 所示电路的直流通路

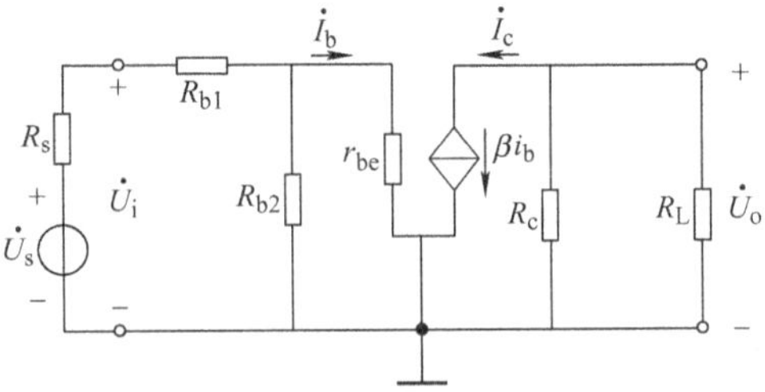

图 2.4.23　图 2.3.3b 所示电路的小信号等效电路

第 3 步：求交流参数。

① 求电压放大倍数：在图 2.4.23 所示电路的输入回路，有

$$\dot{U}_i = R_{b1}\left(\frac{r_{be}\dot{I}_b}{R_{b2}}+\dot{I}_b\right)+r_{be}\dot{I}_b=\left(\frac{R_{b1}}{R_{b2}}r_{be}+R_{b1}+r_{be}\right)\dot{I}_b$$

在图 2.4.23 所示电路的输出回路，有

$$\dot{U}_o = -\dot{I}_c\,(R_c/\!/R_L) = -\beta\dot{I}_b\,(R_c/\!/R_L)$$

则

$$\dot{A}_u=\frac{\dot{U}_o}{\dot{U}_i}=\frac{-\dot{I}_c(R_c/\!/R_L)}{\left(\dfrac{R_{b1}}{R_{b2}}r_{be}+R_{b1}+r_{be}\right)\dot{I}_b}=\frac{-\beta\dot{I}_b(R_c/\!/R_L)}{\left(\dfrac{R_{b1}}{R_{b2}}r_{be}+R_{b1}+r_{be}\right)\dot{I}_b}=-\beta\frac{(R_c/\!/R_L)}{\dfrac{R_{b1}}{R_{b2}}r_{be}+R_{b1}+r_{be}}$$

② 求输入电阻：从图 2.4.23 所示电路的输入端口看进去，有

$$R_i=\frac{\dot{U}_i}{\dot{I}_i}=R_{b1}+R_{b2}/\!/r_{be}$$

③ 求输出电阻：从图 2.4.23 所示电路的输出端口看进去，有

$$R_o=\frac{\dot{U}_o}{\dot{I}_o}\approx R_c$$

若需求输出电压对信号源 $\dot{U}_s$ 的放大倍数，则有

$$\dot{A}_{us}=\frac{\dot{U}_o}{\dot{U}_s}$$

由于 $\dot{U}_i=\dfrac{R_i}{R_i+R_s}\dot{U}_s$，所以

$$\dot{A}_{us}=\frac{\dot{U}_o}{\dot{U}_s}=\frac{\dot{U}_o}{\dot{U}_i}\,\frac{\dot{U}_i}{\dot{U}_s}=\frac{R_i}{R_i+R_s}\,\frac{\dot{U}_o}{\dot{U}_i}=\frac{R_i}{R_i+R_s}\dot{A}_u$$

可见，数值上 $\dot{A}_{us}$ 总是小于 $\dot{A}_u$，R_i 越大，$\dot{A}_{us}$ 与 $\dot{A}_u$ 越接近。

2.5　放大电路静态工作点的稳定

从前面的分析可以看出，静态工作点不但决定了电路是否会产生失真，而且还影响着电压放大倍数、输入电阻等动态参数。实际上，环境温度的变化、电源电压的波动都会造成静态工作点的不稳定。在引起 Q 点不稳定的诸多因素中，环境温度对晶体管参数的影响是最为主要的因素。

2.5.1 温度对静态工作点的影响

温度的变化会影响晶体管的穿透电流、β 以及 U_{BE} 值。当温度升高时，晶体管的 I_{CBO} 和 I_{CEO} 将增大。一般情况下，温度每升高 1℃，β 增大 0.5%~1.0%。环境温度升高时，在相同 U_{BEQ} 的情况下，I_{BQ} 会升高，如图 2.5.1 所示。

温度对 β、U_{BE} 和 I_{CBO} 等参数的影响，使静态工作点受环境温度的影响。这种影响表现在输出特性上，温度升高时，静态工作点 Q 将上移，如图 2.5.2 所示，由最初的 Q 点移至 Q' 点，使放大电路的最大不失真输出范围减小，放大倍数等动态参数变化。

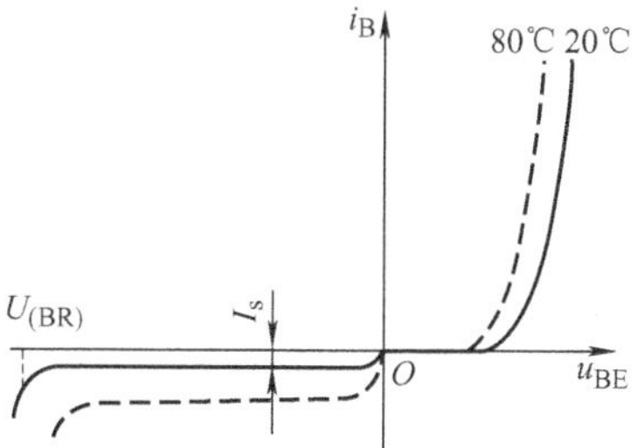

图 2.5.1　温度对晶体输入特性的影响

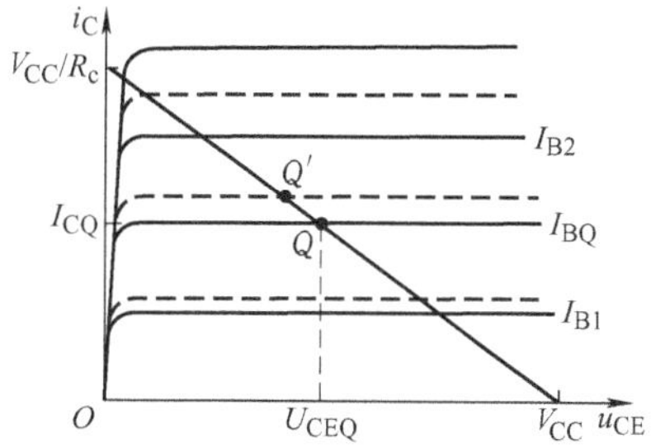

图 2.5.2　温度对静态工作点的影响

2.5.2 静态工作点稳定电路

常用的静态工作点稳定电路为分压式偏置电路，如图 2.5.3 所示。

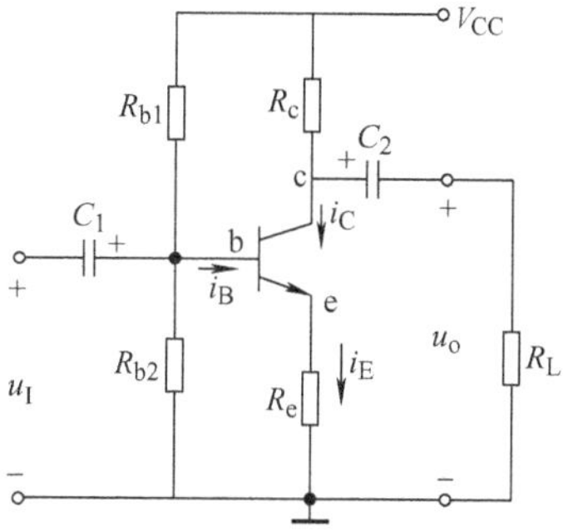

图 2.5.3　分压式偏置电路

1. 电路的静态分析

首先画出图 2.5.3 所示分压式偏置电路的直流通路，如图 2.5.4 所示，然后分析静态工作点稳定的机理。

在图 2.5.4 所示电路中，如果参数的选择能够满足 $I_2 \gg I_B$，则 B 点的电位

$$U_{BQ} \approx \frac{R_{b2}}{R_{b1}+R_{b2}} V_{CC}$$

该电位值主要由电源和外接电阻决定，在温度变化时，U_{BQ} 基本不变。则当温度升高时，引起如下连锁反应：

$$T\uparrow \rightarrow I_C\uparrow \rightarrow U_{R_e}\uparrow \rightarrow U_{BE}\downarrow \rightarrow I_B\downarrow \rightarrow I_C\downarrow$$

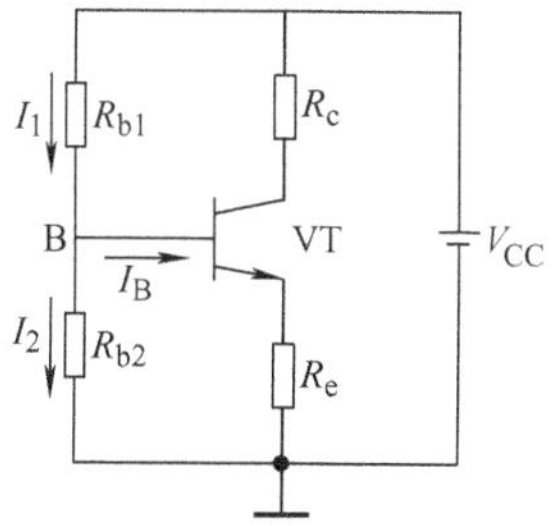

图 2.5.4　图 2.5.3 所示分压式偏置电路的直流通路

这个过程中，温度的升高首先引起 I_C 的上升，I_C 的上升反映到 R_e 上，使 R_e 上的电压升高，由于 U_B 恒定，因而使 U_{BE} 下降，I_B 也下降，I_C 跟着下降。过程的关键是，由于 R_e 的存在，使输出端 I_C 的变化影响到输入端 U_{BE} 的变化，且 U_{BE} 的变化抑制了 I_C 的变化，使 I_C 维持一个动态的稳定。这种将输出量回送

到输入端，进而影响输入量变化的过程称为反馈，如果反馈使输入量变化减小，则称为负反馈。该负反馈是通过射极电阻 R_e 引入的，因此 R_e 的存在是静态工作点稳定的关键。

从图 2.5.4 所示的直流通路中，可估算出电路的静态工作点

$$U_B \approx \frac{R_{b2}}{R_{b1}+R_{b2}}V_{CC}$$

$$I_C \approx I_E = \frac{U_B - U_{BE}}{R_e}$$

$$I_B = \frac{I_C}{\beta}$$

$$U_{CE} = V_{CC} - I_C R_c - I_E R_e \approx V_{CC} - I_C(R_c + R_e)$$

2. 电路的动态分析

第 1 步：画出图 2.5.3 所示电路的交流通路，如图 2.5.5 所示。

第 2 步：画出图 2.5.3 所示电路的小信号等效电路，如图 2.5.6 所示。

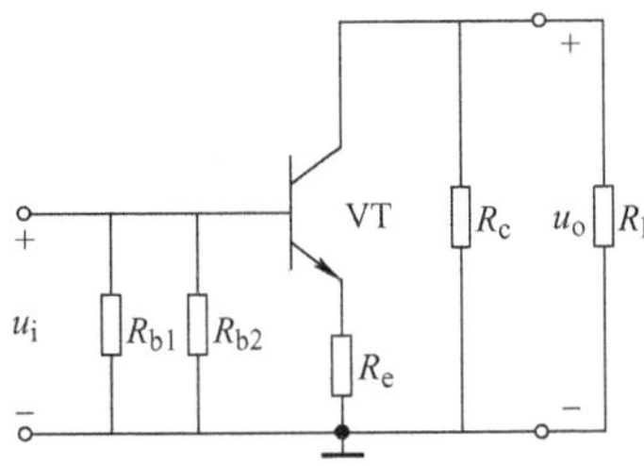

图 2.5.5 图 2.5.3 所示电路的交流通路

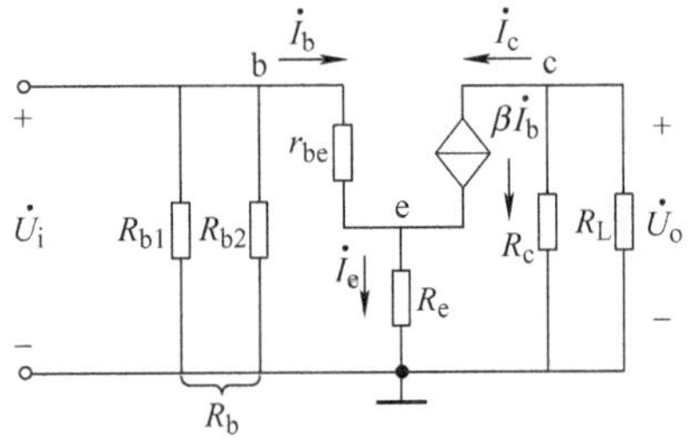

图 2.5.6 图 2.5.3 所示电路的小信号等效电路

第 3 步：求交流参数。

① 求电压放大倍数：将 R_{b1} 和 R_{b2} 的并联记为 R_b，在图 2.5.6 所示电路的输入回路有

$$\dot{U}_i = r_{be}\dot{I}_b + (1+\beta)\dot{I}_b R_e$$

在图 2.5.6 所示电路的输出回路有

$$\dot{U}_o = -\dot{I}_c(R_c /\!/ R_L) = -\beta\dot{I}_b(R_c /\!/ R_L)$$

则电压放大倍数

$$\dot{A}_u = \frac{\dot{U}_o}{\dot{U}_i} = -\beta\frac{R_c /\!/ R_L}{r_{be}+(1+\beta)R_e} = -\beta\frac{R'_L}{r_{be}+(1+\beta)R_e} \tag{2.5.1}$$

② 求输入电阻：先求 $R'_i = \frac{\dot{U}_i}{\dot{I}_b} = \frac{r_{be}\dot{I}_b + (1+\beta)\dot{I}_b R_e}{\dot{I}_b} = r_{be} + (1+\beta)R_e$，则有

$$R_i = \frac{\dot{U}_i}{\dot{I}_i} = R_b /\!/ R'_i = R_{b1} /\!/ R_{b2} /\!/ [r_{be} + (1+\beta)R_e] \tag{2.5.2}$$

③ 求输出电阻：考虑晶体管的输出电阻 r_{ce}，按照输出电阻的定义，画出求输出电阻的等效电路，如图 2.5.7 所示。则输出电阻

$$R_o = \frac{\dot{U}_{VT}}{\dot{I}_{VT}}$$

在图 2.5.7 中的回路 1，有电压平衡方程

$$\dot{I}_b(r_{be}+R'_s)+(\dot{I}_b+\dot{I}_c)R_e=0 \tag{2.5.3}$$

式中，$R'_s=R_s//R_{b1}//R_{b2}=R_s//R_b$。

在图 2.5.7 中的回路 2，有电压平衡方程

$$\dot{U}_{VT}=(\dot{I}_c-\beta\dot{I}_b)r_{ce}+(\dot{I}_c+\dot{I}_b)R_e \tag{2.5.4}$$

由式（2.5.3）中解出 $\dot{I}_b$，代入式（2.5.4）得

$$R'_o=\frac{\dot{U}_{VT}}{\dot{I}_c}=r_{ce}\left(1+\frac{\beta R_e}{r_{be}+R'_s+R_e}\right)$$

则输出电阻

$$R_o=R_c//R'_o$$

由于 $R'_o>r_{ce}\gg R_c$，因此分压式偏置电路的输出电阻

$$R_o\approx R_c \tag{2.5.5}$$

可见 R_e 的存在，在使静态工作点稳定的同时，使电压放大倍数减小，这在实际中是不希望的。为了既能稳定静态工作点，又不损失电压增益，常在 R_e 上并联容量较大的电容 C_e，也称射极旁路电容。该电容在直流通路中可看作开路，因而不影响静态工作点的稳定。由于 C_e 在交流通路中可看作短路，因此其对应的小信号等效电路如图 2.5.8 所示。

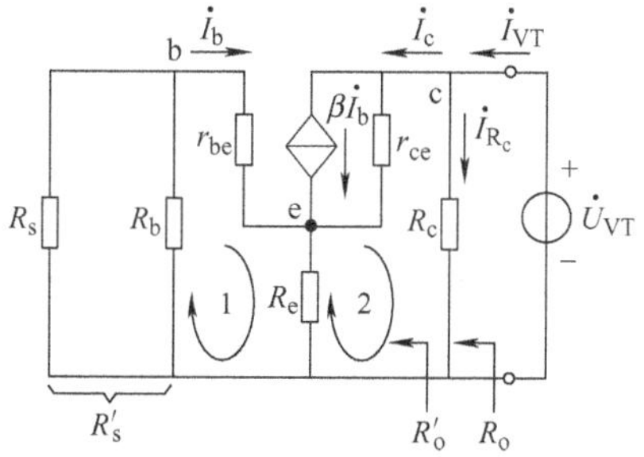

图 2.5.7　求输出电阻的等效电路

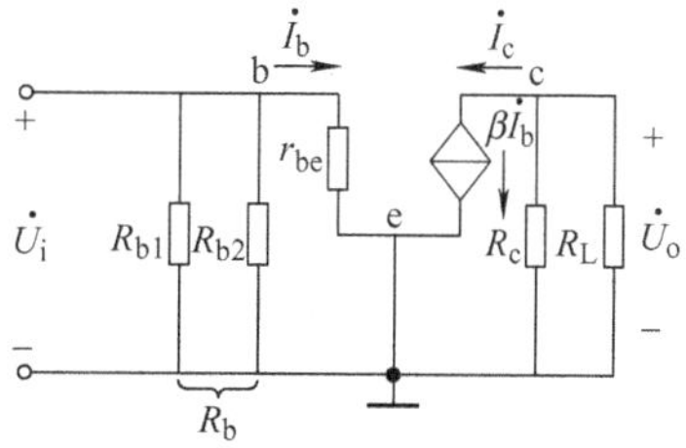

图 2.5.8　含射极旁路电容时的小信号等效电路

从图 2.5.8 所示电路可求得其电压放大倍数、输入电阻、输出电阻如下：

$$\dot{A}_u=\frac{\dot{U}_o}{\dot{U}_i}=\frac{-\beta\dot{I}_b(R_c//R_L)}{r_{be}\dot{I}_b}=-\beta\frac{R_c//R_L}{r_{be}}$$

$$R_i=R_{b1}//R_{b2}//r_{be}$$

$$R_o\approx R_c$$

可见，其电压放大倍数的表达式和基本共射极放大电路一致。

图 2.5.9 所示是集电极反馈偏置的静态工作点稳定电路。该电路只使用了电阻 R_b 就实现了晶体管的偏置，并通过 R_b 引入的负反馈，有效地减小了晶体管的 β 变化对放大电路静态工作点的影响，稳定了静态工作点。其反馈过程如下：

当环境温度升高，使 I_C 增大时，电阻 R_c 上的电压增大，使晶体管集电极的电位下降，通过反馈电阻 R_b，使基极电位也减小，使基极电流 I_B 降低，I_B 的降低使 I_C 降低，静态工作点得到稳定。当环境温度下降，I_C 减小时，R_b 引入的反馈过程也使 I_C 的减小得到抑制。可见，任何企图改变静态工作点的“苗头”，都会被 R_b 引入的负反馈“消灭”。

图 2.5.9 所示电路的小信号等效电路如图 2.5.10 所示，读者可自行分析其放大性能。

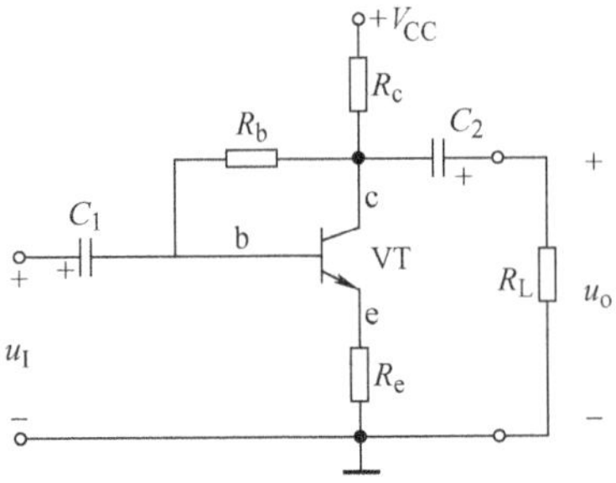

图 2.5.9　集电极反馈偏置的静态工作点稳定电路

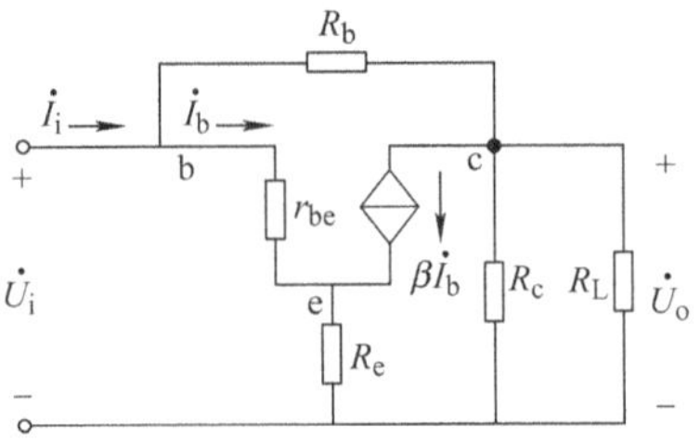

图 2.5.10　集电极反馈偏置电路的小信号等效电路

2.6　共集电极和共基极放大电路

2.6.1　共集电极放大电路

基本共集电极放大电路如图 2.6.1 所示，其交流通路如图 2.6.2 所示。可以看出，输入信号从基极和集电极之间送入，输出信号从射极和集电极之间取出，输入和输出的公共极为集电极，故称为共集电极放大电路。同时，由于输出来自于发射极，故又称为射极输出器。

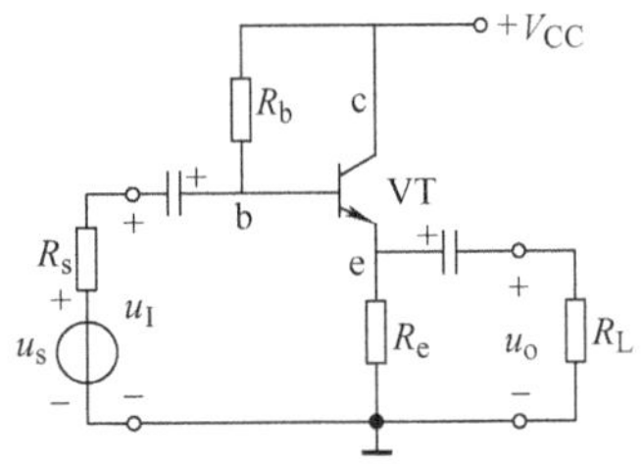

图 2.6.1　共集电极放大电路

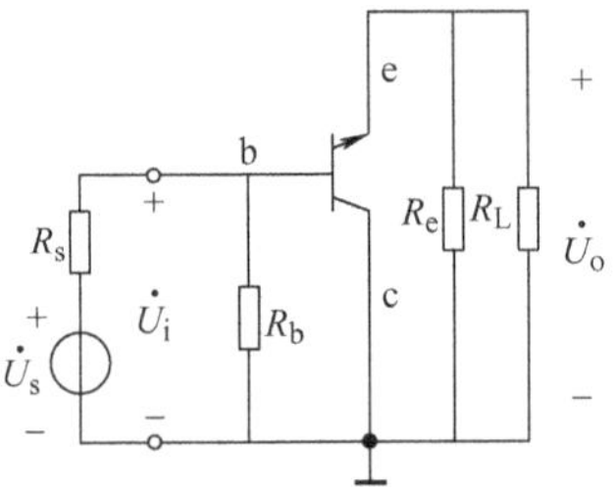

图 2.6.2　共集电极放大电路的交流通路

1. 电路的静态分析

首先画出图 2.6.1 所示共集电极放大电路的直流通路，如图 2.6.3 所示。然后，在该直流通路中近似估算静态工作点。

从输入回路列电压平衡方程 $V_{CC}=I_{BQ}R_b+U_{BEQ}+I_{EQ}R_e$。考虑到 $I_{EQ}=(1+\beta)I_{BQ}$，则有

$$I_{BQ}=\frac{V_{CC}-U_{BEQ}}{R_b+(1+\beta)R_e},\quad I_C=\beta I_B$$

从输出回路列电压平衡方程，可以求出 c-e 极电压 $U_{CEQ}=V_{CC}-I_{EQ}R_e$。

2. 电路的动态分析

第 1 步：画出图 2.6.1 所示电路的交流通路，如图 2.6.2 所示。

第 2 步：在图 2.6.2 所示电路中，将晶体管用其小信号等效电路代替，可得图 2.6.1 所示放大电路的小信号等效电路，如图 2.6.4 所示。

第 3 步：求交流参数。

① 求电压放大倍数：从图 2.6.4 所示电路的输入回路有

$$\dot{U}_i=\dot{I}_b r_{be}+(\dot{I}_b+\beta\dot{I}_b)R'_L=\dot{I}_b r_{be}+\dot{I}_b(1+\beta)R'_L$$

式中，$R'_L=R_e//R_L$。

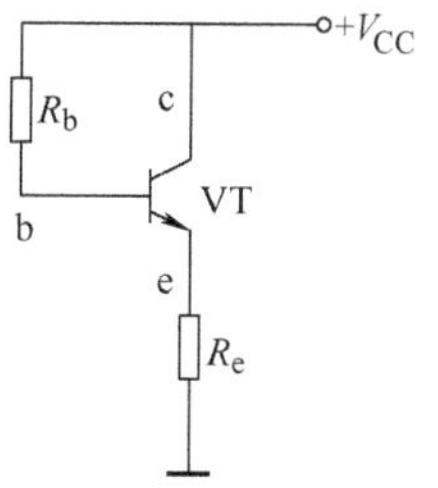

图 2.6.3 共集电极放大电路的直流通路

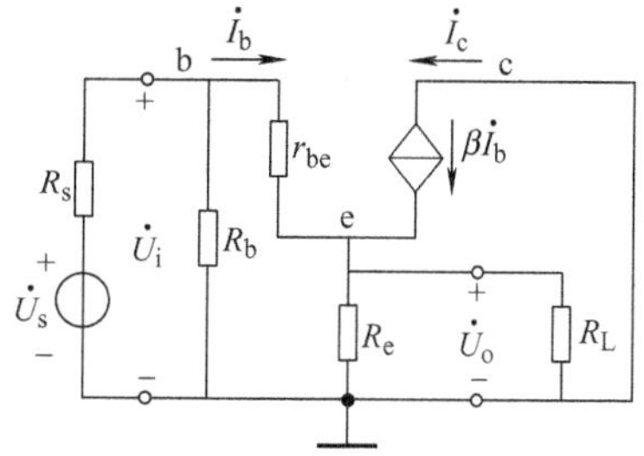

图 2.6.4 共集电极电路的小信号等效电路

由图 2.6.4 所示电路的输出回路有

$$\dot{U}_o=(\dot{I}_b+\beta\dot{I}_b)R'_L=\dot{I}_b(1+\beta)R'_L$$

则电压增益

$$\dot{A}_u=\frac{\dot{U}_o}{\dot{U}_i}=\frac{(1+\beta)R'_L}{r_{be}+(1+\beta)R'_L}\approx\frac{\beta R'_L}{r_{be}+\beta R'_L} \tag{2.6.1}$$

该电压增益为正的常数，说明输出电压和输入电压同相位，其电压增益的值恒小于 1，但接近 1，说明输出电压和输入电压量值上接近，变化方向相同，即输出基本上跟随输入变化，故该电路也称为射极跟随器。

② 求输入电阻：从图 2.6.4 所示电路的输入回路中有

$$R'_i=\frac{\dot{U}_i}{\dot{I}_b}=\frac{r_{be}\dot{I}_b+(1+\beta)\dot{I}_b(R_e//R_L)}{\dot{I}_b}=r_{be}+(1+\beta)(R_e//R_L)$$

则

$$R_i=\frac{\dot{U}_i}{\dot{I}_i}=R_b//R'_i=R_b//[r_{be}+(1+\beta)(R_e//R_L)] \tag{2.6.2}$$

③ 求输出电阻：在图 2.6.4 中，从输出端看进去，将电路内部的独立电压源短路，如图 2.6.5，则放大电路的输出电阻为 $R_o=\frac{\dot{U}_{VT}}{\dot{I}_{VT}}$。由于

$$\dot{U}_{VT}=-\dot{I}_b(r_{be}+R'_s)=-\frac{\dot{I}_e}{1+\beta}(r_{be}+R'_s)$$

式中，$R'_s=R_s//R_b$。

记

$$R'_o=\frac{\dot{U}_{VT}}{-\dot{I}_e}=\frac{R'_s+r_{be}}{1+\beta}$$

则输出电阻

$$R_o=\frac{\dot{U}_{VT}}{\dot{I}_{VT}}=R_e//\frac{R'_s+r_{be}}{1+\beta}$$

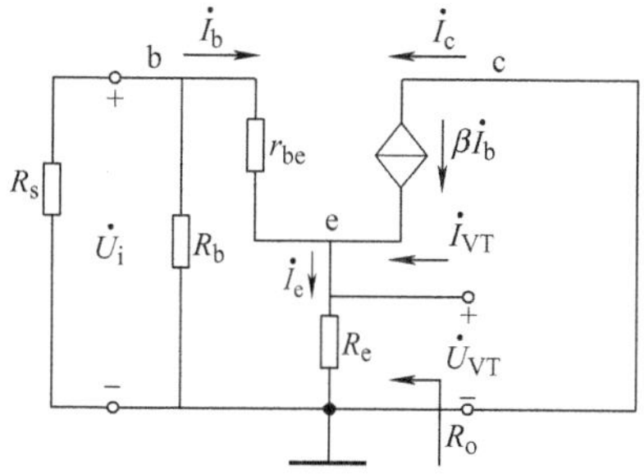

图 2.6.5 求输出电阻的等效电路

由于一般情况下 $\beta\gg1$，所以

$$R_o \approx \frac{R_s' + r_{be}}{1+\beta} \tag{2.6.3}$$

从以上求出的动态参数可以看出，共集电极电路具有以下显著特点：

1）$\dot{U}_o \approx \dot{U}_i$，输出电压跟随输入电压。

2）输入电阻大，可达几十到几百千欧。

3）输出电阻小，一般只有几十欧。

应用中，由于 $\dot{U}_o$ 略小于 $\dot{U}_i$，故该电路没有电压放大作用，但由于其输入动态电流为 i_b，输出电流为 i_e，所以具有电流放大作用。

共集电极放大电路的输入电阻大，常作为放大电路的输入级，以减小放大电路从信号源索取的电流，另外，因其输出电阻小，也常作为多级放大电路的输出级，以增强放大电路的带负载能力。因此，利用共集电极放大电路输出带负载能力强、具有电流放大作用的特点，常作为功率放大电路使用，同时，还可以作为多级放大电路的中间级，起到隔离前、后级的作用。

2.6.2　共基极放大电路

基本共基极放大电路如图 2.6.6 所示，其交流通路如图 2.6.7 所示。可以看出，输入信号从射极和基极之间输入，输出信号从集电极和基极之间取出，输入和输出的公共极为基极，故称为共基极放大电路。

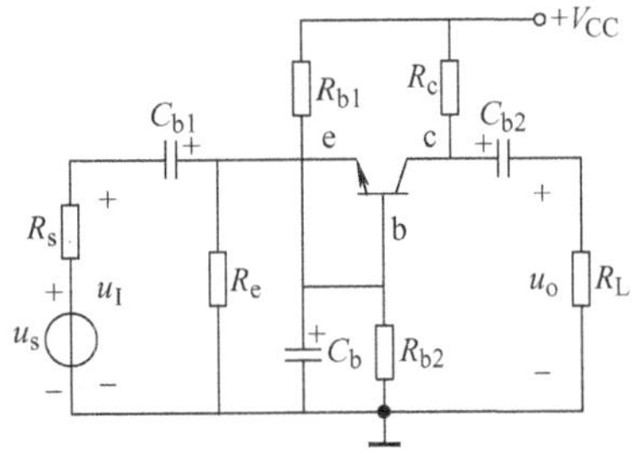

图 2.6.6　共基极放大电路

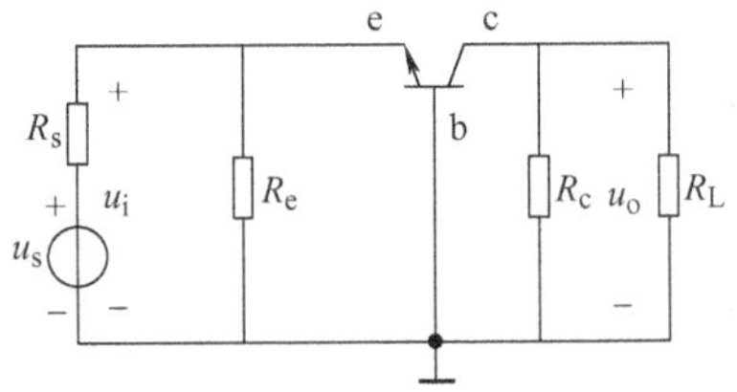

图 2.6.7　共基极放大电路的交流通路

1. 电路的静态分析

画出图 2.6.6 所示电路的直流通路，如图 2.6.8a 所示，该电路的另一种画法如图 2.6.8b 所示。图 2.6.8b 与分压式偏置电路的直流通路相同，故静态工作点的估算也一

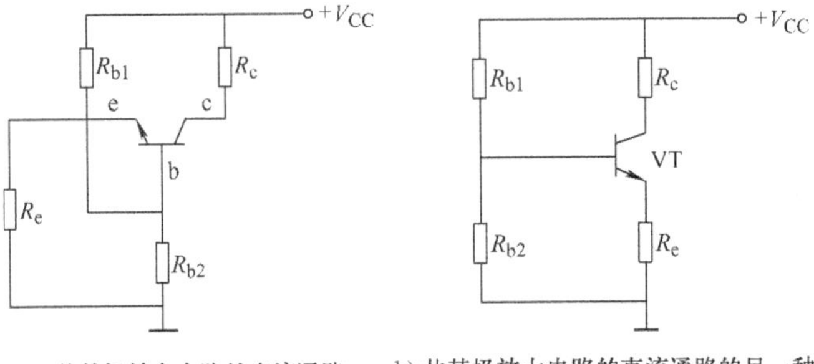

a) 共基极放大电路的直流通路　b) 共基极放大电路的直流通路的另一种画法

图 2.6.8　共基极放大电路的直流通路

致，此处不再赘述。

2. 电路的动态分析

第 1 步：画出图 2.6.6 所示电路的交流通路，如图 2.6.7 所示。

第 2 步：在图 2.6.7 中，将晶体管用其小信号模型代替，可得到图 2.6.5 所示放大电路的小信号等效电路，如图 2.6.9 所示。

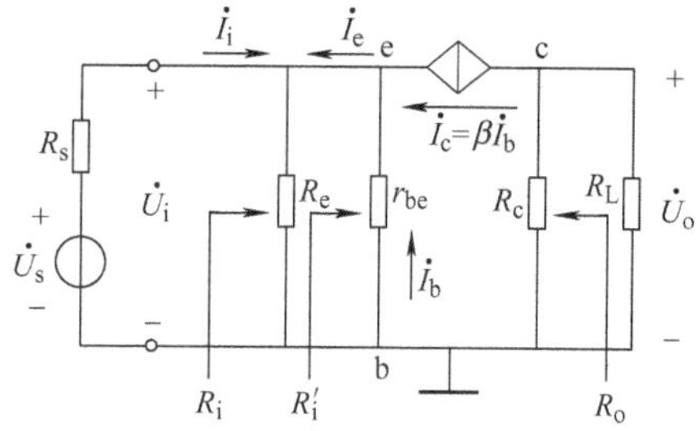

图 2.6.9　共基极放大电路的小信号等效电路

第 3 步：求交流参数

① 求电压放大倍数：从图 2.6.9 所示电路的输入回路有 $\dot{U}_i=-\dot{I}_b r_{be}$

从图 2.6.9 所示电路的输出回路有 $\dot{U}_o=-\dot{I}_c R_L'=-\beta\dot{I}_b R_L'$，其中，$R_L'=R_c/\!/R_L$。则电压增益

$$\dot{A}_u=\frac{\dot{U}_o}{\dot{U}_i}=\frac{\beta R_L'}{r_{be}} \tag{2.6.4}$$

② 求输入电阻：由于

$$R_i'=\frac{\dot{U}_i}{-\dot{I}_e}=\frac{-\dot{I}_b r_{be}}{-(1+\beta)\dot{I}_b}=\frac{r_{be}}{1+\beta}$$

因此
$$R_i=\frac{\dot{U}_i}{\dot{I}_i}=R_e/\!/R_i'=R_e/\!/\frac{r_{be}}{1+\beta}\approx\frac{r_{be}}{1+\beta} \tag{2.6.5}$$

③ 求输出电阻：在图 2.6.9 所示的小信号等效电路中，从输出端看进去，将电路内部的独立电压源短路，在信号源内阻 R_s 可以忽略的情况下，$i_b=0$，则 $i_c=0$，则放大电路的输出电阻

$$R_o\approx R_c \tag{2.6.6}$$

2.6.3　基本放大电路三种接法的比较

上述由单个晶体管构成的共射极放大电路（CE）、共集电极放大电路（CC）以及共基极放大电路（CB）是三种基本的单级放大电路，其动态参数表达式总结在表 2.6.1 中，其性能对比总结在表 2.6.2 中。

表 2.6.1　三种基本的单级放大电路的动态参数

电　　路	CE	CC	CB
电压增益	$-\frac{\beta(R_c/\!/R_L)}{r_{be}}$	$\frac{(1+\beta)(R_e/\!/R_L)}{r_{be}+(1+\beta)(R_e/\!/R_L)}$	$\frac{\beta(R_c/\!/R_L)}{r_{be}}$
输入电阻	$R_b/\!/r_{be}$	$R_b/\!/[r_{be}+(1+\beta)(R_e/\!/R_L)]$	$R_e/\!/\frac{r_{be}}{1+\beta}$
输出电阻	R_c	$R_e/\!/\frac{R_s'+r_{be}}{1+\beta}\approx\frac{R_s'+r_{be}}{1+\beta}$	R_c

表 2.6.2　三种基本单级放大电路的性能对比

电　　路	电压增益	电流增益	输入电阻	输出电阻
共射极电路	大于 1	大于 1	中	中高
共集电极电路	接近 1	大于 1	高	低
共基极电路	大于 1	接近 1	低	中高

从表 2.6.1 和表 2.6.2 中可知，共射极放大电路既放大电压，又放大电流，共集电极电路只放大电流，不放大电压，共基极放大电路只放大电压，不放大电流；三种电路中输入电阻最大的是共集电极电路，最小的是共基极电路，输出电阻最小的是共集电极电路。使用时根据需求进行合理选择。

【例 2.6.1】 共基极放大电路如图 2.6.10 所示。发射极接一恒流源，设 $\beta=100$，$R_s=0$，$R_L=\infty$，其余参数如图所示。试确定电路的电压增益、输入电阻和输出电阻。

解： 第 1 步：将上述画交流通路和小信号等效电路的两个步骤合并，直接画出图 2.6.10 所示电路的小信号等效电路，如图 2.6.11 所示。由于电流源支路的电流恒定，对变化的电流没有贡献，故可视为开路。

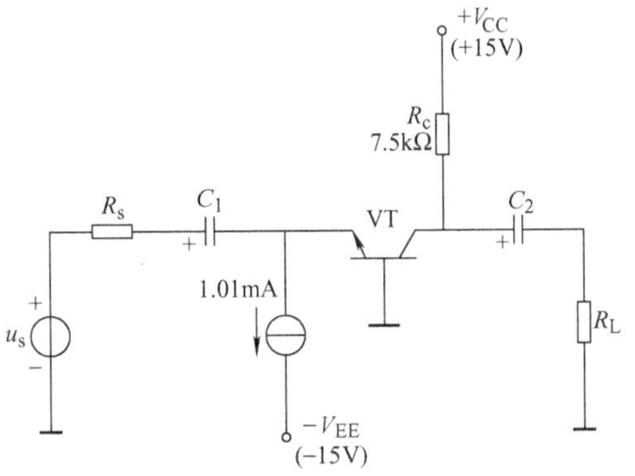

图 2.6.10　共基极放大电路

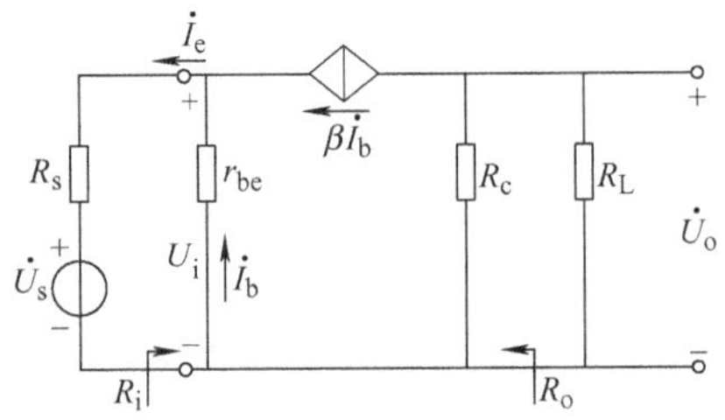

图 2.6.11　图 2.6.10 所示电路的小信号等效电路

第 2 步：求交流参数。

① 求电压增益：由图 2.6.11 有 $\dot{U}_o=-\beta\dot{I}_b\ (R_c/\!/R_L)$，$\dot{U}_i=-\dot{I}_b r_{be}$。则电压增益为

$$\dot{A}_u=\frac{\dot{U}_o}{\dot{U}_i}=\frac{\beta\dot{I}_b(R_c/\!/R_L)}{\dot{I}_b r_{be}}=\frac{\beta(R_c/\!/R_L)}{r_{be}}=\frac{100\times7.5}{2.8}\approx268$$

② 求输入电阻：由于

$$r_{be}=r_{bb'}+(1+\beta)\frac{26\text{mV}}{I_{EQ}}$$

因此由图 2.6.10 知，在静态时，$I_{EQ}=1.01\text{mA}$，所以

$$r_{be}=r_{bb'}+(1+\beta)\frac{26\text{mV}}{I_{EQ}}=\left(200+101\times\frac{26}{1.01}\right)\Omega\approx2.8\text{k}\Omega$$

输入电阻

$$R_i=-\frac{\dot{U}_i}{\dot{I}_e}=-\frac{\dot{U}_i}{(1+\beta)\dot{I}_b}=\frac{\dot{I}_b r_{be}}{(1+\beta)\dot{I}_b}=\frac{r_{be}}{1+\beta}\approx28\Omega$$

③ 求输出电阻

$$R_o \approx R_c = 7.5\text{k}\Omega$$

2.7　晶体管基本放大电路的派生电路

前述的共射极放大电路、共集电极放大电路以及共基极放大电路是三种基本的放大电路，为了进一步改善放大电路的性能，常将三种基本的放大电路进行组合，构成其他派生电路。

2.7.1　复合管放大电路

1. 复合管的组成及其电流放大系数

应用中，为了进一步改善放大电路的性能，可用多只晶体管构成复合管来取代放大电路中的一只晶体管，也可以将两种基本接法的放大电路组合起来，得到多方面性能俱佳的放大电路。

图 2.7.1a 和 b 所示为两只同类型（NPN 或 PNP）晶体管组成的复合管，等效成与组成它们的晶体管同类型的管子；图 2.7.1c 和 d 所示为不同类型晶体管组成的复合管，等效成与 VT_1 同类型的管子。下面以图 2.7.1a 为例说明复合管的电流放大系数 β 与 VT_1、VT_2 的放大系数 β_1、β_2 的关系。

在图 2.7.1a 中，复合管的基极电流 i_B 等于 VT_1 的基极电流 i_{B1}，集电极电流 i_C 等于 VT_2 管的集电极电流 i_{C2} 与 VT_1 的集电极电流 i_{C1} 之和，而 VT_2 的基极电流 i_{B2} 等于 VT_1 的发射极电流 i_{E1}，所以 $i_C = i_{C1} + i_{C2} = \beta_1 i_{B1} + \beta_2(1+\beta_1) i_{B1} = (\beta_1 + \beta_2 + \beta_1\beta_2) i_{B1}$

因为 β_1 和 β_2 至少大于 10，因而 $\beta_1\beta_2 >> \beta_1 + \beta_2$，所以可以认为复合管的电流放大系数

$$\beta \approx \beta_1\beta_2 \qquad (2.7.1)$$

用上述方法可以推导出图 2.7.1b、c、d 所示复合管的 β 均约为 $\beta_1\beta_2$。

组成复合管时，应遵循以下原则：

1）在正确的外加电压下，每只管子的各极电流均有合适的通路，且均工作在放大区。

2）为了得到较大的电流放大系数，应将第一只管子的集电极或发射极电流作为第二只管子的基极电流。由于复合管有很高的电流放大系数，所以只需要很小的输入电流 i_B，便可获得很大的输出集电极电流 i_C。在一些场合下，还可用场效应晶体管和三级晶体管组成复合管。

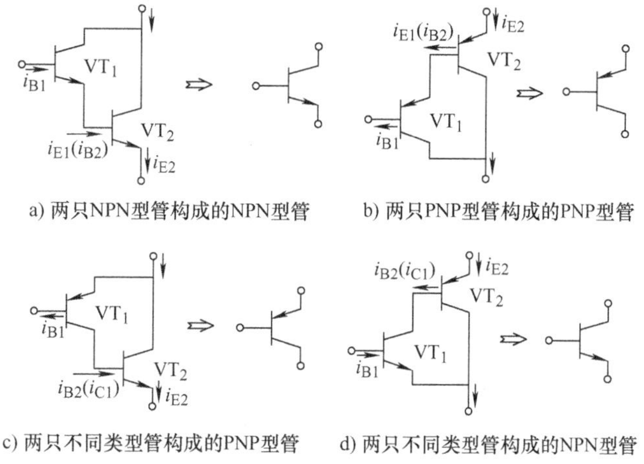

a) 两只NPN型管构成的NPN型管　b) 两只PNP型管构成的PNP型管
c) 两只不同类型管构成的PNP型管　d) 两只不同类型管构成的NPN型管

图 2.7.1　复合管

2. 复合管共射极放大电路

将图 2.3.3a 所示电路中的晶体管用 2.7.1a 所示的复合管取代，便可得到如图 2.7.2a 所示的复合管共射极放大电路，图 2.7.2b 是它的交流小信号等效电路。

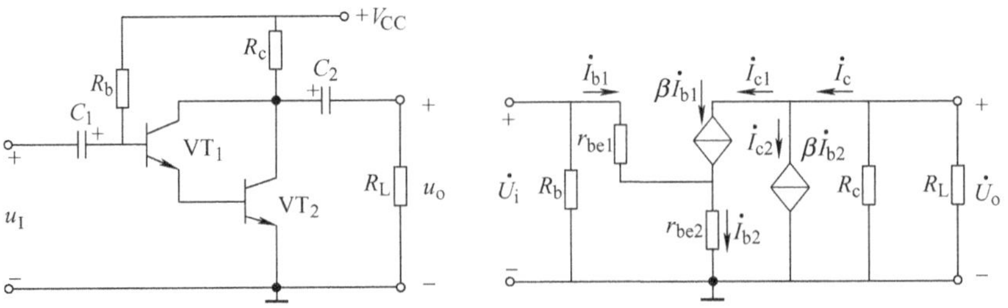

a) 电路　　b) 交流等效电路

图 2.7.2　阻容耦合复合管共射极放大电路

从图 2.7.2b 可知

$$\dot I_c=\dot I_{c1}+\dot I_{c2}\approx\beta_1\beta_2\dot I_b$$

$$\dot U_i=\dot I_{b1}r_{be1}+\dot I_{b2}r_{be2}=\dot I_{b1}r_{be1}+\dot I_{b1}(1+\beta_1)r_{be2}$$

$$\dot U_o\approx-\beta_1\beta_2\dot I_{b1}(R_c/\!/R_L)$$

电压放大倍数

$$\dot A_u=\frac{\dot U_o}{\dot U_i}\approx-\frac{\beta_1\beta_2(R_c/\!/R_L)}{r_{be1}+(1+\beta_1)r_{be2}}$$

若 $(1+\beta_1)r_{be2}\gg r_{be1}$，且 $\beta_1\gg1$，则

$$\dot A_u=\frac{\dot U_o}{\dot U_i}\approx-\frac{\beta_2(R_c/\!/R_L)}{r_{be2}}\tag{2.7.2}$$

与式（2.4.13）相比，电压放大倍数和没有采用复合管时相当，但是输入电阻

$$R_i=R_b/\!/[r_{be1}+(1+\beta_1)r_{be2}]\tag{2.7.3}$$

与式（2.4.14）相比，R_i 中与 R_b 相并联的部分大大增加，即 R_i 明显增大。说明 $\dot U_i$ 相同时，从信号源索取的电流将显著减小。

分析表明，复合管共射极放大电路增强了电流放大能力，从而减小了对信号源驱动电流的要求；从另一角度看，若驱动电流不变，采用复合管后，输出电流将增大。

2.7.2　共射-共基放大电路

将共射极放大电路与共基极放大电路组合在一起，既可保持共射极放大电路电压放大能力较强的优点，又可获得共基极放大电路较好的高频特性。图 2.7.3 所示为常见的共射-共基放大电路，其中 VT_1 组成共射极放大电路，VT_2 组成共基极放大电路。简化的交流通路如图 2.7.4 所示。其中忽略了电阻 R_1 和 R_2 的作用。

从图 2.7.4 可以推导出电压放大倍数 $\dot A_u$ 的表达式。设 VT_1 的电流放大系数为 β_1，b-e 间动态电阻为 r_{be1}，VT_2 的电流放大系数 β_2，则

$$\dot A_u=\frac{\dot U_o}{\dot U_i}=\frac{\dot I_{c1}}{\dot U_i}\frac{\dot U_o}{\dot I_{e2}}=\frac{\beta_1\dot I_{b1}}{\dot I_{b1}r_{be}}\frac{-\beta_2\dot I_{b2}(R_c/\!/R_L)}{(1+\beta_2)\dot I_{b2}}$$

因为 $\beta_2\gg1$，即 $\beta_2/(1+\beta_2)\approx1$，所以

$$\dot A_u\approx\frac{-\beta_1(R_c/\!/R_L)}{r_{be1}}\tag{2.7.4}$$

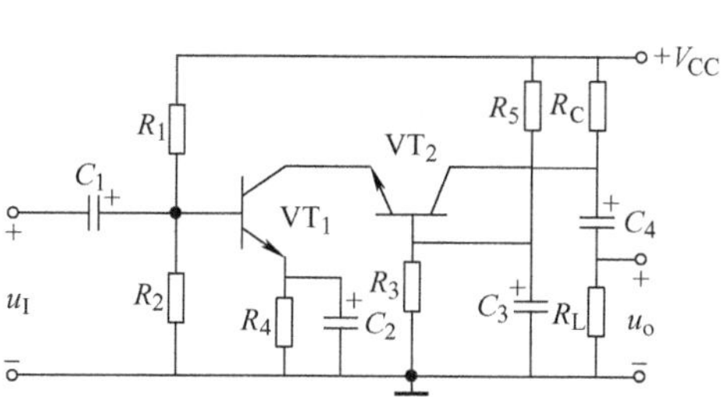

图 2.7.3　共射-共基放大电路

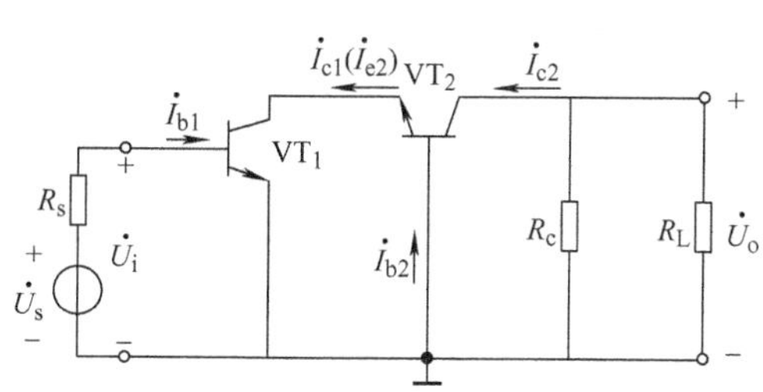

图 2.7.4　共射-共基放大电路的交流通路

可见其增益与单管共射极放大电路近似相同，但具有较好的高频特性。

2.7.3　共集-共基放大电路

图 2.7.5 所示为共集-共基放大电路的交流通路，它以 VT_1 组成的共集电极放大电路作为输入，故输入电阻较大；以 VT_2 组成的共基极放大电路作为输出，故具有一定电压放大能力；由于共基极放大电路和共集电极放大电路均有较高的上限截止频率，故电路有较宽的通频带。

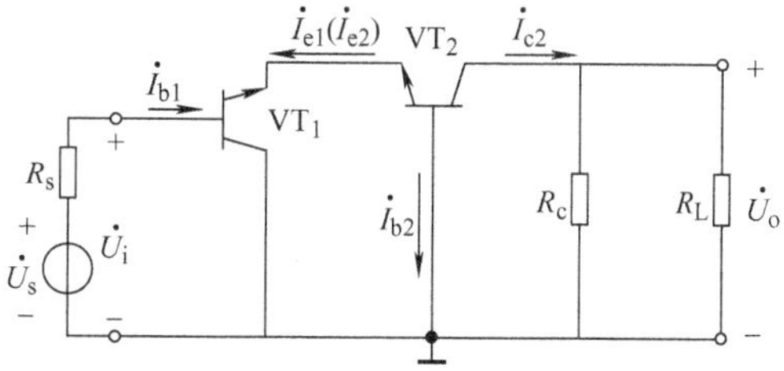

图 2.7.5　共集-共基放大电路的交流通路

根据具体需要，还可以组成其他组合电路，如共集-共射放大电路，既保持高输入电阻，又具有高的电压放大倍数。可见，利用两种基本放大电路的组合，可以同时获得两种接法放大电路的优点。

本章小结

本章介绍了晶体管的结构、工作原理、特性曲线和主要参数。学习了放大电路的组成原则、性能指标和分析方法。现就各部分归纳如下：

1. 晶体管

当通过外部电路使晶体管的发射结正向偏置、集电结反向偏置时，晶体管产生发射极电流 i_E、基极电流 i_B 和集电极电流 i_C，且 i_B 对 i_C 有控制作用，其关系为 $i_C=\beta i_B$。因此，晶体管的集电极电流可以看成是由基极电流控制的电流源，此即为晶体管的电流放大作用，是构成放大电路的基础。

晶体管的输入特性和输出特性描述各极之间电流与电压的关系，主要有输入特性和输出特性。在共射极接法情况下，输入特性为 $i_B=f(u_{BE})\big|_{u_{CE}}$，输出特性为 $i_C=f(u_{CE})\big|_{i_B}$。

在其他接法下，输入特性同样描述输入端电流与电压的关系，输出特性描述输出端电流与电压的关系。

根据外部条件的不同，晶体管可以工作在放大区、截止区或饱和区。

晶体管的主要参数有 β、α、$I_{CBO}(I_{CEO})$、I_{CM}、$U_{(BR)CEO}$ 和 P_{CM}。

2. 放大电路的组成原则

在电子电路中，需要放大的对象是变化量，其典型信号是正弦波。放大的本质是在输入信号的作用下，通过晶体管等有源器件对直流电源的能量进行控制和转换，使负载上获得的输出信号能量比信号源向放大电路提供的能量大得多，因此放大的特征是功率放大，表现为输出电压大于输入电压，或者输出电流大于输入电流，或者二者兼而有之。放大的前提是不失真。放大电路的组成原则是：

1）放大电路的核心器件是有源器件，即晶体管或场效应晶体管。

2）正确的直流电源的电压数值、极性与其他电路参数应保证晶体管工作在放大区，即建立合适的静态工作点，以保证放大不产生失真。

3）输入信号应能够有效地作用于有源器件的输入回路，输出信号能够作用于负载之上。

3. 放大电路的主要性能指标

1）放大倍数$\dot{A}$：输出相量与输入相量之比，为复数。其绝对值表示输出量与输入量大小的比值，其相角反映输出量与输入量的相位差。$\dot{A}$反映了电路的放大能力。如果输出量与输入量均为电压，则为电压放大倍数$\dot{A}_u$。

2）输入电阻R_i：从放大电路输入端看进去的等效电阻，反映放大电路从信号源索取电流的大小。

3）输出电阻R_o：从放大电路输出端看进去的等效电阻。放大电路对负载来说，相当于含内阻的信号源，因此输出电阻R_o反映放大电路的带负载能力。

4）最大不失真输出电压U_{om}：保证不产生截止失真和饱和失真时，输出正弦电压信号的最大值（或有效值）。

4. 放大电路的分析方法

1）放大电路的分析主要包括静态分析和动态分析。

2）静态分析就是求解静态工作点Q。静态工作点Q是当输入交变信号为零，只有直流电源作用时，晶体管各电极间的电流和电压值。可通过画出放大电路的直流通路，用估算法或图解法求解。

3）动态分析就是求解各动态参数和分析输出波形。动态参数求解常用小信号等效电路法。其步骤是：首先画出放大电路的交流通路；其次在交流通路中，将晶体管用其小信号等效模型代替，得到放大电路的小信号等效电路，则含有晶体管的电路转化为含受控源的线性电路；然后利用电路中所学的方法，求放大电路的主要参数，如电压增益$\dot{A}_u$、输入电阻R_i和输出电阻R_o。输出波形分析常用图解法，图解法利用晶体管的输入、输出特性，以及直流负载线和交流负载线，分析输出波形的失真情况、最大不失真输出电压等。

5. 晶体管基本放大电路

晶体管基本放大电路有共射极、共基极和共集电极三种组态。共射极放大电路既能放大电流又能放大电压，输入电阻大小居三种电路之中，输出电阻较大，适用于一般放大。共集电极放大电路只放大电流而不能放大电压，因输入电阻大而常作为多级放大电路的输入级，因输出电阻小而常作为多级放大电路的输出级，又因电压放大倍数接近1而用于信号的跟随。共基极放大电路只放大电压而不放大电流，输入电阻小，高频性能好，适用于宽频带放大电路。

6. 放大电路静态工作点的稳定

放大电路静态工作点的稳定主要是指电路工作环境温度变化时，保持静态工作点的电压电流不变的能力。常用分压式偏置电路引入的负反馈使 Q 点稳定。

学习完本章希望能够达到以下要求:

1）掌握双极结型晶体管的电流放大作用，晶体管的输入特性、输出特性，电流放大系数 β、α，穿透电流 $I_{CBO}(I_{CEO})$ 以及 I_{CM}、$U_{(BR)CEO}$、P_{CM} 等主要参数。

2）掌握组成放大电路的原则和各种基本放大电路的工作原理及特点，能够根据要求选择电路类型。

3）掌握基本概念：静态工作点，饱和失真与截止失真，直流通路，交流通路，直流负载线与交流负载线，H 参数等效模型，放大倍数、输入电阻和输出电阻，最大不失真输出电压，静态工作点的稳定。

4）掌握放大电路的分析方法，能够正确画出放大电路的直流通路、交流通路和小信号等效电路，正确估算共射极、共基极、共集电极放大电路的静态工作点和动态参数 $\dot{A}_u$、R_i 和 R_o，正确应用图解法分析放大电路的输出波形和产生截止失真、饱和失真的原因。

5）理解稳定静态工作点的必要性和方法。

思　考　题

2.1　为使 NPN 型晶体管和 PNP 型晶体管工作在放大状态，应分别在外部加什么样的电压?

2.2　为什么说少数载流子的数目虽少，但却是影响二极管、晶体管温度稳定性的主要因素?

2.3　怎样用万用表判断出某一晶体管的三个电极和类型（NPN 或 PNP)?

习　　题

2.1　测得工作在放大电路中两个晶体管的三个电极电流如图 T2.1 所示。

(1）判断它们各是 NPN 管还是 PNP 管，在图中标出 e、b、c 极;

(2）估算晶体管的 β 和 α 值。

2.2　已知两只晶体管的电流放大系数 β 分别为 100 和 50，现测得放大电路中这两只管子两个电极的电流如图 T2.2 所示。分别求另一电极的电流，分析、标出其实际方向，并在圆圈中画出管子的图形符号。

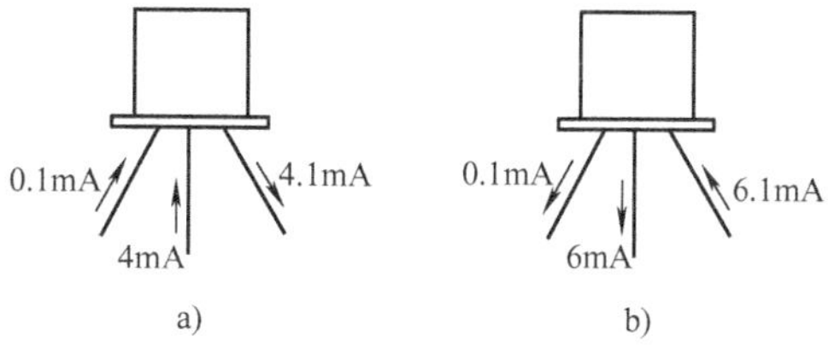

图 T2.1

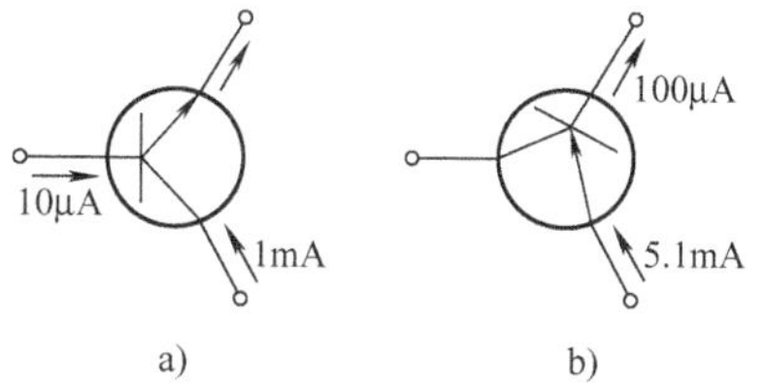

图 T2.2

2.3　测得放大电路中六只晶体管三个极的直流电位如图 T2.3 所示。分析并在圆圈中画出管子的图形符号，写出详细的分析过程，分别说明它们是硅管还是锗管。

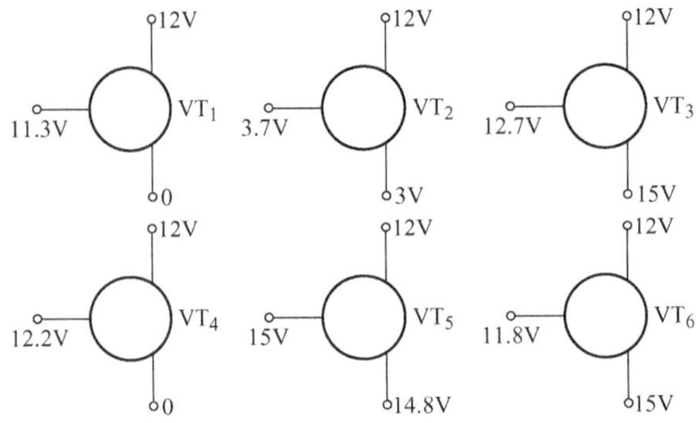

图 T2.3

2.4　试分析图 T2.4 所示各电路是否能够放大正弦交流信号，简述理由。设图中所有电容对交流信号均可视为短路。

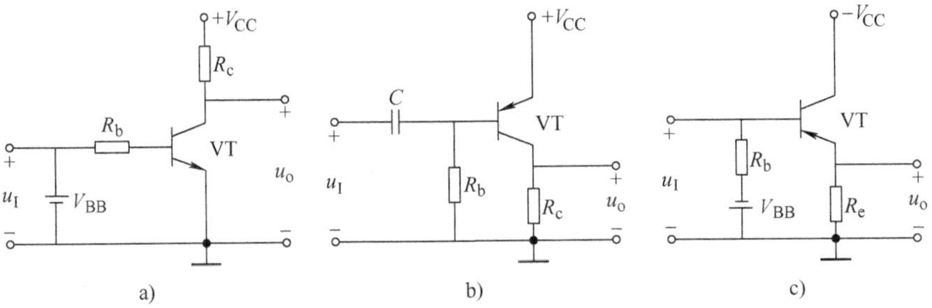

图 T2.4

2.5　分析判断图 T2.5 所示各电路中晶体管工作在什么状态，并写出详细的分析过程。

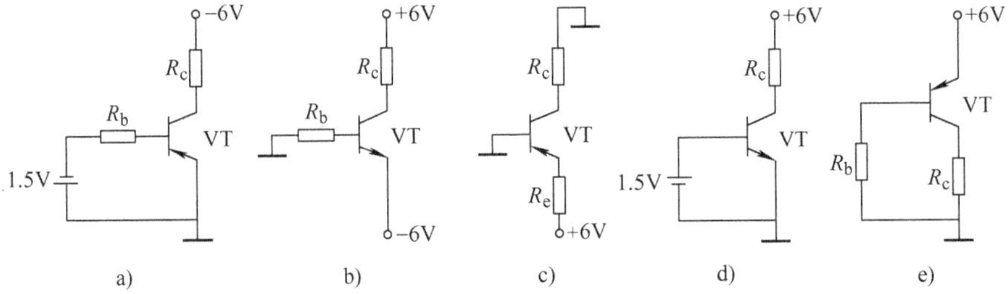

图 T2.5

2.6　电路如图 T2.6 所示，晶体管导通时 $U_{BE}=0.7V$，$\beta=100$。试分析 u_I 为 0V、1.0V、1.3V 三种情况下晶体管 VT 的工作状态及输出电压 u_o 的值。

2.7　电路如图 T2.7 所示，试问 β 大于多少时晶体管饱和？写出详细的分析过程。

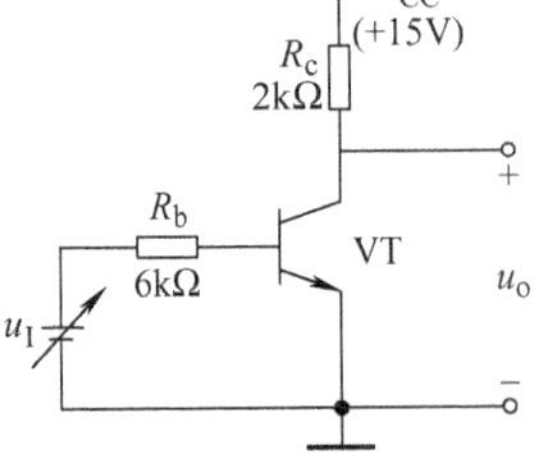

图 T2.6

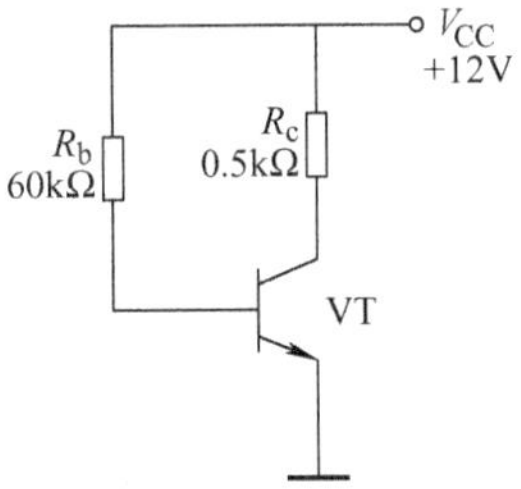

图 T2.7

2.8 电路如图 T2.8 所示，晶体管的 $\beta=50$，$U_{BE}=0.2V$，饱和管压降 $U_{CES}=0.1V$；稳压管的稳定电压 $U_Z=4V$，正向导通电压 $U_D=0.5V$，$I_{Zmin}=6mA$，$I_{Zmax}=30mA$。试问：

（1）当 $u_I=0V$ 时，$u_o=?$

（2）当 $u_I=6V$ 时，$u_o=?$

2.9 电路如图 T2.9 所示，$V_{CC}=15V$，$\beta=60$，$U_{BE}=0.7V$，设饱和管压降 $U_{CES}=0.3V$。试问：

（1）$R_b=52k\Omega$ 时，$u_o=?$

（2）若 VT 临界饱和，则 $R_b\approx?$

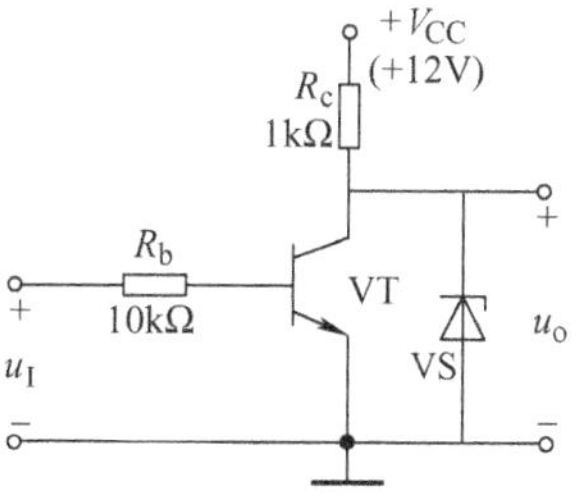

图 T2.8

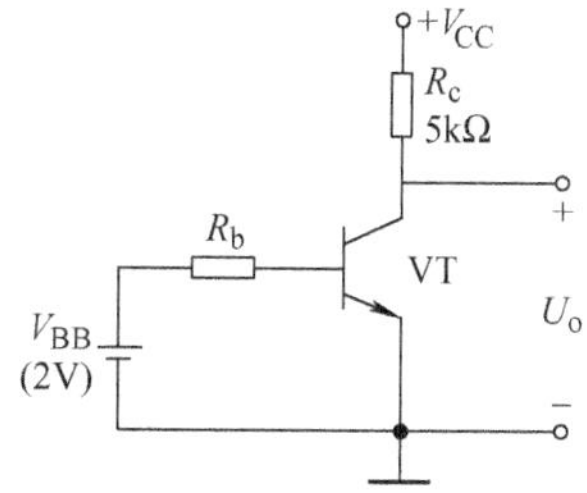

图 T2.9

2.10 画出图 T2.10 所示各电路的直流通路和交流通路。设所有电容对交流信号均可视为短路。

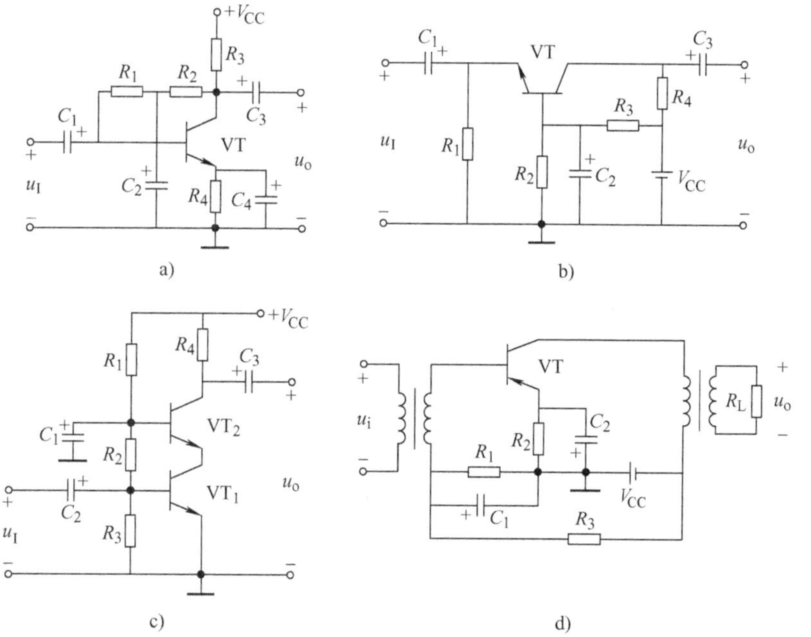

图 T2.10

2.11 电路如图 T2.11a 所示，图 T2.11b 所示是晶体管的输出特性，静态时 $U_{BEQ}=0.7V$。设饱和管压降 $U_{CES}=0.7V$，利用图解法分别求出 $R_L=\infty$ 和 $R_L=3k\Omega$ 时的静态工作点和最大不失真输出电压的有效值。

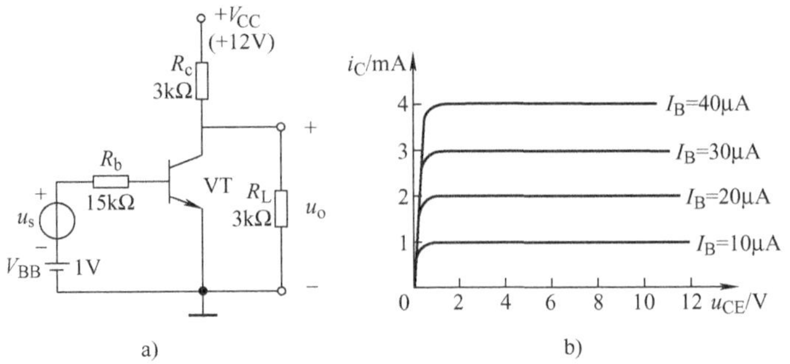

图 T2.11

2.12　电路如图 T2.12 所示，已知晶体管 $\beta=50$，在下列情况下，用直流电压表测晶体管的集电极电位，应分别为多少？设 $V_{CC}=12V$，晶体管饱和管压降 $U_{CES}=0.5V$。

（1）正常情况；（2）R_{b1} 短路；（3）R_{b1} 开路；（4）R_{b2} 开路；（5）R_c 短路。

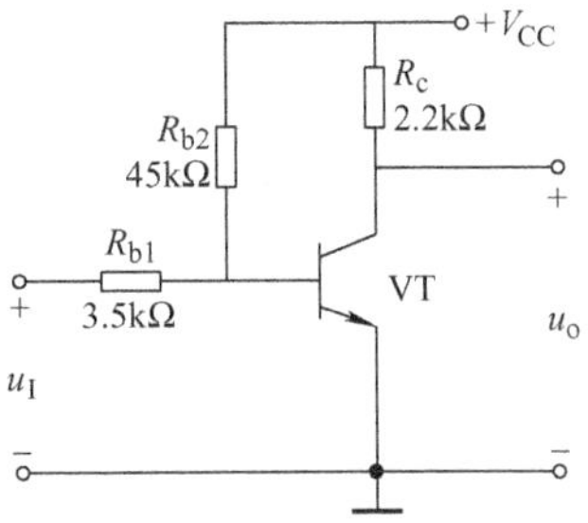

图 T2.12

2.13　电路如图 T2.13 所示，晶体管的 $\beta=80$，$r_{bb'}=100\Omega$。分别计算 $R_L=\infty$ 和 $R_L=3k\Omega$ 时的静态工作点 Q、$\dot{A}_u$、R_i 和 R_o。

2.14　在图 T2.13 所示电路中，由于电路参数的不同，在信号源电压为正弦波时，测得输出波形如图 T2.14a～c 所示，试说明电路分别产生了什么失真，可采用什么措施进行消除。而若将图 T2.13 中的晶体管换成 PNP 管，电路的失真情况又如何？简单说明原因。

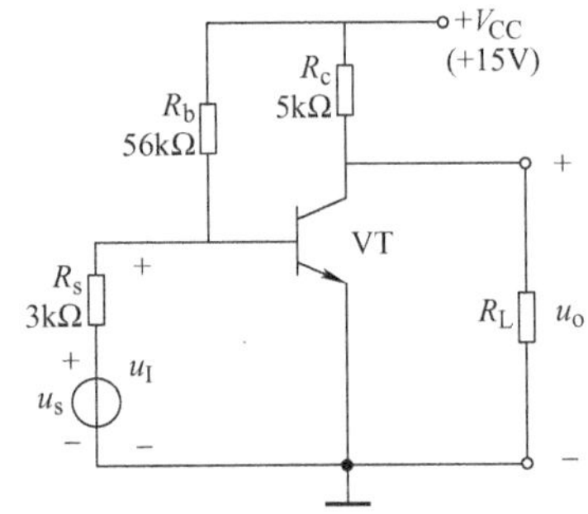

图 T2.13

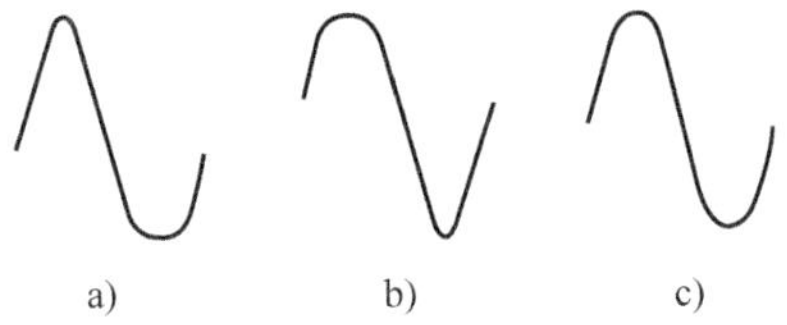

图 T2.14

2.15　在图 T2.15a 所示基本共射极放大电路中，由于电路参数的改变使静态工作点产生如图 T2.15b 所示的变化。试问：

（1）当静态工作点从 Q_1 移到 Q_3、从 Q_3 移到 Q_4 时，分别是因为电路的哪个参数变化造成的？这些参数是如何变化的？

（2）当静态工作点分别为 Q_1 至 Q_4 时，从输出的角度看，哪种情况下最易产生截止失真？哪种情况下最易产生饱和失真？哪种情况下最大不失真输出电压 U_{om} 最大？

2.16　已知图 T2.16 所示电路中晶体管的 $\beta=80$，$r_{be}=0.8k\Omega$。

（1）现已测得静态管压降 $U_{CEQ}=6V$，估算 R_b 约为多少千欧？

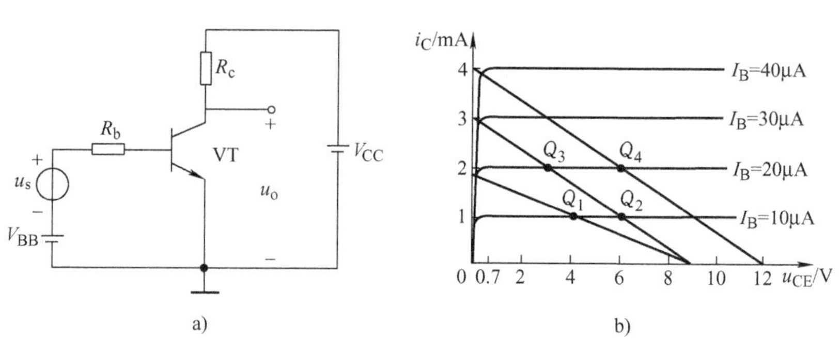

图 T2.15

（2）若测得 $\dot{U}_i$ 和 $\dot{U}_o$ 的有效值分别为 1mV 和 100mV，则负载电阻 R_L 为多少千欧？

2.17　在图 T2.16 所示电路中，设静态时 $I_{CQ}=2.5\text{mA}$，晶体管饱和管压降 $U_{CES}=0.6\text{V}$。试问：当负载电阻 $R_L=\infty$ 和 $R_L=3\text{k}\Omega$ 时电路的最大不失真输出电压各为多少？

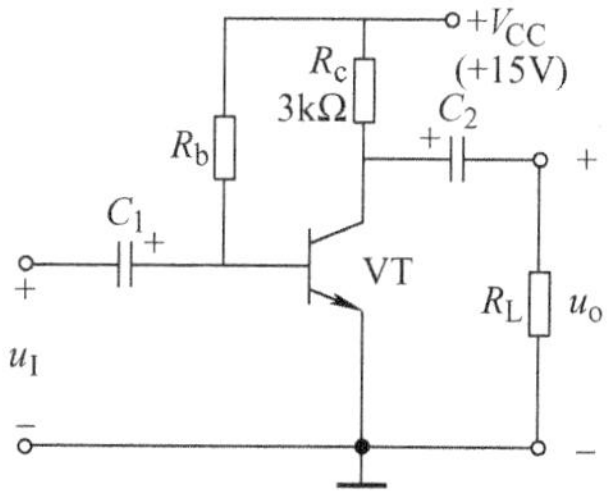

图 T2.16

2.18　电路如图 T2.18 所示，晶体管的 $\beta=100$，$r_{bb'}=100\Omega$。

（1）求电路的 Q 点、$\dot{A}_u$、R_i 和 R_o；

（2）若电容 C_e 开路，则将引起电路的哪些动态参数发生变化？如何变化？

2.19　电路如图 T2.19 所示，晶体管的 $\beta=80$，$r_{bb'}=120\Omega$。

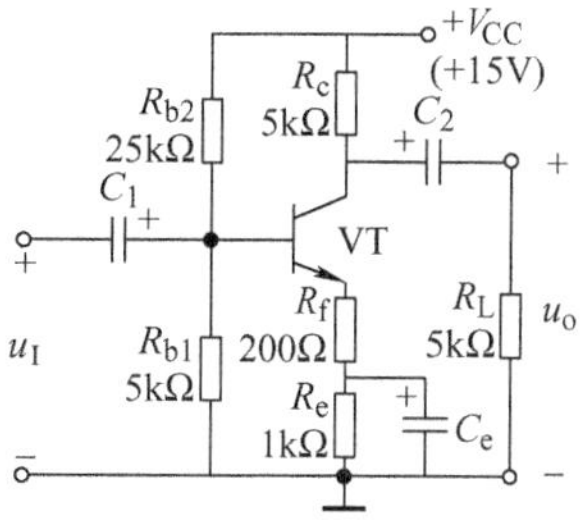

图 T2.18

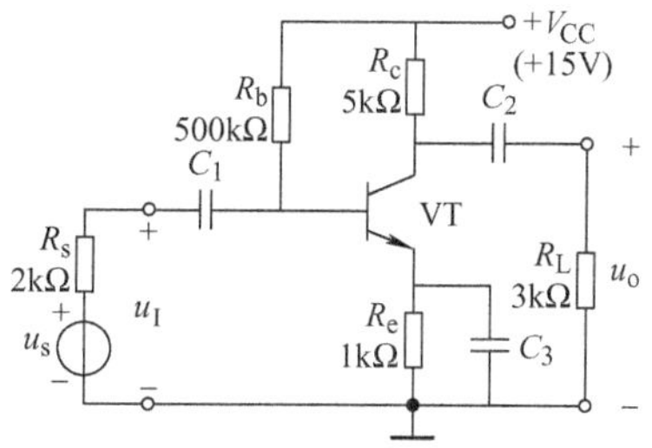

图 T2.19

（1）求 Q 点、$\dot{A}_u$、R_i 和 R_o；

（2）设 $U_s=10\text{mV}$（有效值），问 $U_i=?$ $U_o=?$ 若 C_3 开路，则 $U_i=?$ $U_o=?$

2.20　试求出图 T2.10a 所示电路 Q 点、$\dot{A}_u$、R_i 和 R_o 的表达式。

2.21　试求出图 T2.10b 所示电路 Q 点、$\dot{A}_u$、R_i 和 R_o 的表达式。设静态时 R_2 中的电流远大于 VT 的基极电流。

2.22　试求出图 T2.10c 所示电路 Q 点、$\dot{A}_u$、R_i 和 R_o 的表达式。设静态时 R_2 中的电流远大于 VT_2 的基极电流且 R_3 中的电流远大于 VT_1 的基极电流。

2.23　设图 T2.23 所示电路所加输入电压为正弦波。试问：

（1）$\dot{A}_{u1}=\dot{U}_{o1}/\dot{U}_i\approx?$ $\dot{A}_{u2}=\dot{U}_{o2}/\dot{U}_i\approx?$

（2）画出输入电压和输出电压 u_i、u_{o1}、u_{o2} 的波形。

2.24　电路如图 T2.24 所示，晶体管的 $\beta=100$，$r_{be}=1\text{k}\Omega$。

(1) 求出 Q 点；

(2) 分别求出 $R_L=\infty$ 和 $R_L=3k\Omega$ 时电路的 $\dot{A}_u$ 和 R_i；

(3) 求出 R_o。

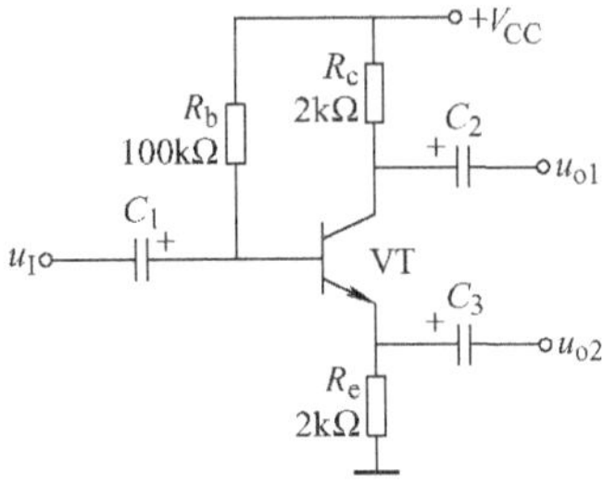

图 T2.23

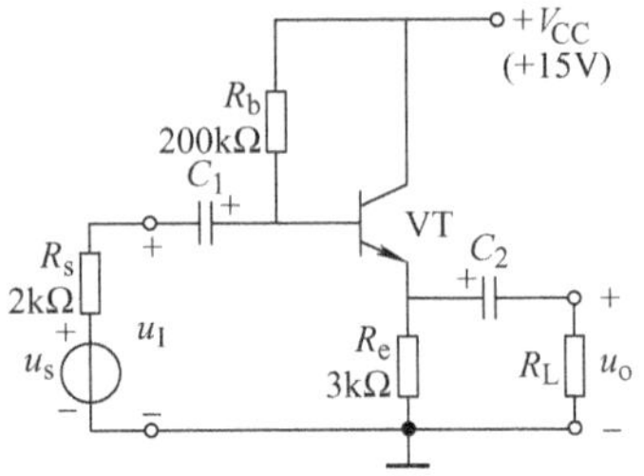

图 T2.24

2.25　试分析图 T2.25 中各复合管的接法是否正确。如果认为不正确，请扼要说明原因；如果接法正确，说明所组成的复合管的类型（NPN 或 PNP），指出相应的电极，并列出复合管的 β 和 r_{be} 的表达式。

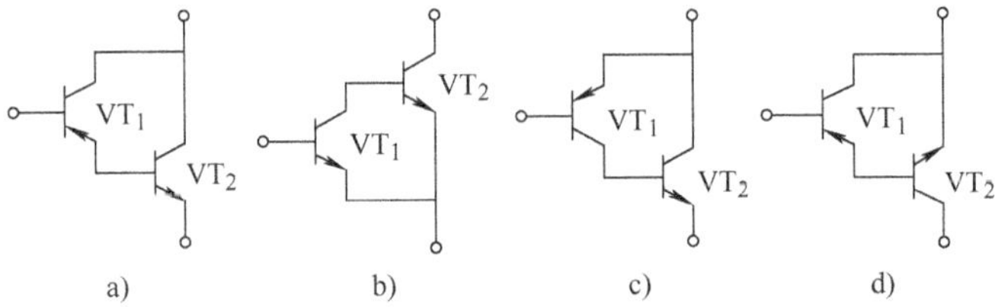

图 T2.25

2.26　利用 Multisim 研究图 T2.26 所示电路中，在 u_I 为何值时，晶体管从截止状态变为导通状态。u_I 为何值时，晶体管从放大状态变为饱和状态。晶体管采用实际型号的晶体管，如 2N2222A。

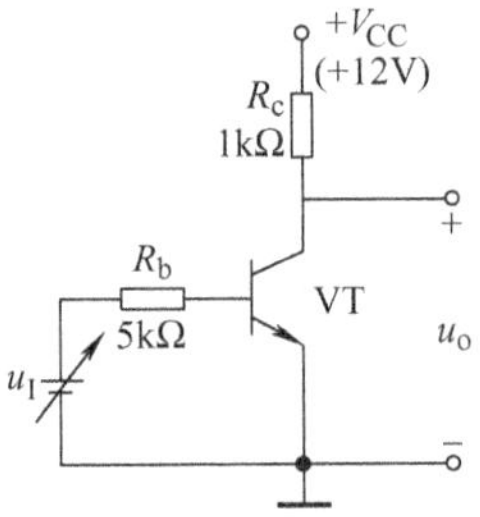

图 T2.26

第3章　场效应晶体管及其放大电路

引言

场效应晶体管的发明带来了20世纪70年代末80年代初电子技术的第二次革命，由于其体积小、耗电少、制造工艺简单，使制造高密度的CPU和存储器件的成本更加低廉，因而在大规模集成电路中得到了广泛的应用，大大推动了计算机、通信等相关技术的发展。

场效应晶体管是一种利用电场效应来控制器件内部电流大小的半导体器件，仅由一种载流子参与导电，因此又称为单极型器件，而前面学习的双极型晶体管称为双极型器件。场效应晶体管的显著特点是用输入电压控制输出电流，为电压控制器件，而双极型晶体管由于用输入电流控制输出电流，为电流控制器件。以下学习中要注意二者的比较。

根据结构的不同，场效应晶体管分为两大类：金属-氧化物-半导体场效应晶体管（Metal-Oxide-Semiconductor Field-Effect Transistors，MOSFET）和结型场效应晶体管（Junction Field-Effect Transistors，JFET），MOSFET又称绝缘栅型场效应晶体管。

本章主要讨论场效应晶体管的结构、工作原理、特性曲线和主要参数。学习场效应晶体管放大电路的工作原理、分析方法，学习共源极放大电路、共漏极放大电路、共栅极放大电路，以及动态性能指标的求解。

3.1　金属-氧化物-半导体场效应晶体管

金属-氧化物-半导体场效应晶体管有增强型和耗尽型两种，从参与导电的载流子来划分，每一类分别有电子作为载流子的N沟道器件和空穴作为载流子的P沟道器件，如图3.1.1所示。下面以N沟道增强型MOSFET为例，讨论其工作原理。

- MOSFET
  - 增强型
    - N沟道
    - P沟道
  - 耗尽型
    - N沟道
    - P沟道

图3.1.1　MOSFET的分类

3.1.1　N沟道增强型场效应晶体管

1. 结构

N沟道增强型MOSFET的结构如图3.1.2所示。它是在一块掺杂浓度较低，电阻率较高的P型衬底（Base）上，利用光刻、扩散工艺制作两块高掺杂的N^+区，并用金属铝引出两

个电极，分别称作漏极 d（Drain）和源极 s（Source）。然后在 P 型硅表面覆盖一层很薄的二氧化硅绝缘层，并在其上安装铝电极，作为栅极 g（Gate），使用时衬底常引出一个电极并与源极相连。由于栅极与源极、漏极均无电接触，故也称绝缘栅型场效应晶体管。

图 3.1.3 所示为 N 沟道增强型 MOSFET 的电路图形符号，箭头方向表示 PN 结的正偏方向，即由 P 型衬底指向 N 型沟道。图中的虚线代表沟道，虚线表示在没有加合适的栅极电压时，源极和漏极之间无导电沟道，这种在不加栅极电压时，不存在导电沟道的 MOSFET 称为增强型；如果在不加栅极电压时，就存在导电沟道，则称为耗尽型。

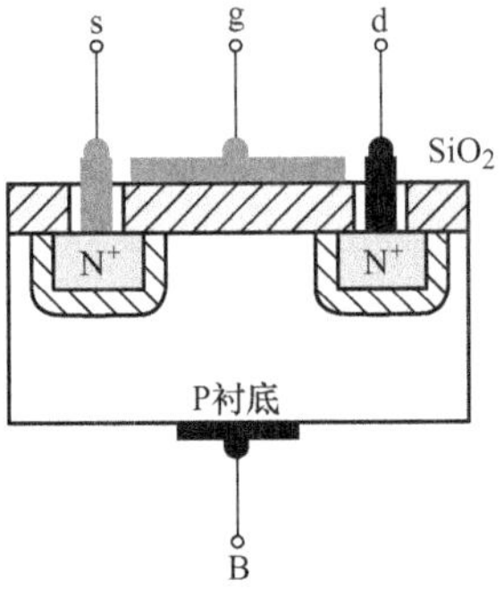

图 3.1.2　N 沟道增强型 MOSFET 的结构

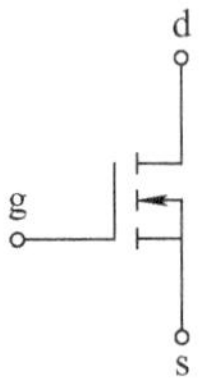

图 3.1.3　N 沟道增强型 MOSFET 的电路图形符号

2. 工作原理

MOSFET 的工作原理是利用栅源电压的大小来改变半导体表面感应电荷的多少，从而控制漏极电流的大小。以下讨论中，认为衬底和源极相连。

1）$u_{GS}=0$ 时：若在漏源之间外接电源 V_{DD}，如图 3.1.4 所示。则在源极到漏极的路径上，始终是两个背靠背、且其中一个为反向偏置的 PN 结。图中黑色斜画线部分为扩展到 P 型衬底区域的耗尽层。由于扩展到 N^+ 区的耗尽层很薄，故没有画出。因此，从源极到漏极没有载流子运动，漏极电流 $i_D=0$。

2）$u_{GS}>0$，$u_{DS}=0$，由于 u_{GS} 的作用，在栅极到衬底之间，形成从上到下的电场，该电场吸引衬底中的电子，而排斥衬底中的空穴，使电子到达栅极下部表面，形成一个 N 型薄层，称为反型层。这个反型层就构成了源-漏之间的导电沟道，如图 3.1.5 所示。把开始出现反型层的 u_{GS} 称为开启电压（Threshold Voltage）U_T。$u_{GS}>U_T$ 后，若 u_{GS} 进一步提高，反型层加厚，沟道电阻进一步减小。

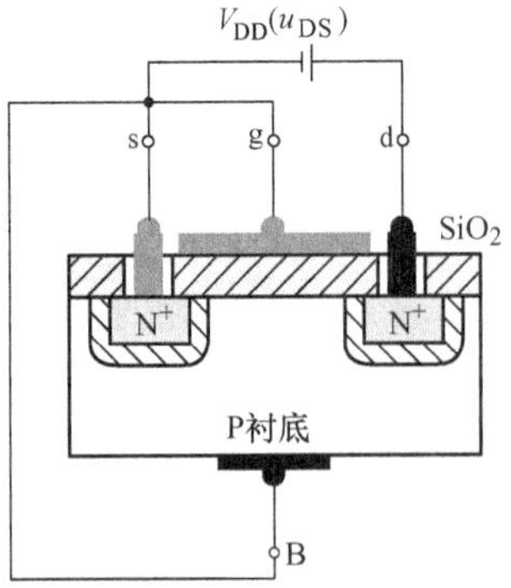

图 3.1.4　$u_{GS}=0$ 时的情况

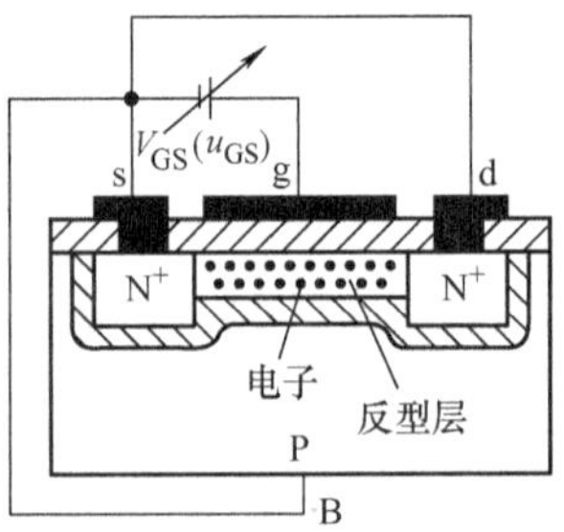

图 3.1.5　$u_{GS}>0$ 时的情况

3）u_{GS} 和 u_{DS} 同时作用：当漏源之间被反型层连接起来时，若外加 u_{DS}，电子就会源源不断地从源极向漏极运动，产生漏极电流 i_D。

由于 $u_{GD}=u_{GS}-u_{DS}$，因此当 u_{DS} 加入时，靠近漏极的电压 u_{GD} 小于靠近源极的电压 u_{GS}，使靠近漏极区域的反型层变薄，反型层开始倾斜，如图 3.1.6 所示。当 u_{DS} 较小时，对沟道电阻影响不大，i_D 随 u_{DS} 的增大而增大。在一定的 u_{GS} 作用下，如 $u_{GS}=U_{GS1}$ 时，如果将 i_D 与 u_{DS} 的关系表示在 u_{DS}-i_D 平面上，则如图 3.1.7 所示曲线①的起始部分，这时 MOSFET 的漏-源之间表现为一个电阻。

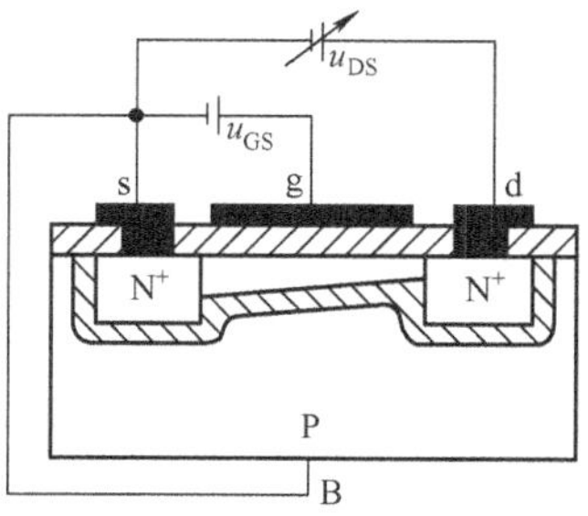

图 3.1.6　$u_{DS}>0$ 时的情况

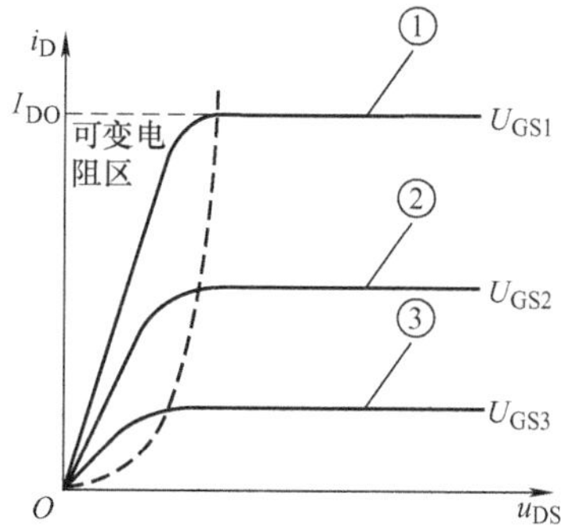

图 3.1.7　i_D 与 u_{DS} 之间的关系

当 u_{DS} 增大时，$u_{GD}=u_{GS}-u_{DS}$ 逐渐减小，当 u_{GD} 达到 U_T 时，沟道首先在漏极处消失，即出现沟道夹断，如图 3.1.8a 所示，由于沟道只从一点开始而并未全部夹断，故称为预夹断。当 u_{DS} 进一步增大时，预夹断点逐渐向源极移动，如图 3.1.8b 所示。

在沟道夹断后，因为夹断区上的电阻远大于反型层的电阻，所以当 u_{DS} 再增大时，增加部分的电压将主要降在夹断区上，而对反型层中电子的吸引力不会有明显的增加，因此，i_D 基本上不再随 u_{DS} 的增加而增加，如图 3.1.7 曲线①中 i_D 基本平直的部分。而 i_D 开始不随 u_{DS} 的增加而增加的点，对应于预夹断点。

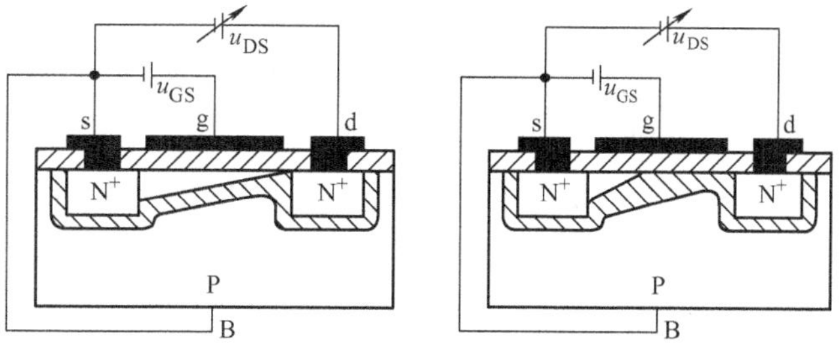

a) 预夹断　　b) 夹断点向源极延伸

图 3.1.8　沟道预夹断后的情况

由于沟道的宽度随 u_{GS} 的减小而变窄，故随着 u_{GS} 的减小，预夹断点对应的 u_{DS} 也减小。不同 u_{GS} 对应的预夹断点如图 3.1.7 中的虚线所示。

在 $u_{GS}>U_T$ 后，在一定的 u_{DS} 下，i_D 随着 u_{GS} 的减小而减小。当 $u_{GS}=U_{GS2}$，且 $U_{GS2}<U_{GS1}$ 时，得到曲线①下方的曲线②；当 $u_{GS}=U_{GS3}$，且 $U_{GS3}<U_{GS2}$ 时，得到曲线②下方的曲线③。改变 u_{GS}，得到如图 3.1.7 所示一系列的曲线，其中 $U_{GS1}>U_{GS2}>U_{GS3}$。可见，当 u_{DS} 较小，沟道预夹断之前，MOSFET 的漏-源极之间表现为一个受 u_{GS} 控制的可变电阻。当 u_{DS} 较大，沟道预夹断时，漏极电流 i_D 不受 u_{DS} 的影响，i_D 只受 u_{GS} 的控制。

在 $u_{GS}>U_T$ 之后，若 u_{DS} 一定，i_D 则随着 U_{GS} 的增加而增加，如图 3.1.9 所示。当 $u_{GS}=$

$2U_T$ 时，对应的 i_D 记为 I_{DO}。当 $u_{GS}<U_T$ 时，沟道尚未出现，$i_D=0$。

3. 电压电流特性

和双极结型晶体管的特性类似，下面讨论 MOSFET 在共源极接法下的特性，共源极接法的 N 沟道增强型 MOSFET 如图 3.1.10 所示。

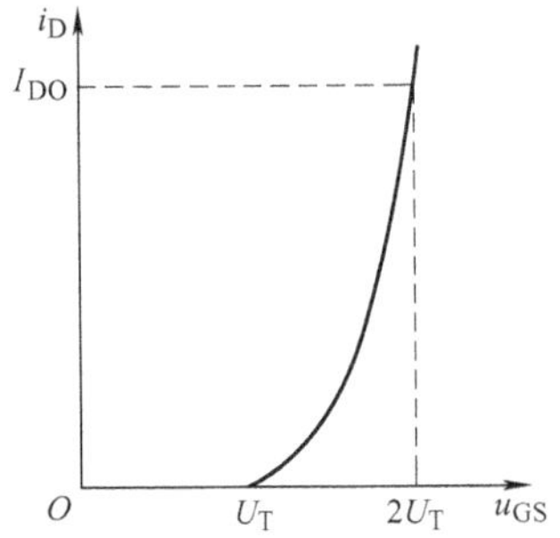

图 3.1.9　i_D 与 u_{GS} 之间的关系

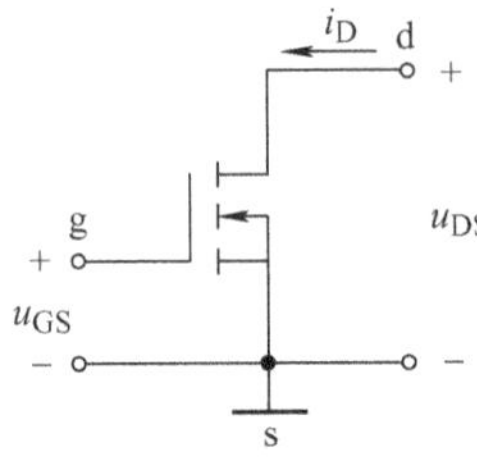

图 3.1.10　MOSFET 的共源极接法

由于 MOSFET 的栅极基本上没有电流，故讨论其输入特性是没有意义的。因此，一般只讨论其输出特性和转移特性。

输出特性描述 u_{GS} 一定的情况下，i_D 与 u_{DS} 之间的关系，即

$$i_D=f(u_{DS})\big|_{u_{GS}} \tag{3.1.1}$$

按照前面的分析，在 u_{DS}-i_D 平面上，画出不同 u_{GS} 时，i_D 与 u_{DS} 之间的关系曲线，如图 3.1.11 所示。特性曲线分为可变电阻区、恒流区（也称线性放大区或饱和区）、截止区和击穿区。

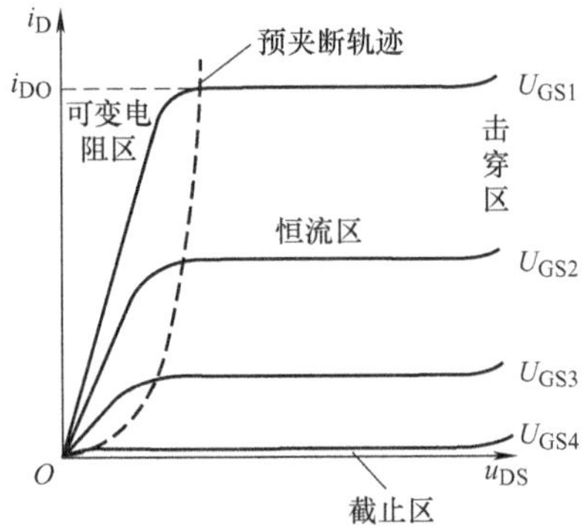

图 3.1.11　MOSFET 在共源极接法下的输出特性

1）可变电阻区：u_{DS} 较小，沟道没有出现预夹断的区域。在该区域，当 u_{DS} 一定时，改变 u_{GS}，MOSFET 输出端的 u_{DS} 和 i_D 之间等效为不同阻值的电阻。因此，该电阻受 u_{GS} 的控制，在集成电路中，常代替一般电阻的作用，作为有源负载。

2）恒流区：也称饱和区，即 u_{DS} 较大，沟道开始夹断的区域。此时 i_D 不再随 u_{DS} 的增加而增加，故也称为饱和区。由于该区域中 i_D 不受 u_{DS} 的影响，而只取决于 u_{GS}的大小，MOSFET 的输出端电流 i_D 受 u_{GS} 的控制，其输出端表现为一个受 u_{GS} 控制的电流源，故也称线性放大区。

3）截止区：$u_{GS}<U_T$ 的区域，由于此时没有足够的电子到达栅极下部表面，因此没有沟道形成。即使加入一定的 u_{DS}，也没有 i_D 形成，即 $i_D\approx 0$。

4）击穿区：u_{DS} 对于漏极处的 PN 结为反向电压，当该电压增大到一定程度时，会造成该 PN 结的击穿，引起 i_D 的增大，严重时，使 MOSFET 损坏。

当 MOSFET 在放大电路中使用时，需要通过偏置电路，使静态工作点位于恒流区，利用 u_{GS} 对 i_D 的控制作用，起到放大信号的作用。当 MOSFET 用在开关电路中时，其工作状态需要在截止区和可变电阻区不断切换。当工作在截止区时，$i_D=0$，MOSFET 输出端相当

于一个断开的开关，当工作在可变电阻区时，$u_{DS}\approx 0$，MOSFET 输出端相当于一个闭合的开关。

转移特性描述在恒流区，u_{DS} 一定时，输入端电压 u_{GS} 对 i_D 的控制作用，即输入端的电压量对输出端电流量的控制作用，故称为转移特性。其关系式如下：

$$i_D = f(u_{GS})\mid_{u_{DS}} \tag{3.1.2}$$

转移特性可直接从输出特性上求出，如图 3.1.12 所示。在恒流区，对应一定的 u_{DS}，在 u_{GS}-i_D 平面上，找到 u_{GS} 对应的 i_D，将交点连接在一起所得的曲线即为转移特性曲线。i_D 从 0 开始增长的 u_{GS} 值即为开启电压 U_T 值。

在转移特性上，当 $u_{GS}>U_T$ 时，i_D 与 u_{GS} 的关系可用下式表示：

$$i_D = I_{DO}\left(\frac{u_{GS}}{U_T}-1\right)^2 \quad u_{GS}>U_T \tag{3.1.3}$$

式中，I_{DO} 为 $u_{GS}=2U_T$ 时对应的 i_D 值。

P 沟道增强型 MOSFET 的结构和特性与 N 沟道增强型 MOSFET 的结构和特性对应。由于其沟道由空穴构成，故工作时各电压的极性和电流的方向与 N 沟道增强型 MOSFET 相反。

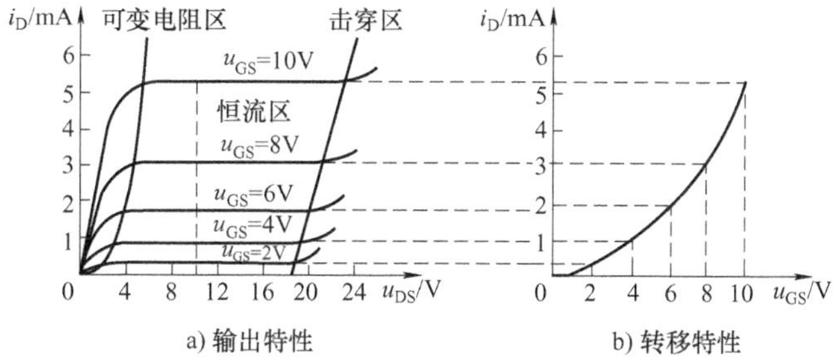

图 3.1.12　从输出特性求转移特性

3.1.2　N 沟道耗尽型场效应晶体管

1. 结构

N 沟道耗尽型 MOSFET 在制造时，预先在 SiO_2 绝缘层中掺入大量的正离子，即使在 $u_{GS}=0$ 时，这些正离子产生的电场已经在 P 型表面感应出较多的电子，形成了反型层，即 $u_{GS}=0$ 时，已存在导电沟道，如图 3.1.13a 所示。其电路图形符号如图 3.1.13b 所示，中间的实线表示 u_{GS} 为 0 时，也有导电沟道存在。

2. 工作原理

当 $u_{GS}>0$ 时，作用到衬底表面的电场加强，沟道变宽，沟道电阻减小，在同样的 u_{DS} 下，i_D 增大。当 $u_{GS}<0$ 时，栅源电压削弱了正离子感应的电场，沟道变薄，沟道电阻增大，在同样的 u_{DS} 下，i_D 减小。当 u_{GS} 负到一定程度，即 u_{GS} 达到一定负值时，u_{GS} 产生的电场

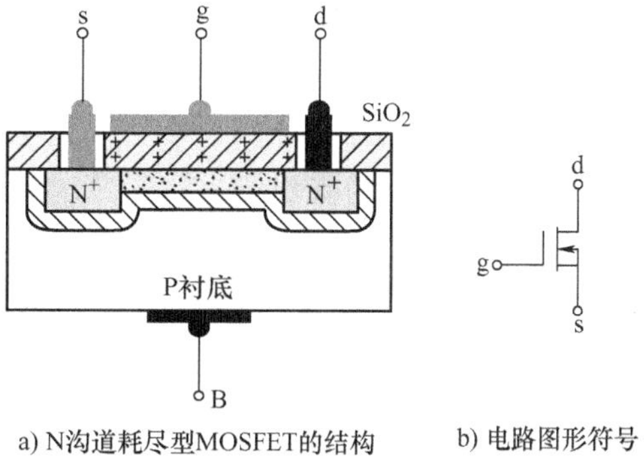

图 3.1.13　N 沟道耗尽型 MOSFET 的结构与电路图形符号

完全抵消了正离子产生的感应电场，使反型层消失，i_D 为 0，此时的栅-源电压称为夹断电压 U_P（Pinchoff Voltage）。u_{GS} 对 i_D 的这种控制作用如图 3.1.14 所示。因此，N 沟道耗尽型 MOSFET 工作时，u_{GS} 可以为负，也可以为正或为零。

与 N 沟道增强型 MOSFET 类似，i_D 与 u_{DS} 的关系如图 3.1.15 所示。

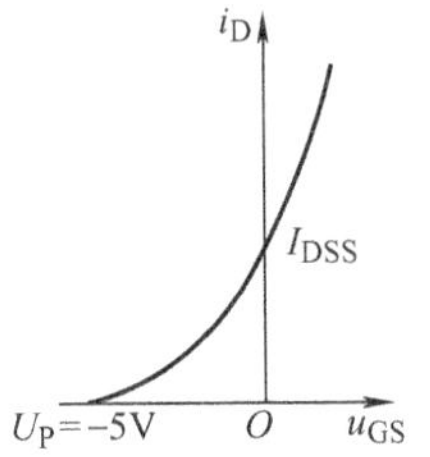

图 3.1.14　i_D 与 u_{GS} 的关系

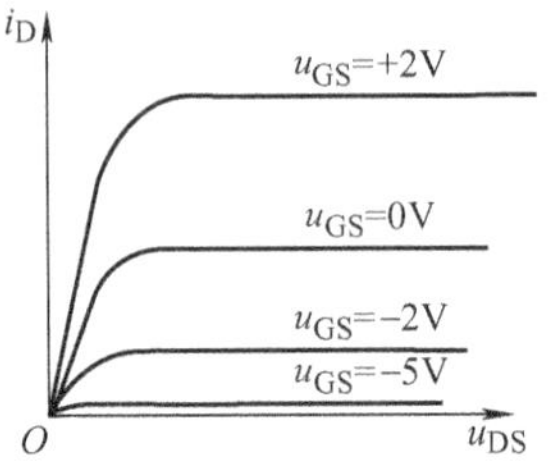

图 3.1.15　i_D 与 u_{DS} 的关系

3. 电压电流特性

与 N 沟道增强型 MOSFET 类似，耗尽型 MOSFET 的电压电流特性包括输出特性和转移特性。共源接法时的输出特性描述一定的 u_{GS} 下，u_{DS} 与 i_D 之间的关系，见式（3.1.1），其特性曲线如图 3.1.15 所示。共源接法时的转移特性描述在恒流区时，一定的 u_{DS} 下，输入端电压 u_{GS} 对 i_D 的控制作用，见式（3.1.2），其特性曲线如图 3.1.14 所示。与 N 沟道增强型 MOSFET 只能在栅-源电压大于开启电压时工作不同，N 沟道耗尽型 MOSFET 可以在正或负的栅-源电压下工作。

特性曲线同样包括可变电阻区、恒流区（线性放大区或饱和区）、截止区和击穿区。

3.2　结型场效应晶体管

1. 结构

JFET 的结构如图 3.2.1a 所示，它是在 N 型半导体硅片的两侧各制造一个 P^+ 区，形成两个 PN 结夹着一个 N 型沟道的结构。两个 P^+ 区连接起来引出电极，称为栅极 g，N 型半导体的一端是漏极 d，另一端是源极 s。其电路图形符号如图 3.2.1b 所示。

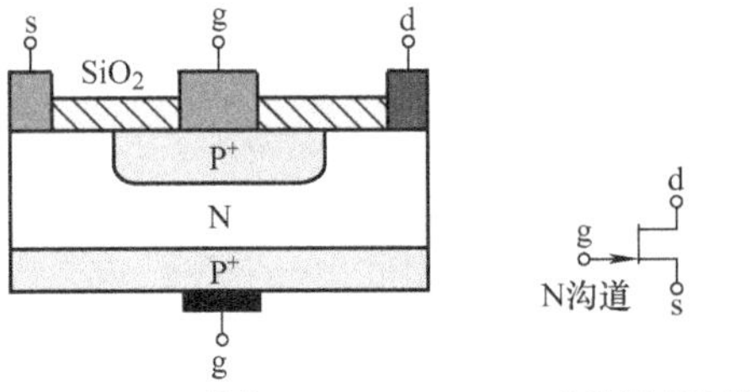

图 3.2.1　JFET 的结构和电路图形符号

2. 工作原理

JFET 的工作原理主要是讨论 u_{GS} 对 i_D 的控制作用以及 u_{DS} 对 i_D 的影响。

（1）u_{GS} 对 i_D 的控制作用

设 $u_{DS}=0$，u_{GS} 从 0 开始负向增大，两个 PN 结的耗尽层加宽，使导电沟道变窄，沟道电阻增大，如图 3.2.2a、b 所示；当 u_{GS} 进一步增大到某一值 U_P 时，两侧耗尽层在中间夹断，漏-源间的电阻将趋于无穷大，如图 3.2.2c 所示。该栅源电压 $u_{GS}=U_P$，为一负值，称为夹断电压（Pinchoff Voltage）。此时 JFET 完全截止。可见，改变栅源电压 u_{GS}，会引起沟道电阻的变化。若加一定的 u_{DS}，则 i_D 将随 u_{GS} 得到改变，表现出 u_{GS} 对 i_D 的控制作用。

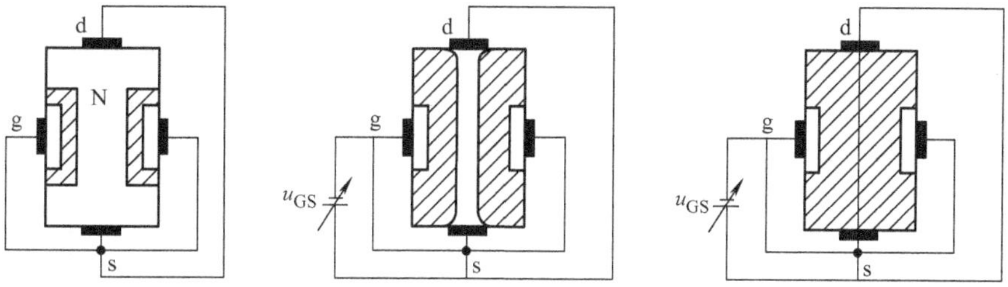

a) $u_{GS}=0$　　b) $U_P<u_{GS}<0$　　c) $u_{GS}<U_P$

图 3.2.2　u_{GS} 对 i_D 的控制作用

（2）u_{DS} 对 i_D 的影响

1）$u_{GS}=0$ 时，分三种情况：

① 当 $u_{DS}=0$ 时，$i_D=0$，如图 3.2.2a 所示。

② 当 u_{DS} 增加时，一方面沟道电场强度增加，有利于 i_D 增大；另一方面，有了 u_{DS}，就在源极经沟道至漏极组成的 N 型区域中，产生了一个沿沟道的电位梯度。若源极电位为零，则漏极电位为 u_{DS}。因此，在从源极到漏极的不同位置上，栅极与沟道间的电位差是不同的，离源极越远，电位差越大，加到该处的反向电压也越大，耗尽层越宽，沟道从上到下宽度不同，如图 3.2.3a 所示。此时，i_D 随 u_{DS} 的上升而增加，i_D 和 u_{DS} 之间表现为一个可变电阻，如图 3.2.3b 中当 $u_{GS}=0$ 时 i_D 随 u_{DS} 上升的部分。

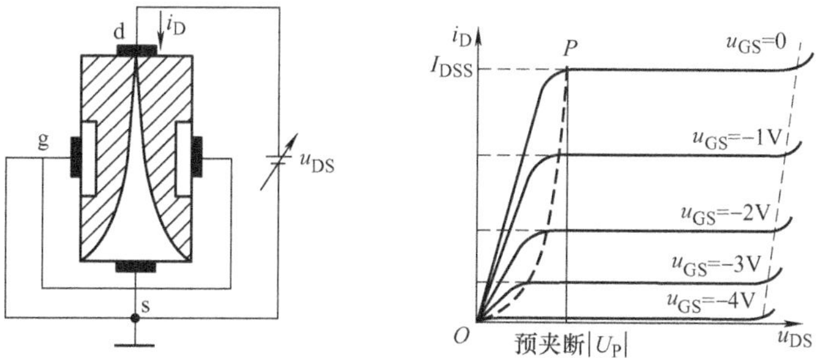

a) 沟道形状　　b) u_{DS}对i_D的作用

图 3.2.3　沟道形状与 u_{DS} 对 i_D 的作用

③ 当 u_{DS} 继续增加时，耗尽层在漏极处首先夹断，称为预夹断。此时在夹断点耗尽层两端的电压 u_{GD} 数值上也为夹断电压 U_P。

当 $u_{GS}=0$，$u_{GD}=u_{GS}-u_{DS}=-u_{DS}=U_P$，即 $u_{DS}=-U_P$ 时，出现预夹断，如图 3.2.3b 虚线上的 P 点。

预夹断后，当 u_{DS} 增大时，夹断长度增加，夹断处电场也增大，如图 3.2.4 所示。此时 u_{DS} 仍能将电子拉过夹断区，形成漏极电流。但由于此时 u_{DS} 主要降在夹断区上，从源极到夹断点的沟道上，电场基本不随 u_{DS} 而改变，i_D 趋于饱和，不再增加，如图 3.2.3b 中 P 点以后的部分，i_D 基本不随 u_{DS} 的增加而增大。

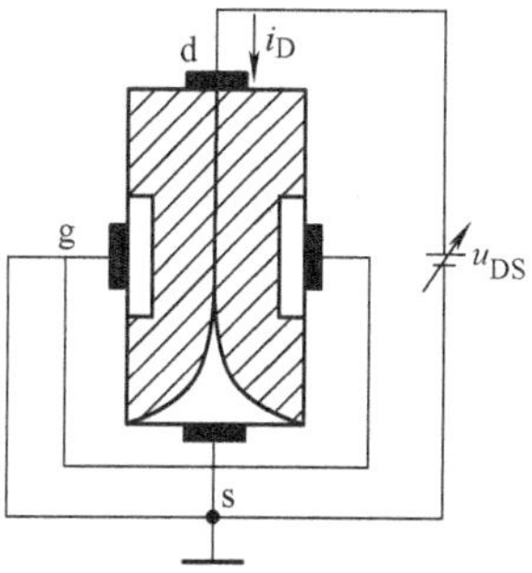

图 3.2.4　预夹断后，当 u_{DS} 增大时的情况

2）当 $u_{GS}<0$，即栅-源间接一负电源，且在负方向增大时，对相同的 u_{DS}，会使耗尽层更宽，沟道电阻更大，i_D 变小，如

图 3.2.5 所示。由于 $u_{GD}=u_{GS}-u_{DS}$，$u_{DS}=u_{GS}-u_{GD}$，因此，当 $u_{GS}<0$ 时，$u_{GD}=U_P$ 时的 u_{DS} 比 $u_{GS}=0$ 时的 u_{DS} 要小，不同 u_{GS} 时，夹断点的连线如图 3.2.3b 虚线所示。当 $u_{GS}<0$ 时，i_D 与 u_{DS} 之间的关系如图 3.2.3b 所示。可见，$u_{GS}=0$ 时，对应的 i_D 最大，此时夹断点的 i_D 称为饱和漏极电流 I_{DSS}。

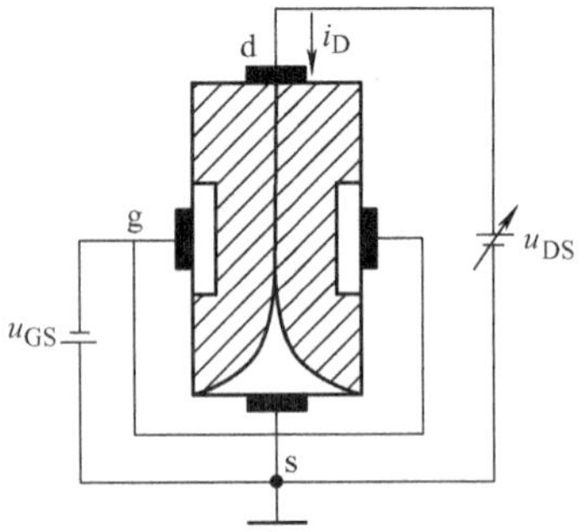

图 3.2.5 u_{GS} 和 u_{DS} 共同作用的情况

3. 电压电流特性

和 MOSFET 的电压电流特性类似，下面讨论 N 沟道 JFET 在共源极接法下的特性，如图 3.2.6 所示。

输出特性描述一定的 u_{GS} 情况下，u_{DS} 与 i_D 之间的关系。按照前面的分析，在 u_{DS}-i_D 平面上画出不同 u_{GS} 时 i_D 与 u_{DS} 之间的关系曲线，如图 3.2.7 所示。

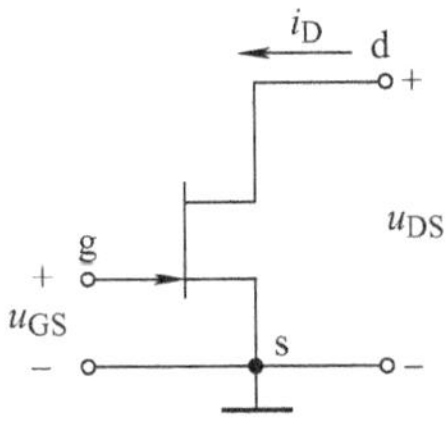

图 3.2.6 N 沟道 JFET 的共源极接法

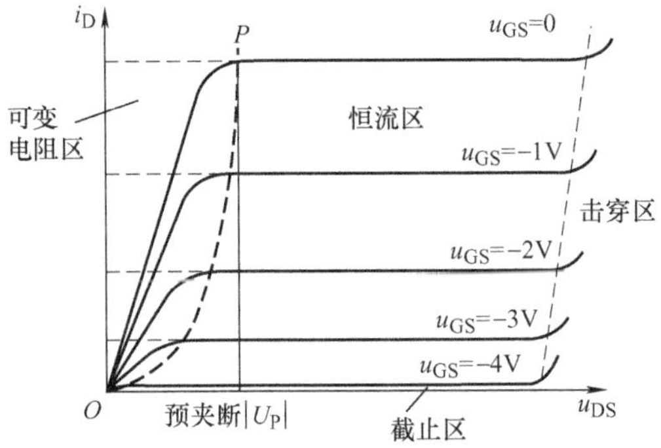

图 3.2.7 N 沟道 JFET 的输出特性

输出特性曲线分为可变电阻区、恒流区（线性放大区或饱和区）、截止区和击穿区。

转移特性描述在恒流区，u_{DS} 一定时，输入端电压 u_{GS} 对 i_D 的控制作用。转移特性可直接从输出特性上求出，如图 3.2.8 所示。i_D 为 0 的栅源电压 u_{GS} 即为夹断电压 U_P，$u_{GS}=0$ 时的 i_D，为前述的饱和漏极电流 I_{DSS}。

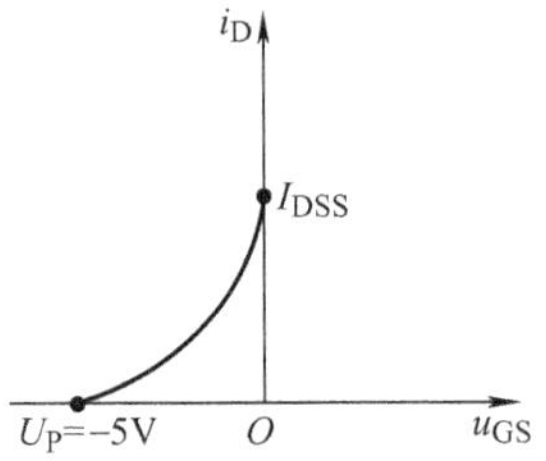

图 3.2.8 N 沟道 JFET 的转移特性

在转移特性上，当 $U_P\leqslant u_{GS}\leqslant 0$ 时，i_D 与 u_{GS} 的关系可用下式表示：

$$i_D=I_{DSS}\left(1-\frac{u_{GS}}{U_P}\right)^2,\ U_P\leqslant u_{GS}\leqslant 0 \tag{3.2.1}$$

式中，I_{DSS} 为 $u_{GS}=0$ 时 i_D 的饱和值，即饱和漏极电流。可见，N 沟道 JFET 在工作时，需要负的栅源电压。

P 沟道 JFET 的结构和特性与 N 沟道 JFET 的结构和特性对应。由于其沟道由空穴构成，故工作时各电压的极性和电流的方向与 N 沟道 JFET 相反。

3.3　场效应晶体管的主要参数和特性比较

3.3.1　场效应晶体管的主要参数

1. 直流参数

1）开启电压 U_T：对增强型 MOSFET，U_T 指在 u_{DS} 一定时，使 i_D 从无到有所需要的 $|u_{GS}|$。

2）夹断电压 U_P：对耗尽型 MOSFET 和 JFET，U_P 指在 u_{DS} 一定时，使 i_D 达到规定的微小数值（如 5μA）所需要的 u_{GS}。

3）饱和漏极电流 I_{DSS}：对 JFET，是在 $u_{GS}=0$ 的情况下，产生预夹断时对应的漏极电流。

4）直流输入电阻 R_{GS}：静态时，栅-源电压与栅极电流的比值。JFET 的 R_{GS} 大于 $10^7\Omega$，而 MOSFET 的 R_{GS} 大于 $10^9\Omega$。

2. 交流参数

1）低频跨导 g_m：低频跨导反映了 u_{GS} 对 i_D 的控制作用，定义为当工作在恒流区时，在 u_{DS} 一定的情况下，i_D 的变化量 Δi_D 与 u_{GS} 的变化量 Δu_{GS} 的比值。即

$$g_m=\left.\frac{\Delta i_D}{\Delta u_{GS}}\right|_{u_{DS}=\text{常数}} \tag{3.3.1}$$

式中，g_m 的单位是 mS（毫西门子）。g_m 可以通过式（3.3.1）结合式（3.1.3）和式（3.2.1）求得。以式（3.2.1）为例，式（3.2.1）对 u_{GS} 求导得

$$g_m=\frac{\partial i_D}{\partial u_{GS}}=-\frac{2I_{DSS}\left(1-\frac{u_{GS}}{U_P}\right)}{U_P}\quad, U_P\leqslant u_{GS}\leqslant 0 \tag{3.3.2}$$

可见 g_m 与 u_{GS} 的值有关。g_m 也可在转移特性曲线上通过作图求得，对应一定的 u_{GS}，g_m 近似等于转移特性曲线上该点切线的斜率。

2）输出电阻 r_{ds}：在输出特性曲线上，对于某一 u_{GS}，u_{DS} 的变化量 Δu_{DS} 与 i_D 的变化量 Δi_D 的比值，即

$$r_{ds}=\left.\frac{\partial u_{DS}}{\partial i_D}\right|_{u_{GS}} \tag{3.3.3}$$

当工作在线性放大区时，i_D 随 u_{DS} 改变很小，因此 r_{ds} 的数值很大。当工作在可变电阻区时，i_D 随 u_{DS} 改变，r_{ds} 的数值较小，u_{GS} 不同，r_{ds} 不同，表现为受 u_{GS} 控制的电阻。

3）极间电容：场效应晶体管的三个极之间均存在极间电容。如栅-源电容 C_{gs}，栅-漏电容 C_{gd} 和漏-源电容 C_{ds}。在高频分析中，应考虑极间电容的影响。三个电容的综合影响决定了管子的最高工作频率 f_M。

3. 极限参数

1）最大漏极电流 I_{DM}：指场效应晶体管正常工作时，漏极电流的上限值。

2）击穿电压。

① 漏源击穿电压 $U_{(BR)DS}$：场效应晶体管进入恒流区后，使 i_D 骤然增大的漏-源电压。u_{DS} 超过此值，会使管子损坏。

② 栅源击穿电压 $U_{(BR)GS}$：对于 JFET，是使栅极与沟道间的 PN 结反向击穿的栅-源电压值；对于 MOSFET，是使绝缘层击穿时的栅-源电压值。

3）最大漏极功耗 P_{DM}：不至使管子性能下降或损坏的漏极最大功率损耗。使用中应满足以下关系：

$$i_D u_{DS} < P_{DM} \tag{3.3.4}$$

在 u_{DS}—i_D 平面上，可由 $i_D u_{DS} = P_{DM}$ 画出场效应晶体管的允许功率损耗曲线。对于大功率场效应晶体管，为了提高 P_{DM}，常采用加装散热装置的办法。

【例 3.3.1】 电路如图 3.3.1 所示，电源电压 $V_{DD}=12\text{V}$。场效应晶体管的夹断电压 $U_P=-4\text{V}$，饱和漏极电流 $I_{DSS}=4\text{mA}$。为保证 R_L 上的电流为恒定，R_L 的取值范围是多少？

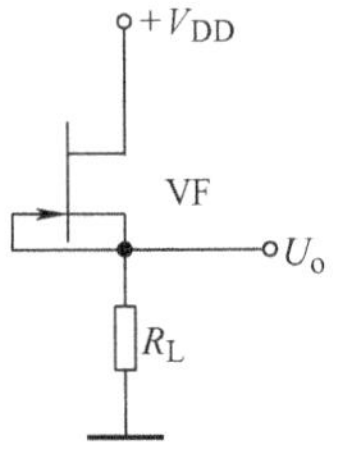

图 3.3.1　例 3.3.1 图

解：题中场效应晶体管为 N 沟道结型，且 $U_{GS}=0$，R_L 中流过的电流为漏极电流。为保证 R_L 上的电流为恒定，场效应晶体管应工作在恒流区。随着 U_{DS} 的增加，当沟道出现夹断时，场效应晶体管应进入恒流区，漏极电流将保持不变，且可取为 I_{DSS}。

出现预夹断时的 U_{DS} 为

$$U_{DS} = U_{GS} - U_{GD} = 0 - U_P = 4\text{V}$$

当 $U_{DS}>4\text{V}$ 时，沟道的夹断点向源极延伸，但 U_{DS} 不会超过 $V_{DD}=12\text{V}$，在此过程中，i_D 保持不变，即 R_L 上的电流恒定，因此，场效应晶体管工作的恒流区的 U_{DS} 范围为 4~12V。

当 $U_{DS}=4\text{V}$ 时，输出电压为 $U_o=V_{DD}-U_{DS}=(12-4)\text{V}=8\text{V}$，当 $U_{DS}=12\text{V}$ 时，输出电压为 $U_o=V_{DD}-U_{DS}=(12-12)\text{V}=0\text{V}$，则输出电压范围为 0~8V。

R_L 的取值范围为

$$R_L = \frac{U_o}{I_{DSS}} = 0 \sim 2\text{k}\Omega$$

3.3.2　各种场效应晶体管的特性比较

各种场效应晶体管的电路图形符号及特性见表 3.3.1。其中⊕、⊖表示使用时需要的实际电压极性。

表 3.3.1　各种场效应晶体管的电路图形符号及特性

分类		符号	转移特性	输出特性
绝缘栅场效应晶体管	N 沟道增强型	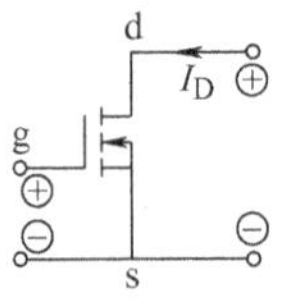	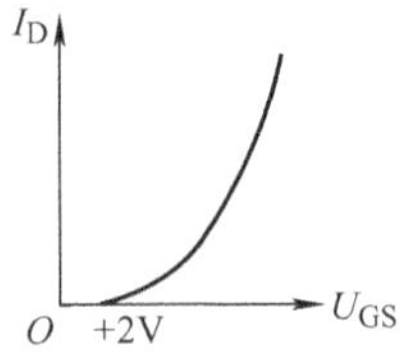	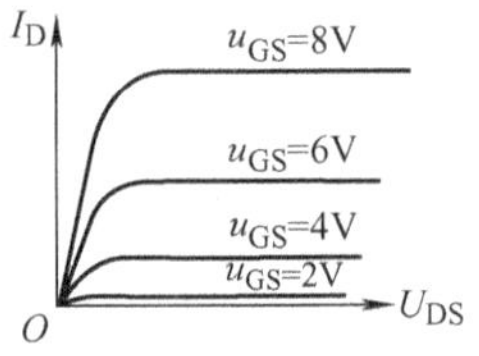

（续）

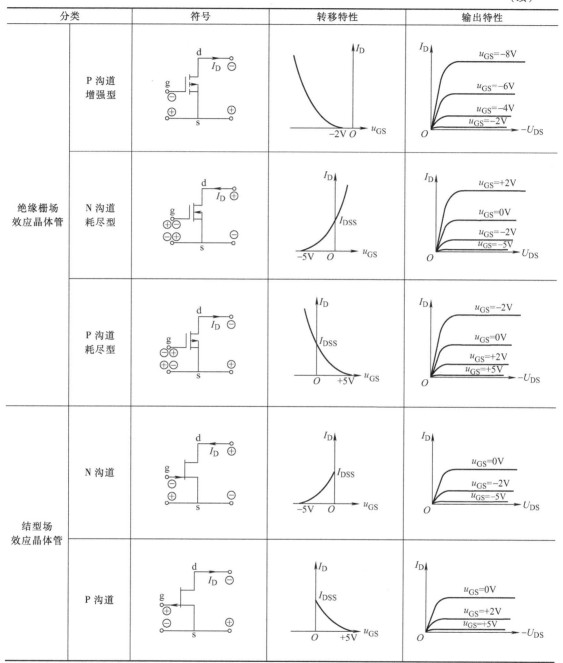

分类		符号	转移特性	输出特性
绝缘栅场效应晶体管	P 沟道增强型	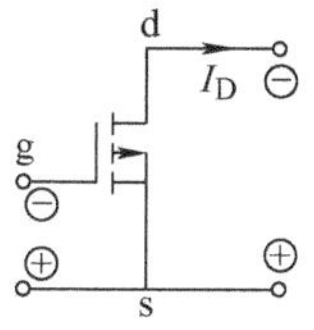	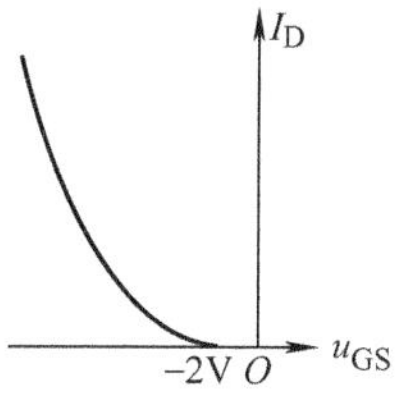	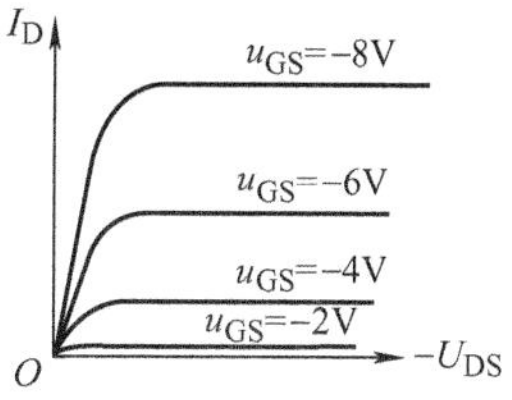
	N 沟道耗尽型	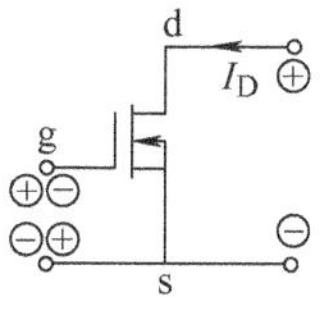	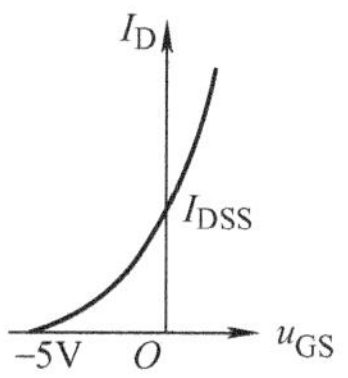	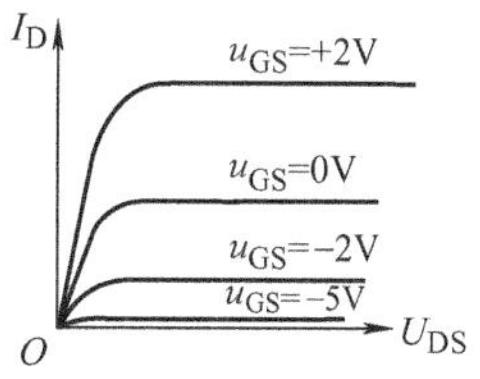
	P 沟道耗尽型	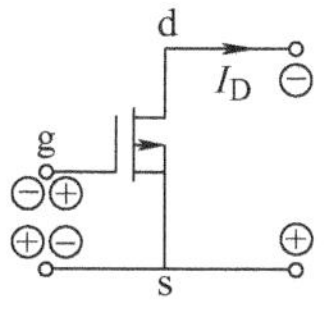	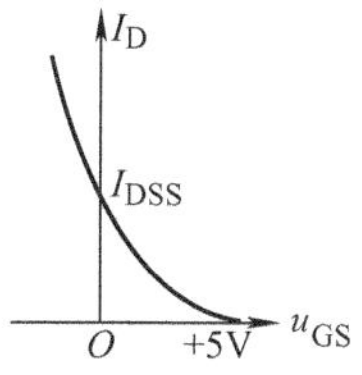	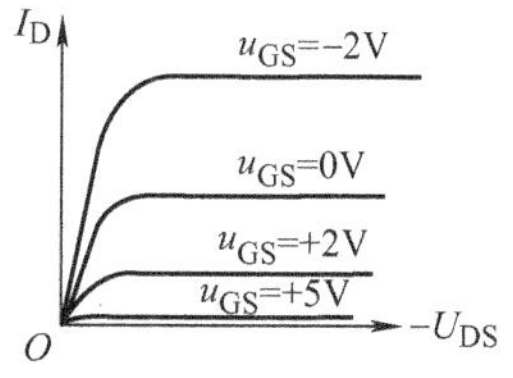
结型场效应晶体管	N 沟道	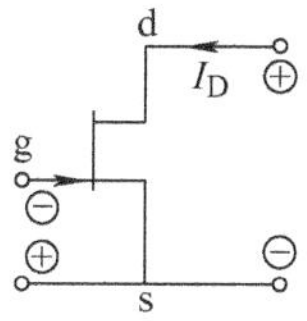	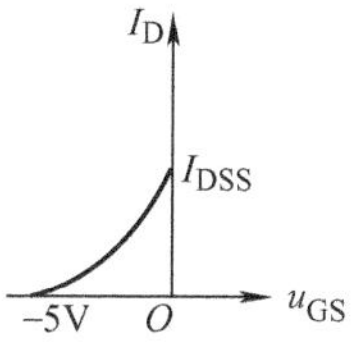	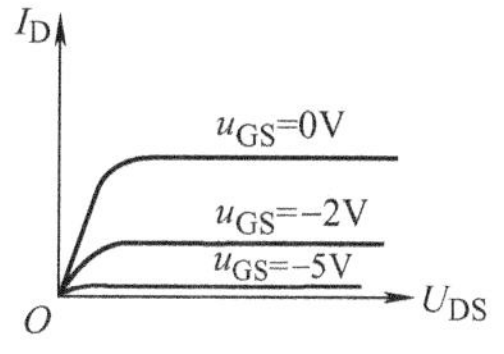
	P 沟道	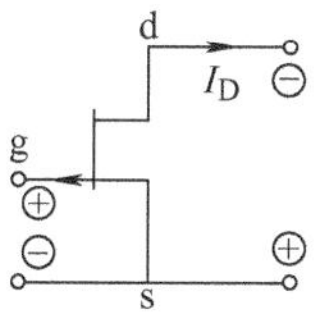	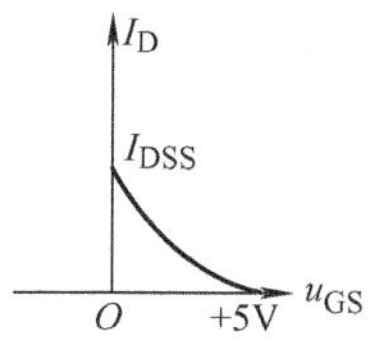	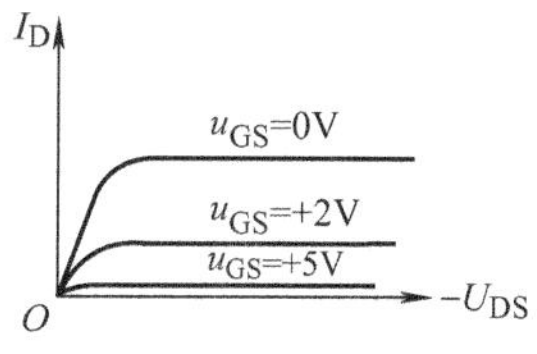

3.4　场效应晶体管基本放大电路

和双极结型晶体管放大电路类似，场效应晶体管基本放大电路主要有共源极放大、共漏极放大和共栅极放大三种基本形式。其中，共栅极接法应用较少。场效应晶体管放大电路也从静态和动态两方面进行分析。

3.4.1 场效应晶体管放大电路的静态分析

常见的建立静态工作点的电路有自偏压和分压式偏压两种。

1. 自偏压电路及其静态工作点估算

自偏压放大电路如图 3.4.1 所示，其中场效应晶体管为 N 沟道 JFET。

静态时，$U_{GSQ}=-RI_{DQ}$，又对 JFET，有

$$i_D=I_{DSS}\left(1-\frac{u_{GS}}{U_P}\right)^2,\ U_P\leqslant u_{GS}\leqslant 0$$

联立求解以上两式，可得 I_{DQ}、U_{GSQ}。

对输出回路，由 $U_{DSQ}=V_{DD}-I_D(R_d+R)$，可求得 U_{DSQ}。

也可用和双极结型晶体管类似的图解分析法，求得上述工作点。

该电路是通过源极电阻 R 上流过漏极电流 I_D 来建立需要的 U_{GS}，故称为自偏压放大电路。自偏压电路的缺点是 U_{GSQ} 只能为负值，不能用于要求 U_{GSQ} 为 0 或为正的场效应晶体管，如 N 沟道增强型 MOSFET。

2. 分压式偏压电路及其静态工作点估算

分压式偏压放大电路如图 3.4.2 所示，其中场效应晶体管为 N 沟道增强型 MOSFET。

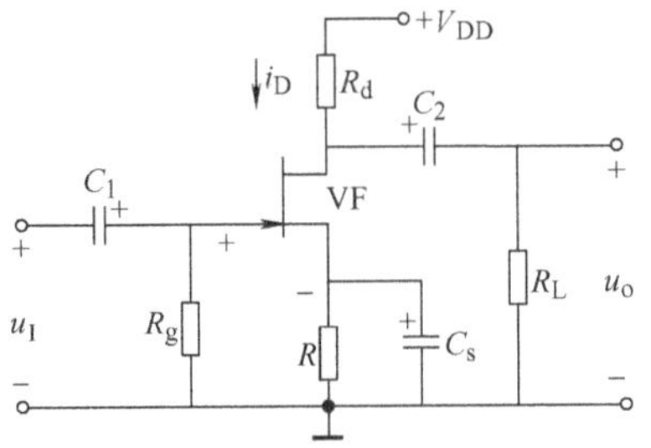

图 3.4.1　自偏压放大电路

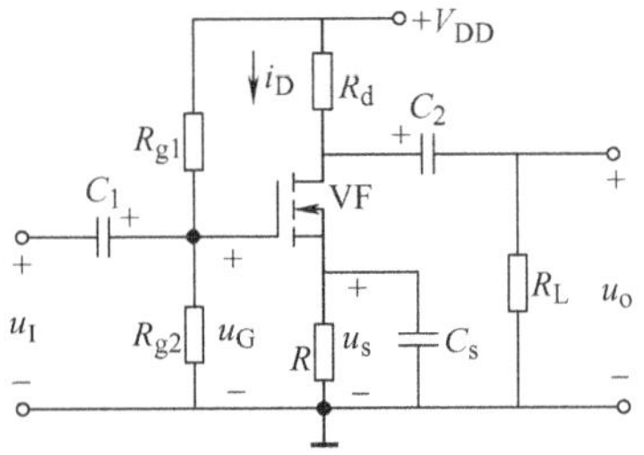

图 3.4.2　分压式偏压电路

静态时

$$U_{GS}=U_G-U_S=\frac{R_{g2}}{R_{g1}+R_{g2}}V_{DD}-I_DR$$

对 N 沟道增强型 MOSFET，在恒流区有

$$i_D=I_{DO}\left(\frac{u_{GS}}{U_T}-1\right)^2,\ u_{GS}>U_T$$

联立求解以上两式，可得 I_{DQ}、U_{GSQ}。

对输出回路，由 $U_{DSQ}=V_{DD}-I_D(R_d+R)$ 可求出 U_{DSQ}。

也可用和双极结型晶体管类似的图解分析法，求得上述工作点。

3.4.2 场效应晶体管的低频小信号模型

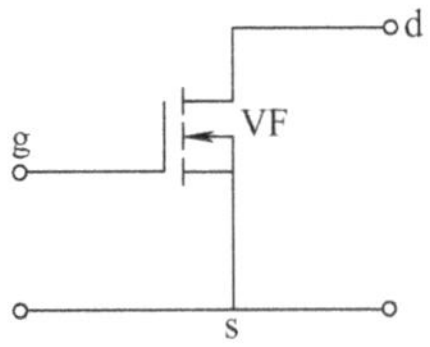

图 3.4.3　共源极接法的 N 沟道 MOSFET

以 N 沟道增强型 MOSFET 的共源极接法为例，如图 3.4.3 所示，建立场效应晶体管的低频小信号模型。

对输入回路，u_{GS} 和 i_G 之间为一个电阻 r_{gs}，但该值很大，一般认为开路。对输出回路，电压电流关系可表示为 $i_D=f(u_{GS},\ u_{DS})$，对该

式求微分

$$\mathrm{d}i_{\mathrm{D}}=\left.\frac{\partial i_{\mathrm{D}}}{\partial u_{\mathrm{GS}}}\right|_{u_{\mathrm{DS}}}\mathrm{d}u_{\mathrm{GS}}+\left.\frac{\partial i_{\mathrm{D}}}{\partial u_{\mathrm{DS}}}\right|_{u_{\mathrm{GS}}}\mathrm{d}u_{\mathrm{DS}}$$

式中，$\left.\frac{\partial i_{\mathrm{D}}}{\partial u_{\mathrm{GS}}}\right|_{u_{\mathrm{DS}}}=g_{\mathrm{m}}$，为低频跨导；$\frac{\partial i_{\mathrm{D}}}{\partial u_{\mathrm{DS}}}$为输出电阻 r_{ds} 的倒数，r_{ds} 的值一般很大。则有

$$i_{\mathrm{d}}=g_{\mathrm{m}}u_{\mathrm{gs}}+\frac{1}{r_{\mathrm{ds}}}u_{\mathrm{ds}} \tag{3.4.1}$$

若电压电流为正弦，则式（3.4.1）可写为

$$\dot{I}_{\mathrm{d}}=g_{\mathrm{m}}\dot{U}_{\mathrm{gs}}+\frac{1}{r_{\mathrm{ds}}}\dot{U}_{\mathrm{ds}} \tag{3.4.2}$$

考虑到输入端的电阻 r_{gs}，该场效应晶体管的低频小信号模型如图 3.4.4 所示。

由于 r_{ds} 很大，忽略其影响，式（3.4.2）描述的场效应晶体管低频小信号模型如图 3.4.5 所示。

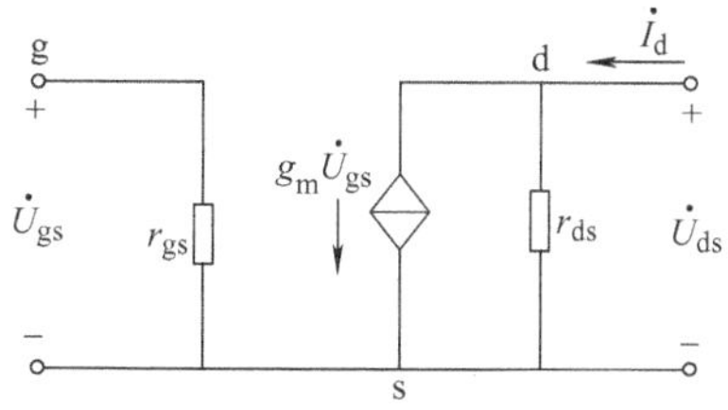

图 3.4.4　场效应晶体管的低频小信号模型

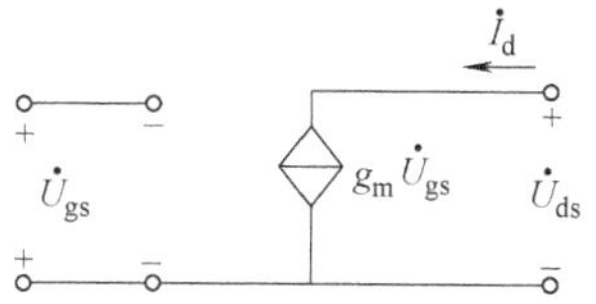

图 3.4.5　简化的场效应晶体管低频小信号模型

3.4.3　场效应晶体管放大电路的动态分析

场效应晶体管放大电路的动态分析也常采用小信号模型法。以下举例说明。

【例 3.4.1】　N 沟道 MOSFET 共源极放大电路如图 3.4.6 所示。求其电压增益、输入电阻和输出电阻。

解： 第 1 步：画出原电路的小信号等效电路，如图 3.4.7 所示，其中忽略了 r_{ds}。

第 2 步：求交流参数。

① 求电压增益。由图 3.4.7 所示电路的输入回路有

$$\dot{U}_{\mathrm{i}}=\dot{U}_{\mathrm{gs}}+g_{\mathrm{m}}\dot{U}_{\mathrm{gs}}R=\dot{U}_{\mathrm{gs}}(1+g_{\mathrm{m}}R)$$

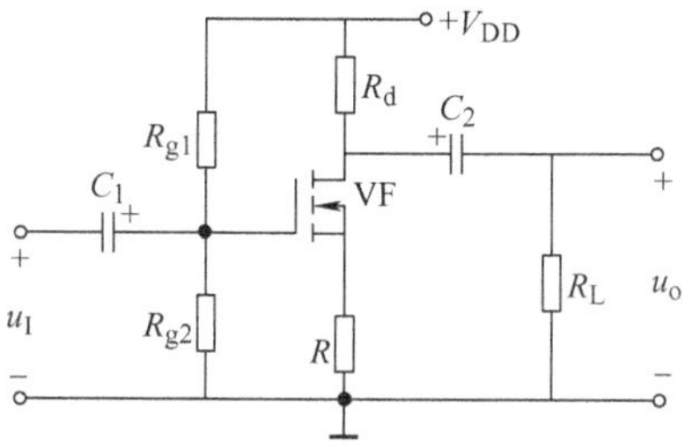

图 3.4.6　N 沟道 MOSFET 共源极放大电路

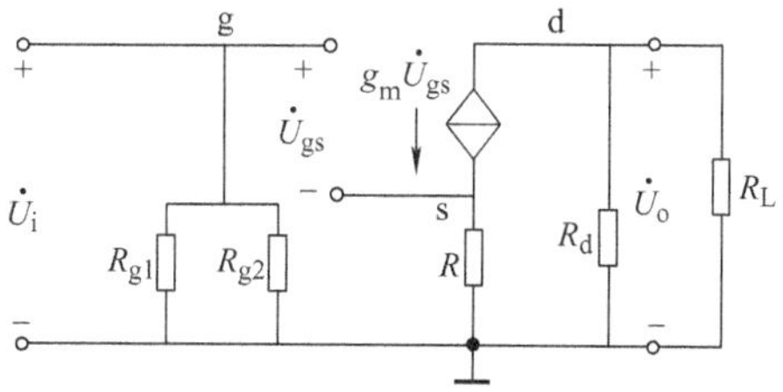

图 3.4.7　图 3.4.5 所示电路的小信号等效电路

由图 3.4.7 所示电路的输出回路有

$$\dot{U}_{\mathrm{o}}=-g_{\mathrm{m}}\dot{U}_{\mathrm{gs}}(R_{\mathrm{d}}//R_{\mathrm{L}})=-g_{\mathrm{m}}\dot{U}_{\mathrm{gs}}R_{\mathrm{L}}'$$

则电压增益

$$\dot{A}_u=\frac{\dot{U}_o}{\dot{U}_i}=-\frac{g_m R_L'}{1+g_m R} \tag{3.4.3}$$

若源极电阻 R 并联旁路电容，则电压增益

$$\dot{A}_u=\frac{\dot{U}_o}{\dot{U}_i}=-g_m R_L' \tag{3.4.4}$$

② 求输入电阻：先求 $R_i'=\frac{\dot{U}_i}{\dot{I}_g}$，再求 R_i，如图 3.4.8 所示。

$$R_i'=\frac{\dot{U}_i}{\dot{I}_g}=\frac{\dot{U}_{gs}+(\dot{U}_{gs}/r_{gs}+g_m\dot{U}_{gs})R}{\dot{U}_{gs}/r_{gs}}=r_{gs}+(1+r_{gs}g_m)R$$

则

$$R_i=R_i'//(R_{g1}//R_{g2})\approx R_{g1}//R_{g2} \tag{3.4.5}$$

③ 求输出电阻。

$$R_o\approx R_d \tag{3.4.6}$$

【例 3.4.2】 JFET 共漏极放大电路如图 3.4.9 所示。求其电压增益、输入电阻和输出电阻。

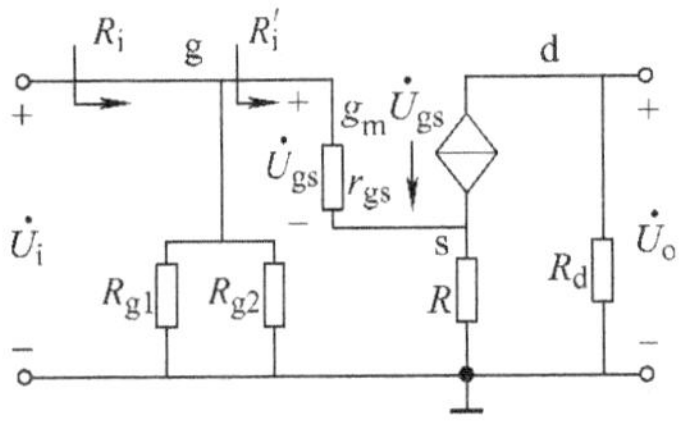

图 3.4.8　求输入电阻的等效电路

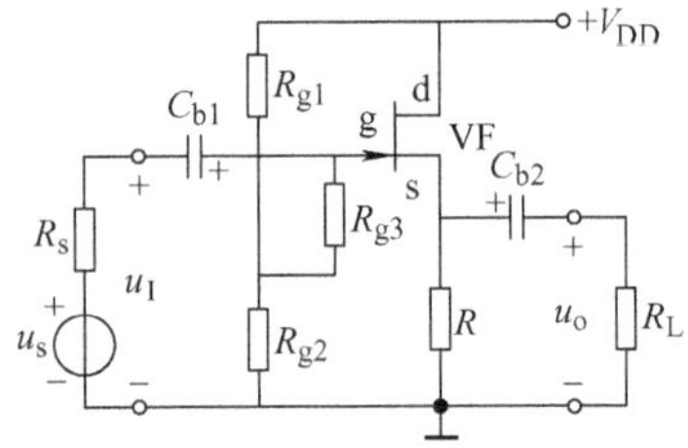

图 3.4.9　JFET 共漏极放大电路

解：第 1 步：画出原电路的小信号等效电路，如图 3.4.10 所示，其中忽略了 r_{gs} 和 r_{ds}。

第 2 步：求交流参数。

① 求电压增益：由图 3.4.10 所示电路的输入回路有

$$\dot{U}_i=\dot{U}_{gs}+g_m\dot{U}_{gs}(R//R_L)=\dot{U}_{gs}[1+g_m(R//R_L)]$$

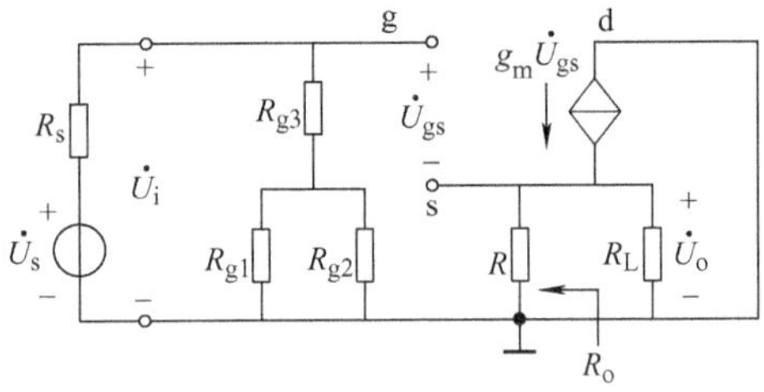

图 3.4.10　图 3.4.8 所示电路的小信号等效电路

由图 3.4.10 所示电路的输出回路有

$$\dot{U}_o=g_m\dot{U}_{gs}(R//R_L)$$

则电压增益

$$\dot{A}_u=\frac{\dot{U}_o}{\dot{U}_i}=\frac{g_m(R//R_L)}{1+g_m(R//R_L)} \tag{3.4.7}$$

② 求输入电阻

$$R_i \approx R_{g3} + (R_{g1} // R_{g2}) \tag{3.4.8}$$

③ 求输出电阻：忽略信号源内阻 R_s，将 U_s 短路得到如图 3.4.11 所示的等效电路。

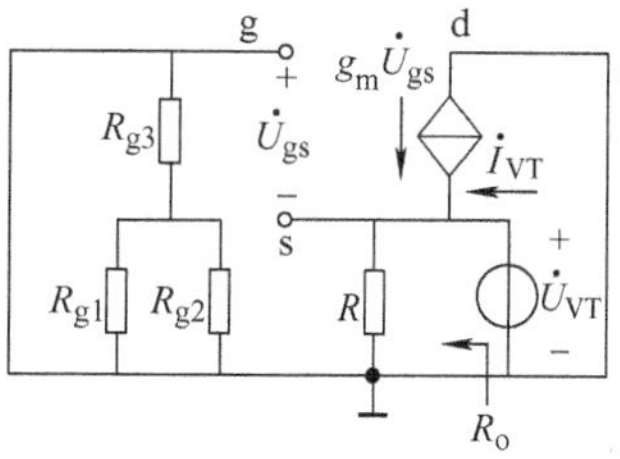

图 3.4.11　求输出电阻的等效电路

则输出电阻为

$$R_o = \frac{\dot{U}_{VT}}{\dot{I}_{VT}}$$

由于$\dot{I}_{VT} = \frac{\dot{U}_{VT}}{R} - g_m \dot{U}_{gs}$，$\dot{U}_{gs} = -\dot{U}_{VT}$，因此

$$R_o = \frac{\dot{U}_{VT}}{\dot{I}_{VT}} = \frac{1}{\frac{1}{R} + g_m} = R // \frac{1}{g_m} \tag{3.4.9}$$

3.5　场效应晶体管和双极结型晶体管及其放大电路的比较

场效应晶体管的栅极 g、源极 s、漏极 d 对应双极结型晶体管的基极 b、发射极 e、集电极 c，它们的作用类似。场效应晶体管共源极（CS）放大电路、共漏极（CD）放大电路、共栅极放大电路（CG）分别对应于双极结型晶体管的共发射极（CE）放大电路 、共集电极放大电路（CC）和共基极（CB）放大电路。

场效应晶体管用栅-源电压 u_{GS} 控制漏极电流 i_D，栅极基本不取电流，输出端表现为受输入端电压控制的电流源；而双极结型晶体管工作时，总有一定的基极电流，输出端表现为受输入端电流控制的电流源。要求输入电阻高的电路应选用场效应晶体管构成的放大电路；而当信号源提供一定的电流时，可选用双极结型晶体管构成的放大电路。

场效应晶体管只有多子参与导电，而双极结型晶体管内既有多子又有少子参与导电。由于少子数目受环境温度、辐射等因素影响较大，因此场效应晶体管比双极结型晶体管具有更好的温度稳定性和抗辐射能力，在环境条件变化较大的场合，应选择场效应晶体管。

场效应晶体管的噪声系数小，所以低噪声放大电路的输入级和要求信噪比高的电路应选用场效应晶体管。

场效应晶体管集成工艺更简单，且功耗低，电源电压范围宽，因此场效应晶体管广泛应用于大规模和超大规模集成电路之中。

场效应晶体管和双极结型晶体管的比较见表 3.5.1。

表 3.5.1　场效应晶体管和双极结型晶体管的比较

结构	双极结型晶体管	场效应晶体管
	NPN 型 PNP 型 C 与 E 不可倒置使用	结型(耗尽型)：N 沟道和 P 沟道 缘缘栅增强型：N 沟道和 P 沟道 D 与 S 有的型号可倒置
载流子	多子扩散，少子漂移	多子
输入量	电流输入	电压输入
控制	CCCS(β)	VCCS(g_m)

（续）

结构	双极结型晶体管	场效应晶体管
噪声	较大	较小
温度特性	受温度影响较大	受温度影响较小
输入电阻	几十到几千欧姆	几兆欧姆以上
静电影响	不受静电影响	易受静电影响
集成工艺	不易大规模集成	适宜大规模和超大规模集成

【例 3.5.1】 放大电路如图 3.5.1 所示。已知 $g_m=18\text{mS}$，$\beta=100$，$r_{be}=1\text{k}\Omega$。试求电路的电压增益、输入电阻和输出电阻以及对信号源的电压增益。

解： 第 1 步：画出原放大电路的小信号等效电路，如图 3.5.2 所示。

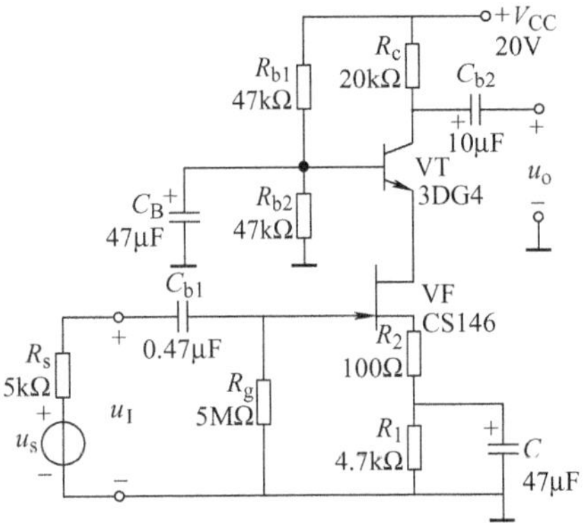

图 3.5.1 例 3.5.1 电路

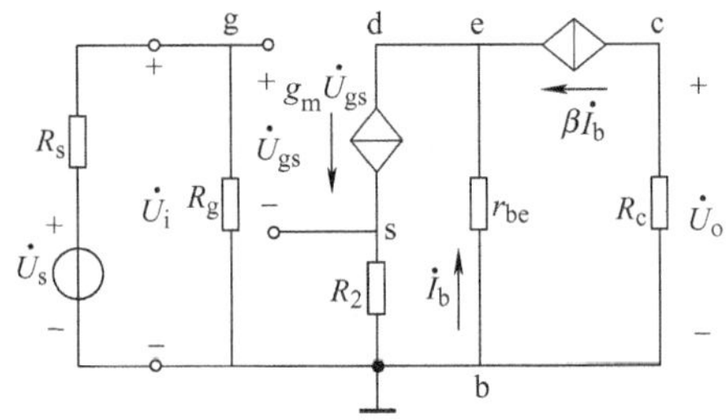

图 3.5.2 例 3.5.1 的小信号等效电路

第 2 步：求交流参数。

① 求电压放大倍数$\dot{A}_u=\dfrac{\dot{U}_o}{\dot{U}_i}$：由图 3.5.2 所示电路的输入回路有

$$\dot{U}_i=\dot{U}_{gs}+g_m\dot{U}_{gs}R_2 \tag{3.5.1}$$

在节点 d 有电流平衡方程

$$g_m\dot{U}_{gs}=\dot{I}_b+\beta\dot{I}_b\approx\beta\dot{I}_b \tag{3.5.2}$$

从图 3.5.2 所示电路的输出回路有

$$\dot{U}_o=-\beta\dot{I}_bR_c \tag{3.5.3}$$

将式（3.5.2）代入式（3.5.3）有

$$\dot{U}_o=-g_m\dot{U}_{gs}R_c \tag{3.5.4}$$

考虑式（3.5.4）和式（3.5.1），电压放大倍数

$$\dot{A}_u=\frac{\dot{U}_o}{\dot{U}_i}=-\frac{g_mR_c}{1+g_mR_2}$$

② 求输入电阻 R_i：$R_i\approx R_g=5\text{M}\Omega$。

③ 求输出电阻 R_o：$R_o\approx R_c=20\text{k}\Omega$。

④ 求输出对信号源的电压增益。由于 $R_i=R_g\gg R_s$，因此

$$\dot{A}_{us}=\frac{\dot{U}_o}{\dot{U}_s}=\frac{\dot{U}_o}{\dot{U}_i}\frac{\dot{U}_i}{\dot{U}_s}=\frac{R_i}{R_s+R_i}\dot{A}_u\approx\dot{A}_u=-128.6$$

本章小结

本章介绍了场效应晶体管的结构、工作原理、特性曲线和主要参数。学习了场效应晶体管放大电路的工作原理、分析方法和三种不同组态的特点。现就各部分归纳如下：

1. 场效应晶体管

绝缘栅型场效应晶体管又称为金属-氧化物-半导体场效应晶体管（MOSFET），分为N沟道和P沟道两种。N沟道和P沟道场效应晶体管又有增强型和耗尽型两种形式。结型场效应晶体管也分为N沟道和P沟道两种。

场效应晶体管工作在恒流区时，利用栅-源之间外加电压所产生的电场来改变导电沟道的宽窄，从而控制漏极电流 i_D。此时，可将 i_D 看成由电压 u_{GS} 控制的电流源，因此，场效应晶体管也称为电压控制器件，而上一章学习的双极结型晶体管称为电流控制器件。

描述场效应晶体管特性的主要有转移特性和输出特性。在共源接法情况下，转移特性为 $i_D=f(u_{GS})|_{u_{DS}}$，描述栅-源电压对漏极电流的控制作用；输出特性为 $i_D=f(u_{DS})|_{u_{GS}}$，描述 u_{DS} 与 i_D 三者之间的关系。和晶体管类似，场效应晶体管可以工作在截止区、恒流区和可变电阻区。

场效应晶体管的主要参数有：g_m、U_T 或 U_P、I_{DSS}、$U_{(BR)DS}$、P_{DM} 和极间电容。

2. 场效应晶体管放大电路的分析方法

1）场效应晶体管放大电路的分析方法和双极结型晶体管放大电路的分析类似，包括静态分析和动态分析。

2）动态分析时，需要建立场效应晶体管的小信号等效模型。

3. 场效应晶体管放大电路的三种组态及其特点

场效应晶体管放大电路有共源极、共栅极和共漏极三种组态，分别对应双极结型晶体管放大电路中的共射极、共基极和共集电极组态。场效应晶体管三种组态放大电路的特点和双极结型晶体管三种组态放大电路的特点一一对应。

学习完本章希望能够达到以下要求：

1）掌握场效应晶体管的栅-源电压对漏极电流的控制作用，场效应晶体管的转移特性、输出特性。

2）掌握场效应晶体管放大电路的分析方法。

3）掌握场效应晶体管放大电路三种组态的特点和选用原则。

思考题

3.1 为使结型场效应晶体管工作在恒流区，为什么其栅-源之间必须加反向电压？为什么耗尽型MOSFET的栅-源电压可正、可零、可负？

3.2 从N沟道场效应晶体管的输出特性曲线上看，为什么 U_{GS} 越大，预夹断电压越大，漏-源间的击穿电压也越高？

3.3 为什么说场效应晶体管是电压型控制器件而双极结型晶体管是电流型控制器件？

习 题

3.1 电路图如图 T3.1 所示，已知放大电路中一只 N 沟道场效应晶体管三个极①、②、③的电位分别为 4V、8V、12V，管子工作在恒流区。试判断它可能是哪种管子（结型管、MOS 管、增强型、耗尽型），并注明①、②、③与 g、s、d 的对应关系。

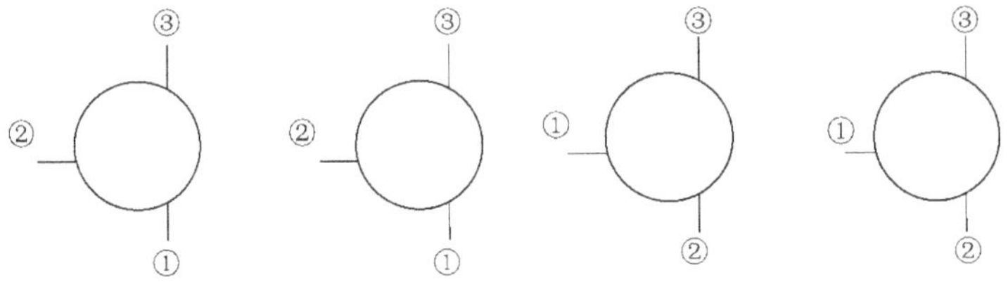

图 T3.1

3.2 分别判断图 T3.2 所示各电路中的场效应晶体管工作状态，并写出判断的过程。

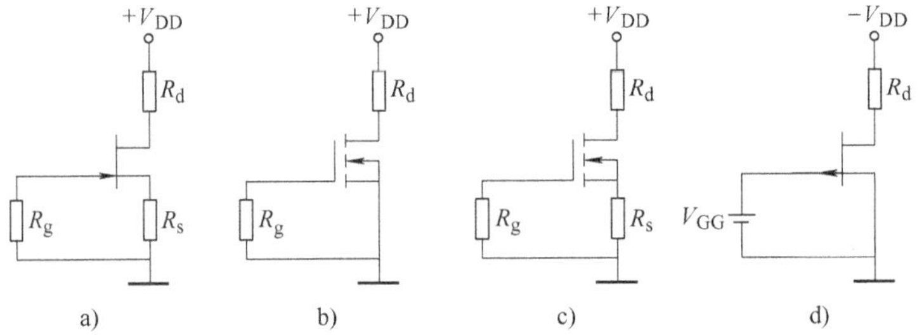

图 T3.2

3.3 电路如图 T3.3a 所示，VF 的输出特性如图 T3.3b 所示，分析当 $u_I=4V$、8V、12V 三种情况下场效应晶体管分别工作在什么区域。

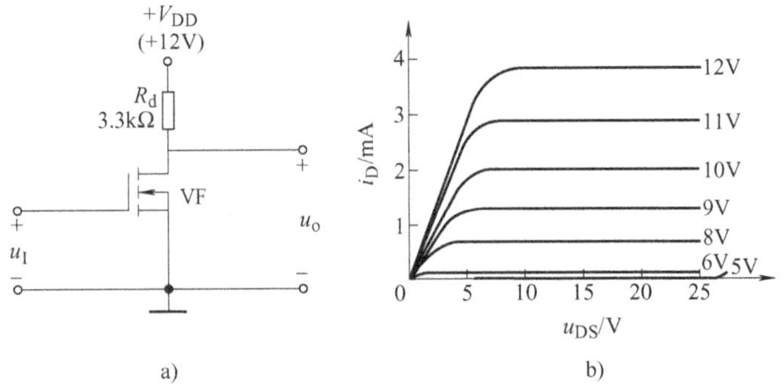

图 T3.3

3.4 电路如图 T3.4 所示。已知 $V_{DD}=12V$，$V_{GG}=2V$，$R_g=100k\Omega$，$R_d=1k\Omega$，场效应晶体管 VF 的 $I_{DSS}=8mA$、$U_P=-4V$。求该管子的 I_{DQ} 及静态工作点处的 g_m 值。

3.5 已知某种场效应晶体管的参数为 $U_T = 2V$，$U_{(BR)GS} = 30V$，$U_{(BR)DS} = 15V$，当 $U_{GS} = 4V$、$U_{DS} = 5V$ 时，管子的 $I_{DO} = 9mA$。现用这种管子接成如图 T3.5 所示的四种电路，电路中的 $R_g = 100k\Omega$，$R_{d1} = 5.1k\Omega$，$R_{d2} = 3.3k\Omega$，$R_{d3} = 2.2k\Omega$，$R_s = 1k\Omega$。试问各电路中的管子各工作于放大、截止、可变电阻、击穿四种状态中的哪一种？

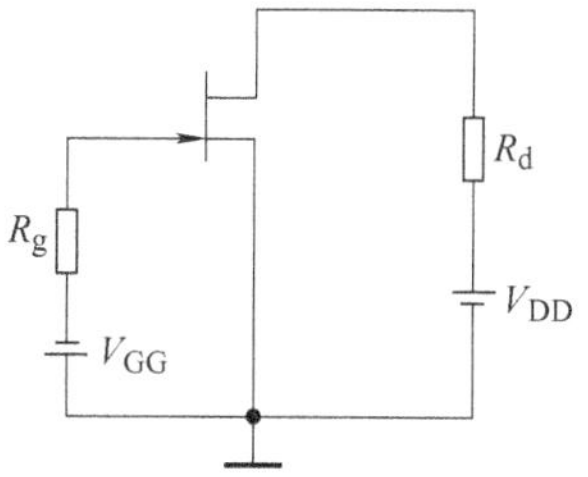

图 T3.4

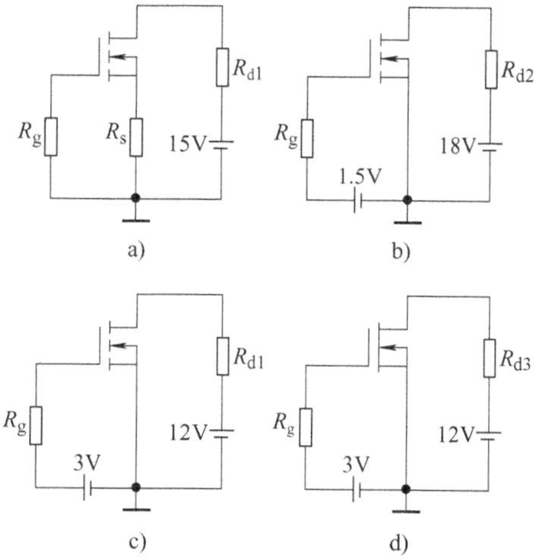

图 T3.5

3.6 在图 T3.6 所示的四种电路中，R_g 均为 100kΩ，R_d 均为 3.3kΩ，$V_{DD} = 10V$，$V_{GG} = 2V$。又已知 VF_1 的 $I_{DSS} = 3mA$、$U_P = -5V$；VF_2 的 $U_T = 3V$；VF_3 的 $I_{DSS} = -6mA$、$U_P = 4V$；VF_4 的 $I_{DSS} = -2mA$、$U_P = 2V$。试分析各电路中的场效应晶体管工作于放大区、截止区、可变电阻区中的哪一个工作区？

3.7 试判断图 T3.7 所示的四种电路中，哪个（或哪几个）电路具有电压放大作用。

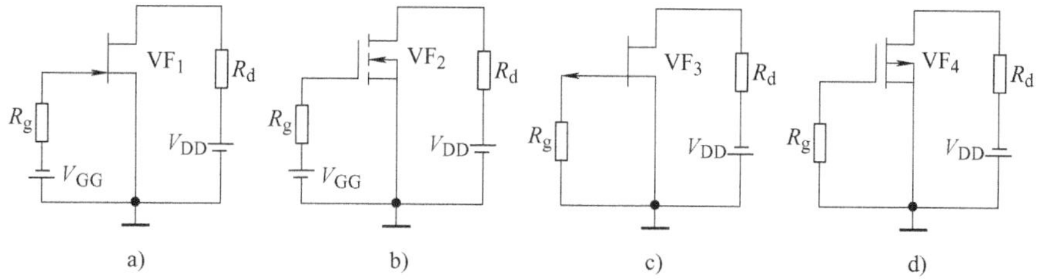

图 T3.6

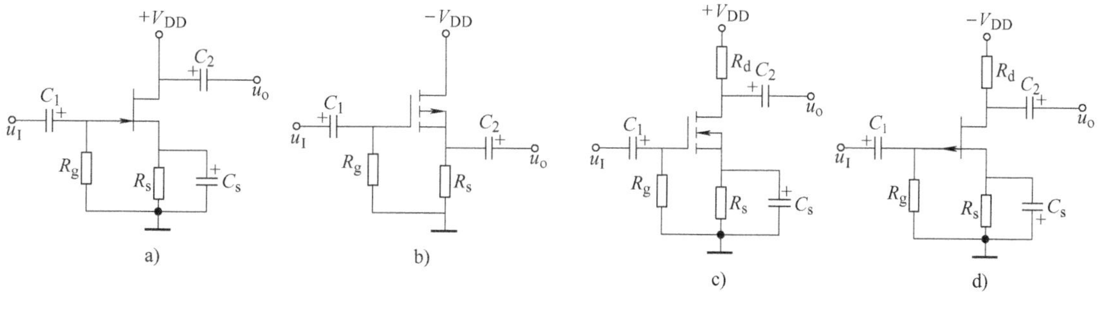

图 T3.7

3.8　已知图 T3.8a 所示电路中场效应晶体管的转移特性如图 T 3.8b 所示。求解电路的 Q 点和 $\dot{A}_u$。

3.9　电路如图 T3.9 所示，已知场效应晶体管的低频跨导为 g_m，试写出 $\dot{A}_u$、R_i 和 R_o 的表达式。

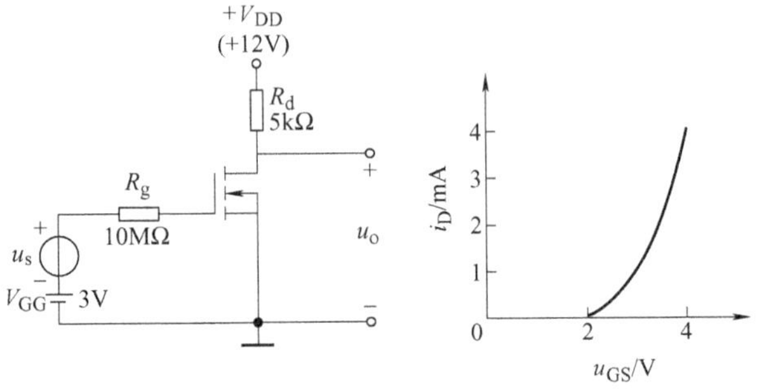

a)　b)

图 T3.8

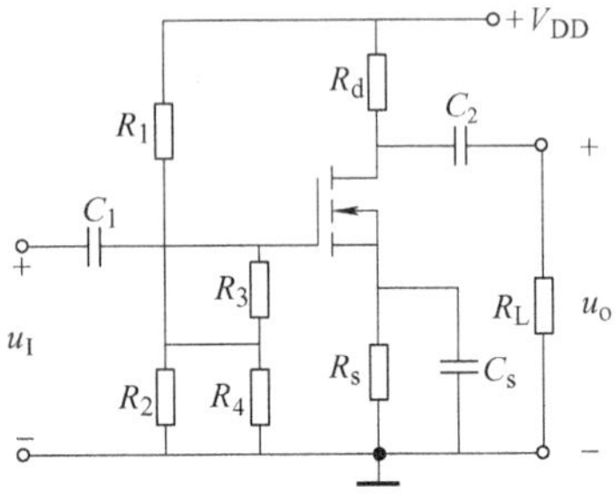

图 T3.9

3.10　电路如图 T3.10 所示。其中 $V_{DD}=20V$，$R_g=1M\Omega$，$R_d=10k\Omega$，$U_{GSQ}=2V$，管子的 $I_{DSS}=-2mA$、$U_P=4V$，各电容器的电容量均足够大。试求：

(1) I_{DQ} 及 R_{s1} 的数值；

(2) 为使管子能工作于恒流区，R_{s2} 的数值不能超过什么值。

3.11　在图 T3.11 所示的电路中，$R_d=R_s=5.1k\Omega$，$R_{g2}=1M\Omega$，$V_{DD}=24V$，场效应晶体管的 $I_{DSS}=2.4mA$、$U_P=-6V$，各电容器的电容量均足够大。若要求管子的 $U_{GSQ}=-1.8V$，求：

(1) R_{g1} 的数值；

(2) I_{DQ} 的值；

(3) $\dot{A}_{u1}=\dfrac{\dot{U}_{o1}}{\dot{U}_i}$ 及 $\dot{A}_{u2}=\dfrac{\dot{U}_{o2}}{\dot{U}_i}$ 的值。

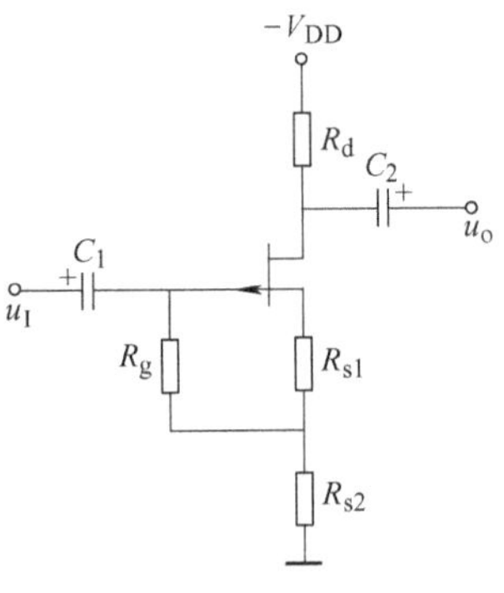

图 T3.10

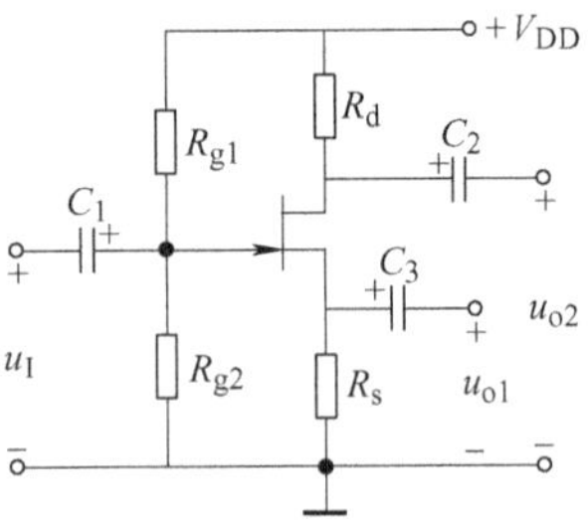

图 T3.11

第4章　放大电路的频率响应

引言

电子电路中要处理的信号一般不是单一频率，而是包含丰富的频率成分，如心电信号、语音信号、图像信号等。放大电路中，由于耦合电容、器件极间电容的存在，电路的增益是信号频率的函数，这种函数称为频率响应或频率特性。每一个具体的放大电路，只对特定频段的信号能够进行正常放大，因此，必须根据信号的频率范围，选择具有与之相应的频率特性的放大电路，才能获得满意的放大效果。本章主要讲述放大电路频率响应的基本概念，介绍双极结型晶体管和场效应晶体管的高频等效模型，并讨论放大电路的频率响应特性。

4.1　频率响应概述

在前面的放大电路分析中假设，当静态分析时，耦合电容、射极旁路电容可以看作开路，当动态分析时，耦合电容、射极旁路电容可以看作短路。但在电路中，当信号的频率由某一数值向零变化时，其电容不可能从短路立即变为开路，而且对双极结型晶体管和场效应晶体管中存在的极间电容，在分析时也没有考虑其作用。实际上，电路中的电容和器件的极间电容对电路的响应具有重要的影响。

放大电路的所有增益，如电压增益、电流增益等均是电路中信号频率的函数。一般情况下，放大电路的增益$|\dot{A}|$与频率的关系如图 4.1.1 所示。其中，横坐标轴以 lg$f$ 分度，但常标注为f；纵坐标轴采用 20lg$|\dot{A}|$分度，单位为分贝（dB），称为对数坐标。由于放大电路中，信号的频率会从几赫兹到上百兆赫兹变化，而放大电路的增益可从几倍到上百万倍，因此采用对数坐标系，可在同一坐标系清晰地表达非常宽的变化范围；同时，采用此坐标系，可

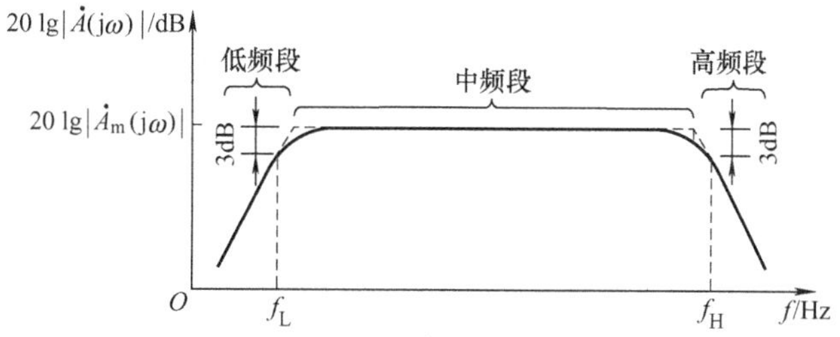

图 4.1.1　放大电路的增益 20lg$|\dot{A}|$与频率的关系

以让多级放大电路中各级放大电路增益的乘法运算转换成加法运算，简化运算和求解过程。

从图 4.1.1 可以看出，放大电路的增益随频率的不同而不同。通常根据频率从小到大的变化，将整个频率范围分为低频段、中频段和高频段，一般 $f<f_L$ 的频段称为低频段，$f>f_H$ 的频段称为高频段，而 $f_L<f<f_H$ 的部分称为中频段。在低频段，增益随着频率的减小而逐步降低，这主要是由于耦合电容、旁路电容等对增益的影响越来越大；在高频段，增益随着频率的增大而逐步降低，这主要是器件的极间电容的影响。而在中频段，增益基本不随频率而改变，这主要是由于耦合电容、旁路电容等近似短路，而器件的极间电容近似开路，对增益的影响可以忽略。当 $f=f_L$ 和 $f=f_H$ 时，增益比中频段增益降低了 3dB，即该增益是中频段增益的 0.707 倍。将 f_L 和 f_H 之间的频率范围定义为放大电路增益的带宽 f_{bw}，简称为放大电路的带宽，定义为 $f_{bw}=f_H-f_L$，单位为 Hz。带宽是一个放大电路增益不损失地放大信号的频率范围。例如，一个音频信号的范围为 20Hz<f<20kHz，则为了使放大以后的信号完整地反映原有信号，所设计的放大电路的 f_L 必须小于 20Hz，f_H 必须大于 20kHz。

从上述分析可见，放大电路中的每一类电容，都会对频率响应的某一频段产生影响。例如，电路中的耦合电容和旁路电容，主要影响放大电路的低频响应，而对高频响应的影响可以忽略；而器件的极间电容，主要影响放大电路的高频响应，而对低频响应的影响可以忽略。因此，为了简化分析，需在不同的频段，寻找不同的等效电路，如低频等效电路、高频等效电路等，通过求该电路的传递函数和时间常数，求得电路的频率响应。

4.2 *RC* 电路的频率响应

4.2.1 *RC* 低通电路的频率响应

RC 低通电路如图 4.2.1 所示。该电路的传递函数为

$$A_u(s)=\frac{U_o(s)}{U_i(s)}=\frac{1/sC}{R+1/sC}=\frac{1}{1+sRC}$$

电路的时间常数

$$\tau=RC \tag{4.2.1}$$

记

$$\omega_H=\frac{1}{\tau}=\frac{1}{RC}$$

则

$$f_H=\frac{1}{2\pi RC} \tag{4.2.2}$$

令

$$s=j\omega$$

则

$$\dot{A}_u(j\omega)=\frac{1}{1+j\dfrac{\omega}{\omega_H}}=\frac{1}{1+j\dfrac{f}{f_H}} \tag{4.2.3}$$

为 *RC* 低通电路的频率响应。

其幅值

$$|\dot{A}_u(j\omega)|=\frac{1}{\sqrt{1+\left(\frac{f}{f_H}\right)^2}} \tag{4.2.4}$$

称为幅频特性。其相位

$$\varphi=-\arctan\left(\frac{f}{f_H}\right) \tag{4.2.5}$$

称为相频特性。

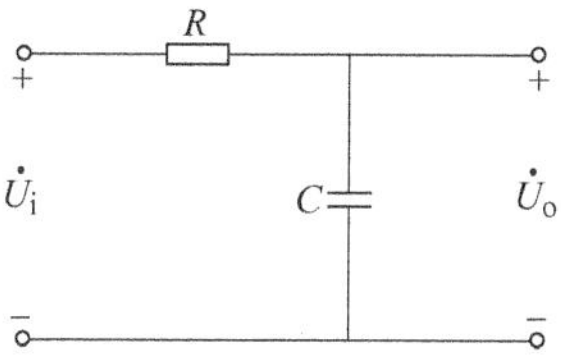

图 4.2.1　*RC* 低通电路

将幅频特性画在上述图 4.1.1 所示的对数坐标系中，将相频特性画在横坐标轴以 lg$f$ 分度、纵坐标轴以 φ 分度的坐标系中，就可得到放大电路频率响应的伯德图，也称 Bode 图，以最初的提出者 H. W. Bode 命名。

为了画出伯德图，先求幅频特性和相频特性的渐近线。

1）$f \ll f_H$ 时

$$|\dot{A}_u(j\omega)|=\frac{1}{\sqrt{1+(f/f_H)^2}}\approx 1,\ 20\lg|\dot{A}_u(j\omega)|\approx 0, \varphi\approx 0°$$

即在该频段，幅频特性的渐近线为 0dB 的直线；相频特性的渐近线为 0°的直线，如图 4.2.2a、b 中 $f<f_H$ 的部分渐近线。

2）$f \gg f_H$ 时

$$|\dot{A}_u(j\omega)|=\frac{1}{\sqrt{1+(f/f_H)^2}}\approx\frac{f_H}{f},\ 20\lg|\dot{A}_u(j\omega)|\approx 20\lg f_H-20\lg f, \varphi\approx -90°$$

在该频段，幅频特性的渐近线为频率每变化 10 倍，幅值下降 20dB 的斜线，该斜线的斜率表示为 −20dB/dec；相频特性的渐近线为 −90°的直线，如图 4.2.2a、b 中 $f>f_H$ 的渐近线。

上述两个频段的幅频特性的渐近线在 $f=f_H$ 处相交，在交点处，渐近线和实际特性之间的误差最大。

当 $f=f_H$ 时

$$|\dot{A}_u(j\omega)|=\frac{1}{\sqrt{1+(f/f_H)^2}}=\frac{1}{\sqrt{2}}=0.707,$$

$$20\lg|\dot{A}_u(j\omega)|=-3\text{dB}, \varphi\approx -45°$$

即 $f=f_H$ 处，实际的幅值为 −3dB，相位为 −45°。

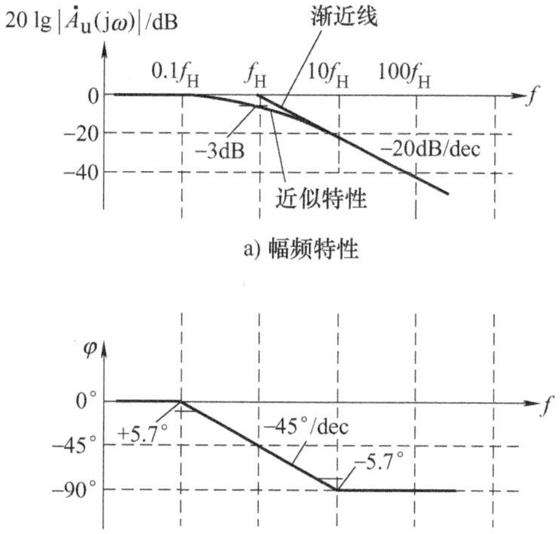

a) 幅频特性

b) 相频特性

图 4.2.2　*RC* 低通电路的频率特性

在幅频特性渐近线的基础上，对 $f=f_H$ 处的幅值做适当的修正，得到近似的幅频特性，如图 4.2.2a 所示。在相频特性渐近线的基础上，找到 $f=f_H$，相位为 −45°的点，做一条斜率为 −45°/dec 的斜线，与已有的两条渐近线相交，即得到近似的相频特性曲线，如图 4.2.2b 所示。

从上述特性可以看出，该 *RC* 电路，对 $f<f_H$ 的信号，可以无衰减地通过，而对 $f>f_H$ 的信号，被该电路衰减，且随着频率的增大，衰减程度越来越大，故称为低通电路。f_H 称为上限截止频率，也称为上限转折频率。

4.2.2　*RC* 高通电路的频率响应

RC 高通电路如图 4.2.3 所示。该电路的传递函数为

$$A_u(s)=\frac{U_o(s)}{U_i(s)}=\frac{R}{R+1/sC}=\frac{1}{1+\frac{1}{RC}\frac{1}{s}}$$

回路的时间常数

$$\tau=RC \tag{4.2.6}$$

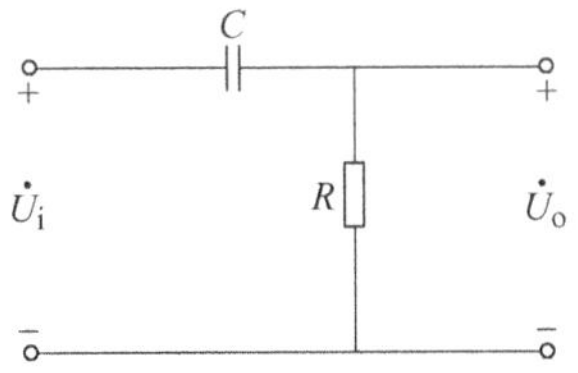

图 4.2.3　*RC* 高通电路

记　$\omega_L=\frac{1}{\tau}=\frac{1}{RC}$，则

$$f_L=\frac{1}{2\pi RC} \tag{4.2.7}$$

令 $s=j\omega$，则

$$\dot{A}_u=\frac{\dot{U}_o}{\dot{U}_i}=\frac{1}{1+\frac{\omega_L}{j\omega}}=\frac{1}{1-j\frac{\omega_L}{\omega}}=\frac{1}{1-j\frac{f_L}{f}} \tag{4.2.8}$$

为 *RC* 高通电路的频率响应。其幅值

$$|\dot{A}_u(j\omega)|=\frac{1}{\sqrt{1+\left(\frac{f_L}{f}\right)^2}} \tag{4.2.9}$$

称为幅频特性。其相位

$$\varphi=\arctan\left(\frac{f_L}{f}\right) \tag{4.2.10}$$

称为相频特性。

为了画出伯德图，先求幅频特性和相频特性的渐近线。

1）$f \gg f_L$ 时

$$|\dot{A}_u(j\omega)|=\frac{1}{\sqrt{1+(f_L/f)^2}}\approx 1,\ 20\lg|\dot{A}_u(j\omega)|\approx 0,\ \varphi\approx 0°$$

即在该频段，幅频特性的渐近线为 0dB 的直线；相频特性的渐近线为 0°的直线，如图 4.2.4a、b 中 $f>f_L$ 的部分渐近线。

2）当 $f \ll f_L$ 时

$$|\dot{A}_u(j\omega)|=\frac{1}{\sqrt{1+(f_L/f)^2}}\approx\frac{f}{f_L},$$

$$20\lg|\dot{A}_u(j\omega)|\approx 20\lg f-20\lg f_L,\ \varphi\approx 90°$$

在该频段，幅频特性的渐近线为频率每变化 10 倍，幅值增加 20dB 的斜线，斜率记为 +20dB/dec；相频特性的渐近线为 90°的直线，如图 4.2.4a、b 中 $f<f_L$ 的部分渐近线。

上述两个频段的幅频特性的渐近线在 $f=f_L$ 处相交，在相交点处，渐近线和实际特性之间的误差最大。在 $f=f_L$ 处的实际特性计算如下：

当 $f=f_L$ 时

$$|\dot{A}_u(j\omega)|=\frac{1}{\sqrt{1+(f_L/f)^2}}=\frac{1}{\sqrt{2}}=0.707,$$

$$20\lg|\dot{A}_u(j\omega)|=-3\text{dB},\varphi\approx 45°$$

即 $f=f_L$ 处，实际的幅值为 -3dB，相位为 45°。

在幅频特性渐近线的基础上，对 $f=f_L$ 处的幅值作适当的修正，得到近似的幅频特性，如图 4.2.4a 所示。在相频特性渐近线的基础上，找到 $f=f_L$，相位为 45°的点，做一条斜率为-45°/dec 的斜线，与已有的两条渐近线相交，即得到近似的相频特性曲线，如图 4.2.4b 所示。

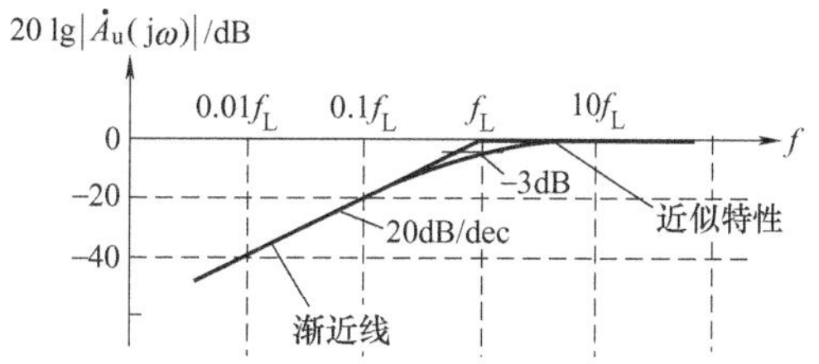

a) 幅频特性

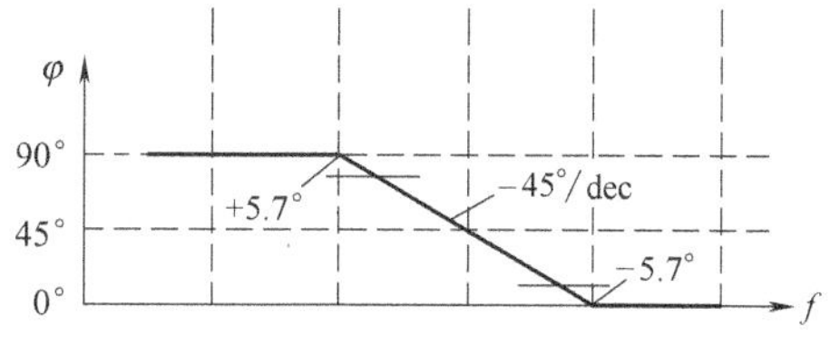

b) 相频特性

图 4.2.4 *RC* 高通电路的频率特性

从上述特性可以看出，该 *RC* 电路，对 $f>f_L$ 的信号，可以无衰减地通过，而对 $f<f_L$ 的信号，被该电路衰减，故称高通电路。f_L 称为下限截止频率，也称为下限转折频率。

4.3 双极结型晶体管的高频等效模型

4.3.1 双极结型晶体管的混合 Π 形等效模型

前面讨论得到的双极结型晶体管的小信号等效电路，主要适用于放大电路的中频和低频分析。当电路的工作频率较高时，晶体管内部的电容对其特性的影响，是必须要考虑的因素，因此，需要研究晶体管的高频等效模型。

下面仍以共射极接法的双极结型晶体管为例，从晶体管的物理结构出发，考虑结电容的作用，求晶体管的高频等效模型。

除了对外引出的三个电极，即基极 b、发射极 e 和集电极 c 外，设在晶体管内部的基区、发射区和集电区各有一个假想的点 b′、e′、c′，如图 4.3.1a 所示。其中，$r_{bb'}$、r_e、r_c 分别为基区、发射区和集电区的体电阻，r_e、r_c 的数值较小，常可忽略。$r_{b'e'}$、$r_{b'c'}$ 分别为发射结和集电结的电阻，$r_{b'e'}\approx r_{b'e}$，$r_{b'c'}\approx r_{b'c}$。由于工作在放大状态的晶体管的集电结为反向偏置，故 $r_{b'c}$ 的数值很大，近似分析中可视为无穷大。$C_{b'e'}$、$C_{b'c'}$ 为发射结和集电结的结电容，记为 $C_{b'e}$、$C_{b'c}$，手册中常采用 C_π、C_μ 表示。从电路的观点看，描述各点之间的电路参数及其连接关系可用图 4.3.1b 表示。忽略图 4.3.1b 中的 $r_{b'c'}$、r_{ce}，得到晶体管的高频等效电路，如图 4.3.2 所示，称为混合 Π 形等效模型。图中，集电极的受控电流源受发射结电压 $\dot{U}_{b'e}$ 控制，这是由于高频时，由于 $C_{b'e}$ 和 $C_{b'c}$ 的影响，使 β 是频率的函数，而不再为常数，因而 $\dot{I}_c$ 和 $\dot{I}_b$ 之间不再是线性关系。而根据半导体物理分析，$\dot{I}_c$ 与发射结电压 $\dot{U}_{b'e}$ 之

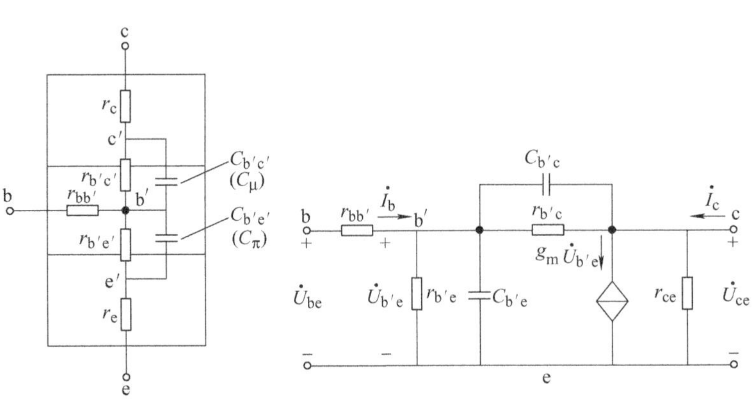

a) 结构　　b) 混合Π形等效模型

图 4.3.1　晶体管的结构示意图及混合 Π 形等效模型

间为线性关系，且与晶体管的工作频率无关。$\dot{I}_c$ 与 $\dot{U}_{b'e}$的相量关系表达为

$$\dot{I}_c = g_m \dot{U}_{b'e}$$

式中，g_m 称为 BJT 的跨导，当静态工作点确定后，跨导为常数。

4.3.2　双极结型晶体管混合 Π 形等效模型的主要参数

将混合 Π 形等效电路与简化的 H 参数等效电路相比较，它们的电阻参数是相同的。因此，在图 4.3.2 中，$r_{bb'} \approx (100-300)\Omega$，而

$$r_{b'e} = (1+\beta_0)\frac{U_T}{I_{EQ}}$$

式中，β_0 为低频段的电流放大系数，以区别于本章中讨论的 β。

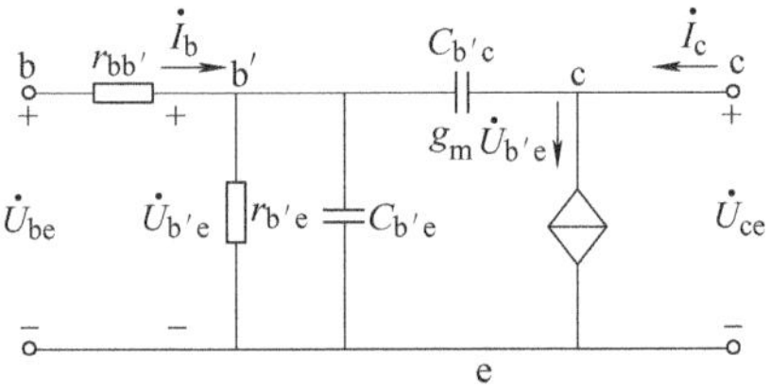

图 4.3.2　晶体管的高频混合 Π 形等效电路

低频时，晶体管的结电容很小，容抗很大，电容支路近似看作开路，这时混合 Π 形等效电路可用图 4.3.3a 所示电路等效。而晶体管的 H 参数等效电路，如图 4.3.3b 所示，和混合 Π 形等效电路表达同一晶体管，两者在低频时互相等效。β_0 和 g_m 均用来描述晶体管的输入量对输出量的控制关系，虽然受控电流的表述方法不同，但它

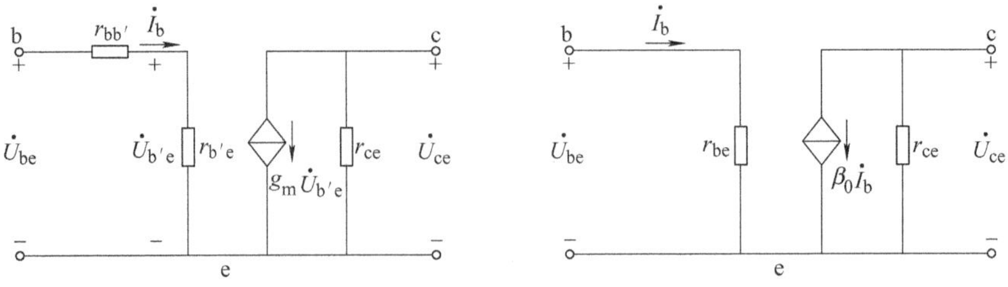

a) 低频时的混合Π形等效电路　　b) H参数等效电路

图 4.3.3　低频时晶体管的两种等效电路

们所表述的是同一个物理量，即有下式成立：

$$g_m \dot{U}_{b'e} = \beta_0 \dot{I}_b \tag{4.3.1}$$

在图 4.3.3a 中有 $\dot{U}_{b'e} = \dot{I}_b r_{b'e}$，代入式（4.3.1）得

$$g_m = \frac{\beta_0}{r_{b'e}} = \frac{\beta_0}{(1+\beta_0)\dfrac{U_T}{I_{EQ}}} \approx \frac{I_{EQ}}{U_T} \tag{4.3.2}$$

而发射结电容

$$C_{b'e} = \frac{g_m}{2\pi f_T} \tag{4.3.3}$$

式中，f_T 为 β 的单位增益频率，即随着频率的升高，β 的值逐渐降低，当 β 降为 1 时对应的频率为 f_T。

集电结电容 $C_{b'c}$ 可从手册中查出。至此，已讨论了图 4.3.2 所示晶体管的高频混合 Π 形等效电路中主要参数的求法。

4.3.3　双极结型晶体管电流放大系数 β 的频率响应

按照定义

$$\dot{\beta} = \left.\frac{\dot{I}_c}{\dot{I}_b}\right|_{\dot{U}_{ce}=0}$$

在图 4.3.2 所示电路中，令 $\dot{U}_{ce}=0$，即晶体管的集电极和发射极之间对交流短路，求集电极电流和基极电流的表达式。

在图 4.3.2 所示电路的节点 c，有电流平衡方程

$$\dot{I}_c = g_m \dot{U}_{b'e} - \dot{U}_{b'e} j\omega C_{b'c}$$

在图 4.3.2 所示电路的输入回路

$$\dot{U}_{b'e} = \dot{I}_b (r_{b'e} // 1/j\omega C_{b'e} // 1/j\omega C_{b'c})$$

将第二个方程代入第一个方程，消去 $\dot{U}_{be'}$，得到 $\dot{I}_c$ 和 $\dot{I}_b$ 之间的关系，整理得

$$\dot{\beta} = \left.\frac{\dot{I}_c}{\dot{I}_b}\right|_{\dot{U}_{ce}=0} = \frac{g_m - j\omega C_{b'c}}{1/r_{b'e} + j\omega(C_{b'e}+C_{b'c})}$$

由于 $g_m \gg \omega C_{b'c}$，所以分子上的第二项常可忽略。上式分子分母同时乘以 $r_{b'e}$，考虑到 $g_m r_{b'e} = \beta_0$，则有

$$\dot{\beta} \approx \frac{\beta_0}{1 + j\omega r_{b'e}(C_{b'e}+C_{b'c})} \tag{4.3.4}$$

令

$$f_\beta \approx \frac{1}{2\pi r_{b'e}(C_{b'e}+C_{b'c})} \tag{4.3.5}$$

称为 β 的共射截止频率。在该频率点上，β 下降为低频电流放大系数 β_0 的 0.707 倍，则

$$\dot{\beta} \approx \frac{\beta_0}{1+\mathrm{j}\left(\dfrac{f}{f_\beta}\right)} \tag{4.3.6}$$

为电流放大系数 β 的频率响应。其幅频响应和相频响应分别为

$$|\dot{\beta}| = \frac{\beta_0}{\sqrt{1+\left(\dfrac{f}{f_\beta}\right)^2}} \tag{4.3.7}$$

$$\varphi_\beta = -\arctan\left(\frac{f}{f_\beta}\right) \tag{4.3.8}$$

对比式（4.2.3）及其伯德图的特点，采用相同的方法，可以画出 β 的频率特性的伯德图，如图 4.3.4 所示。

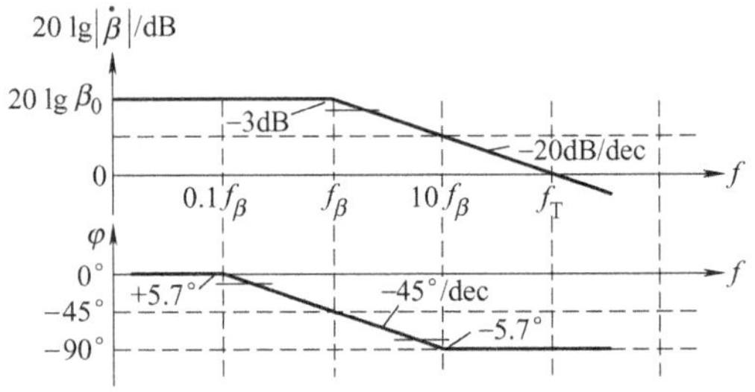

图 4.3.4　β 的频率特性

可见 β 的频率特性具有低通的特点，在 $f<f_\beta$ 的低频段，β 为常数 β_0，在 $f>f_\beta$ 的高频段，β 随频率的增大而减小，当频率增大到 f_T 时，$\beta=1$，即 0dB。此时，由于 $f_T \gg f_\beta$，因此

$$|\dot{\beta}| = \frac{\beta_0}{\sqrt{1+(f_T/f_\beta)^2}} \approx \frac{\beta_0}{\sqrt{(f_T/f_\beta)^2}} = \frac{\beta_0}{f_T} f_\beta = 1$$

$$f_T = \beta_0 f_\beta \tag{4.3.9}$$

将式（4.3.9）代入 f_β 的表达式（4.3.5），有

$$f_T = \frac{\beta_0}{2\pi(C_{b'e}+C_{b'c})r_{b'e}} = \frac{g_m}{2\pi(C_{b'e}+C_{b'c})} \tag{4.3.10}$$

由于 $C_{b'e} \gg C_{b'c}$，因此有

$$f_T \approx \frac{g_m}{2\pi C_{b'e}} \tag{4.3.11}$$

从以上分析可以看出，β 是频率的函数。即晶体管的集电极电流和基极电流比值的大小是频率的函数，同时两个电流之间的相位差也是频率的函数。

利用 $\dot{\beta}$ 的表达式，可以求出共基电流增益 $\dot{\alpha}$ 的截止频率

$$\dot{\alpha} = \frac{\dot{\beta}}{1+\dot{\beta}} = \frac{\dfrac{\beta_0}{1+\mathrm{j}\dfrac{f}{f_\beta}}}{1+\dfrac{\beta_0}{1+\mathrm{j}\dfrac{f}{f_\beta}}} = \frac{\beta_0}{1+\beta_0+\mathrm{j}\dfrac{f}{f_\beta}} = \frac{\dfrac{\beta_0}{1+\beta_0}}{1+\mathrm{j}\dfrac{f}{(1+\beta_0)f_\beta}} = \frac{\alpha_0}{1+\mathrm{j}\dfrac{f}{f_\alpha}}$$

式中

$$\alpha_0 = \frac{\beta_0}{1+\beta_0} \tag{4.3.12}$$

为低频时的 α 值

$$f_{\alpha}=(1+\beta_0)f_{\beta} \tag{4.3.13}$$

为 α 的上限截止频率，且有 $f_{\alpha}=(1+\beta_0)f_{\beta}\approx\beta_0 f_{\beta}=f_{\mathrm{T}}$。可见，晶体管共基极电流放大系数的上限截止频率远高于共射极电流放大系数的上限截止频率，因此共基极放大电路具有更大的带宽，可构成宽带放大电路。

4.3.4 双极结型晶体管混合 Π 形等效模型的简化

当双极结型晶体管组成共射极放大电路时，其简化的交流通路如图 4.3.5a 所示，该电路的高频等效电路如图 4.3.5b 所示。直接从该电路求电压放大倍数等交流参数时，由于 $C_{\mathrm{b'c}}$ 跨接在放大电路的输入和输出端之间，使得放大电路的分析变得比较复杂。为简化计算，常对上述电路作一些等效变换。混合 Π 形等效电路的简化处理主要是将 $C_{\mathrm{b'c}}$ 分别等效到输入回路和输出回路，称为单向化处理。等效变换的原则是，$C_{\mathrm{b'c}}$ 的移动不影响 b′节点和 c 节点的电流。

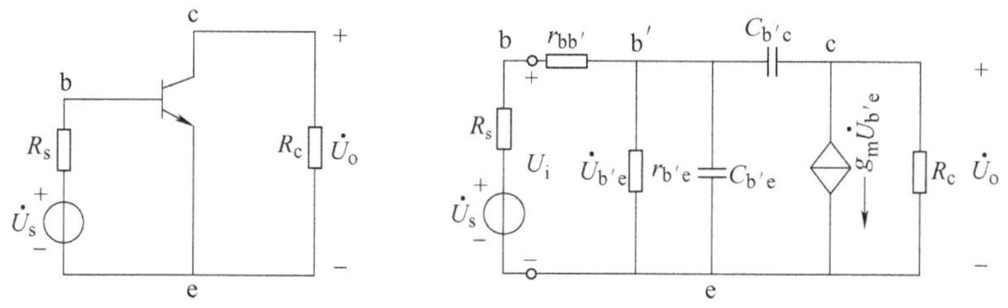

a) 共射极放大电路的交流通路　　b) 共射极放大电路的高频等效电路

图 4.3.5　共射极放大电路的高频等效电路

在图 4.3.5b 中，电容 $C_{\mathrm{b'c}}$ 中的电流可以写为

$$\dot{I}_{C_{\mathrm{b'c}}}=(\dot{U}_{\mathrm{b'e}}-\dot{U}_{\mathrm{ce}})\mathrm{j}\omega C_{\mathrm{b'c}}$$

定义

$$\dot{K}=\frac{\dot{U}_{\mathrm{ce}}}{\dot{U}_{\mathrm{b'e}}} \tag{4.3.14}$$

则

$$\dot{I}_{C_{\mathrm{b'c}}}=\dot{U}_{\mathrm{b'e}}(1-\dot{K})\mathrm{j}\omega C_{\mathrm{b'c}}$$

$$Z_{\mathrm{M}}=\frac{\dot{U}_{\mathrm{b'e}}}{\dot{I}_{C_{\mathrm{b'c}}}}=\frac{1}{\mathrm{j}\omega(1-\dot{K})C_{\mathrm{b'c}}} \tag{4.3.15}$$

从式（4.3.15）可以看出，当 $C_{\mathrm{b'c}}$ 支路的电流仍为 $\dot{I}_{C_{\mathrm{b'c}}}$，而其两端的电压为 $\dot{U}_{\mathrm{b'e}}$ 时，在 b′和 e 之间的等效电容为 $(1-\dot{K})C_{\mathrm{b'c}}$，记为

$$C_{\mathrm{M}}=(1-\dot{K})C_{\mathrm{b'c}} \tag{4.3.16}$$

$C_{\mathrm{b'c}}$ 等效到输入端的电容 C_{M}，和原有的电容 $C_{\mathrm{b'e}}$ 相并联，使输入回路的总电容为

$$C'_{\mathrm{b'e}}=C_{\mathrm{b'e}}+C_{\mathrm{M}} \tag{4.3.17}$$

用同样的方法，求得 $C_{\mathrm{b'c}}$ 在输出端的等效值为

$$C'_{\mathrm{b'c}}=\frac{\dot{K}-1}{\dot{K}}C_{\mathrm{b'c}}$$

该电容并联在 c、e 之间，由于一般情况下 $C'_{b'c}$ 的容抗远大于 R_c 的阻值，因此近似分析中，该电容支路常可看作开路。由此，可得到简化的混合 Π 形等效电路，如图 4.3.6 所示，该电路广泛应用在放大电路的高频分析中。

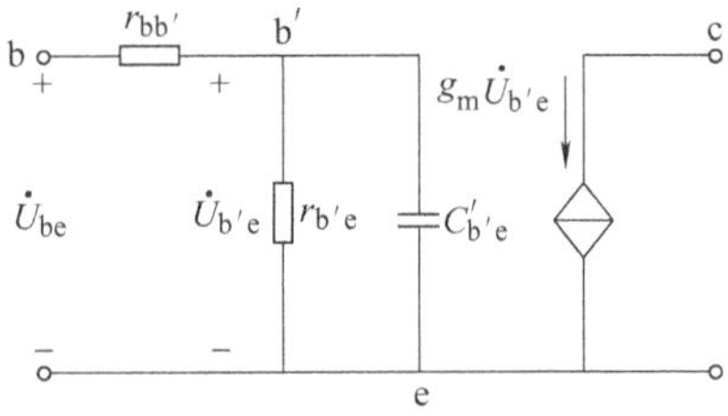

图 4.3.6　简化的混合 Π 形等效电路

式（4.3.14）定义的 $\dot{K}$ 可近似估算如下。在图 4.3.5b 所示电路的节点 c，电容 $C'_{b'c}$ 中的电流相比 $g_m\dot{U}_{b'e}$ 较小，可以忽略，因此有

$$\dot{K}=\frac{\dot{U}_{ce}}{\dot{U}_{b'e}}\approx\frac{-R_c g_m\dot{U}_{b'e}}{\dot{U}_{b'e}}=-g_m R_c \tag{4.3.18}$$

所以

$$C_M=(1+g_m R_c)C_{b'c} \tag{4.3.19}$$

由于 $|1+g_m R_c|\gg1$，使 C_M 远大于原电容 $C_{b'c}$ 的值，此现象称为密勒（Miller）效应，C_M 称为密勒电容。

若图 4.3.5 电路外接负载 R_L，则 $K'=-g_m(R_C /\!/ R_L)=-g_m R'_L$。

4.4　场效应晶体管的高频小信号模型

以共源极接法为例，与低频小信号等效电路比较，场效应晶体管的高频小信号等效电路需要考虑沟道的电容效应，如图 4.4.1b 所示。

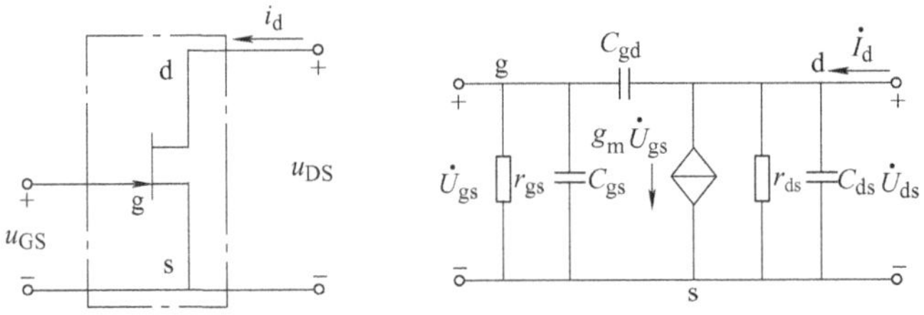

a) 共源极接法的场效应晶体管　　b) 场效应晶体管的高频小信号模型

图 4.4.1　场效应晶体管的高频小信号等效电路

按照同样的思路，将 C_{gd} 分别折算到输入回路和输出回路。折算到输入回路的等效电容为 $(1-\dot{K})C_{gd}$。所以，输入回路的总电容为

$$C'_{gs}=C_{gs}+(1-\dot{K})C_{gd} \tag{4.4.1}$$

式中，$\dot{K}=-g_m R_c$。

输出回路的总等效电容为

$$C'_{ds}=C_{ds}+\frac{\dot{K}-1}{\dot{K}}C_{gd}$$

由于输出回路的时间常数远小于输入回路的时间常数，因此在频率特性分析中常忽略输出回路电容的影响，得到简化的场效应晶体管的高频等效电路，如图 4.4.2 所示。

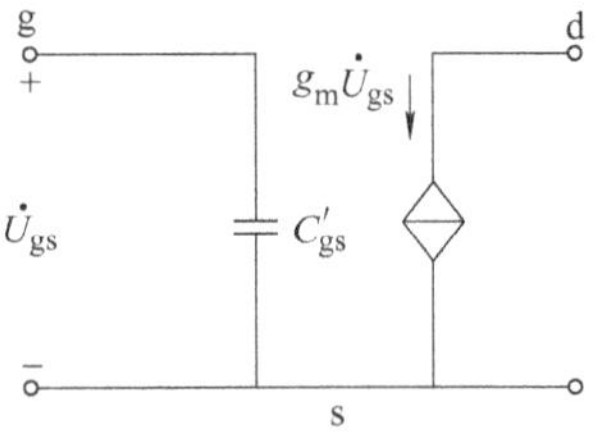

图 4.4.2　简化的场效应晶体管高频等效电路

4.5 单级放大电路的频率响应

本节以图 4.5.1 所示输出含耦合电容的共射极放大电路为例，分析放大电路的频率响应。考虑耦合电容和器件结电容的影响，画出该电路在全频段的小信号等效电路，如图 4.5.2 所示。为了简化计算，下面在中频、高频和低频三个频段上分别求该电路的电压增益。

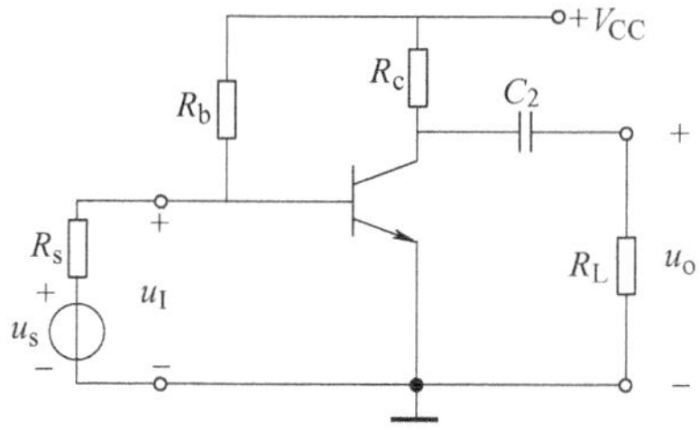

图 4.5.1 考虑输出含耦合电容的共射极放大电路

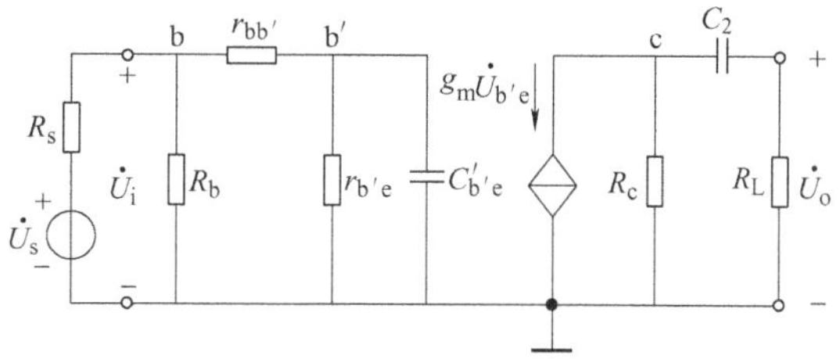

图 4.5.2 全频段的小信号等效电路

4.5.1 单级放大电路的中频响应

在中频段，耦合电容可以近似看作短路，结电容可以近似看作开路，则中频小信号等效电路如图 4.5.3 所示。

图 4.5.3 所示电路中，输出对输入的电压增益

$$\dot{A}_{um}=\frac{\dot{U}_o}{\dot{U}_i}=\frac{\dot{U}_{b'e}}{\dot{U}_i}\frac{\dot{U}_o}{\dot{U}_{b'e}}=\frac{r_{b'e}}{r_{bb'}+r_{b'e}}(-g_mR'_L) \tag{4.5.1}$$

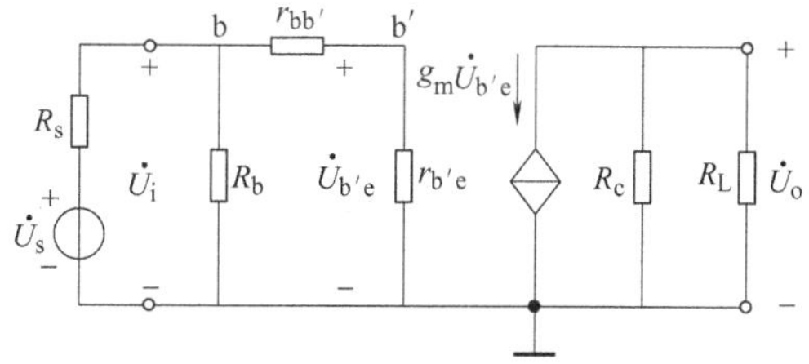

图 4.5.3 中频小信号等效电路

其中，下标“m”表示为中频段的电压增益。

式（4.5.1）中，$r_{b'e}g_m=\beta_0$，β_0 为中频电流放大系数。因此式（4.5.1）可写为

$$\dot{A}_{um}=-\frac{\beta_0R'_L}{r_{be}}$$

该式与第 2 章得到的式（2.4.13）相同。

输出对信号源的电压增益为

$$\dot{A}_{usm}=\frac{\dot{U}_o}{\dot{U}_s}=\frac{\dot{U}_i}{\dot{U}_s}\frac{\dot{U}_o}{\dot{U}_i}=\frac{R_i}{R_i+R_s}\dot{A}_{um}=\frac{R_i}{R_i+R_s}\frac{r_{b'e}}{r_{bb'}+r_{b'e}}(-g_mR'_L) \tag{4.5.2}$$

式中，R_i 为图 4.5.3 所示电路的输入电阻，$R_i=R_b//(r_{bb'}+r_{b'e})$。

当负载 R_L 开路时

$$\dot{A}_{usm}=\frac{\dot{U}_o}{\dot{U}_s}=\frac{\dot{U}_i}{\dot{U}_s}\frac{\dot{U}_o}{\dot{U}_i}=\frac{R_i}{R_i+R_s}\dot{A}_{um}=\frac{R_i}{R_i+R_s}\frac{r_{b'e}}{r_{bb'}+r_{b'e}}(-g_mR_c) \tag{4.5.3}$$

4.5.2 单级放大电路的高频响应

在高频段，电路的工作频率比中频段更高，耦合电容仍可近似看作短路，但结电容的影响不能忽略，则高频小信号等效电路如图 4.5.4 所示。

先求 b′e 往左看的有源二端网络的戴维南等效电路，如图 4.5.5 所示。b′e 两端的开路电压

$$\dot{U}_s' = \frac{r_{b'e}}{r_{be}}\dot{U}_i = \frac{r_{b'e}}{r_{bb'}+r_{b'e}}\frac{R_i}{R_s+R_i}\dot{U}_s$$

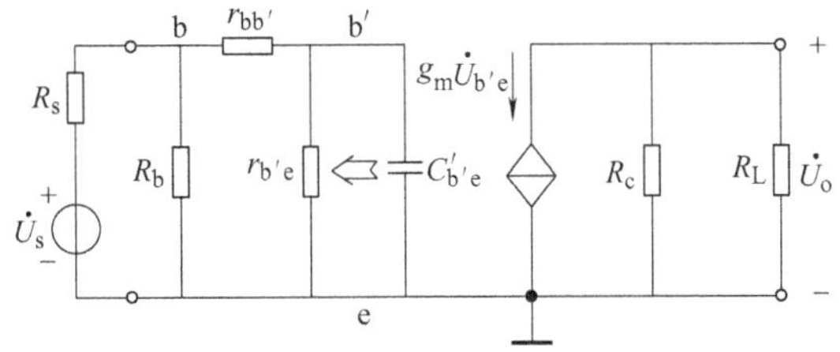

图 4.5.4 高频小信号等效电路

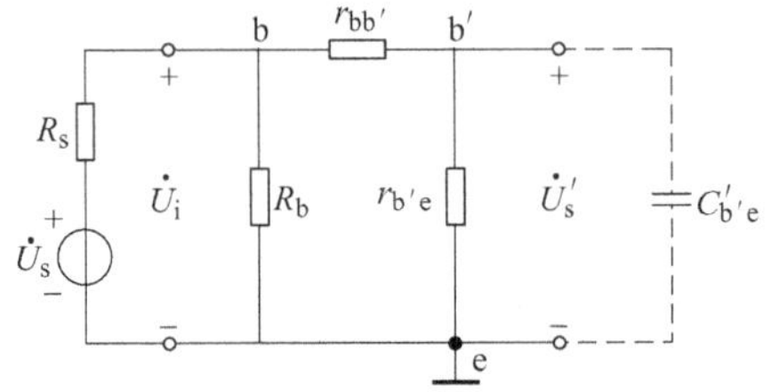

图 4.5.5 有源二端网络的戴维南等效电路

从 b′e 看进去的电阻

$$R = (R_s // R_b + r_{bb'}) // r_{b'e} \qquad (4.5.4)$$

则简化的高频小信号等效电路如图 4.5.6 所示。

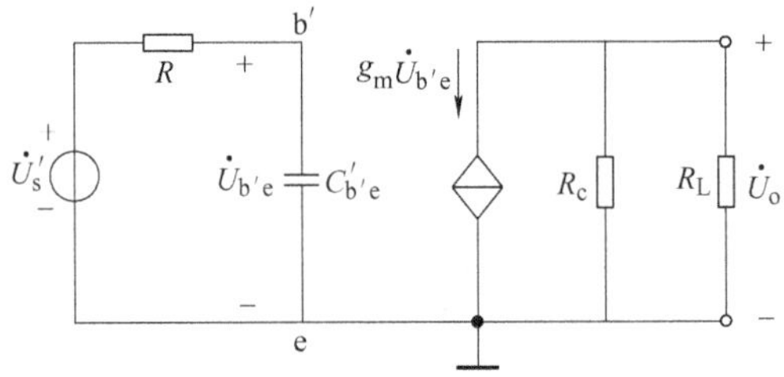

图 4.5.6 简化的高频小信号等效电路

由图 4.5.6 有

$$\frac{\dot{U}_{b'e}}{\dot{U}_s'} = \frac{1}{1+j\omega RC_{b'e}'}$$

则

$$\dot{A}_{ush} = \frac{\dot{U}_o}{\dot{U}_s} = \frac{\dot{U}_s'}{\dot{U}_s}\frac{\dot{U}_{b'e}}{\dot{U}_s'}\frac{\dot{U}_o}{\dot{U}_{b'e}} = \frac{R_i}{R_i+R_s}\frac{r_{b'e}}{r_{bb'}+r_{b'e}}\frac{1}{1+j\omega RC_{b'e}'}(-g_m R_L') \qquad (4.5.5)$$

对比式（4.5.2）的中频响应的表达式，有

$$\dot{A}_{ush} = \frac{1}{1+j\omega RC_{b'e}'}\dot{A}_{usm} \qquad (4.5.6)$$

图 4.5.6 所示电路的输入阻容回路的时间常数为 $\tau = RC_{b'e}'$。定义

$$\omega_H = \frac{1}{\tau} = \frac{1}{RC_{b'e}'}$$

则

$$f_H = \frac{1}{2\pi RC_{b'e}'} \qquad (4.5.7)$$

为放大电路的上限截止频率，由图 4.5.6 所示输入阻容回路的时间常数决定。则

$$\dot{A}_{ush}(j\omega) = \dot{A}_{usm}\frac{1}{1+j\dfrac{\omega}{\omega_H}} = \dot{A}_{usm}\frac{1}{1+j\dfrac{f}{f_H}} \qquad (4.5.8)$$

为图 4.5.1 所示共射极放大电路的高频响应。由于 $\dot{A}_{usm}$ 是与频率无关的常数，对比式(4.2.3)可以看出，共射极放大电路的高频响应具有低通的特点，其伯德图如图 4.5.7 所示。

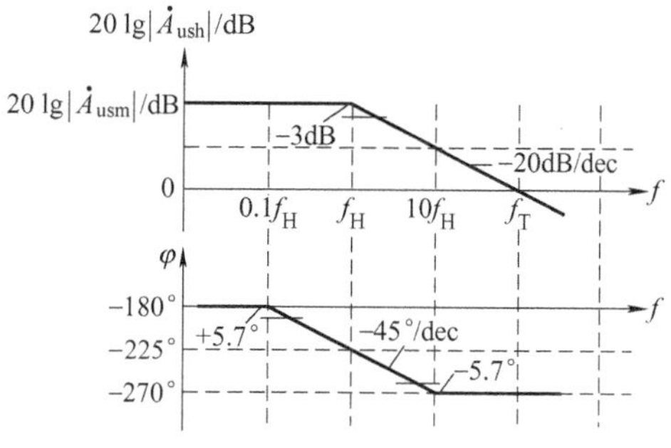

图 4.5.7　共射极放大电路的伯德图

在图 4.5.7 所示的频率特性上，当 $f<f_H$ 时，增益为常数，等于中频增益值，相移由中频增益决定，对共射极放大电路，输出和输入电压之间的相位差为-180°。

当 $f>f_H$ 时，增益随着频率的增大而减小，电压增益为频率的函数。$\dfrac{1}{1+j\dfrac{f}{f_H}}$部分产生的相移在-90°～0°之间变化，和中频段-180°的相移叠加，使 $f>f_H$ 时，输出和输入电压之间的相位差在-270°～-180°之间变化。

4.5.3　单级放大电路的低频响应

在低频段，结电容可近似看作开路，耦合电容的影响不能忽略，则图 4.5.1 所示共射极放大电路在低频段的等效电路如图 4.5.8 所示。将图中受控电流源与 R_c 的并联转化为受控电压源与 R_c 的串联，如图 4.5.9 所示。其中

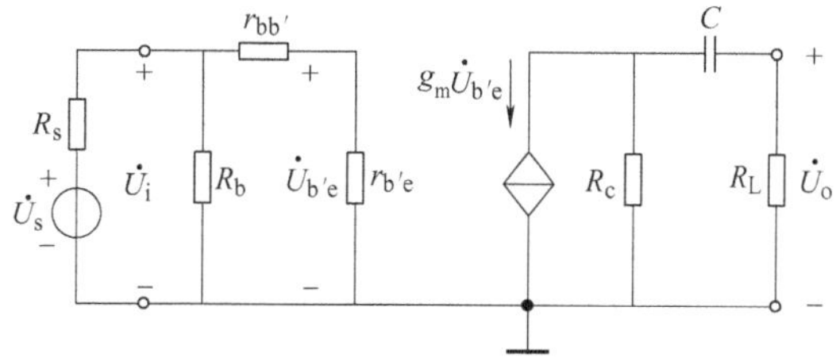

图 4.5.8　低频小信号等效电路

$$\dot{U}'_o=-g_m\dot{U}_{b'e}R_c$$

此电压也是图 4.5.8 所示电路中，C 和 R_L 支路断开后电路的输出电压，其与信号源电压的增益为

$$\frac{\dot{U}'_o}{\dot{U}_s}=\frac{R_i}{R_i+R_s}\frac{r_{b'e}}{r_{bb'}+r_{b'e}}(-g_mR_c)$$

则

$$\dot{A}_{usl}=\frac{\dot{U}_o}{\dot{U}_s}=\frac{\dot{U}'_o}{\dot{U}_s}\frac{\dot{U}_o}{\dot{U}'_o}=\frac{R_i}{R_i+R_s}\frac{r_{b'e}}{r_{bb'}+r_{b'e}}(-g_mR_c)\frac{R_L}{R_c+\dfrac{1}{j\omega C_2}+R_L}$$

$$=\frac{R_i}{R_i+R_s}\frac{r_{b'e}}{r_{bb'}+r_{b'e}}[-g_m(R_c//R_L)]\frac{j\omega(R_c+R_L)C_2}{1+j\omega(R_c+R_L)C_2}=\dot{A}_{usm}\frac{1}{1+\dfrac{1}{j\omega(R_c+R_L)C_2}}$$

则低频响应为

$$\dot{A}_{usl}=\dot{A}_{usm}\frac{1}{1+\dfrac{1}{j\omega(R_c+R_L)C_2}}$$

式中

$$\dot{A}_{usm}=\frac{R_i}{R_i+R_s}\frac{r_{b'e}}{r_{bb'}+r_{b'e}}(-g_m R_L')$$

为接入负载 R_L 时的中频电压增益。

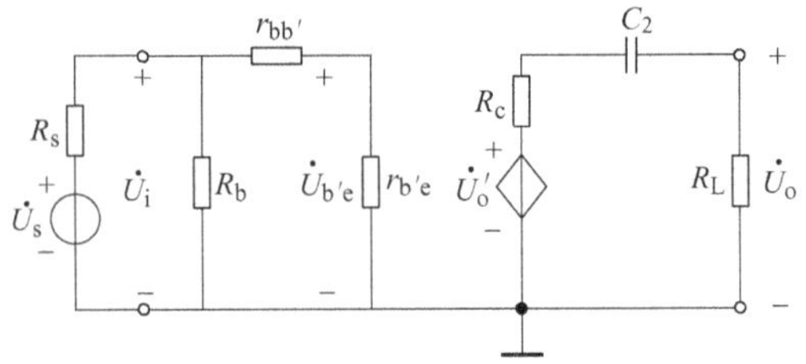

图 4.5.9　变换后的低频小信号等效电路

图 4.5.9 所示输出阻容回路的时间常数 $\tau=(R_c+R_L)C_2$，定义

$$\omega_L=\frac{1}{\tau}=\frac{1}{(R_c+R_L)C_2}$$

则

$$f_L=\frac{1}{2\pi(R_c+R_L)C_2} \tag{4.5.9}$$

为放大电路的下限截止频率，由图 4.5.9 所示输出阻容回路的时间常数决定。则

$$\dot{A}_{usl}(j\omega)=\frac{1}{1+\dfrac{\omega_L}{j\omega}}\dot{A}_{usm}=\frac{1}{1-j\dfrac{f_L}{f}}\dot{A}_{usm} \tag{4.5.10}$$

为图 4.5.1 所示共射极放大电路的低频响应。

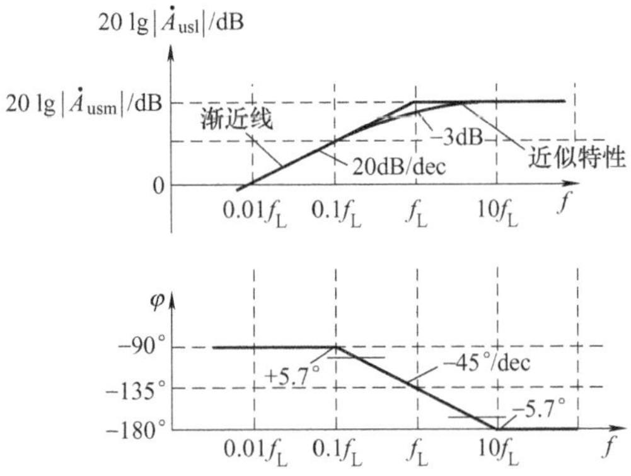

图 4.5.10　共射极放大电路的伯德图

由于 $\dot{A}_{usm}$ 是与频率无关的常数，因此对比式（4.2.8）可以看出，共射极放大电路的低频响应具有高通的特点，其伯德图如图 4.5.10 所示。当 $f>f_L$ 时，增益为常数，等于中频增益值，相移由中频增益 $\dot{A}_{usm}$ 决定，对共射极放大电路，输出和输入电压之间的相位差为−180°；当 $f<f_L$ 时，增益随着频率的降低而减小，$\dfrac{1}{1-j\dfrac{f_L}{f}}$部分产生的相移在 90°～0°之间变化，和中频段−180°的相移叠加，使 $f<f_L$ 时，输出和输入电压之间的相位差在 −90°～180°之间变化。

如果图 4.5.1 电路中考虑输入回路的耦合电容 C_1，如图 4.5.11 所示，则由 C_1 及所在回路时间常数会产生另外一个下限截止频率。图 4.5.11 的低频等效电路如图 4.5.12 所示。

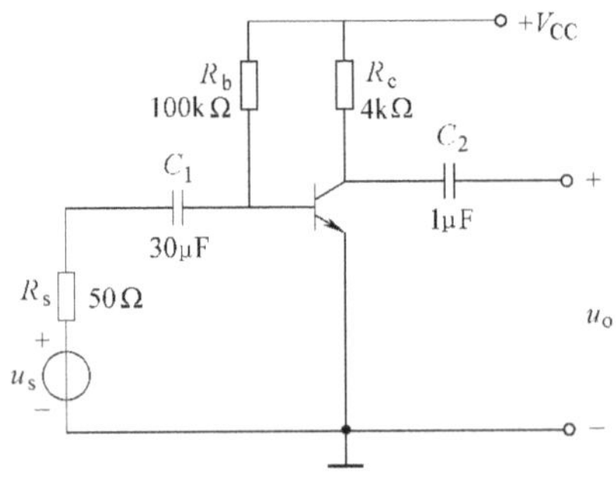

图 4.5.11　考虑 C_1、C_2 的共射放大电路

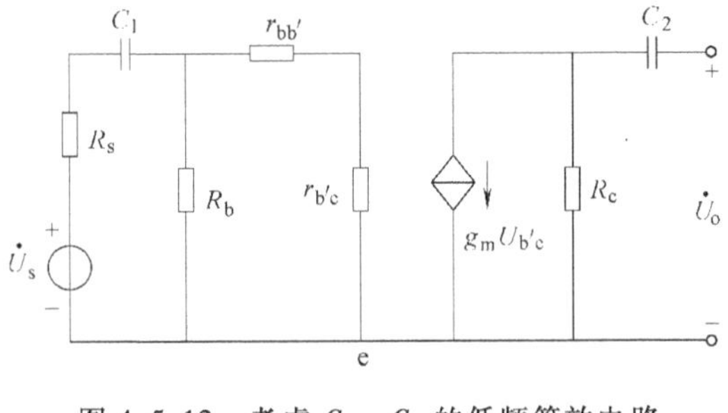

图 4.5.12　考虑 C_1、C_2 的低频等效电路

放大电路的输入电阻 $R_i = R_b//(r_{bb'}+r_{b'e}) = R_b//r_{be} = r_{be}$，则 C_1 所在回路的时间常数 $\tau = (R_i+R_s)C_1$，对应的下限截止频率为

$$f'_{L1} = \frac{1}{2\pi\tau} = \frac{1}{2\pi(R_i+R_s)C_1} \tag{4.5.11}$$

如果共射放大电路中存在射极电阻和射极旁路电容，如图 4.5.13 所示，由于 $R_b = R_{b1}//R_{b2}$，其值较大，当并联在输入回路中时，其作用可以忽略不计。

另外，由于射极旁路电容 C_e 的值足够大，在信号频率范围内有 $\frac{1}{\omega C_e} << R_e$，则在射极电路中，$R_e$ 和 C_e 并联，R_e 的作用可以忽略，射极回路只剩下 C_e，其低频等效电路如图 4.5.14 所示。将 C_e 折合到输入回路，折合的原则是折合前后其上的电压不变。由于

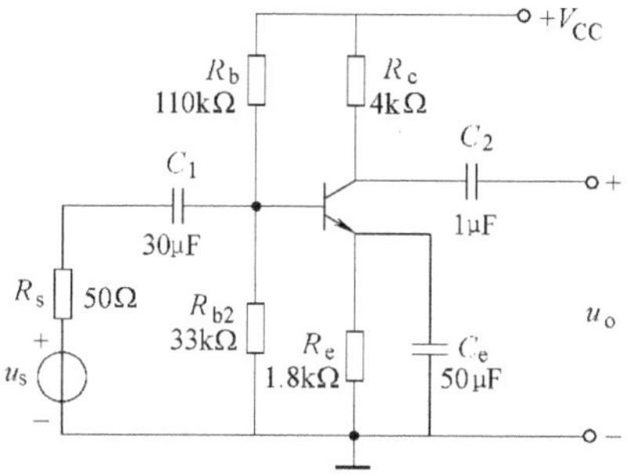

图 4.5.13 存在射极电阻和射极旁路电容的共射极放大电路

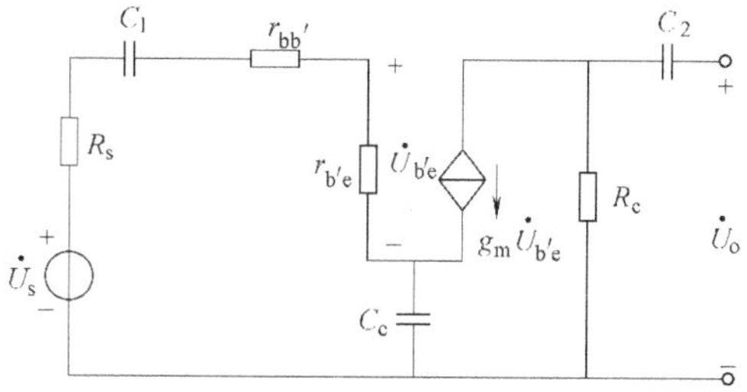

图 4.5.14 图 4.5.13 的近似低频等效电路

$$\dot{U}_{ce} = \frac{1}{j\omega C_e}\dot{I}_e = \frac{(1+\beta)\dot{I}_b}{j\omega C_e} = \frac{\dot{I}_b}{j\omega \frac{C_e}{1+\beta}}$$

当 C_e 折合到输入回路，其上电流为 $\dot{I}_b$ 时，等价的电容为 $\frac{C_e}{1+\beta}$ 。

若只考虑 C_e，则 $\tau = (R_i+R_s)\frac{C_e}{1+\beta}$，$C_e$ 决定的一个下限截止频率为

$$f''_{L1} = \frac{1}{2\pi(R_s+r_{be})\frac{C_e}{1+\beta}} \tag{4.5.12}$$

若同时考虑 C_1 和 C_e，则基极回路的总电容为 C_1 和 $\frac{C_e}{1+\beta}$ 的串联，总电容 C'_1 按下式计算：

$$\frac{1}{C'_1} = \frac{1}{C_1} + \frac{1+\beta}{C_e}$$

$$C'_1 = \frac{C_1 C_e}{(1+\beta)C_1 + C_e}$$

则由此决定的下限截止频率为

$$f'''_{L1}=\frac{1}{2\pi(R_s+r_{be})C'_1}$$

单独考虑 C_1 和 C_e，求出 f'_{L1} 和 f''_{L1} 时，一般由频率值较大，即时间常数较小者，作为输入回路的下限截止频率。记输入回路决定的下限截止频率为 f_{L1}。

输出回路的电阻与电容决定另一个下限截止频率，即为式（4.5.9），此处记作 f_{L2}。

$$f_{L2}=\frac{1}{2\pi(R_C+R_L)C_2}$$

则电路的低频响应可写为

$$\dot{A}_{usl}=\dot{A}_{usm}\frac{1}{1-j\dfrac{f_{L1}}{f}}\frac{1}{1-j\dfrac{f_{L2}}{f}}$$

若两个截止频率的比值在 4 倍以上，则可取较大的值作为放大电路的下限截止频率。作为一个实例，若图 4.5.13 电路中，$\beta=80$，$r_{be}=2\text{k}\Omega$，其余参量如图所示。同时考虑 C_1 和 C_e，则 $C'_1=0.6\mu\text{F}$，$f_{L1}=129\text{Hz}$，C_2 决定的下限截止频率 $f_{L2}=23.7\text{Hz}$。可见 $f_{L1}\gg f_{L2}$。其比值在 4 倍以上，则电路的下限截止频率为 $f_L=f_{L1}=129\text{Hz}$。

4.5.4　单级放大电路的频率响应

在频率为零到无穷大的全频段上，放大电路的频率响应是上述中频、高频和低频响应的组合，即单级放大电路电压增益的频率响应的表达式为

$$\dot{A}_{us}(j\omega)=\frac{1}{\left(1+j\dfrac{f}{f_H}\right)\left(1-j\dfrac{f_L}{f}\right)}\dot{A}_{usm} \tag{4.5.13}$$

对具体电路分别求出中频电压增益，以及上限截止频率 f_H 和下限截止频率 f_L，按照式（4.5.13）就可写出电路的频率响应。其上限截止频率 f_H 主要由结电容所在阻容回路的时间常数决定，下限截止频率 f_L 主要由耦合电容和射极旁路电容所在阻容回路的时间常数决定。其时间常数为从电容两端看进去的总的等效电阻和电容之积。式（4.5.13）的伯德图可用与前述相同的方法画出。对幅频特性，在 $f_L<f<f_H$ 的频段，画出幅度为 $20\lg|\dot{A}_{usm}|$ 的直线，当频率增大到 f_H 时，该直线改变为 −20dB/dec 的斜线；当频率减小到 f_L 时，该直线改变为+20dB/dec 的斜线，由此得到近似的幅频特性。

在作相频特性时，分别画出 $\dot{A}_{usm}$、$\dfrac{1}{1+j\dfrac{f}{f_H}}$ 和 $\dfrac{1}{1-j\dfrac{f_L}{f}}$ 的相位特性，然后直接相加即可。

按照上述方法，得到式（4.5.13）的伯德图如图 4.5.15 所示。由于中频段有 −180°

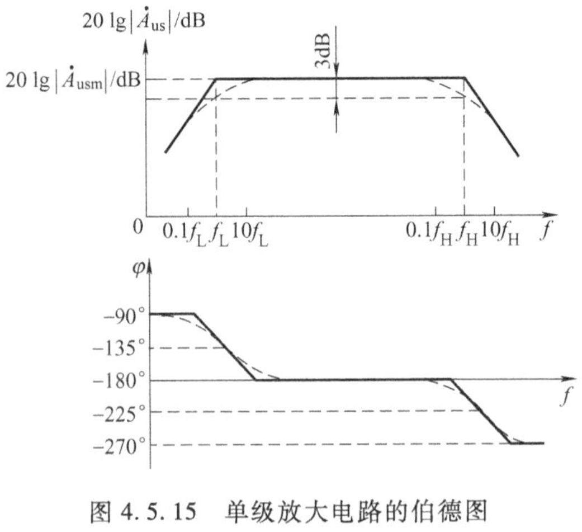

图 4.5.15　单级放大电路的伯德图

的相移，因此低频段的最大相移为-90°，而高频段的最大相移为-270°。

当有多个阻容回路时，将有多个 f_L 和 f_H。例如，在图 4.5.1 所示共射极放大电路中，如果同时需要考虑输入耦合电容和输出耦合电容的影响，将有两个 f_L，输出耦合电容和输出回路的电阻决定 f_{L1}，输入耦合电容和输入回路的电阻决定 f_{L2}，则放大电路的频率响应为

$$\dot{A}_{us}(j\omega)=\frac{1}{\left(1+j\frac{f}{f_H}\right)\left(1-j\frac{f_{L1}}{f}\right)\left(1-j\frac{f_{L2}}{f}\right)}\dot{A}_{usm}$$

【例 4.5.1】 场效应晶体管构成的基本共源极放大电路如图 4.5.16 所示，电路中的电阻、电容参数以及场效应晶体管的 g_m 和极间电容为已知。求该电路的频率响应表达式，并画出伯德图。

解： 1）求中频响应：首先画出电路的中频小信号等效电路，如图 4.5.17 所示。再写出放大电路的中频增益，$\dot{A}_{um}=-g_m(R_d//R_L)=-g_mR'_L$。

2）求高频响应：参考图 4.4.2 所示场效应晶体管的高频等效电路，画出图 4.5.16 所示电路的高频小信号等效电路，如图 4.5.18 所示。

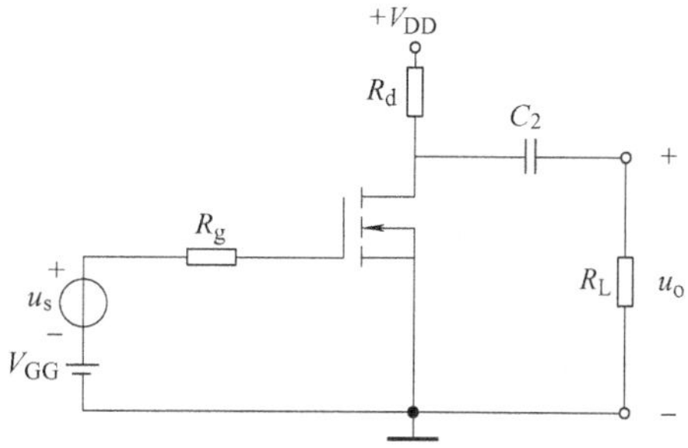

图 4.5.16　共源极放大电路

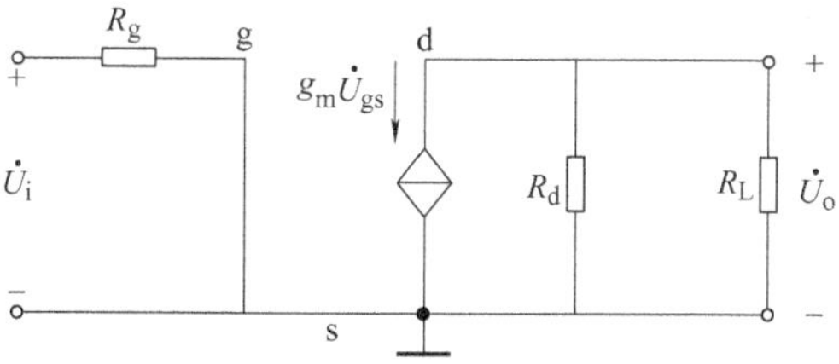

图 4.5.17　中频小信号等效电路

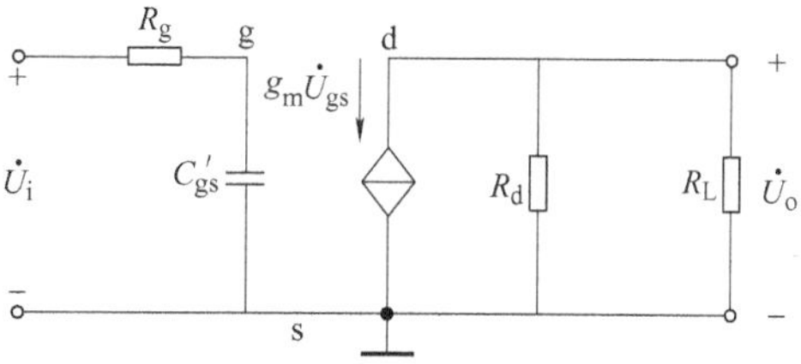

图 4.5.18　高频小信号等效电路

在此基础上，求放大电路的高频响应。由于 C'_{gs}所在回路的时间常数 $\tau=R_{gs}C'_{gs}$，上限截止频率由该时间常数决定，为

$$f_H=\frac{1}{2\pi R_{gs}C'_{gs}}$$

则电路的高频响应为

$$\dot{A}_{uh}(j\omega)=\frac{1}{\left(1+j\frac{f}{f_H}\right)}\dot{A}_{um}=-g_mR'_L\frac{1}{\left(1+j\frac{f}{f_H}\right)}$$

3）求低频响应：考虑耦合电容，画出图 4.5.16 所示电路的低频小信号等效电路，如图 4.5.19 所示。图中，C_2 所在回路的时间常数为

$$\tau=(R_d+R_L)C_2$$

下限截止频率由该时间常数决定，为

$$f_L=\frac{1}{2\pi(R_d+R_L)C_2}$$

电路的低频响应为

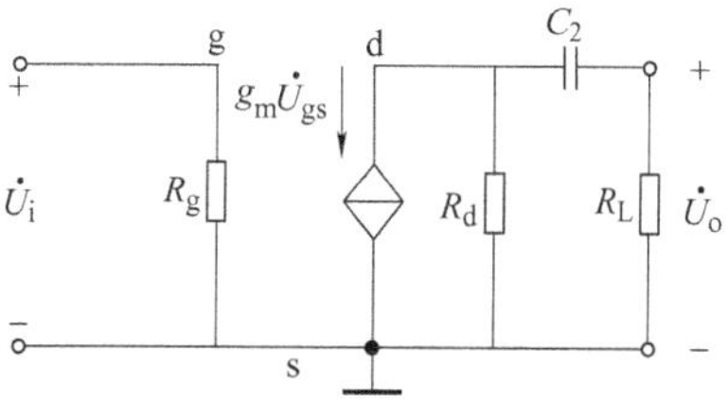

图 4.5.19　低频小信号等效电路

$$\dot{A}_{u}(j\omega)=\frac{1}{\left(1-j\dfrac{f_L}{f}\right)}\dot{A}_{um}=-g_m R_L'\frac{1}{\left(1+j\dfrac{f_L}{f}\right)}$$

综上，图 4.5.16 所示共源极放大电路的频率响应为

$$\dot{A}_{u}(j\omega)=\frac{1}{\left(1+j\dfrac{f}{f_H}\right)\left(1-j\dfrac{f_L}{f}\right)}\dot{A}_{um}=-g_m R_L'\frac{1}{\left(1+j\dfrac{f}{f_H}\right)\left(1-j\dfrac{f_L}{f}\right)}$$

4）画伯德图，与图 4.5.15 相似，此处从略。

4.5.5　放大电路频率响应的改善和增益带宽积

1. 对放大电路频率响应的要求

只有在通频带的范围内，放大电路的电压放大倍数才有近似不变的幅值和相位，才能对不同频率信号进行同样的放大。在通频带以外，放大电路对不同频率信号的放大效果是不同的。因此，如果输入信号包含通频带以外的频率分量，输出信号就不能完全复现输入信号的波形而产生失真，这种失真叫作“频率失真”。频率失真又可分为“幅值失真”和“相位失真”。由于对不同频率的信号，电压放大倍数的幅值不同，有的频率分量放大较多，有的较少，有的甚至不通过。因此在输出信号中，不同频率分量的相对幅值发生变化，由此产生的失真叫“幅值失真”。又由于放大电路对信号的不同频率分量产生的相移不同，因此在输出信号中不同频率分量的相位关系将发生变化，由此产生的波形失真叫作“相位失真”。相位失真严重时，输出信号会面目全非，所以它的影响是比较大的。

为了减少频率失真，必须对放大电路的频率响应提出要求。很明显，为了实现不失真的放大，放大电路的通频带应该覆盖输入信号的整个频率范围。换言之，放大电路的 f_L 要低于输入信号中的最低频率分量，而 f_H 要高于输入信号中的最高频率分量。当然，放大电路的通频带也不能太宽，因为外界的“干扰”和内部的“噪声”往往是高频的，放大电路通频带越宽，它受干扰和噪声的影响也越大。

2. 放大电路频率响应的改善

放大电路频率响应的改善主要是减小 f_L，提高 f_H，以扩展放大电路的通频带。

（1）减小 f_L，以改善低频响应。由式（4.5.9）、式（4.5.11）、式（4.5.12）看出，为此应使耦合电容 C_2（或 C_1 或射极旁路电容 C_e）所在回路的时间常数变大。一方面应使 C_2 的容量加大，另一方面应使相应的回路电阻加大。但是这种改善是有限的，最好是去掉耦合电容而改用直接耦合的方式。此时，放大电路的 f_L 接近零，即使对直流或变化十分缓慢的信号也能有同样的放大倍数。

（2）增大 f_H，以改善高频响应。由式（4.5.7）看出，为此应使 $C_{b'e}'$ 所在回路的电阻 R 小一些。一方面从式（4.5.4）看出，如果 $R_s=0$，并且选取 $r_{bb'}$ 小的管子，则 R 变小。另一方面 $C_{b'e}'=C_{b'e}+(1+K)C_{b'c}$，而且在一般情况下，$(1+K)C_{b'c}\gg C_{b'c}$。因此，要使 $C_{b'e}$ 小，不仅应选用特征频率 f_T 高、$C_{b'c}$ 小的高频管，还要减小 $g_m R_L'$。但是，减小 $g_m R_L'$ 会使放大电路的 $\dot{A}_{usm}$ 下降。可见扩展频带和提高电压放大倍数是有矛盾的。

在下一章中将要介绍，在放大电路中引入“负反馈”，可以扩大放大电路的通频带，这也是常用的改善放大电路频率响应的方法之一。

3. 放大电路的增益带宽积

上面提到了扩展放大电路的通频带和提高电压放大倍数之间的矛盾。在实际应用中，应根据具体指标，对两方进行综合考虑，并用一个综合指标——增益带宽积（Gain Bandwidth Product，GBP）来衡量，它是中频电压放大倍数 $|\dot{A}_{usm}|$ 与通频带 $f_{bw}(\approx f_H)$ 的乘积。下面导出它的表达式。

因为 $R_i=R_b//(r_{bb'}+r_{b'e})\approx r_{bb'}+r_{b'e}$，所以中频增益的表达式（4.5.2）可近似为

$$\dot{A}_{usm}\approx\frac{r_{b'e}}{R_S+r_{bb'}+r_{b'e}}g_mR'_L$$

由上限截止频率的表达式（4.5.7）可写出

$$f_H=\frac{1}{2\pi RC'_{b'e}}=2\pi\frac{r_{b'e}(R'_S+r_{bb'})}{r_{b'e}+(R'_S+r_{bb'})}[C_{b'e}+(1+g_mR'_L)C_{b'c}]$$

因为 $R_b\gg R_S$，$R'_S=R_b//R_S\approx R_S$，又有 $C'_{b'e}\approx g_mR'_LC_{b'c}$，所以

$$f_H\approx\left[2\pi\frac{r_{b'e}(R_S+r_{bb'})}{R_S+r_{bb'}+r_{b'e}}g_mR'_LC_{b'c}\right]^{-1}$$

增益带宽积为

$$\dot{A}_{usm}f_H\approx\frac{r_{b'e}}{R_S+r_{bb'}+r_{b'e}}g_mR'_L\left[2\pi\frac{r_{b'e}(R_S+r_{bb'})}{R_S+r_{bb'}+r_{b'e}}g_mR'_LC_{b'c}\right]^{-1}=\frac{1}{2\pi(R_S+r_{bb'})C_{b'c}}\tag{4.5.14}$$

上式虽不算严格，但指出了一个重要的事实和概念：当管子和信号源选定后，放大电路的 GBP 就大体固定了，即放大电路的增益带宽积为一常数。如果要扩大通频带，则电压放大倍数基本上就有同等程度的减小。

由上述结论可以推断：共集放大电路（射极输出器）的上限截止频率 f_H 要比共射放大电路高 1~2 个数量级，因为共集放大电路的 $\dot{A}_u\approx1$，比共射放大电路低 1~2 个数量级。

由式（4.5.14）可知，既要使放大电路的通频带宽，又要使它的电压放大倍数高，则应选用 $C_{b'c}$ 和 $r_{bb'}$ 都很小的高频管。

4.6 多级放大电路的频率响应

多级放大电路由前述的多个单级放大电路级联而成，其总的电压增益等于各级电压增益的乘积。需注意的是，多级放大电路的前级电路相当于后级的信号源，后级相当于前级的负载；而求电路的上限和下限截止频率时，在高频和低频等效电路中有多个阻容回路。多级放大电路频率响应的上限截止频率低于任何单级放大电路的上限截止频率；其下限截止频率高于任何单级放大电路的下限截止频率。设 n 级放大电路中，各级的上限截止频率为 f_{Hk}，下限截止频率为 f_{Lk}，则多级级联后的上限截止频率 f_H 和下限截止频率 f_L 满足

$$f_H<f_{Hk}\tag{4.6.1}$$

$$f_L>f_{Lk}\tag{4.6.2}$$

一般 n 级级联以后的下限截止频率

$$f_{\mathrm{L}} \approx \sqrt{\sum_{k=1}^{n} f_{\mathrm{L}k}^{2}} \quad k=1,2,\cdots,n \tag{4.6.3}$$

多级级联以后的上限截止频率满足

$$\frac{1}{f_{\mathrm{H}}} \approx \sqrt{\sum_{k=1}^{n} \frac{1}{f_{\mathrm{H}k}^{2}}} \quad k=1,2,\cdots,n \tag{4.6.4}$$

设一个 n 级放大电路中，各级的电压增益为 $\dot{A}_{\mathrm{u1}}$，$\dot{A}_{\mathrm{u2}}$，…，$\dot{A}_{\mathrm{u}n}$，则 n 级放大电路的电压增益为

$$\dot{A}_{\mathrm{u}} = \prod_{k=1}^{n} \dot{A}_{\mathrm{u}k} \tag{4.6.5}$$

对数幅频特性和相频特性的表达式为

$$20\lg|\dot{A}_{\mathrm{u}}| = \sum_{k=1}^{n} 20\lg|\dot{A}_{\mathrm{u}k}| \tag{4.6.6}$$

$$\varphi = \sum_{k=1}^{n} \varphi_k \tag{4.6.7}$$

则放大电路的伯德图可通过各级放大电路的伯德图直接相加而得到。若 $n=2$，且每级放大电路的中频增益相同，均为 $\dot{A}_{\mathrm{um}}$，两级的下限截止频率和上限截止频率相等，均为 f_{L1} 和 f_{H1}，则放大电路在中频段的幅值和相位为

$$20\lg|\dot{A}_{\mathrm{um}}| = 20\lg|\dot{A}_{\mathrm{um}}| + 20\lg|\dot{A}_{\mathrm{um}}| = 40\lg|\dot{A}_{\mathrm{um}}| \tag{4.6.8}$$

$$\varphi = \varphi_1 + \varphi_2 \tag{4.6.9}$$

当 $f<f_{\mathrm{L}}$ 时，幅频特性的斜率为+40dB/dec；而当 $f>f_{\mathrm{H}}$ 时，幅频特性的斜率为−40dB/dec。应用式（4.6.3）和式（4.6.4），两级级联以后的下限截止频率约为

$$f_{\mathrm{L}} \approx \sqrt{f_{\mathrm{L1}}^{2} + f_{\mathrm{L1}}^{2}} = 1.414 f_{\mathrm{L1}}$$

两级级联以后的上限截止频率

$$f_{\mathrm{H}} \approx 0.707 f_{\mathrm{H1}}$$

由此得到两级级联以后的伯德图如图 4.6.1 所示。

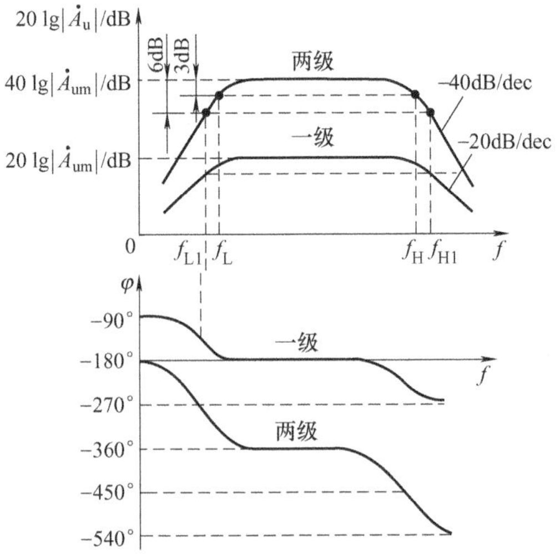

图 4.6.1　两级级联以后的伯德图

【例 4.6.1】 已知共射极放大电路的伯德图如图 4.6.2 所示，求其频率响应的表达式。

解： 由图可知 $f_{\mathrm{L1}}=1\mathrm{Hz}$，$f_{\mathrm{L2}}=10\mathrm{Hz}$，$f_{\mathrm{H}}=250\mathrm{kHz}$。由于是共射极放大电路，中频时相位 $\varphi=-180°$，中频段的增益为 $20\lg|\dot{A}_{\mathrm{um}}|=40\mathrm{dB}$，$|\dot{A}_{\mathrm{um}}|=100$，因此频率响应的表达式为

$$\dot{A}_{u}(j\omega)=\frac{1}{\left(1-j\frac{f_{L1}}{f}\right)\left(1-j\frac{f_{L2}}{f}\right)\left(1+j\frac{f}{f_H}\right)}\dot{A}_{um}$$

$$=-100\frac{1}{\left(1-j\frac{1}{f}\right)\left(1-j\frac{10}{f}\right)\left(1+j\frac{f}{2.5\times10^5}\right)}$$

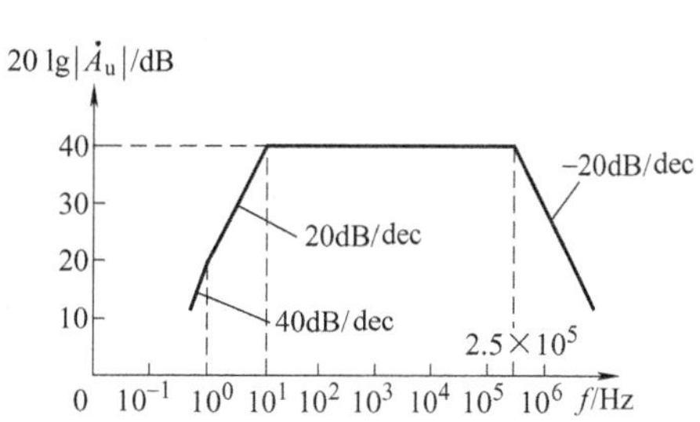

图 4.6.2　例 4.6.1 的伯德图

【例 4.6.2】　设放大电路频率响应的表达式如下，画出其伯德图。

$$\dot{A}_u=\frac{-10jf}{\left(1+j\frac{f}{10}\right)\left(1+j\frac{f}{10^5}\right)}$$

解：首先将频率响应的表达式写为标准式

$$\dot{A}_u=\frac{-10jf}{\left(1+j\frac{f}{10}\right)\left(1+j\frac{f}{10^5}\right)}=\frac{-10jf\frac{1}{jf}}{\frac{1}{jf}\left(1+j\frac{f}{10}\right)\left(1+j\frac{f}{10^5}\right)}$$

$$=\frac{-10\times10}{10\times\left(\frac{1}{jf}+\frac{1}{10}\right)\left(1+j\frac{f}{10^5}\right)}=\frac{-100}{\left(1-j\frac{f}{10}\right)\left(1+j\frac{f}{10^5}\right)}$$

与频率响应的标准式（4.5.13）比较，有

$$\dot{A}_{um}=-100$$
$$f_L=10\text{Hz}$$
$$f_H=10^5\text{Hz}$$

则伯德图如图 4.6.3 所示。

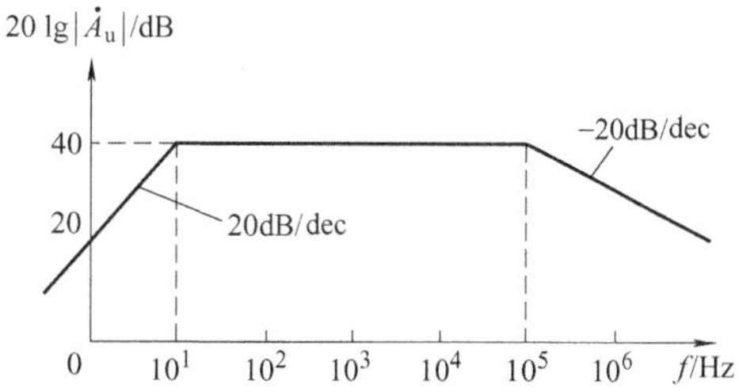

图 4.6.3　例 4.6.2 的伯德图

本章小结

本章主要学习了放大电路频率响应的基本概念，双极结型晶体管和场效应晶体管的高频小信号等效模型，放大电路中频响应、高频响应和低频响应的求解方法和特点，放大电路的增益带宽积，多级放大电路的频率响应，放大电路的上限截止频率、下限截止频率和通频带宽度。现就各部分归纳如下：

1）频率响应描述放大电路对不同频率信号的响应。耦合电容和旁路电容主要影响放大电路的低频响应，使放大倍数在低频段下降，且产生超前相移。极间电容主要影响放大电路的高频响应，使放大倍数在高频段下降，且产生滞后相移。

2）在研究放大电路的高频响应时，应采用放大管的高频等效模型。在双极结型晶体管的高频等效模型中，极间电容等效为 $C'_{b'e}$；在场效应晶体管的高频等效模型中，极间电容等效为 C'_{gs}。

3）共射极接法下，晶体管的 β 受信号频率的影响，当频率较低时，β 为常数，当频率升高到一定程度时，β 会随着频率的上升而下降。

4）放大电路的上限截止频率 f_H 和下限截止频率 f_L 决定于电容所在回路的时间常数。放大电路的带宽等于 f_H 与 f_L 之差。

5）对于单级共射极放大电路，只要已知 f_H、f_L 和中频放大倍数 $\dot{A}_{um}$（或 $\dot{A}_{usm}$），便可写出频率响应的表达式，并画出伯德图。当 $f=f_H$ 或 $f=f_L$ 时，增益下降 3dB，附加相移为 +45°或 −45°。

在一定条件下，放大电路的增益带宽积 $|\dot{A}_{um}f_{bw}|$（或 $|\dot{A}_{usm}f_{bw}|$）约为常量。要想高频性能好，首先应选择截止频率高的管子，然后合理选择参数，使 $C'_{b'e}$所在回路的等效电阻尽可能小。要想低频特性好，应采用直接耦合方式。

学完本章后希望能够达到以下要求：

1）掌握以下概念：上限截止频率，下限截止频率，通频带，伯德图，增益带宽积。

2）理解决定高频响应和低频响应的主要因素。

3）能够计算简单放大电路的 f_H 和 f_L，并写出频率响应的表达式，画出伯德图。

思　考　题

4.1　什么是放大电路的频率响应？为什么要研究放大电路的频率响应？

4.2　晶体管和场效应晶体管的 H 参数等效模型在放大电路的高频响应分析中还能使用吗？为什么？

4.3　什么是放大电路的通频带？哪些因素影响通频带？通频带是越宽越好吗？为什么？

4.4　为什么放大电路在高频信号和低频信号作用时放大倍数的数值会下降？

4.5　影响放大电路上限截止频率的主要因素有哪些？

4.6　为什么晶体管有工作频率的限制？

4.7　影响放大电路下限截止频率的主要因素有哪些？

4.8　放大电路的频率特性用伯德图表示有何好处？

习　　题

4.1　已知晶体管的 $f_T=250\text{kHz}$，$C_{b'c}=4\text{pF}$，$r_{bb'}=200\Omega$。在 $I_{CQ}=1\text{mA}$ 时测出其低频 H 参数为 $r_{be}=1.4\text{k}\Omega$，$\beta_0=50$。求其混合 π 型等效电路的参数及 f_β。

4.2　已知某晶体管电流放大倍数 β 的频率特性伯德图如图 T4.2 所示，试写出 β 的频率特性表达式，分别指出该管的 f_β、f_T 各为多少？并画出其近似的相频特性。

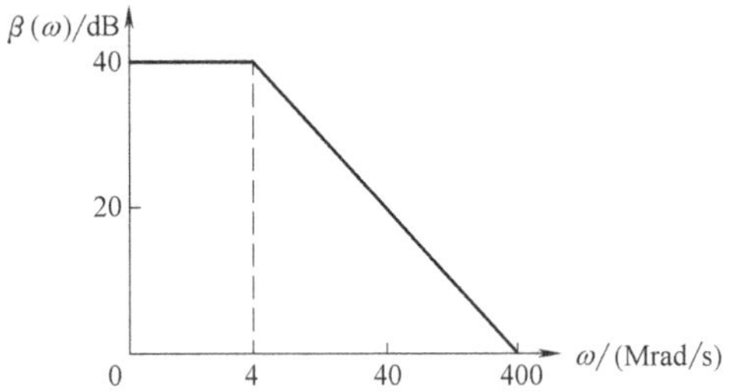

图 T4.2

4.3　电路如图 T4.3 所示。已知：$V_{CC}=12\text{V}$；晶体管的 $C_{b'c}=4\text{pF}$，$f_T=50\text{MHz}$，$r_{bb'}=100\Omega$，$\beta_0=80$。试求解：

（1）中频电压放大倍数 $\dot{A}_{usm}$；

（2）$C'_{b'e}$；

（3）f_H 和 f_L；

(4) 画出电压放大倍数伯德图。

4.4　已知晶体管的 $f_T = 150\text{kHz}$，$C_{b'e} = 4\text{pF}$，$r_{bb'} = 300\Omega$，$\beta_0 = 50$，其他电路参数如图 T4.4 所示。求放大电路的中频电压增益、下限截止频率、上限截止频率以及电路的通频带。并说明 C_1、C_2 哪个决定电路的下限截止频率？

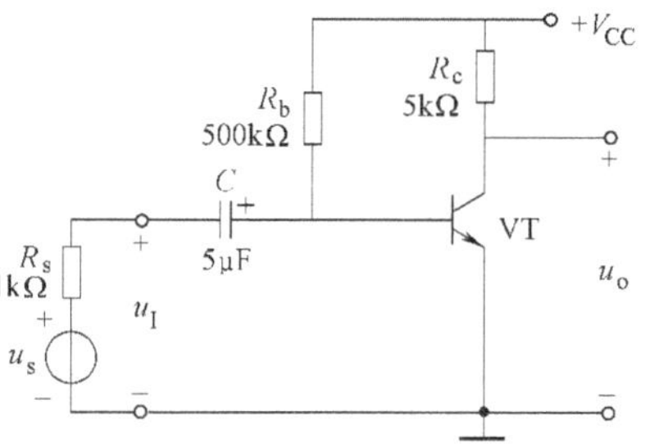

图 T4.3

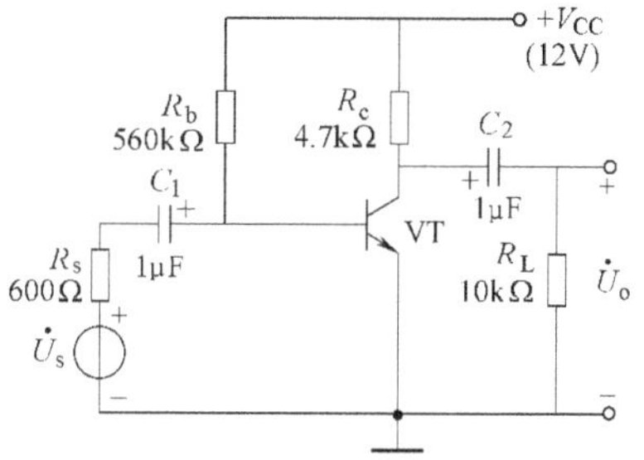

图 T4.4

4.5　分相器电路如图 T4.5 所示。该电路的特点是 $R_c = R_e$，在集电极和发射极可输出一对等值反相的信号。现有一容性负载 C_L，若将 C_L 分别接到集电极和发射极，则由 C_L 引入的上限频率各为多少？设不考虑晶体管内部电容的影响。

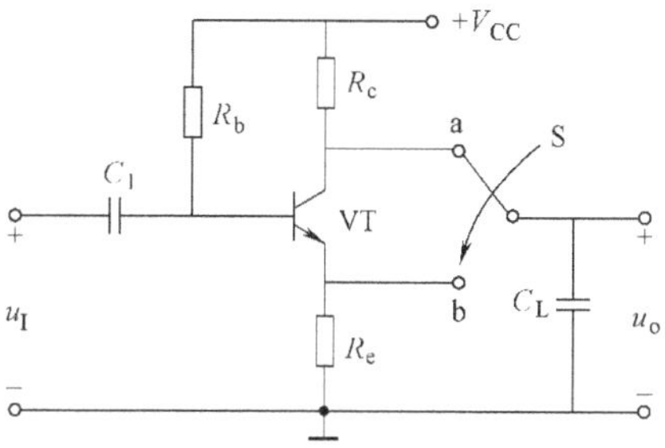

图 T4.5

4.6　放大电路如图 T4.6a 所示。已知晶体管参数 $\beta = 100$，$r_{bb'} = 100\Omega$，$r_{b'e} = 2.6\text{k}\Omega$，$C_{b'e} = 60\text{pF}$，$C_{b'c} = 4\text{pF}$，要求的频率特性如图 T4.6b 所示。

试回答：(1) R_c = ?（首先满足中频增益的要求）

(2) C_1 = ? (3) f_H = ?

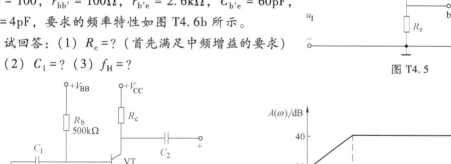

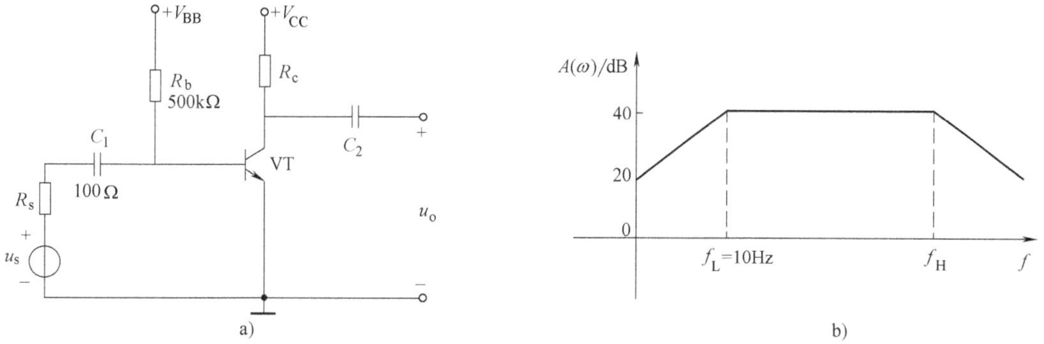

图 T4.6

4.7　电路如图 T4.7 所示。试定性分析下列问题，并简述理由。

(1) 哪一个电容决定电路的下限频率？

(2) 若 VT_1 和 VT_2 静态时发射极电流相等，各管子的 $r_{bb'}$ 和 $C'_{b'e}$ 相等，则哪一级的上限频率低？

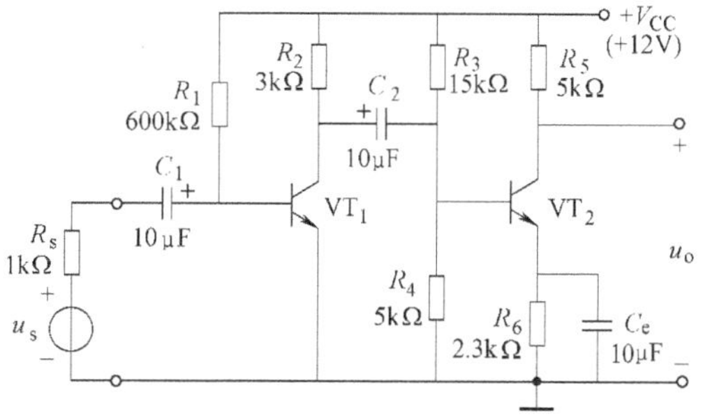

图 T4.7

4.8　已知某放大器的频率特性表达式为

$A(j\omega)=\dfrac{200\times10^6}{j\omega+10^6}$，试问该放大器的中频增益、上限截止频率及增益带宽积各为多少？

4.9　已知某放大器的频率特性表达式为 $A_u(j\omega)=\dfrac{10^{13}(j\omega+100)}{(j\omega+10^6)(j\omega+10^7)}$

（1）试画出该放大器的幅频特性和相频特性伯德图；

（2）确定其中频增益及上限截止频率的大小。

4.10　一放大器的中频增益为 $A_{um}=40\text{dB}$，上限截止频率 $f_H=2\text{MHz}$，下限截止频率 $f_L=100\text{Hz}$，输出不失真的动态范围为 $U_{opp}=10\text{V}$，在下列各种输入信号情况下会产生什么失真？

（1）$u_i(t)=0.1\sin(2\pi\times10^4t)\,\text{V}$

（2）$u_i(t)=10\sin(2\pi\times3\times10^6t)\,\text{mV}$

（3）$u_i(t)=[10\sin(2\pi\times400t)+10\sin(2\pi\times10^6t)]\,\text{mV}$

（4）$u_i(t)=[10\sin(2\pi\times10t)+10\sin(2\pi\times5\times10^4t)]\,\text{mV}$

（5）$u_i(t)=[10\sin(2\pi\times10^3t)+10\sin(2\pi\times10^7t)]\,\text{mV}$

4.11　利用 Multisim 从以下几个方面研究图 T4.11 所示电路的频率响应。

（1）设 $C_1=C_2=C_3=10\mu\text{F}$，分别测试它们所确定的下限截止频率；

（2）C_3 开路，$C_1=C_2=10\mu\text{F}$ 时电路的频率响应及 C_1、C_2 取值对低频特性的影响；

（3）放大管的集电极静态电流对上限频率的影响。

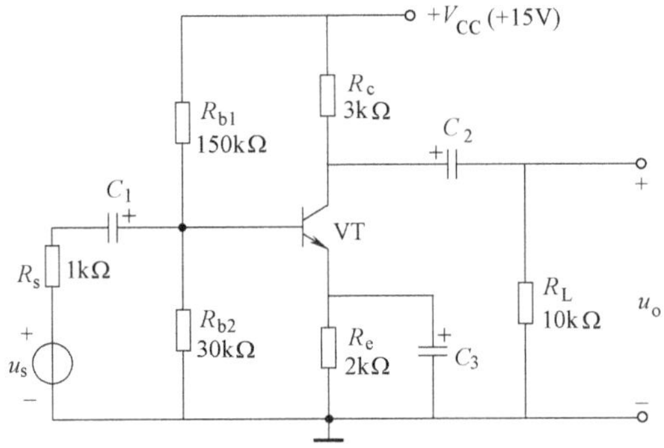

图 T4.11

第5章 输出级和功率放大电路

引言

放大电路的输出往往要送到负载，去驱动一定的装置，如扬声器的音圈、电磁阀的线圈、显示器的扫描偏转线圈等。这些负载除需要一定的电压外，还需要一定的功率。为得到满足负载要求的信号，常需要多级放大。多级放大电路中，向负载提供一定功率的放大电路称为功率放大电路。

本章以分析功率放大电路的输出功率、效率和非线性失真之间的矛盾为主线，逐步提出解决问题的方法，以互补功率放大电路为重点，进行分析计算，并简要介绍集成功率放大电路的应用、功率晶体管及其散热问题。

5.1 功率放大电路概述

实用电路中，要求放大电路的输出级输出一定的功率，以驱动负载。能够向负载提供足够功率的电路称为功率放大电路，简称功放。功率放大电路既不是单纯输出高电压，也不是单纯输出大电流，而是在电源电压一定的情况下，输出尽可能大的功率。因此，从功率放大电路的组成与分析方法，到元器件的选择，都与小信号放大电路有着明显的区别。

5.1.1 功率放大电路的要求

1）输出功率尽可能大，效率尽可能高：功率放大电路的首要任务是能够输出尽可能大的功率，因此实现功率放大的电路，需要尽可能降低电路内部晶体管的功率损耗，提高放大电路的效率。

2）非线性失真尽可能小：由于功率放大电路一般处在多级放大电路的末级，处理的信号已经比较大，因此很容易出现饱和失真或截止失真，在电路设计中需要采取专门的措施。同时，由于此类电路处理的信号较大，在电路分析中，小信号等效模型已不再适用，所以广泛使用图解法分析此类电路。

3）输出电阻尽可能低：由于要求功率放大电路的输出直接驱动负载，需要有尽可能高的带负载能力，因此要求放大电路的输出电阻尽可能低。在已经学过的三种基本放大电路中，共集电极放大电路，即射极跟随器，或共漏极放大电路，即源射极跟随器，是比较理想的选择。

4）功率放大电路中晶体管的保护：功率放大电路中的晶体管工作在较大的电压、电流条件下，功率晶体管损坏的可能性也就较大，要特别注意极限参数的选择以及功率晶体管的保护，以保证管子安全工作。在功率放大电路中，有相当大的功率会消耗在管子的集电结上，使结温和管壳温度升高，为了在一定的结温下，使输出功率尽可能增大，需要对功率晶体管采取散热措施。

5.1.2 放大电路的工作状态

通常，在输入正弦信号的一个周期中，根据放大电路中晶体管导通时间所占的比例，对放大电路工作状态进行分类。常见的放大电路工作状态有甲类、乙类和甲乙类三种，也称为A类、B类和AB类，其他还有丙类、丁类工作状态，也称为C类和D类。

在甲类工作状态，放大电路的静态工作点一般设置在交流负载线的中间位置，以获得最大不失真输出电压范围。此时，在输入正弦信号的一个周期内，晶体管都能够处在放大状态，如图5.1.1所示。但在这种工作状态下，晶体管在输入正弦信号的一个周期内都需要消耗功率，放大电路的效率最高只有25%。

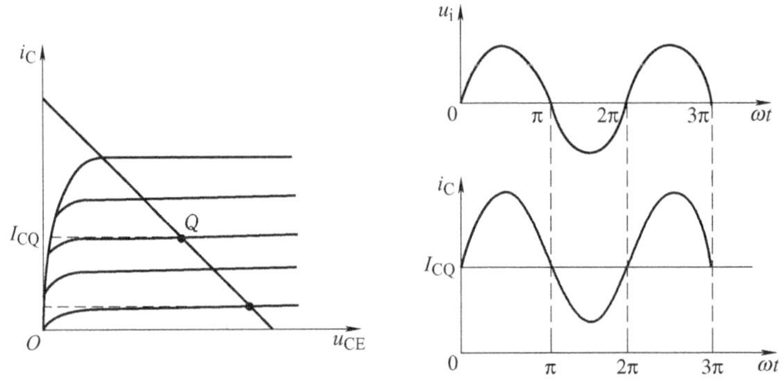

a) 静态工作点　　b) 波形

图 5.1.1　甲类工作状态

如果在静态时，使 $I_{CQ}=0$，工作点在 Q'，如图 5.1.2a 所示，电路将工作在乙类状态。

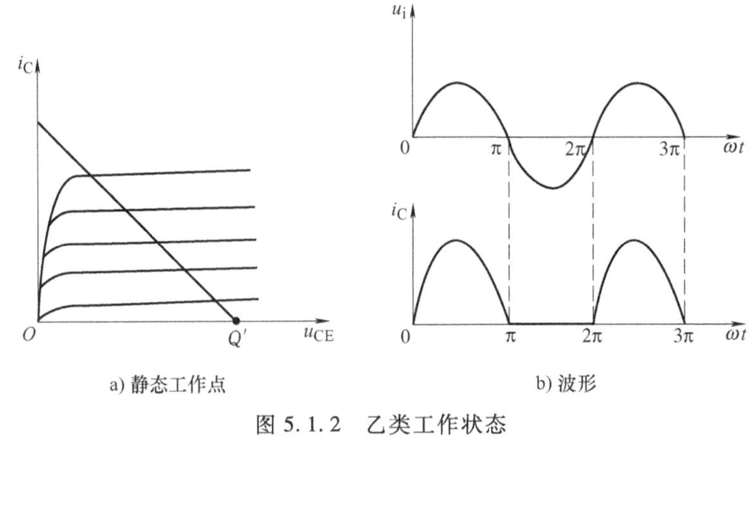

a) 静态工作点　　b) 波形

图 5.1.2　乙类工作状态

此时在输入正弦信号的一个周期内，晶体管只导通半周，在另外半周，晶体管完全截止。由于晶体管只在输入正弦信号的半个周期内需要消耗功率，故放大电路的效率较高，但其输出只反映了输入信号的半周，输出信号产生了严重的失真，如图 5. 1. 2b 所示。

如果在静态时，使 I_{CQ} 有一定的值，但又不像甲类那样大，如图 5. 1. 3a 所示，工作点在 Q''，则电路将工作在甲乙类状态。此时，在输入正弦信号的一个周期内，晶体管除导通半周外，在另外半周的部分时段，也能够导通，而晶体管完全截止的时间不足半周，输出电流信号如图 5. 1. 3b 所示。

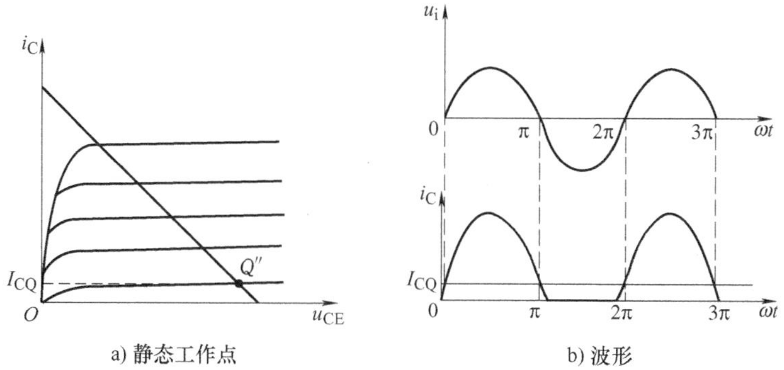

图 5. 1. 3　甲乙类工作状态

5. 1. 3　放大电路提高效率的途径

忽略共射极放大电路的基极偏置电阻，得到简化的共射极放大电路及最大输出电压范围，如图 5. 1. 4 所示。下面分析该放大电路的效率。

将静态工作点设置在负载线的中间位置，使放大电路工作在甲类状态，如图 5. 1. 4b 所示。则负载线与横轴的交点为 V_{CC}，与纵轴的交点为 $2I_{CQ}$。静态时，晶体管集电极电流为 I_{CQ}，电压为 U_{CEQ}，$U_{CEQ}=\dfrac{V_{CC}}{2}$。

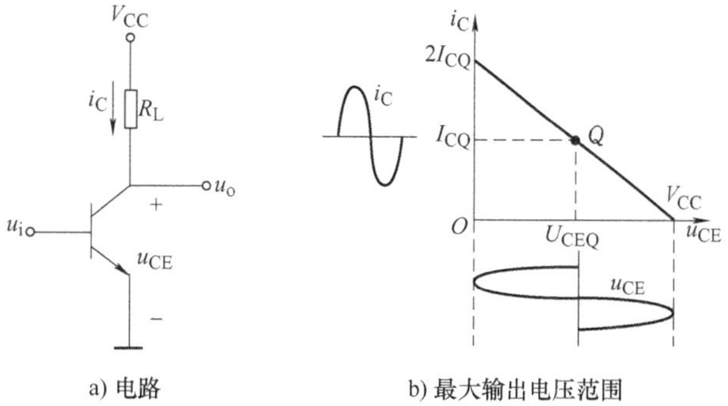

图 5. 1. 4　简化的共射极放大电路及最大输出电压范围

当输入电压为正弦时，i_C、u_{CE} 可表达为

$$i_C=I_{CQ}+I_{CM}\sin\omega t \quad (5.1.1)$$

$$U_{CE}=U_{CEQ}-U_{CEM}\sin\omega t \quad (5.1.2)$$

式中，$U_{CEQ}=\dfrac{V_{CC}}{2}$，如果忽略 U_{CES}，i_C、u_{CE} 按最大可能的输出范围考虑，则 i_C、u_{CE} 的最大变化范围为

$$I_{CM}=I_{CQ} \qquad U_{CEM}=\frac{V_{CC}}{2} \quad (5.1.3)$$

晶体管集电极的瞬时功率为

$$p_T = u_{CE} i_C \tag{5.1.4}$$

将式（5.1.1）、式（5.1.2）代入式（5.1.4），并考虑式（5.1.3），得

$$p_T = u_{CE} i_C = U_{CEQ} I_{CQ}(1-\sin^2\omega t) = \frac{V_{CC} I_{CQ}}{2}(1-\sin^2\omega t) = U_{CEQ} I_{CQ} - U_{CEQ} I_{CQ} \sin^2\omega t \tag{5.1.5}$$

式（5.1.5）所表达的 p_T 随时间变化的波形如图 5.1.5 所示。可见 p_T 始终大于 0，说明晶体管任何时候都在消耗功率。在一个周期内消耗的能量总和为该曲线与横轴所包围的面积。

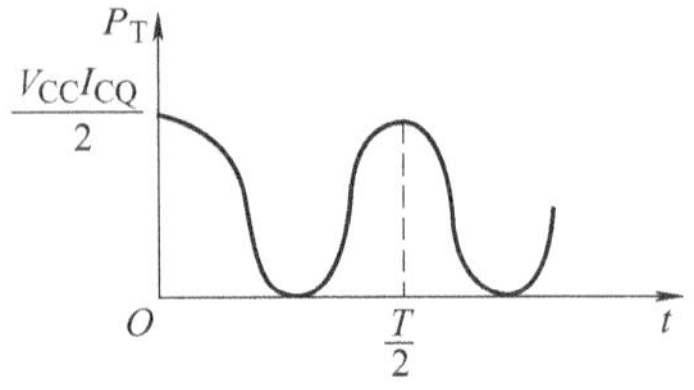

图 5.1.5　晶体管消耗的瞬时功率曲线

晶体管消耗功率的最大值

$$P_{Tmax} = \frac{V_{CC} I_{CQ}}{2} = U_{CEQ} I_{CQ} \tag{5.1.6}$$

该值的大小取决于静态时集电极的电流以及 c-e 极之间的电压。如果要提高放大电路的效率，降低晶体管的功率损耗是其最主要的途径，因此，一般情况下，应使静态时的 I_{CQ} 减小，以降低 p_T。其中，一个有效的方法是使功率放大电路工作在乙类或甲乙类状态。

那么，图 5.1.4a 所示共射极放大电路的效率是多少呢？

放大电路的效率定义为输出到负载的功率 P_o 与电源供给电路的总功率 P_V 的比值。即

$$\eta = \frac{P_o}{P_V} \tag{5.1.7}$$

图 5.1.4a 所示电路中负载获得的功率为

$$P_o = \frac{U_{CEM}}{\sqrt{2}} \frac{I_{CM}}{\sqrt{2}} = \frac{U_{CEM} I_{CM}}{2} \tag{5.1.8}$$

负载获得的最大功率为

$$P_{omax} = \frac{1}{2} \frac{V_{CC}}{2} I_{CQ} = \frac{V_{CC} I_{CQ}}{4} \tag{5.1.9}$$

由于电源电压为 V_{CC}，输出的平均电流为 I_{CQ}，因此电源供给的总功率为

$$P_V = V_{CC} I_{CQ} \tag{5.1.10}$$

则该电路的最高效率为

$$\eta_{max} = \frac{P_{omax}}{P_V} = 25\% \tag{5.1.11}$$

可见共射极放大电路的效率不会超过 25%。应用中，由于负载电阻的限制等原因，实际效率远低于该值。因此，在输出功率大于 1W 的场合一般不使用共射极放大电路，而是使用共集电极放大电路。

在负载电阻的一定情况下，为了使放大电路实现最大的不失真输出电压，常需要将负载电阻通过变压器进行阻抗变换后，接入到晶体管的集电极。变压器耦合的放大电路，如

图 5.1.6a、b 所示。图中，晶体管集电极的等效负载为 R_L'，其值为

$$R_L' = \left(\frac{N_1}{N_2}\right)^2 R_L$$

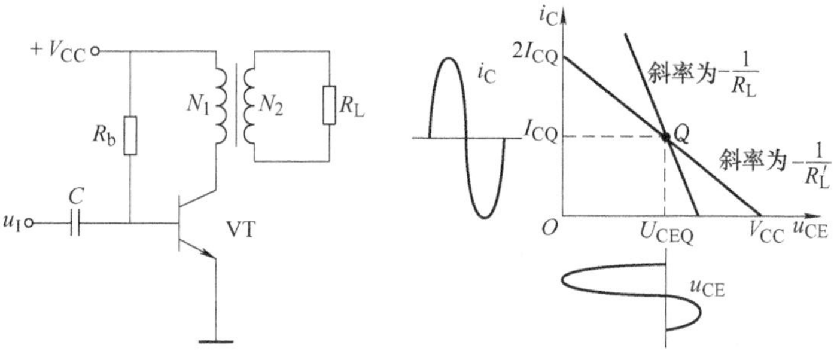

a) 电路　　b) 最大电压输出范围

图 5.1.6　变压器耦合的放大电路

调整变压器的匝数比，可以改变 R_L'，使交流负载线的斜率得到改变，以提高最大不失真输出电压范围。

5.2　乙类互补功率放大电路

5.2.1　乙类互补功率放大电路的组成

为了提高放大电路的效率，同时减小失真，如图 5.2.1a 所示，可将一个由 NPN 管构成的射极跟随器和另一个由 PNP 管构成的射极跟随器按图 5.2.1b 所示组合起来，组成乙类互补功率放大电路。其中，两个晶体管的特性对称一致。

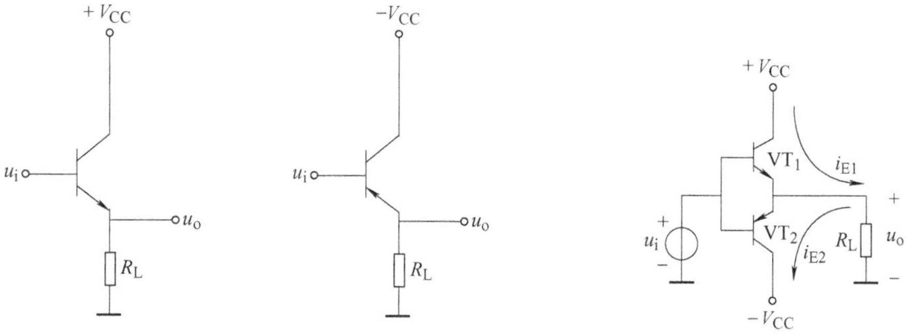

a) 射极跟随器　　b) 乙类互补功率放大电路

图 5.2.1　乙类互补功率放大电路原理

在忽略晶体管发射结的正向导通压降的情况下，图 5.2.1 所示电路的工作过程如下：

静态，即 $u_i=0$ 时，图 5.2.1b 中晶体管 VT_1 和 VT_2 的射极 e 点的电位为 0。

动态，即 $u_i \neq 0$ 时，如果 $u_i>0$，晶体管 VT_1 导通，VT_2 截止。电流 i_{E1} 由 $+V_{CC}$ 经 VT_1 流过负载电阻，形成输出电压 u_o 的正半周。如果 $u_i<0$，晶体管 VT_2 导通，VT_1 截止。电流 i_{E2} 由负载电阻经 VT_2 流过 $-V_{CC}$，形成输出电压 u_o 的负半周。在负载 R_L 上得到如图 5.2.2

所示的射极电流和输出电压波形。这样，图 5.2.1 所示电路实现了在静态时管子不取电流，而在有信号输入的动态时，VT_1 和 VT_2 轮流导通，互补对方的不足，组成互补对称功率放大电路，也称推挽式功率放大电路，达到了不失真放大的目的。

图 5.2.3 能够进一步说明乙类互补功率放大电路的工作过程。在图 5.2.1b 所示的互补对称功率放大电路中，静态时，$I_{CQ}=0$，$U_{CEQ}=V_{CC}$，工作点在图 5.2.3 中的 Q 点，该点的电压为$+V_{CC}$，每个管子的静态集电极电流为 0，即每个管子均工作在乙类状态。

动态时，如果 $u_i>0$，晶体管 VT_1 导通，工作点在负载线 Ⅰ 区移动，输出电压 u_o 得到正半周，如果 $u_i<0$，晶体管 VT_2 导通，工作点在负载线 Ⅱ 区移动，输出电压 u_o 得到负半周，且 u_o 的最大不失真输出电压为 $V_{CC}-U_{CES}$。若忽略 U_{CES}，则最大不失真输出电压为 V_{CC}，如图 5.2.3 所示。

根据以上分析，不难求出乙类互补功率放大电路的输出功率、管子损耗、电源供给功率以及效率。

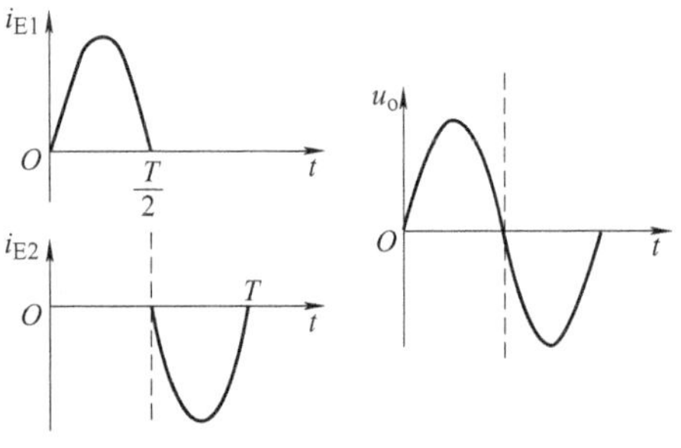

a) 射极电流波形　　b) 输出电压波形

图 5.2.2　理想情况下乙类互补功率放大电路的输出波形

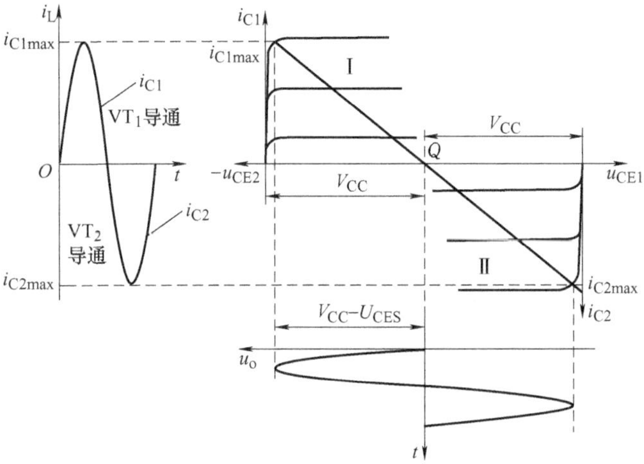

图 5.2.3　乙类互补功率放大电路的最大输出范围

5.2.2　乙类互补功率放大电路的分析

1. 输出功率

设输出电压 u_o 的表达式为

$$u_o=U_{om}\sin\omega t$$

式中，U_{om} 为输出电压的幅值。

对信号的每半个周期来说，功率放大电路为射极跟随器，所以，$u_o=u_i$，即电路的输出电压是取决其输入电压的。

负载得到的功率即放大电路输出的功率

$$P_o=U_oI_o=\frac{U_{om}}{\sqrt{2}}\frac{U_{om}}{\sqrt{2}R_L}=\frac{U_{om}^2}{2R_L} \tag{5.2.1}$$

式中，U_o、I_o 分别为输出电压、电流的有效值。

由于 U_{om} 可能的最大不失真值为 $V_{CC}-U_{CES}$，因此图 5.2.1b 所示乙类互补功率放大电路输出可能的最大功率为

$$P_{omax}=\frac{(V_{CC}-U_{CES})^2}{2R_L} \tag{5.2.2}$$

若忽略晶体管 c、e 之间的饱和管压降，即 $U_{CES}=0$，则图 5.2.1b 所示电路输出可能的最大功率为

$$P_{omax}=\frac{V_{CC}^2}{2R_L} \tag{5.2.3}$$

2. 晶体管的功率损耗

考虑到 VT_1 和 VT_2 在输入信号的一周内各导通半周，且通过两管的电流和电压数值上相等，因此两个管子的损耗相等。若 VT_1 的管耗为

$$P_{T_1}=\frac{1}{2\pi}\int_0^{\pi}(V_{CC}-u_o)\frac{u_o}{R_L}d(\omega t)=\frac{1}{2\pi}\int_0^{\pi}(V_{CC}-U_{om}\sin\omega t)\frac{U_{om}\sin\omega t}{R_L}d(\omega t)$$

上式积分的结果为

$$P_{T_1}=\frac{1}{R_L}\left(\frac{V_{CC}U_{om}}{\pi}-\frac{U_{om}^2}{4}\right) \tag{5.2.4}$$

则两只管子总的损耗为

$$P_T=P_{T_1}+P_{T_2}=\frac{2}{R_L}\left(\frac{V_{CC}U_{om}}{\pi}-\frac{U_{om}^2}{4}\right) \tag{5.2.5}$$

每个管子的损耗和输出电压的幅值 U_{om} 之间存在非线性关系。如果求 P_{T_1} 对 U_{om} 的导数，且令其等于 0，则可求出使 P_{T_1} 取得最大值的 U_{om} 值

$$\frac{dP_{T_1}}{dU_{om}}=\frac{1}{R_L}\left(\frac{V_{CC}}{\pi}-\frac{U_{om}}{2}\right)=0$$

由 $\frac{V_{CC}}{\pi}-\frac{U_{om}}{2}=0$，有

$$U_{om}=\frac{2V_{CC}}{\pi}\approx 0.6V_{CC} \tag{5.2.6}$$

即 U_{om} 为 $0.6V_{CC}$ 时，P_{T_1} 取得最大值，该值为

$$P_{T_1max}=\frac{1}{R_L}\left[\frac{\frac{2}{\pi}V_{CC}^2}{\pi}-\frac{\left(\frac{2V_{CC}}{\pi}\right)^2}{4}\right]$$

整理得

$$P_{T_1max}=\frac{1}{\pi^2}\frac{V_{CC}^2}{R_L} \tag{5.2.7}$$

当 $U_{CES}=0$ 时，考虑到式（5.2.3），VT_1 的最大损耗和输出的最大功率之间有下式成立：

$$P_{T_1max}=\frac{2}{\pi^2}P_{omax}=0.2P_{omax} \tag{5.2.8}$$

式（5.2.8）常作为选择功率晶体管的依据，但只在 $U_{CES}=0$ 时成立。

3. 电源供给的功率

电源供给的功率包括负载得到的功率和 VT_1、VT_2 消耗的功率

$$P_V=P_o+P_T=\frac{U_{om}^2}{2R_L}+\frac{2}{R_L}\left(\frac{V_{CC}U_{om}}{\pi}-\frac{U_{om}^2}{4}\right)=\frac{2}{\pi}\frac{V_{CC}U_{om}}{R_L}$$

则

$$P_V=\frac{2}{\pi}\frac{V_{CC}U_{om}}{R_L} \tag{5.2.9}$$

当 $U_{om}=V_{CC}$ 时，电源输出的功率达到最大值，为

$$P_{Vmax}=\frac{2}{\pi}\frac{V_{CC}^2}{R_L} \tag{5.2.10}$$

4. 放大电路的效率

放大电路的效率定义为输出功率与电源供给的功率的比值

$$\eta=\frac{P_o}{P_V}=\frac{\pi}{4}\frac{U_{om}}{V_{CC}} \tag{5.2.11}$$

当 U_{om} 达到最大值，即等于 V_{CC} 时，效率达到最大，为

$$\eta_{max}=\frac{\pi}{4}\approx 78.5\% \tag{5.2.12}$$

可见，乙类互补功率放大电路的效率最大可达到 78.5%，远高于共射极放大电路的效率。

5.2.3　乙类互补功率放大电路中晶体管的选择

选择功率放大电路中的晶体管时，应按下列原则考虑：

1）晶体管集电极的最大功率损耗 $P_{CM}\geqslant P_{T_1max}=0.2P_{omax}$。

2）当 VT_2 导通时，$U_{CE2}=0$，VT_1 的集电极和射极之间的最大电压为 $2V_{CC}$。因此，对 VT_1 和 VT_2 应满足 $U_{(BR)CEO}\geqslant 2V_{CC}$。

3）当 VT_2 导通时，VT_1 集电极的最大电流为 $\frac{V_{CC}}{R_L}$。因此，选择 VT_1 和 VT_2 时应满足 $I_{CM}\geqslant\frac{V_{CC}}{R_L}$。

【例 5.2.1】 电路如图 5.2.4 所示。已知：电源电压 $V_{CC}=15V$，$R_L=8\Omega$，$U_{CES}=0$，输入电压信号是正弦波。试问：

1）负载可能得到的最大输出功率和能量转换效率最大值分别是多少？

2）当输入信号 $u_i=10\sin\omega t V$ 时，求负载得到的功率和能量转换效率。

3）如何选择电路中的晶体管。

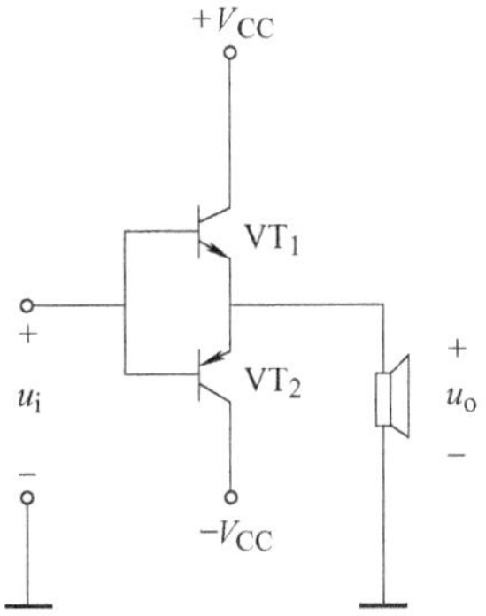

图 5.2.4　例 5.2.1 图

解： 1）图 5.2.4 所示电路为乙类互补推挽功率放大电路，由于 $U_{CES}=0$，输出电压最大的幅值 $U_{om}\approx V_{CC}$。可能的最大输出

功率和效率为

$$P_{omax}=\frac{U_{om}^2}{2R_L}=\frac{V_{CC}^2}{2R_L}=14.6\text{W}$$

$$\eta_{max}=\frac{\pi}{4}\frac{U_{om}}{V_{CC}}=\frac{\pi}{4}=78.5\%$$

2）对每半个周期来说，电路为共集电极电路，即射极跟随器，其电压增益 $\dot{A}_u=1$。所以，当输入信号不是足够大时，输出电压取决于输入电压，即输出电压 $u_o=u_i$，输出电压的幅值为输入电压的幅值，即 $U_{om}=10\text{V}$。

输出功率

$$P_o=\frac{U_{om}^2}{2R_L}=\frac{10^2}{2\times8}\text{W}=6.25\text{W}$$

放大电路效率

$$\eta=\frac{P_o}{P_V}=\frac{\pi}{4}\frac{U_{om}}{V_{CC}}=\frac{3.14\times10}{4\times15}\times100\%=52.33\%$$

3）选择 VT_1、VT_2 时，应满足 $P_{CM}\geqslant0.2P_{omax}$，即 $P_{CM}\geqslant0.2\times14.6\text{W}=2.92\text{W}$。$U_{(BR)CEO}\geqslant2V_{CC}=30\text{V}$。$I_{CM}\geqslant\frac{V_{CC}}{R_L}=1.875\text{A}$。可据此查晶体管的数据手册，选择合适的晶体管型号。

5.3　甲乙类互补功率放大电路

实际的乙类互补功率放大电路中，如果输入电压为正弦，由于晶体管的发射结并不是在 u_{BE} 大于0时立即导通，而是在 u_{BE} 小于发射结的开启电压时仍为截止，基极和集电极电流为零，因此会使输出电压在正负半周交界处出现失真，如图 5.3.1a~c 所示。由于这种失真主要出现在互补功率放大电路中 VT_1 和 VT_2 工作交接点附近，故称为交越失真。交越失真是乙类互补功率放大电路必须克服的问题。

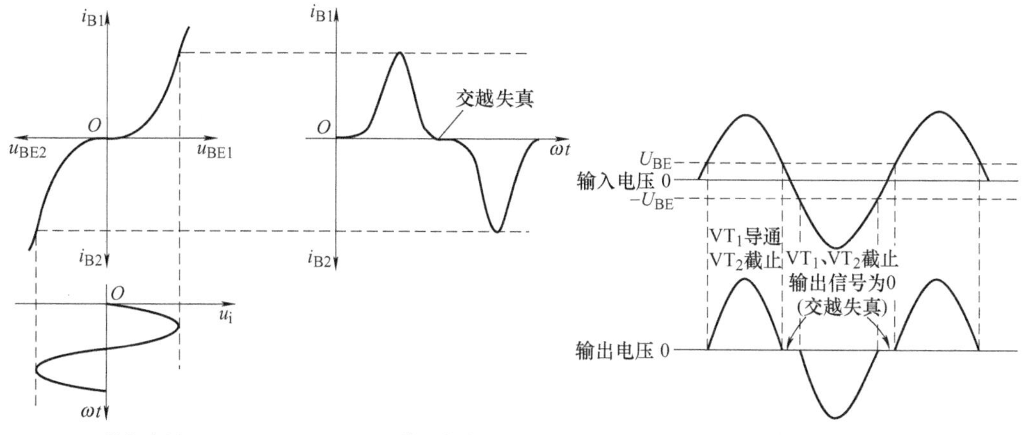

a) 输入电压　　b) 输入电流　　c) 输入电压和输出电压

图 5.3.1　乙类互补功率放大电路的交越失真

乙类互补功率放大电路之所以出现交越失真，是因为这种电路中的两个晶体管都没有静态偏置电压，全靠输入电压使晶体管导通工作，发射结死区电压的存在导致了失真。为了克服交越失真，又不使放大电路的效率降低，工程中，常采用甲乙类互补功率放大电路。即在静态时，让功率放大电路中的 VT_1 和 VT_2 有介于甲类和乙类之间的静态工作点，使 VT_1 和 VT_2 处于微导通状态。

5.3.1 甲乙类双电源互补功率放大电路

图 5.3.2 所示偏置电路是克服交越失真的一种方法。VT_1 和 VT_2 组成互补功率放大电路。静态时，电源通过电阻 R 在 VD_1、VD_2 上产生的压降，为 VT_1、VT_2 的发射结提供一个适当的偏压，使之处于微导通状态，电路工作在甲乙类状态。在有输入信号作用的动态时，由于 VD_1、VD_2 的交流电阻很小，可认为 VT_1、VT_2 基极的交流电位近似相等，作用在 VT_1 和 VT_2 基极的输入交流信号基本相等，保证了输出电压和输入电压之间没有失真。

图 5.3.3 所示为带前置电压放大级的甲乙类互补功率放大电路，VT_3 组成前置电压放大级，其中 VT_3 的偏置电路没有画出。VT_1 和 VT_2 组成互补输出级。VD_1、VD_2 的正向导通压降使 VT_1、VT_2 处于微导通状态，以克服交越失真。

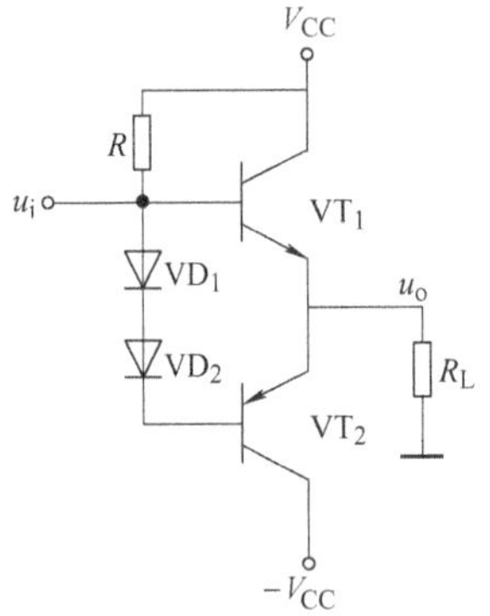

图 5.3.2　甲乙类互补功率放大电路

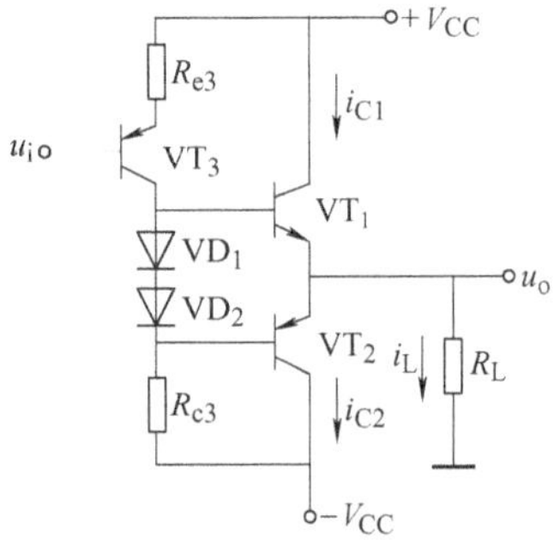

图 5.3.3　带前置电压放大级的甲乙类互补功率放大电路

集成电路中，常使用一种将晶体管接成二极管的偏置电路结构，如图 5.3.4 所示，其克服交越失真的原理与图 5.3.3 相同。

上述偏置电路的缺点是 VT_1、VT_2 之间的偏置电压不易调整。而在图 5.3.5 所示电路中，偏置电路由 VT_4、R_2 和 R_1 组成。静态时，流过 VT_4 基极的电流远小于流过 R_2 和 R_1 上

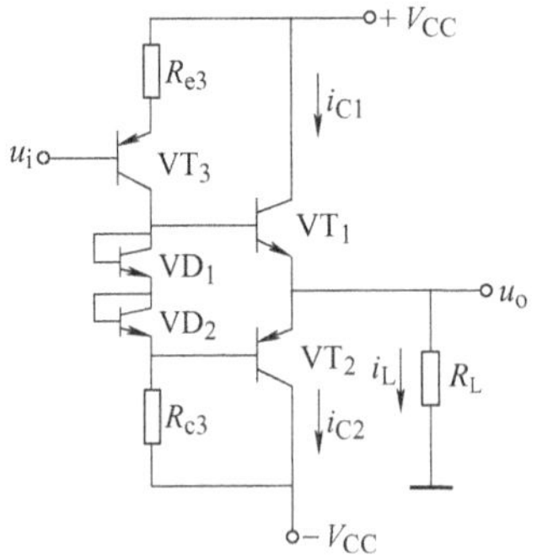

图 5.3.4　晶体管接成二极管的偏置电路

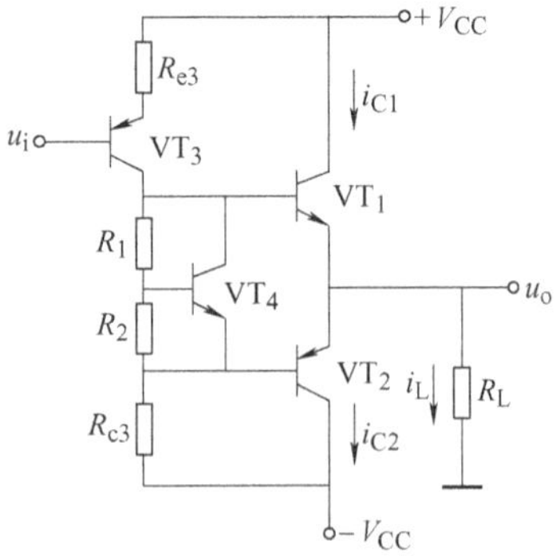

图 5.3.5　偏置电压可调整的甲乙类功率放大电路

的电流。则有

$$I_{R_2} \approx \frac{U_{BE}}{R_2}$$

VT_1、VT_2 的偏置电压为

$$U_{CE4} = I_{R_2}(R_1+R_2) = U_{BE}\left(\frac{R_1+R_2}{R_2}\right) = U_{BE}\left(1+\frac{R_1}{R_2}\right)$$

调整 R_1 和 R_2 的比值，就可改变 VT_1、VT_2 的偏置电压。这种电路在集成电路中经常使用，称为 U_{BE} 倍增电路。

甲乙类双电源互补功率放大电路的 P_o、P_T、P_V 和效率的计算，仍近似采用式 (5.2.1)~式 (5.2.12)。

5.3.2　甲乙类单电源互补功率放大电路

图 5.3.6 所示是采用单电源供电的互补功率放大电路。图中，VT_3 组成前置放大级，VT_1 和 VT_2 组成互补输出级。

静态时，只要 R_1、R_2 有适当的数值，就可使 I_{C3}、U_{b1} 和 U_{b2} 达到所需的大小，给 VT_1、VT_2 提供一个合适的偏置。静态时，K 点的电位 $U_K = \frac{V_{CC}}{2}$，电容器上的电压 $U_C = \frac{V_{CC}}{2}$。

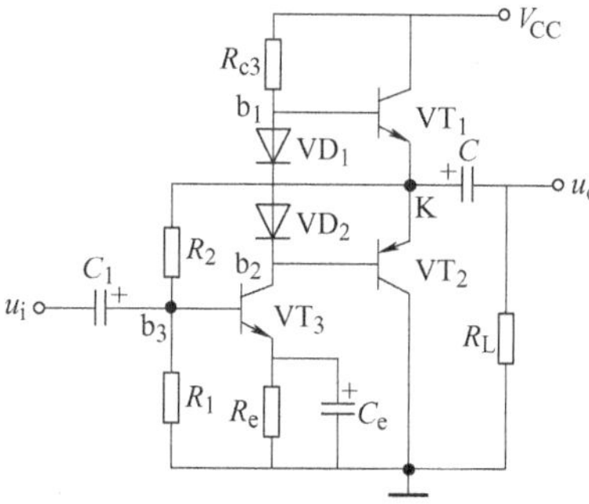

图 5.3.6　单电源互补功率放大电路

动态时，在输入信号 u_i 的负半周，VT_3 的输出为正，使 VT_1 导通，电流由 V_{CC} 经 VT_1 流过负载 R_L，同时向电容 C 充电；在输入信号 u_i 的正半周，VT_3 的输出为负，使 VT_2 导通，已充电的电容 C 通过负载 R_L 放电。电容 C 代替了双电源供电时 $-V_{CC}$ 的作用，电流由电容 C 经过 VT_2 流向负载。若相比输入信号的周期，只要选择时间常数 R_LC 足够大，就可以认为用电容 C 和一个电源 V_{CC} 可以代替原来的两个电源 $+V_{CC}$ 和 $-V_{CC}$ 的作用。该电路也称为 OTL（Output Transformerless）电路。与此对应，5.3.1 小节中所述的甲乙类双电源互补功率放大电路，也称为 OCL（Output Capacitorless）电路。

在采用一个电源的互补功率放大电路中，每个管子的工作电压为 $\frac{V_{CC}}{2}$，而不是原来的 V_{CC}。所以在前面导出的计算 P_o、P_T、P_V 和效率的式 (5.2.1)~式 (5.2.12) 中，将 V_{CC} 用 $\frac{V_{CC}}{2}$ 代替后，就可计算图 5.3.6 所示电路的 P_o、P_T、P_V 和效率。

5.4　功率放大电路的安全运行

5.4.1　功率晶体管的散热

在功率放大电路中，给负载输送功率的同时，晶体管本身也要消耗一部分功率。晶体管

消耗的功率直接表现为使管子的结温升高。当结温升高到一定程度（锗管约为 90℃，硅管约为 150℃）后，就会使管子损坏，因而电路输出功率受到管子允许的最大集电极损耗的限制。值得注意的是，晶体管允许的功耗与管子的散热情况有密切的关系，如果采取适当的散热措施，就可能充分发挥管子的潜力；反之，就有可能使晶体管由于结温升高而损坏。所以，有必要关注功率晶体管的散热问题。

1. 热阻

热的传导路径，称为热路。阻碍热传导的阻力称为热阻。真空不易传热，即热阻大；金属的传热性好，即热阻小。因此，热阻是表征散热能力的重要参数。

在晶体管中，管子的电压降绝大部分都降在集电结上，它和流过集电结的电流造成集电极功率损耗，使管子产生热量。这个热量要散发到外部空间去，同样会受到阻力，这就是热阻。晶体管热阻的大小，通常用℃/W 表示，它的物理意义是每瓦（或每毫瓦）集电极耗散功率使晶体管结温升高的摄氏度。例如，手册上标出 3AD6 的热阻为 2℃/W，即表示集电极损耗功率每增加 1W，结温升高 2℃。显然，晶体管的热阻小，即表明管子的散热能力强，在环境温度相同时，允许的集电极功耗就大。

2. 功率晶体管的散热等效热路

在晶体管中，集电极损耗的功率是产生热量的源泉，它使结温升高，并沿着管壳把热量散发到周围空间。晶体管依靠本身外壳散热的效果较差，以 3AD6 为例，不加散热装置时，允许的功率仅为 1W，如果加上散热器，则允许的功率可增至 10W。所以为了提高集电结允许的功耗，功率晶体管通常要加装散热器。图 5.4.1 所示为常见的散热器。晶体管的管芯（J）向周围环境（A）散热的主要途径为，热量由管芯到外壳（C），外壳到散热器（S），散热器再到周围环境，其示意图如图 5.4.2 所示。功率晶体管装上散热器后，由于管壳很小，热量主要通过散热器传送。设集电结到管壳的热阻为 R_{jc}，管壳与散热器之间的热阻为 R_{cs}，散热器与周围空气的热阻为 R_{sa}，晶体管加散热器后的散热等效热路如图 5.4.3 所示。则总的热阻可近似为

$$R_T \approx R_{jc} + R_{cs} + R_{sa} \tag{5.4.1}$$

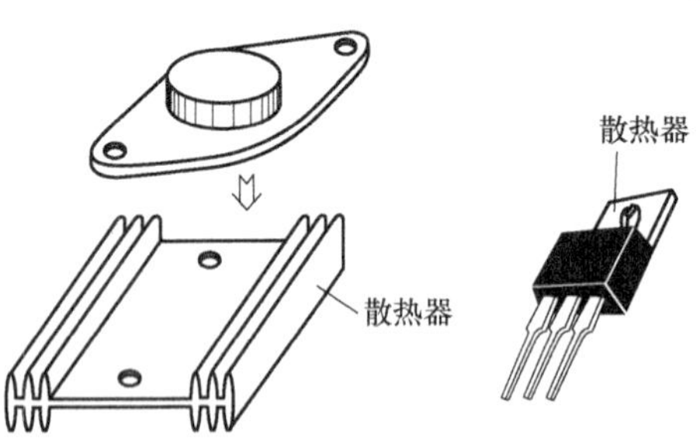

图 5.4.1　常见的散热器

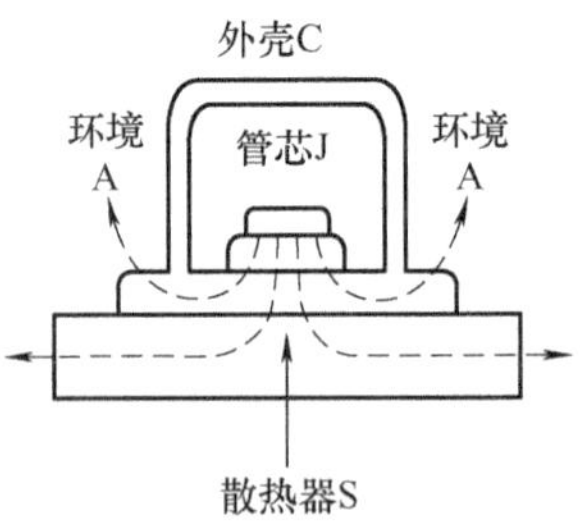

图 5.4.2　晶体管的散热示意图

典型的功率晶体管通常有一个大面积的集电结，为了使热传导达到理想情况，晶体管集电极衬底与它的金属外壳要保持良好的接触，因此 R_{jc} 由晶体管的制造工艺决定，一般可由手册中查到。

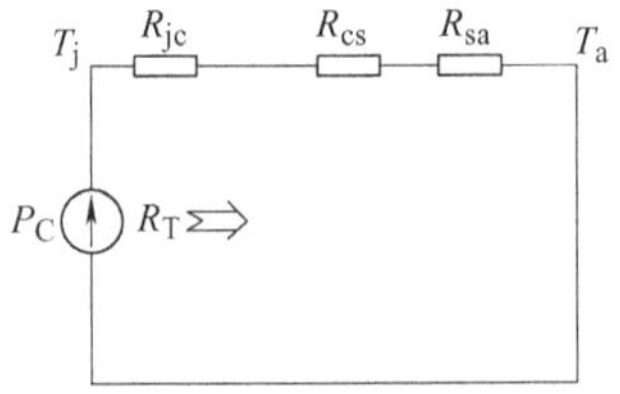

图 5.4.3　等效热路

R_{cs} 主要由两方面的因素决定：一个是晶体管和散热器之

间是否垫绝缘层，如 0.5mm 厚的绝缘垫片热阻约为 1.5℃/W；另一个是二者之间的接触面积和紧固程度，R_{cs} 一般在 0.1~3℃/W 之间。

散热器的热阻 R_{sa} 完全决定于散热器的形式、材料和面积。

3. 功率晶体管的散热计算

设环境温度为 T_a，管芯温度为 T_j，则功率晶体管的最大允许耗散功率 P_{CM} 决定于总的热阻 R_T、最高允许结温 T_j 和环境温度 T_a，它们之间的关系为

$$T_j - T_a = R_T P_{CM} \tag{5.4.2}$$

式（5.4.2）说明，一方面，在一定的温升下，R_T 小，也就是散热能力强，功率晶体管允许的耗散功率就大；另一方面，在一定的 R_T 条件下，环境温度越低，允许的 P_{CM} 也越大。利用式（5.4.2）可以计算小功率晶体管在不同环境温度下允许的 T_j 值，也可以计算大功率晶体管在一定环境温度和散热器面积下允许的集电极耗散功率，或在给定 P_{CM} 的情况下，求散热器的面积，或在其他条件给定后，分析各处的温度情况。

5.4.2　功率晶体管的二次击穿

前面讨论了功率晶体管的散热问题，在实际工作中，常发现功率晶体管的功率并未超过允许的值，管身也并不烫，但使用过程中却突然失效或者性能显著下降。这种损坏的原因，不少是由于二次击穿造成的。

当晶体管集电极电压逐渐增加时，首先出现一次击穿现象，这种击穿就是正常的雪崩击穿。当这种击穿出现时，只要适当限制功率晶体管的电流或功耗，且进入击穿的时间不长，功率晶体管并不会损坏。所以一次击穿具有可逆性。一次击穿出现后，如果继续增大电压到某数值，晶体管的工作状态将以毫秒级甚至微秒级的速度移向低压大电流区，如图 5.4.4a 中的 *AB* 段所示，随后电流急剧增大，晶体管进入二次击穿。由于进入二次击穿的点随基极电流的不同而改变，通常把这些点连接起来叫二次击穿临界曲线，也称 *S/B* 曲线，如图 5.4.4b 所示。

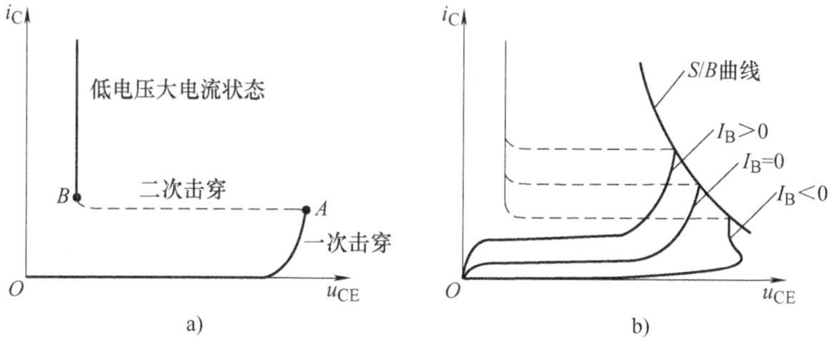

图 5.4.4　二次击穿现象

二次击穿是一种与电流、电压、功率和结温都有关系的效应。产生二次击穿的原因至今尚不完全清楚，一般认为是由于流过晶体管结面的电流不均匀，造成结面局部高温，因而产生热击穿所致。

5.4.3 功率晶体管的安全工作区

晶体管的二次击穿特性会使功率晶体管的性能恶化甚至损坏。为了保证功率晶体管的安全工作，必须考虑二次击穿的因素。因此，功率晶体管的安全工作区，不仅受集电极允许的最大电流、最大电压和最大功耗所限制，而且还受二次击穿临界曲线所限制，其安全工作区如图 5.4.5 斜线部分所示。显然，考虑二次击穿以后，功率晶体管的安全工作范围变小了。

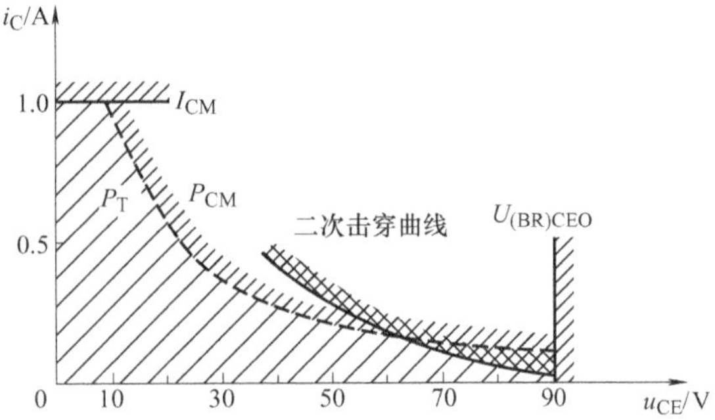

图 5.4.5 考虑二次击穿后晶体管的安全工作区

5.5 功率放大电路的应用

5.5.1 分立元器件构成的功率放大电路

图 5.5.1 所示是一款经典的音频功率放大器，它有两个声道，图中只给出一个声道的电路，另一个声道完全相同。整个放大器由输入级、电压放大级、功率放大级（电流放大级）组成，其中输入级由差分对管 2SA798（VT_2）构成。2SA798 是由性能参数相同的两只 PNP 型晶体管封装在一起构成的一个器件，采用 5 脚封装，其内部的两个晶体管对称性很好，使用时两个管子的工作温度一致，因此，和采用两个单独的晶体管构成的差分放大电路相比，这种差分对管构成的差分放大电路具有更好的对称性，常用于高性能音频功率放大器（差分放大电路将在第 6 章学习）。晶体管 2N4037（TV_1）及外围电路构成恒流源（恒流源电路

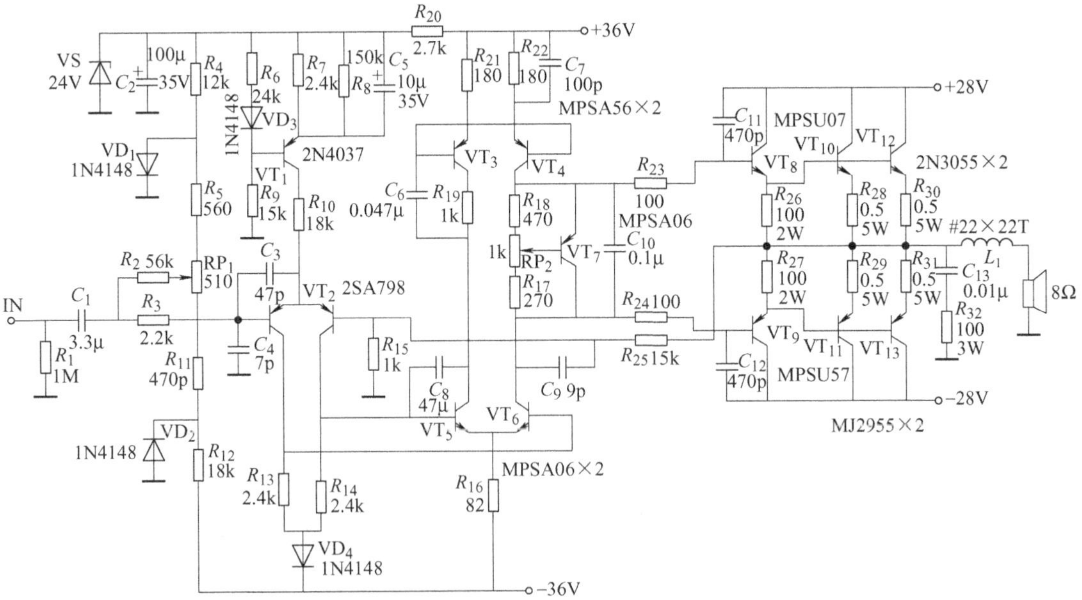

图 5.5.1 分立元器件构成的音频功率放大器

将在第 6 章学习），为差分放大电路提供直流偏置。两只 MPSA06（VT_5、VT_6）以差分放大电路的形式构成电压放大器，两只 MPSA56（VT_3、VT_4）构成的电路作为该差分放大器的有源负载。

功率放大级由六只晶体管构成，其中 MPSU07（VT_8）和 MPSU57（VT_9）构成的互补推挽功率放大电路作驱动级，2N3055（VT_{10}、VT_{12}）和 MJ2955（VT_{11}、VT_{13}）构成互补推挽功率放大电路，作为音频功率放大器的输出级，2N3055 和 MJ2955 均采用两只管子并联的接法，其目的是为了增强输出级的电流输出能力，降低输出电阻。2N3055 和 MJ2955 工作时需要的基极电流较大，因此增加了一级由 MPSU07 和 MPSU57 构成的驱动级。2N3055 和 MJ2955 发射极串联的 0.5Ω/5W 电阻（R_{28}～R_{31}）稳定电路的静态工作点并起到限流保护作用。R_{25} 和 R_{15} 构成的分压电路从输出端向 2SA798（VT_2）构成的输入端引入电压串联负反馈，减小放大器非线性失真。输入端设置了由 R_2、R_4、R_5、R_{11}、R_{12}、VD_1、VD_2 和电位器 RP_1 构成的调零电路。C_3、C_8、C_9、C_{11}、C_{12} 为频率补偿电容（也称为中和电容），避免放大电路自激。R_3、C_4 构成一阶 RC 低通电路，滤除输入信号中的高频干扰。晶体管 VT_7 和 R_{17}、R_{18}、RP_2、C_{10} 构成的偏置电路用以减小驱动管 VT_8、VT_9 的交越失真。C_{13} 和 R_{32} 串联构成"茹贝尔网络"，通过该阻容网络并联在感性负载扬声器上，使扬声器在相当宽的频率范围内呈现近似纯阻性，改善阻尼和相位失真，保证放大器稳定工作。电感 L_1 起隔离扬声器反向电动势的作用。

图 5.5.1 所示功率放大器的输入级、电压放大级与功率放大级采用不同电源供电，其中输入级和电压放大级采用±36V 电源供电，而功率放大级采用±28V 电源供电，这样设计的好处有以下几点：

1）输入级和电压放大级电源电压较功率放大级要高，有利于提高输入级和电压放大级的动态范围，减小非线性失真。

2）输入级和电压放大级需要的电流较小，可采用性能良好的稳压电源供电，有利于减小电路的失真，提高电路性能，增加的成本也不会太大。

3）功率放大级功率大，不必采用高性能的稳压电源供电，否则成本增加较大。

这样的设计方法较好地兼顾了性能和成本的要求，是高性能功率放大器中普遍采用的设计方法。

这种由分立元器件构成的音频功率放大器，其音质通常要好于集成功率放大器构成的音频功率放大器，因此高品质音频功率放大器常由分立元器件电路设计。

5.5.2　集成功率放大电路分析

OTL、OCL 功率放大电路均有多种型号、不同输出功率和电压增益的集成电路。在使用 OTL 电路时，需要外接输出电容。为了改善频率特性，减小非线性失真，电路内部常引入深度负反馈。本节以低频功率放大器为例，简要讨论集成功率放大电路的组成、工作原理和典型应用。

LM386 是一种音频集成功率放大器，具有自身功耗低、电压增益可调整、电源电压范围大、外接元器件少、总谐波失真小等优点，广泛应用于录音机和收音机中。

1. LM386 内部电路

LM386 内部电路原理如图 5.5.2 所示，由输入级、中间级和输出级组成。

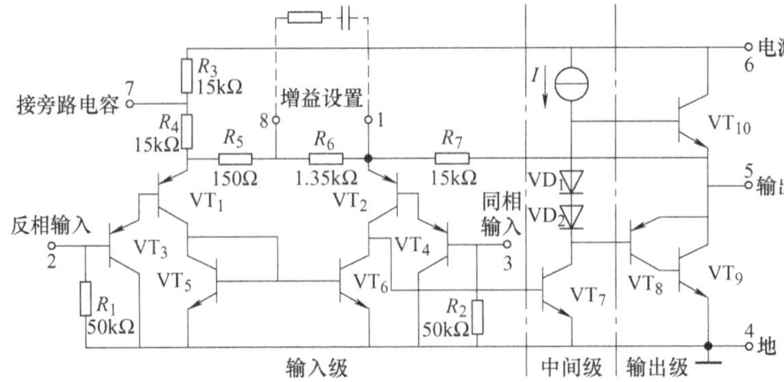

图 5.5.2　LM386 内部电路原理

图 5.5.2 中，输入级为差分放大电路，VT_1 和 VT_3、VT_2 和 VT_4 分别构成复合管，作为差分放大电路的放大管；VT_5 和 VT_6 组成镜像电流源，作为 VT_1 和 VT_2 的有源负载。中间级为 VT_7 组成的共射极放大电路，恒流源作为 VT_7 的有源负载，以提高其放大倍数。输出级为单电源供电的 OTL 功率放大电路，VT_8 和 VT_9 复合成 PNP 管与 NPN 管 VT_{10} 构成互补推挽功率放大电路；二极管 VD_1 和 VD_2 为输出级提供合适的偏置电压，以消除交越失真。

2. LM386 的外部引脚和电压放大倍数

LM386 的外部引脚如图 5.5.3 所示。引脚 2 为反相输入端，引脚 3 为同相输入端，引脚 5 为输出端。引脚 6 和引脚 4 分别为电源和地，引脚 1 和引脚 8 为电压增益设定端，通过在引脚 1 和引脚 8 之间接入阻容电路，可改变放大电路的增益。使用时在引脚 7 和地之间接旁路电容，通常取 10μF。

在引脚 1 和引脚 8 之间开路的情况下，LM386 的闭环电压增益为

$$A_u=\frac{2R_7}{R_5+R_6}$$

将图 5.5.2 中的电阻值代入上式，可得 $A_u\approx20$。

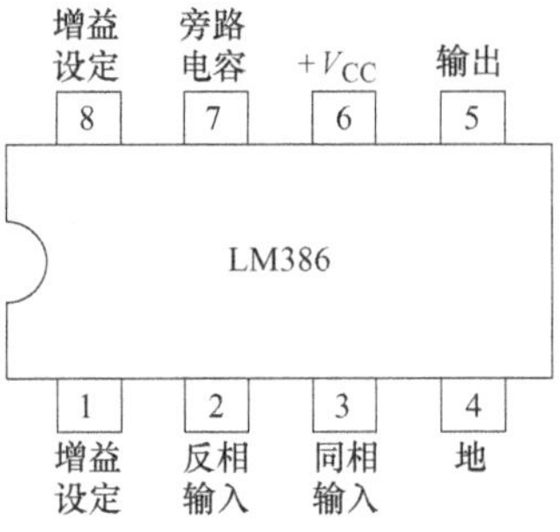

图 5.5.3　LM386 的外部引脚

在引脚 1 和引脚 8 之间外接电阻时，应只改变交流通路，所以需要在外接电阻回路中串联一个大电容，如图 5.5.2 所示。若在引脚 1 和引脚 8 之间接入 *RC* 电路，其电阻值为 *R*，则增益为

$$A_u=\frac{2R_7}{R_5+R_6//R}$$

若引脚 1 和引脚 8 对交流信号相当于短接，则电压增益为

$$A_u=\frac{2R_7}{R_5}$$

将图 5.5.2 中电阻的值代入上式，得 $A_u\approx200$。可见引脚 1 和引脚 8 之间外接不同的电阻时，电压增益的变化范围为 20~200。

实际上，在引脚 1 和引脚 5 之间外接电阻也可以改变电路的电压放大倍数。设引脚 1 和引脚 5 之间外接的电阻为 R'，则

$$A_u=\frac{2(R_7+R')}{R_5+R_6}$$

5.5.3 集成功率放大电路的主要性能指标

集成功率放大电路最主要的性能指标是最大输出功率，其次有电源电压范围、电源静态电流、电压增益、带宽、输入阻抗、输入偏置电流、总谐波失真等。

如 LM386—1 和 LM386—3 的电源电压为 4~12V，LM386—4 的电源电压为 5~18V。因此，对于同一负载，当电源电压不同时，最大输出功率的数值会不同；对于同一电源电压，当负载不同时，最大输出功率的数值也将不同。通过查阅手册，可以知道电源的静态电流和负载最大电流，从而获得电源的总功率以及电路的效率。

5.5.4 集成功率放大电路的应用

1. 集成 OTL 电路的应用

图 5.5.4 所示为 LM386 的一种基本应用电路，也是外接元器件最少的一种用法。C_1 为输出电容。引脚 1 和引脚 8 之间开路，总的电压放大倍数为 20。调节 RP 滑动头的位置，改变输入电压的大小，可调节扬声器音量。R 和 C_2 构成的校正网络用来进行相位补偿。

设负载电阻为 R_L，则电路的最大输出功率为

$$P_{om}=\frac{\left(\frac{V_{CC}}{2}\right)^2}{2R_L}=\frac{V_{CC}^2}{8R_L}$$

当 $V_{CC}=16V$，$R_L=32\Omega$ 时，$P_{om}\approx 1W$。

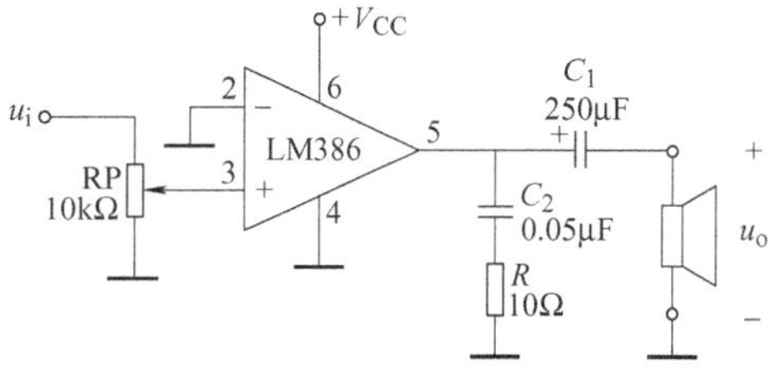

图 5.5.4 LM386 的一种基本用法

图 5.5.5 为 LM386 增益最大时的用法。C_3 使引脚 1 和引脚 8 在交流通路中短路，因此，$A_u\approx 200$；C_4 为旁路电容，C_5 为去耦电容，以滤掉电源的高频成分。当 $V_{CC}=16V$，$R_L=32\Omega$ 时，$P_{om}\approx 1W$。

2. 集成 OCL 电路的应用

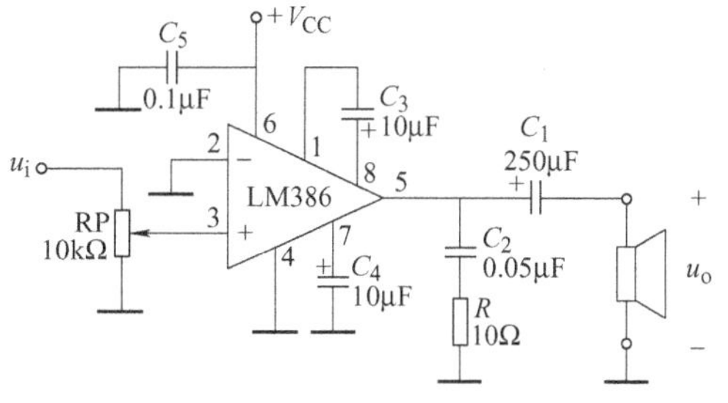

图 5.5.5 LM386 增益最大时的用法

图 5.5.6 所示是由集成功率放大器 LM3886T 构成的 OCL 音频功率放大器，图中只画出了一个声道的电路，另外一个声道电路相同。整个放大器由两部分构成，一部分是由运算放大器 NE5532 构成的前置级，起信号输入和电压放大作用，电压增益由 R_6 和 R_9 决定；另一部分由集成功率放大器 LM3886T 构成，承担电压放大和功率（电流）放大的作用，电压增益由 R_5 和 R_{10} 决定。从以上分析可知，整个音频功率放大器的电压增益由 NE5532 构成的前置级和 LM3886T 构成功率放大级共同提供，这样设计的原因主要如下：

1）整个功率放大器需要有一定的电压增益，由于 NE5532 供电电源的最大范围为 ±18V，基于可靠性考虑，图 5.5.6 中采用±15V 电源，因此 NE5532 构成的前置级电压增益

不能过大，否则会在大动态时产生非线性失真。

2）由 NE5532 构成的前级设置较小的电压增益，以有利于前级电路的稳定工作。

3）LM3886T 有较大的开环电压增益，可达 115dB，可提供稳定的电压增益。

图 5.5.6 中 C_4 是耦合电容，C_1、C_9、C_2、C_{12}、C_7、C_{13} 为直流电源退耦电容。R_6、C_6、R_9、C_{14} 构成 NE5532 的反馈电路，其中 C_{14} 起到相位补偿作用，避免放大器自激。R_5、R_{10}、C_8 构成 LM3386T 的反馈电路。R_7 和 C_3 构成开机静音控制电路，避免开机冲击电流过大烧坏扬声器，R_7 和 C_3 的乘积决定静音时间。R_4 和 C_5 构成“茹贝尔网络”。L_1 和 R_2 起隔离扬声器反向电动势的作用。

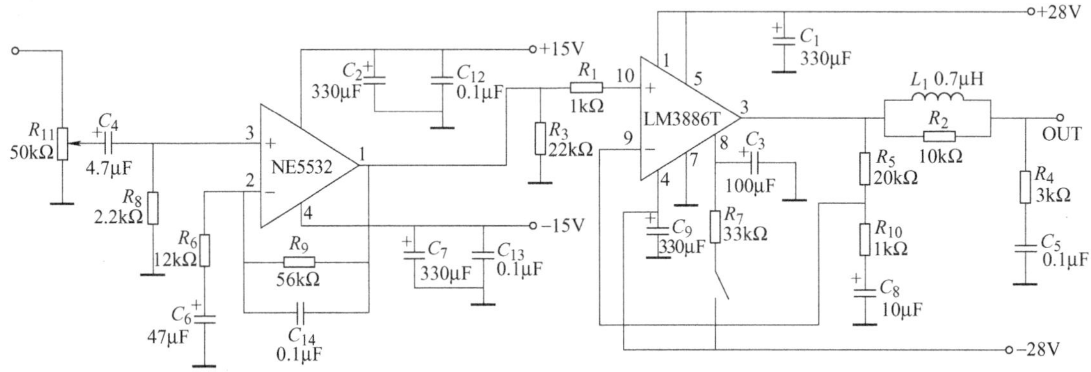

图 5.5.6 LM3886T 构成的音频功率放大器

TDA1521 为 2 通道 OCL 集成电路，可作为立体声扩音机左、右两个声道的功率放大电路。其内部引入了深度电压串联负反馈，闭环电压增益为 30dB，并具有待机、静噪功能以及短路和过热保护。图 5.5.7 所示为 TDA1521 的基本应用电路。

【例 5.5.1】 图 5.5.8 所示电路中，已知 $V_{CC}=15V$，VT_1 和 VT_2 的饱和管压降 $|U_{CES}|=2V$，输入电压足够大。求：

1）最大不失真输出电压的有效值；

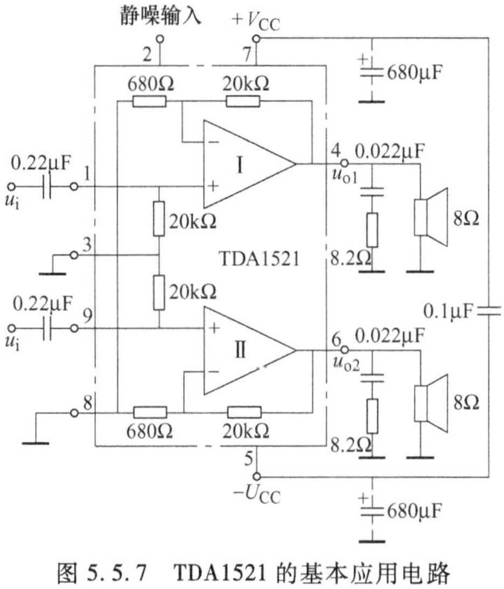

图 5.5.7 TDA1521 的基本应用电路

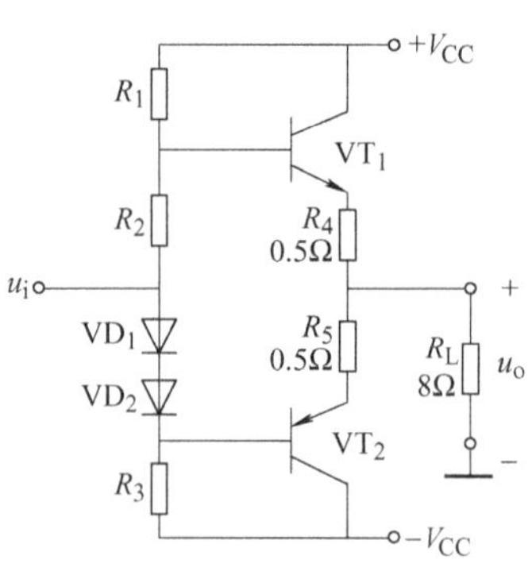

图 5.5.8 例 5.5.1 图

2）负载电阻 R_L 上电流的最大值；

3）最大输出功率 P_{om} 和效率 η。

解：1）由于 VT_1 导通时，VT_2 截止，电流通过 VT_1、R_4、R_L 流通，因此 R_L 中的最大不失真输出电压有效值

$$U_o=\frac{\frac{R_L}{R_4+R_L}(V_{CC}-U_{CES})}{\sqrt{2}}\approx 8.65V$$

2）负载电流最大值

$$i_{Lmax}=\frac{V_{CC}-U_{CES}}{R_4+R_L}\approx 1.53A$$

3）最大输出功率和效率为

$$P_{om}=\frac{U_{om}^2}{2R_L}=\frac{(\sqrt{2}U_o)^2}{2R_L}\approx 9.35W$$

$$\eta=\frac{\pi}{4}\frac{V_{CC}-U_{CES}-U_{R_4}}{V_{CC}}\approx 64\%$$

式中，R_4 上的最大电压等于 $i_{Lmax}R_4=0.765V$。

图 5.5.8 所示的电路能够改善放大电路的温度特性。由于功率放大电路中的功率晶体管工作在较大的电流状态，导致管子本身发热，U_{BE} 下降，静态工作点变化，并使放大电路的静态工作点不稳定。在 VT_1、VT_2 的发射极加入 R_4 和 R_5 可以改善放大电路的温度特性，稳定放大电路的静态工作点。

本章小结

本章主要学习功率放大电路的组成、工作原理、输出功率和效率的估算，以及集成功率放大器的应用。现就各部分归纳如下：

1）功率放大电路是在电源电压一定的情况下，以输出尽可能大的不失真信号功率和具有尽可能高的转换效率为原则组成。由于功率放大电路常为多级放大电路的输出级，需要直接驱动负载，因此应具有尽可能小的输出电阻，所以电路的基本形式是射极（源极）跟随器。为了降低电路内部晶体管的功率损耗，提高放大电路的效率，采用互补推挽式电路结构。

2）功率晶体管常工作在信号变化范围较大的状态，因此小信号等效电路法不能使用，分析中常采用图解法。具体分析时，首先根据输入电压，求出功率放大电路的输出电压，并取其幅值为 U_{om}，则功率放大电路的输出功率、功率晶体管的功率损耗及电路的效率分别为

$$P_o=\frac{U_{om}^2}{2R_L}$$

$$P_T=\frac{2}{R_L}\left(\frac{V_{CC}U_{om}}{\pi}-\frac{U_{om}^2}{4}\right)$$

$$\eta=\frac{\pi}{4}\frac{U_{om}}{V_{CC}}$$

如果输入信号不是足够大，输出电压的幅值 U_{om} 约等于输入电压的幅值。当输入信号足够大时，最大不失真输出电压的幅值 U_{om} 取决于 $V_{CC}-U_{CES}$。

3）功率放大电路中的功率晶体管，应按照下列原则选取：$U_{(BR)CEO}>2V_{CC}$，$I_{CM}>V_{CC}/R_L$，$P_{CM}>0.2P_{omax}$。

4）各种功率放大电路均有不同性能指标的集成电路，只需外接少量元器件，就可成为实用电路。在集成功率放大电路内部均有保护电路，以防止功率晶体管过电流、过电压、过损耗或二次击穿。

学习本章，应能达到下列要求：

1）掌握下列概念：放大电路的甲类、乙类和甲乙类工作状态，最大输出功率、转换效率。

2）理解功率放大电路的组成原则，掌握双电源供电的甲乙类互补电路的工作原理和分析计算，并了解其他类型功率放大电路的特点。

3）理解功率放大电路最大输出功率和效率的分析方法，了解功率晶体管的选择方法。

4）了解集成功率放大电路的应用。

思　考　题

5.1　电压放大电路和功率放大电路有什么区别？如何评价？

5.2　功率放大电路的输出功率是交流功率、还是直流功率？

5.3　功率放大电路有哪些类型？各有什么特点？

5.4　功率晶体管和小信号放大电路中晶体管的选择有何不同？如何选择？

5.5　设放大电路的输入信号为正弦波，问在什么情况下，电路的输出波形既出现饱和失真又出现截止失真？在什么情况下会出现交越失真？用波形示意图说明这两种失真的区别。

5.6　简述如何测量互补对称功率放大电路的最大输出功率。要求所用仪器不超出常用实验仪器的范围（信号发生器、示波器、交流毫伏表、万用表、直流稳压电源）。

5.7　小李有一台用 OTL 电路作功率输出级的录音机，最大输出功率为 20W。机内扬声器（阻抗为 8Ω）已损坏。为了提高放音质量，拟改用外接音箱。但商店中只有 10W、16Ω 和 20W、4Ω 两种规格的音箱出售，不知道选用哪种好。问：从设备安全考虑，你认为上述两种音箱中哪一种可以采用？或都不能用？如能用，有可能如何用？

5.8　一个变压器耦合单管功率放大电路，负载上得到的最大功率 $P_{om}=0.8$W，变压器功率 $\eta_T=0.8$，电源电压 $V_{CC}=6$V，问该功率放大电路的最佳负载 R_L 应如何考虑（忽略晶体管饱和压降 U_{CES}）？

5.9　对 OCL 乙类功率放大电路，当输出信号电压大约是最大不失真输出电压的百分之几时，功率晶体管的管耗最大？这时，每个管子的管耗大约是最大失真输出功率的百分之几（忽略晶体管饱和压降 U_{CES}）？

5.10　以两只 3AD6C 晶体管作为 OTL 输出级的乙类功率放大电路，已知 $V_{CC}=24$V，

$R_L = 8\Omega$。问上述型号的管子是否适用？3AD6C 的参数为 $P_{CM} = 10W$，$I_{CM} = 2A$，$U_{(BR)CEO} = 50V$（忽略晶体管饱和压降 U_{CES}）。

5.11　当要求输出功率较大（如 50W 以上）时，如果负载电阻很小（4Ω 以下）或很大（30Ω 以上），往往不采用 OTL 功率放大电路，而采用有输出变压器的推挽功率放大电路。试问这是为什么？

习　　题

5.1　图 T5.1 所示为一 OCL 电路，已知 u_i 为正弦电压，$R_L = 16\Omega$，要求最大输出功率为 10W。在晶体管的饱和管压降可以忽略不计的条件下，求出下列各值：

（1）正负电源 V_{CC} 最小值（取整数）；

（2）根据 V_{CC} 最小值，得到的晶体管 I_{CM}、$|U_{(BR)CEO}|$的最大值；

（3）每个管子的管耗的最大值；

（4）当输出功率最大时，求输入电压的有效值。

5.2　已知电路如图 T5.2 所示，VT_1 和 VT_2 的饱和管压降$|U_{CES}| = 2V$，$V_{CC} = 12V$，$R_L = 8\Omega$，输入电压足够大。试问：

（1）电路中 VD_1 和 VD_2 管的作用是什么？

（2）最大输出功率和效率各为多少？

（3）晶体管的最大功耗 P_{Tmax} 为多少？

（4）为了使输出功率达到最大，输入电压的有效值约为多少？

5.3　电路如图 T5.3 所示。已知电压放大倍数为 -80，输入电压 u_i 为正弦波，VT_2 和 VT_3 的饱和压降$|U_{CES}| = 1.5V$。试问：

（1）在不失真的情况下，输入电压最大有效值 U_{imax} 为多少？

（2）若 $u_i = 10mV$（有效值），则 u_o = ？若此时 R_3 开路，则 u_o = ？若 R_3 短路，则 u_o = ？

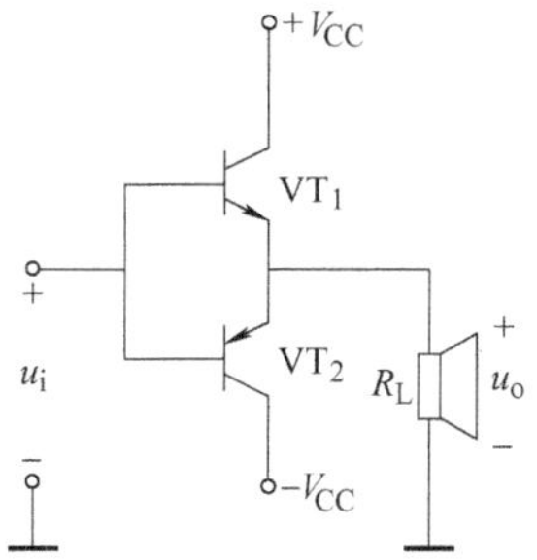

图 T5.1

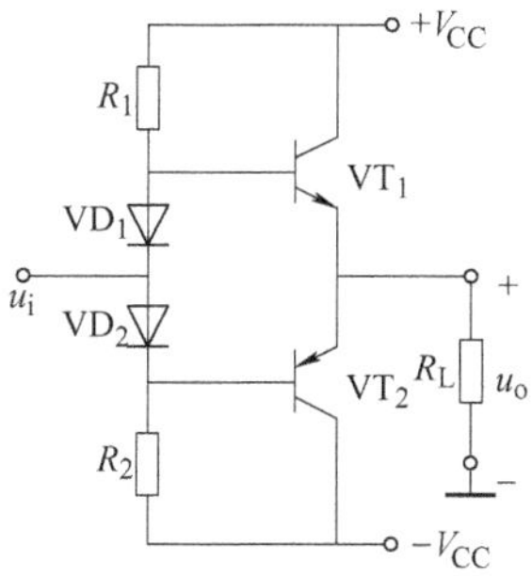

图 T5.2

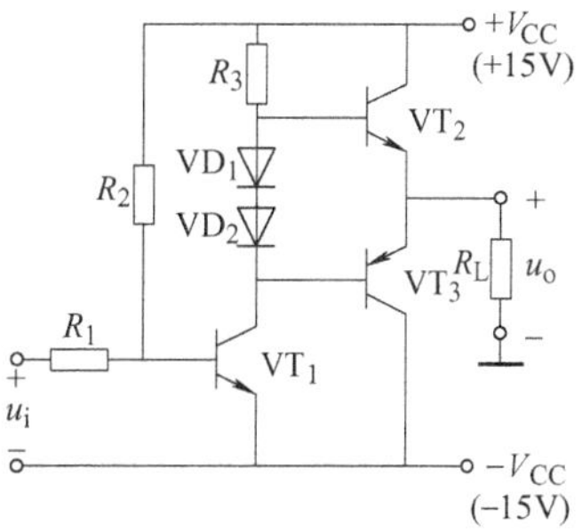

图 T5.3

5.4　在图 T5.4 所示电路中，已知 $V_{CC} = 15V$，VT_1 和 VT_2 管的饱和管压降$|U_{CES}| = 2V$，输入电压足够大。求解：

（1）静态时，负载 R_L 中的电流应为多少？

（2）若输出电压波形出现交越失真，应调整哪个电阻？如何调整？

（3）若二极管 VD_1 或 VD_2 的极性接反，将产生什么后果？

（4）若 VD_1、VD_2、R_2 三个元器件中任一个发生开路，将产生什么后果？

（5）估算最大不失真输出电压的有效值；

（6）估算负载电阻 R_L 上电流的最大值；

（7）估算可能的最大输出功率和效率。

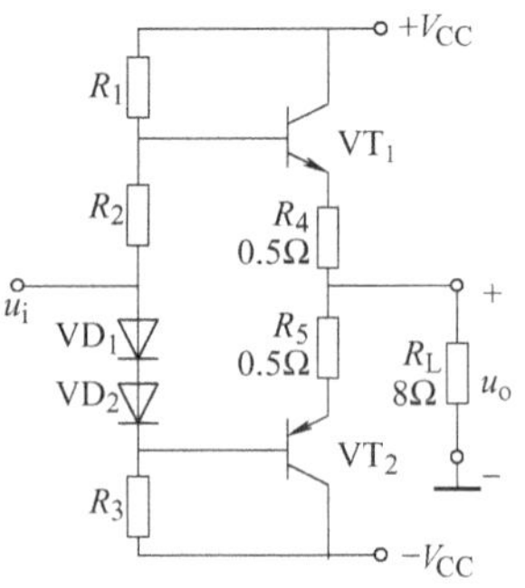

图 T5.4

5.5　在图 T5.5 所示互补对称电路中，已知 $V_{CC}=12V$，$R_L=8\Omega$，晶体管的饱和管压降 $U_{CES}=2V$。

（1）试估算电路可能的最大输出功率；

（2）估算电路中直流电源消耗的功率和电路的效率。

（3）晶体管的最大功耗等于多少？

（4）流过晶体管的最大集电极电流等于多少？

（5）晶体管集电极和发射极之间承受的最大电压等于多少？

（6）为了在负载上得到最大输出功率 P_{omax}，输入端最大的正弦电压有效值大约等于多少？

5.6　分析图 T5.6 中的 OTL 电路原理，试回答：

（1）静态时，电容 C_2 两端的电压应该等于多少？

（2）设 $R_1=1.2k\Omega$，晶体管的 $\beta=50$，$P_{Tmax}=200mW$，若电阻 R_2 或某一个二极管开路，晶体管是否安全？

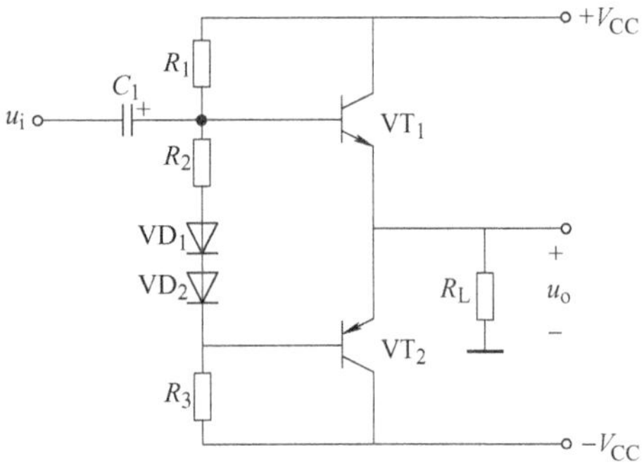

图 T5.5

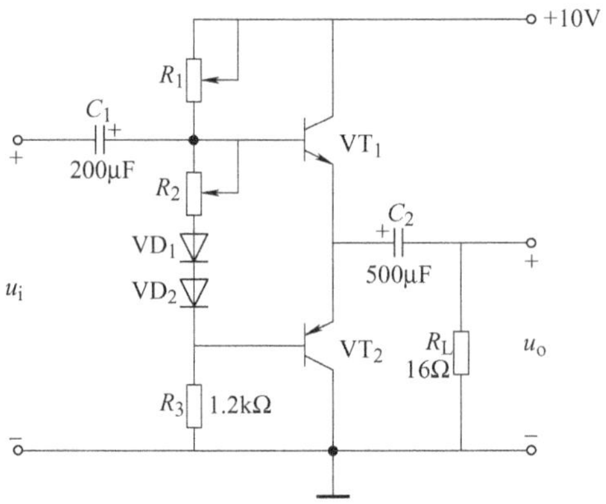

图 T5.6

5.7　在图 T5.7 所示电路中，已知 VT_2 和 VT_4 的饱和管压降 $|U_{CES}|=2V$，静态时电源电流可忽略不计。试问负载上可能获得的最大输出功率和电路的效率各为多少？

5.8　在图 T5.8 所示由复合管组成的互补对称放大电路中，已知电源电压 $V_{CC}=16V$，负载电阻 $R_L=8\Omega$，设功率晶体管 VT_3、VT_4 的饱和管压降 $U_{CES}=2V$，电阻 R_{e3}、R_{e4} 上的压降可以忽略，

（1）试估算电路的最大输出功率；

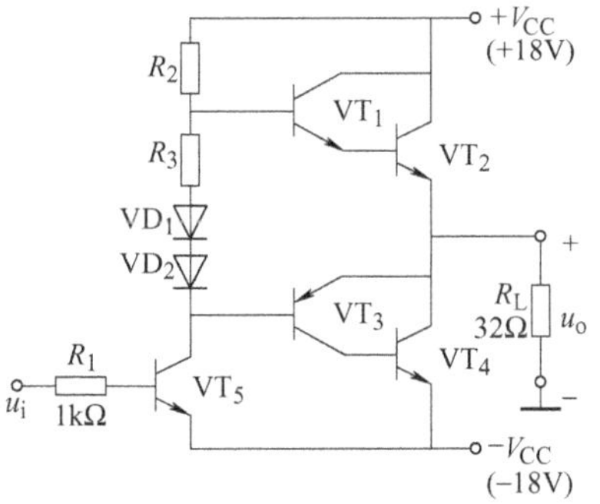

图 T5.7

（2）估算功率晶体管 VT_3、VT_4 的极限参数 I_{Cmax}、$U_{(BR)CEO}$ 和 P_{Tmax}；

（3）假设复合管的总放大系数 $\beta=600$，要求前置放大级提供给复合管基极电流最大值等于多少？

（4）若本电路不采用复合管，而用 $\beta=20$ 的功率晶体管，此时要求前置放大级提供给晶体管基极的电流最大值等于多少？

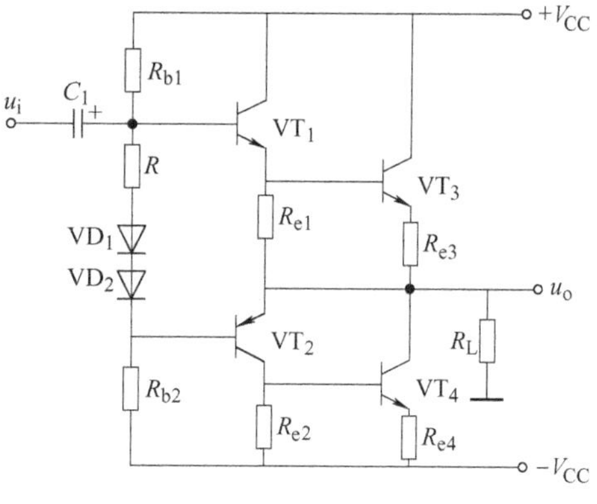

图 T5.8

5.9　图 T5.9 所示为三种功率放大电路。已知图中所有晶体管的电流放大系数、饱和管压降的数值等参数完全相同，导通时 b-e 间电压可忽略不计；电源电压 V_{CC} 和负载电阻 R_L 均相等。试分析：

（1）下列各电路的是何种功率放大电路。

（2）静态时，晶体管发射极电位 U_E 为零的电路有哪些？为什么？

（3）试分析在输入正弦波信号的正半周，图 T5.9a～c 中，导通的晶体管分别是哪个？

（4）负载电阻 R_L 获得的最大输出功率的电路为何种电路？

（5）何种电路的效率最低。

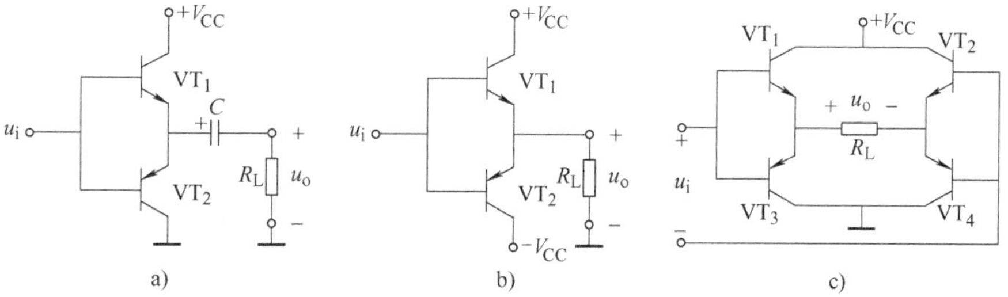

图 T5.9

5.10　利用 Multisim 软件仿真基本互补输出电路如图 T5.1 所示，以及消除交越失真电路如图 T5.2 所示。晶体管采用 NPN 型 2N3904 和 PNP 型 2N3906。二极管采用 1N4009。仿真内容：

（1）用直流电压表测量两个晶体管的基极和发射极电位，得到静态工作点；

（2）用示波器分别观察两个电路输入信号波形和输出信号波形，并测试输出电压幅值。

第6章　多级放大电路和集成运算放大器

引言

为了满足放大电路多个方面的性能要求，常采用多级放大电路。把整个电路中的所有元器件制作在硅基片上，构成多种功能的电子电路，称为集成电路。集成电路有数字集成电路和模拟集成电路之分。模拟集成电路主要有运算放大器、功率放大器、模拟乘法器、模拟锁相环、模/数和数/模转换器、稳压电源等。

本章主要讨论多级放大电路的组成，集成运算放大器的基本单元电路，典型集成运算放大器电路及其性能指标。介绍理想集成运算放大器的分析依据及其使用中的几个问题。

6.1　多级放大电路的耦合方式与集成运算放大器简介

实际应用中，常对放大电路的性能提出多方面的要求，如要求放大电路的输入电阻大于2MΩ、电压放大倍数大于2000、输出电阻小于200Ω等。仅靠前面所讲的任何一种基本的单级放大电路都不能同时满足上述要求，解决办法是利用多个基本的单级放大电路，将它们合理地连接起来，构成多级放大电路。

6.1.1　多级放大电路的耦合方式

组成多级放大电路的每一个基本放大电路称为一级，级和级之间的连接称为级间耦合。多级放大电路常见的耦合方式有直接耦合和阻容耦合。

1. 直接耦合

将前一级的输出端直接连接到后一级的输入端，称为直接耦合，如图6.1.1a~d所示。图6.1.1a所示电路省去了第二级的基极电阻，而使 R_{c1} 既作为第一级的集电极电阻，又作为第二级的基极电阻，只要 R_{c1} 取值合适，就可以为 VT_2 提供合适的基极电流。但从图6.1.1a中不难看出，静态时，VT_1 的管压降 U_{CEQ1} 等于 VT_2 的b-e间电压 U_{BEQ2}。通常情况下，U_{BEQ2} 约为0.7V，若 VT_1 为硅管，则 VT_1 的静态工作点将靠近饱和区，在动态信号作用时容易引起饱和失真。因此，为使第一级有合适的静态工作点，就要抬高 VT_2 的基极电位。为此，可以在 VT_2 的发射极加电阻 R_{e2}，如图6.1.1b所示。增加 R_{e2} 后，虽然在参数取值适当时，两级均可有合适的静态工作点，但是，R_{e2} 会使第二级的电压放大倍数大大下降，从而影响整个电路的放大能力。因此，需要选择一种器件取代 R_{e2}，它应对直流量和交流量呈现出不同的特性；对直流量，它相当于一个电压源；而对交流量，它等效成一个小电阻。这样，既可以设置合适的静态工作点，又对放大电路的放大能力影响不大。二极管和稳压管都具有上述特性。

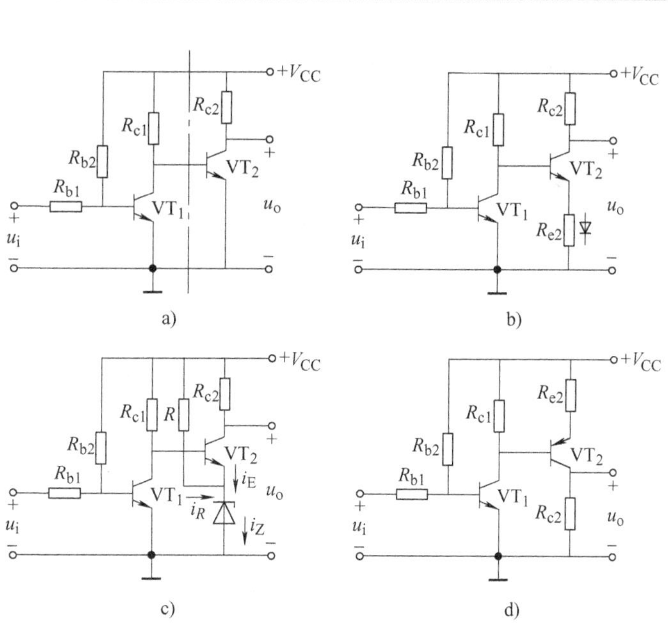

图 6.1.1　直接耦合放大电路

通过第 1 章对二极管正向特性的分析可知，当二极管通过直流电流时，在伏安特性上可以确定它的端电压 U_D；而在这个直流信号上叠加一个交流信号时，二极管的动态电阻为 du_D/di_D，对于小功率管，其值仅为几欧至几十欧。若要求 VT_1 的管压降 U_{CEQ1} 的数值小于 2V，则可用一只或两只二极管取代 R_{e2}，如图 6.1.1b 所示。

通过第 1 章对稳压管反向特性的分析可知，当稳压管工作在击穿状态时，在一定的电流范围内，其端电压基本不变，并且动态电阻也仅为十几欧，所以可用稳压管取代 R_{e2}，如图 6.1.1c 所示。为了保证稳压管工作在稳压状态，图 6.1.1c 中电阻 R 的电流 i_R 流经稳压管，使稳压管中的电流大于最小稳定电流，小于最大稳定电流，稳压管安全地工作在反向击穿区。并根据 VT_1 管管压降 U_{CEQ1} 所需的数值，选取稳压管的稳定电压 U_Z。

在图 6.1.1a~c 所示电路中，为使各级晶体管都工作在放大区，必然要求 NPN 管的集电极电位高于其基极电位。可以设想，如果级数增多，且仍为 NPN 管构成的共射极放大电路，则由于集电极电位逐渐升高，以至于接近电源电压，势必使后级的静态工作点不合适。因此，直接耦合多级放大电路常采用 NPN 型管和 PNP 型管混合使用的方法解决上述问题，如图 6.1.1d 所示。图中，虽然 VT_1 的集电极电位高于其基极电位，但是为使 VT_2 工作在放大区，VT_2 的集电极电位应低于其基极电位，这种 NPN 型和 PNP 型晶体管的组合应用，使各级放大电路均有合适的静态工作点。

直接耦合放大电路中没有大容量的耦合电容，所以易于将全部元器件集成在一片硅片上，构成集成放大电路。由于电子工业的飞速发展，集成放大电路的性能越来越好，种类越来越多，价格也越来越便宜，所以凡能用集成放大电路的场合，一般不再使用分立元器件放大电路。

直接耦合放大电路的各级静态工作点互相影响，给电路的分析、设计和调试带来一定的困难。在计算静态工作点时，需要写出直流通路中各个回路的方程，然后求解多元一次方程，获得静态工作点的值。实际应用时，可采用各种计算机辅助分析方法。

直接耦合多级放大电路的级与级之间采用直接连接，没有耦合电容，其低频响应特性很好，下限截止频率几乎可以到零，因此，很适合放大变化缓慢的信号或直流信号。但直接耦合放大电路的零点漂移会逐级传递和放大，需要采取有效的措施加以抑制。用于克服直接耦合放大电路零点漂移的差分放大电路将在本章后续章节中讲述。

2. 阻容耦合

将放大电路的前级输出端通过电容接到后级输入端，称为阻容耦合。图 6.1.2 所示为两级阻容耦合放大电路，第一级为共射极放大电路，第二极为共集电极放大电路。

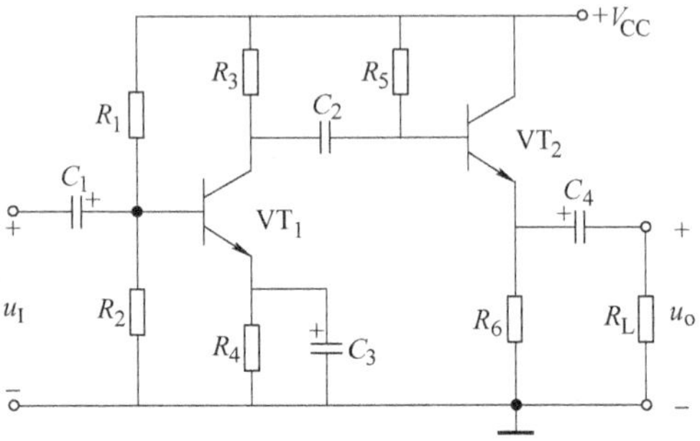

图 6.1.2　阻容耦合放大电路

由于电容对直流量的电抗为无穷大，因而阻容耦合放大电路各级之间的直流通路互不相通，各级的静态工作点相互独立，在求解或实际调试 Q 点时可按单级处理，所以电路的分析、设计和调试简单易行。当需要放大的交流输入信号频率较高，耦合电容容量较大时，前级的输出信号就可以几乎没有衰减地传递到后级的输入端，因此，在分立元器件电路中，阻容耦合方式得到了非常广泛的应用。

阻容耦合放大电路的低频特性差，不能放大变化缓慢的信号。这是因为耦合电容对这类信号呈现出较大的容抗，信号的一部分衰减在耦合电容上，难以向后级传递。此外，在集成电路中制造大容量电容很困难，甚至不可能，所以这种耦合方式不便于集成化。

6.1.2　集成运算放大器简介

集成电路是 20 世纪 60 年代发展起来的，它是采用一定的半导体工艺，将双极结型晶体管、场效应晶体管、二极管、电阻、电容以及它们之间的连线所组成的整个电路集成在一块半导体基片上，加上适当的封装，构成一个完整的具有一定功能的电路，称为集成电路。集成电路的体积小、性能好、功能多，得到了非常广泛的应用。

集成电路按功能分为模拟集成电路和数字集成电路。模拟集成电路种类繁多，主要有运算放大器、宽频带放大器、功率放大器、模拟乘法器、模拟锁相环、模/数和数/模转换器、稳压电源电路等。和分立元器件电路相比，模拟集成电路有以下主要特点：

1）电路结构与参数具有对称性：电路中各元器件制作在同一硅片上，通过相同的工艺制造，因此，元器件参数绝对值有同向的偏差，温度均一性好，容易制成两个特性相同的管子或阻值相等的电阻。

2）用有源器件代替无源器件：电路中的电阻元件一般由硅半导体的体电阻构成，阻值范围一般为几十欧到几十千欧，阻值范围不大。此外，电阻的精度不易控制，误差一般达 10%～20%。因此，集成电路中高阻值的电阻多用晶体管或场效应晶体管等有源器件构成的恒流源电路来代替。

3）采用复合结构的电路：复合结构电路性能好，制作容易，因此在集成电路中广泛使用复合管、共射-共基、共集-共基等组合电路。

4）极间采用直接耦合方式：集成电路中的大电容难以制作，几十皮法以下的电容常用 PN 结的结电容构成，误差也较大，所以，在集成电路中，极间一般采用直接耦合方式。

5）电路中使用的二极管多用作温度补偿器件或电位移动电路，大多由晶体管的发射结构成。

模拟集成电路中的集成放大器最初用于各种模拟信号的运算，如比例、求和、积分、微分等，故称为集成运算放大器，简称集成运放，集成运放广泛应用于模拟信号的处理和产生电路中。集成运放一般由输入级、中间级、输出级和偏置电路构成，如图 6.1.3 所示。

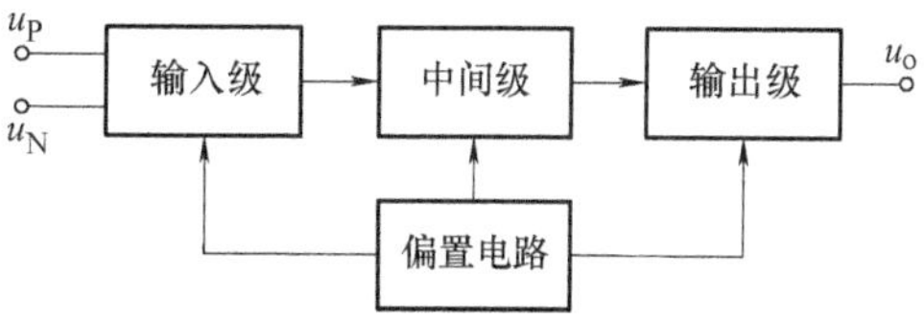

图 6.1.3　集成运放的构成

偏置电路给放大部分提供稳定的偏置电流，在集成电路中，偏置电流由电流源这种单元电路来产生，同时电流源电路常作为放大电路中的有源负载，因此电流源电路是集成电路中的一种基本电路。

集成放大电路中，为了克服级间直接耦合带来的零点漂移问题，输入级一般采用差分式电路结构，差分电路的分析和计算是本章的重点。

中间级一般完成电压放大的功能，由第 2 章、第 3 章的基本共射极（共源极）或共基极（漏极）放大电路完成。输出级完成功率放大，一般由第 5 章的甲乙类互补功率放大电路或射极输出器完成。

作为应用领域的工程师，大多数情况下，是根据设计要求，选用适当的集成电路来实现要求的功能，因此，掌握集成电路的外特性及其参数，对集成电路的应用至关重要。

图 6.1.4 所示是集成运放的电路图形符号。集成运放有同相输入和反相输入两个输入端，分别标有+和-号，有一个输出端。送入同相端的电压用 u_P 或 u_+ 表示，送入反相端的电压用 u_N 或 u_- 表示，输出电压用 u_o 表示。若信号从同相输入端输入，则输出和输入之间同相位；若信号从反相输入端输入，则输出和输入之间反相位。在图形符号内标的字母 A 表示输出电压和输入电压之间的放大倍数。

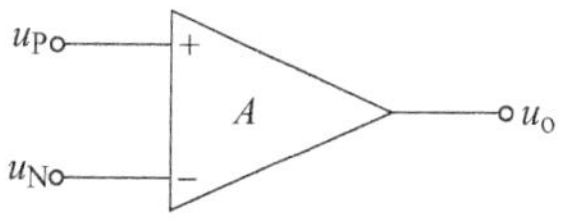

图 6.1.4　集成运放的电路图形符号

6.2　集成放大电路中的电流源

6.2.1　几种常见的电流源

1. 镜像电流源

镜像电流源电路如图 6.2.1 所示。设 VT_0、VT_1 参数对称，则

$$U_{BE1}=U_{BE0}=U_{BE} \qquad I_{C1}=I_{C0}=I_C$$

由于

$$I_R=I_{C0}+2I_B=I_{C1}+2\frac{I_{C1}}{\beta}=I_{C1}\left(\frac{\beta+2}{\beta}\right)$$

因此电流源的输出电流

$$I_{C1}=\frac{\beta}{\beta+2}I_R \tag{6.2.1}$$

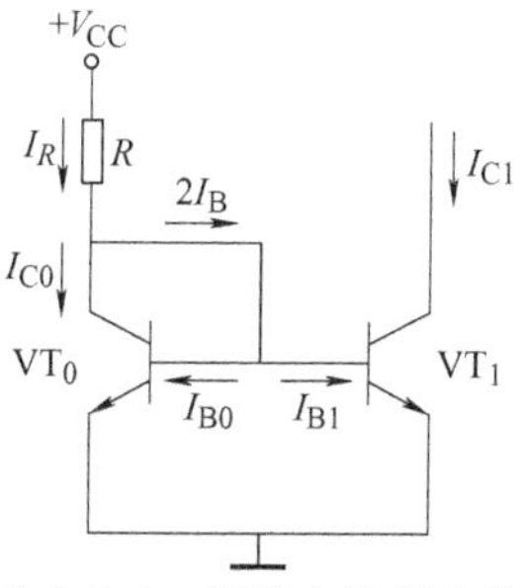

图 6.2.1　镜像电流源电路

当晶体管的 β 比较大时，基极电流 I_B 可以忽略，则

$$I_{C1} \approx I_R \tag{6.2.2}$$

式中

$$I_R = \frac{V_{CC} - U_{BE}}{R} \approx \frac{V_{CC}}{R} \tag{6.2.3}$$

则

$$I_{C1} \approx \frac{V_{CC}}{R} \tag{6.2.4}$$

I_{C1} 的值只决定于电源电压 V_{CC} 和电阻 R，而与电流源所带负载的值无关，电流源的输出电流 I_{C1} 表现出恒流特性。同时可把 I_{C1} 看成 I_{C0} 的镜像，故称为镜像电流源。

电流源表现出的交流电阻是电流源电路输出端的动态电阻，在电路动态分析中经常用到。如图 6.2.2 所示，按照“电路”课程中学过的方法，在输出端口加电压 u_{VT}，求得电流 i_{VT}，则输出电阻为

$$r_o = \frac{u_{VT}}{i_{VT}}$$

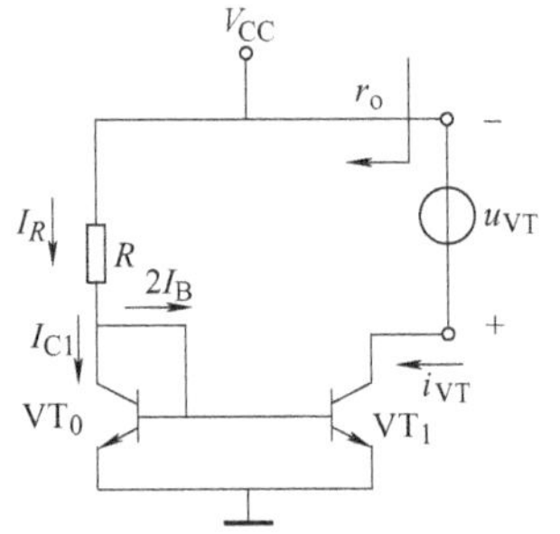

图 6.2.2　电流源电路的输出电阻

在交流通路中，求该电阻。则图 6.2.2 所示电流源的交流输出电阻

$$r_o = \frac{\dot{U}_{VT}}{\dot{I}_{VT}} = r_{ce1} \tag{6.2.5}$$

该电阻是晶体管在共射（共源）极接法时的输出电阻，其值很大，一般在几百千欧以上。

图 6.2.1 所示的电路也存在问题。当 β 不是足够大时，基极电流不能忽略，$I_{C0}(I_{C1})$ 和 I_R 就存在一定的差别，为此引入带有缓冲级的镜像电流源，如图 6.2.3 所示。该电路利用 VT_2 的电流放大作用，由 I_{E2} 向 VT_0、VT_1 提供合适的基极电流，减小了 I_{B2} 对 I_R 的分流作用，使 I_R 和 I_{C0} 更加接近。

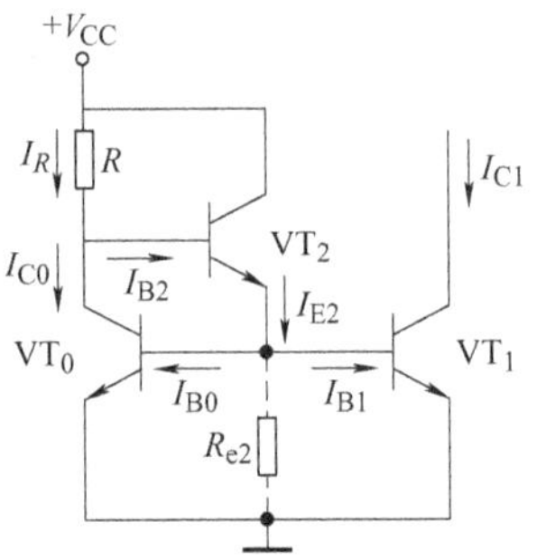

图 6.2.3　带有缓冲级的镜像电流源

图 6.2.3 中，有

$$I_{C1} = I_{C0} = I_R - I_{B2} = I_R - \frac{I_{E2}}{1+\beta} = I_R - \frac{2I_{B1}}{1+\beta} = I_R - \frac{2I_{C1}}{(1+\beta)\beta}$$

则电流源的输出电流

$$I_{C1} = \frac{I_R}{1 + \frac{2}{(1+\beta)\beta}} \approx I_R \tag{6.2.6}$$

式中

$$I_R = \frac{V_{CC} - 2U_{BE}}{R} \approx \frac{V_{CC}}{R} \tag{6.2.7}$$

镜像电流源电路适合于需要较大负载电流（mA 级）的场合，若需要较小的电流值，则 R 的值会很大，在集成电路中难以实现，因此需要研究能提供微电流的恒流源。

2. 微电流源

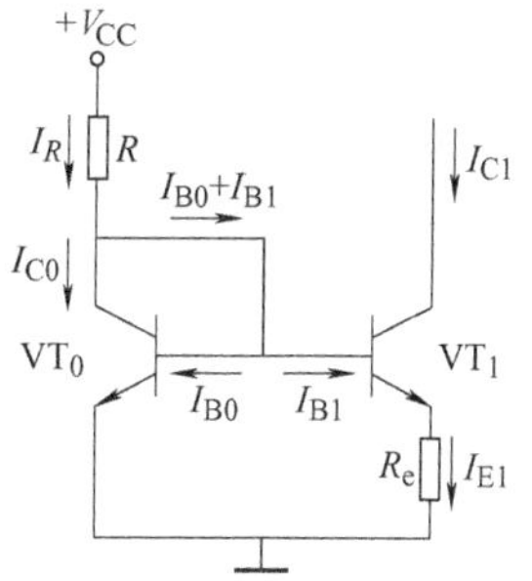

图 6.2.4 微电流源电路

在镜像电流源基础上，在 VT_1 的发射极加入电阻 R_e，构成微电流源，电路如图 6.2.4 所示。图中

$$I_{C1} \approx I_{E1} = \frac{U_{BE0}-U_{BE1}}{R_e} = \frac{\Delta U_{BE}}{R_e}$$

由于 ΔU_{BE} 很小，因此 I_{C1} 也很小，而

$$\Delta U_{BE} = U_{BE0}-U_{BE1} = I_{E1}R_e = I_{C1}R_e \tag{6.2.8}$$

根据第 2 章所学晶体管的知识，有

$$i_C = I_s[\exp(u_{BE}/U_T)-1] \approx I_s\exp\left(\frac{u_{BE}}{U_T}\right)$$

因此有 $U_{BE1} \approx U_T\ln\frac{I_{C1}}{I_s}$，$U_{BE0} \approx U_T\ln\frac{I_R}{I_s}$，代入式（6.2.8）有

$$U_T\ln\frac{I_R}{I_s} - U_T\ln\frac{I_{C1}}{I_s} = I_{C1}R_e$$

解上式得

$$I_{C1} \approx \frac{U_T}{R_e}\ln\frac{I_R}{I_{C1}} \tag{6.2.9}$$

或

$$R_e \approx \frac{U_T}{I_{C1}}\ln\frac{I_R}{I_{C1}} \tag{6.2.10}$$

在已知 R_e 的情况下，式（6.2.9）对 I_{C1} 而言是超越方程，可以通过图解法求出 I_{C1}。应用中，常先确定 I_R 和 I_{C1} 的值，然后根据式（6.2.10）求 R_e 的值。

3. 比例电流源

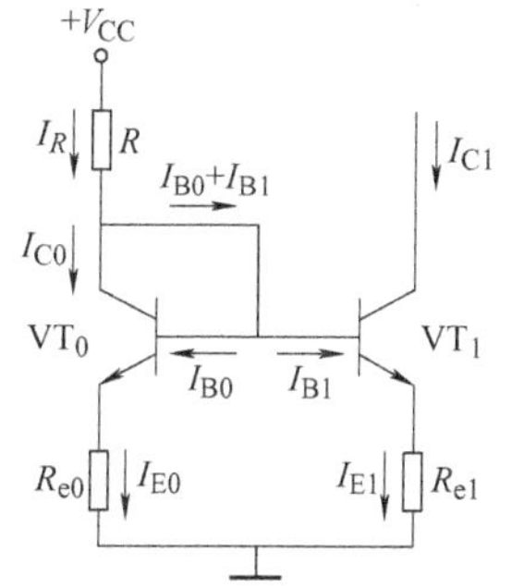

图 6.2.5 比例电流源电路

在镜像电流源的基础上，在 VT_0、VT_1 的发射极回路加入电阻 R_{e0} 和 R_{e1}，构成比例电流源电路，如图 6.2.5 所示。图中有

$$U_{BE0}+I_{E0}R_{e0} = U_{BE1}+I_{E1}R_{e1}$$

因为 $U_{BE0}-U_{BE1} \approx 0$，所以 $I_{E0}R_{e0} = I_{E1}R_{e1}$。当 $\beta \gg 1$ 时，有 $I_{E1} \approx I_{C1}$，$I_{E0} \approx I_R$，则

$$I_{C1} \approx \frac{R_{e0}}{R_{e1}}I_R \tag{6.2.11}$$

改变 R_{e0} 和 R_{e1} 之间的比例关系，可改变输出电流 I_{C1} 和参考电流 I_R 之间的比例关系，其中，$I_R = \frac{V_{CC}-U_{BE}}{R+R_{e0}}$。

4. 多路电流源

集成运放是一个多级放大电路，因此需要多路电流源分别给各级提供合适的静态电流。可以利用一个基准电流获得多个不同的输出电流，以适应多级放大电路的需要。多路输出的电流源电路如图 6.2.6 所示。基准电流为 I_R，I_{C1}、I_{C2} 和 I_{C3} 为各路电流源的输出。

因为各管的 β、U_{BE} 相同，$I_E \approx I_C$，有

$$I_{E0}R_{e0} \approx I_R R_{e0} = I_{C1}R_{e1} = I_{C2}R_{e2} = I_{C3}R_{e3}$$

所以

$$I_{C1} \approx \frac{R_{e0}}{R_{e1}} I_R \qquad I_{C2} \approx \frac{R_{e0}}{R_{e2}} I_R \qquad I_{C3} \approx \frac{R_{e0}}{R_{e3}} I_R \tag{6.2.12}$$

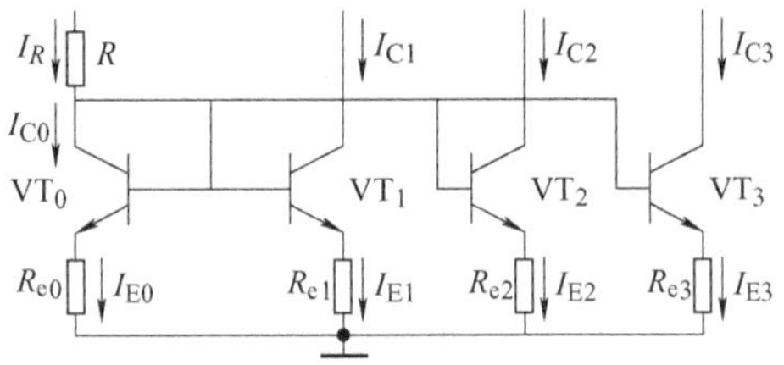

图 6.2.6　多路电流源

由场效应晶体管构成的多路电流源如图 6.2.7 所示。设 $VF_0 \sim VF_3$ 的开启电压均相等，则它们的漏极电流正比于其沟道的宽长比。设 $VF_0 \sim VF_3$ 沟道的宽长比分别为 S_0、S_1、S_2、S_3，则有

$$\frac{I_{D1}}{I_{D0}} = \frac{S_1}{S_0} \qquad \frac{I_{D2}}{I_{D0}} = \frac{S_2}{S_0} \qquad \frac{I_{D3}}{I_{D0}} = \frac{S_3}{S_0}$$

这样，通过改变场效应晶体管的几何尺寸，即可获得各种数值的电流输出。

图 6.2.8 所示为多集电极管构成的多路电流源。当基极电流一定时，各集电极电流之比等于其集电区面积之比。设各集电区的面积分别为 S_0、S_1、S_2，则

$$\frac{I_{C1}}{I_{C0}} = \frac{S_1}{S_0} \qquad \frac{I_{C2}}{I_{C0}} = \frac{S_2}{S_0}$$

为了获得更加稳定的输出电流，多路电流源中可以采用带有射极输出器的电流源和威尔逊电流源等形式，这里不再赘述。

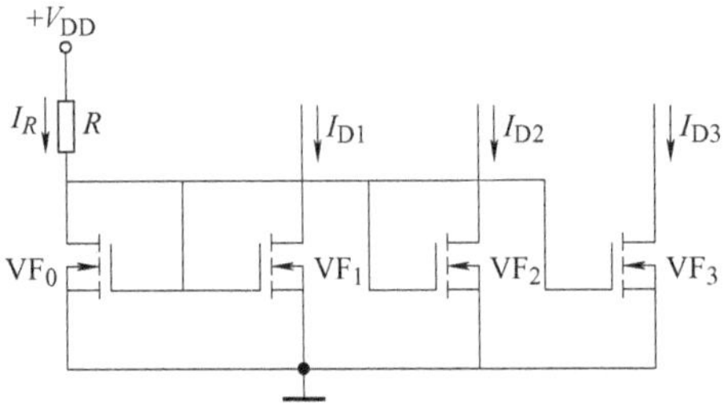

图 6.2.7　场效应晶体管构成的多路电流源

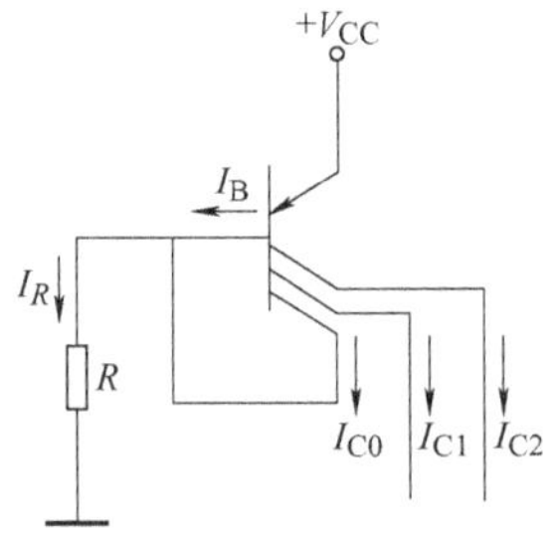

图 6.2.8　多集电极管构成的多路电流源

6.2.2　电流源在集成放大电路中的应用

电流源在集成放大电路中的应用主要表现在两个方面：一是作为偏置电路，为各级放大电路提供合适的静态电流；二是作为放大电路的有源负载。

1. 电流源作为偏置电路

一个简化的多级放大电路如图 6.2.9 所示。图中，电流源 I_1 作为 VT_1、VT_2 构成的差分放大电路的偏置，为其提供合适的静态射极电流。

2. 电流源作为有源负载

电流源作为共射极放大电路有源负载的电路如图 6.2.10a 所示。其中，VT_1

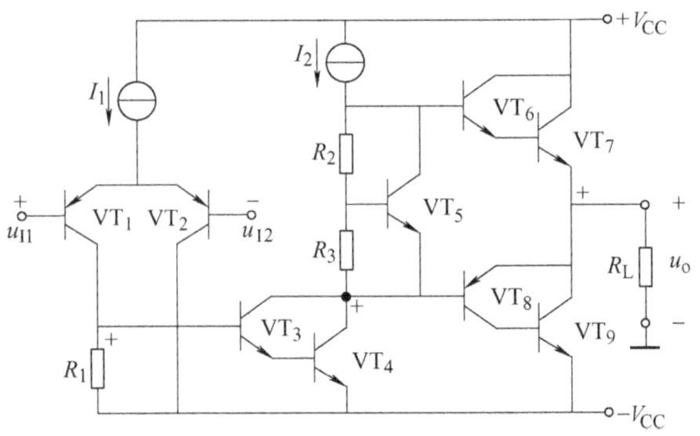

图 6.2.9　电流源作为偏置电路

构成共射极放大电路，VT_2、VT_3 和 R 为镜像电流源电路，构成 VT_1 的集电极有源负载。对应的小信号等效电路如图 6.2.10b 所示，图中，r_{ce2} 就是电流源的输出电阻。则共射极放大电路的电压增益为

$$\dot{A}_u=\frac{\dot{U}_o}{\dot{U}_i}=-\frac{\beta(r_{ce1}/\!/r_{ce2}/\!/R_L)}{R_b+r_{be1}}$$

由于 r_{ce1}、r_{ce2} 很大，因此其电压增益近似为

$$\dot{A}_u=-\frac{\beta R_L}{R_b+r_{be1}}$$

对比前述 VT_1 的集电极接无源负载电阻 R_c 时的情况，其电压增益为

$$\dot{A}_u=-\frac{\beta(R_c/\!/R_L)}{R_b+r_{be1}}$$

可见用 VT_2、VT_3 构成的电流源作为 VT_1 的有源负载，可以获得比采用电阻 R_c 时更大的电压增益。

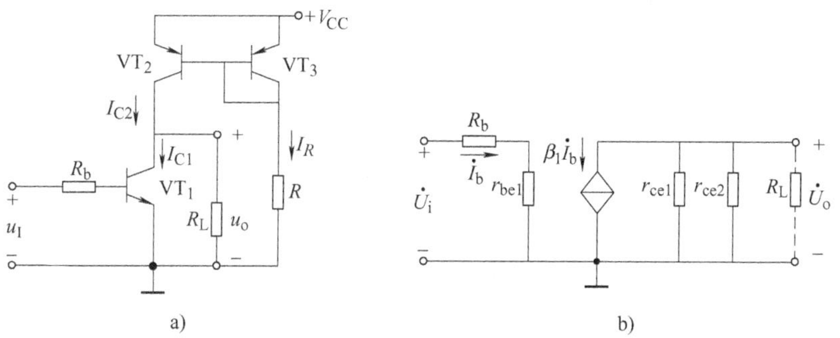

图 6.2.10 电流源作有源负载

6.3 差分放大电路

6.3.1 直接耦合多级放大电路的零点漂移

1. 零点漂移

实验发现，在直接耦合多级放大电路中，即使输入端短路，当用灵敏的电压表测量输出端电压时，也会有缓慢变化的输出，如图 6.3.1 所示。这种输入电压为零，输出仍有缓慢变

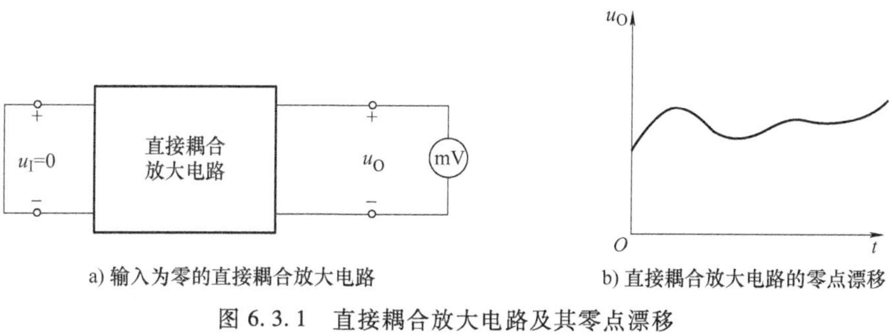

图 6.3.1 直接耦合放大电路及其零点漂移

化的电压产生的现象，称为零点漂移。由于直接耦合多级放大电路中没有耦合电容，各级尤其是第一级的零点漂移会逐级传递和放大，因此需要采取有效的措施加以抑制。

产生零点漂移的主要原因是环境温度变化引起晶体管参数波动以及放大电路供电电源的电压波动，这些因素都会导致晶体管集电极电流和电压的波动，并逐级传递和放大。因此零点漂移也称为温度漂移。在阻容耦合放大电路中，这种缓慢变化的电压会降落在耦合电容上，而不会传递到下一级继续放大。但是，在直接耦合放大电路中，由于前后级直接相连，前一级的漂移电压会和有用信号一起被送到下一级，而且逐级放大，以至于在输出端有时难以区分什么是有用信号，什么是漂移电压，使放大电路无法正常工作。

由于第一级出现的零点漂移被逐级放大后对整个放大电路输出的影响最大，所以抑制零点漂移，第一级至关重要。

2. 抑制零点漂移的方法

如果直接耦合放大电路不采取有效的措施抑制零点漂移，就很难实际应用。从某种意义上讲，零点漂移就是 Q 点的漂移，因此温度变化时，稳定静态工作点的方法，也是抑制零点漂移的方法。常用的抑制零点漂移的方法主要有以下两种：

1）在电路中引入直流负反馈。如典型的工作点稳定电路中，由射极电阻 R_e 引入负反馈。

2）采用特性相同的管子，使它们的温度漂移相互抵消。即由两只特性相同的管子构成差分放大电路。

下面主要讨论采用差分放大电路抑制零点漂移的原理。

线性放大电路中，若有两个独立的输入端和一个输出端，输入信号分别为 u_{I1}、u_{I2}，输出信号为 u_O，如图 6.3.2 所示，则在电路对称的理想情况下，输出电压可表示为

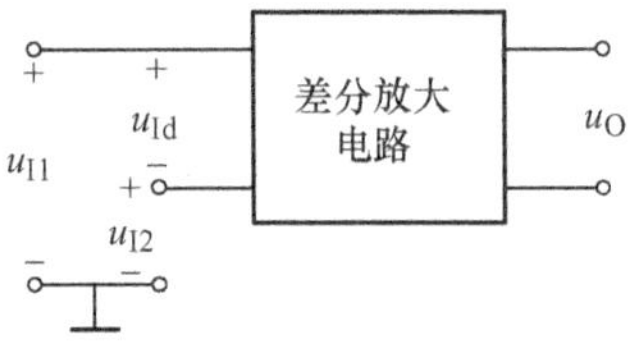

图 6.3.2　差分放大电路输出与输入的关系

$$u_O=A_{ud}(u_{I1}-u_{I2})$$

式中

$$u_{Id}=u_{I1}-u_{I2} \tag{6.3.1}$$

为两个输入电压的差，称为差模输入电压，简称差模电压。A_{ud} 为差模电压增益。

而定义

$$u_{Ic}=\frac{1}{2}(u_{I1}+u_{I2}) \tag{6.3.2}$$

为两个输入电压的共同部分，称为共模输入电压，简称共模电压。当一个电路中存在零点漂移时，零点漂移引起的电压将同时出现在两个输入端，因此，零点漂移是一种共模电压。

当用差模电压和共模电压表示两个输入电压时，由式（6.3.1）、式（6.3.2）有

$$u_{I1}=u_{Ic}+\frac{u_{Id}}{2} \tag{6.3.3}$$

$$u_{I2}=u_{Ic}-\frac{u_{Id}}{2} \tag{6.3.4}$$

在差模电压和共模电压共同作用下，放大电路的输出为各自输出的和，即

$$u_O=A_{ud}u_{Id}+A_{uc}u_{Ic} \tag{6.3.5}$$

式中，A_{uc} 为共模电压增益。

实现这种功能的电路称为差分放大电路。

若能做到 $A_{uc}=0$ 或很小，则放大电路输出只与输入的差模电压成比例，输入端相同的共模电压在输出端中不反映。由于零点漂移属于共模电压，因此电路能够抑制零点漂移。

6.3.2 差分放大电路的组成及静态分析

1. 差分放大电路的组成

差分放大电路是构成多级直接耦合放大电路的基本单元，常作为多级放大电路的输入级。

用两只特性完全相同的管子，组成完全相同的两个共射极放大电路，如图 6.3.3a 所示，使信号从两管的基极输入，从集电极输出，即组成一种基本的差分放大电路，如图 6.3.3b 所示。

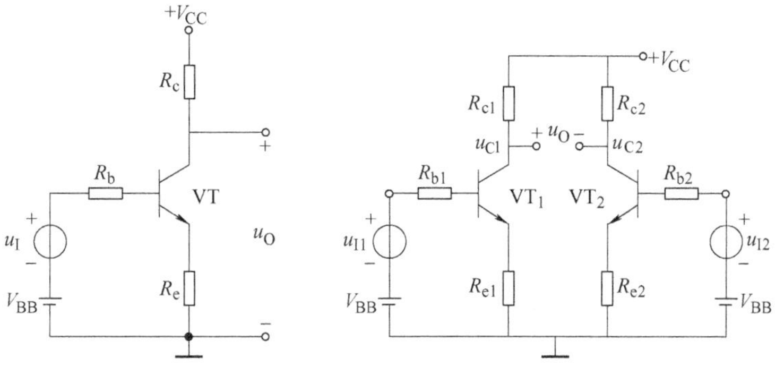

a) 共射极放大电路　　b) 基本的差分放大电路

图 6.3.3　共射极放大电路构成基本的差分放大电路

如果 VT_1 和 VT_2 的特性（包括温度性能）完全一致，这样的一对管子就称为差分对管。

当 VT_1、VT_2 有相同的漂移，即 $\Delta u_{C1}=\Delta u_{C2}$ 时，因为 $\Delta u_O=\Delta u_{C1}-\Delta u_{C2}=0$，所以输出电压中无漂移。即对 u_{I1}、u_{I2} 中变化相同的部分，也就是共模部分，输出 u_O 中不反映，抑制了零点漂移。其中，u_{C1}、u_{C2} 为 VT_1、VT_2 的集电极电位，同时也是单端输出时的 u_{O1} 和 u_{O2}。

而对 u_{I1}、u_{I2} 中变化方向相反的部分，输出 u_O 不为零，即放大了差模信号。因此，差分放大电路对差模信号具有放大能力，对共模信号没有放大能力，其共模增益为 0。

图 6.3.3b 所示电路中，对差模输入信号，输出是单端输出 u_{O1}、u_{O2} 的差，为了提高每半边电路的放大能力，将 R_e 合并，使其上的电压变化不反映差模信号，如图 6.3.4 所示，则 R_e 对差模信号无负反馈，提高了差模放大倍数，而对共模信号有负反馈，可以降低共模放大倍数。

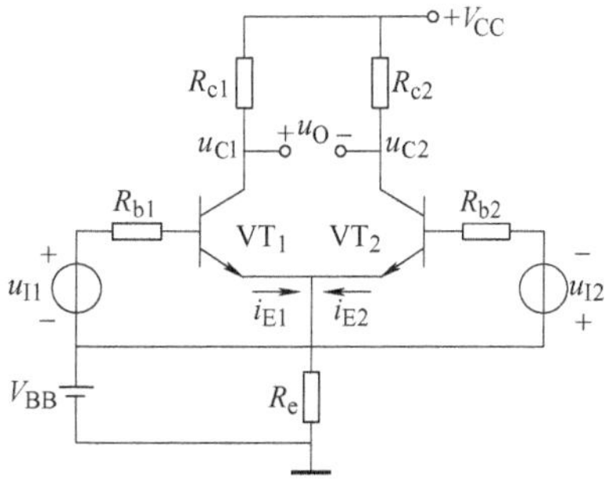

图 6.3.4　合并 R_e 后的电路

为了便于调节静态工作点，也为了使电源与信号源“共地”，将 V_{BB} 用 $-V_{EE}$ 代替，接在射极回路，图 6.3.4 所示的电路可画成图 6.3.5 的形式，成为典型的差分放大电路，也称差动放大电路。所谓“差动”，是指只有当两个输入信号有差别时，输出电压才有变动。图 6.3.5

所示的电路也称长尾式差分电路。实质上，这种电路是以双倍的元器件换取了抑制零漂的能力。

为了进一步提高射极的动态电阻，以降低对共模信号的放大作用，常用恒流源代替 R_e，如图 6.3.6 所示。其中，恒流源的动态电阻记为 r_o，远大于电阻 R_e，R_P 为调零电位器，当输入为 0 时，调整 R_P 可使输出为 0，以克服两半边电路不对称对输出的影响。

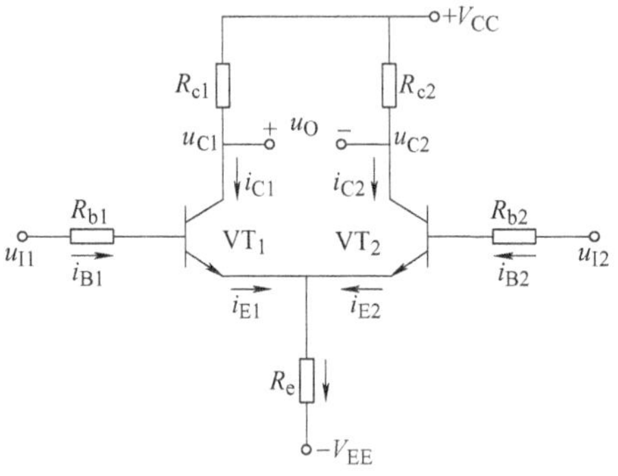

图 6.3.5　基本差分放大电路

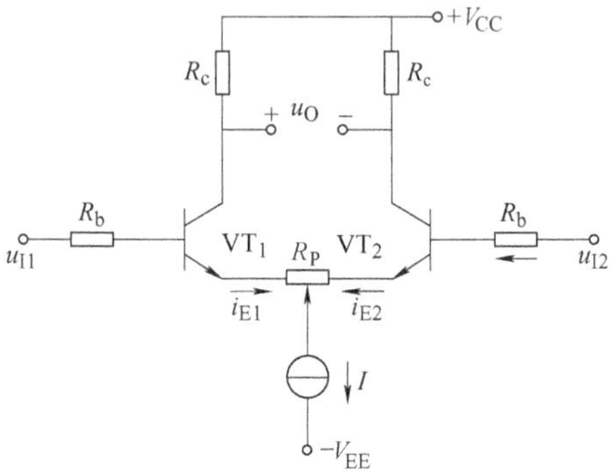

图 6.3.6　恒流源偏置的差分放大电路

2. 差分放大电路的静态分析

对图 6.3.5 所示电路，静态时，输入 $u_{I1}=0$，$u_{I2}=0$。由于电路对称，因此

$$I_{BQ}R_{b1}+U_{BEQ}+2I_{EQ}R_e=V_{EE}$$

由于 $I_{BQ}R_b\approx 0$，因此

$$I_{EQ}=\frac{V_{EE}-U_{BEQ}}{2R_e}$$

且

$$I_{BQ}=\frac{I_{EQ}}{1+\beta}$$

而输出电压为

$$U_{CEQ}=U_{CQ}-U_{EQ}=V_{CC}-I_{CQ}R_c+U_{BEQ}$$

上式中，因为 $I_{BQ}R_b\approx 0$，所以，$U_{EQ}\approx -U_{BEQ}$。

6.3.3　差分放大电路的输入输出方式及主要指标计算

1. 双端输入、双端输出

当输入 u_{Id} 从 VT_1、VT_2 的基极之间送入，即从差分电路的双端输入时，如图 6.3.7 所示。u_{Id} 经分压后，加在 VT_1 一侧的电压为 $+\frac{u_{Id}}{2}$，加在 VT_2 一侧的电压为 $-\frac{u_{Id}}{2}$。即

$$u_{I1}=\frac{1}{2}u_{Id}\qquad u_{I2}=-\frac{1}{2}u_{Id}$$

则有

$$u_{I1}=-u_{I2}=\frac{1}{2}u_{Id}$$

输出从 VT_1、VT_2 的集电极两端输出，$u_{Od}=u_{O1}-u_{O2}=u_{C1}-u_{C2}$，如图 6.3.7 所示，为双端输入、双端输出方式。

对上述差模输入信号，由于 VT_1、VT_2 的输入大小相等，方向相反，VT_1、VT_2 的射极电流也是大小相等，变化方向相反，故 VT_1、VT_2 的射极电位不变，对变化的信号，射极相当于地电位，得到图 6.3.7 所示差分放大电路对差模输入信号的等效电路，如图 6.3.8 所示。其中，负载电阻跨接在 VT_1、VT_2 的集电极，R_L 的中间位置为电位不变的点，故 $\frac{R_L}{2}$ 分别与 R_{c1} 和 R_{c2} 并联。

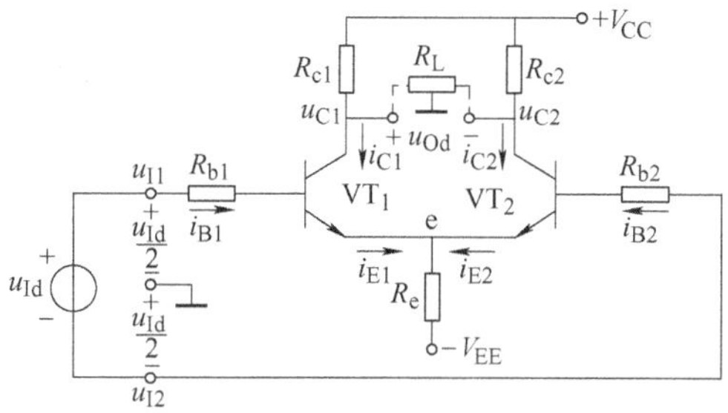

图 6.3.7 双端输入、双端输出

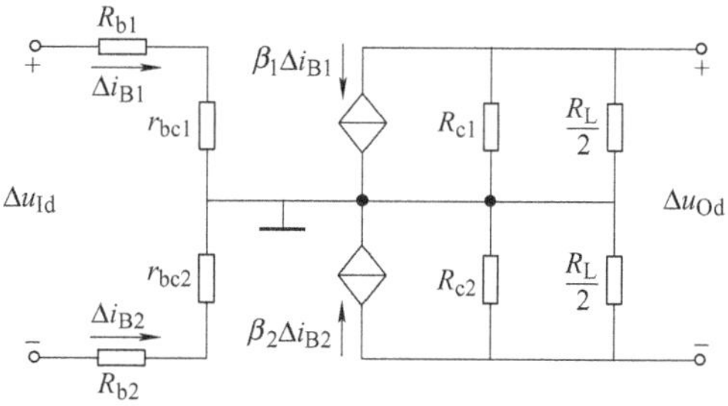

图 6.3.8 差模等效电路

由于电路对称，所以，VT_1 集电极输出电压 $u_{C1}=u_{O1}$，$u_{C2}=u_{O2}$，且 $u_{O1}=-u_{O2}$。

差模电压增益定义为差模输出和差模输入的比值

$$A_{ud}=\frac{\Delta u_{Od}}{\Delta u_{Id}}=\frac{\Delta u_{C1}-\Delta u_{C2}}{\Delta u_{I1}-\Delta u_{I2}}=\frac{\Delta u_{O1}-\Delta u_{O2}}{\Delta u_{I1}-\Delta u_{I2}}=\frac{2\Delta u_{O1}}{2\Delta u_{I1}}=\frac{\Delta u_{O1}}{\Delta u_{I1}}$$

可见，电路的差模电压增益等于图 6.3.8 中每半边电路的放大倍数。对半边电路，由于负载电阻 R_L 的中点为差模信号的电位零点，且 $R_{c1}=R_{c2}=R_c$，$R_{b1}=R_{b2}=R_b$，因此半边电路的小信号等效电路如图 6.3.9 所示。则

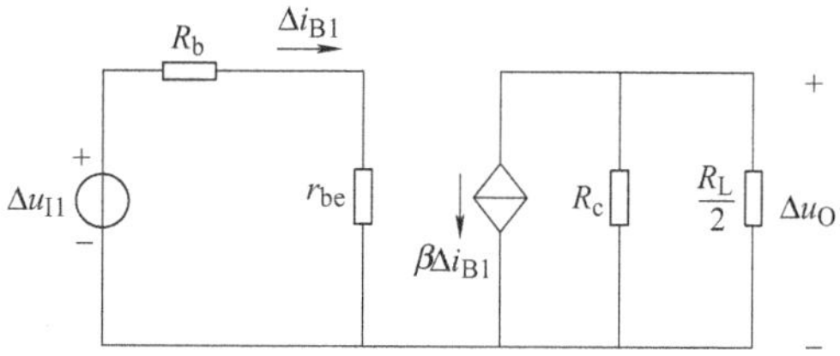

图 6.3.9 半边电路的小信号等效电路

$$A_{ud}=\frac{\Delta u_{O1}}{\Delta u_{I1}}=\frac{-\beta\Delta i_{B1}\left(R_c/\!/\frac{1}{2}R_L\right)}{(R_b+r_{be})\Delta i_{B1}}$$

双端输入、双端输出情况下的差模增益为

$$A_{ud}=-\beta\frac{R_c/\!/\frac{1}{2}R_L}{R_b+r_{be}} \tag{6.3.6}$$

若负载开路，有

$$A_{ud}=-\beta\frac{R_c}{R_b+r_{be}} \tag{6.3.7}$$

当输入为共模信号时，因为 u_{I1}、u_{I2} 大小相等，方向相同，VT_1 和 VT_2 的输出 u_{O1}、u_{O2} 相同，所以双端输出 $u_O=u_{O1}-u_{O2}$ 为零，即共模输出为零，因此共模电压增益 $A_{uc}=0$。

在差分放大电路中，为了衡量电路对共模信号的抑制能力，定义电路的差模增益与共模

增益的比值为放大电路的共模抑制比

$$K_{CMR}=\left|\frac{A_{ud}}{A_{uc}}\right| \tag{6.3.8}$$

该值越大，说明电路的对称性越好，对共模信号的抑制能力越强。理想情况下，该值为无穷大。对图 6.3.7 所示的电路，由于其共模增益为 0，故 $K_{CMR}=\infty$ 。

根据放大电路输入电阻的定义，图 6.3.8 所示电路的输入电阻为

$$R_i=2(R_b+r_{be}) \tag{6.3.9}$$

输出电阻为

$$R_o=2R_c \tag{6.3.10}$$

2. 双端输入、单端输出

当输入 u_{Id} 仍然从 VT_1、VT_2 的基极之间送入，即 $u_{I1}=-u_{I2}=\frac{1}{2}u_{Id}$ 时，输出从 VT_1 的集电极和地之间取出，$u_O=u_{O1}=u_{C1}$，如图 6.3.10 所示，为双端输入、单端输出。对差模信号的等效电路如图 6.3.11 所示。

信号输入方式同双端输入、双端输出情形。

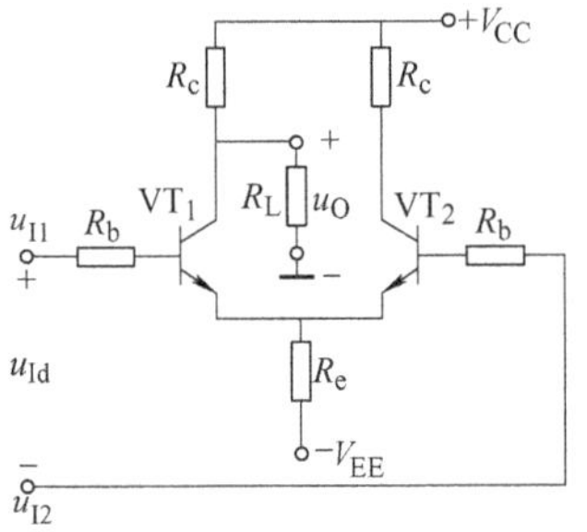

图 6.3.10　双端输入、单端输出

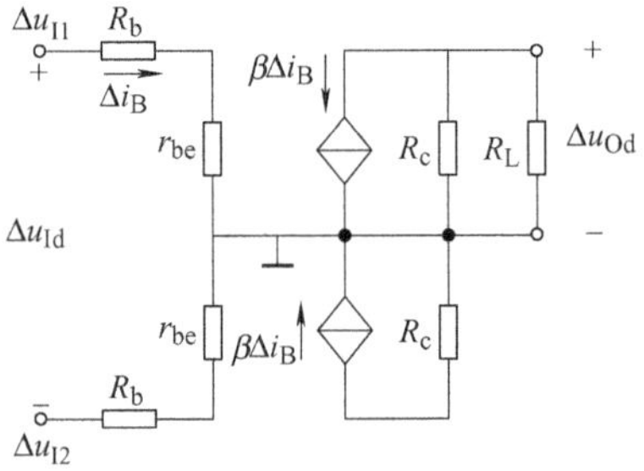

图 6.3.11　差模等效电路

差模增益

$$A_{ud}=\frac{\Delta u_{Od}}{\Delta u_{Id}}=\frac{\Delta u_{O1}}{\Delta u_{I1}-\Delta u_{I2}}=\frac{\Delta u_{O1}}{2\Delta u_{I1}}=\frac{1}{2}\frac{\Delta u_{O1}}{\Delta u_{I1}}=-\frac{1}{2}\frac{\beta(R_c//R_L)}{R_b+r_{be}} \tag{6.3.11}$$

对共模输入，$u_{I1}=u_{I2}=u_{Ic}$，从 VT_1 集电极输出时的共模电压增益的求解过程如下。

首先，画出在共模信号作用下的半边等效电路，如图 6.3.12 所示。其中，R_e 中的电流为 VT_1、VT_2 射极电流之和，因此，在半边等效电路中，射极电阻为 $2R_e$。其次，在图 6.3.12 所示小信号等效电路中求共模电压增益

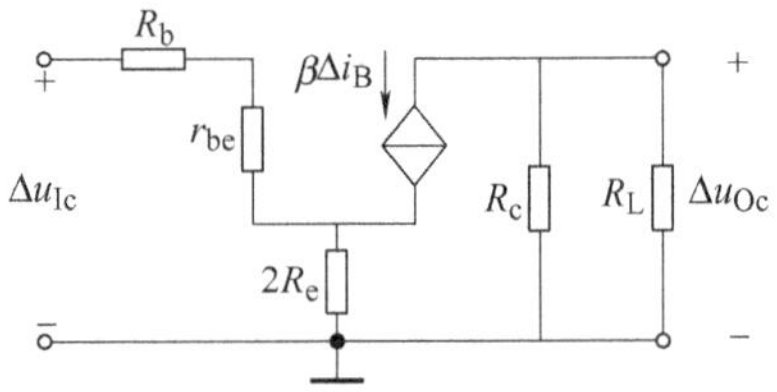

图 6.3.12　共模信号作用下的小信号等效电路

$$A_{uc}=\frac{\Delta u_{Oc}}{\Delta u_{Ic}}=\frac{-\beta\Delta i_B(R_c//R_L)}{(R_b+r_{be})\Delta i_B+(1+\beta)\Delta i_B 2R_e}=-\beta\frac{R_c//R_L}{R_b+r_{be}+(1+\beta)2R_e}$$

由于 $(1+\beta)2R_e\gg r_{be}$，且 $\beta\gg1$，因此

$$A_{uc}=-\frac{R_c//R_L}{2R_e} \tag{6.3.12}$$

根据式（6.3.8）共模抑制比的定义，代入差模增益表达式（6.3.11）和共模增益表达式（6.3.12），可得双端输入、单端输出时共模抑制比的表达式

$$K_{CMR}=\left|\frac{A_{ud}}{A_{uc}}\right|=\frac{\beta R_e}{R_b+r_{be}} \tag{6.3.13}$$

3. 单端输入、双端输出

输入从 VT_1、VT_2 的任一输入端和地之间送入，而另一输入端接地。如图 6.3.13a 所示，输入 u_I 从 VT_1 的基极送入，而 VT_2 的基极接地。

为了说明这种输入方式的特点，可将输入信号作如下的等效变换。在加信号一端，可将输入信号分解为两个串联的信号源，它们的数值均为$\frac{u_I}{2}$，极性相同；在没有输入信号的一端，也可将输入信号等效为两个信号的串联，它们的数值均为$\frac{u_I}{2}$，但极性相反，如图 6.3.13b 所示。

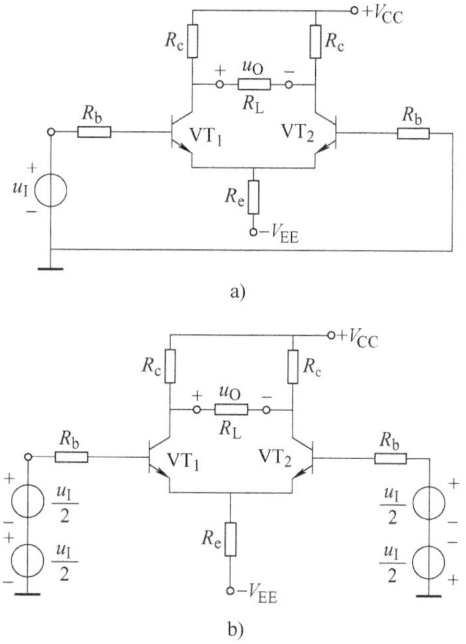

图 6.3.13 单端输入双端输出电路

可以看出，图 6.3.13b 所示电路左右两边分别获得的差模信号为$\frac{u_I}{2}$、$-\frac{u_I}{2}$。同时两边也获得了$\frac{u_I}{2}$的共模信号。

可见，单端输入电路和双端输入电路的区别在于：单端输入时，在产生差模输入的同时，伴随着共模输入。因此，在共模放大倍数 A_{uc} 不为零时，输出端不仅有差模输出电压，同时有共模输出电压。即输出为

$$u_O=A_{ud}u_{Id}+A_{uc}u_{Ic}$$

若电路参数理想对称，以双端方式输出，共模放大倍数 A_{uc} 将为零，上述电压表达式中的第二项为 0，共模抑制比 K_{CMR} 将为无穷大，电路的输出端不反映共模输入，共模输入得到了抑制。

单端输入、双端输出电路与双端输入、双端输出电路的动态分析完全相同，差模电压增益和共模电压增益的表达式也相同，这里不再一一推导。

4. 单端输入、单端输出

单端输入时，信号在两输入端上的分配与单端输入、双端输出情况时一样，因此单端输入、单端输出电路的分析与双端输入、单端输出电路的分析一致。

通过以上分析，四种接法下的动态参数可归纳为表 6.3.1。双端输入、双端输出的增益与共模抑制比的表达式与单端输入、双端输出时相同；双端输入、单端输出的增益与共模抑制比的表达式与单端输入、单端输出时相同。

5. 输入为任意信号的情况

若两输入端输入为任意信号，则可按式（6.3.3）、式（6.3.4），分解为共模输入和差模输入的叠加。如 $u_{I1}=10\text{mV}$，$u_{I2}=6\text{mV}$，则有差模信号和共模信号为 $u_{Id}=4\text{mV}$，$u_{Ic}=8\text{V}$。

表 6.3.1　四种接法下的动态参数

参数 \ 方式	双端输入、双端输出	双端输入、单端输出	单端输入、双端输出	单端输入、单端输出
A_{ud}	$A_{ud}=-\beta\dfrac{R_c//\frac{1}{2}R_L}{R_b+r_{be}}$	$A_{ud}=-\dfrac{\beta}{2}\dfrac{R_c//R_L}{R_b+r_{be}}$	$A_{ud}=-\beta\dfrac{R_c//\frac{1}{2}R_L}{R_b+r_{be}}$	$A_{ud}=-\dfrac{\beta}{2}\dfrac{R_c//R_L}{R_b+r_{be}}$
A_{uc}	0	$A_{uc}=-\dfrac{R_c//R_L}{2R_e}$	0	$A_{uc}=-\dfrac{R_c//R_L}{2R_e}$
K_{CMR}	∞	$K_{CMR}=\dfrac{\beta R_e}{R_b+r_{be}}$	∞	$K_{CMR}=\dfrac{\beta R_e}{R_b+r_{be}}$

如图 6.3.14 所示，u_{I1} 分解为 u_{Ic} 与$\dfrac{u_{Id}}{2}$的叠加，u_{I2} 分解为 u_{Ic} 与$-\dfrac{u_{Id}}{2}$的叠加。

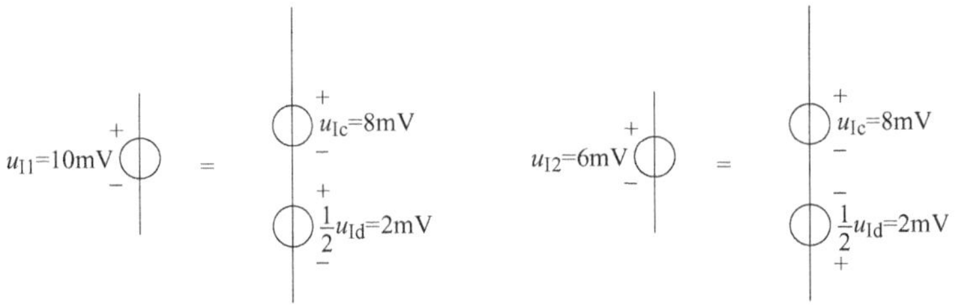

a) u_{I1}分解为差模输入和共模输入　　b) u_{I2}分解为差模输入和共模输入

图 6.3.14　任意信号分解为差模输入和共模输入

双端输出时，输出电压按下式计算：

$$u_O=A_{ud}u_{Id}+A_{uc}u_{Ic}$$

式中

$$A_{ud}=-\beta\frac{R_c//\frac{1}{2}R_L}{r_{be}},\qquad A_{uc}=0$$

单端输出时，输出电压为 $u_O=A_{ud}u_{Id}+A_{uc}u_{Ic}$，式中

$$A_{ud}=-\frac{\beta}{2}\frac{R_c//R_L}{R_b+r_{be}},\qquad A_{uc}=-\frac{R_c//R_L}{2R_e}$$

【例 6.3.1】　电路如图 6.3.15 所示，其中，$R_L=10\text{k}\Omega$，$R_1=0$，$\beta=50$，$u_{I1}=16\text{mV}$，$u_{I2}=10\text{mV}$，$V_{CC}=12\text{V}$，$-V_{EE}=-12\text{V}$，$R_{c1}=R_{c2}=R_c=15\text{k}\Omega$，$R_L=10\text{k}\Omega$，$R_e=10\text{k}\Omega$，$R_P=100\Omega$。求：

1）求 R_L 接在 C_1 与 C_2 之间时的输出电压 u_O；

2）求 R_L 接在 C_1 与地之间时的输出电压 u_{O1}。

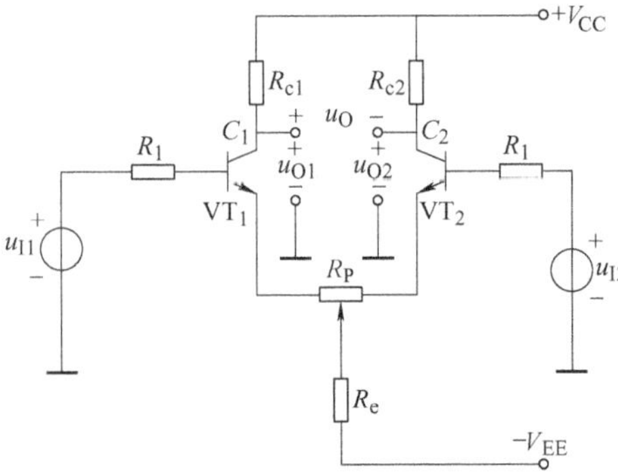

图 6.3.15　例 6.3.1 图

解：由于输入信号中差模、共模电压同时存在，因此输出为

$$u_O=A_{ud}u_{Id}+A_{uc}u_{Ic}$$

式中

$$u_{Id}=u_{I1}-u_{I2}$$

$$u_{Ic}=\frac{1}{2}(u_{I1}+u_{I2})$$

为此需要求出 A_{ud} 及 A_{uc}。求增益过程中需要用到 r_{be}，因此，需要先进行静态分析。

1）静态分析：静态时 u_{I1}、u_{I2} 接地。在输入回路有

$$R_1I_B+(1+\beta)I_B\frac{R_P}{2}+2(1+\beta)I_BR_e=V_{EE}-U_{BE}$$

解之得

$$I_B=\frac{V_{EE}-U_{BE}}{R_1+(1+\beta)\frac{R_P}{2}+2(1+\beta)R_e}=0.011\text{mA}$$

则

$$I_E=(1+\beta)I_B=0.563\text{mA}$$

$$I_C=\beta I_B=0.553\text{mA}$$

晶体管的输入电阻为

$$r_{be}=r_{bb'}+(1+\beta)\frac{U_T}{I_E}=2.65\text{k}\Omega$$

2）动态分析：动态时，u_{I1}、u_{I2} 作用，将输入分解成差模分量和共模分量

$$u_{Id}=u_{I1}-u_{I2}=6\text{mV}$$

$$u_{Ic}=\frac{1}{2}(u_{I1}+u_{I2})=13\text{mV}$$

① R_L 接在 C_1 与 C_2 之间，即双端输出时，差模电压增益

$$A_{ud}=-\beta\frac{R_c/\!/\frac{1}{2}R_L}{R_1+r_{be}+\frac{1}{2}(1+\beta)R_P}=-59.6$$

共模电压增益 $A_{uc}=0$。输出电压

$$u_O=A_{ud}u_{Id}+A_{uc}u_{Ic}=(-59.6\times6+0)\text{mV}=-357.6\text{mV}$$

② R_L 接在 C_1 与地之间时，为单端输出。差模电压增益

$$A_{ud}=-\frac{\beta}{2}\frac{R_c/\!/R_L}{R_1+r_{be}+\frac{1}{2}(1+\beta)R_P}=-29.8$$

共模电压增益

$$A_{uc}=-\beta\frac{R_c/\!/R_L}{R_1+r_{be}+\frac{1}{2}(1+\beta)R_P+(1+\beta)2R_e}\approx-\frac{R_c/\!/R_L}{2R_e}=-0.3$$

单端输出电压

$$u_{O1}=A_{ud}u_{Id}+A_{uc}u_{Ic}=-29.8\times6\text{mV}-0.3\times13\text{mV}=-(178.8+3.9)\text{mV}=-182.7\text{mV}$$

共模抑制比

$$K_{CMR}=\left|\frac{A_{ud}}{A_{uc}}\right|=99$$

为了提高基本差分放大电路的差模增益，有效的途径是用有源负载代替原来的无源负载 R_c，一个示例电路如图 6.3.16 所示。其中，VT_1、VT_2 构成双端输入、单端输出的差分放大电路，VT_3、VT_4 及电阻 R_1、R_2、R_3 构成比例电流源电路，代替 R_e，为 VT_1、VT_2 提供合适、稳定的静态工作点。VT_5、VT_6 构成镜像电流源电路，代替 VT_2 的集电极电阻 R_c，作为 VT_2 的有源负载，由于电流源电路的动态输出电阻很大，因此提高了电路的差模电压增益。

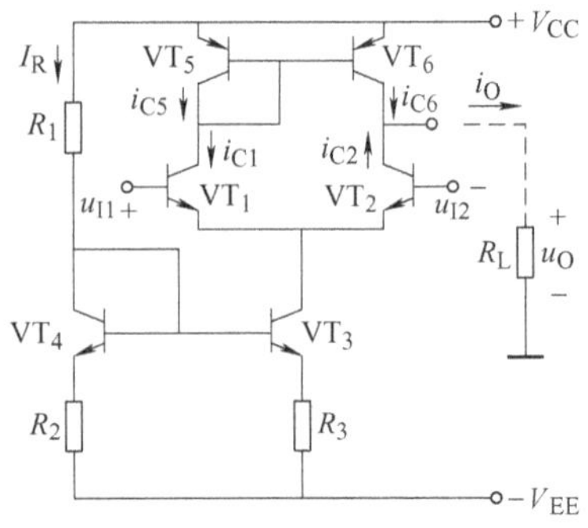

图 6.3.16　提高差模增益的电路

图 6.3.16 所示电路的简化电路如图 6.3.17 所示，以突出电流源作为差分放大电路的有源负载。该电路的差模电压增益

$$A_{ud}=\frac{1}{2}\frac{\beta(r_{ce2}/\!/r_{ce6}/\!/R_L)}{r_{be1}}\approx\frac{1}{2}\frac{\beta R_L}{r_{be1}}$$

和双极结型晶体管构成的差分放大电路相同，场效应晶体管构成的典型差分放大电路如图 6.3.18 所示。其也有四种输入输出方式，可以采用相同的方法进行分析。

图 6.3.18 所示电路为双端输入、双端输出，差模电压增益为

$$A_{ud}=-g_m\left(R_d/\!/\frac{1}{2}R_L\right)$$

其共模增益 $A_{uc}=0$。

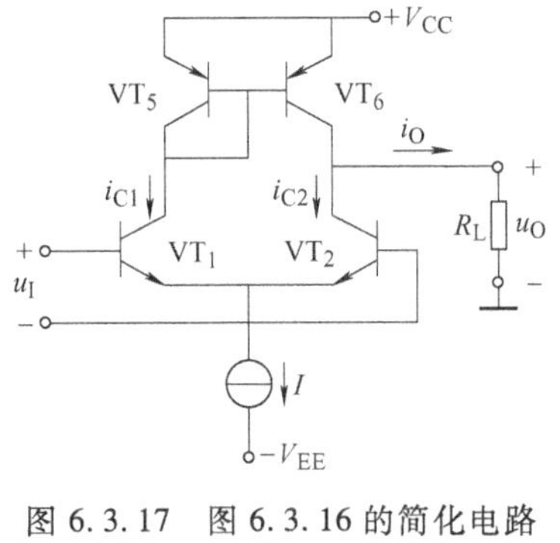

图 6.3.17　图 6.3.16 的简化电路

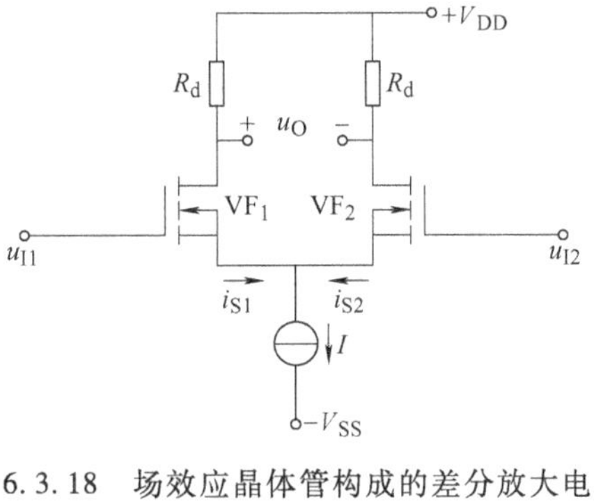

图 6.3.18　场效应晶体管构成的差分放大电路

6.4　多级放大电路及简单集成运算放大器

6.4.1　多级放大电路

一个 n 级放大电路的等效电路可用图 6.4.1 所示的框图表示。可以看出，放大电路中前级的输出电压就是后级的输入电压，多级放大电路的放大倍数是组成它的各级放大电路放大倍数的乘积。计算前级的放大倍数时，后级电路均应作为前级电路的负载；当计算后级的放

大倍数时，前级作为后级的信号源，该信号源的内阻为前级放大电路的输出电阻。即

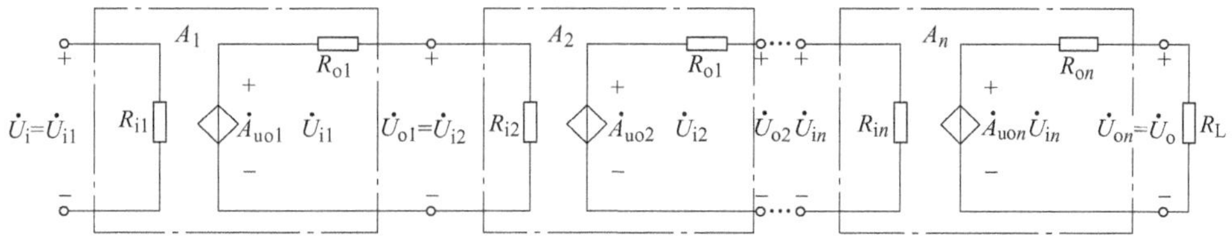

图 6.4.1 n 级放大电路的等效电路

$$\dot{A}_u=\frac{\dot{U}_o}{\dot{U}_i}=\frac{\dot{U}_o}{\dot{U}_{i1}}=\frac{\dot{U}_{o1}}{\dot{U}_i}\frac{\dot{U}_{o2}}{\dot{U}_{i2}}\cdots\frac{\dot{U}_o}{\dot{U}_{in}}=\dot{A}_{u1}\dot{A}_{u2}\cdots\dot{A}_{un}=\prod_{j=1}^{n}\dot{A}_{uj} \quad (6.4.1)$$

多级放大电路的输入电阻是其第一级的输入电阻，即

$$R_i=R_{i1} \quad (6.4.2)$$

多级放大电路的输出电阻是其最后一级的输出电阻，即

$$R_o=R_{on} \quad (6.4.3)$$

当共集电极放大电路作为输入级时，它的输入电阻与其负载，即第二级的输入电阻有关；而当共集电极放大电路作为输出级时，它的输出电阻与其信号源内阻，即倒数第二级的输出电阻有关。

【例 6.4.1】 电路如图 6.4.2 所示，各电阻值如图所示，晶体管的β均为 50。求：

1）各级电路的静态工作点；

2）电路总的电压放大倍数；

3）放大电路的输入电阻和输出电阻。

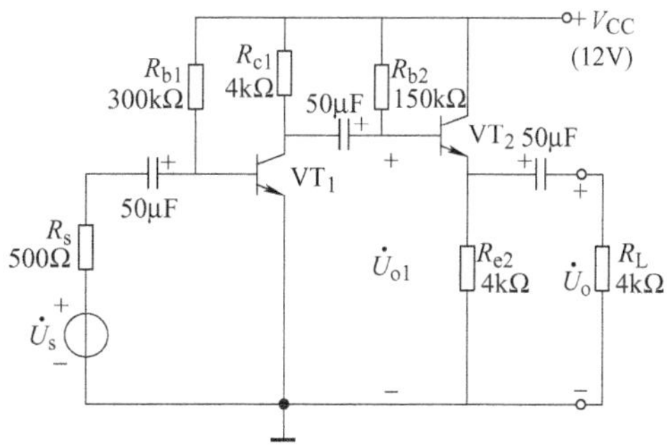

图 6.4.2 例 6.4.1 图

解：1）求电路的静态工作点：放大电路由两级组成，第一级和第二级之间为阻容耦合，所以两级的静态工作点互相独立，可以分别求解。

对第一级

$$I_{B1}=\frac{V_{CC}-U_{BE}}{R_{b1}}=\frac{12-0.7}{300}\text{mA}\approx 0.038\text{mA}$$

$$I_{C1}=\beta I_{B1}=1.88\text{mA} \quad I_{E1}\approx I_{C1}=1.88\text{mA}$$

对第二级

$$U_{CE1}=V_{CC}-R_{c1}I_{C1}=4.67\text{V}$$

$$I_{B2}=\frac{V_{CC}-U_{BE}}{R_{b2}+(1+\beta)R_{e2}}=\frac{12-0.7}{150+(1+50)\times 4}\mu\text{A}\approx 31.9\mu\text{A}$$

$$I_{C2}=\beta I_{B2}=1.69\text{mA} \quad I_{E2}\approx I_{C2}=1.69\text{mA} \quad U_{CE2}=V_{CC}-R_{e2}I_{C2}=5.24\text{V}$$

2）求总的电压放大倍数：由于

$$\dot{A}_u=\dot{A}_{u1}\dot{A}_{u2}$$

$$\dot{A}_{u1}=\frac{\dot{U}_{o1}}{\dot{U}_i}=-\frac{\beta(R_{c1}/\!/R_{i2})}{r_{be1}}$$

$$\dot{A}_{u2}=\frac{\dot{U}_o}{\dot{U}_{i2}}\approx 1$$

因此，需要求第一级的电压放大倍数。为此，需要先求出 r_{be1} 和 R_{i2}。因为

$$r_{be1}\approx r_{bb'}+(1+\beta)\frac{U_T}{I_{E1}}=200\Omega+(1+\beta)\frac{26mV}{I_{E1}}=905.32\Omega$$

$$r_{be2}\approx r_{bb'}+(1+\beta)\frac{U_T}{I_{E2}}=200\Omega+(1+\beta)\frac{26mV}{I_{E2}}=984.6\Omega$$

所以

$$R_{i2}=R_{b2}/\!/[r_{be2}+(1+\beta)(R_{e2}/\!/R_L)]=61k\Omega$$

第一级的放大倍数

$$\dot{A}_{u1}=\frac{\dot{U}_{o1}}{\dot{U}_i}=\frac{\beta(R_{c1}/\!/R_{i2})}{r_{be1}}=-217.5$$

则总的电压放大倍数

$$\dot{A}_u=\dot{A}_{u1}\dot{A}_{u2}=-217.5$$

3）放大电路的输入电阻和输出电阻：先求输入电阻。

因为 $R_i=R_{i1}$，而 $R_{i1}=R_{b1}/\!/r_{be1}\approx 905.32\Omega$，所以 $R_i\approx 905.32\Omega$。输出电阻为

$$R_o=R_{e2}/\!/\frac{(R_{s2}/\!/R_{b2})+r_{be2}}{1+\beta}$$

式中，$R_{s2}=R_{o1}$。由于

$$R_{o1}=R_{c1}=4k\Omega \qquad r_{be2}=984.6\Omega$$

因此放大电路的输出电阻为

$$R_o\approx 0.097k\Omega$$

多级放大电路常采用直接耦合方式，以差分放大电路作为输入级，这样可以减小整个电路的温度漂移，增大共模抑制比。如果输入信号是一个微弱的电压信号，则常采用场效应晶体管差分放大电路。而对于输出级，一般多采用 OCL 电路，这样可以使输出电阻较小，带负载能力增强，而且最大不失真输出电压幅值可接近电源电压。为了进一步提高放大能力，常用共射极放大电路作为中间级，以得到高的电压放大倍数。

【例 6.4.2】 电路如图 6.4.3 所示，两个恒流源 I_1 和 I_2 为各级电路提供静态工作电流，两个电压的差值 $u_{I1}-u_{I2}$ 为输入电压。

1）说明电路各级分别是哪种基本放大电路，并说明输出电压 u_o 与 u_{I1}、u_{I2} 的极性关系；

2）设各晶体管的电流放大倍数为 $\beta_1\sim\beta_9$，试求出 $\dot{A}_u$、R_i、R_o 的表达式。

解： 1）由输入信号 $u_{I1}-u_{I2}$ 的传递顺序可以看出，电路是一个三级放大电路。

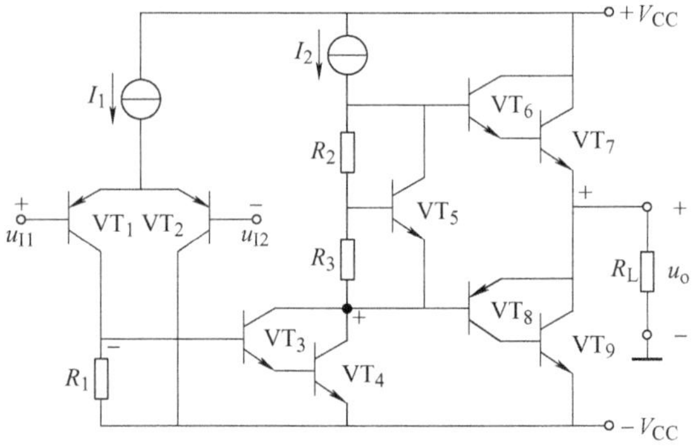

图 6.4.3 例 6.4.2 图

第一级是以 VT_1 和 VT_2 为放大管、双端输入、单端输出的差分放大电路。第二级是以 VT_3 和 VT_4 组成的复合管为放大管的共射极放大电路。第三级是甲乙类互补功率放大电路，R_2、R_3 和 VT_5 组成 U_{BE} 倍增电路，用来消除交越失真。

当输入的差模信号极性 u_{I1} 为正、u_{I2} 为负时，VT_1 集电极动态电位的极性为负，即 VT_3 的基极动态电压为负，因 VT_3 和 VT_4 构成共射极电路，其输出电压与输入电压反相，所以 VT_4 的集电极动态电位为正，又因输出级的 OCL 电路为电压跟随电路，所以输出电压 u_o 为正，因此，u_o 与 u_{I1} 极性相同，与 u_{I2} 极性相反，如图 6.4.3 所示。

2）为了分析动态参数，首先应画出图 6.4.3 所示电路的交流小信号等效电路。由于 VT_3 和 VT_4 的集电极所接恒流源的动态电阻无穷大，因此 VT_3 和 VT_4 的动态电流全部流向输出级，且 VT_5 的集电极和发射极可视为短路。又由于在输入信号极性不同时，输出级的 VT_6 和 VT_7、VT_8 和 VT_9 中只有一对管子工作，因此交流等效电路中可只画一半电路。综上，可得到图 6.4.3 所示电路的小信号等效电路，如图 6.4.4 所示。分别写出第二级和第三级电路的输入电阻如下：

$$R_{i2}=r_{be3}+(1+\beta_3)r_{be4}$$

$$R_{i3}=r_{be6}+(1+\beta_6)[r_{be7}+(1+\beta_7)R_L]$$

各级放大电路的电压放大倍数分别为

$$\dot{A}_{u1}=-\frac{1}{2}\frac{\beta_1(R_1/\!/R_{i2})}{r_{be1}}$$

$$\dot{A}_{u2}=\frac{\dot{U}_{o2}}{\dot{U}_{i2}}=-\frac{(\beta_3\dot{I}_{b3}+\beta_4\dot{I}_{b4})R_{i3}}{\dot{I}_{b3}R_{i2}}=-\frac{[\beta_3\dot{I}_{b3}+\beta_4(1+\beta_3)\dot{I}_{b3}]R_{i3}}{\dot{I}_{b3}R_{i2}}\approx-\frac{\beta_3\beta_4\dot{I}_{b3}R_{i3}}{\dot{I}_{b3}R_{i2}}=-\frac{\beta_3\beta_4R_{i3}}{R_{i2}}$$

$$\dot{A}_{u3}\approx 1$$

所以，总的电压放大倍数

$$\dot{A}_u=\dot{A}_{u1}\dot{A}_{u2}\dot{A}_{u3}\approx-\frac{1}{2}\frac{\beta_1(R_1/\!/R_{i2})}{r_{be1}}\left(-\frac{\beta_3\beta_4R_{i3}}{R_{i2}}\right)=\frac{1}{2}\frac{\beta_1\beta_3\beta_4R_{i3}(R_1/\!/R_{i2})}{r_{be1}R_{i2}}$$

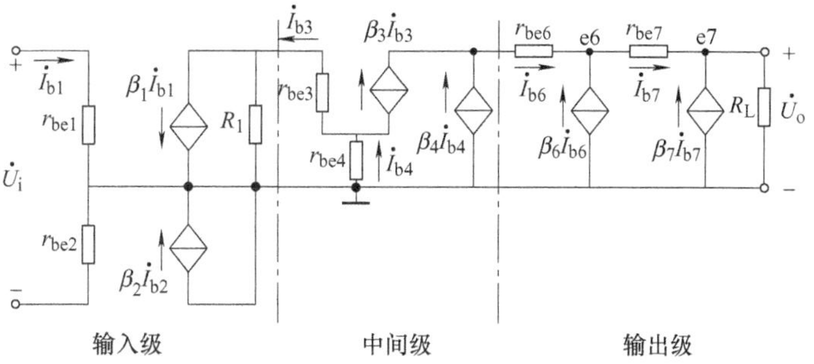

图 6.4.4　图 6.4.3 所示电路的小信号等效电路

6.4.2　简单集成运算放大器

从 6.1 节的图 6.1.3 可知，集成运放由四个部分组成。因此，在分析集成运放时，首先应将其“化整为零”，分为偏置电路、输入级、中间级和输出级四个部分；进而“分析功能”，弄清每部分电路的结构形式和性能特点；最后“统观整体”，研究各部分相互间的联系，从而理解集成运放如何实现具体的功能；必要时再进行“定量估算”。

在集成运放中，若有一个支路的电流可以直接估算出来，通常该电流就是偏置电路的基准电流，电路中与之相关联的电流源，如镜像电流源、比例电流源等，就是偏置电路。将偏置电路分离出来，剩下部分一般为三级放大电路，按信号的流通方向，以“输入”和“输出”为线索，即可将三级分开，可得出每一级属于哪种放大电路。为了克服温度漂移，集成运放的输入级几乎毫无例外地采用差分放大电路；为了增大放大倍数，中间级多采用共射（共源）极放大电路；为了提高带负载能力且具有尽可能大的不失真输出电压范围，输出级多采用互补式功率放大电路。

1. 双极结型晶体管构成的集成运算放大器

以双极结型晶体管构成的 F007 是通用型集成运放，其电压放大倍数可达几十万倍，输入电阻可达 2MΩ 以上。F007 的原理电路如图 6.4.5 所示。该集成运放由 ±15V 两路电源供电。从图中可以看出，从 $+V_{CC}$ 经 VT_{12}、R_5 和 VT_{11} 到 $-V_{CC}$ 所构成回路的电流能够直接估算

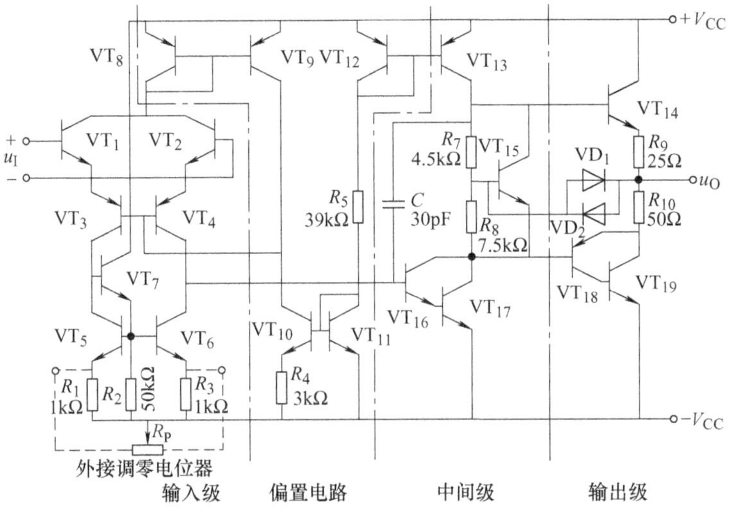

图 6.4.5　F007 的原理电路

出来，因而 R_5 中的电流为偏置电路的基准电流。VT_{10} 与 VT_{11} 构成微电流源，而且 VT_{10} 的集电极电流 I_{C10} 等于 VT_9 集电极电流 I_{C9} 与 VT_3、VT_4 的基极电流 I_{B3}、I_{B4} 之和，即 $I_{C10}=I_{C9}+I_{B3}+I_{B4}$；$VT_8$ 与 VT_9 为镜像关系，为第一级提供静态电流；VT_{13} 与 VT_{12} 为镜像关系，为第二、三级提供静态电流。将偏置电路分离出来后，得到 F007 的放大电路部分，简化电路如图 6.4.6 所示。根据信号的流通方向可将其分为三级，下面就各级作具体分析。

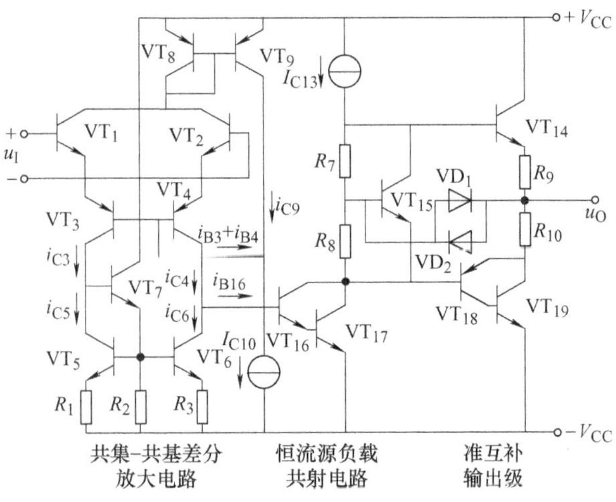

图 6.4.6　图 6.4.5 的简化电路

1）输入级。输入信号 u_I 加在 VT_1 和 VT_2 的基极，而从 VT_4（或 VT_6）的集电极输出信号，故输入级是双端输入、单端输出的差分放大电路。VT_1 与 VT_2、VT_3 与 VT_4 两两特性对称，构成共集-共基电路，从而提高电路的输入电阻，改善频率响应。VT_5、VT_6 与 VT_7 构成的电流源电路作为差分放大电路的有源负载。因此输入级可承受较高的输入电压并具有较强的放大能力。

2）中间级。中间级是以 VT_{16} 和 VT_{17} 组成的复合管为放大管，以电流源 I_{C13} 为集电极负载的共射极放大电路，具有很强的放大能力。

3）输出级。输出级是甲乙类互补电路，VT_{18} 和 VT_{19} 复合而成的 PNP 型管与 NPN 型管 VT_{14} 构成互补形式，为了弥补它们的非对称性，并稳定其静态工作点，在发射极加了两个阻值不同的电阻 R_9 和 R_{10}。R_7、R_8 和 VT_{15} 构成 U_{BE} 倍增电路，为输出级设置合适的静态工作点，以消除交越失真。R_9 和 R_{10} 还作为输出电流 i_O（发射极电流）的采样电阻与 VD_1、VD_2 共同构成过电流保护电路，这是因为 VT_{14} 导通时 R_7 上电压与二极管 VD_1 上电压之和等于 VT_{14} b-e 间电压与 R_9 上电压之和，即

$$u_{R7}+u_{D1}=u_{BE14}+i_O R_9$$

当 i_O 未超过额定值，u_{D1} 较小时，VD_1 截止；而当 i_O 超过额定值时，R_9 上电压变大使 VD_1 导通，为 VT_{14} 的基极分流，从而限制了 VT_{14} 的发射极电流，保护了 VT_{14}。而 VD_2 在 VT_{18} 和 VT_{19} 导通时起保护作用。

在图 6.4.5 中，电容 C 的作用是相位补偿。外接电位器 R_P 起调零作用，改变滑动端，可改变 VT_5 和 VT_6 的发射极电阻，以调整输入级的对称程度。

2. 场效应晶体管构成的集成运算放大器

在测量仪器中，常需要高输入电阻的集成运放，其输入电流小到 10pA 以下，这对于任何双极结型晶体管集成运放都是无法实现的，必须采用场效应晶体管构成的集成运放。由于同时制作 N 沟道和 P 沟道互补对称管的工艺较易实现，所以 CMOS 技术广泛用于集成运放。CMOS 集成运放的输入电阻高达 $10^{10}\Omega$ 以上，并可在很宽的电源电压范围内工作。它们所需的芯片面积只是性能可比的双极结型晶体管设计的 1/5~1/3，因此 CMOS 电路的集成度更高。

C14573 是四个独立的运放制作在一个芯片上的器件，其电路原理如图 6.4.7 所示。C14573 全部由增强型 MOSFET 构成，与晶体管集成运放电路结构相类比可知，VF_1、VF_2 和 VF_7 构成多路电流源，在已知 VF_1 开启电压的前提下，利用外接电阻可以求出其基准电流 I_R，一般选择 I_R 为 20~200μA。根据 VF_1、VF_2 和 VF_7 的结构尺寸可以得到 VF_3、VF_4 和 VF_8 的漏极电流，它们为放大电路提供静态电流。把偏置电路分离出来后，得到 C14573 的放大电路部分，简化电路如图 6.4.8 所示。由图可知，C14573 是两级放大电路。

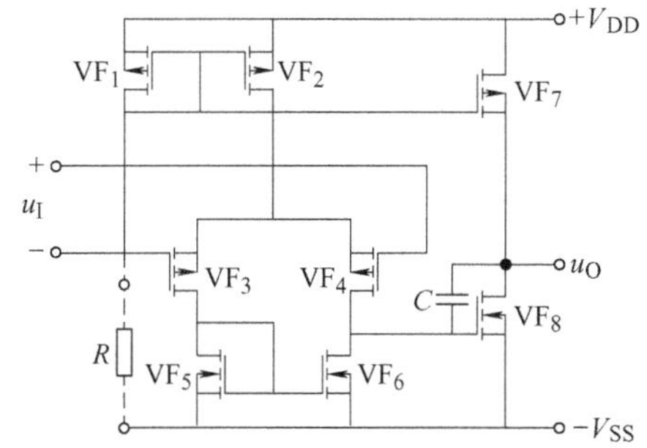

图 6.4.7　C14573 的原理电路

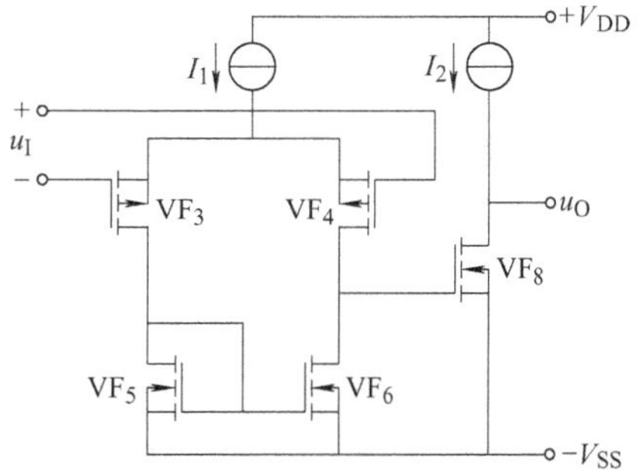

图 6.4.8　C14573 的简化电路

第一级是以 P 沟道增强型 MOSFET VF_3 和 VF_4 为放大管、以 VF_5 和 VF_6 构成的电流源为有源负载，采用共源形式的双端输入、单端输出差分放大电路，有源负载使单端输出电路的动态输出电流近似等于双端输出时的情况。由于第二级电路从 VF_8 的栅极输入，其输入电阻非常大，所以使第一级具有很强的电压放大能力。

第二级是共源放大电路，以 N 沟道增强型 MOSFET VF_8 为放大管，漏极带有源负载，因此具有很强的电压放大能力。但它的输出电阻较大，因而带负载能力较差，是为高阻抗负载而设计的。

在使用时，工作电源电压 V_{DD} 与 V_{SS} 之间的差值应满足 $5V \leqslant (V_{DD}-V_{SS}) \leqslant 15V$；可以单电源供电（正、负均可），也可以双电源供电，并允许正负电源不对称。使用者可根据对输出电压动态范围的要求选择合适的电源电压数值。

6.5　集成运算放大器的主要技术指标及其选择

6.5.1　集成运算放大器的主要性能指标

1）开环差模电压增益 A_{od}：A_{od} 是指集成运放工作在线性区，接入规定的负载，无负反馈情况下的差模电压增益。A_{od} 与输出电压的大小有关，通常是在规定的输出电压幅度（如 = ±10V）下测得的值。A_{od} 又是频率的函数，频率高于某一数值后，A_{od} 的数值开始下降。集成运放的 A_{od} 常用 $20\lg|A_{od}|$表示，单位为分贝（dB），通常可达 10^5 左右，约为 100dB。

2）差模输入电阻 r_{id}：差模输入电阻是集成运放无负反馈情况下，差模输入电压与输入端电流的比值，反映了集成运放输入端向差模输入信号源索取电流的大小。对于电压放大器，r_{id} 越大，从信号源索取的电流越小。通用型集成运放的 r_{id} 可达 MΩ 以上，如 F007C 的 r_{id} 大于 2MΩ。

3）共模抑制比 K_{CMR}：K_{CMR} 指集成运放开环时，差模放大倍数与共模放大倍数之比的绝对值，即

$$K_{CMR}=\left|\frac{A_{od}}{A_{oc}}\right|$$

通常采用 $20\lg K_{CMR}$ 表示，单位为分贝（dB）。

共模抑制比综合反映了集成运放对差模信号的放大能力及对共模信号的抑制能力。如 F007C 的 K_{CMR} 大于 80dB。

4）最大差模输入电压 U_{Idmax}：指集成运放的反相和同相输入端之间所能承受的最大电压值。超过这个电压值，集成运放输入级某一侧的晶体管将出现发射结的反向击穿，使集成运放的性能显著恶化，甚至可能造成永久性损坏。利用平面工艺制成的 NPN 管，其 U_{Idmax} 约为±5V 左右，而横向晶体管的 U_{Idmax} 可达±30V 以上。如 F007C 的 U_{Idmax} 为±30V 左右。

5）最大共模输入电压 U_{Icmax}：指集成运放能对差模信号正常放大的情况下，输入级允许输入的最大共模电压。超过该值，集成运放的共模抑制比将显著下降，不能对差模信号进行有效放大。因此，实际应用中，需要特别注意输入信号中共模信号的大小，如 F007C 的 U_{Icmax} 为±13V。

6）输入偏置电流 I_{IB}：晶体管集成运放的两个输入端是差分对管的基极，因此两个输入端总需要一定的电流。输入偏置电流是指集成运放输出电压为零时，差分放大电路两个输入端静态电流的平均值，即

$$I_{IB}=\left.\frac{I_{BN}+I_{BP}}{2}\right|_{u_O=0}$$

从使用角度来看，偏置电流越小，信号源内阻对集成运放静态工作点的影响也越小。常见集成运放的 I_{IB} 为 10nA～1μA。

7）输入失调电压 U_{IO}：一个理想的集成运放，当输入电压为零时，输出电压也应为零（不加调零装置）。但实际上，它的差分输入级很难做到完全对称，通常在输入电压为零时，存在一定的输出电压。

在室温及标准电源电压下，输入电压为零时，为了使集成运放的输出电压为零，在输入端加的补偿电压叫作输入失调电压。实际上指输入电压为 0 时，输出电压折算到输入端电压的负值，即

$$U_{IO}=-\frac{U_O|_{u_I=0}}{A_{od}}$$

U_{IO} 的大小反映了集成运放制造中，电路的对称程度和电位配合情况，其值越大，说明电路的对称程度越差。

8）输入失调电流 I_{IO}：在晶体管集成运放中，输入失调电流是指当输出电压为零时，流入放大器两输入端的静态基极电流之差，即

$$I_{IO}=|I_{BP}-I_{BN}|_{u_O=0}$$

由于信号源内阻的存在，该电流会引起一输入电压，破坏放大器的对称性，使放大电路输出电压不为零。所以，希望其越小越好，它反映了输入级差分对管的不对称程度，一般约为 10nA～0.1μA。

9）温度漂移：放大电路的温度漂移是漂移的主要来源，而它主要是由输入失调电压和输入失调电流随温度的变化引起的。

① 输入失调电压温度漂移 $\Delta U_{IO}/\Delta T$：指在规定温度范围内 U_{IO} 的温度系数，是衡量电路失调电压漂移的重要指标。不能用外接调零装置的办法来补偿。高质量的放大器常选用低漂移的器件来组成。

② 输入失调电流温度漂移 $\Delta I_{IO}/\Delta T$：指在规定温度范围内 I_{IO} 的温度系数，是对放大电路失调电流漂移的量度。同样不能用外接调零装置来补偿。高质量的集成运放的输入失调电流温度漂移为每度几个皮安。

10）上限截止频率与单位增益带宽：上限截止频率 f_H 是指开环差模电压增值下降到中频增益的 0.707 倍时对应的频率。由于集成运放的下限截止频率很小，所以上限截止频率 f_H 近似等于开环带宽 f_{bw}，又称为-3dB 带宽。通用型集成运放的 f_H 只有几十到几百赫，如 741 型集成运放的 f_H 约为 7Hz。

单位增益带宽 f_C 指 A_{od} 下降到 1，即 0dB 时对应的频率。由于增益带宽积近似为常量，所以有下列关系：

$$f_C=f_HA_{od}$$

因此 f_C 一般很大。

11）转换速率 SR：转换速率是指放大电路在闭环状态下，输入为大信号（如阶跃信号）时，放大电路输出电压对时间变化率的最大值，即

$$SR = \left.\frac{\mathrm{d}u_O(t)}{\mathrm{d}t}\right|_{max}$$

转换速率的大小与许多因素有关，其中主要是与集成运放所加的补偿电容，集成运放本身各级晶体管的极间电容、杂散电容，以及放大电路提供的充电电流等因素有关。SR 的值越大，说明电路的暂态响应速度越快。

6.5.2　集成运算放大器的低频等效电路

在分立元器件放大电路的交流通路中，若用交流小信号等效模型取代晶体管和场效应晶体管，则电路的分析与一般线性电路完全相同。同理，如果在集成运放应用电路中，用等效模型取代集成运放，那么电路的分析也将与线性电路完全相同。但是，如果在电路中将所有管子都用其等效模型代替，来构成集成运放的等效电路，势必使等效电路非常复杂。而从输入端口和输出端口的特性相同或相似的角度，构造集成运放的等效模型，则可使分析得到简化。

图 6.5.1 所示为集成运放的低频等效电路。图中，对于输入回路，考虑了差模输入电阻 r_{id}、偏置电流 I_{IB}、失调电压 U_{IO} 和失调电流 I_{IO} 四个参数；对于输出回路，考虑了差模输出电压 $A_{od}u_{Id}$，共模输出电压 $A_{oc}u_{Ic}$ 和输出电阻 r_o 三个参数。显然，图示电路中没有考虑管子的结电容及分布电容、寄生电容等的影响，因此，只适用于输入信号频率不高情况下的电路分析。

如果仅研究对输入差模信号的放大问题，而不考虑失调因素对电路的影响，那么可以采用简化的集成运放低频等效电路，如图 6.5.2 所示。这时，从集成运放输入端看进去，等效为一个电阻 r_{id}；从输出端看进去，等效为一个电压控制的电源 $A_{od}u_I$，其内阻为 r_o。若将集成运放理想化，则 $r_{id}=\infty$，$r_o=0$。

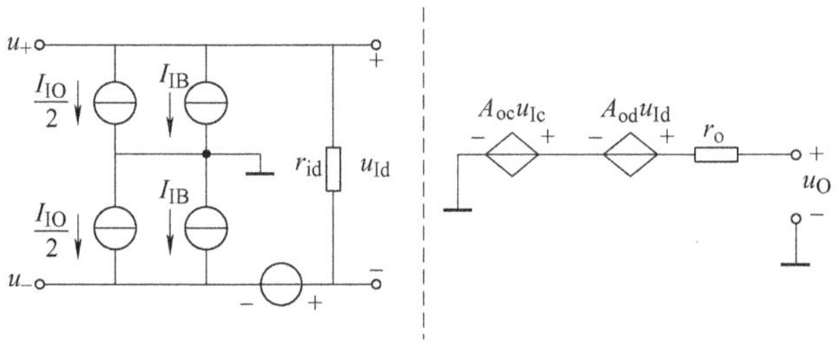

图 6.5.1　集成运放的低频等效电路

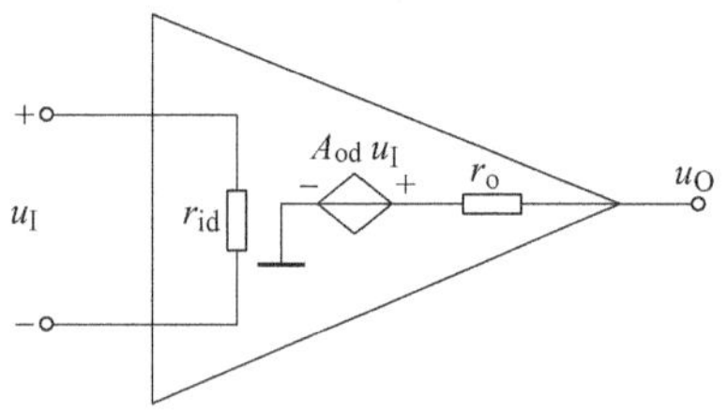

图 6.5.2　简化的集成运放低频等效电路

6.5.3　集成运算放大器的分类

从前面集成运放典型电路的分析可知：按供电方式可将集成运放分为双电源供电和单电源供电，而在双电源供电中又分正、负对称和不对称供电；按一个芯片上运放的个数，可分为单运放、双运放和四运放；按制造工艺可将集成运放分为双极型、CMOS 型和 BiMOS 型。其中，双极型集成运放种类多、功能强，但输入偏置电流及器件功耗较大；CMOS 型集成运

放输入阻抗高、功耗小，可在低电源电压下工作，初期产品精度低、增益小、速度慢，但目前已有低失调电压、低噪声、高速度、强驱动能力的产品；BiMOS 型集成运放采用双极型管与 MOS 管混合搭配的生产工艺，以 MOSFET 作输入级，使输入电阻高达 $10^{12}\Omega$ 以上，目前有参数各不相同的多种产品。

除以上三种分类方法外，还可以从内部电路工作原理、电路的可控性和参数的特点等三个方面分类，下面简单加以介绍。

1. 按工作原理分类

1）电压放大型。实现电压放大，输出回路等效成由电压 u_I 控制的电压源 $u_O=A_{od}u_I$。F007、F324、C14573 均属这类产品。

2）电流放大型。实现电流放大，输出回路等效成由输入电流 i_I 控制的电流源。LM3900、FI900 属于这类产品。

3）跨导型。将输入电压转换成输出电流，输出回路等效成由输入电压 u_I 控制的电流源。LM3080、F3080 属于这类产品。

4）互阻型。将输入电流转换成输出电压，其输出电阻很小，通常为几十欧，而输出等效为电流控制的电压源。

2. 按可控性分类

1）可变增益集成运放。可变增益集成运放有两类电路，一类由外接的控制电压 u_c 来调整开环差模增益 A_{od}，称为电压控制增益的放大电路，如 VCA610，当 u_c 从 0V 变为−2V 时，A_{od} 从−40dB 变为+40dB，中间连续可调；另一类是利用数字编码信号来控制开环差模增益 A_{od}，这类集成运放是模拟电路与数字电路的混合集成电路，具有较强的编程功能，如 AD526，当控制端给定不同的二进制码时，A_{od} 将不同。

2）选通控制集成运放。此类集成运放的输入为多通道，输出为一个通道，即对“地”输出电压信号，利用输入逻辑信号的选通作用，来确定电路对哪个通道的输入信号进行放大。

3. 按性能指标分类

按性能指标，集成运放可分为通用型和特殊型两类。通用型集成运放用于无特殊要求的电路之中，具有较高的性价比。特殊型集成运放为了适应各种特殊要求，某一方面性能特别突出，下面简单介绍。

1）高阻型。具有高输入电阻 r_{id} 的集成运放称为高阻型集成运放。它们的输入级多采用超 β 管或场效应晶体管，r_{id} 大于 $10^9\Omega$，用于测量放大电路、信号发生电路或采样-保持电路。

2）高速型。单位增益带宽和转换速率高的集成运放为高速型集成运放。它的种类很多，单位增益带宽多在 10MHz 左右，有的高达千兆赫；转换速率大多在几十伏每微秒至几百伏每微秒。适用于模/数转换器、锁相环电路和视频放大电路。

3）高精度型。高精度型集成运放具有低失调、低温度漂移、低噪声、高增益等特点，它的失调电压和失调电流比通用型集成运放小两个数量级，而开环差模增益和共模抑制比均大于 100dB，适用于对微弱信号的精密测量和运算，常用于高精度的仪器设备中。

4）低功耗型。低功耗型集成运放具有静态功耗低、工作电源电压低等特点，它们的功耗只有几毫瓦，甚至更小，电源电压为几伏，而其他方面的性能不比通用型集成运放差。这种集成运放适用于对能源有严格限制的情况，如空间技术、军事科学及工业中的遥感遥测等领域。

此外，还有能够输出高电压（如100V）的高压型集成运放，能够输出大功率（如几十瓦）的大功率型集成运放等。除了通用型和特殊型集成运放外，还有为完成某种特定功能而生产的集成运放，如仪表放大器、隔离放大器、缓冲放大器、对数/反对数放大器等。随着EDA技术的发展，人们会越来越多地设计专用芯片。目前可编程模拟器件也在发展中，可以在一块芯片上通过编程的方法实现对多路信号的各种处理，如放大、有源滤波、电压比较等。

6.5.4 集成运算放大器的选择

通常情况下，在设计集成运放应用电路时，没有必要研究其内部电路，而是根据设计需求，选择具有相应性能指标的集成运放芯片。了解集成运放的类型，理解集成运放主要性能指标的物理意义，是正确选择集成运放的前提。应根据以下几方面的要求选择集成运放：

1）信号源的性质。根据信号源是电压源还是电流源，内阻大小、输入信号的幅值及频率的变化范围等，选择集成运放的差模输入电阻 r_{id}、-3dB 带宽（或单位增益带宽）、转换速率 SR 等指标参数。

2）负载的性质。根据负载电阻的大小，确定所需要集成运放的输出电压和输出电流的幅值。对于容性负载或感性负载，还要考虑它们对频率参数的影响。

3）精度要求。对模拟信号的处理，如放大、运算等，往往提出精度要求，对电压比较，往往提出响应时间、灵敏度要求。根据这些要求选择集成运放的开环差模增益 A_{od}、失调电压 U_{IO}、失调电流 I_{IO} 及转换速率 SR 等指标参数。

4）环境条件。根据环境温度的变化范围，正确选择集成运放的失调电压及失调电流的温度漂移 $\Delta U_{IO}/\Delta T$、$\Delta I_{IO}/\Delta T$ 等参数；根据所能提供的电源，选择集成运放的电源电压；根据对能耗有无限制，选择集成运放的功耗等。

根据上述分析，就可以通过查阅手册等手段选择某一型号的集成运放，必要时还可以通过各种EDA软件进行仿真，最终确定最满意的芯片。

目前，各种专用集成运放和多方面性能俱佳的集成运放种类繁多，采用它们会大大提高电路的质量。从性能价格比方面考虑，应尽量采用通用型集成运放，只有在通用型集成运放不满足应用要求时，才采用特殊型集成运放。

6.6 集成运算放大器的传输特性及理想运算放大器的分析依据

6.6.1 集成运算放大器的电压传输特性

定义 $u_{Id}=u_+-u_-$，u_+为同相输入端对地的电压，u_-为反相输入端对地的电压。则 u_{Id} 与 u_O 之间的关系定义为集成运放的电压传输特性。通用型集成运放的电路图形符号及其电压传输特性如图 6.6.1 所示。

当 u_{Id} 较小时，输出电压随输入电压的增加而增加，输出电压与差模输入电压之间为线

性比例关系，比例系数即开环差模电压放大倍数，即

$$u_O = A_{od} u_{Id}$$

使输出电压和输入电压保持线性比例关系的区域称为集成运放的线性工作区。

当 u_{Id} 较大时，输出电压表现出限幅特性，当 u_{Id} 正向较大时，输出为 U_{OH}，其数值接近 $+V_{CC}$；当 u_{Id} 负向较大时，输出为 U_{OL}，其数值接近 $-V_{CC}$。这两个区域称为饱和区，也称为非线性工作区。

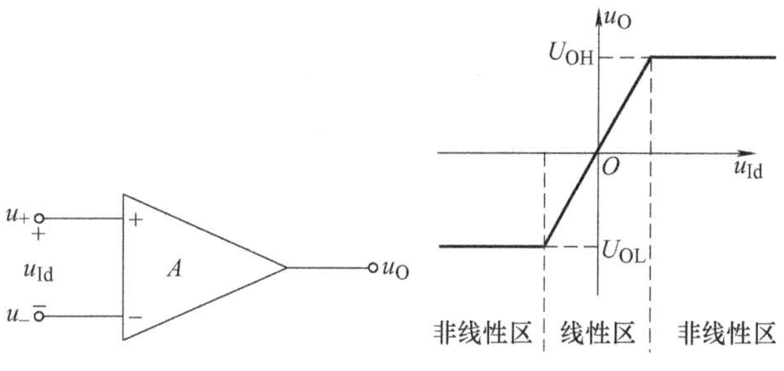

a) 集成运放的电路图形符号　　b) 集成运放的电压传输特性

图 6.6.1　集成运放及其电压传输特性

从传输特性上看，根据 u_{Id} 的不同，集成运放可以工作在线性区，也可以工作在非线性区。但由于通常 A_{od} 非常高，可达几十万倍，因此集成运放电压传输特性中的线性区域非常窄。例如，若集成运放输出电压的最大值 $U_{OH}=14\text{V}$，$U_{OL}=-14\text{V}$，$A_{od}=5\times10^5$，则只有当 $|u_+-u_-|<28\mu\text{V}$ 时，集成运放才能工作在线性区，输出和输入之间为线性比例关系；否则将工作在非线性区（饱和区），输出电压要么为+14V，要么为−14V。当集成运放用作信号运算和放大使用时，为了扩大集成运放的线性工作范围，通常要引入深度负反馈，构成带有反馈的闭环放大电路。

6.6.2　理想运算放大器的分析依据

在对集成运放的分析中，为简化起见，通常把实际运放近似理想化，即可以把 A_{od}、r_{id}、K_{CMR} 视为无穷大，而把 r_o、U_{IO}、I_{IO}、I_{IB}、$\Delta U_{IO}/\Delta T$、$\Delta I_{IO}/\Delta T$ 视为零，形成便于分析的理想运放。早期集成运放的性能指标与理想参数相差甚远，由于现代集成电路制造工艺的进步，已经生产出各类接近理想参数的集成运放。

对理想运放，表示输出电压与输入电压之间关系的传输特性如图 6.6.2 所示。图中，当 $u_{Id}>0$ 时，输出 u_O 即刻到达正向限幅值，而当 $u_{Id}<0$ 时，输出 u_O 即刻到达负向限幅值。

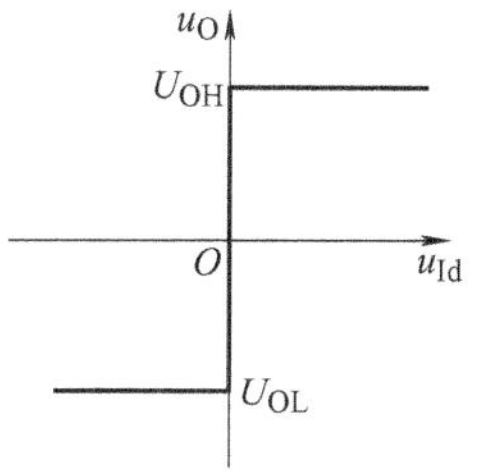

图 6.6.2　理想运放的电压传输特性

当集成运放工作在线性区时，$u_O=A_{od}u_{Id}$ 成立。由于其开环放大倍数 $A_{od}\to\infty$，而输出为有限值，因此

$$u_{Id}=u_+-u_-=\frac{u_O}{A_{od}}\approx 0$$

即 $u_+\approx u_-$ 成立，则集成运放同相输入端的电位和反相输入端的电位近似相等，称为同相端和反相端之间“虚短”。如果反相端有输入，$u_-=u_I$，同相端接地，$u_+\approx 0$，由于 $u_+\approx u_-$，则有 $u_-\approx 0$，就是说反相端的电位接近“地”电位，它是一个不接地的地电位端，通常称为“虚地”。又由于集成运放的差模输入电阻 $r_{id}\to\infty$，故可认为同相端和反相端的输入电流近似为 0，即同相端和反相端近似断路，称为“虚断”。因此，当集成运放近似为理想，且工作在线性区时，可利用“虚短”和“虚断”简化电路分析，得到近似的分析结果。

当集成运放工作在非线性区，即饱和区时，输出电压与输入电压不为线性关系，$u_O = A_{od}u_{Id}$ 不成立。而是满足下列关系：

当 $u_{Id}=u_+-u_->0$ 时，$u_O=U_{OH}$；当 $u_{Id}=u_+-u_-<0$ 时，$u_O=U_{OL}$。

集成运放工作在饱和区时，同相输入端和反相输入端的电位不能看作近似相等，$u_+\neq u_-$，$u_{Id}\neq 0$，即“虚短”不成立。但流入同相输入端和反相输入端的电流近似等于零，“虚断”仍成立。

可见，根据输入信号的不同，集成运放将可能工作在线性区或非线性区（饱和区），在不同的区域工作时，其分析方法有所区别。

6.7　集成运算放大器使用中的几个问题

6.7.1　调零和消除自激振荡

由于失调电压及失调电流的存在，当输入电压为零时输出电压往往不为零。对于内部无自动调零措施的集成运放，需外加调零电路，使之在零输入时输出也为零。图 6.7.1a 所示的集成运放带有调零引出端 1 和 5 脚，通过在 1 和 5 脚接电位器 R_P 可实现输出调零。图 6.7.1b 所示的集成运放没有调零引出端，是通过在同相输入端引入附加电压实现调零。

为防止电路产生自激振荡，应在集成运放的电源端加上去耦电容。有的集成运放需外接频率补偿电容，此时应注意电容容量的选择。

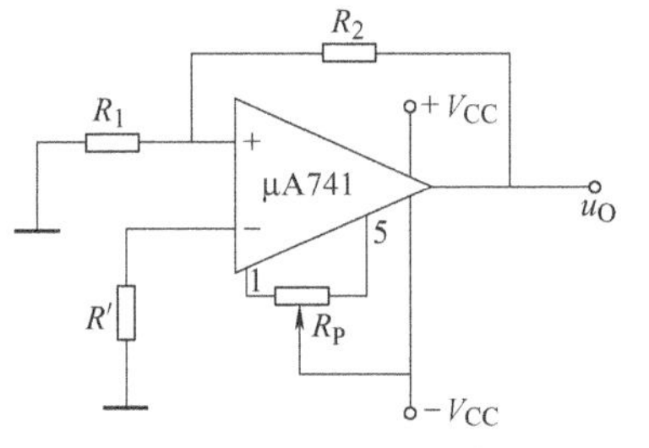

a) 带有调零引出端的调零电路

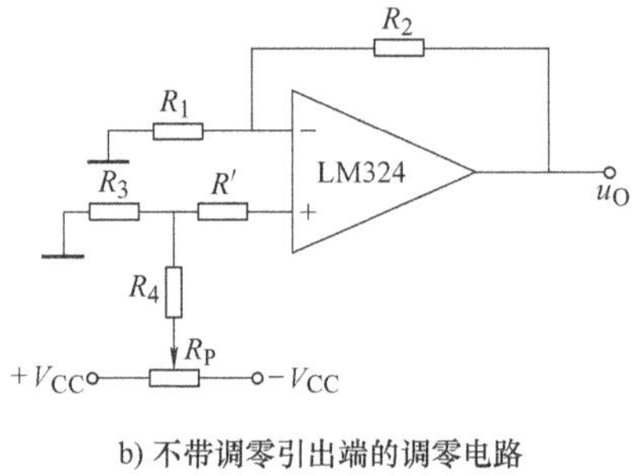

b) 不带调零引出端的调零电路

图 6.7.1　常用的调零电路

6.7.2　集成运算放大器的保护

集成运放在使用中常因以下三种原因被损坏：

1）输入信号过大，使 PN 结击穿。

2）电源电压极性接反或过高。

3）输出端直接接“地”或接电源，集成运放将因输出级功耗过大而损坏。

因此，为使集成运放安全工作，也应从以下三个方面进行保护。

1. 输入保护

一般情况下，集成运放工作在开环（即未引入反馈）状态时，易因差模电压过大而损坏；在闭环状态时，易因共模电压超出极值而损坏。图 6.7.2a 所示是防止差模电压过大的保护电路，图 6.7.2b 所示是防止共模电压过大的保护电路。

2. 输出保护

图 6.7.3 所示为输出端保护电路，限流电阻 R 与稳压管 VS 构成限幅电路。一方面将负载与集成运放输出端隔离开来，限制了集成运放的输出电流；另一方面也限制了输出电压的幅值。

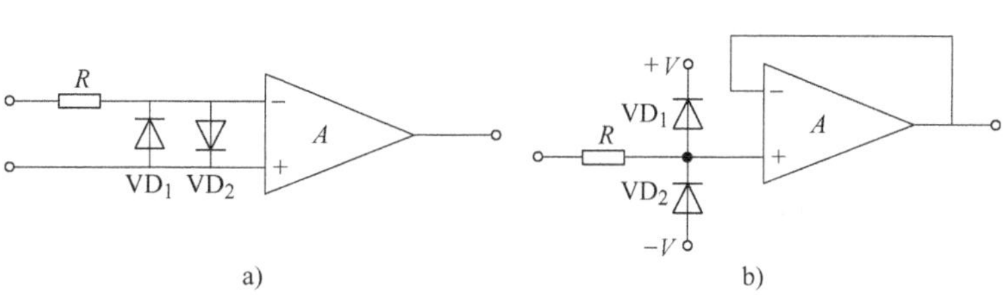

图 6.7.2　输入端保护电路

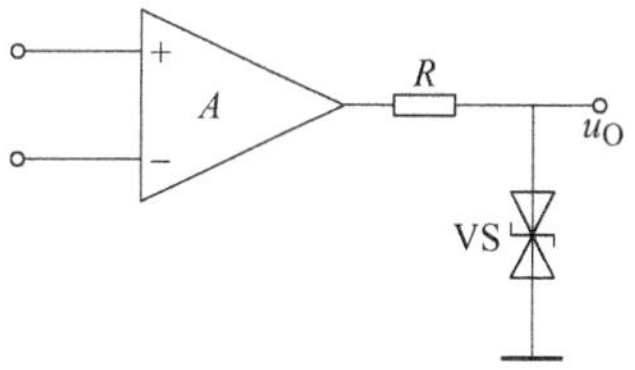

图 6.7.3　输出端保护电路

3. 电源端保护

为了防止电源极性接反，可利用二极管的单向导电性，在电源端串联二极管来实现保护，如图 6.7.4 所示。

【例 6.7.1】　电路如图 6.7.5 所示。已知 $u_I=0$ 时 $u_O=0$。且：$g_m=5\text{mS}$，$\beta_5=\beta_6=100$，$r_{be5}=r_{be6}=1\text{k}\Omega$，$R_{c5}=5.1\text{k}\Omega$，$R_{e5}=510\Omega$，$R_L=1\text{k}\Omega$。

1）试说明 VT_1 和 VT_2、VT_3 和 VT_4、VT_5 以及 VT_6 分别组成什么电路？

2）若 R_L 上电压的极性为上正下负，则输入电压 u_I 的极性如何？

3）写出差模电压放大倍数 A_{ud} 的表达式，并求其值。

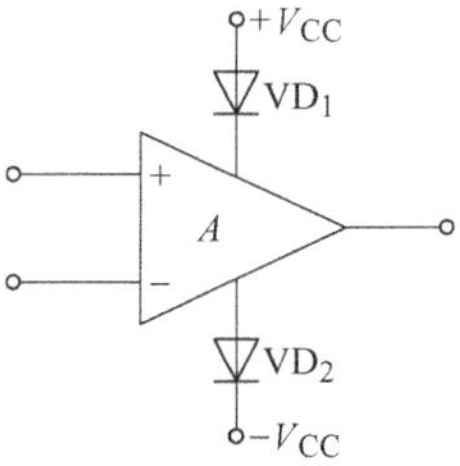

图 6.7.4　电源端保护

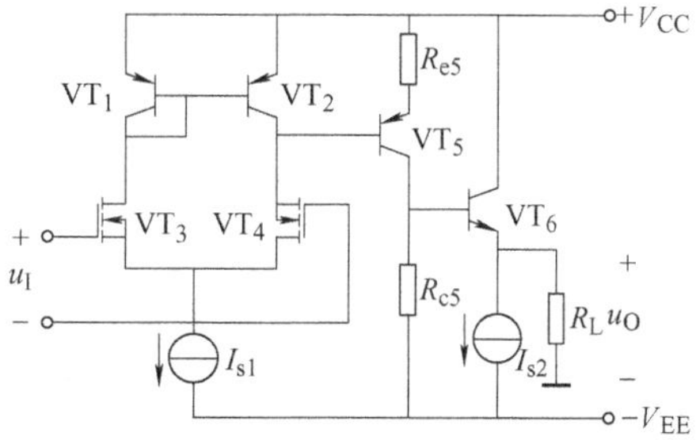

图 6.7.5　例 6.7.1 图

解：1）VT_1、VT_2 组成镜像电流源，作为 VT_3 和 VT_4 的漏极有源负载。VT_3、VT_4 组成差分放大电路，恒流源 I_{S1} 作为其源极偏置。VT_5 组成共射极放大电路，并起电平转化作用，使 $u_I=0$ 时 $u_O=0$。VT6 组成射极输出器，降低电路的输出电阻，提高带载能力。

2）若 R_L 上电压的极性为上正下负，则 VT_6 基极电压极性为正，VT_5 基极电压极性为负，VT_4 的栅极电压应为正，而 VT_3 的栅极电压应为负。

3）整个放大电路可分三级：输入级为差分放大电路，中间电压放大级为共射极放大电路，输出级为射极输出器。

第一级为双端输入，单端输出差分电路

$$A_{ud1}=-\frac{1}{2}g_m R_L'$$

式中，$R_L'=r_{ce2}//R_{i5}$，$R_{i5}=r_{be5}+(1+\beta_5)R_{e5}$ 为第二级的输入电阻。

由于 $r_{ce2}\gg R_{i5}$，因此

$$A_{ud1}=-\frac{1}{2}g_m R_{i5}$$

中间级为由 VT_5 组成的共射极放大电路，其电压放大倍数

$$\dot{A}_{u2}=-\frac{\beta_5 R_{c5}//R_{i6}}{r_{be5}+(1+\beta_5)R_{e5}}$$

式中，R_{i6} 为 VT_6 组成的射极输出器的输入电阻

$$R_{i6}=r_{be6}+(1+\beta_6)R_{e6}//R_L$$

由于 $R_{i6}\gg R_{c5}$，所以

$$\dot{A}_{u2}\approx-\frac{\beta_5 R_{c5}}{r_{be5}+(1+\beta_5)R_{e5}}$$

输出级为由 VT_6 组成的射极输出器，其电压放大倍数

$$\dot{A}_{u3}\approx 1$$

则总的电压放大倍数

$$\dot{A}_u=A_{ud1}\dot{A}_{u2}\dot{A}_{u3}\approx-\frac{1}{2}g_m[r_{be5}+(1+\beta_5)R_{e5}]\frac{\beta_5 R_{c5}}{r_{be5}+(1+\beta_5)R_{e5}}\approx\frac{1}{2}g_m\beta_5 R_{c5}=-1275$$

本章小结

本章学习了多级放大电路的耦合方式及分析方法、直接耦合放大电路的零点漂移问题、差分放大电路、集成运放中的电流源电路、集成运放的结构特点与组成、集成运放的性能指标以及集成运放的选择与应用基础。现就各部分归纳如下：

1. 多级放大电路的耦合方式及分析方法

多级放大电路的耦合方式主要有直接耦合和阻容耦合两种。直接耦合放大电路存在温度漂移问题，但因其低频特性好，能够放大变化缓慢的信号，便于集成化，而得到越来越广泛的应用。

阻容耦合放大电路利用耦合电容“隔离直流，通过交流”，但低频特性差，不利于集成，常用在分立元器件构成的放大电路中。

多级放大电路的电压放大倍数等于组成它的各级电路电压放大倍数之积。其输入电阻是第一级的输入电阻，输出电阻是末级的输出电阻。在求解某一级的电压放大倍数时，应将后级输入电阻作为该级的负载，而将前级作为该级的信号源。

2. 直接耦合多级放大电路的零点漂移问题

直接耦合多级放大电路的零点漂移主要是由晶体管的温度漂移造成的。其中，第一级晶体管的温度漂移将逐级放大，对整个输出的影响最大，抑制零点漂移，第一级最为关键。因此，多级放大电路中，常采用具有对称性的差分放大电路作为输入级，利用参数的对称性减小第一级的温度漂移，达到减小整个放大电路零点漂移的目的。

3. 差分放大电路

差分放大电路由两个特性完全一致的差分对管构成，每个晶体管各构成共射极放大电路。该电路能够放大差模信号，而抑制共模信号。电路以双倍的元器件换取了抑制零点漂移的能力。

为了提高对差模信号的放大能力和对共模信号的抑制能力，差分电路中常用电流源电路作为偏置和有源负载。

4. 集成运放中的电流源电路

电流源电路在集成运放中应用广泛。常用的电流源电路有镜像电流源、微电流源、比例电流源和多路电流源。电流源在集成运放中主要作为偏置和有源负载。

5. 集成运放的构成

集成运放实际上是一种高性能的直接耦合多级放大电路。通常由输入级、中间级、输出级和偏置电路四部分组成。输入级多采用差分放大电路，中间级承担电压放大的功能，一般为共射（共源）极放大电路，输出级多采用互补功率放大电路，偏置电路多采用电流源电路。

6. 集成运放的性能指标

集成运放的主要性能指标有 A_{od}、r_{id}、U_{IO} 和 dU_{IO}/dT、I_{IO} 和 dI_{IO}、dT、$-3dB$ 带宽 f_H、单位增益带宽 f_C 和 SR 等，通用型集成运放各方面参数均衡，适合一般应用；特殊型集成运放在某方面的性能特别优越，适合有特殊要求的场合。应根据需要，选择合适的集成运放型号。

7. 理想运算放大器

为了简化分析，可将集成运放的开环差模增益、共模抑制比、输入电阻近似为无穷大，输出电阻、失调参数及其温度漂移、噪声近似为零，这样的集成运放称为理想运放。对于理想运放组成的负反馈放大电路，可利用其“虚短”和“虚断”的特点，求解其输出与输入之间的近似关系。

学习完本章后希望能够达到以下要求：

1）理解下列概念：零点漂移，差模信号与差模放大倍数，共模信号与共模放大倍数，共模抑制比。

2）了解多级放大电路耦合方式及其优缺点，能够正确估算多级放大电路的 $\dot{A}_u$、R_i 和 R_o。

3）理解差分放大电路的组成和工作原理，掌握其分析方法。

4）熟悉电流源电路及其应用。

5）熟悉集成运放的组成及各部分作用，正确理解主要指标参数的物理意义及其使用注意事项。

思　考　题

6.1　为什么集成运放内部电路采用直接耦合方式？

6.2　直接耦合放大电路和阻容耦合放大电路各有什么优缺点？一个带宽为 0.1Hz～10MHz 的宽频带多级放大电路，是用阻容耦合方式好还是用直接耦合方式好？

6.3　微电流源电路中的射极电阻 R_e 是否有稳定输出电流 I_C 的作用？

6.4　共射极放大电路采用有源负载后，输出电阻是增加了还是减少了？为什么认为采用有源负载可以提高电路的放大能力？

6.5　试说明集成运放中输入偏置电流 I_{IB} 为何越小越好？采用什么措施可以减小 I_{IB} 的值？

6.6　什么是理想运放？其指标参数有哪些特点？

习　题

6.1　在图 T6.1 所示电路中，已知晶体管 VT_1、VT_2 的电流放大系数 $\beta_1=\beta_2=50$，$U_{BE1}=U_{BE2}=0.7V$。稳压管的稳定电压 $U_Z=4.7V$。

(1) 试计算电路各级的静态工作点值；

(2) 如 I_{C1} 由于温度的升高而增加 1%，试计算输出电压 u_o 变化多少？

6.2　设图 T6.2 所示电路静态工作点合适，请分析该电路，画出 H 参数等效电路，写出 A_u、R_i、R_o 的表达式。

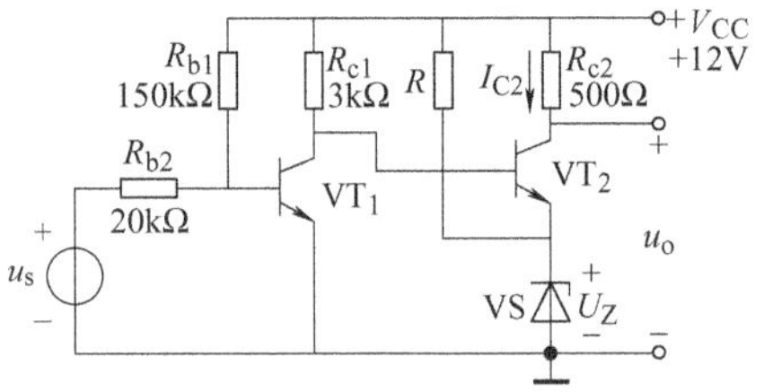

图 T6.1

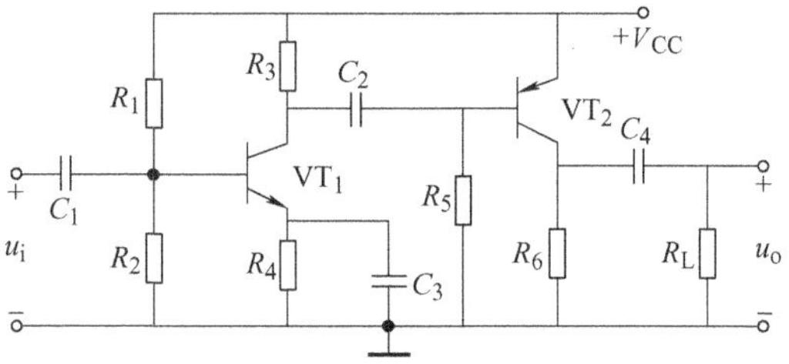

图 T6.2

6.3　分析图 T6.3 所示电路，设各电容的容量都足够大。

(1) 画出该电路简化 H 参数等效电路；

(2) 写出静态时，I_{CQ1}、U_{CEQ1}、I_{CQ2}、U_{CEQ2} 表达式；

(3) 写出放大器输入电阻 R_i 和输出电阻 R_o 的表达式；

(4) 写出放大倍数 A_{u1}、A_{u2}、A_u 和 A_{us} 的表达式。

6.4　设图 T6.4 所示电路静态工作点合适，画出 H 参数等效电路，写出 A_u、R_i、R_o 的表达式。

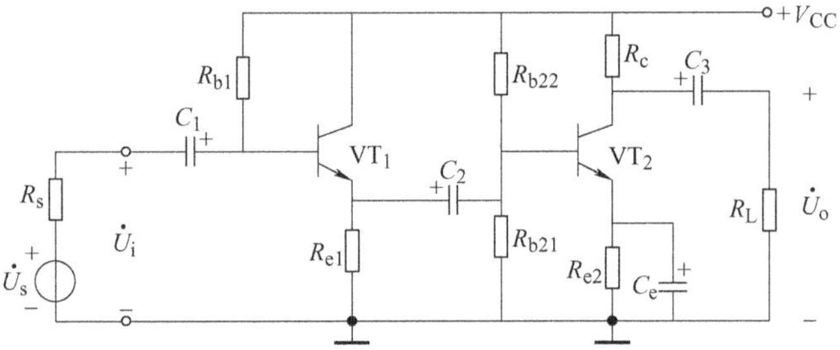

图 T6.3

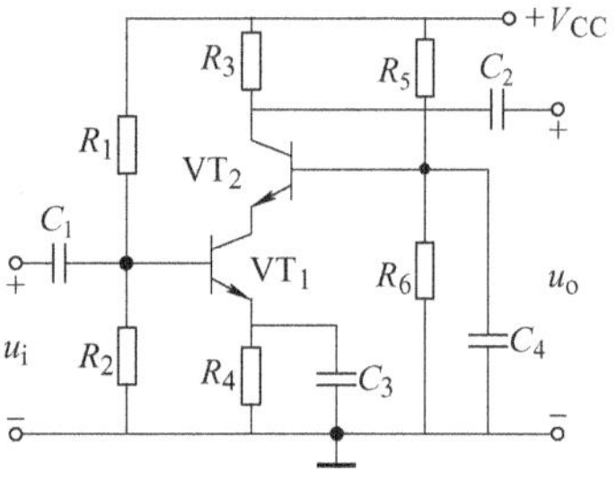

图 T6.4

6.5　电路如图 T6.5 所示，VT_1 和 VT_2 的 β 均为 50，r_{be} 均为 2kΩ。试问：若输入信号 $u_{I1}=25mV$，$u_{I2}=15mV$，则电路的共模输入电压 $u_{Ic}=$？差模输入电压 $u_{Id}=$？输出动态电压 $\Delta u_O=$？

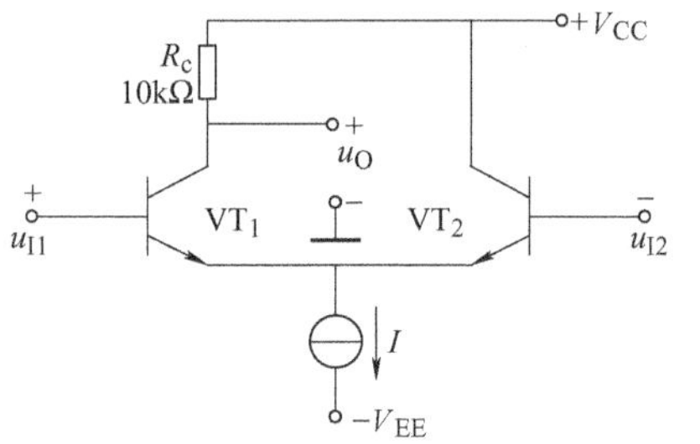

图 T6.5

6.6　电路如图 T6.6 所示，晶体管的 $\beta=60$，$r_{bb'}=120\Omega$。

(1) 计算静态时 VT_1 和 VT_2 的集电极电流和集

电极电位；

（2）用直流表测得 $u_O=2V$，$u_I=$？若 $u_I=15mV$，则 $u_O=$？

6.7　画出图 T6.7 所示电路的交流等效电路，并写出 A_{ud} 和 R_i 的近似表达式（写出求解过程）。设 VT_1 和 VT_2 的电流放大系数分别为 β_1 和 β_2，b-e 间动态电阻分别为 r_{be1} 和 r_{be2}。

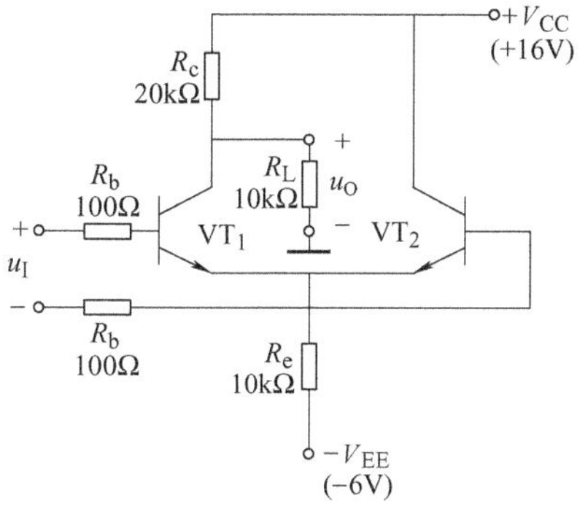

图 T6.6

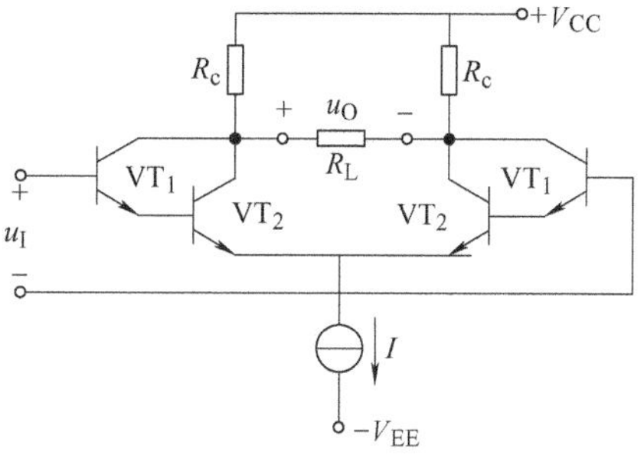

图 T6.7

6.8　画出图 T6.8 所示电路的交流等效电路，并求解差模放大倍数和输入电阻。设 VF_1 和 VF_2 的低频跨导 g_m 均为 2mS。

6.9　电路如图 T6.9 所示，$VT_1 \sim VT_5$ 的电流放大系数分别为 $\beta_1 \sim \beta_5$，b-e 间动态电阻分别为 $r_{be1} \sim r_{be5}$，试写出 A_{ud}、R_i 和 R_o 的表达式。

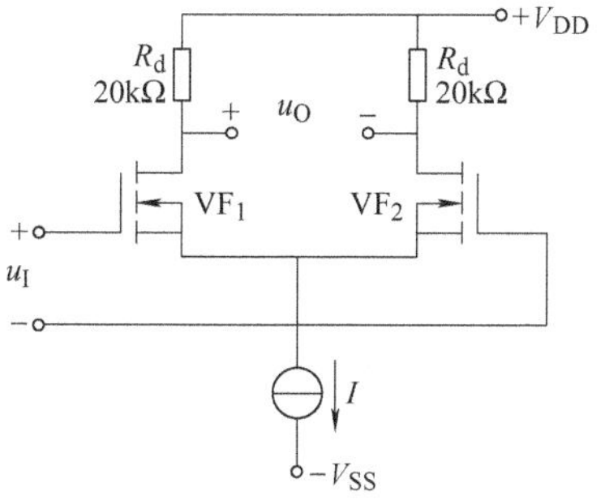

图 T6.8

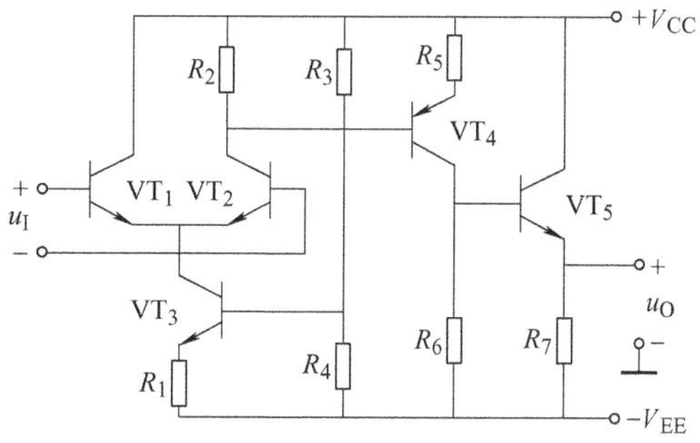

图 T6.9

6.10　在图 T6.10 所示威尔逊电流源（镜像电流源的一种改进电路）中，已知 $\beta_1=\beta_2=\beta_0=80$。各管的 U_{BE} 均为 0.7V，试求：（1）I_{C2} 的值；（2）晶体管 VT_0 的集电极电位 U_{C0}。

6.11　多路输出电流源如图 T6.11 所示，已知各管 $U_{BE}=0.7V$，$\beta \gg 1$，$V_{CC}=15V$，$R=$

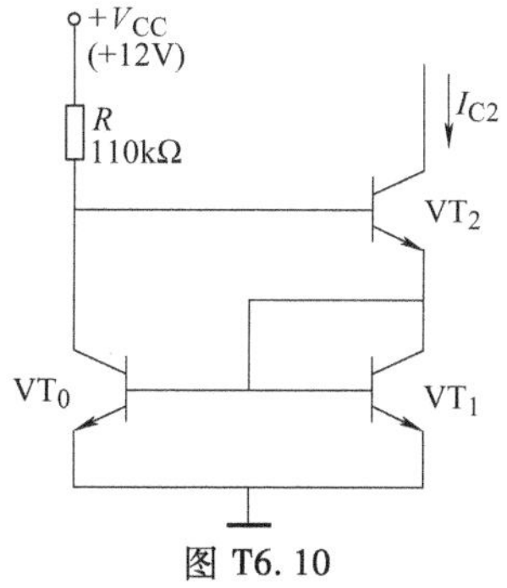

图 T6.10

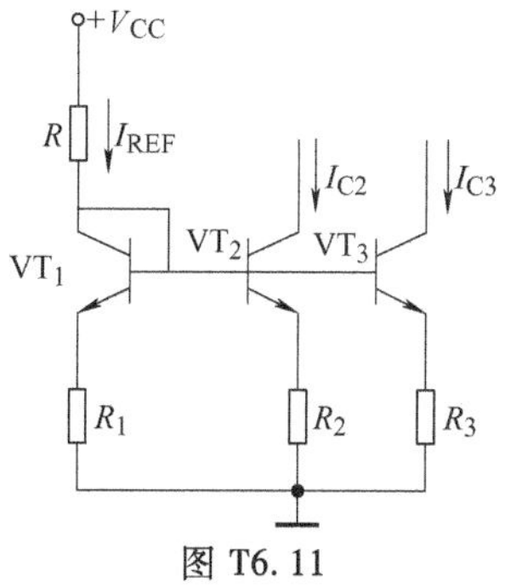

图 T6.11

6.8kΩ，$R_1=300\Omega$，$R_2=900\Omega$，$R_3=1.2\text{k}\Omega$，试求 I_{C2}、I_{C3} 的值。

6.12　差分放大电路如图 T6.12 所示，已知晶体管的 $\beta=100$，$r_{bb'}=200\Omega$，$U_{BEQ}=0.7\text{V}$，试求：

（1）静态工作点 I_{CQ1}、U_{CQ1}；

（2）差模电压放大倍数 A_{ud}、差模输入电阻 R_i 和输出电阻 R_o；

（3）若输入电压 $u_{I1}=u_{I2}=1\text{V}$ 时，由于电路的失调，有输出电压信号 $u_O=50\text{mV}$，试求共模放大倍数及共模抑制比的分贝值。

6.13　差分放大电路如图 T6.13 所示，已知晶体管的 $\beta=50$，$r_{bb'}=200\Omega$，$U_{BEQ}=0.7\text{V}$，试求：

（1）I_{CQ1}、U_{CQ1}、I_{CQ2}、U_{CQ2}；

（2）差模电压放大倍数 A_{ud}、差模输入电阻 R_i 和输出电阻 R_o。

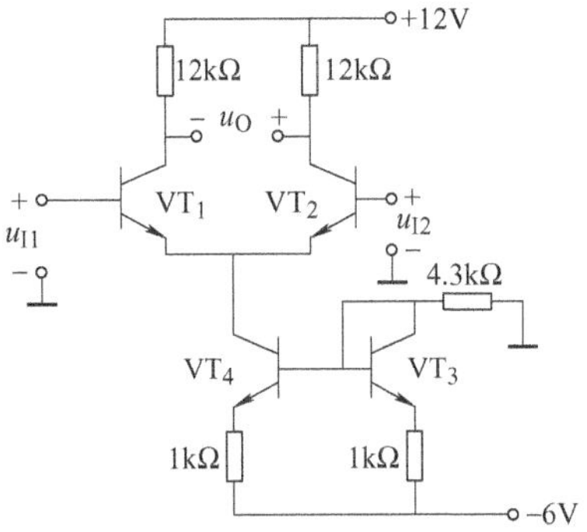

图 T6.12

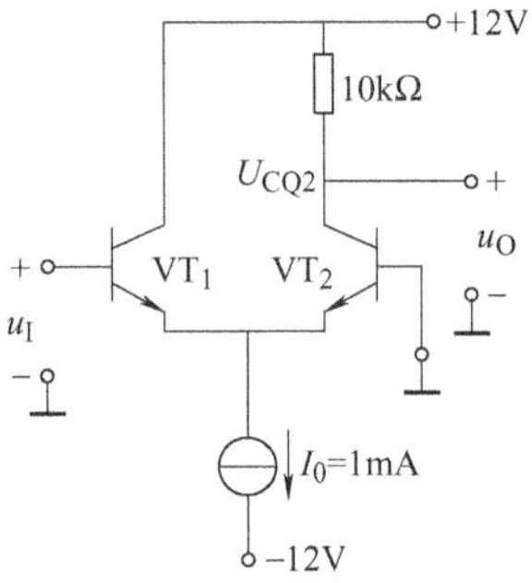

图 T6.13

6.14　图 T6.14 所示电路是某集成运放电路的一部分，单电源供电，VT_1、VT_2、VT_3 为放大管。试分析：

（1）100μA 电流源的作用；

（2）VT_4 的工作区域（截止、放大、饱和）；

（3）50μA 电流源的作用；

（4）VT_5 与 R 的作用。

6.15　电路如图 T6.15 所示，试说明各晶体管的作用。

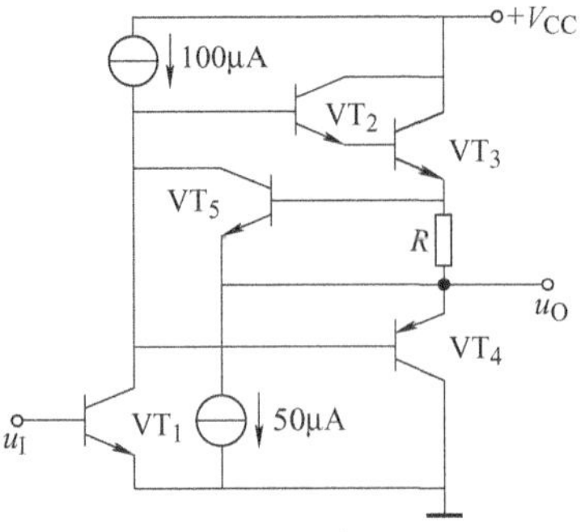

图 T6.14

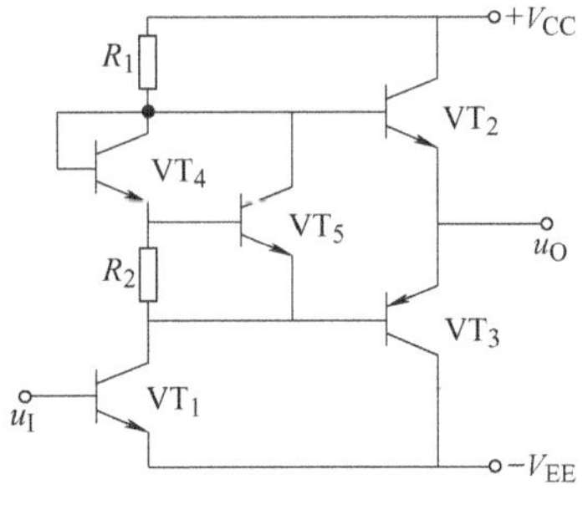

图 T6.15

6.16　图 T6.16 所示为简化的高精度集成运放电路原理，试分析：

（1）两个输入端中哪个是同相输入端，哪个是反相输入端；

（2）VT_3 与 VT_4 的作用；

（3）电流源 I_3 的作用；

（4）VD_2 与 VD_3 的作用。

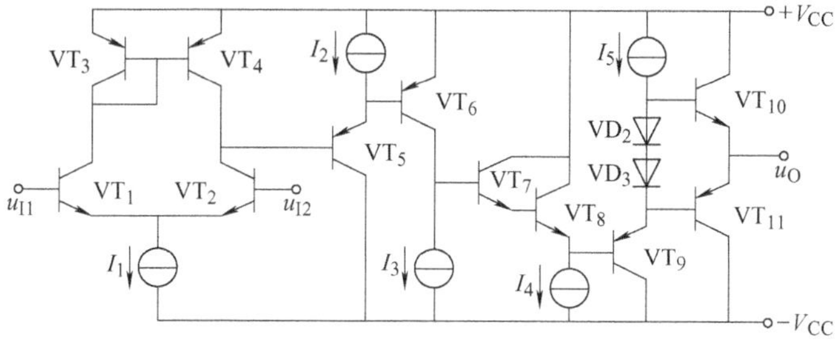

图 T6.16

6.17　已知一个集成运放的开环差模增益 A_{ud} 为 −120dB，最大输出电压峰-峰值 U_{OPP} = ±12V，分别计算差模输入电压 u_I（即 $u_P - u_N$）为 1μV、10μV、1mV、1V 和 −10μV、−100μV、−10mV、−10V 时的输出电压 u_O。

6.18　分析图 T6.18 所示的功率放大电路。

（1）说明放大电路中共有几个放大级，各放大级包括哪几个晶体管，分别组成何种类型的电路；

（2）分别说明以下元器件的作用：R_1、VD_1 和 VD_2；R_3 和 C；

（3）已知 V_{CC} = 15V，R_L = 8Ω，VT_6、VT_7 的饱和管压降 U_{CES} = 1.2V，当输出电流达到最大时，电阻 R_{e6} 和 R_{e7} 上的电压降均为 0.6V，试估算电路的最大不失真输出功率。

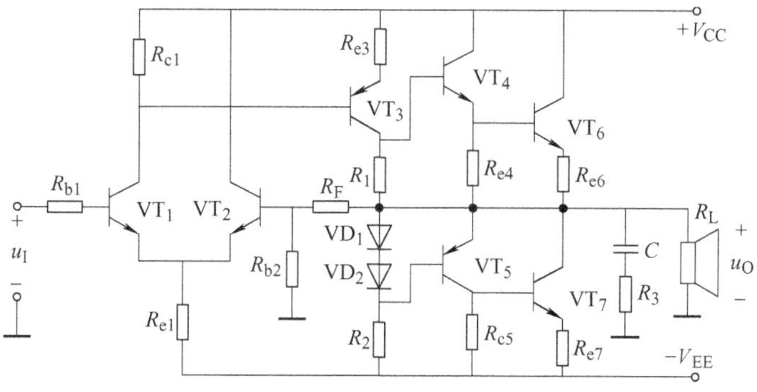

图 T6.18

第7章　放大电路中的反馈

引言

许多实际的物理系统，都存在某种反馈，如植物根据外界环境调整自身状态就是一例。反馈的工程应用最早出现在电子技术领域，在自动化系统等工程领域获得了广泛的应用。

反馈有正负之分，在电子电路中引入负反馈，可以改善放大电路各方面的性能，引入正反馈，可以构成振荡电路和各类信号产生电路。

本章主要讨论反馈的概念、负反馈放大电路的分析与计算、正确引入负反馈的方法及负反馈放大电路的稳定问题。

7.1　反馈的基本概念与形式

7.1.1　反馈的基本概念

反馈（Feedback）是将电子系统输出回路的电量（电压或电流），回送到输入回路以影响放大电路输入的过程。

图 7.1.1 所示为 2.5 节中的工作点稳定电路，其发射极电阻 R_e 上的电压为

$$u_F = R_e i_E \approx R_e i_C$$

该电压反映了输出集电极电流的变化，而该电压又存在于输入回路中，影响了基极和发射极之间的电压 u_{BE}，即放大电路的净输入电压 u_{BE} 为

$$u_{BE} = u_B - u_F = u_B - R_e i_C$$

称该电路引入了反馈，而该反馈使放大电路的净输入电压 u_{BE} 由于 u_F 的引入而变小，因此称为负反馈。

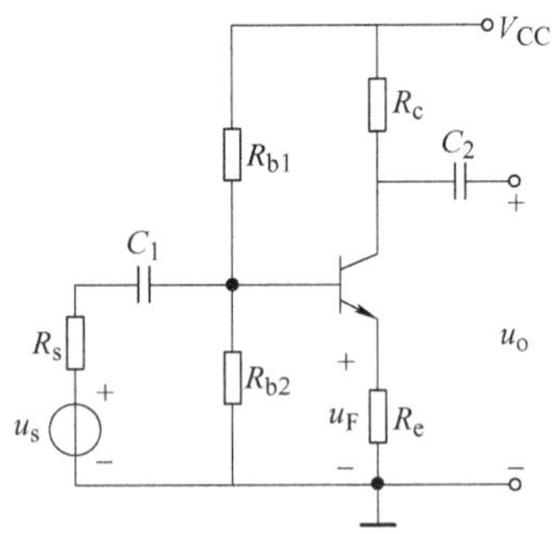

图 7.1.1　工作点稳定电路

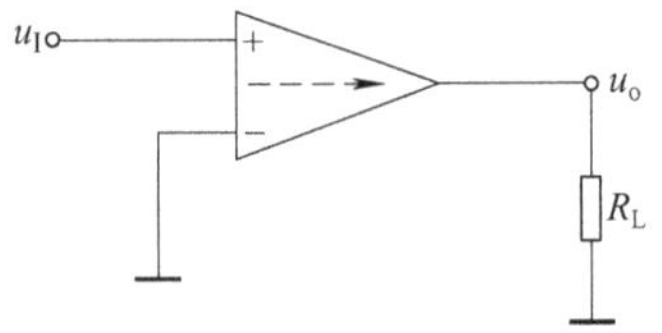

图 7.1.2　开环放大电路

图 7.1.2 所示为运算放大器构成的一个电路，其输出电压和电流均不影响其输入，因此电路中不存在反馈。在没有反馈的电路中，信号只有单一的从输入到输出的流向，称为

信号的前向通道，此时称电路工作在开环状态。

图 7.1.3 所示为运算放大器构成的另一个电路，其输出电压通过电阻 R_2 影响了电路的输入，因此电路中存在反馈。在有反馈的电路中，信号除了从输入到输出的流向外，还存在由于 R_2 支路引入的从输出到输入的流向，称为信号的反馈通道。由于反馈通道的存在，使电路工作在闭环状态。

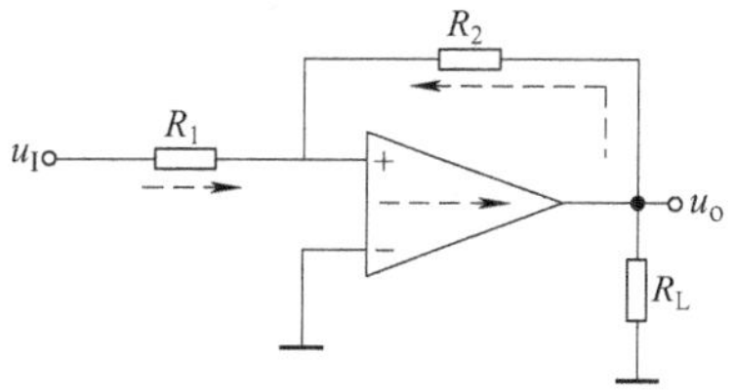

图 7.1.3　闭环放大电路

7.1.2　电路中的反馈形式

1. 正反馈与负反馈

根据反馈量对放大电路净输入量的影响，反馈分为正反馈与负反馈。若引入反馈后，放大电路净输入量变大，则称为正反馈；若引入反馈后，使放大电路净输入量变小，则称为负反馈。为了改善放大电路的性能，经常需要引入负反馈；而在自激振荡电路中，需要引入正反馈。通常采用“瞬时极性法”判断放大电路引入的反馈是正反馈还是负反馈。其判断过程为，从放大电路的输入端开始，沿着信号流向，标出某一时刻有关电压（电流）变化方向，增大用“+”号表示、减小用“-”号表示。若由此得到的反馈信号的极性使放大电路的净输入减小，则为负反馈，否则为正反馈。

瞬时极性法的应用如图 7.1.4 所示。其中，图 7.1.4a 所示为同相放大电路。假设输入电压 u_I 的瞬时极性为“+”，则运算放大器 A 的同相输入端的瞬时极性也为“+”，根据同相放大电路的特点，运算放大器 A 输出电压的瞬时极性为“+”，因此反馈电压 u_F 的瞬时极性如图 7.1.4a 中的⊕ 所示，为上“+”下“-”。该反馈电压使得放大电路的净输入 u_{ID} 比没有该反馈信号时要小，即反馈信号的出现使放大电路的净输入减小，放大电路引入了负反馈。而根据图 7.1.4b 所示电路的瞬时极性，反馈电压 u_F 的极性为上“-”下“+”，该反馈电压使放大电路的净输入增大，放大电路引入了正反馈。图 7.1.4c 所示电路的反馈信号为 R_2 支路的电流 i_F，当假设输入电压的瞬时极性为“+”时，i_F 的实际方向如图 7.1.4c 所示。该电流使放大电路反相输入端的净输入电流 i_{ID} 比没有引入反馈时减小，因此放大电路引入了负反馈。

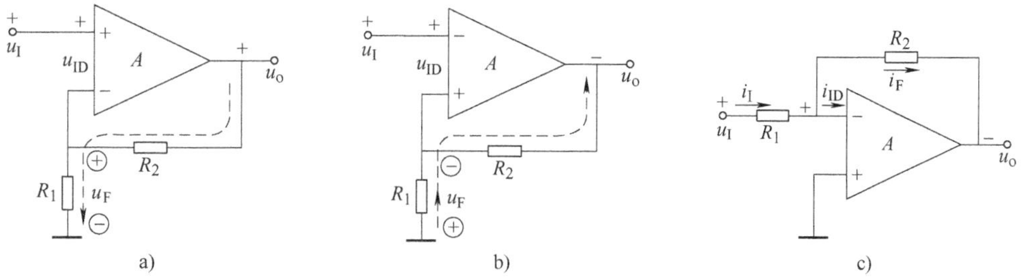

图 7.1.4　瞬时极性法

图 7.1.5 所示为两级放大电路。A_1 的输出回送到其反相输入端的短路线构成本级反馈电路，其瞬时极性如图 7.1.5 所示，反馈电压使 A_1 的净输入电压减小，构成负反馈。在 A_2 构成的放大电路中，R_5 引入 A_2 本级的反馈，反馈信号为 R_5 支路的电流，其瞬时方向如图中的 I_{F5}，由于该反馈电流的存在，使 A_2 反相输入端的净输入电流减小，构成 A_2 本级的负

反馈。图中，R_2 支路构成 A_1 与 A_2 之间的级间反馈，反馈信号为 R_2 支路的电流 i_{F2}，其瞬时方向如图 7.1.5 所示，该电流使得 A_1 同相输入端的净输入电流减小，因此构成级间负反馈。

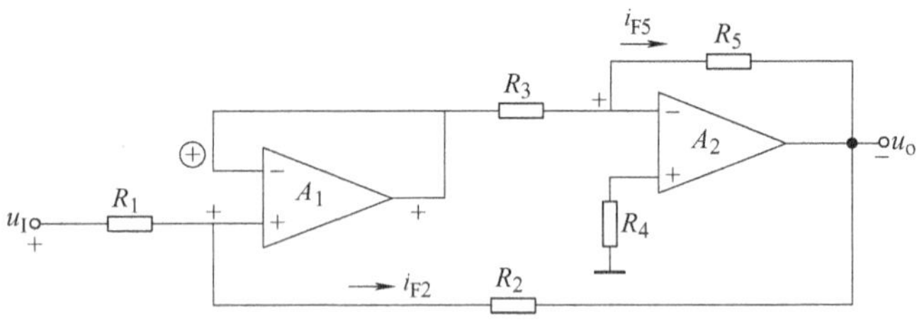

图 7.1.5　瞬时极性法

图 7.1.6 所示为工作点稳定的共射极放大电路，该电路的反馈信号为 R_e 中的电压 u_F，从输入端到反馈电压的瞬时极性如图 7.1.6 所示。u_F 的存在使得放大电路的净输入电压 u_{BE} 减小，因而构成负反馈。

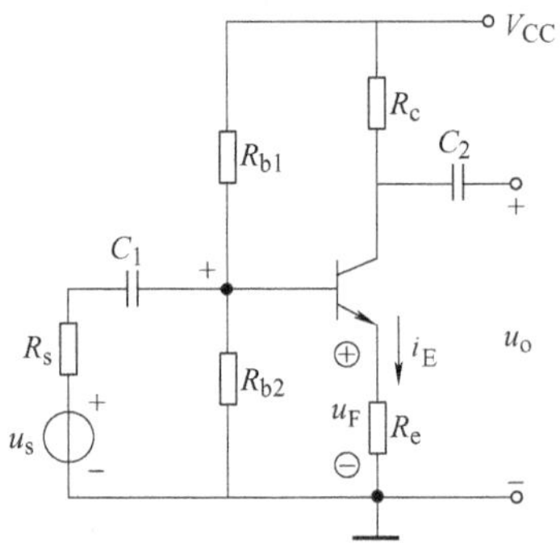

图 7.1.6　工作点稳定电路中的反馈电压

2. 交流反馈与直流反馈

如果反馈到输入端的信号是交流，则称为交流反馈；如果反馈到输入端的信号是直流，则称为直流反馈；如果反馈到输入端的信号既包含直流也包含交流，则放大电路中既有交流反馈，也有直流反馈。为稳定放大电路的静态工作点，通常需要引入直流反馈。在图 7.1.6 所示的静态工作点稳定电路中，如果该电路去掉射极旁路电容 C_e，则反馈电压 u_F 中既包含直流也包含交流，这时，交流反馈和直流反馈同时存在。若 R_e 两端并入射极旁路电容 C_e，则在放大电路的交流通路中，晶体管的发射极直接接地，不存在交流反馈信号，反馈电压 u_F 中只存在直流信号，故构成直流反馈。含射极旁路电容 C_e 时的电路在稳定静态工作点的同时，R_e 的存在不会使其放大倍数受到损失。

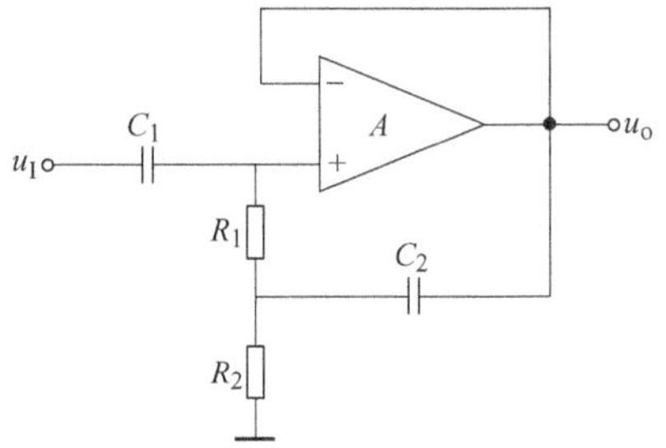

图 7.1.7　交流反馈与直流反馈

在图 7.1.7 所示由运算放大器构成的电路中，电容 C_2 所在的支路只引入交流反馈，而不能引入直流反馈，因此该反馈为交流反馈，而由运算放大器输出端到其反相输入端的短路线构成的反馈既包含直流反馈也包含交流反馈。

7.2　负反馈放大电路的组态及二端口网络表达

7.2.1　负反馈放大电路的四种反馈组态

通常，把引入交流负反馈的放大电路简称为负反馈放大电路。下面以图 7.1.4a 所示负反馈放大电路为例，进行较为详细的分析。在包含反馈的放大电路中，信号的传输通道有两类，一是通过放大电路从输入端到输出端的前向传输通道；二是通过反馈支路从输出端到输入端的反向传输通道。图 7.1.4a 中的反向传输通道由 R_1、R_2 构成的电阻电路组成。R_1 中

的电压 u_F 为反馈电压，该电压与输出电压之间具有如下关系：

$$u_F \approx \frac{R_1}{R_1+R_2} u_o$$

因此反馈电压取自输出电压，反馈电压与输出电压成正比。

当反馈电压回送到输入回路后，与放大电路的总输入 u_I，净输入 u_{ID} 之间满足下列关系：

$$u_{ID} = u_I - u_F$$

即总的输入信号、净输入信号以及反馈信号之间以电压的方式比较，负反馈的作用使放大电路的净输入电压减小。

这种负反馈电路能够抑制外部因素对输出电压的影响，使输出电压维持动态稳定。例如当输出电压受其他因素影响而上升时，形成的反馈过程如下：

$$u_O \uparrow \rightarrow u_F(u_N) \uparrow \rightarrow u_{ID}(u_I - u_F) \downarrow \rightarrow u_O \downarrow$$

该过程使输出电压的上升得到抑制。同理，当输出电压受其他因素影响而下降时，负反馈过程同样会抑制这种下降。读者可自行分析。

从负反馈的基本概念及上述电路的分析，可以得出如下结论：

1）交流负反馈使放大电路的输出量与输入量保持稳定的关系，并能够减小其他因素对这种关系的影响。

2）负反馈的过程是将输出量引回到输入端，并和输入量进行比较，进而影响放大电路的净输入，以调整放大电路的输出量。

3）将输出量引回到输入端的实质是通过反馈电路对输出量进行取样，获得反馈量，该反馈量与输出量成比例。

4）反馈量可以取自输出电压，如图 7.1.4a 所示，此时反馈量正比于输出电压，称为电压反馈。反馈量也可以取自输出电流，如图 7.1.6 所示，此时反馈量正比于输出电流，称为电流反馈。

5）当反馈量回送到输入端后，反馈量可以与输入量之间以电压的方式进行比较，如图 7.1.4a 所示，此时反馈量影响放大电路的净输入电压，$u_{ID} = u_I - u_F$，称为串联反馈。反馈量也可以与输入量之间以电流的方式进行比较，如图 7.1.4c 所示，$i_{ID} = i_I - i_F$，此时反馈量影响放大电路的净输入电流，称为并联反馈。

6）当反馈电压与输出电压成正比，并在输入端与输入量之间以电压方式进行比较，使净输入电压减小时，称为电压串联负反馈；若在输入端与输入量之间以电流方式进行比较，使净输入电流减小时，则称为电压并联负反馈。可见，从输出量取出反馈量时，有两种方式，反馈量在输入端与输入量比较时，也有两种方式，因此，交流负反馈放大电路有四种不同的反馈组态。它们分别是：电压串联负反馈，电压并联负反馈，电流串联负反馈，电流并联负反馈。

7.2.2　负反馈放大电路反馈组态的判别

1. 电压串联负反馈

图 7.2.1 所示为一反馈电路，从输入开始的瞬时极性如图 7.2.1 所示，输出回送到输入端的反馈量为电压 u_F，极性如图 7.2.1 所示，使放大电路的净输入 u_{ID} 减小，因此为负反

馈。同时，由于 $u_F=u_O$，反馈电压取自输出电压，因此为电压反馈。在输入端 $u_{ID}=u_I-u_F$，即反馈电压与输入电压求差后作为放大电路的净输入，所以，该电路中的反馈组态为电压串联负反馈。

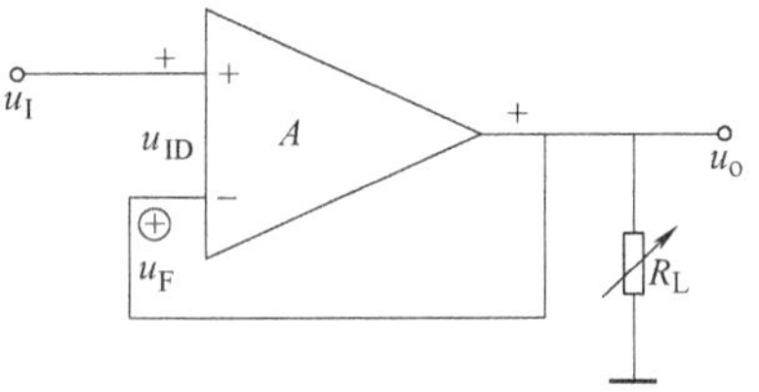

图 7.2.1　电压串联负反馈

由分立元器件构成的具有反馈的放大电路如图 7.2.2 所示。R_3、R_6 构成反馈网络，R_3 上的电压为反馈电压，应用瞬时极性法得到反馈电压的极性如图 7.2.2 所示，反馈电压与输出电压的近似关系为

$$u_F\approx\frac{R_3}{R_3+R_6}u_o$$

因此反馈信号和输出电压成比例。同时，在输入端有 $u_{ID}=u_{BE}=u_I-u_F$，即反馈电压与输入电压求差后作为放大电路的净输入，所以，该电路中的反馈组态为电压串联负反馈。

2. 电压并联负反馈

由运放构成的电压并联负反馈电路如图 7.2.3 所示。假设输入电压的瞬时极性为“+”，则输出电压的极性和反馈电流的方向如图 7.2.3 所示，反馈电流和输入电流求差后，作为放大电路的净输入，即 $i_{ID}=i_I-i_F$，反馈电流使净输入电流减小，为并联负反馈；且反馈电流正比于输出电压，所以，该电路中的反馈组态为电压并联负反馈。

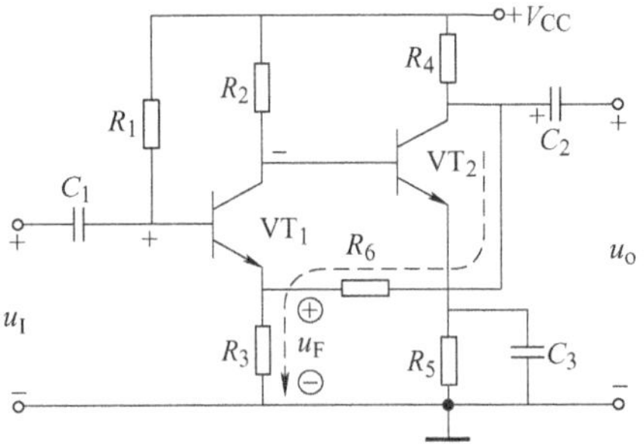

图 7.2.2　分立元器件构成的电压串联负反馈

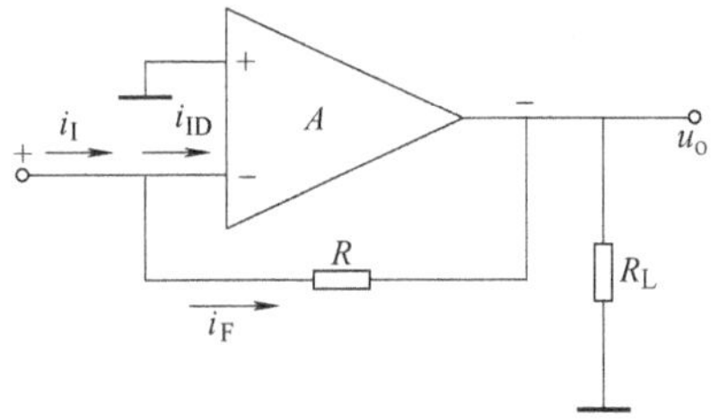

图 7.2.3　电压并联负反馈

由分立元器件构成的放大电路如图 7.2.4 所示。假设输入电压的瞬时极性为正，则放大电路输出端的瞬时极性为负，在 R_f 两端的电压使 R_f 中的电流 i_F 的实际方向如图 7.2.4 所示，反馈电流和输入电流求差后，作为放大电路的净输入，即 $i_{ID}=i_S-i_F$，反馈电流使净输入电流减小，为并联负反馈；且反馈电流正比于输出电压，所以，电路中的反馈组态为电压并联负反馈。

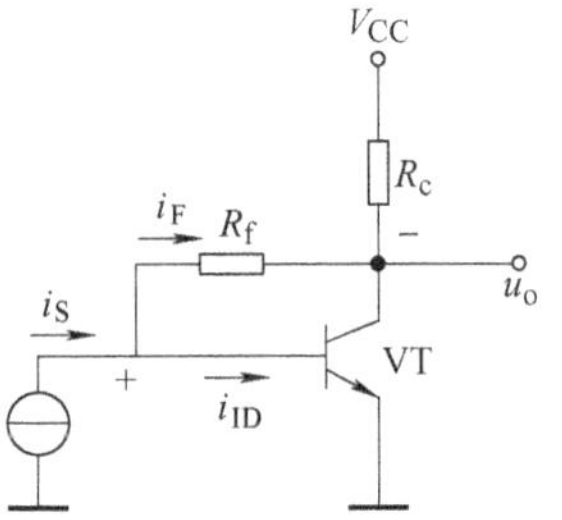

图 7.2.4　分立元器件构成的电压并联负反馈

3. 电流串联负反馈

由运放构成的负反馈电路如图 7.2.5a 所示，其另一种画法如图 7.2.5b 所示。R_L 为输出端负载，其中的电流为 i_o，R_1 上的电压为反馈电压，其值为

$$u_F=R_1 i_o$$

反馈信号与输出电流成比例。假设输入电压的瞬时极性为“+”，则输出电流的瞬时方向和反馈电压的极性如图 7.2.5b 所示，反馈电压和输入电压比较后，作为放大电路的净输入，

即 $u_{ID}=u_I-u_F$，反馈电压使净输入电压减小，为负反馈。所以，该电路的反馈组态为电流串联负反馈。

由场效应晶体管构成的共源放大电路如图 7.2.6 所示，假设输入电压的瞬时极性为正，则输出电压和反馈电压的极性如图 7.2.6 所示。反馈电压和输入电压比较后，作为放大电路的净输入，即 $u_{ID}=u_I-u_F$，反馈电压使净输入电压减小，为串联负反馈。同时，反馈电压正比于输出漏极电流，即 $u_F=R_f i_D$。所以，该电路的反馈组态为电流串联负反馈。

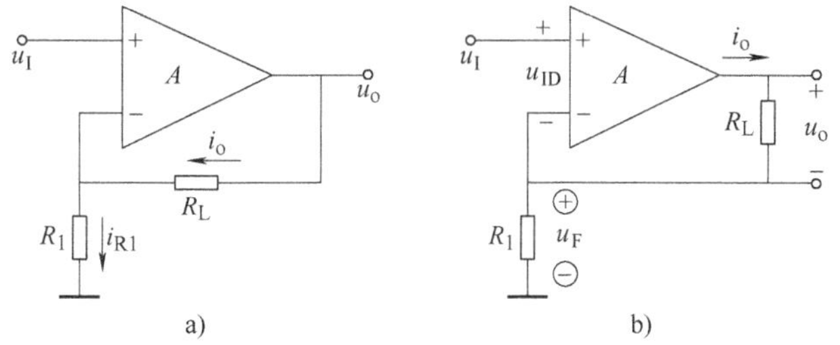

图 7.2.5　电流串联负反馈

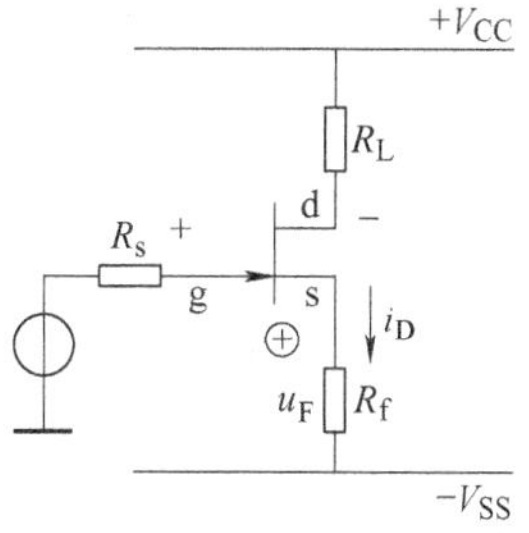

图 7.2.6　场效应晶体管构成的电流串联负反馈

4. 电流并联负反馈

由运放构成的电流并联负反馈电路如图 7.2.7 所示。R_L 为输出负载，其中的电流为 i_o，R_1 上的电流为反馈电流，其值为

$$i_F\approx\frac{R_2}{R_1+R_2}i_o$$

反馈信号与输出电流成比例。假设输入电压的瞬时极性为正，则运放输出的瞬时极性为负，输出电流和反馈电流的方向如图 7.2.7 所示，反馈电流和输入电流比较后，作为放大电路的净输入，即 $i_{ID}=i_I-i_F$，反馈电流使净输入电流减小，为负反馈。所以，该电路的反馈组态为电流并联负反馈。

由晶体管构成的两级放大电路如图 7.2.8 所示。假设输入电压的瞬时极性为正，则输出电压的极性和反馈电流的方向如图 7.2.8 所示。反馈电流和输入电流比较后，作为放大电路的净输入，即 $i_{ID}=i_I-i_F$，反馈电流使净输入电流减小，为并联负反馈。同时反馈电流正比于晶体管 VT_2 的集电极电流，即 $i_F\approx\frac{R}{R+R_f}i_E\approx\frac{R}{R+R_f}i_C$。所以，该电路的反馈组态为电流并联负反馈。

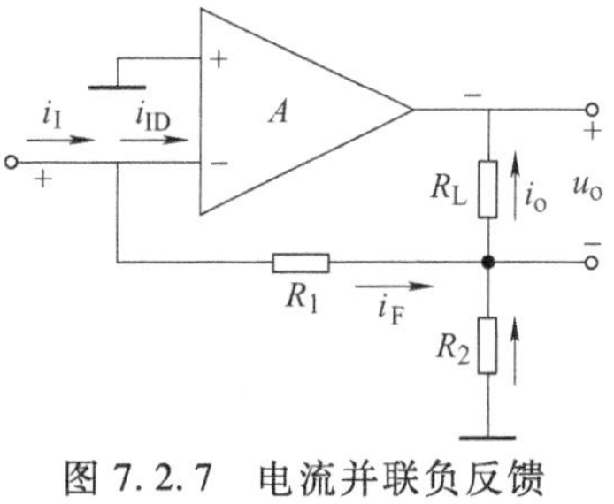

图 7.2.7　电流并联负反馈

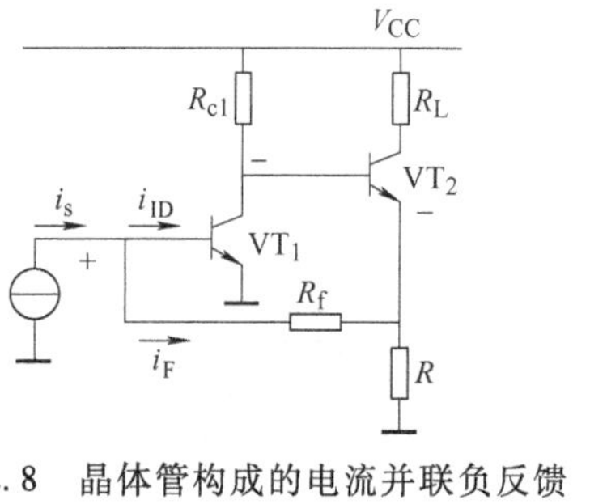

图 7.2.8　晶体管构成的电流并联负反馈

7.2.3 四种反馈组态的二端口网络表达

含负反馈的放大电路中，基本放大电路和反馈电路均可看成二端口网络，则不同的反馈组态对应于两个二端口网络的不同连接。

以图 7.1.4a 为例，其另一种画法如图 7.2.9 所示。由 A 构成基本放大部分，R_1、R_2 构成反馈网络，其对应的框图如图 7.2.10 所示。可以清楚地看出，从输出端口看，放大电路的输出电压是反馈网络的输入电压，反馈网络的输出和放大电路的输出电压成正比。反馈网络的输出和输入的比值，定义为反馈系数。图 7.2.9 中，反馈网络的输入为 $\dot{U}_o$，即放大电路的输出，反馈网络的输出为 $\dot{U}_f$，则反馈系数为

$$\dot{F}_{uu}=\frac{\dot{U}_f}{\dot{U}_o}=\frac{R_1}{R_1+R_2}$$

式中，下标 uu 表示该系数为两个电压的比值。

从输入端口看，放大电路的总输入、净输入和反馈量之间满足回路中的 KVL，三个量在回路中以电压方式比较，故称为串联反馈。综合考虑输出端口和输入端口，将这种负反馈电路的组成方式称作电压串联负反馈组态。在这种组态中，基本放大电路的净输入为 $\dot{U}_{id}$，输出为 $\dot{U}_o$，放大电路的输出和输入的比值记为 $\dot{A}_{uu}$，即前向通道的增益。

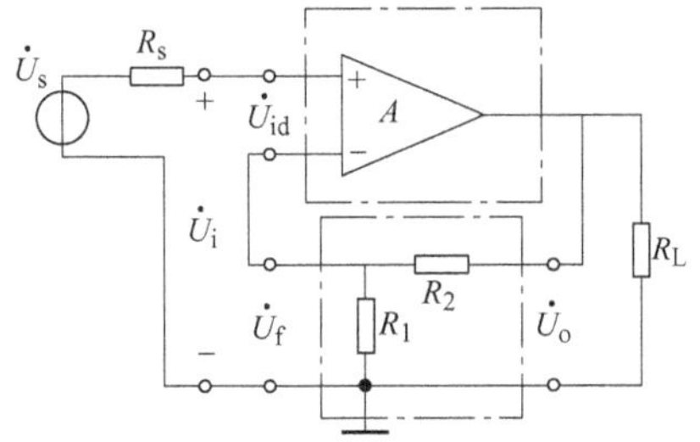

图 7.2.9 图 7.1.4a 所示电路的另一种画法

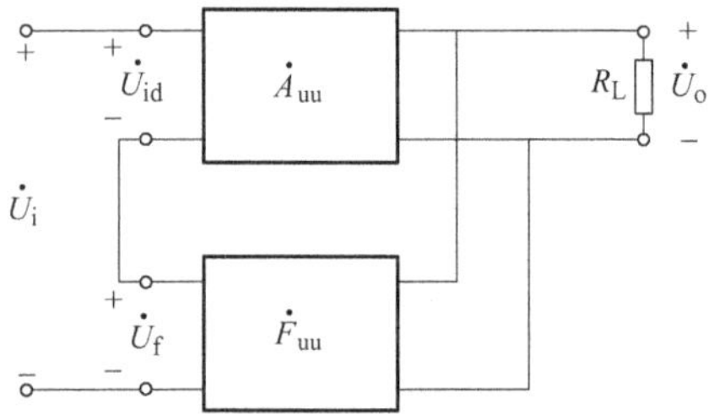

图 7.2.10 电压串联负反馈的二端口网络表达

电压并联负反馈组态的框图如图 7.2.11 所示，基本放大电路的增益记为 $\dot{A}_{ui}$，反馈网络的反馈系数记为 $\dot{F}_{iu}$。

具有反馈的另一电路如图 7.2.12 所示。其中，基本放大部分的输出电流同时作为反馈网络的输入，该电流通过 R、R_f 构成的反馈电路后，形成反馈电流并回送到输入端，且该反馈电流与输出电流的关系为

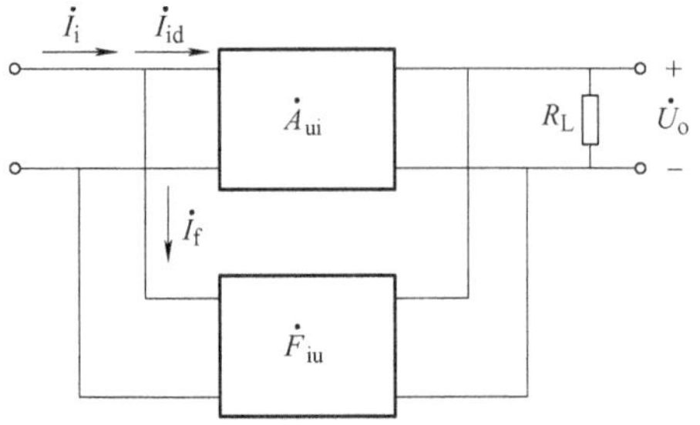

图 7.2.11 电压并联负反馈的二端口网络表达

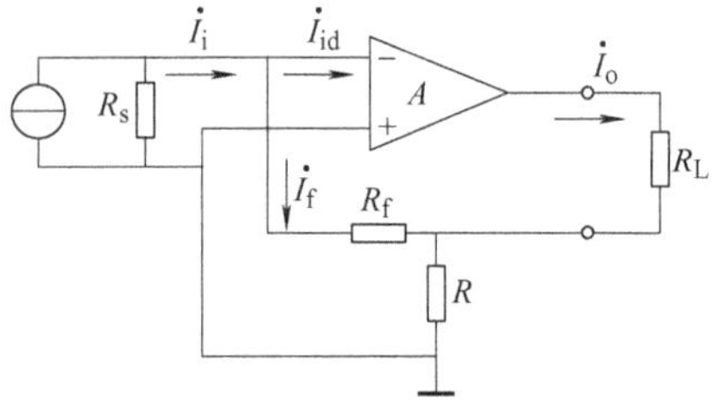

图 7.2.12 电流并联负反馈电路

$$\dot{I}_f = \frac{R}{R+R_f}\dot{I}_o = \dot{F}_{ii}\dot{I}_o$$

式中，$\dot{F}_{ii}$ 为反馈系数。

因此，反馈信号与输出电流信号成正比，构成电流反馈。当反馈电流回送到输入端时，与放大电路的总输入 $\dot{I}_i$、净输入 $\dot{I}_{id}$ 之间满足下列关系 $\dot{I}_{id}=\dot{I}_i-\dot{I}_f$。放大电路的总输入、净输入和反馈量之间满足节点的 KCL，三个量在节点中以电流方式比较，故称为并联反馈。这种负反馈电路的组成方式称为电流并联负反馈组态。在这种组态中，基本放大电路的净输入为 $\dot{I}_{id}$，输出为 $\dot{I}_o$，放大电路的输出和输入的比值记为 $\dot{A}_{ii}$，即前向通道的增益。对应的框图如图 7.2.13 所示。

同理，电流串联负反馈组态的框图如图 7.2.14 所示。此时基本放大电路的增益记为 $\dot{A}_{iu}$，反馈网络的反馈系数记为 $\dot{F}_{ui}$。

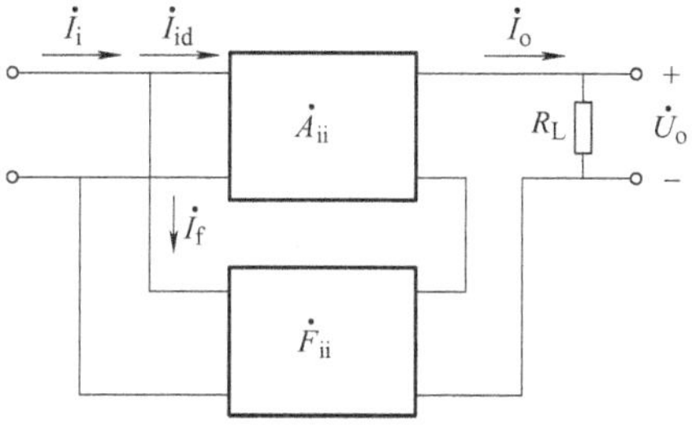

图 7.2.13 电流并联负反馈的二端口网络表达

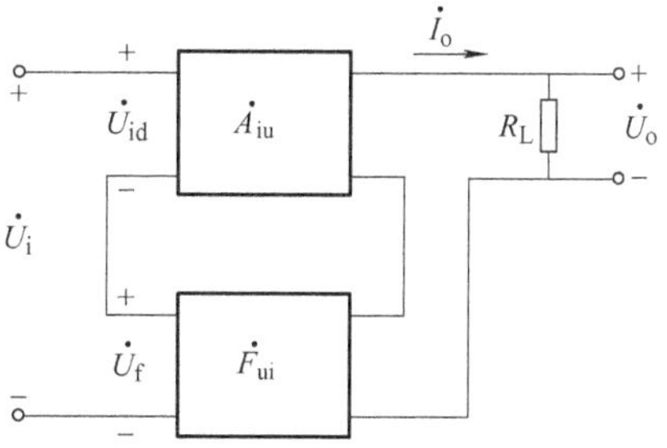

图 7.2.14 电流串联负反馈的二端口网络表达

7.3 负反馈放大电路的框图及增益的一般表达式

7.3.1 负反馈放大电路的框图

由 7.2 节的分析可知，负反馈放大电路有四种组态，即使同一种组态，其具体电路也各不相同。为了研究负反馈放大电路更一般的规律，可以用框图来统一表述这类电路。

为了使这里讨论的框图适合任何一种组态，将上述基本放大电路增益统一记为 $\dot{A}$，反馈网络的反馈系数记为 $\dot{F}$，去掉上述不同组态时，这两个参数的具体下标，使后面的讨论更具有一般性。

以上讨论的各种反馈组态的二端口网络表达，可更一般地画为如图 7.3.1 所示的形式。其中，前向通道中的方框表示电路中的基本放大环节，其中的参数 $\dot{A}$ 表示该环节输出和输入量的比值，此处为基本放大电路的增益，称为负反馈放大电路的开环增益；反向通道中的方框表示电路中的反馈网络，其中的参数 $\dot{F}$ 表示该环节输出和输入量的比值，此处为反馈网络的反馈系数。图中，各有向线段表示信号的流向和连接关系，$\dot{X}_i$ 表示放大电路的总输入，$\dot{X}_f$ 为反馈量，同时也是反馈网络的输出，$\dot{X}_{id}$ 为放大电路的净输入，也是基本放大电路的输入，$\dot{X}_o$ 为放大电路的输出，同

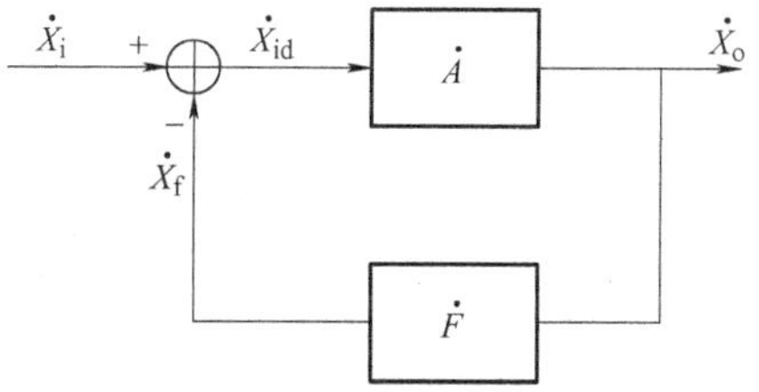

图 7.3.1 负反馈放大电路的框图

时也是反馈网络的输入。输入端上的符号⊕表示送到其上的两个信号 $\dot{X}_i$ 和 $\dot{X}_f$ 叠加后作为其输出端上的信号 $\dot{X}_{id}$，“+”、“-” 号表示 $\dot{X}_i$ 和 $\dot{X}_f$ 叠加时的正负关系。例如，图 7.3.1 中的正负号表示三个信号之间满足 $\dot{X}_{id}=\dot{X}_i-\dot{X}_f$。

7.3.2　负反馈放大电路增益的一般表达式

框图是系统信号关系的一种准确描述，图 7.3.1 所示框图对应的基本运算关系为

$$\dot{X}_o=\dot{A}\dot{X}_{id} \qquad \dot{X}_f=\dot{F}\dot{X}_o \qquad \dot{X}_{id}=\dot{X}_i-\dot{X}_f$$

则

$$\dot{A}=\frac{\dot{X}_o}{\dot{X}_{id}} \tag{7.3.1}$$

为负反馈放大电路的开环增益

$$\dot{F}=\frac{\dot{X}_f}{\dot{X}_o} \tag{7.3.2}$$

为负反馈放大电路的反馈系数

$$\dot{A}\dot{F}=\frac{\dot{X}_f}{\dot{X}_{id}} \tag{7.3.3}$$

为负反馈放大电路的环路增益

$$\dot{A}_f=\frac{\dot{X}_o}{\dot{X}_i} \tag{7.3.4}$$

为负反馈放大电路的闭环增益。

由于 $\dot{A}_f=\frac{\dot{X}_o}{\dot{X}_i}=\frac{\dot{X}_o}{\dot{X}_{id}+\dot{X}_f}=\frac{\dot{X}_o}{\dot{X}_o/\dot{A}+\dot{X}_o\dot{F}}$，因此

$$\dot{A}_f=\frac{\dot{A}}{1+\dot{A}\dot{F}} \tag{7.3.5}$$

为负反馈放大电路闭环增益的一般表达式。

由于 $\dot{X}_i=\dot{X}_{id}+\dot{X}_f=\dot{X}_{id}+\dot{A}\dot{F}\dot{X}_{id}=(1+\dot{A}\dot{F})\dot{X}_{id}$，因此

$$\dot{X}_{id}=\frac{1}{1+\dot{A}\dot{F}}\dot{X}_i$$

在引入负反馈后，由于 $|\dot{X}_{id}|<|\dot{X}_i|$，因此 $|1+\dot{A}\dot{F}|>1$。由式（7.3.5）知，$|1+\dot{A}\dot{F}|$ 反映了引入负反馈后，闭环增益相比开环增益减小的程度，因而称为反馈深度。引入负反馈后的闭环增益小于开环增益，且减小了 $|1+\dot{A}\dot{F}|$ 倍。

若 $|1+\dot{A}\dot{F}|\gg 1$，则称电路引入了深度负反馈，此时有如下近似表达式：

$$\dot{A}_f\approx\frac{1}{\dot{F}} \tag{7.3.6}$$

式（7.3.6）说明，在深度负反馈电路中，闭环增益几乎只决定于反馈网络，而与基本放大电路无关。由于反馈网络常为无源网络，受环境温度的影响极小，因而闭环增益具有很高的稳定性。同时在深度负反馈放大电路的近似分析中，通过反馈网络的分析，求得反馈系数后，即可近似得到闭环增益的表达式，而深度负反馈常出现在比较复杂的多级放大电路

中，此类电路的分析过程比较复杂，而采用式（7.3.7），可使复杂电路闭环增益的求解转化为反馈系数的求解，为深度负反馈放大电路的近似分析提供了有效途径。

若在分析中发现$|1+\dot{A}\dot{F}|<1$，则闭环增益将大于开环增益，说明电路中引入了正反馈；而若$\dot{A}\dot{F}=-1$，即$1+\dot{A}\dot{F}=0$，则闭环增益将变为无穷大，说明电路在输入为零的情况下，仍有输出，称电路产生了自激振荡。自激振荡电路在没有外加输入的情况，仍有输出产生，常用在信号产生电路中。

当电路工作在中频段时，$\dot{A}_f$、$\dot{A}$、$\dot{F}$均为实数，式（7.3.5）可写为

$$A_f=\frac{A}{1+AF} \tag{7.3.7}$$

值得指出的是，通常所说的负反馈是指放大电路在中频段的反馈极性。当电路的工作频率进入低频段或高频段时，环路增益$\dot{A}\dot{F}$产生附加相移，当该相移达到180°时，与中频段相比，反馈信号极性变反，使原来的负反馈变为正反馈，使放大电路的输出不再只决定于其输入，放大电路变为不稳定，这在信号放大应用中，应尽量消除或避免。

7.3.3 四种反馈组态的比较

在具体电路中，图7.3.1中的$\dot{X}$可以表示电压，也可以表示电流，具体取决于对应的反馈组态。图7.3.1中的$\dot{X}$、放大电路的开环增益、闭环增益、反馈系数的具体含义与反馈组态的关系总结见表7.3.1。

表7.3.1 四种组态负反馈放大电路的比较

反馈组态	$\dot{X}_i,\dot{X}_f,\dot{X}_{id}$	输出	$\dot{A}$	$\dot{F}$	$\dot{A}_F$	功能
电压串联	$\dot{U}_i,\dot{U}_f,\dot{U}_{id}$	$\dot{U}_o$	$\dot{A}_{uu}=\frac{\dot{U}_o}{\dot{U}_{id}}$	$\dot{F}_{uu}=\frac{\dot{U}_f}{\dot{U}_o}$	$\dot{A}_{uuf}=\frac{\dot{U}_o}{\dot{U}_i}$	$\dot{U}_i$控制$\dot{U}_o$ 电压放大
电流串联	$\dot{U}_i,\dot{U}_f,\dot{U}_{id}$	$\dot{I}_o$	$\dot{A}_{iu}=\frac{\dot{I}_o}{\dot{U}_{id}}$	$\dot{F}_{ui}=\frac{\dot{U}_f}{\dot{I}_o}$	$\dot{A}_{iuf}=\frac{\dot{I}_o}{\dot{U}_i}$	$\dot{U}_i$控制$\dot{I}_o$， 电压转换成电流
电压并联	$\dot{I}_i,\dot{I}_f,\dot{I}_{id}$	$\dot{U}_o$	$\dot{A}_{ui}=\frac{\dot{U}_o}{\dot{I}_{id}}$	$\dot{F}_{iu}=\frac{\dot{I}_f}{\dot{U}_o}$	$\dot{A}_{uif}=\frac{\dot{U}_o}{\dot{I}_i}$	$\dot{I}_i$控制$\dot{U}_o$， 电流转换成电压
电流并联	$\dot{I}_i,\dot{I}_f,\dot{I}_{id}$	$\dot{I}_o$	$\dot{A}_{ii}=\frac{\dot{I}_o}{\dot{I}_{id}}$	$\dot{F}_{ii}=\frac{\dot{I}_f}{\dot{I}_o}$	$\dot{A}_{iif}=\frac{\dot{I}_o}{\dot{I}_i}$	$\dot{I}_i$控制$\dot{I}_o$， 电流放大

7.4 深度负反馈放大电路的分析

7.4.1 深度负反馈的实质

在负反馈放大电路增益的一般表达式（7.3.5）中，若$|1+\dot{A}\dot{F}|\gg 1$，则有式（7.3.6）成立。

根据$\dot{A}_f$和$\dot{F}$的定义，有

$$\dot{A}_f=\frac{\dot{X}_o}{\dot{X}_i} \qquad \dot{F}=\frac{\dot{X}_f}{\dot{X}_o}$$

说明当式（7.3.6）成立时，有

$$\frac{\dot{X}_o}{\dot{X}_i} \approx \frac{\dot{X}_o}{\dot{X}_f}$$

即 $\dot{X}_i \approx \dot{X}_f$，$\dot{X}_{id} \approx 0$。上式说明，在电路分析中可认为反馈量和输入量近似相等，近似忽略电路的净输入量。在不同的反馈组态中，对应的净输入量不同。对于深度串联负反馈，有

$$\dot{U}_i \approx \dot{U}_f \quad \dot{U}_{id} \approx 0$$

如果 $\dot{U}_{id}$ 为运放同相端和反相端之间的电压，则 $\dot{U}_{id} \approx 0$ 意味着第 6 章所说的“虚短”成立。

对于深度并联负反馈，有

$$\dot{I}_i \approx \dot{I}_f \qquad \dot{I}_{id} \approx 0$$

如果 $\dot{I}_{id}$ 为运放同相端或反相端的电流，则 $\dot{I}_{id} \approx 0$ 意味着第 6 章所说的“虚断”成立。

7.4.2　深度负反馈放大电路的分析

1. 电压串联负反馈

电压串联负反馈典型电路如图 7.4.1 所示，假设为深度负反馈。在运放的输入电阻很大的情况下，可认为 $\dot{I}_i \approx 0$，则运放对反馈网络的负载效应可以忽略。

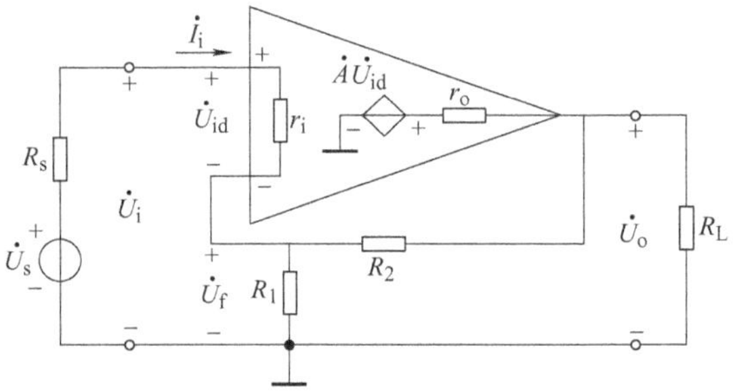

图 7.4.1　电压串联负反馈典型电路

反馈网络的反馈系数

$$\dot{F}_{uu} = \frac{\dot{U}_f}{\dot{U}_o} = \frac{R_1}{R_1 + R_2}$$

闭环增益

$$\dot{A}_{uuf} = \frac{\dot{U}_o}{\dot{U}_i} \approx \frac{\dot{U}_o}{\dot{U}_f} = \frac{1}{\dot{F}_{uu}} = 1 + \frac{R_2}{R_1}$$

闭环电压增益与上述闭环增益相同，为

$$\dot{A}_{uf} = \dot{A}_{uuf} = \frac{1}{\dot{F}_{uu}} = 1 + \frac{R_2}{R_1}$$

2. 电流串联负反馈

电流串联负反馈典型电路如图 7.4.2 所示，假设为深度负反馈。由于 $\dot{I}_i \approx 0$，有 $\dot{U}_f = R_f \dot{I}_o$。

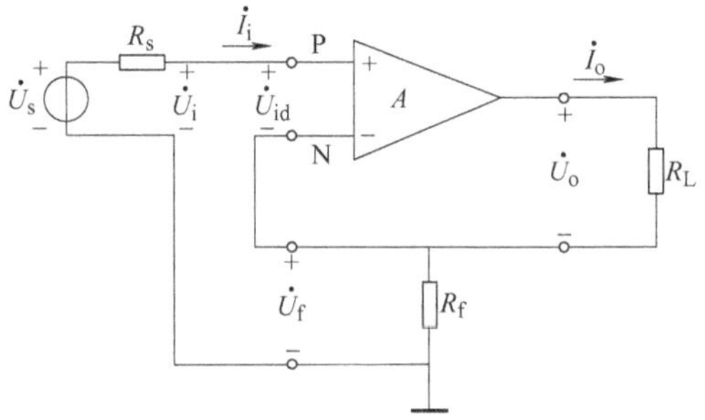

图 7.4.2　电流串联负反馈典型电路

反馈系数

$$\dot{F}_{ui} = \frac{\dot{U}_f}{\dot{I}_o} = R_f \qquad (7.4.1)$$

闭环增益

$$\dot{A}_{iuf} = \frac{\dot{I}_o}{\dot{U}_i} \approx \frac{\dot{I}_o}{\dot{U}_f} = \frac{1}{\dot{F}_{ui}} = \frac{1}{R_f}$$

闭环电压增益

$$\dot{A}_{uf} = \frac{\dot{U}_o}{\dot{U}_i} = \frac{\dot{I}_o}{\dot{U}_i} \frac{\dot{U}_o}{\dot{I}_o} = \dot{A}_{iuf} R_L = \frac{R_L}{R_f} \qquad (7.4.2)$$

3. 电压并联负反馈

典型的电压并联负反馈电路如图 7.4.3 所示，假设为深度负反馈。由于 $\dot{U}_N=\dot{U}_P=0$，因此 $R_f\dot{I}_f=-\dot{U}_o$。反馈系数

$$\dot{F}_{iu}=\frac{\dot{I}_f}{\dot{U}_o}=-\frac{1}{R_f}$$

闭环增益

$$\dot{A}_{uif}=\frac{\dot{U}_o}{\dot{I}_i}\approx\frac{\dot{U}_o}{\dot{I}_f}\approx\frac{1}{\dot{F}_{iu}}=-R_f \tag{7.4.3}$$

将图 7.4.3 中电流源与内阻的并联，等效为电压源与内阻的串联，如图 7.4.4 所示，其中 $\dot{U}_s=R_s\dot{I}_s$。由于信号源内阻较大，故可认为 $\dot{I}_i=\dot{I}_s$，$\dot{U}_s\approx R_s\dot{I}_i$。则输出电压对信号源电压的闭环电压增益

$$\dot{A}_{usf}=\frac{\dot{U}_o}{\dot{U}_s}=\frac{\dot{U}_o}{R_s\dot{I}_i}=\dot{A}_{uif}\frac{1}{R_s}=-\frac{R_f}{R_s}$$

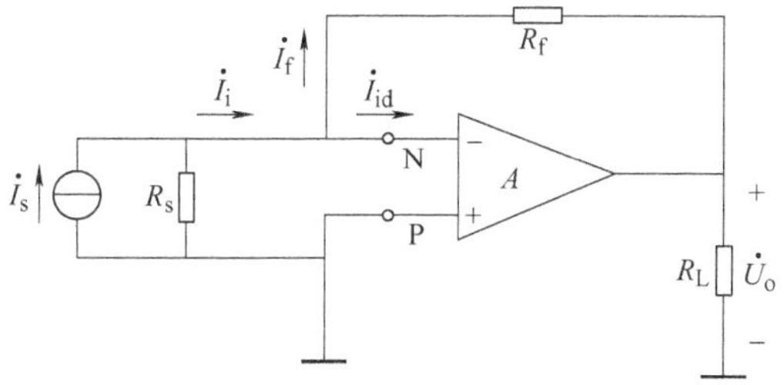

图 7.4.3　电压并联负反馈典型电路

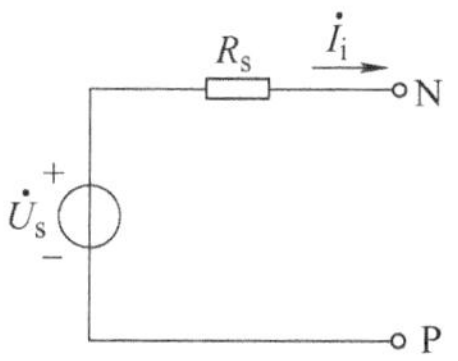

图 7.4.4　图 7.4.3 中电流源等效为电压源

4. 电流并联负反馈

典型的电流并联负反馈电路如图 7.4.5 所示，假设为深度负反馈。由于 $\dot{U}_{id}\approx0$，有 $-\dot{I}_fR_f=(\dot{I}_f-\dot{I}_o)R$。因此，反馈系数

$$\dot{F}_{ii}=\frac{\dot{I}_f}{\dot{I}_o}=\frac{R}{R+R_f}$$

闭环增益

$$\dot{A}_{iif}=\frac{\dot{I}_o}{\dot{I}_i}\approx\frac{\dot{I}_o}{\dot{I}_f}=\frac{1}{\dot{F}_{ii}}=\frac{R+R_f}{R}$$

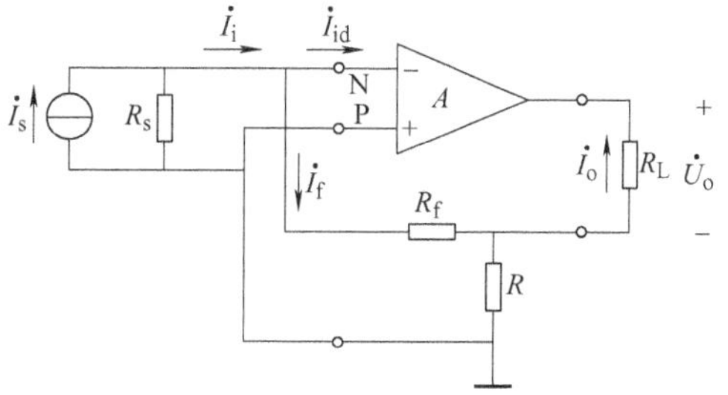

图 7.4.5　电压并联负反馈典型电路

同样，将图 7.4.5 中电流源与内阻的并联，等效为电压源与内阻的串联。由于信号源内阻较大，故可认为 $\dot{I}_i=\dot{I}_s$，则输出电压对输入信号源的闭环电压增益

$$\dot{A}_{usf}=\frac{\dot{U}_o}{\dot{U}_s}=\frac{-\dot{I}_oR_L}{\dot{I}_sR_s}\approx\frac{-\dot{I}_oR_L}{\dot{I}_iR_s}=-\dot{A}_{iif}\frac{R_L}{R_s}=-\left(1+\frac{R_f}{R}\right)\frac{R_L}{R_s} \tag{7.4.4}$$

【例 7.4.1】 深度负反馈的共射极放大电路如图 7.4.6 所示，近似计算其电压增益。

解： 忽略基极直流偏置电路后的交流通路如图 7.4.7 所示，电路引入了电流串联负反馈。在深度负反馈条件下，净输入电压近似为零，即 $\dot{U}_{be}\approx0$，则反馈系数为

$$\dot{F}_{ui}=\frac{\dot{U}_f}{\dot{I}_o}\approx\frac{\dot{U}_f}{\dot{I}_e}=R_e$$

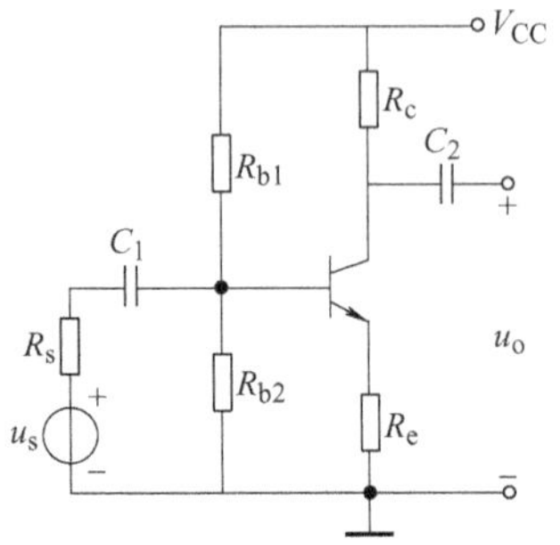

图 7.4.6　深度负反馈的共射极放大电路

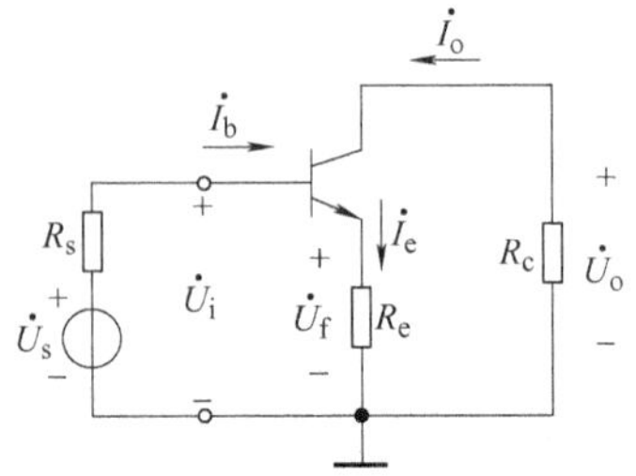

图 7.4.7　图 7.4.6 的交流通路

闭环增益

$$\dot{A}_{iuf}=\frac{\dot{I}_o}{\dot{U}_i}\approx\frac{1}{\dot{F}_{ui}}=\frac{1}{R_e}$$

闭环电压增益

$$\dot{A}_{uf}=\frac{\dot{U}_o}{\dot{U}_i}=\frac{\dot{I}_o}{\dot{U}_i}\frac{\dot{U}_o}{\dot{I}_o}=\dot{A}_{iuf}(-R_c)=-\frac{R_c}{R_e}$$

由第 2 章的分析可知，图 7.4.6 所示电路较准确的闭环电压增益为

$$-\frac{\beta R_c}{r_{be}+(1+\beta)R_e}$$

上式在 $\beta\gg1$，$(1+\beta)R_e\gg r_{be}$ 的情况下，与上述利用深度负反馈条件求得的近似表达式相同。所以本节讨论的近似分析方法，只有在电路满足深度负反馈条件时才能得到较准确的结果。

【例 7.4.2】　两级放大电路的交流通路如图 7.4.8 所示。

1）判别两级放大电路之间的反馈组态；

2）在深度负反馈情况下，求电路的闭环电压增益。

解： 1）两级之间构成电压并联负反馈。

2）在深度负反馈条件下，有 $\dot{I}_{b1}\approx0$，则反馈系数为

$$\dot{F}_{iu}=\frac{\dot{I}_f}{\dot{U}_o}=\frac{\dot{I}_f}{\dot{I}_f R_f}=-\frac{1}{R_f}$$

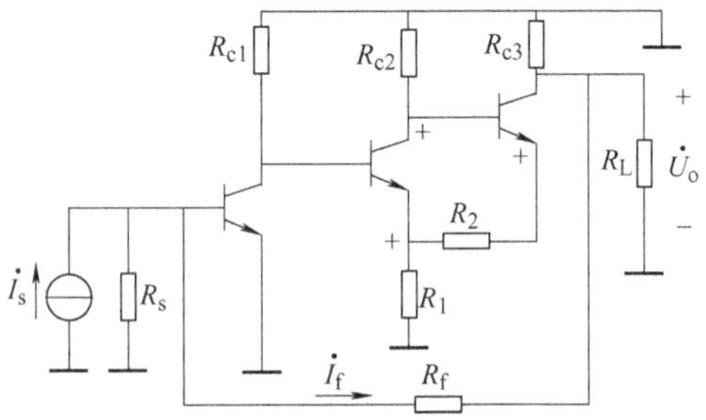

图 7.4.8　两级放大电路的交流通路

闭环增益

$$\dot{A}_{uif}=\frac{\dot{U}_o}{\dot{I}_i}\approx\frac{1}{\dot{F}_{iu}}=-R_f$$

对信号源的闭环电压增益

$$\dot{A}_{usf}=\frac{\dot{U}_o}{\dot{U}_s}=\frac{\dot{U}_o}{\dot{I}_i}\frac{\dot{I}_i}{\dot{U}_s}=\dot{A}_{uif}\frac{1}{R_s}=-\frac{R_f}{R_s}$$

由理想运放构成的负反馈放大电路开环增益很大，因此，满足深度负反馈条件，可由反馈系数的倒数得到放大倍数。同时可以利用“虚短”和“虚断”，简化放大倍数的分析，且得到和深度负反馈条件下一致的放大倍数结果。

由集成运放组成的四种组态负反馈放大电路如图 7.4.9 所示，它们的瞬时极性及反馈量均分别标注于图中，它们均引入了深度负反馈。在图 7.4.9a 所示电压串联负反馈电路中，反馈系数

$$\dot{F}_{uu}=\frac{\dot{U}_f}{\dot{U}_o}=\frac{R_1}{R_1+R_2} \tag{7.4.5}$$

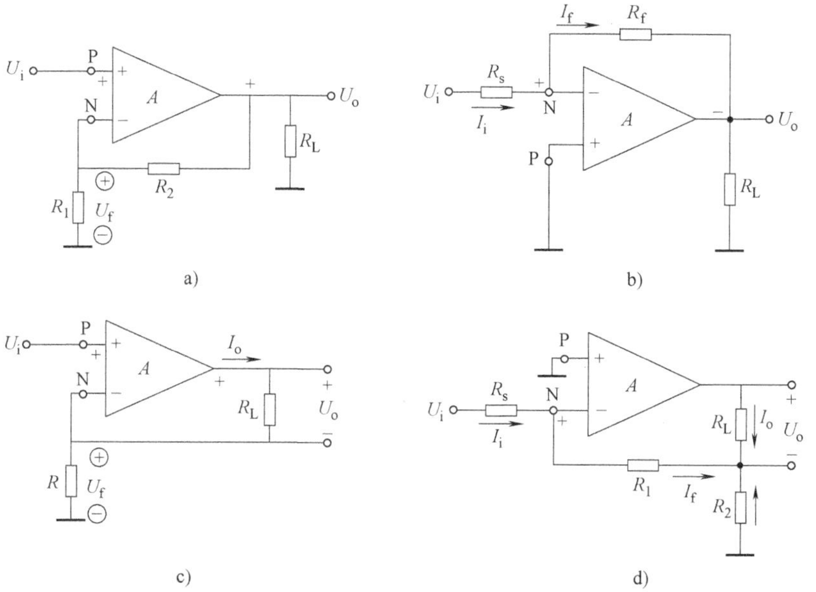

图 7.4.9　由理想运放组成的负反馈放大电路

由于集成运放的两个输入端都有“虚短”和“虚断”成立，输入电压 $\dot{U}_i$ 等于反馈电压 $\dot{U}_f$，R_2 的电流等于 R_1 的电流，所以输出电压

$$\dot{U}_o=\frac{R_1+R_2}{R_1}\dot{U}_i$$

电压放大倍数为

$$\dot{A}_{uuf}=1+\frac{R_2}{R_1} \tag{7.4.6}$$

可见，放大倍数 $\dot{A}_{uuf}$ 等于反馈系数 $\dot{F}_{uu}$ 的倒数。因此利用深度负反馈条件，同时利用“虚短”和“虚断”，可得到相同的放大倍数分析结果。

在图 7.4.9b 所示电压并联负反馈电路中，反馈系数

$$\dot{F}_{iu}=\frac{\dot{I}_f}{\dot{U}_o}=-\frac{1}{R_f} \tag{7.4.7}$$

由于“虚断”成立，输入电流（即信号电流）$\dot{I}_i$ 等于反馈电流 $\dot{I}_f$，集成运放的两个输入端电位均为零，称为“虚地”，即 $u_P=u_N=0$。因此，输出电压 $\dot{U}_o=-\dot{I}_fR_f=-\dot{I}_iR_f$，放大倍数

$$\dot{A}_{\text{uif}}=\frac{\dot{U}_{\text{o}}}{\dot{I}_{\text{i}}}=-R_{\text{f}} \tag{7.4.8}$$

同样得到放大倍数 $\dot{A}_{\text{uif}}$ 等于反馈系数 $\dot{F}_{\text{iu}}$ 的倒数。

在图 7.4.9c 所示电流串联负反馈电路中，反馈系数

$$\dot{F}_{\text{ui}}=\frac{\dot{U}_{\text{f}}}{\dot{I}_{\text{o}}}=R \tag{7.4.9}$$

由于“虚短”和“虚断”成立，输入电压 $\dot{U}_{\text{i}}$ 等于反馈电压 $\dot{U}_{\text{f}}$，R 的电流等于 R_{L} 的电流，即输出电流 $\dot{I}_{\text{o}}$，所以放大倍数

$$\dot{A}_{\text{iuf}}=\frac{\dot{I}_{\text{o}}}{\dot{U}_{\text{i}}}=\frac{1}{R} \tag{7.4.10}$$

可见，放大倍数 $\dot{A}_{\text{iuf}}$ 等于反馈系数 $\dot{F}_{\text{ui}}$ 的倒数。

在图 7.4.9d 所示电流并联负反馈电路中，反馈系数

$$\dot{F}_{\text{ii}}=\frac{\dot{I}_{\text{f}}}{\dot{I}_{\text{o}}}=-\frac{R_2}{R_1+R_2} \tag{7.4.11}$$

由于“虚短”成立，集成运放的两个输入端为“虚地”，$u_{\text{P}}=u_{\text{N}}=0$；由于“虚断”成立，反馈电流 $\dot{I}_{\text{f}}$ 等于输入电流 $\dot{I}_{\text{i}}$（即信号电流），是输出电流 $\dot{I}_{\text{o}}$ 在电阻 R_1 上的分流，即

$$\dot{I}_{\text{f}}=-\frac{R_2}{R_1+R_2}\dot{I}_{\text{o}}$$

放大倍数

$$\dot{A}_{\text{iif}}=\frac{\dot{I}_{\text{o}}}{\dot{I}_{\text{i}}}=-\left(1+\frac{R_1}{R_2}\right) \tag{7.4.12}$$

放大倍数 $\dot{A}_{\text{iif}}$ 是反馈系数 $\dot{F}_{\text{ii}}$ 的倒数。

由此可见，理想运放引入的负反馈是深度负反馈；而且由于参数的理想化，放大倍数表达式中的“≈”可写为“=”。

【例 7.4.3】 在图 7.4.10 所示电路中，已知集成运放为理想运放，$R_1=10\text{k}\Omega$，$R_2=100\text{k}\Omega$，$R_{\text{s}}=2\text{k}\Omega$，$R_{\text{L}}=5\text{k}\Omega$。求解其电压放大倍数。

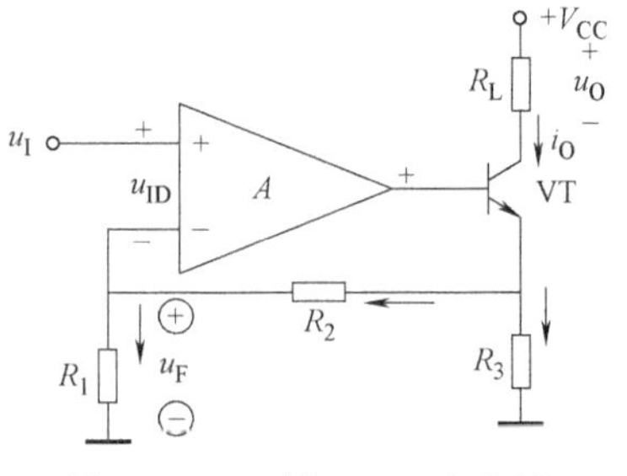

图 7.4.10　例 7.4.3 电路图

解：图 7.4.10 所示电路中引入了电流串联负反馈，具有“虚短”和“虚断”的特点。R_2 的电流等于 R_1 的电流，它们是输出电流 $\dot{I}_{\text{o}}$ 在 R_2 支路的分流，表达式为

$$\dot{I}_{R_2}=\frac{R_3}{R_1+R_2+R_3}\dot{I}_{\text{o}}$$

输入电压 $\dot{U}_{\text{i}}$ 等于反馈电压 $\dot{U}_{\text{f}}$，为

$$\dot{U}_{\text{i}}=\dot{U}_{\text{f}}=\dot{I}_{R_2}R_1=\frac{R_1R_3}{R_1+R_2+R_3}\dot{I}_{\text{o}}$$

输出电压 $\dot{U}_{\text{o}}=\dot{I}_{\text{o}}R_{\text{L}}$，因此，电压放大倍数为

$$\dot{A}_{\text{uuf}}=\frac{\dot{U}_{\text{o}}}{\dot{U}_{\text{i}}}=\frac{R_1+R_2+R_3}{R_1R_3}R_{\text{L}}$$

代入已知数据，得 $\dot{A}_{uuf}=28$。

从深度负反馈的角度，读者可以得到相同的电压放大倍数表达式。

7.5　负反馈对放大电路性能的改善

放大电路引入交流负反馈后，其性能可以得到多方面的改善，现分述如下。

7.5.1　提高增益的稳定性

负反馈放大电路的闭环增益与开环增益的关系为式（7.3.5），在中频段，$\dot{A}_f$、$\dot{A}$、$\dot{F}$均为实数，式（7.3.5）可以写为式（7.3.7）。式（7.3.7）对 A 求微分有

$$\frac{dA_f}{dA}=\frac{(1+AF)-AF}{(1+AF)^2}=\frac{1}{(1+AF)^2}$$

整理得

$$\frac{dA_f}{A_f}=\frac{1}{1+AF}\frac{dA}{A} \tag{7.5.1}$$

由式（7.5.1）可知，闭环增益相对变化量比开环增益相对变化量减小了（$1+AF$）倍，即 A_f 的稳定性得到了提高。例如，若 $1+AF=100$，当 A 相对变化 10%时，A_f 仅相对变化 0.1%。但是，A_f 稳定性的提高，是以减小其量值为代价的，即 A_f 的稳定性提高（$1+AF$）倍的同时，A_f 的数值减小到 A 的 $1/(1+AF)$。

在深度负反馈条件下，闭环增益只取决于反馈网络。当反馈网络由稳定的线性元件组成时，闭环增益将有很高的稳定性。

7.5.2　对输入电阻和输出电阻的影响

放大电路中引入不同组态的交流负反馈，将对放大电路的输入电阻和输出电阻产生不同的影响。

1. 对输出电阻的影响

输出电阻是从放大电路的输出端看进去的等效电阻。负反馈对放大电路输出电阻的影响，取决于基本放大电路和反馈网络在输出端的连接方式，即取决于电路是引入了电压反馈还是电流反馈。

（1）电压负反馈减小输出电阻

由于电压负反馈的作用是稳定输出电压，因此，引入电压负反馈后会使其输出电阻减小，具体分析如下：

电压负反馈电路的框图如图 7.5.1 所示。设其输出电阻为 R_{of}，没有引入负反馈时的输出电阻为 R_o。在求输出电阻时，令输入 $\dot{X}_i$ 为 0，由于 $\dot{X}_{id}=-\dot{X}_f$，$\dot{X}_f=\dot{F}\dot{U}_o$，因此放大电路输出端开路时的电压为 $-\dot{A}\dot{F}\dot{U}_o$。则 R_{of} 与 R_o 的关系求解如下：

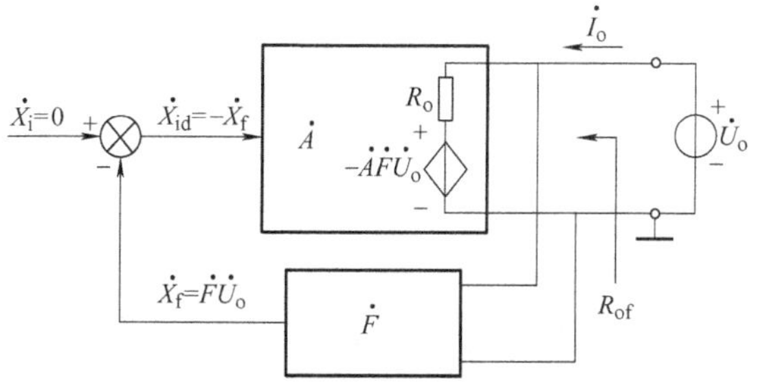

图 7.5.1　电压负反馈电路的框图

因为

$$R_{of}=\frac{\dot{U}_o}{\dot{I}_o}$$

忽略反馈网络对放大电路的负载效应，在输出端，有

$$\dot{I}_o=\frac{\dot{U}_o-(-\dot{A}\dot{F}\dot{U}_o)}{R_o}=\frac{1+\dot{A}\dot{F}}{R_o}\dot{U}_o$$

所以

$$R_{of}=\frac{\dot{U}_o}{\dot{I}_o}=\frac{R_o}{1+\dot{A}\dot{F}} \tag{7.5.2}$$

式（7.5.2）表明，引入负反馈后，放大电路的输出电阻是没有引入负反馈时输出电阻的 $1/|1+\dot{A}\dot{F}|$。当 $|1+\dot{A}\dot{F}|$ 趋于无穷大时，R_{of} 将趋于零，放大电路的输出近似为恒压源。

（2）电流负反馈增大输出电阻

由于电流负反馈的作用是稳定输出电流，因此，引入电流负反馈后会使其输出电阻增大，具体分析如下：

电流负反馈电路的框图如图 7.5.2 所示。设其输出电阻为 R_{of}，没有引入负反馈时的输出电阻为 R_o。在求输出电阻时，同样令输入 $\dot{X}_i$ 为 0，得放大电路输出端短路时的输出电流为 $-\dot{A}\dot{F}\dot{I}_o$。则 R_{of} 与 R_o 的关系求解如下：

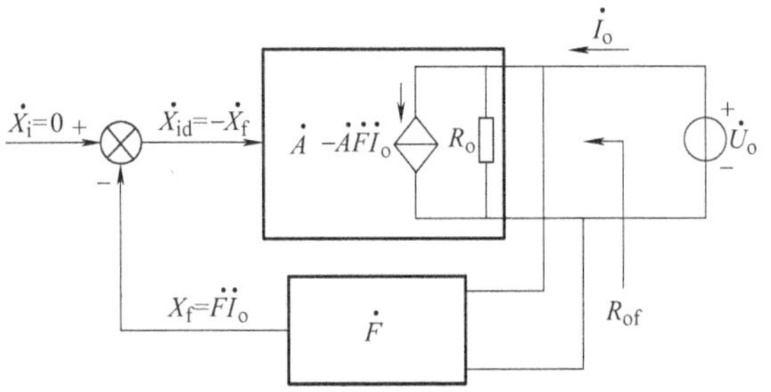

图 7.5.2　电流负反馈电路框图

因为

$$R_{of}=\frac{\dot{U}_o}{\dot{I}_o}$$

在输出端，忽略反馈网络对放大电路的负载效应，有

$$\dot{I}_o=\frac{\dot{U}_o}{R_o}+(-\dot{A}\dot{F}\dot{I}_o)$$

所以

$$R_{of}=\frac{\dot{U}_o}{\dot{I}_o}=(1+\dot{A}\dot{F})R_o \tag{7.5.3}$$

式（7.5.3）表明，引入负反馈后，放大电路的输出电阻是没有引入负反馈时输出电阻的 $|1+\dot{A}\dot{F}|$ 倍。当 $|1+\dot{A}\dot{F}|$ 趋于无穷大时，R_{of} 也将趋于无穷大，放大电路的输出近似为恒流源。

2. 对输入电阻的影响

输入电阻是从放大电路的输入端看进去的等效电阻。负反馈对放大电路输入电阻的影响，取决于基本放大电路和反馈网络在输入端的连接方式，即取决于电路是引入了串联反馈还是引入了并联反馈。

（1）串联负反馈增大输入电阻

串联负反馈电路的框图如 7.5.3 所示。其输入电阻 R_{if} 为

$$R_{if}=\frac{\dot{U}_i}{\dot{I}_i}$$

而没有引入负反馈时的输入电阻为

$$R_i=\frac{\dot{U}_{id}}{\dot{I}_i}$$

由于

$$\dot{U}_i=\dot{U}_{id}+\dot{U}_f=\dot{U}_{id}+\dot{A}\dot{F}\dot{U}_{id}=(1+\dot{A}\dot{F})\dot{U}_{id}$$

因此

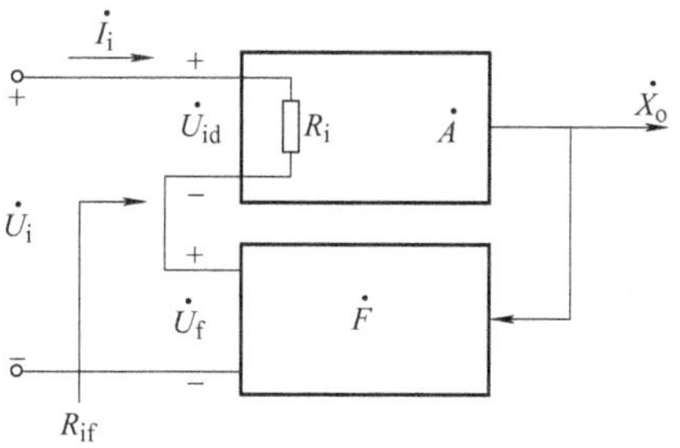

图 7.5.3 串联负反馈电路框图

$$R_{if}=\frac{\dot{U}_i}{\dot{I}_i}=\frac{(1+\dot{A}\dot{F})\dot{U}_{id}}{\dot{I}_i}$$

则

$$R_{if}=(1+\dot{A}\dot{F})R_i \tag{7.5.4}$$

式（7.5.4）表明，引入串联负反馈后，放大电路的输入电阻是没有引入负反馈时输入电阻的$|1+\dot{A}\dot{F}|$倍。

（2）并联负反馈减小输入电阻

并联负反馈电路的框图如图 7.5.4 所示。其输入电阻 R_{if} 为

$$R_{if}=\frac{\dot{U}_i}{\dot{I}_i}$$

而没有引入负反馈时的输入电阻为

$$R_i=\frac{\dot{U}_{id}}{\dot{I}_{id}}=\frac{\dot{U}_i}{\dot{I}_{id}}$$

由于

$$\dot{I}_i=\dot{I}_{id}+\dot{I}_f=\dot{I}_{id}+\dot{A}\dot{F}\dot{I}_{id}=(1+\dot{A}\dot{F})\dot{I}_{id}$$

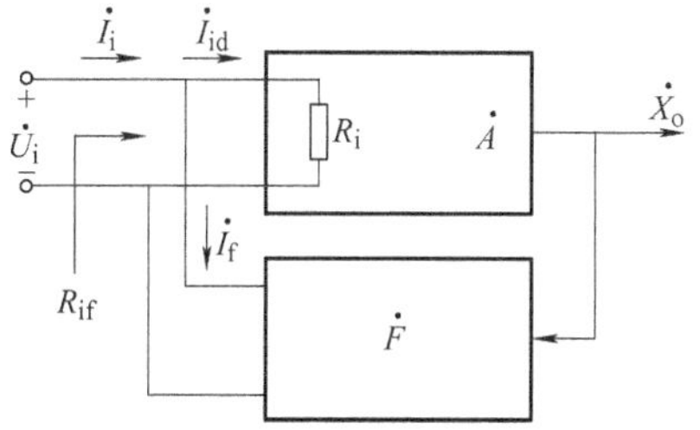

图 7.5.4 并联负反馈电路框图

因此

$$R_{if}=\frac{\dot{U}_i}{\dot{I}_i}=\frac{\dot{U}_{id}}{(1+\dot{A}\dot{F})\dot{I}_{id}}$$

则

$$R_{if}=\frac{1}{(1+\dot{A}\dot{F})}R_i \tag{7.5.5}$$

式（7.5.5）表明，引入负反馈后，放大电路的输入电阻是没有引入负反馈时输入电阻的$1/|1+\dot{A}\dot{F}|$。

表 7.5.1 列出了四种负反馈组态对放大电路输入电阻和输出电阻的影响。表中括号内的“0”或“∞”表示在理想情况下，即 $1+AF=\infty$ 时，输入电阻和输出电阻的理想值。在由运放构成的负反馈放大电路中，通常（$1+AF$）趋于无穷大，因此，可以认为它们的输入电阻

表 7.5.1 交流负反馈对输入、输出电阻的影响

反馈组态	电压串联	电流串联	电压并联	电流并联
输入电阻	增大(∞)	增大(∞)	减小(0)	减小(0)
输出电阻	减小(0)	增大(∞)	减小(0)	增大(∞)

和输出电阻为表中的理想值。

7.5.3　扩展频带

为简化分析，设反馈电路为纯电阻网络，则反馈系数 F 在各频段上的数值相同。基本放大电路的中频放大倍数为 $\dot{A}_{um}$，且在放大电路伯德图的低频段和高频段，各只有一个转折频率，上限截止频率为 f_H，下限截止频率为 f_L。下面先推导放大电路高频段放大倍数的表达式。由第 4 章放大电路的频率响应可知，开环情况下的高频增益为

$$\dot{A}_{uh}=\frac{\dot{A}_{um}}{1+j\dfrac{f}{f_H}}$$

引入负反馈后，闭环情况下的高频增益为

$$\dot{A}_{uhf}=\frac{\dot{A}_{uh}}{1+\dot{A}_{uh}\dot{F}_h}=\frac{\dfrac{\dot{A}_{um}}{1+j\dfrac{f}{f_H}}}{1+\dfrac{\dot{A}_{um}}{1+j\dfrac{f}{f_H}}\dot{F}}=\frac{\dot{A}_{um}}{1+j\dfrac{f}{f_H}+\dot{A}_{um}\dot{F}}$$

上式中，由于反馈电路为纯电阻网络，因此 $\dot{F}_h=\dot{F}$。上式分子分母同除以（$1+\dot{A}_{um}\dot{F}$），可得

$$\dot{A}_{uhf}=\frac{\dfrac{\dot{A}_{um}}{1+\dot{A}_{um}\dot{F}}}{1+j\dfrac{f}{(1+\dot{A}_{um}\dot{F})f_H}}=\frac{\dot{A}_{umf}}{1+j\dfrac{f}{f_{Hf}}} \tag{7.5.6}$$

式中，f_{Hf} 为闭环放大电路频率特性的上限截止频率，$f_{Hf}=(1+\dot{A}_{um}\dot{F})\ f_H$；$\dot{A}_{umf}$ 为中频段的闭环增益，$\dot{A}_{umf}=\dfrac{\dot{A}_{um}}{1+\dot{A}_{um}\dot{F}}$。

可见，引入负反馈后，上限截止频率增大到开环时的 $|1+\dot{A}_{um}\dot{F}|$ 倍。

对不同的反馈组态，式（7.5.6）的具体含义不同。例如，对电压串联负反馈，式（7.5.6）是将电压增益的上限截止频率增大 $|1+\dot{A}_{um}\dot{F}|$ 倍，而对电流并联负反馈，则是将电流增益的上限截止频率增大 $|1+\dot{A}_{um}\dot{F}|$ 倍。

利用同样的推导过程，可以得到放大电路闭环时的下限截止频率

$$f_{Lf}=\frac{f_L}{1+\dot{A}_{um}\dot{F}} \tag{7.5.7}$$

即引入负反馈后，下限截止频率减小到开环时的 $1/|1+\dot{A}_{um}\dot{F}|$。

由于引入负反馈后，上限截止频率增大，下限截止频率减小，因此放大电路的频带得到扩展。由于开环、闭环情况下的上限截止频率远大于其下限截止频率，因此，放大电路开环和闭环情况下的通频带分别为

$$f_{bwf}=f_{Hf}-f_{Lf}\approx f_{Hf}$$

$$f_{bw}=f_H-f_L\approx f_H$$

可见，放大电路的通频带在引入负反馈后展宽到开环时的 $|1+\dot{A}_{um}\dot{F}|$ 倍。当反馈网络比较复杂时，引入负反馈对频带展宽的趋势不变，但具体关系将变得复杂。

7.5.4　减小非线性失真

对于理想的放大电路，其输出信号和输入信号之间应该为线性关系。但由于晶体管的非线性特性，当输入较大幅值的正弦信号时，输出信号往往不是正弦波，使输出和输入之间产生失真。这种失真是由于晶体管的非线性特性引起的，因此称为非线性失真。放大电路的应用中，应尽量减小这种非线性失真。

为了寻找减小非线性失真的方法，首先分析一下产生非线性失真的原因。

图 7.5.5 所示为晶体管的输入特性，静态工作点为 Q。图 7.5.5a 中，在基极和发射极之间加入一个幅值较大的标准正弦电压，则由于晶体管输入特性的非线性，得到的基极电流波形正、负半周不再对称，已经产生了失真。该电流经放大后得到的集电极电流和输出电压也会产生类似的失真。在图 7.5.5b 中，如果在晶体管的基极和发射极之间加入一个正半周幅值小些，而负半周幅值大些的正弦电压，则得到的基极电流波形将近似为正弦波，其正、负半周基本对称，该电流经放大后得到的集电极电流和输出电压基本上为正弦波形。

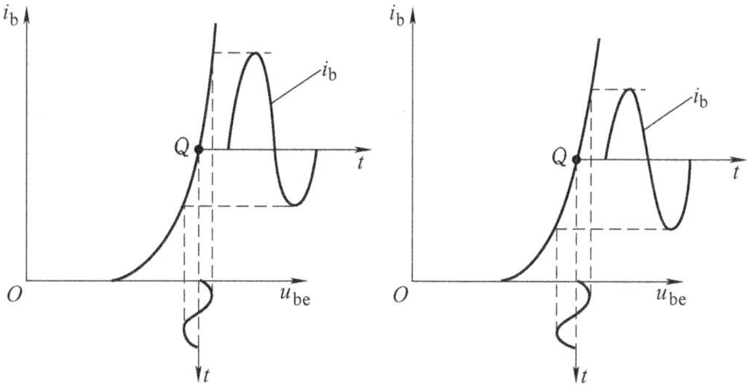

a) u_{be}为正弦波，i_b失真　　b) u_{be}为非正弦波，i_b为正弦波

图 7.5.5　晶体管的输入特性

用负反馈减小非线性失真的原理类似图 7.5.5b 所示的过程。在基本放大电路基础上，加入线性的反馈网络后，信号的传输过程如图 7.5.6 所示。其中，放大电路总的输入 $\dot{X}_i$ 为正弦，经基本放大电路放大，并经反馈网络传输后，得到输出 $\dot{X}_f$，该信号已产生了非线性失真，其正半周的幅值大于负半周的幅值。由于放大电路的净输入为 $\dot{X}_{id}=\dot{X}_i-\dot{X}_f$，则电路的净输入 $\dot{X}_{id}$ 如图 7.5.6b 所示，其正半周的幅值小于负半周的幅值。当该信号作为放大电路的净输入时，可以和基本放大电路产生的失真相互抵消，从而在输出端得到基本不失真的信号。

可以证明，在输出信号基波不变的情况下，负反馈放大电路的非线性失真是其开环时的 $1/|1+\dot{A}\dot{F}|$。

应该注意的是，负反馈只能减小反馈环内部器件引起的非线性失真，对反馈环外部器件引起的非线性失真将不起作用。

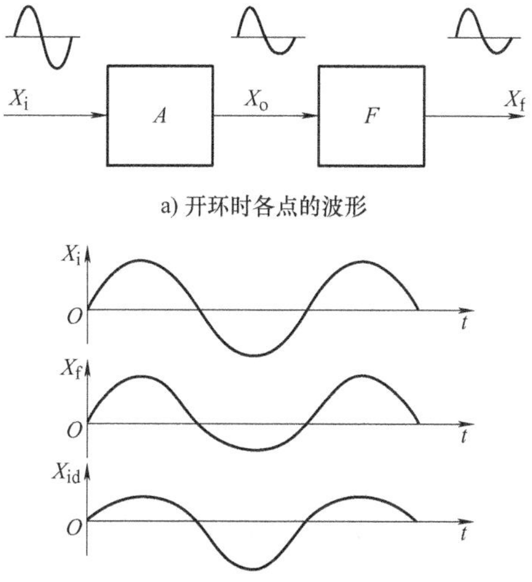

a) 开环时各点的波形

b) 闭环时各点的波形

图 7.5.6　负反馈减少非线性失真

7.5.5　为改善性能引入负反馈的一般原则

引入负反馈可以改善放大电路多方面的性能。反馈组态不同，产生的影响也不同。因此，在设计放大电路时，应根据需要，引入合适的负反馈，以达到设计目标。引入负反馈的一般原则如下：

1）如果要稳定静态工作点，应引入直流负反馈；如果要改善放大电路的动态性能，应引入交流负反馈。

2）根据信号源的性质选择串联负反馈或并联负反馈。当信号源为恒压源或内阻很小的电压源时，为了使放大电路获得尽可能大的输入电压，必须增大放大电路的输入电阻，应引入串联负反馈；当信号源为恒流源或内阻很大的电流源时，为了使放大电路获得尽可能大的输入电流，必须减小放大电路的输入电阻，应该选择并联负反馈。

3）根据放大电路所接负载的性质，即负载对信号的要求，选择电压负反馈或电流负反馈。当要求放大电路输出稳定的电压信号时，应选择电压负反馈；而要求输出稳定的电流信号时，则应选择电流负反馈。

4）在需要进行信号变换时，应根据各种反馈组态的功能，引入不同的反馈组态。如需要将电流信号转换为电压信号，应引入电压并联负反馈；若需要将电压信号转换为电流信号，则应引入电流串联负反馈。

【例 7.5.1】　电路如图 7.5.7 所示，为了达到下列目的，分别说明应引入哪种组态的负反馈以及电路如何连接。

1）减小放大电路从信号源索取的电流并增强带负载能力；

2）将输入电流 i_I 转换成与之成稳定线性关系的输出电流 i_o；

3）将输入电流 i_I 转换成稳定的输出电压 u_o。

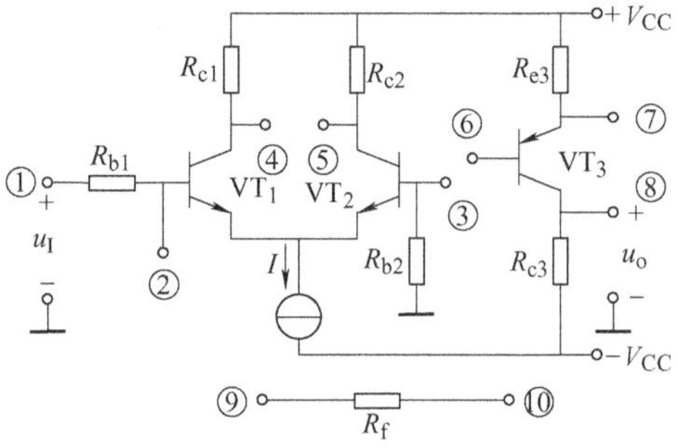

图 7.5.7　例 7.5.1 图

解：1）电路需要增大输入电阻并减小输出电阻，故应引入电压串联负反馈。

反馈信号从输出电压取样，故将⑧与⑩相连接；反馈量应为电压量，故将⑨与③相连接；这样，u_o 作用于 R_f 和 R_{b2} 回路，在 R_{b2} 上得到反馈电压 u_F。为了保证电路引入负反馈，当 u_I 对地为“+”时，u_F 应为上“+”下“−”，即⑧的电位应为“+”，因此应将④与⑥连接起来。

结论：电路中应将④与⑥、③与⑨、⑧与⑩分别连接起来。

2）电路应引入电流并联负反馈。

将⑦与⑩、②与⑨分别相连，R_f 与 R_{e3} 对 i_o 分流，R_f 中的电流为反馈电流 i_F。为保证电路引入的是负反馈，当 u_I 对地为“+”时，i_F 应自输入端流出，即应使⑦端的电位为“−”，因此应将④与⑥连接起来。

结论：电路中应将④与⑥、⑦与⑩、②与⑨分别连接起来。

3）电路应引入电压并联负反馈。

电路中应将②与⑨、⑧与⑩、⑤与⑥分别连接起来。

应当指出，对于一个确定的放大电路，输出量与输入量的相位关系唯一地被确定，因此所引入的负反馈组态将受它们相位关系的约束。例如，当⑤与⑥相连接时，u_o 与 u_I 将反相，此时该电路不能实现电压串联负反馈，而只能引入电压并联负反馈，读者可自行总结这方面的规律。

7.6　负反馈放大电路的稳定问题

负反馈放大电路工作在某一频率时，在输入信号为零的情况下，放大电路仍会产生一定频率和幅值的输出，这种现象称为放大电路的自激振荡。此时，电路已不能正常放大信号，称放大电路进入不稳定工作状态。在放大电路中必须采取措施消除不稳定，即自激振荡现象。

7.6.1　负反馈放大电路产生自激振荡的原因和条件

1. 产生自激振荡的原因

图 7.6.1 所示负反馈放大电路的闭环增益为

$$\dot{A}_f=\frac{\dot{A}}{1+\dot{A}\dot{F}}$$

式中，$\dot{A}\dot{F}$ 称为环路增益。

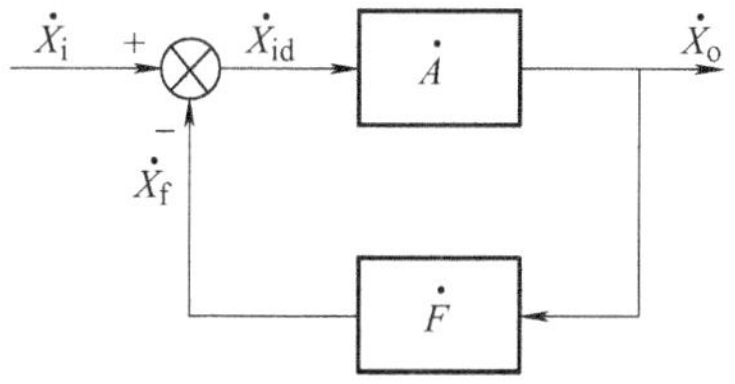

图 7.6.1　输入不为零时的负反馈放大电路

电路工作在中频段时 $\dot{A}\dot{F}>0$，$\dot{A}$ 和 $\dot{F}$ 的相角 $\varphi_A+\varphi_F=2n\pi$（$n$ 为整数），则净输入 $\dot{X}_{id}$、总输入 $\dot{X}_i$ 和反馈量 $\dot{X}_f$ 之间的关系为

$$|\dot{X}_{id}|=|\dot{X}_i|-|\dot{X}_f|$$

反馈的作用使净输入减小，为负反馈。

在低频段，由于耦合电容、旁路电容的存在，$\dot{A}\dot{F}$ 将产生超前相移；在高频段，由于半导体器件极间电容的存在，$\dot{A}\dot{F}$ 将产生滞后相移。在中频段相位关系的基础上所产生的这些相移称为附加相移。对某一频率为 f_0 的信号，当电路产生的附加相移使 $\varphi_A+\varphi_F=(2n+1)\pi$（$n$ 为正整数）时，与中频段相比，$\dot{X}_{id}$ 经过 $\dot{A}\dot{F}$ 传递后，得到的反馈量 $\dot{X}_f$ 产生了 180° 的滞后或超前的相移，使中频段的负反馈变成了正反馈。净输入 $\dot{X}_{id}$、总输入 $\dot{X}_i$ 和反馈量 $\dot{X}_f$ 之间的关系变为

$$|\dot{X}_{id}|=|\dot{X}_i|+|\dot{X}_f|$$

反馈的作用使净输入增大，成为正反馈。此时，如果输入 $\dot{X}_i=0$，如图 7.6.2 所示，反馈信号就可维持净输入，净输入信号经过放大后，维持输出信号，输出信号经反馈网络传输后，又可维持净输入信号。当 $|\dot{A}\dot{F}|=1$ 时，反馈信号从量值上完全等于净输入信号，输出信号将稳定在某一值上，电路产生了自激振荡。电路一旦产生自激振荡，将无法完成正常的放大功能，称电路不稳定。

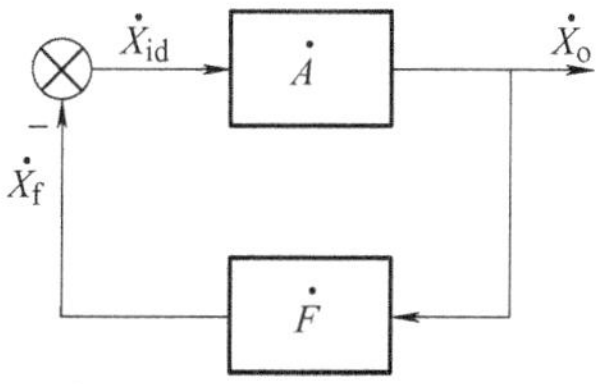

图 7.6.2　输入为零时的负反馈放大电路

2. 产生自激振荡的条件

由以上分析可知，电路产生自激振荡时

$$\dot{X}_f=\dot{A}\dot{F}\dot{X}_{id}=-\dot{X}_{id}$$

所以自激振荡的条件为

$$\dot{A}\dot{F}=-1 \tag{7.6.1}$$

写成幅值和辐角的形式

$$|\dot{A}\dot{F}|=1 \tag{7.6.2}$$

$$\varphi_A+\varphi_F=\pm(2n+1)\pi \tag{7.6.3}$$

分别称为自激振荡的幅值条件和相位条件。

当上述幅值条件和相位条件同时满足时，电路会在没有输入的情况下，仍然产生输出。这种情况在放大电路中是需要避免的。放大电路消除自激振荡的方法就是破坏式（7.6.1）或式（7.6.2）和式（7.6.3）的条件。

7.6.2 负反馈放大电路稳定性的判断

1. 判断方法

利用负反馈放大电路环路增益频率特性的伯德图，可以判断负反馈放大电路闭环后是否稳定，即电路是否产生自激振荡。

两个负反馈放大电路环路增益的频率特性如图 7.6.3a、b 所示。令相频特性穿过-180°时的频率为 f_P，幅频特性穿过 0dB 的频率为 f_C。在图 7.6.3a 中，当 $f=f_P$ 时，$20\lg|\dot{A}\dot{F}|>0$dB，即 $|\dot{A}\dot{F}|>1$，电路闭环后，会在 $f=f_P$ 处产生自激振荡，电路不稳定。在图 7.6.3b 中，当 $f=f_P$ 时，$20\lg|\dot{A}\dot{F}|<0$dB，即 $|\dot{A}\dot{F}|<1$，电路闭环后，不会在 $f=f_P$ 处产生自激振荡，电路稳定。

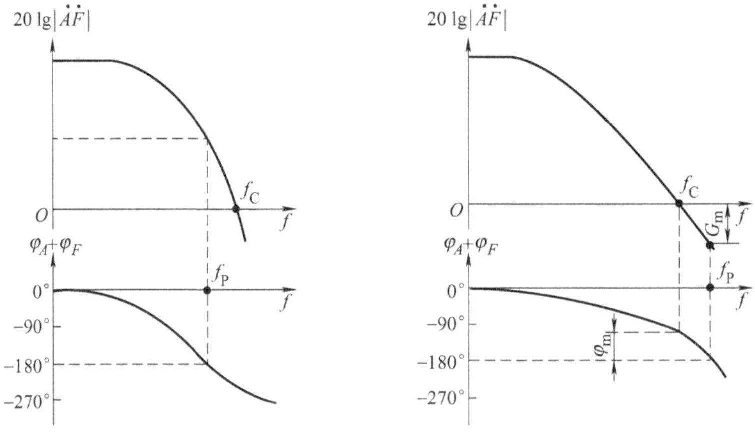

a) 不稳定电路　　b) 稳定电路

图 7.6.3　放大电路的频率特性

从环路增益的频率特性上看，在相频特性越过-180° 时对应的频率 f_P 处，若幅频特性已穿过 0dB 线，即幅值小于 0dB，则电路稳定，此时，$f_P>f_C$；否则电路不稳定，此时，$f_P<f_C$。在幅频特性过 0dB 的频率 f_C 处，如果相频特性还没有越过-180°，则电路是稳定的，对应的 $f_P>f_C$，否则电路不稳定，对应于 $f_P<f_C$。

综上所述，利用环路增益的频率特性，判断负反馈放大电路是否稳定的准则如下：

1）若不存在相频特性越过−180°的频率f_P，则电路稳定。

2）若存在f_P和f_C，则在相频特性越过−180°时对应的频率f_P处，如果幅频特性已穿过0dB线，即幅值小于0dB，则电路稳定，否则不稳定；在幅频特性过0dB的频率f_C处，如果相频特性还没有越过−180°，则电路是稳定的，否则不稳定。

2. 稳定裕度

由上述分析可知，只要$f_P>f_C$，电路就可稳定工作。但应用中，需要电路具有一定的稳定裕度。若将$\dot{A}\dot{F}=-1$定义为临界稳定点，则将电路离临界稳定点的距离定义为稳定裕度，分为幅值裕度和相位裕度。

幅值裕度定义为

$$G_m=20\lg|\dot{A}\dot{F}|_{f=f_P}$$

即$f=f_P$时$|\dot{A}\dot{F}|$的分贝值。对稳定的放大电路，$G_m<0\text{dB}$，而且$|G_m|$越大，电路越稳定。通常要求$G_m<-10\text{dB}$，以使电路具有足够的稳定裕度。

相位裕度定义为

$$\varphi_m=180°-|\varphi_A+\varphi_F|_{f=f_C}$$

即$f=f_C$时$|\varphi_A+\varphi_F|$与180°之间的距离。对稳定的放大电路，要求$\varphi_m>0$，而且φ_m越大，电路越稳定。通常要求$\varphi_m>45°$，以使电路具有足够的稳定裕度。

7.6.3 负反馈放大电路消除自激振荡的方法

当负反馈放大电路存在自激振荡时，如果采取某种措施改变环路增益$\dot{A}\dot{F}$的频率特性，使之不存在f_P，或者即使存在f_P，但保证$f_P>f_C$，则自激振荡就能够消除。改变$\dot{A}\dot{F}$频率特性的常见方法是在电路的适当位置加入RC补偿网络。根据网络形式的不同，对$\dot{A}\dot{F}$频率特性的影响也不同。如果RC网络产生滞后的相位，则称为滞后补偿；如果产生超前的相位，则称为超前补偿。

1. 滞后补偿

设放大电路$\dot{A}\dot{F}$的频率特性如图7.6.4中的虚线所示。其最低上限转折频率为f_{H1}。在具体放大电路中，找出和f_{H1}对应的那级电路，假设为图7.6.5a中的由A_2组成的放大电路。在其输入端加补偿电容C，则其高频等效电路如图7.6.5b所示。R_{o1}为前级的输出电阻，R_{i2}为A_2级的输入电阻，C_{i2}为A_2级的输入电容。

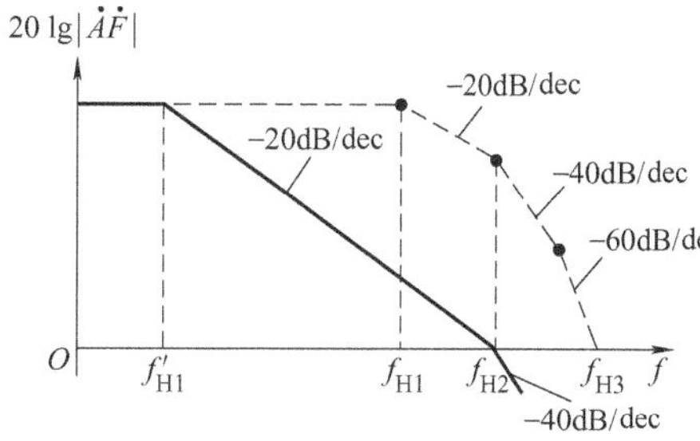

图7.6.4 放大电路的频率特性

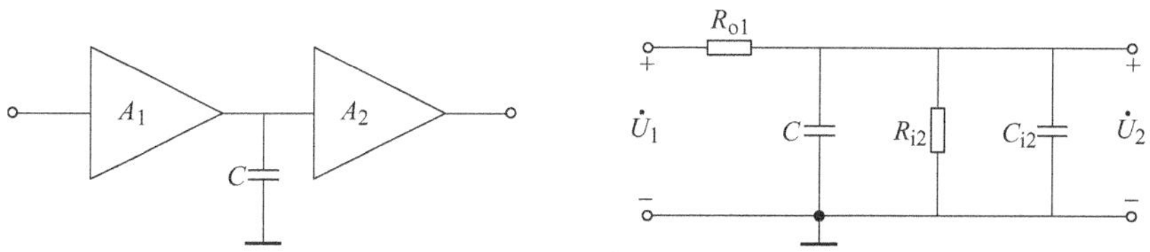

a) 加补偿电容C　　b) 加补偿电容C后的等效电路

图7.6.5 滞后补偿

在加补偿电容 C 之前，从图 7.6.5b 可以求出电路的第一个转折频率 f_{H1} 为

$$f_{H1}=\frac{1}{2\pi(R_{o1}/\!/R_{i2})C_{i2}}$$

在加补偿电容 C 之后，新的截止频率为

$$f'_{H1}=\frac{1}{2\pi(R_{o1}/\!/R_{i2})(C_{i2}+C)}$$

则 $f'_{H1}<f_{H1}$，幅频特性提前下降。如果参数选择合适，就可以在幅频特性穿过 0dB 时相频特性不越过 $-180°$，电路不产生自激振荡而稳定工作。

为减小补偿电容的容量，可以利用密勒效应，将补偿电容或补偿电阻跨接在放大电路的输入端和输出端，如图 7.6.6 所示。

设图 7.6.6a 所示电路中 $A_2=100$，$C=20\text{pF}$，则相当于在图 7.6.5a 电路中补偿电容 $C=(20\times100)\text{pF}=2000\text{pF}$。

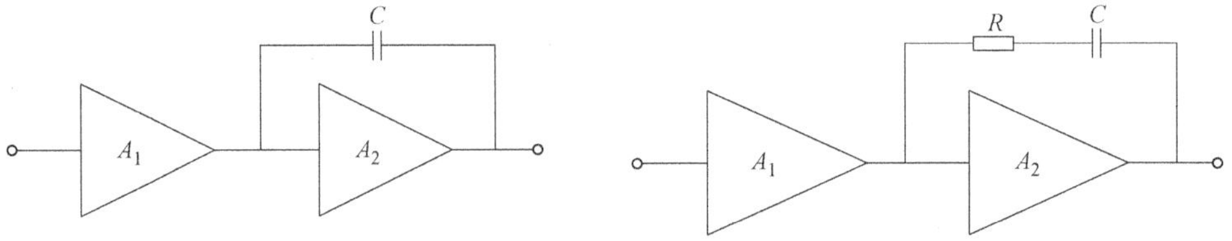

a) 电容补偿　　b) 电容—电阻补偿

图 7.6.6　密勒效应补偿电路

2. 超前补偿

通过 RC 网络，改变负反馈电路的环路增益在 0dB 附近的相位，也能破坏产生自激振荡的条件。这种方法通常将补偿电容加在反馈回路。图 7.6.7 所示电路中，当不加补偿电容时，电路为同相比例放大电路，其反馈系数为

$$\dot{F}_0=\frac{R_1}{R_1+R_2}$$

将补偿电容 C 并联在电阻 R_2 上，构成具有超前补偿的电路，其反馈系数为

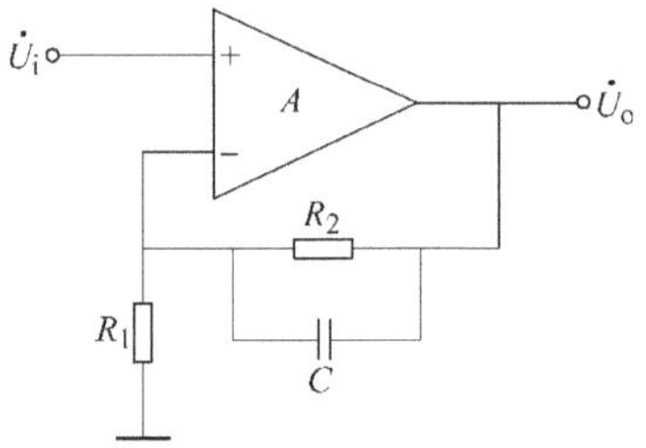

图 7.6.7　超前补偿网络

$$\dot{F}=\frac{R_1}{R_1+R_2/\!/\frac{1}{j\omega C}}=\frac{R_1}{R_1+R_2}\,\frac{1+j\omega R_2C}{1+j\omega(R_1/\!/R_2)C}=\dot{F}_0\frac{1+j\frac{f}{f_1}}{1+j\frac{f}{f_2}}$$

式中

$$f_1=\frac{1}{2\pi R_2C}\qquad f_2=\frac{1}{2\pi(R_1/\!/R_2)C}$$

且 $f_1<f_2$。

画出 $\dot{F}$ 的伯德图，如图 7.6.8 所示。从相频特性可以看出，在 f_1 和 f_2 之间，相位超前，

最大超前相位为 90°。可以推断，如果补偿前，$f_1<f_C<f_2$，且 $f_P<f_C$。则补偿后，f_P 将因 φ_F 的超前相移而增大，当所取参数适当时，就可以满足 $f_P>f_C$，从而使电路消除自激振荡。

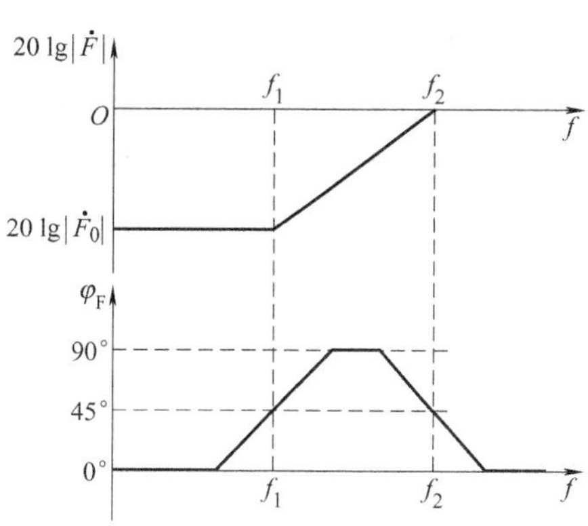

图 7.6.8　加补偿电容后反馈系数的频率特性

7.6.4　集成运放的频率响应和频率补偿

集成运放是直接耦合的多级放大电路，具有很好的低频特性。各级晶体管的极间电容将影响电路的高频特性。由于输入级和中间级均有很高的电压增益，所以尽管结电容的数值很小，但晶体管发射结等效电容 $C'_{b'e}$或场效应管 g-s 间等效电容 C'_{gs}却很大，致使上限截止频率很低，通用型运放的-3dB 带宽只有十几赫兹到几十赫兹。

为了防止集成运放引入负反馈后产生自激振荡，通常需要在电路内部进行频率补偿。图 7.6.9 所示为某通用集成运放未加频率补偿时的频率响应，其开环差模增益为 100dB（即 $A_{od}=10^5$），3 个上限截止频率分别为 10Hz、100Hz 和 1000Hz。当反馈系数为 1 时，f_P 和 f_C 如图中所标注，是集成运放典型的频率响应特性。

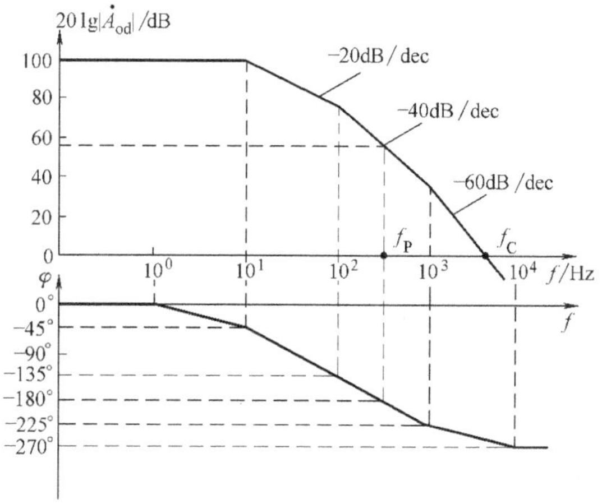

图 7.6.9　未加补偿电容的集成运放的频率响应

通常，集成运放内部的频率补偿多为简单滞后补偿（密勒补偿）或超前补偿，用以改变其频率响应，使之在开环差分增益降至 0dB 时最大附加相移为 -135°。这样，在引入负反馈且反馈网络为纯电阻时，电路一定不会产生自激振荡，并具有足够的稳定性。

图 7.6.10a 所示电路中 C 为补偿电容，为密勒补偿；图 7.6.10b 所示电路中 R 和 C 组成补偿电路，为超前补偿。

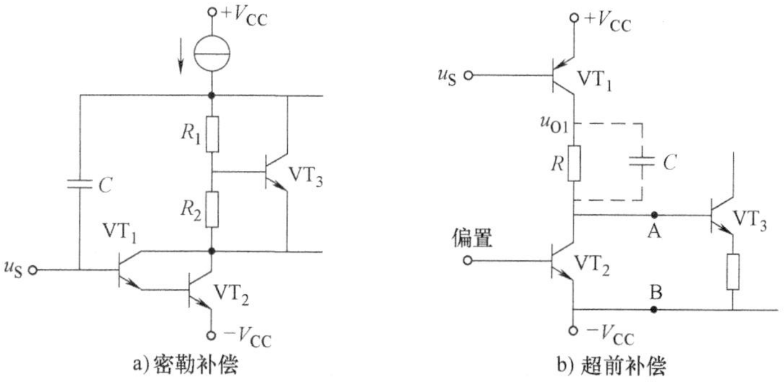

a) 密勒补偿　　b) 超前补偿

图 7.6.10　集成运放的频率补偿

集成运放加滞后补偿后的幅频特性如图 7.6.11a 中实线所示，加超前补偿后的幅频特性如图 7.6.11b 中实线所示，虚线是未加补偿电容时的幅频特性。由图可知，加滞后补偿使通频带变窄，加超前补偿环节时，若 RC 取值得当，则通频带变宽。

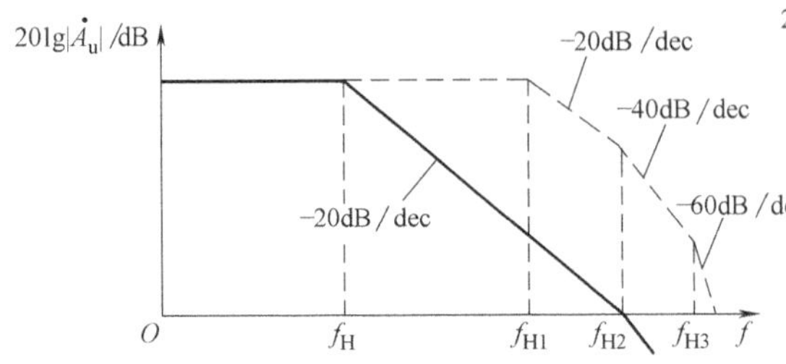

a) 加滞后补偿

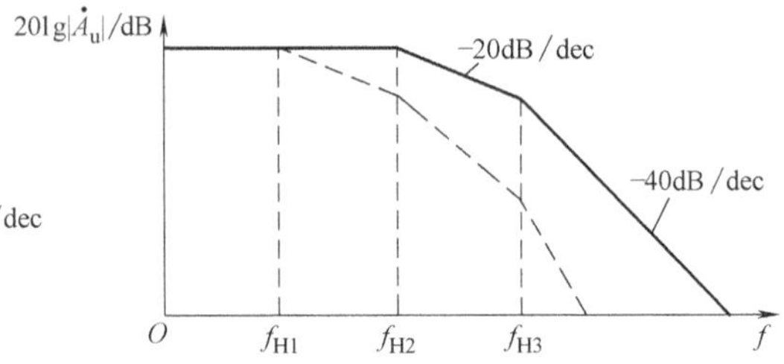

b) 加超前补偿

图 7.6.11　加频率补偿的集成运放的频率响应

本章小结

本章主要学习了反馈的基本概念、负反馈放大电路的组成、负反馈放大电路的框图及增益的一般表达式、负反馈对放大电路性能的影响和负反馈放大电路的稳定性问题，阐明了反馈判断方法、深度负反馈条件下增益的估算方法和根据需要正确引入负反馈的方法。现就各部分归纳如下：

1. 负反馈的概念及其组态。在电子电路中，将输出量的一部分或全部通过一定的电路作用到输入回路，用来影响输入量的过程称为反馈。若反馈的结果使净输入量减小，则称之为负反馈；反之，则称为正反馈。若反馈存在于直流通路，则称为直流反馈；若反馈存在于交流通路，则称为交流反馈。本章重点研究交流负反馈。

交流负反馈有四种组态：电压串联负反馈，电压并联负反馈，电流串联负反馈，电流并联负反馈。反馈量取自输出电压的称为电压反馈；反馈量取自输出电流的称为电流负反馈；若输入量 $\dot{X}_i$、反馈量 $\dot{X}_f$ 和净输入量 $\dot{X}_{id}$ 以电压形式比较，即 $\dot{U}_{id}=\dot{U}_i-\dot{U}_f$，则称为串联反馈；若以电流形式比较，即 $\dot{I}_{id}=\dot{I}_i-\dot{I}_f$，则称为并联反馈。反馈组态不同，$\dot{X}_i$、$\dot{X}_f$、$\dot{X}_{id}$、$\dot{X}_o$ 的量纲也不同。

2. 瞬时极性法。在分析反馈放大电路时，“有无反馈”决定于输出回路和输入回路是否存在反馈通道；“正、负反馈”用瞬时极性法来判断，反馈的结果使净输入量减小的为负反馈，使净输入量增大的为正反馈。

3. 负反馈放大电路的方框图及增益的一般表达式。负反馈放大电路增益的一般表达式为 $\dot{A}_f=\dfrac{\dot{A}}{1+\dot{A}\dot{F}}$，若 $|1+\dot{A}\dot{F}|\gg 1$，即在深度反馈条件下，$\dot{A}_f\approx\dfrac{1}{\dot{F}}$。利用此式，可将具有深度负反馈的复杂电路的闭环增益求解问题，转化为反馈系数的求解，使复杂电路的分析大为简化。

4. 负反馈对放大电路性能的影响。引入交流负反馈后，可以提高增益的稳定性、改变输入电阻和输出电阻、展宽频带、减小非线性失真等。引入不同组态的负反馈，对放大电路性能有不同的影响，在实用电路中应根据需求引入合适组态的负反馈。

5. 负反馈放大电路的自激振荡。负反馈放大电路的级数越多，反馈越深，产生自激振荡的可能性越大，因此实用的负反馈放大电路以三级最为常见。负反馈放大电路不稳定的主要原因是电路中的电容（包括结电容）在高频段或低频段产生附加相移，使原来的负反馈成为正反馈，使放大电路产生自激振荡。为了防止自激振荡，需在电路中合适的位置，采用阻容电路来进行频率补偿。

学完本章后，应达到下列要求：

1）理解反馈的概念，能够正确判断电路中是否引入了反馈以及反馈的极性、反馈的组态。

2）理解负反馈放大电路的闭环增益 $\dot{A}_f$ 在不同反馈组态下的物理意义，并能够估算深度负反馈条件下的闭环增益。

3）掌握四种组态的负反馈对放大电路性能的影响，并能够根据需要在放大电路中引入合适的交流负反馈。

4）理解负反馈放大电路产生自激振荡的原因，了解消除自激振荡的方法。

思 考 题

7.1 什么是反馈？为什么要引入反馈？

7.2 什么是深度负反馈？深度负反馈放大电路的分析有何特点？

7.3 负反馈越深越好吗？什么是自激振荡？什么样的反馈放大电路容易产生自激振荡？

习 题

7.1 试判断图 T7.1 所示各电路中是否引入了反馈，哪些是反馈元件？

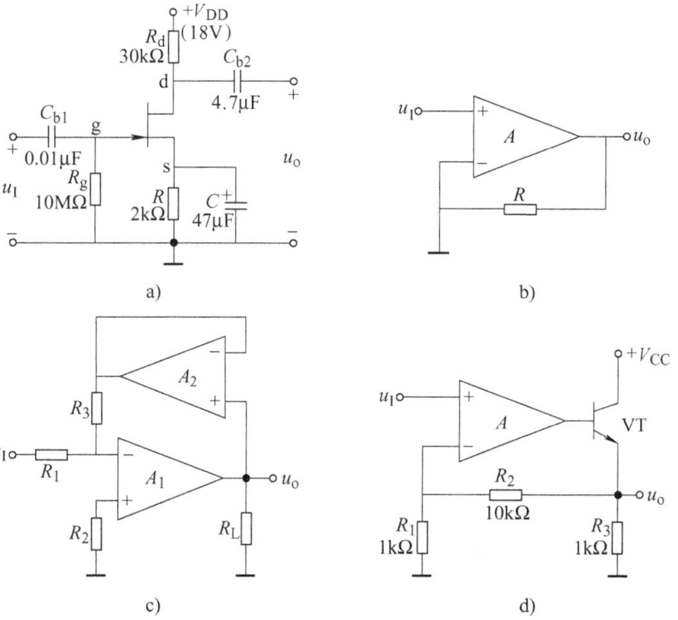

图 T7.1

7.2　判断图 T7.2 所示的放大电路中引入的是直流反馈还是交流反馈，并说明原因。设图中各电容对交流信号均可视为短路。

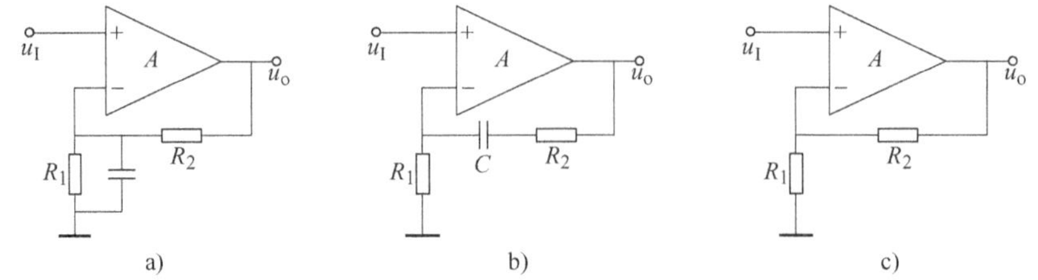

图 T7.2

7.3　判断图 T7.3 所示的放大电路中的反馈是正反馈还是负反馈，并说明原因。

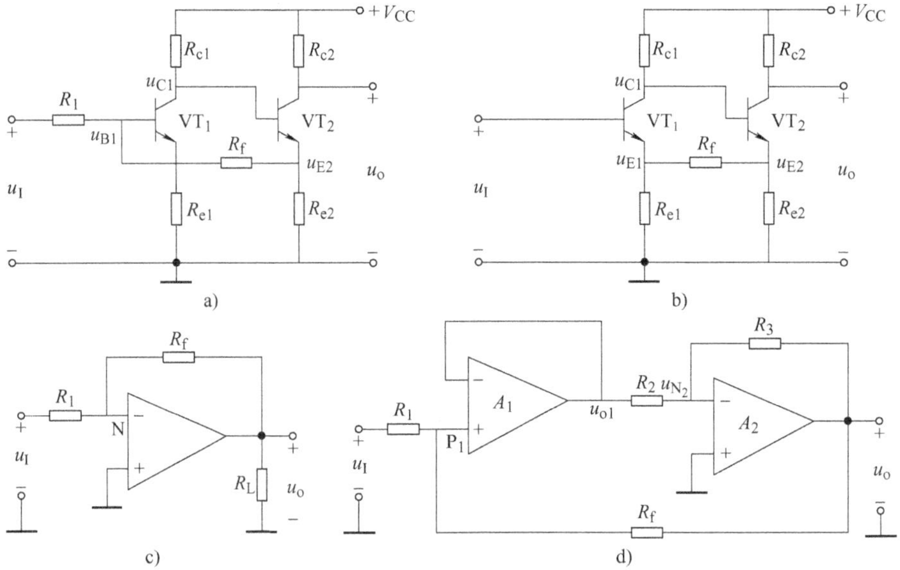

图 T7.3

7.4　判断图 T7.4 所示的放大电路中引入的是电压反馈还是电流反馈，并说明原因。

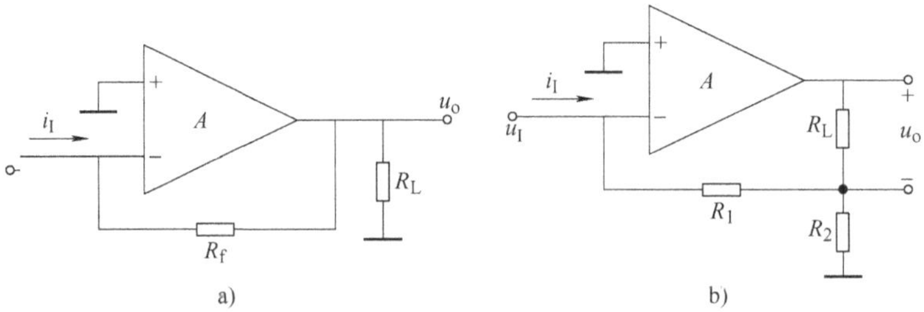

图 T7.4

7.5　判断图 T7.5 所示的放大电路中引入的是串联反馈还是并联反馈，并说明原因。

7.6　判断图 T7.6 所示的电路中，所引入的反馈是正反馈还是负反馈？是直流反馈还是交流反馈？说明原因并指出反馈网络是由什么元件组成的。

7.7　判断图 T7.7 所示各电路中反馈的组态，并说明原因。

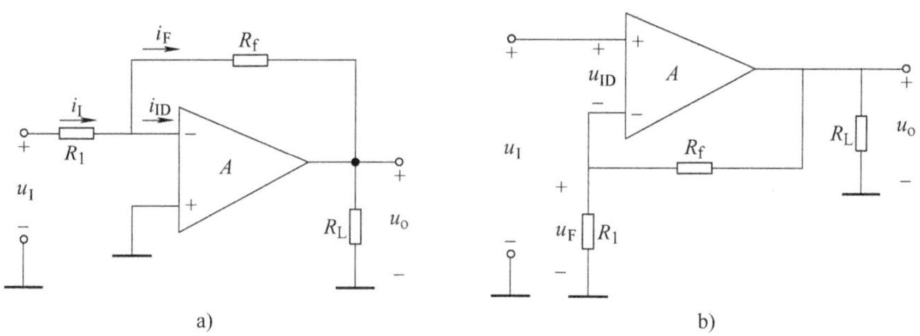

图 T7.5

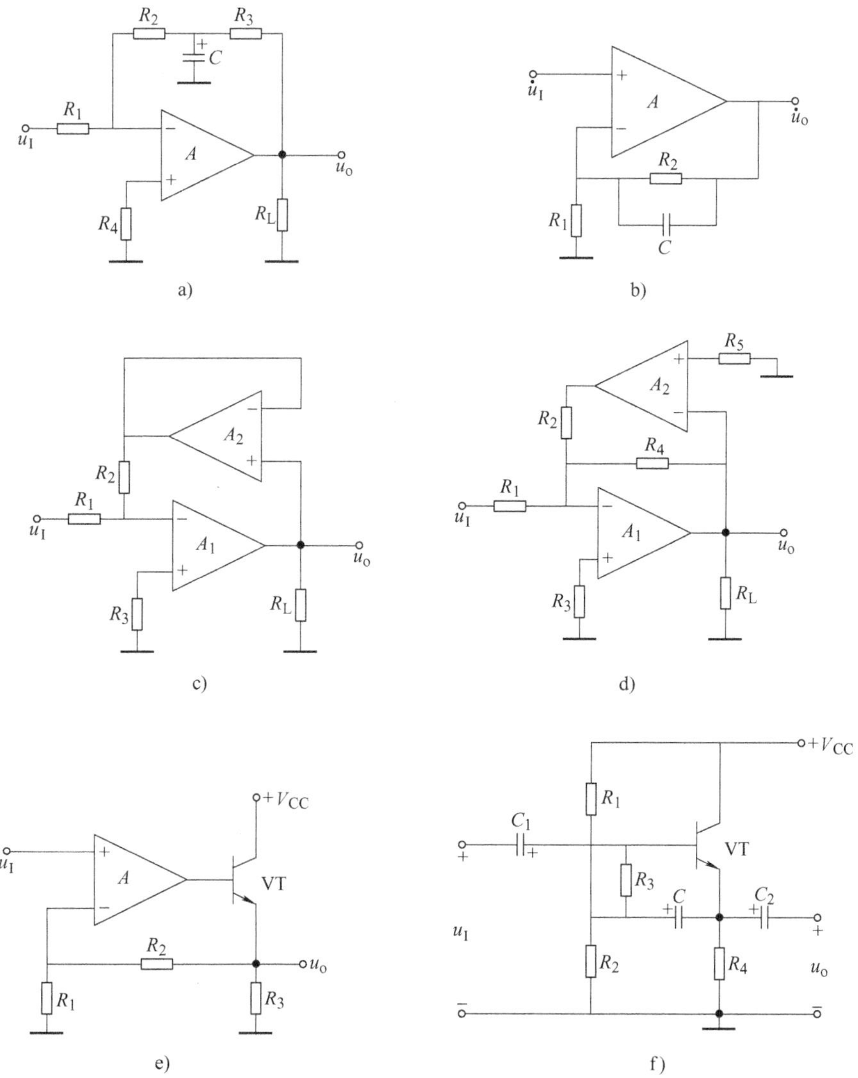

图 T7.6

7.8 判断图 T7.8 所示的放大电路中所引入反馈的极性及组态，并说明原因。

7.9 电路如图 T7.9 所示，各图中耦合电容 C_1、C_2 以及旁路电容 C_3、C 的电容量足够大。试指出各图中电路有无反馈？若有反馈，判别反馈极性及反馈组态。

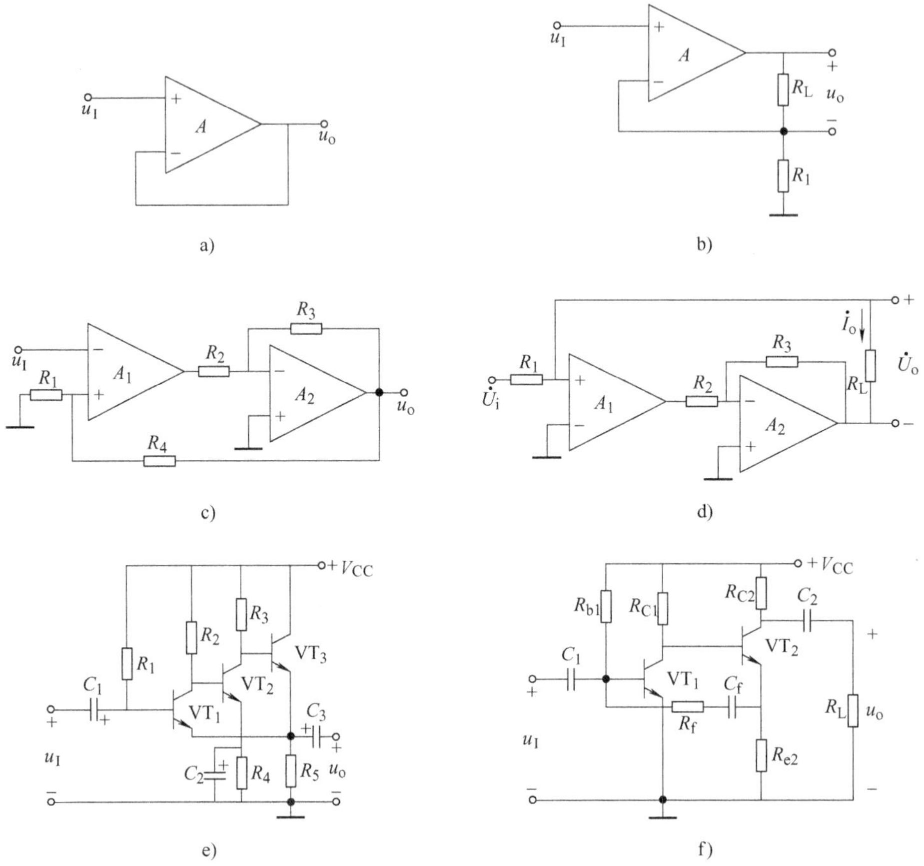

图 T7.7

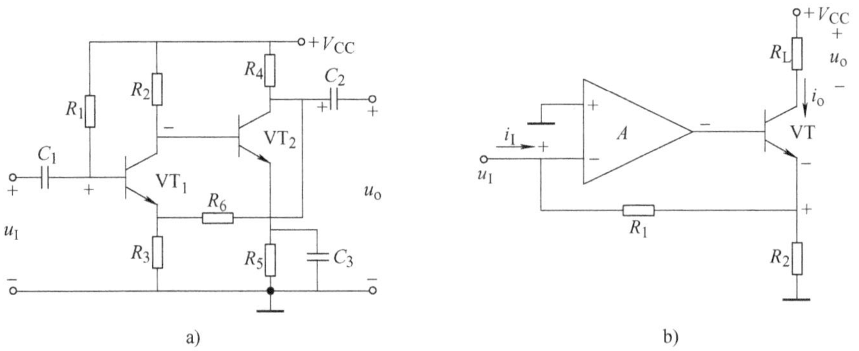

图 T7.8

7.10　某负反馈放大电路的框图如图 T7.10 所示，已知其开环电压增益 $\dot{A}_u=2000$，反馈系数 $\dot{F}_u=0.0495$。若输出电压 $\dot{U}_o=2V$，求输入电压 $\dot{U}_i$、反馈电压 $\dot{U}_f$ 及净输入电压 $\dot{U}_{id}$ 的值。

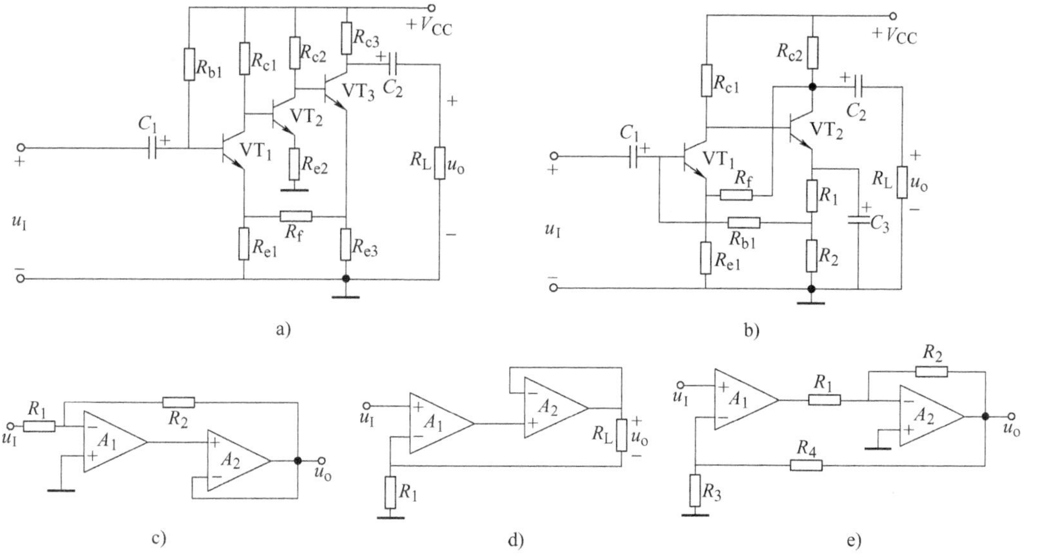

图 T7.9

7.11　电路如图 T7.11 所示，试判断其中的级间反馈的类型，并推导出闭环电压增益的表达式。设运放是理想的。

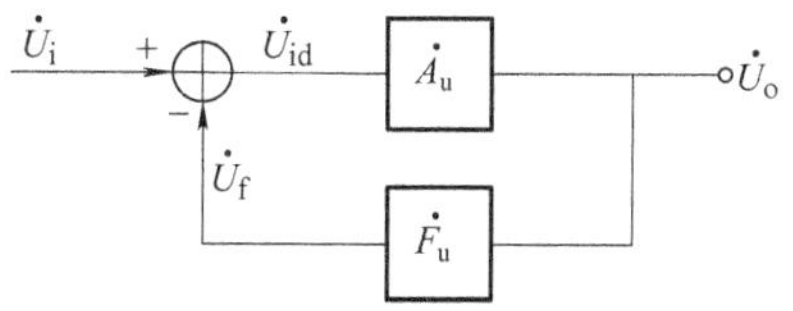

图 T7.10

7.12　图 T7.12 所示电路引入了深度负反馈，求其闭环电压放大倍数。

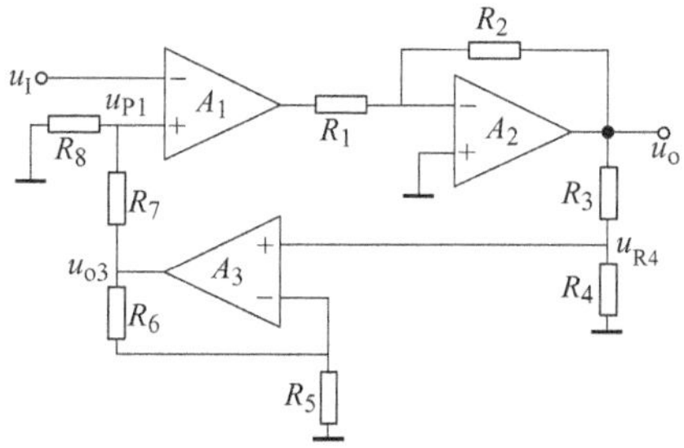

图 T7.11

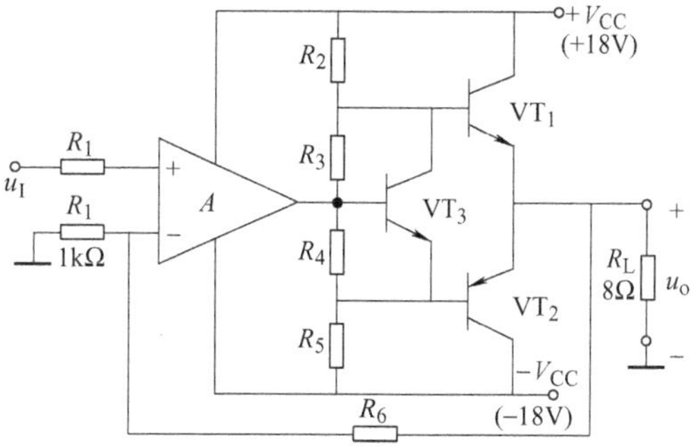

图 T7.12

7.13　在图 T7.13 所示电路中，开关 S 应置于 a 还是置于 b 才能使引入的反馈是负反馈？这个负反馈属于何种组态？如果满足深度负反馈条件 $|1+\dot{A}\dot{F}|\gg 1$，试估算电压放大倍数。

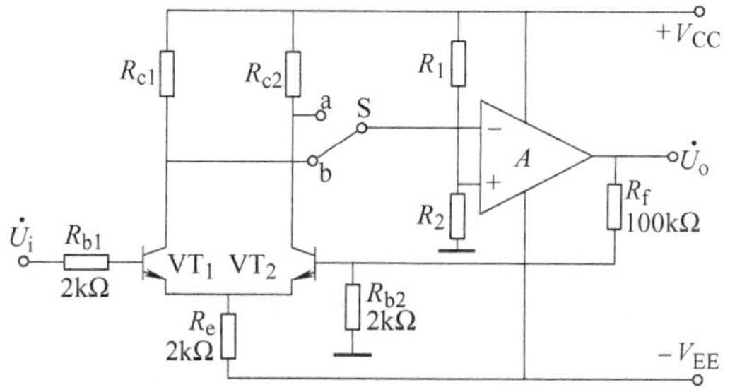

图 T7.13

7.14　某电压串联负反馈放大电路，开环增益 $A_u=60\text{dB}$，反馈系数 $F_u=0.001$。

(1) 求闭环增益 A_{uf}；

（2）设温度降低，静态工作点 Q 下降，使 $|\dot{A}_u|$ 下降 10%，求此时闭环增益 A_{uf}。

7.15　由于某种型号晶体管的参数变化使放大电路的电压增益改变 20%，现希望引入负反馈后的增益为 -100，而其变化只有 1%。请计算所需的开环增益 A_u 和反馈系数 F_u。

7.16　对于某电压串联负反馈放大器，若输入电压 $U_i=0.1\text{V}$（有效值），测得其输出电压为 1V。去掉负反馈后，测得其输出电压为 10V（保持 U_i 不变），求反馈系数 F_u。

7.17　如果要求一个放大电路的非线性失真系数由 10% 减至 0.5%，同时要求该电路从信号源取的电流尽可能小，负载电阻 R_L 变化时输出电压尽可能稳定。

（1）应当引入什么样的负反馈？

（2）若引入反馈前电路的放大倍数 $A_u=10^4$，问反馈系数应为多大？

（3）若引入负反馈前后，保持输出电压幅值不变，输入电压幅值应如何变化？变为多大（如增大到原来的多少倍或减小到原来的几分之一）？

（4）引入反馈后的电路的放大倍数为多大？

7.18　已知放大电路的输出噪声电压由电路内部产生，与输入无关，现要将该电路的信噪比提高 20dB，问应引入多深的负反馈？若引入反馈前的 $A_u=1000$，问反馈系数 $F_u=$？闭环放大倍数 $A_{uf}=$？引入反馈后输入电压 U_i 应如何变化，才能使输出电压保持不变？如果在提高信噪比的同时还要求提高输入电阻和降低输出电阻，你认为应引入什么组态的负反馈？

7.19　电路如图 T7.19 所示，按下列要求分别接成所需的两级反馈放大电路：

（1）具有低的输入电阻和稳定的输出电流；

（2）具有高的输出电阻和输入电阻。

7.20　判断图 T7.20a 和 b 所示电路各引入了哪种组态的交流负反馈，并求出在深度负反馈条件下的闭环电压放大倍数 A_{uf}。

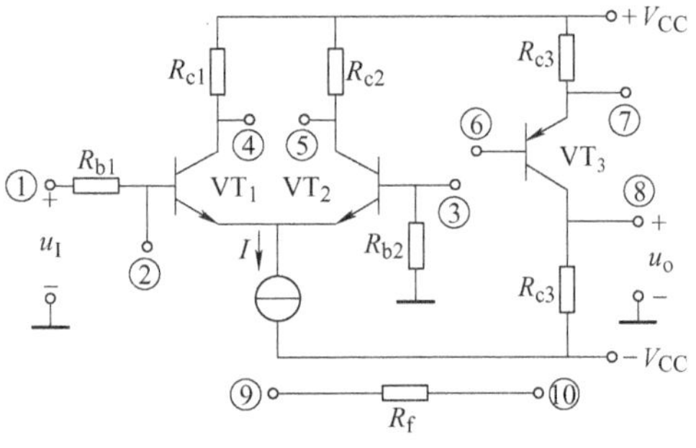

图 T7.19

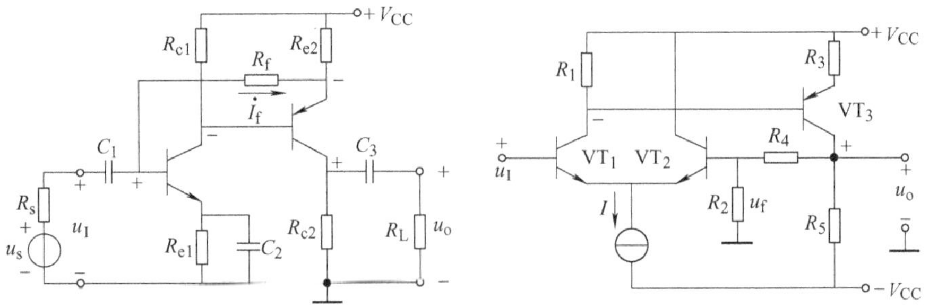

a)　　　b)

图 T7.20

7.21　电路如图 T7.21 所示。

（1）试通过电阻引入合适的交流负反馈，使输入电压 u_I 转换成稳定的输出电流 i_L；

（2）若 $u_I=0\sim5\text{V}$ 时，$i_L=0\sim10\text{mA}$，则反馈电阻 R_f 应取多少？

7.22 如图 T7.22 所示电路，为了实现以下各项要求，试选择合适的负反馈形式：

(1) 要求直流工作点稳定；(2) 输入电阻要大；(3) 输出电阻要小；(4) 当负载变化时，放大器的电压增益要基本稳定；(5) 当信号源为电流源时，输出信号（电压或电流）要基本稳定。

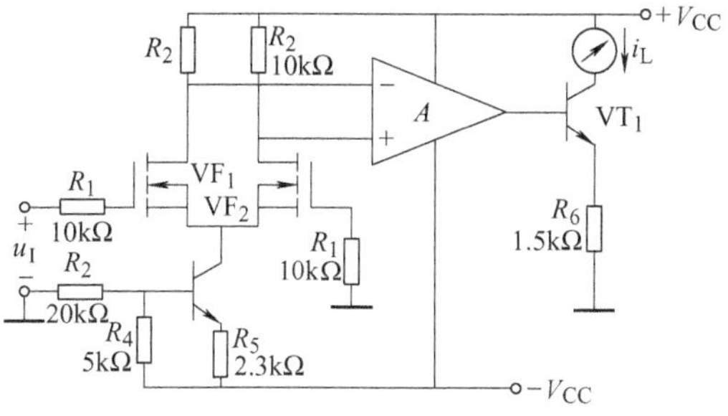

图 T7.21

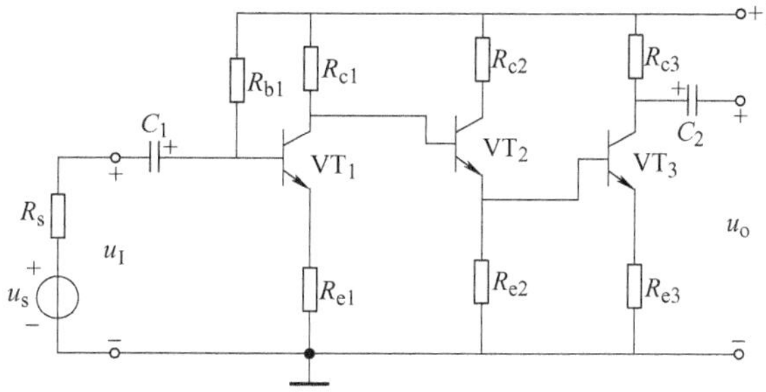

图 T7.22

7.23 图 T7.23a 所示放大电路 $\dot{A}\dot{F}$ 的伯德图如图 T7.23b 所示。

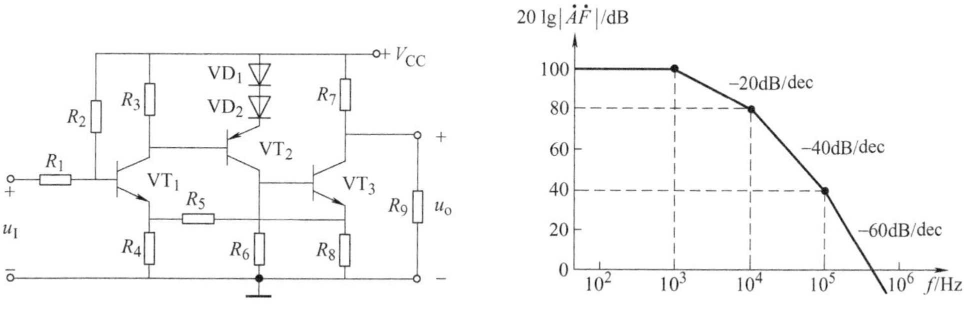

a) b)

图 T7.23

(1) 判断该电路是否会产生自激振荡？简述理由；

(2) 若电路产生了自激振荡，则应采取什么措施消振？要求在图 T7.23a 中画出来；

(3) 若仅有一个 50pF 电容，分别接在三个晶体管的基极和地之间均未能消振，则将其接在何处有可能消振？为什么？

7.24 以集成运放作为放大电路，引入合适的负反馈，分别达到下列目的，要求画出电路图。

(1) 实现电流—电压转换电路；

(2) 实现电压—电流转换电路 ；

(3) 实现输入电阻高、输出电压稳定的电压放大电路；

(4) 实现输入电阻低、输出电流稳定的电流放大电路。

7.25 为了满足以下要求，各应引入什么组态的负反馈。

(1) 某仪表放大电路，要求输入电阻大，输出电流稳定；

(2) 某电压信号源内阻很大（几乎不能提供电流），希望经放大后输出电压与信号电压成正比；

(3) 要得到一个由电流控制的电流源；

(4) 要得到一个由电流控制的电压源；

(5) 要减小电路从信号源索取的电流，增大带负载能力；

(6) 需要一个阻抗变换电路，要求输入电阻小，输出电阻大。

7.26　组合电路如图 T7.26a、b 所示：

(1) 判断图中电路的各晶体管 VT_1、VT_2、VT_3 分别构成何种基本放大电路?

(2) 请判断图 T7.26b 所示电路中：①是否存在反馈？②若有，请判断有几条反馈通路？分别是什么反馈类型？对电路有什么影响？

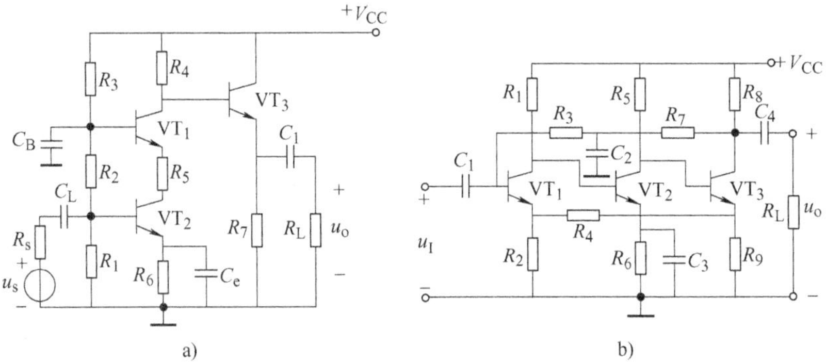

图 T7.26

7.27　功率放大电路如图 T7.27 所示，假设运放为理想器件，电源电压为±12V。

(1) 试求 A_{uf} 的值；

(2) 试求 $u_I=0.1\sin\omega t$V 时的输出功率 P_o、电源供给功率 P_V 及能量转换效率 η 的值。

7.28　用 Multisim 研究负反馈对电压串联负反馈放大电路电压放大倍数稳定性的影响。

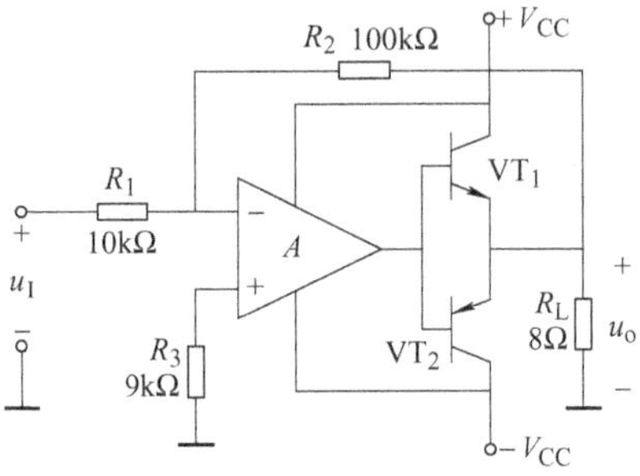

图 T7.27

第8章 信号的运算与处理电路

引言

本章和第 9 章主要介绍集成运放的应用。从功能看，集成运放的应用主要有信号的运算、处理、产生和变换。本章讨论信号的运算和处理电路，第 9 章讨论信号的产生和变换电路。本章的信号运算与处理电路是集成运放工作在线性区的典型应用。而第 9 章的信号产生电路主要涉及集成运放工作在非线性区的应用。当集成运放工作在线性区时，第 6 章介绍的“虚短”和“虚断”是分析电路输出和输入关系的基本出发点。完成信号的各种数学运算是集成运放的主要应用，并因此而得名。在运算电路中，输出电压是输入电压的某种数学运算结果，如输出电压是两个输入电压的求和，则称为加法电路。在信号的运算和处理电路中，需要引入深度负反馈，使集成运放工作在线性区，因此，信号的运算、处理电路是由集成运放构成的负反馈电路。

8.1 基本运算电路

基本运算电路主要有比例运算电路、加法电路、减法电路、积分电路和微分电路等。

8.1.1 比例运算电路

1. 反相比例运算电路

反相比例运算电路如图 8.1.1 所示。由前分析可知，电路为深度负反馈电路，且为电压并联组态，故“虚短”和“虚断”成立。

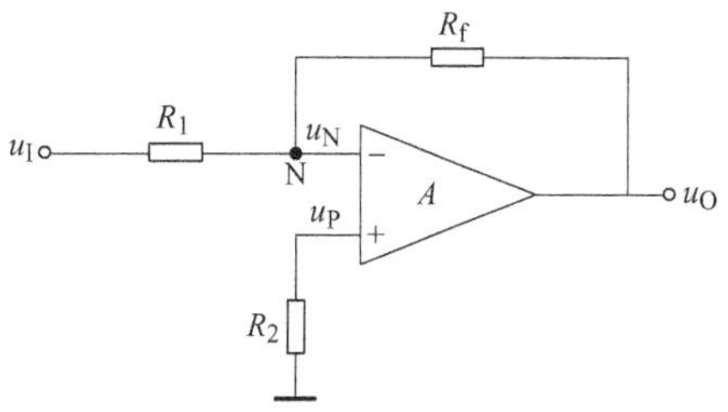

图 8.1.1 反相比例运算电路

利用“虚短”有

$$u_N = u_P = 0 \quad (8.1.1)$$

在 N 点列电流平衡方程，并考虑“虚断”的概念，即流进运放反相输入端的净输入电流为零，得到

$$\frac{u_I - u_N}{R_1} = \frac{u_N - u_O}{R_f} \quad (8.1.2)$$

式（8.1.1）代入式（8.1.2），整理得

$$u_O=-\frac{R_f}{R_1}u_I \tag{8.1.3}$$

式（8.1.3）说明，输出电压与输入电压之间为比例关系，且比例系数为负，故该电路完成了反相比例运算。为提高运算精度，一般取 $R_2=R_1//R_f$。

因为反相比例运算电路引入了深度电压负反馈，且 $1+AF=\infty$，所以输出电阻 $R_o=0$，电路带负载后运算关系不变。

因为从电路输入端和地之间看进去的等效电阻等于输入端和虚地之间看进去的等效电阻，所以电路的输入电阻

$$R_i=R$$

可见，尽管理想运放的输入电阻为无穷大，但由于电路引入的是并联负反馈，反相比例运算电路的输入电阻却不大。

2. 同相比例运算电路

同相比例运算电路如图 8.1.2 所示。

利用"虚短"有

$$u_N=u_P=u_I \tag{8.1.4}$$

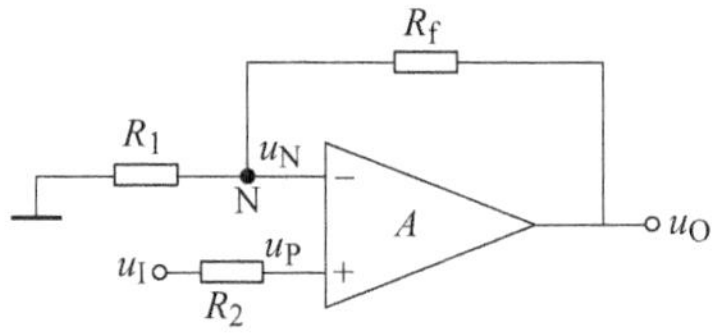

图 8.1.2　同相比例运算电路

该式说明，集成运放存在共模输入。

在 N 点列电流平衡方程，并考虑虚断的概念，有

$$\frac{0-u_N}{R_1}=\frac{u_N-u_O}{R_f} \tag{8.1.5}$$

将式（8.1.4）代入式（8.1.5），整理得

$$u_O=\left(1+\frac{R_f}{R_1}\right)u_I \tag{8.1.6}$$

即输出电压与输入电压之间为比例关系，且比例系数为正，故该电路完成了同相比例运算。电路中 $R_2=R_1//R_f$。

图 8.1.2 的电路中，当 R_f 短路，或 R_1 开路时有

$$u_O=u_I \tag{8.1.7}$$

输出完全跟随输入，称为电压跟随器。最简单的电压跟随器如图 8.1.3 所示。

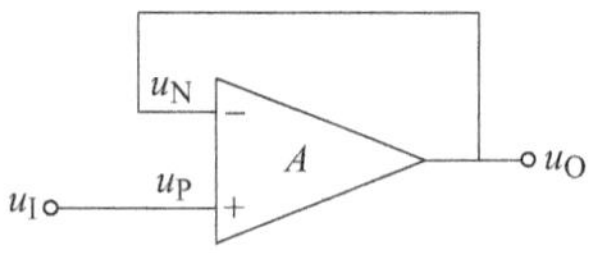

图 8.1.3　电压跟随器

高压大电流运算放大器可以提供比普通运算放大器大得多的输出电流，图 8.1.4 所示为高压大电流运算放大器 OPA549 构成的同相比例放大电路，电路的电压增益为 10。通过调整同相输入端的 10kΩ 电位器，可使输出电压在 1～25V 之间变化，因此也称可控电压源，其最大输出电流可达 10A。

由于同相比例运算电路引入了电压串联负反馈，因此，可以认为输入电阻为无穷大，输出电阻为零。但因为集成运放有共模输入，为了提高精度，应当选用高共模抑制比的集成运放。

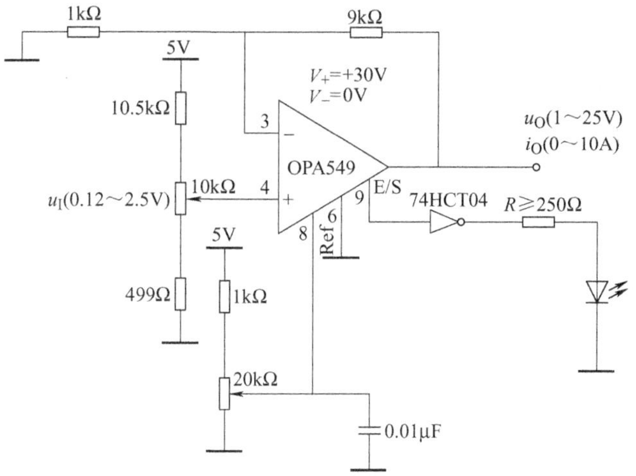

图 8.1.4　高压大电流运算放大器 OPA549 构成的同相比例放大电路

8.1.2　加法电路

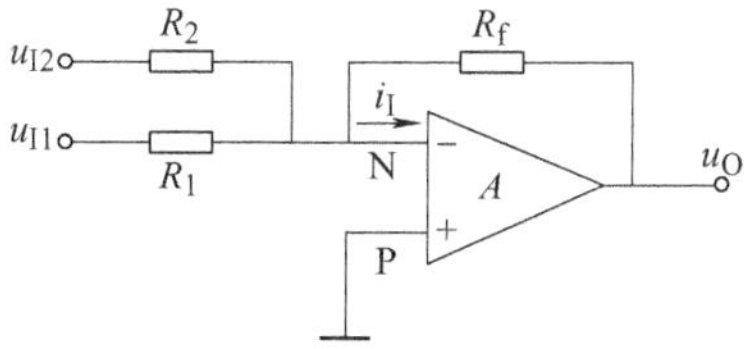

图 8.1.5　加法电路

基本的加法电路如图 8.1.5 所示，电路输入分别为 u_{I1}、u_{I2}。

根据“虚短”有

$$u_N = u_P = 0 \tag{8.1.8}$$

利用“虚断”，列出 N 点的电流平衡方程

$$\frac{u_{I1}-u_N}{R_1}+\frac{u_{I2}-u_N}{R_2}=\frac{u_N-u_O}{R_f} \tag{8.1.9}$$

将式（8.1.8）代入式（8.1.9），整理得

$$u_O = -\frac{R_f}{R_1}u_{I1}-\frac{R_f}{R_2}u_{I2} \tag{8.1.10}$$

该电路完成了两个输入信号的比例加法运算，如图 8.1.5 所示，若 $R_1=R_2=R_f$，则

$$u_O = -(u_{I1}+u_{I2})$$

若在图 8.1.5 所示加法电路的输出再接一级反相比例电路，且反相比例电路中的电阻均为 R，如图 8.1.6 所示，则构成同相加法电路，当 $R_1=R_2=R_f$ 时，有

$$u_O = u_{I1}+u_{I2}$$

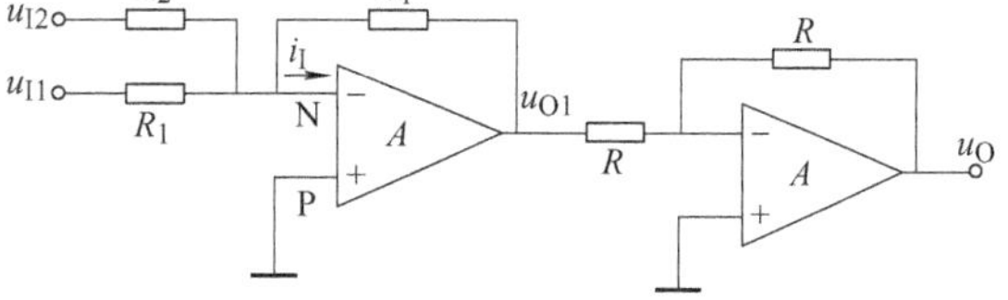

图 8.1.6　同相加法电路

在工程上要进行两个信号的混合，如在音频电路中要实现两路信号的混合，可以采用图 8.1.5 所示的加法电路来实现。另外，如果要对一个信号的直流电平进行平移，也可采用图 8.1.5 所示电路实现。在图 8.1.5 所示电路中，一路输入需要平移的信号，另一路输入直流电压，选择直流电压的极性，可以实现信号的上移和下移，改变直流电压和电路电阻的大小，可以控制平移的幅度。

8.1.3 减法电路

1. 利用差分电路实现减法运算

差分电路构成的减法电路如图 8.1.7 所示。

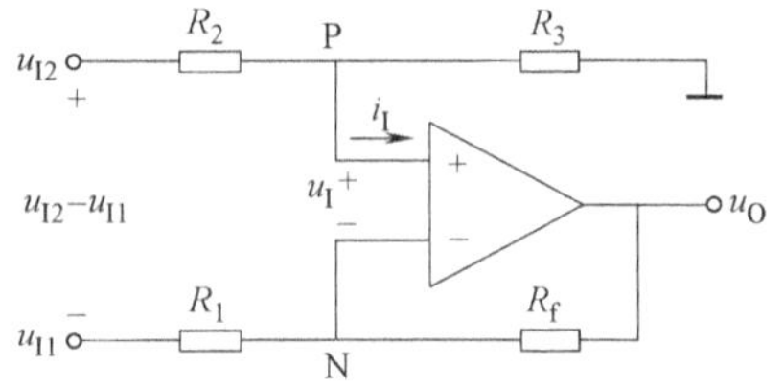

图 8.1.7　减法电路

根据"虚短"概念，有

$$u_N = u_P \tag{8.1.11}$$

利用"虚断"的概念，列写 P、N 点的 KCL 方程

$$\frac{u_{I2}-u_P}{R_2}=\frac{u_P-0}{R_3} \tag{8.1.12}$$

$$\frac{u_{I1}-u_N}{R_1}=\frac{u_N-u_O}{R_f} \tag{8.1.13}$$

利用式（8.1.11）~式（8.1.13），消去 u_P、u_N，求得输出电压与输入电压的关系

$$u_O=\left(\frac{R_1+R_f}{R_1}\right)\left(\frac{R_3}{R_2+R_3}\right)u_{I2}-\frac{R_f}{R_1}u_{I1} \tag{8.1.14}$$

从式（8.1.14）可以看出，该电路实现比例减法运算。

式（8.1.14）中，当$\frac{R_f}{R_1}=\frac{R_3}{R_2}$时，有

$$u_O=\frac{R_f}{R_1}(u_{I2}-u_{I1}) \tag{8.1.15}$$

若进一步有 $R_f=R_1$，则 $u_O=u_{I2}-u_{I1}$。

也可以利用同相比例运算的结果式（8.1.6），采用叠加原理进行求解。由于图 8.1.7 中

$$u_P=\frac{R_3}{R_2+R_3}u_{I2}$$

因此由 u_{I2} 产生的输出为

$$u_{O1}=\left(1+\frac{R_f}{R_1}\right)u_P$$

而由 u_{I1} 产生的输出为

$$u_{O2}=-\frac{R_f}{R_1}u_{I1}$$

则电路总的输出为

$$u_O=u_{O1}+u_{O2}=\left(1+\frac{R_f}{R_1}\right)u_P-\frac{R_f}{R_1}u_{I1}=\left(\frac{R_1+R_f}{R_1}\right)\left(\frac{R_3}{R_2+R_3}\right)u_{I2}-\frac{R_f}{R_1}u_{I1}$$

与式（8.1.14）的结果相同。

图 8.1.8 是由 LF412 实现的比例减法电路，该电路同时实现信号从双端输入到单端输出的转换。

2. 利用两级电路实现减法运算

在使用单个集成运放构成减法运算电路时，存在两个缺点，一是电阻的选取和调整不方便，二是对每个信号源的输入电阻均较小。必要时可采用两级电路，图 8.1.9 所示电路实现比例减法运算。第一级电路为同相比例运算电路，因而

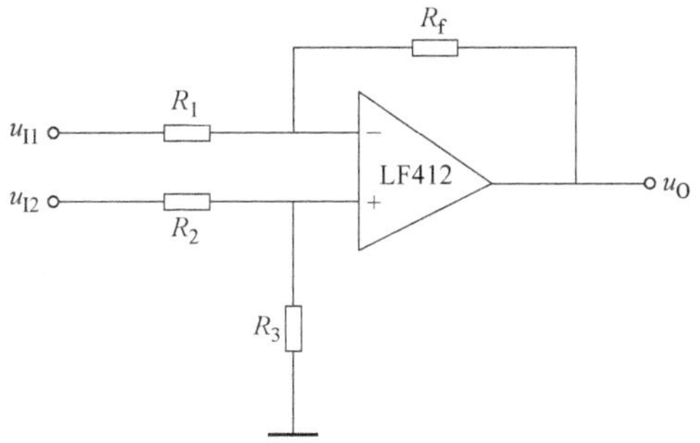

图 8.1.8 比例减法电路

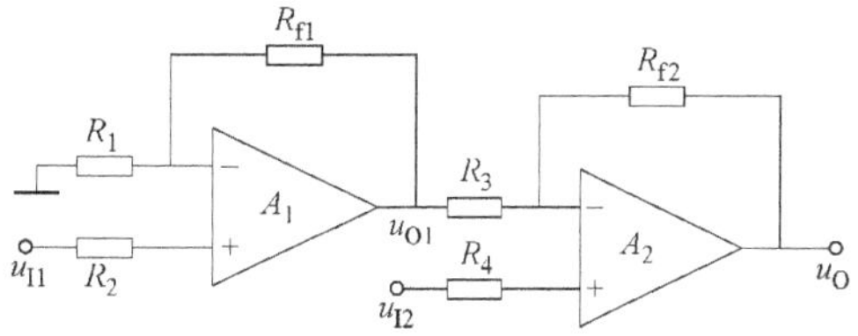

图 8.1.9 减法电路

$$u_{O1}=\left(1+\frac{R_{f1}}{R_1}\right)u_{I1}$$

利用叠加原理，第二级电路的输出

$$u_O=-\frac{R_{f2}}{R_3}u_{O1}+\left(1+\frac{R_{f2}}{R_3}\right)u_{I2}$$

若 $R_1=R_{f2}$，$R_3=R_{f1}$，则

$$u_O=\left(1+\frac{R_{f2}}{R_3}\right)(u_{I2}-u_{I1}) \tag{8.1.16}$$

从电路的组成可以看出，无论对于 u_{I1}，还是 u_{I2}，均可认为输入电阻为无穷大。

由上述分析可见，在多级运算电路的分析中，各级运算电路的输出电阻近似为零。所以，后级电路虽然是前级电路的负载，但是不影响前级电路的运算关系，故每级电路的分析和单级电路完全相同。

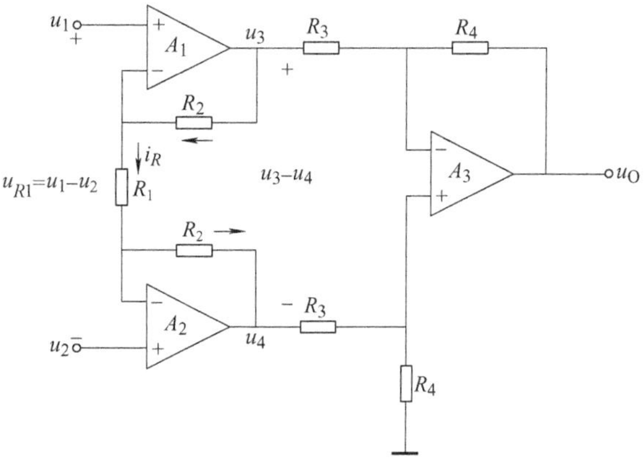

图 8.1.10 仪表放大器

仪表放大器（Instrumentation Amplifier，INA）是一种三个运放构成的精密差分电压放大器，性能优于普通运放。图 8.1.10 所示是仪表放大器的基本电路。输入采用差分方式，共模抑制比高；输入信号从运放同相端送入，输入电阻大；通过电阻 R_1 调整电压增益，灵活便利；通过电路优化设计使其具有低噪声、低线性误差、低失调漂移的特点。仪表放大器以其优良性能在数据采集、传感器信号放大、高速信号调节、医疗仪器和高档音响设备等方面得到广泛应用。ADI、TI、MAXIM、LTC 等模拟器件供应商都有不同性能的仪表放大器产品，如 AD620、AD623、INA114、INA126、LT2053、LT1167 等，工程应用中可以选用。

【例 8.1.1】 具有高输入电阻、低输出电阻的仪表放大器如图 8.1.10 所示，求输入输出关系。

解：由于 R_1 中电流为

$$i_R=\frac{u_1-u_2}{R_1} \tag{8.1.17}$$

又，R_2 中流过的电流也为 i_R，因此

$$u_3-u_4=2R_2i_R+i_RR_1 \tag{8.1.18}$$

将式（8.1.17）代入式（8.1.18），有

$$u_3-u_4=2\frac{R_2}{R_1}(u_1-u_2)+(u_1-u_2)=\left(1+2\frac{R_2}{R_1}\right)(u_1-u_2) \tag{8.1.19}$$

而从 u_3、u_4 到 u_O 为图 8.1.7 所示的差分式减法电路，利用式（8.1.15）的结果有

$$u_O=\frac{R_4}{R_3}(u_4-u_3) \tag{8.1.20}$$

将式（8.1.19）的结果代入式（8.1.20），有

$$u_O=-\frac{R_4}{R_3}\left(1+2\frac{R_2}{R_1}\right)(u_1-u_2)$$

若 $R_3=R_4$，则

$$u_O=-\left(1+2\frac{R_2}{R_1}\right)(u_1-u_2)$$

使用中，调整电阻 R_1 的值，可方便地改变放大电路的增益。

图 8.1.10 所示的仪表放大器常做成集成电路，两个引出端子用于接可调电阻 R_1，以改变放大器的增益。图 8.1.11 所示是由仪表放大器 LT1167 构成的单电源压力检测电路，当引脚 8 和引脚 1 接 249Ω 的电阻时，其增益为 200。

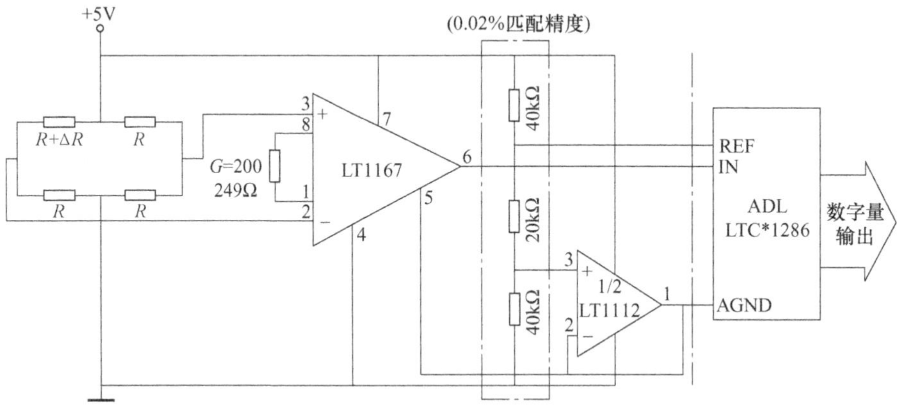

图 8.1.11　仪表放大器 LT1167 构成的单电源压力检测电路

【例 8.1.2】 电压-电流变换电路如图 8.1.12 所示，求 i_L。

解：由“虚断”有

$$i_F=i_I \tag{8.1.21}$$

在反相输入端，有

$$i_{\mathrm{I}}=\frac{u_{\mathrm{I}}}{R_1} \tag{8.1.22}$$

又因为 $u_R=Ri_R=-R_{\mathrm{f}}i_{\mathrm{F}}$，则

$$i_{\mathrm{F}}=-\frac{Ri_R}{R_{\mathrm{f}}} \tag{8.1.23}$$

将式（8.1.21）、式（8.1.22）代入式（8.1.23），有

$$\frac{u_{\mathrm{I}}}{R_1}=-\frac{Ri_R}{R_{\mathrm{f}}}$$

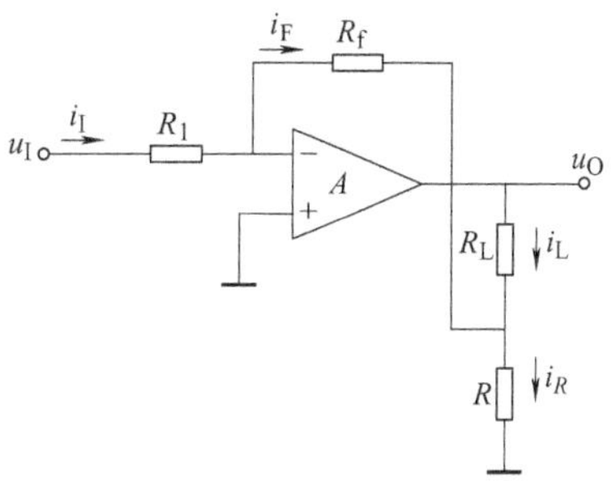

图 8.1.12 电压-电流变换电路

解之有

$$i_R=-\frac{R_{\mathrm{f}}}{R_1R}u_{\mathrm{I}} \tag{8.1.24}$$

而

$$i_{\mathrm{L}}=i_R-i_{\mathrm{F}} \tag{8.1.25}$$

将式（8.1.24）、式（8.1.21）、式（8.1.22）代入式（8.1.25），得

$$i_{\mathrm{L}}=i_R-i_{\mathrm{F}}=i_R-i_{\mathrm{I}}=-\frac{R_{\mathrm{f}}}{R_1R}u_{\mathrm{I}}-\frac{1}{R_1}u_{\mathrm{I}}=-\left(1+\frac{R_{\mathrm{f}}}{R}\right)\frac{u_{\mathrm{I}}}{R_1}$$

可见 i_{L} 与 R_{L} 无关，当外部电阻一定时，只决定于 u_{I}，电路完成了电压到电流的变换。

8.1.4 积分电路

简单积分电路如图 8.1.13 所示。根据“虚断”有

$$i_R=i_C=\frac{u_{\mathrm{I}}}{R} \tag{8.1.26}$$

根据“虚短”有 $u_{\mathrm{N}}=u_{\mathrm{P}}=0$，则 $u_{\mathrm{O}}=-u_C$。由电容器上的电压电流关系有

$$i_C=C\frac{\mathrm{d}u_C}{\mathrm{d}t}=-C\frac{\mathrm{d}u_{\mathrm{O}}}{\mathrm{d}t} \tag{8.1.27}$$

将式（8.1.27）代入式（8.1.26）得

$$u_{\mathrm{O}}=-\frac{1}{RC}\int u_{\mathrm{I}}\mathrm{d}t \tag{8.1.28}$$

即输出是输入电压的积分，其积分时间常数为 RC。图 8.1.13 所示电路完成了积分运算。

当输入 u_{I} 为阶跃电压

$$u_{\mathrm{I}}=\begin{cases}U_{\mathrm{I}} & t\geqslant 0\\ 0 & t<0\end{cases}$$

且输出电压的初始值为 0 时，输出电压为

$$u_{\mathrm{O}}=-\frac{1}{RC}\int U_{\mathrm{I}}\mathrm{d}t=-\frac{U_{\mathrm{I}}}{RC}t$$

即输出电压随时间线性增长，增长速率取决于 $-\frac{U_{\mathrm{I}}}{RC}$。如果输入一直存在，则输出将增大

到运算放大器的负向限幅值 U_{OL}，输入输出电压的波形如图 8.1.14 所示。

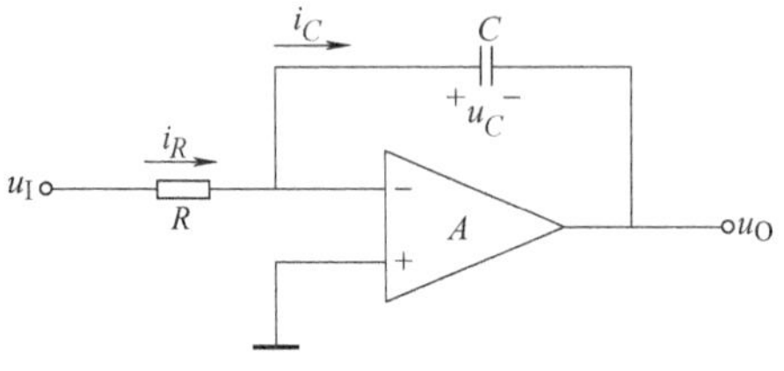

图 8.1.13　简单积分电路

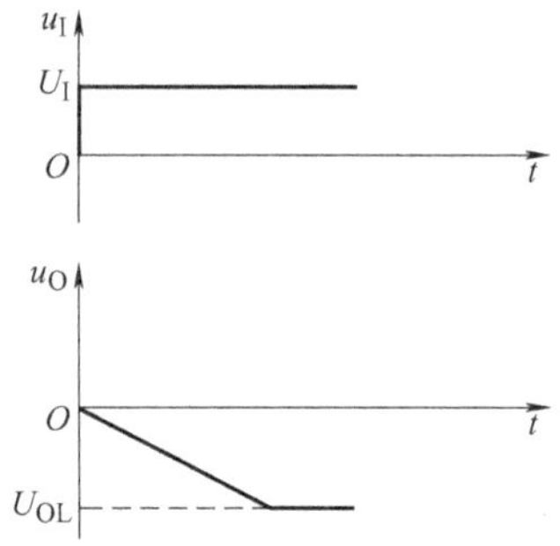

图 8.1.14　输入输出电压波形

8.1.5　微分电路

图 8.1.13 所示积分电路中，电阻和电容的位置互换即可得到微分电路，如图 8.1.15 所示。

由于

$$i_C = C\frac{\mathrm{d}u_I}{\mathrm{d}t}$$

$$i_R = -\frac{u_O}{R}$$

在 N 点有

$$i_C = i_R$$

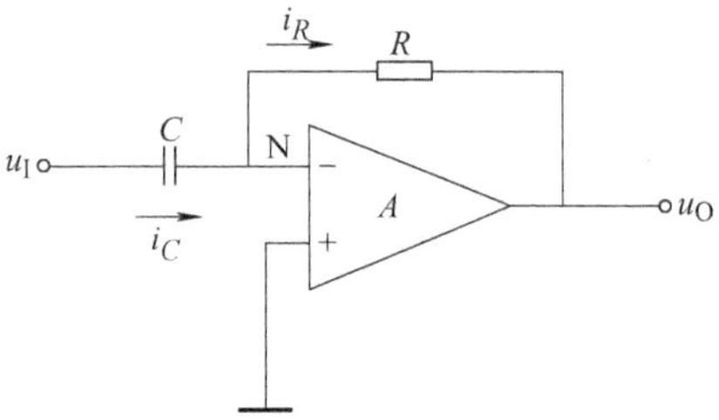

图 8.1.15　微分电路

因此

$$-\frac{u_O}{R} = C\frac{\mathrm{d}u_I}{\mathrm{d}t}$$

则

$$u_O = -RC\frac{\mathrm{d}u_I}{\mathrm{d}t} \tag{8.1.29}$$

即输出为输入电压的微分。输出反映输入电压的变化部分，当输入不变时，输出为0。例如，当 u_I 为出现在 $0\sim t_1$ 时间的阶跃电压时，u_O 为如图 8.1.16 中的尖脉冲。由于式(8.1.29) 中有负号，因此在 0 时刻输入的上升沿，输出为负脉冲，在 t_1 时刻输入的下降沿，输出为正脉冲，脉冲的幅度为运放的正负限幅值，而在输入恒定的时间段中，输出为 0。

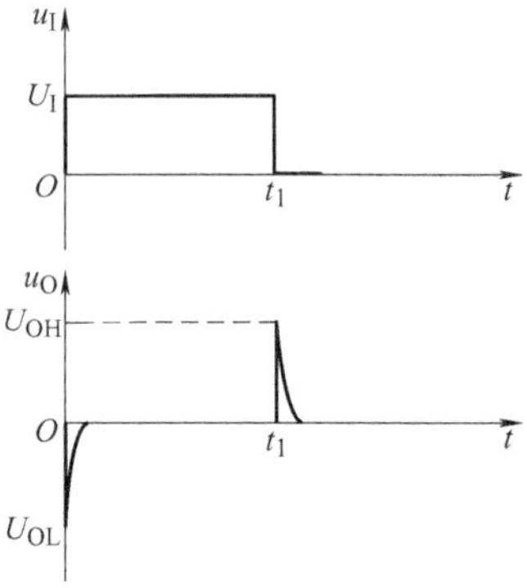

图 8.1.16　微分电路的输出输入波形

【例 8.1.3】　控制系统中的 PID 调节器电路如图 8.1.17 所示，求输入输出关系。

解： 在节点 N 有 $i_f = i_{C_1} + i_1$，其中，$i_{C_1} = C_1\dfrac{\mathrm{d}u_I}{\mathrm{d}t}$，

$i_1=\frac{u_I}{R_1}$，则

$$i_F=i_{C_1}+i_1=C_1\frac{\mathrm{d}u_I}{\mathrm{d}t}+\frac{u_I}{R_1}$$

由于

$$u_O=-(u_{R_2}+u_{C_2})$$

式中

$$u_{R_2}=i_F R_2=\frac{R_2}{R_1}u_I+R_2C_1\frac{\mathrm{d}u_I}{\mathrm{d}t}$$

$$u_{C_2}=\frac{1}{C_2}\int i_F\mathrm{d}t=\frac{1}{C_2}\int\left(C_1\frac{\mathrm{d}u_I}{\mathrm{d}t}+\frac{u_I}{R_1}\right)\mathrm{d}t=\frac{C_1}{C_2}u_I+\frac{1}{R_1C_2}\int u_I\mathrm{d}t$$

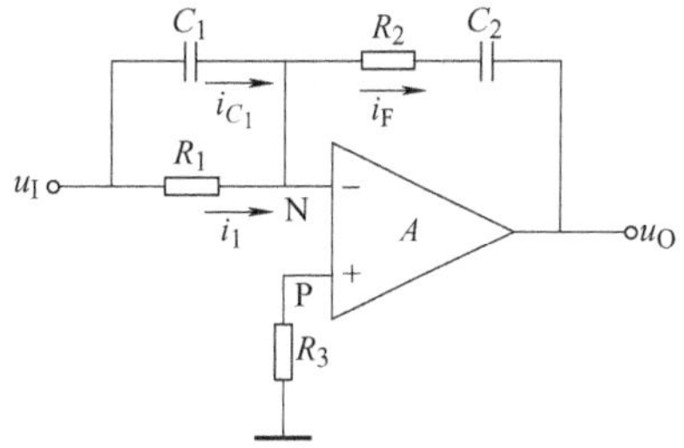

图 8.1.17 PID 调节器

则输出电压为

$$u_O=-\left(\frac{R_2}{R_1}+\frac{C_1}{C_2}\right)u_I+\frac{1}{R_1C_2}\int u_I\mathrm{d}t+R_2C_1\frac{\mathrm{d}u_I}{\mathrm{d}t}$$

可见电路的输出为输入电压的比例、积分和微分运算的求和，在控制系统中称为 PID 调节器，应用十分广泛。

8.2 对数和反对数运算电路

8.2.1 对数运算电路

对数和反对数（指数）运算电路利用 PN 结电压电流之间的指数关系实现需要的运算功能。

对于晶体管，有

$$i_C\approx i_E=I_{ES}(\mathrm{e}^{\frac{u_{BE}}{U_T}}-1)$$

当 $U_T\ll u_{BE}<0.7\mathrm{V}$ 时

$$i_C\approx i_E\approx I_{ES}\mathrm{e}^{\frac{u_{BE}}{U_T}} \tag{8.2.1}$$

以晶体管作为反馈支路，构成对数运算电路，如图 8.2.1 所示。

利用“虚断”有

$$i_C=i_R=\frac{u_I}{R} \tag{8.2.2}$$

利用“虚短”有

$$u_O=-u_{BE} \tag{8.2.3}$$

由式（8.2.1）解得

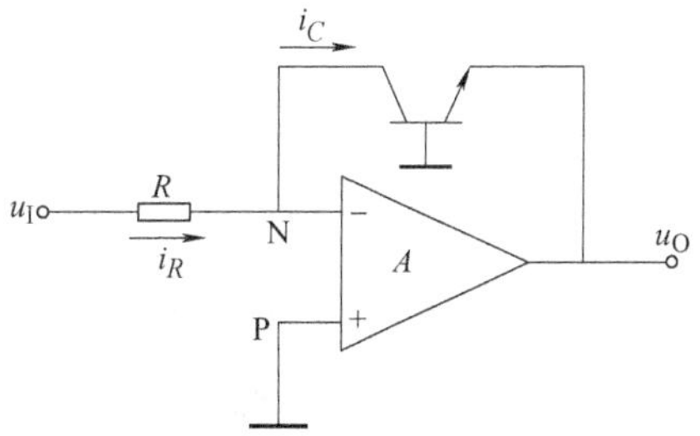

图 8.2.1 对数运算电路

$$u_{BE}=U_T\ln i_C-U_T\ln I_{ES} \tag{8.2.4}$$

将式（8.2.2）代入式（8.2.4），并考虑式（8.2.3）有

$$u_O=-U_T\ln\frac{u_I}{R}+U_T\ln I_{ES} \tag{8.2.5}$$

式中，I_{ES} 是发射结反向饱和电流，可看作常数，则 u_O 是 u_I 的对数运算。该电路中，为了保证晶体管工作在放大区，其发射结需要正向偏置，因此电路的输出电压小于 0.7V，且 u_I 需大于零。

8.2.2　反对数运算电路

交换图 8.2.1 所示对数运算电路中电阻和晶体管的位置，得到反对数运算电路如图 8.2.2 所示。

由于

$$u_O=-i_F R_f \tag{8.2.6}$$

而

$$i_F\approx i_E\approx I_{ES}e^{\frac{u_{BE}}{U_T}} \tag{8.2.7}$$

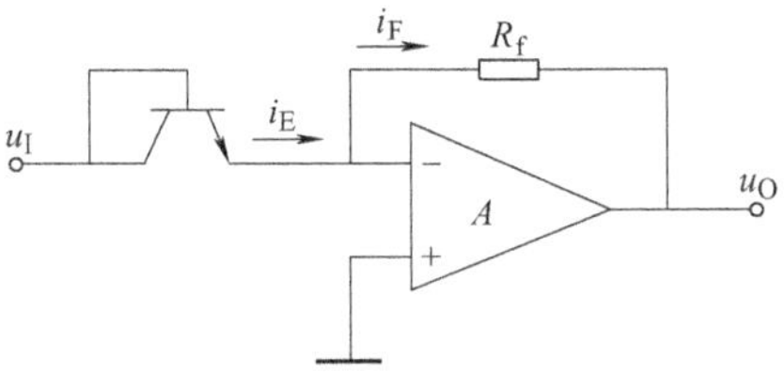

图 8.2.2　反对数运算电路

将式（8.2.7）代入式（8.2.6），并考虑到 $u_I=u_{BE}$，有

$$u_O=-R_f I_{ES}e^{\frac{u_I}{U_T}} \tag{8.2.8}$$

u_O 是 u_I 的指数函数，即反对数函数。式（8.2.5）和式（8.2.8）的两个函数关系中，均含有 I_{ES}、U_T，因此，运算精度受电路温度漂移的影响严重，实际应用中，需要有温度补偿电路。

8.3　实际运算电路的运算误差分析

实际使用中的运算放大器，其开环电压放大倍数、输入电阻和共模抑制比为有限值；输入失调电压、失调电流及其温度漂移也不为 0，按照理想运放条件得到的上述运算结果必然存在运算误差。

假设在理想情况下的输出为 u'_O，电路的实际输出为 u_O，则输出的绝对误差为

$$\Delta u_O=|u_O|-|u'_O|$$

相对误差为

$$\delta=\frac{\Delta u_O}{u'_O}\times100\% \tag{8.3.1}$$

下面就几种典型情况，对实际运算放大电路运算误差进行分析。实际应用中，具体的误差需要通过测试获得。

8.3.1　反相比例运算电路的误差

设运放的开环增益 A_{od}、输入电阻 r_{id} 为有限值时，反相比例运算电路如图 8.3.1 所示。为简化分析，假设 $K_{CMR}=\infty$。

由于 $r_{id}\gg R'$，忽略 R'上的电压，有

$$u_N \approx -u_{Id} = -\frac{u_O}{A_{od}} \qquad (8.3.2)$$

N 点的电流平衡方程为

$$\frac{u_I-u_N}{R}=\frac{u_N-u_O}{R_f}+\frac{u_N}{r_{id}+R'} \qquad (8.3.3)$$

将式（8.3.2）代入式（8.3.3），并令 $R_N = R//R_f//(r_{id}+R')$，得到

$$u_O \approx -\frac{R_f}{R}\frac{A_{od}R_N}{R_f+A_{od}R_N}u_I$$

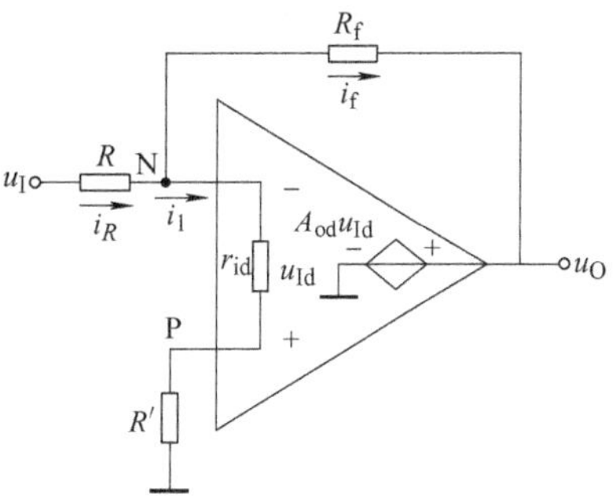

图 8.3.1　反相比例运算电路

而理想情况下，反相比例运算电路的运算关系为

$$u'_O = -\frac{R_f}{R}u_I$$

按式（8.3.1）相对误差的定义，开环增益、输入电阻为有限值时，反相比例运算电路的运算误差为

$$\delta = -\frac{R_f}{R_f+A_{od}R_N}\times 100\%$$

可见 A_{od} 越大，δ 越小，运放在理想情况下得到的结果与实际结果越接近。

8.3.2　同相比例运算电路的误差

开环增益、共模抑制比为有限值，而 $r_{id}=\infty$ 时，同相比例运算电路如图 8.3.2 所示。在开环增益 A_{od}、共模抑制比 K_{CMR} 为有限值的情况，其输出电压和输入电压的关系推导如下。

由于

$$u_P = u_I \qquad (8.3.4)$$

$$u_N = u_O\frac{R_1}{R_1+R_f} = Fu_O \qquad (8.3.5)$$

其中共模电压为

$$u_{Ic} = \frac{u_P+u_N}{2} \qquad (8.3.6)$$

差模电压为

$$u_{Id} = u_P - u_N \qquad (8.3.7)$$

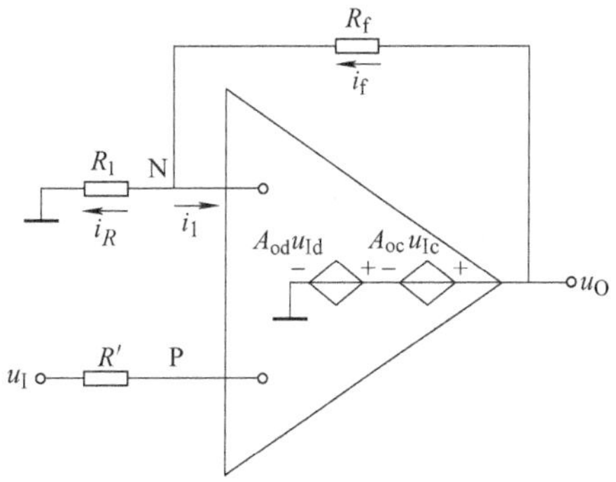

图 8.3.2　同相比例运算电路

因此输出电压为

$$u_O = A_{od}u_{Id} + A_{oc}u_{Ic} \qquad (8.3.8)$$

由

$$K_{CMR} = \frac{A_{od}}{A_{oc}} \qquad (8.3.9)$$

有

$$A_{oc} = \frac{A_{od}}{K_{CMR}}$$

将共模电压和差模电压的表达式（8.3.6）、式（8.3.7）代入式（8.3.8），考虑到式（8.3.4）、式（8.3.5）及式（8.3.9），则式（8.3.8）将成为只含有输出电压和输入电压的关系式，整理得

$$u_O=\left(1+\frac{R_f}{R_1}\right)\frac{1+\dfrac{1}{K_{CMR}}}{1+\dfrac{1}{A_{od}F}}u_I$$

而在差模电压增益及共模抑制比为∞的理想情况下，输出电压与输入电压的关系为

$$u'_O=\left(1+\frac{R_f}{R_1}\right)u_I$$

则运算误差

$$\delta=\left[\frac{1+\dfrac{1}{K_{CMR}}}{1+\dfrac{1}{A_{od}F}}-1\right]\times100\%$$

可见 A_{od}、K_{CMR} 越大，运放为理想情况下得到的结果与实际结果越接近，误差越小。

8.3.3　失调电压及失调电流对比例运算的影响

假设外加输入为零，当仅考虑失调电压 U_{IO} 和电流 I_{IO} 时，同相比例运算电路的等效电路如图 8.3.3 所示。

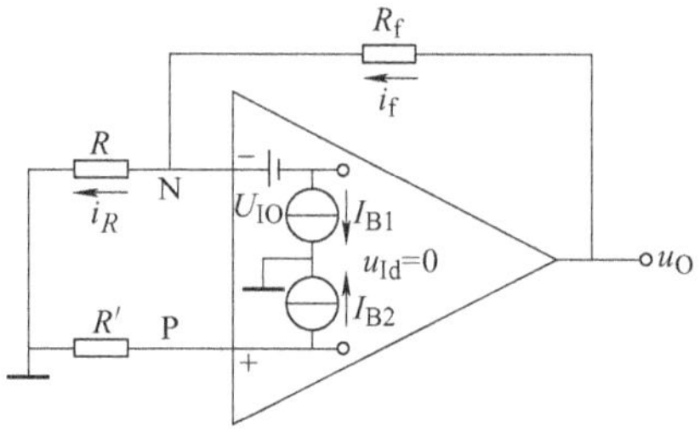

图 8.3.3　考虑失调电压和电流时的等效电路

由于

$$I_{IB}=\frac{I_{B1}+I_{B2}}{2}$$

$$I_{IO}=I_{B1}-I_{B2}$$

因此

$$I_{B1}=I_{IB}+\frac{1}{2}I_{IO}$$

$$I_{B2}=I_{IB}-\frac{1}{2}I_{IO}$$

下面求电路的输出电压。对 P 点

$$u_P=-I_{B2}R'=-\left(I_{IB}-\frac{1}{2}I_{IO}\right)R'$$

由于 $u_{Id}=0$，对 N 点

$$u_N=U_{IO}+u_P=U_{IO}-\left(I_{IB}-\frac{1}{2}I_{IO}\right)R' \tag{8.3.10}$$

因此 N 点电流方程为

$$\frac{u_N}{R}+I_{B1}=\frac{u_N}{R}+I_{IB}+\frac{1}{2}I_{IO}=\frac{u_O-u_N}{R_f}$$

上式改写为

$$u_N=\frac{R_N}{R_f}u_O-\left(I_{IB}+\frac{1}{2}I_{IO}\right)R_N \tag{8.3.11}$$

式中，$R_N=R/\!/R_f=R'$。

考虑到式（8.3.10）和式（8.3.11）相等，得到

$$u_O=\left(1+\frac{R_f}{R}\right)\left[U_{IO}+I_{IB}(R_N-R')+\frac{1}{2}I_{IO}(R_N+R')\right] \tag{8.3.12}$$

该输出电压是输入为 0 时，仅由失调电压和失调电流引起的。应用电路中，应使该部分输出尽可能减小。

当 $R_N=R/\!/R_f=R'$时，式（8.3.12）中，由偏置电流 I_{IB} 引起的输出部分将为 0，输出电压为

$$u_O=\left(1+\frac{R_f}{R}\right)(U_{IO}+I_{IO}R')$$

这就是图 8.1.1 和图 8.1.2 所示比例运算电路中设置 R_2，并使 $R_2=R_1/\!/R_f$ 的原因。

8.4 模拟乘法器

模拟乘法器可实现两个模拟信号的相乘运算，并可在此基础上进一步实现乘方、开方和除法运算。模拟乘法器有两个输入，分别记为 u_X、u_Y，一个输出，记为 u_O。电路图形符号如图 8.4.1 所示。输出和输入的关系为$u_O=ku_Xu_Y$，k 为乘积系数，不随输入的幅值和频率而变化。

根据输入 u_X 和 u_Y 的极性，在 u_X-u_Y 平面上，模拟乘法器有单象限、两象限和四象限之分。如图 8.4.2 所示，若 $u_X\geqslant 0$，$u_Y\geqslant 0$，则只能完成第 I 象限的乘法，称为单象限乘法器。若 u_X，u_Y 均可正可负，则构成四象限乘法器。

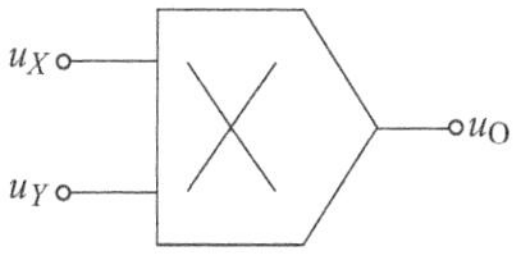

图 8.4.1　模拟乘法器的电路图形符号

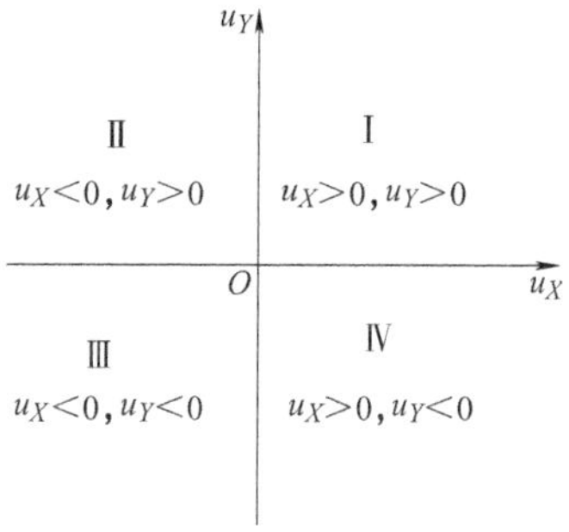

图 8.4.2　输入信号的四个象限

8.4.1　变跨导模拟乘法器的工作原理

采用集成电路实现乘法器时，大多采用变跨导电路。变跨导模拟乘法器利用输入电压控制差分放大电路中差分对管的发射极电流，使其跨导相应变化，实现输入差模信号的相乘。

基本差分放大电路如图 8.4.3 所示。其中 $u_X=u_{Id}=u_{BE1}-u_{BE2}$，晶体管的低频跨导为

$$g_m=\frac{I_{EQ}}{U_T}=\frac{I_0}{2U_T} \tag{8.4.1}$$

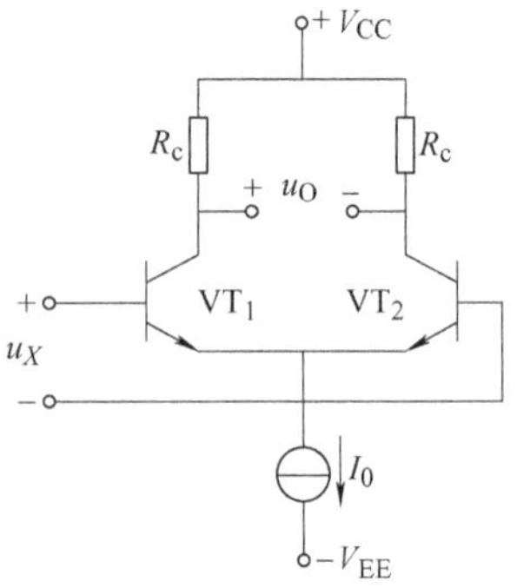

图 8.4.3　差分放大电路

图 8.4.3 中恒流源的电流为

$$I_0\approx i_{E1}+i_{E2}\approx I_{ES}e^{\frac{u_{BE1}}{U_T}}+I_{ES}e^{\frac{u_{BE2}}{U_T}}=I_{ES}e^{\frac{u_{BE2}}{U_T}}(1+e^{\frac{u_{BE1}-u_{BE2}}{U_T}})$$

$$=i_{E2}(1+e^{\frac{u_{BE1}-u_{BE2}}{U_T}})=i_{E2}(1+e^{\frac{u_X}{U_T}})$$

则 VT_2 的发射极电流可写为

$$i_{E2}=\frac{I_0}{1+e^{\frac{+u_X}{U_T}}} \tag{8.4.2}$$

同理，VT_1 的发射极电流为

$$i_{E1}=\frac{I_0}{1+e^{\frac{-u_X}{U_T}}} \tag{8.4.3}$$

则

$$i_{C1}-i_{C2}\approx i_{E1}-i_{E2}=I_0\,\mathrm{th}\frac{u_X}{2U_T} \tag{8.4.4}$$

式中，$\mathrm{th}\frac{u_X}{U_T}$为$\frac{u_X}{U_T}$的双曲正切函数，若 $u_X\ll 2U_T$，则 $\mathrm{th}\frac{u_X}{U_T}$可按照泰勒级数展开，并忽略高次项有

$$i_{C1}-i_{C2}\approx I_0\frac{u_X}{2U_T}=g_m u_X \tag{8.4.5}$$

四象限变跨导模拟乘法器如图 8.4.4 所示。与基本差分放大电路中得到的式（8.4.4）对应，有下列关系成立：

$$i_1-i_2\approx i_5\,\mathrm{th}\frac{u_X}{2U_T} \tag{8.4.6}$$

$$i_4-i_3\approx i_6\,\mathrm{th}\frac{u_X}{2U_T} \tag{8.4.7}$$

$$i_5-i_6\approx I\,\mathrm{th}\frac{u_Y}{2U_T} \tag{8.4.8}$$

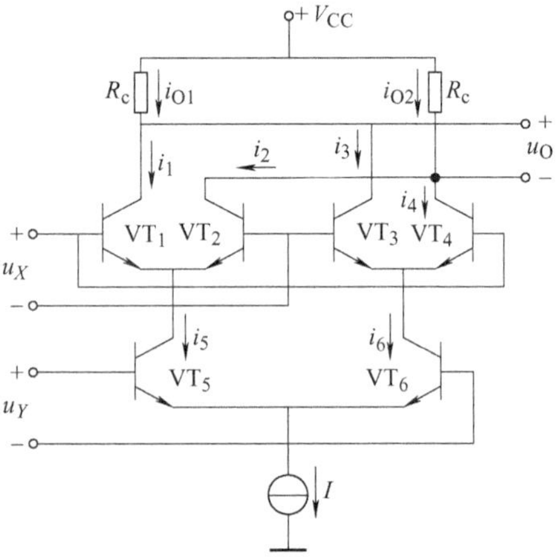

图 8.4.4　四象限变跨导模拟乘法器

由于

$$i_{O1}-i_{O2}=(i_1+i_3)-(i_4+i_2)=(i_1-i_2)-(i_4-i_3)$$

考虑式（8.4.6）~式（8.4.8）有

$$i_{O1}-i_{O2}\approx(i_5-i_6)\,\mathrm{th}\frac{u_X}{2U_T}\approx I\left(\mathrm{th}\frac{u_Y}{2U_T}\right)\left(\mathrm{th}\frac{u_X}{2U_T}\right) \tag{8.4.9}$$

同理，当满足 $u_X\ll 2U_T$，$u_Y\ll 2U_T$ 时，式（8.4.9）可写为

$$i_{O1}-i_{O2}=\frac{I}{4U_T^2}u_X u_Y \tag{8.4.10}$$

则图 8.4.4 所示电路的输出电压

$$u_O=-(i_{O1}-i_{O2})R_c\approx-\frac{IR_c}{4U_T^2}u_X u_Y=ku_X u_Y \tag{8.4.11}$$

式中，$k=-\frac{IR_c}{4U_T^2}$。

式（8.4.11）中，u_X、u_Y 均可正也可负，故上述电路为四象限模拟乘法器。

8.4.2　模拟乘法器的应用

1. 乘方运算

若上述模拟乘法器的两个输入端加相同的电压，即 $u_X=u_Y=u_I$，如图 8.4.5 所示，则有

$$u_O=ku_I^2 \tag{8.4.12}$$

实现了乘方运算。

2. 除法运算

将乘法器放在集成运放的反馈通道中，得到的除法电路如图 8.4.6 所示。

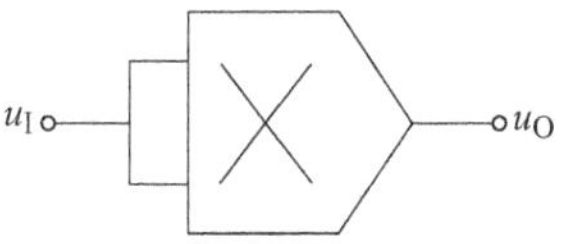

图 8.4.5　乘方运算

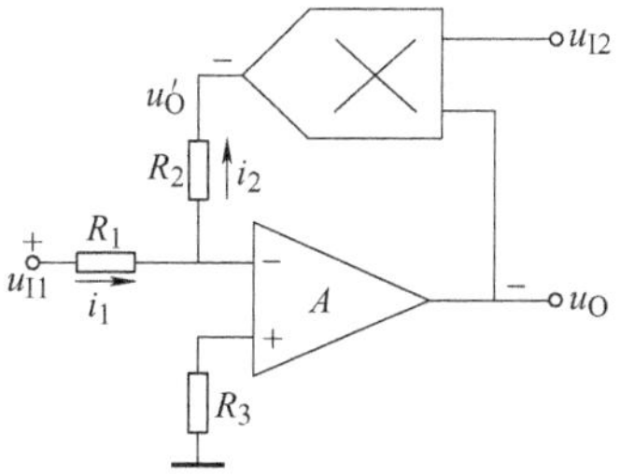

图 8.4.6　除法电路

运放反相输入端的电流平衡方程为

$$\frac{u_{I1}}{R_1}=-\frac{u'_O}{R_2}$$

由于

$$u'_O=ku_{I2}u_O$$

因此有

$$u_O=-\frac{R_2}{kR_1}\frac{u_{I1}}{u_{I2}} \tag{8.4.13}$$

图 8.4.6 所示的电路实现了两个信号的除法运算。

3. 开方运算

在图 8.4.6 的除法电路中，令 $u_{I2}=u_O$，得到电路如图 8.4.7 所示。在图 8.4.7 所示运放的反相输入端，有电流平衡方程

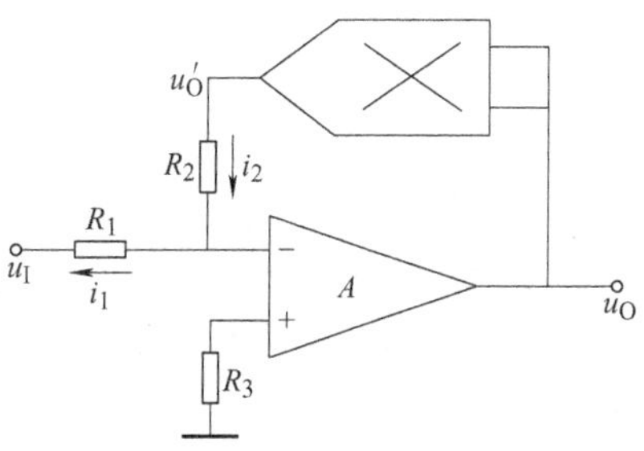

图 8.4.7　开方运算电路

$$\frac{-u_I}{R_1}=\frac{u'_O}{R_2}$$

因此有

$$u'_O=-\frac{R_2}{R_1}u_I \tag{8.4.14}$$

在反馈通道上，乘法器的输出

$$u'_O=ku_O^2 \tag{8.4.15}$$

式（8.4.14）和式（8.4.15）相等，有

$$-\frac{R_2}{R_1}u_I=ku_O^2$$

则

$$|u_O|=\sqrt{-\frac{R_2u_I}{kR_1}} \tag{8.4.16}$$

图 8.4.7 所示的电路实现了开方运算。

8.5　有源滤波电路

8.5.1　滤波电路的基本概念及其分类

1. 基本概念

滤波电路是一种能使有用频率信号通过而同时抑制或衰减无用频率信号的电路，或者说对信号的频率具有选择性的电路。

假设滤波电路输入电压为 $u_i(t)$，输出电压为 $u_o(t)$，如图 8.5.1 所示，其对应的象函数分别为 $U_i(s)$ 和 $U_o(s)$。定义滤波电路的传递函数 $A(s)$ 为

$$A(s)=\frac{U_o(s)}{U_i(s)}$$

当 $s=j\omega$ 时，有

$$A(j\omega)=|A(j\omega)|e^{j\phi(\omega)}=|A(j\omega)|\angle\phi(\omega)$$

为滤波电路的频率特性，其中 $|A(j\omega)|$ 为幅值频率特性，简称幅频特性。$\phi(\omega)$ 为相位频率特性，简称相频特性。

图 8.5.1　滤波电路的框图

2. 滤波电路的分类

根据滤波电路实现方式的不同，滤波电路分为无源滤波电路和有源滤波电路。无源滤波电路由 R、L、C 等无源元件构成，有源滤波电路由有源器件如运放和无源的 R、L、C 等元件共同构成。

根据滤波电路频率特性的不同，分为低通滤波电路（Low Pass Filter，LPF），高通滤波电路（High Pass Filter，HPF），带通滤波电路（Band Pass Filter，BPF），带阻滤波电路（Band Elimination Filter，BEF）和全通滤波电路（All Pass Filter，APF）五类。滤波电路的

理想幅频特性如图 8.5.2 所示。其中，信号能够顺利通过的频段称为滤波电路的通带，信号不能通过或大幅度衰减的频段称为滤波电路的阻带。图 8.5.2a 所示为低通滤波电路的理想频率特性，允许角频率低于 ω_H 的信号通过，且增益为 A_{up}，而频率高于 ω_H 的信号不能通过，A_{up} 称为通带增益，ω_H 称为上限截止角频率；图 8.5.2b 所示为高通滤波电路的理想频率特性，允许频率高于 ω_L 的信号通过，且通带增益为 A_{up}，而频率低于 ω_L 的信号不能通过，ω_L 称为下限截止角频率；图 8.5.2c 所示为带通滤波电路的理想频率特性，允许频率在 $\omega_L<\omega<\omega_H$ 的信号通过，而在此角频率以外的信号不能通过，且通带增益为 A_{up}，而 ω_L、ω_H 分别称为下限截止角频率和上限截止角频率；图 8.5.2d 所示为带阻滤波电路的理想频率特性，允许频率 $\omega_L<\omega<\omega_H$ 以外的信号通过，而在此频率范围内信号被衰减。

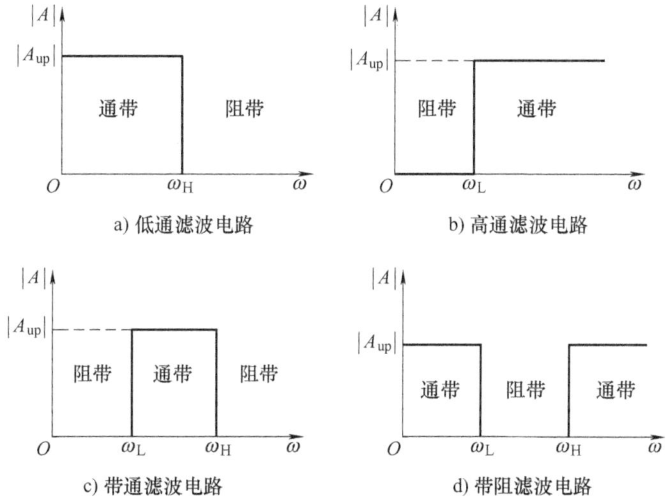

图 8.5.2 各种滤波电路的理想幅频特性

由于实现滤波电路的元器件的限制，实际滤波电路的频率特性并不能达到理想情况。以低通滤波电路为例，实际的幅频特性如图 8.5.3 所示，由通带、阻带和过渡带构成。设计滤波电路时，过渡带越窄，实际幅频特性越接近理想特性，为此经常采用提高滤波电路传递函数 $A(s)$ 分母多项式次数的方法。按滤波电路传递函数的分母对 s 的阶数，分为一阶滤波电路，二阶滤波电路和高阶滤波电路等，随着阶数的提高，过渡带会变得更窄。

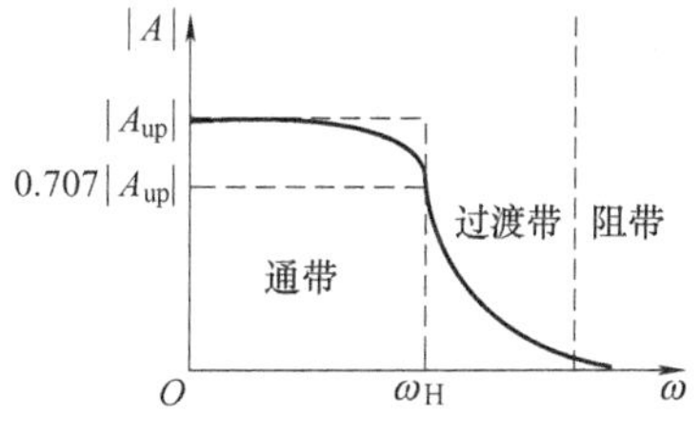

图 8.5.3 滤波电路的实际幅频特性

8.5.2 一阶有源滤波电路

1. 一阶无源低通滤波电路

无源 RC 低通滤波电路如图 8.5.4 所示。其输出电压与输入电压的传递函数为

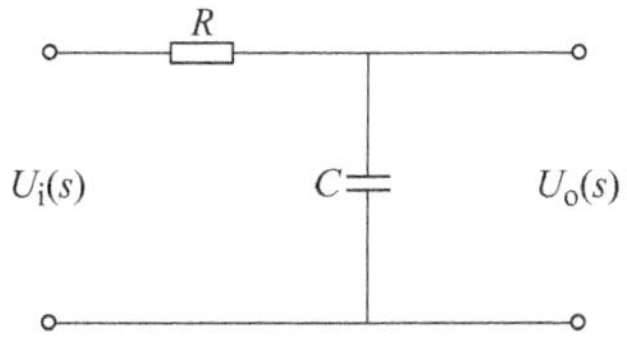

图 8.5.4 无源 RC 低通滤波电路

$$A(s)=\frac{U_o(s)}{U_i(s)}=\frac{1}{1+sRC} \tag{8.5.1}$$

通过第 4 章的分析可知，该电路具有低通特性，上限截止角频率由 RC 决定。其缺点是带负载能力很差，当 R_L 接入时，其滤波性能随 R_L 的变化而变化很大。

2. 一阶有源低通滤波电路

在图 8.5.4 所示 RC 电路的后面，增加一运放构成的跟随器，提高滤波电路的负载能力，即构成简单的有源低通滤波电路，如图 8.5.5 所示。此电路传递函数的表达式与式 (8.5.1) 相同，但其负载能力得到了提高。

实用中，经常使用带同相比例放大的低通滤波器，如图 8.5.6 所示。其传递函数推导如下：

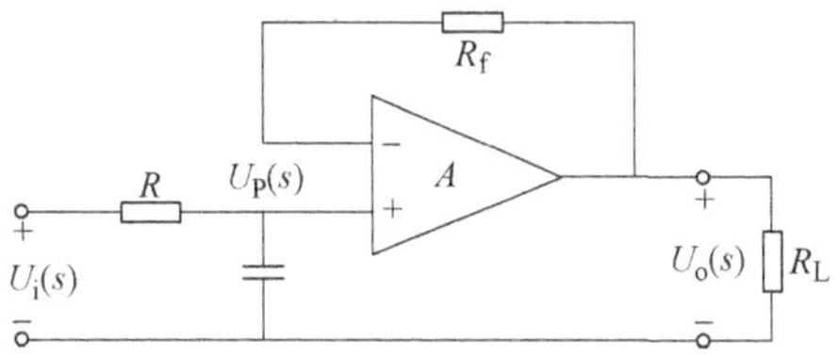

图 8.5.5　有源低通滤波电路

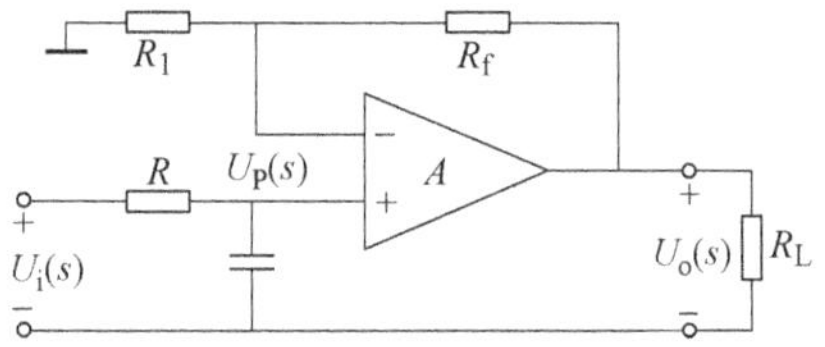

图 8.5.6　带同相比例放大的有源低通滤波电路

由于

$$U_o(s)=\left(1+\frac{R_f}{R_1}\right)U_P(s)$$

而

$$U_P(s)=\frac{\frac{1}{sC}}{R+\frac{1}{sC}}U_i(s)=\frac{1}{RCs+1}U_i(s)$$

所以

$$U_o(s)=\left(1+\frac{R_f}{R_1}\right)\frac{1}{RCs+1}U_i(s)$$

则电路的传递函数为

$$A(s)=\left(1+\frac{R_f}{R_1}\right)\frac{1}{RCs+1}=\frac{A_{up}}{RCs+1} \tag{8.5.2}$$

式中，$A_{up}=A_{uf}=\left(1+\frac{R_f}{R_1}\right)$，为滤波电路的通带电压增益，数值上等于同相比例放大电路的闭环增益 A_{uf}。$\omega_n=\frac{1}{RC}$，为特征角频率。

式 (8.5.2) 中令 $s=j\omega$ 得其频率特性为

$$A(j\omega)=\frac{A_{up}}{1+j\frac{\omega}{\omega_n}}$$

另一种表达为

$$\frac{A(j\omega)}{A_{up}}=\frac{1}{1+j\frac{\omega}{\omega_n}} \tag{8.5.3}$$

式（8.5.3）为图 8.5.6 所示有源低通滤波电路的频率特性。其上限截止角频率等于其特征角频率，即

$$\omega_{H}=\omega_{n}=\frac{1}{RC}$$

以 $20\lg\left|\frac{A(j\omega)}{A_{up}}\right|$ 为纵坐标，$\lg\frac{\omega}{\omega_n}$ 为横坐标，画出 $20\lg\left|\frac{A(j\omega)}{A_{up}}\right|$—$\frac{\omega}{\omega_n}$ 的幅频特性如图 8.5.7 所示。

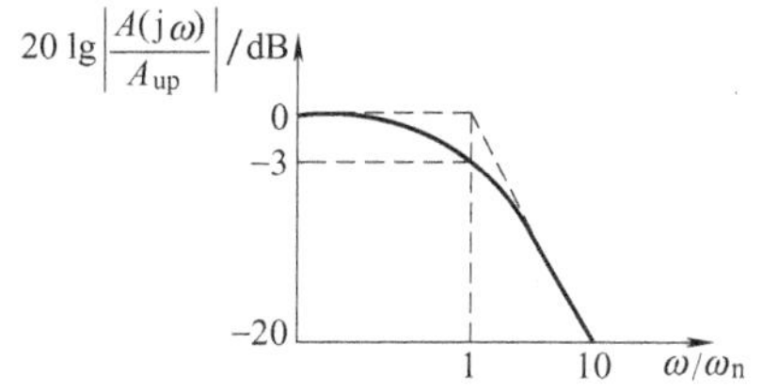

图 8.5.7　一阶有源低通滤波电路幅频特性

由图 8.5.7 可以看出，当 $\omega<\omega_n$ 时，滤波电路的增益为其通带增益，当 $\omega>\omega_n$ 时，增益随频率的增大，以-20dB/dec 的斜率衰减，当 $\omega=\omega_n$ 时，增益为-3dB，即增益降为通带增益的 0.707 倍。

一阶滤波电路的滤波效果不够好，其过渡带衰减速率较小。若要求更高的过渡带衰减速率，则需要采用二阶或更高阶次的滤波电路。

8.5.3　二阶有源滤波电路

1. 二阶压控电压源型低通滤波电路

两个一阶 RC 低通滤波网络级联可构成二阶滤波电路，其缺点是在 $\omega=\omega_n$ 处误差较大，改进的一种电路如图 8.5.8 所示。其中的同相比例放大电路构成压控电压源，其特点是输入阻抗高，输出阻抗低。

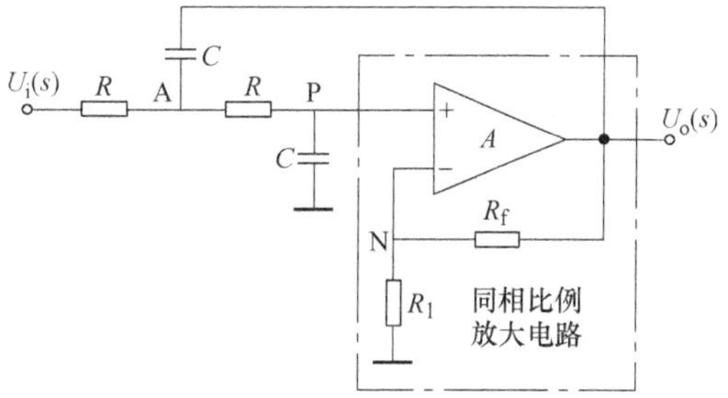

图 8.5.8　二阶有源低通滤波电路

为求二阶有源低通滤波电路的频率特性，先求其电压传递函数 $\frac{U_o(s)}{U_i(s)}$。

在图 8.5.8 所示电路的节点 A、P 和 N 处，列电流平衡方程

$$\frac{U_i(s)-U_A(s)}{R}=\frac{U_A(s)-U_o(s)}{\frac{1}{sC}}+\frac{U_A(s)-U_P(s)}{R} \tag{8.5.4}$$

$$U_P(s)=\frac{\frac{1}{sC}}{R+\frac{1}{sC}}U_A(s)=U_N(s)=\frac{R_1}{R_1+R_f}U_o(s) \tag{8.5.5}$$

将式（8.5.5）及解出的 $U_A(s)$ 代入式（8.5.4），有

$$A(s)=\frac{U_o(s)}{U_i(s)}=\frac{A_{up}}{1+(3-A_{up})sCR+(sCR)^2}$$

式中，A_{up} 为通带增益，$A_{up}=A_{uf}=1+\frac{R_f}{R_1}$；$A_{uf}$ 为同相比例运算放大电路的闭环增益；ω_n 为特

征角频率，$\omega_n=\dfrac{1}{RC}$；Q 为品质因数，$Q=\dfrac{1}{3-A_{up}}$。则

$$A(s)=\frac{A_{up}}{1+\dfrac{1}{\omega_n}\dfrac{1}{Q}s+\left(\dfrac{s}{\omega_n}\right)^2}=\frac{A_{up}\omega_n^2}{s^2+\dfrac{\omega_n}{Q}s+\omega_n^2} \tag{8.5.6}$$

式（8.5.6）为二阶低通滤波电路传递函数的标准形式。其频率特性为

$$A(j\omega)=\frac{A_{up}}{1+j\dfrac{\omega}{\omega_n}\dfrac{1}{Q}-\left(\dfrac{\omega}{\omega_n}\right)^2}=\frac{A_{up}}{1-\left(\dfrac{\omega}{\omega_n}\right)^2+j\dfrac{1}{Q}\dfrac{\omega}{\omega_n}}$$

另一种写法为

$$\frac{A(j\omega)}{A_{up}}=\frac{1}{1-\left(\dfrac{\omega}{\omega_n}\right)^2+j\dfrac{1}{Q}\dfrac{\omega}{\omega_n}} \tag{8.5.7}$$

式（8.5.7）为图 8.5.8 所示二阶有源低通滤波电路的频率特性。

画出 $20\lg\left|\dfrac{A(j\omega)}{A_{up}}\right|$—$\dfrac{\omega}{\omega_n}$之间的频率特性，如图 8.5.9 所示。图中同时标出了不同 Q 值时，频率特性的情况。随着 Q 的增大，幅频特性在$\dfrac{\omega}{\omega_n}=1$ 附近得到了提高。可以证明，当 $Q=0.707$ 时，特性无峰值，在 $\omega<\omega_n$ 的频段内幅频特性下降量最小，即通带衰减最小，这种滤波电路称为最大平坦或巴特沃思（Butterworth）型滤波器。而当 $Q>0.707$ 时，过渡带衰减速度较快，衰减斜率约为−40dB/dec。且在 $\omega=\omega_n$ 点出现峰值，Q 值越大，尖峰越高，这种滤波电路称为切比雪夫（Chebyshev）型滤波器。当 $Q<0.707$ 时，幅频特性无峰值，通带有衰减，在$\dfrac{\omega}{\omega_n}=1$ 点，分贝值为负，Q 值越小，幅频特性下降越早。

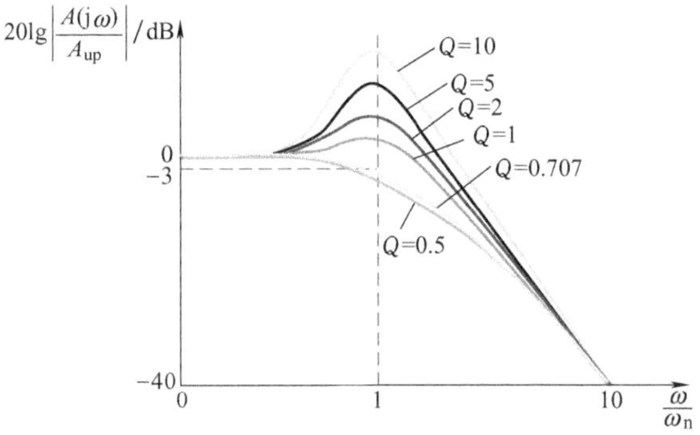

图 8.5.9　二阶有源低通滤波电路的幅频特性

2. 二阶压控电压源型高通滤波电路

调换图 8.5.8 所示二阶有源低通滤波电路中 R 和 C 的位置，得到二阶压控电压源型高通滤波电路，如图 8.5.10 所示。采用和上述相同的方法，得到该电路的传递函数如下：

$$A(s)=\frac{A_{up}s^2}{s^2+\dfrac{\omega_n}{Q}s+\omega_n^{\ 2}} \tag{8.5.8}$$

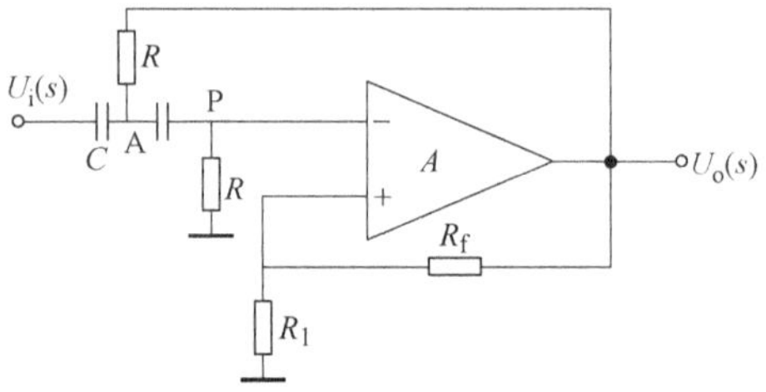

图 8.5.10　二阶高通滤波电路

式（8.5.8）为二阶高通滤波电路传递函数的标准形式。其中

$$A_{up}=A_{uf}=1+\frac{R_f}{R_1}\qquad \omega_n=\frac{1}{RC}\qquad Q=\frac{1}{3-A_{up}}$$

画出 $20\lg\left|\frac{A(j\omega)}{A_{up}}\right|$—$\frac{\omega}{\omega_n}$之间的幅频特性如图 8.5.11 所示，图中同时标出了不同 Q 值时幅频特性的情况。

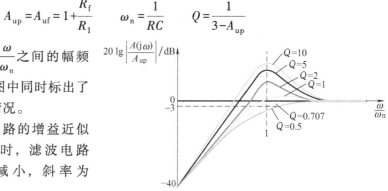

当 $\omega>\omega_n$ 时，滤波电路的增益近似为通带增益；当 $\omega<\omega_n$ 时，滤波电路的增益随 ω 的降低而减小，斜率为 +40dB/dec。

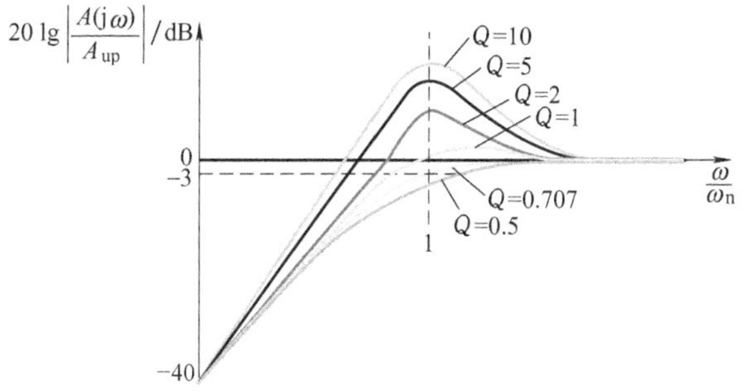

图 8.5.11　二阶有源高通滤波电路的幅频特性

3. 带通滤波电路

若把一个高通滤波特性和一个低通滤波特性组合，且使 $\omega_1>\omega_2$，如图 8.5.12 所示，即可形成带通滤波特性。一个二阶电压源型带通滤波电路如图 8.5.13 所示，它由低通和高通滤波电路及同相比例放大电路组合而成。用同样的方法可以得到该电路的传递函数如下：

$$A(s)=\frac{A_{uf}sCR}{1+(3-A_{uf})sCR+(sCR)^2}\tag{8.5.9}$$

式中，$A_{up}=\frac{A_{uf}}{3-A_{uf}}$为通带增益，

$$A_{uf}=1+\frac{R_f}{R_1}\qquad \omega_n=\frac{1}{RC}\qquad Q=\frac{1}{3-A_{uf}}$$

因为 $A_{uf}=\frac{3A_{up}}{1+A_{up}}$，所以

$$Q=\frac{1}{3-A_{uf}}=\frac{1}{3-\frac{3A_{up}}{1+A_{up}}}=\frac{1+A_{up}}{3}$$

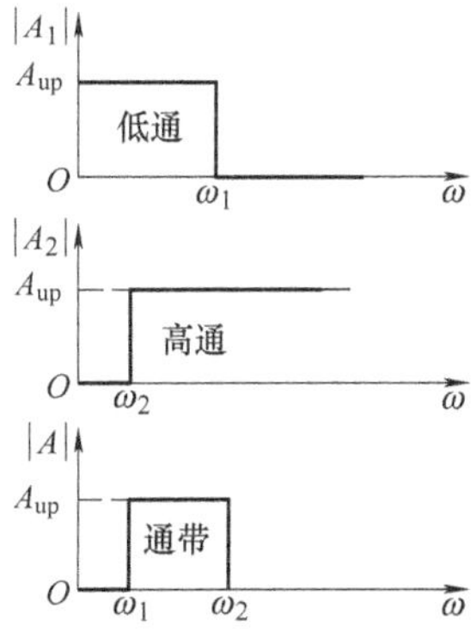

图 8.5.12　高通滤波和低通特性的组合

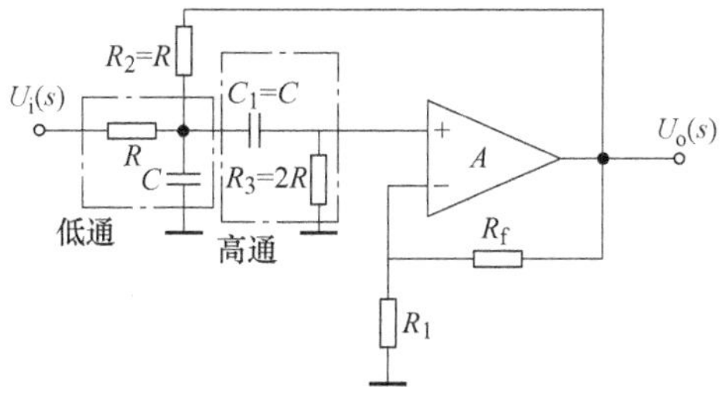

图 8.5.13　二阶电压源型带通滤波电路

则有

$$A_{uf}=\frac{A_{up}}{Q}$$

式（8.5.9）分子分母同除以 $(RC)^2$，并考虑到 $A_{uf}=\frac{A_{up}}{Q}$，有

$$A(s)=\frac{A_{up}\frac{\omega_n}{Q}s}{s^2+\frac{\omega_n}{Q}s+\omega_n^2} \tag{8.5.10}$$

式（8.5.10）为二阶带通滤波电路传递函数的标准形式。其频率特性为

$$\frac{A(j\omega)}{A_{up}}=\frac{\frac{1}{Q}j\frac{\omega}{\omega_n}}{1-\left(\frac{\omega}{\omega_n}\right)^2+j\frac{\omega}{Q\omega_n}}=\frac{1}{1+jQ\left(\frac{\omega}{\omega_n}-\frac{\omega_n}{\omega}\right)} \tag{8.5.11}$$

画出 $20\lg\left|\frac{A(j\omega)}{A_{up}}\right|$—$\frac{\omega}{\omega_n}$ 之间的频率特性如图 8.5.14 所示，图中同时标出了不同 Q 值时频率特性的情况。

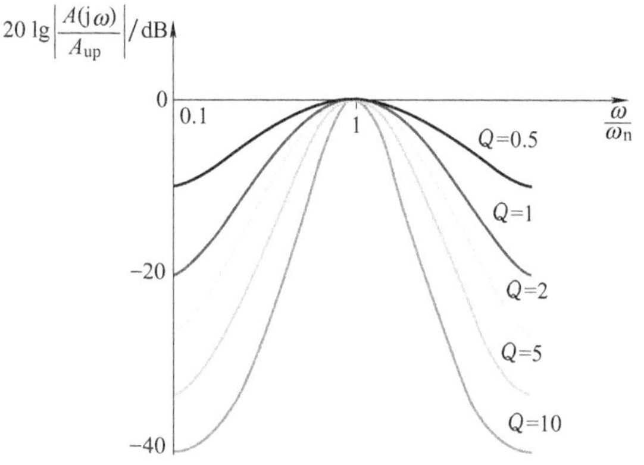

图 8.5.14　二阶有源带通滤波电路的频率特性

当 $\omega=\omega_n$ 时，电压增益最大，为通带增益 A_{up}；当 $\left|\frac{A(j\omega)}{A_{up}}\right|=\frac{1}{\sqrt{2}}$ 时，ω 的值为带通滤波器的截止角频率。因此，令

$$\left|\frac{A(j\omega)}{A_{up}}\right|=\frac{1}{\sqrt{1+Q^2\left(\frac{\omega}{\omega_n}-\frac{\omega_n}{\omega}\right)^2}}=\frac{1}{\sqrt{2}}$$

即

$$1+Q^2\left(\frac{\omega}{\omega_n}-\frac{\omega_n}{\omega}\right)^2=2$$

解之，得

$$\omega_H=\omega_n\left(1+\frac{1}{2Q}\right) \tag{8.5.12}$$

$$\omega_L=\omega_n\left(1-\frac{1}{2Q}\right) \tag{8.5.13}$$

式中，ω_H、ω_L 分别为带通滤波电路的上限截止角频率和下限截止角频率。则滤波电路的通频带宽度为

$$\omega_{bw}=\omega_H-\omega_L=\frac{\omega_n}{Q} \tag{8.5.14}$$

式（8.5.14）说明，带宽主要取决于 Q，Q 越小，ω_{bw} 越大，带宽越宽。

4. 带阻滤波电路

一个高通滤波特性和一个低通滤波特性组合，且使 $\omega_1<\omega_2$，如图 8.5.15 所示，即可形成带阻滤波特性。

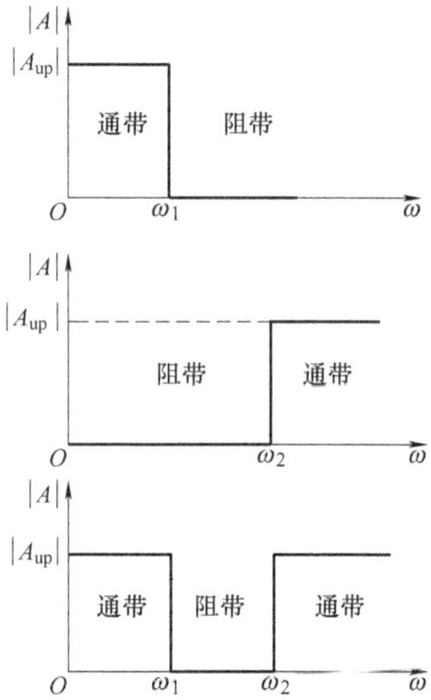

图 8.5.15　高通滤波和低通特性的组合

常见的无源双T带阻滤波电路如图8.5.16a所示，利用星形-三角形变换，可得其等效电路，如图8.5.16b所示，其中

$$Z_1=\frac{2R(1+sRC)}{1+(sRC)^2}\quad Z_2=Z_3=\frac{1}{2}\left(R+\frac{1}{sC}\right)$$

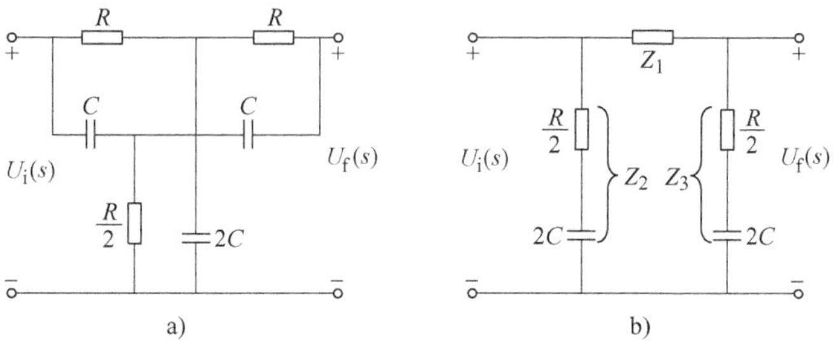

图8.5.16　无源双T带阻滤波电路

图8.5.16所示电路的传递函数

$$F(s)=\frac{U_f(s)}{U_i(s)}=\frac{Z_3}{Z_1+Z_3}$$

在此基础上，构成有源双T带阻滤波电路，如图8.5.17所示。

有源双T带阻滤波电路的传递函数为

$$A(s)=\frac{U_o(s)}{U_i(s)}=\frac{A_{uf}(1+(RCs)^2)}{1+2(2-A_{uf})RCs+(RCs)^2}=\frac{A_{up}\left[1+\left(\frac{s}{\omega_n}\right)^2\right]}{1+\frac{1}{Q}\frac{s}{\omega_n}+\left(\frac{s}{\omega_n}\right)^2}=\frac{A_{up}(s^2+\omega_n^2)}{s^2+\frac{\omega_n}{Q}s+\omega_n^2}\quad(8.5.15)$$

式中

$$A_{up}=A_{uf}=1+\frac{R_f}{R_1}\qquad \omega_n=\frac{1}{RC}\qquad Q=\frac{1}{2(2-A_{up})}$$

则

$$\frac{A(s)}{A_{up}}=\frac{s^2+\omega_n^2}{s^2+\frac{\omega_n}{Q}s+\omega_n^2}\quad(8.5.16)$$

为二阶带阻滤波电路传递函数的标准形式。

画出 $20\lg\left|\frac{A(j\omega)}{A_{up}}\right|$—$\frac{\omega}{\omega_n}$ 之间的频率特性，如图8.5.18所示。图中同时标出了不同 Q 值时幅频特性的情况。A_{up} 越接近2，Q 越趋向无穷大，选频特性越好，阻断的频率范围越窄。

5. 滤波电路的分析计算

四种二阶有源滤波电路的传递函数汇总见表8.5.1。其分母多项式具有相同的形式，不同性质的滤波电路，其传递函数的分子表达式不同。

因为有源滤波电路是典型的集成运放应用电路，所以运放应用电路的分析方法同样适用于滤波电路。因此，滤波电路分析的基本步骤如下：

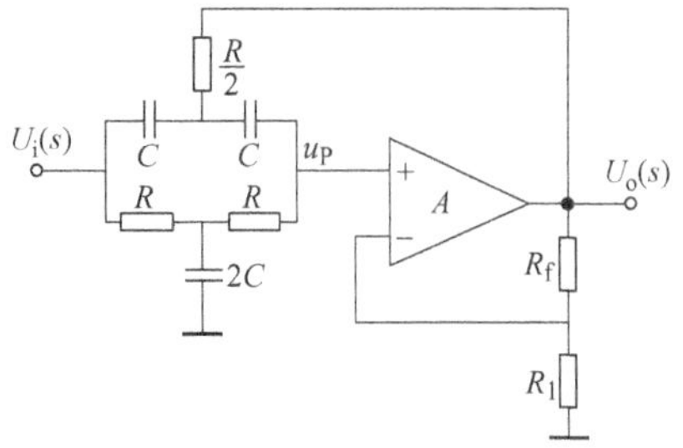

图 8.5.17　有源双 T 带阻滤波电路

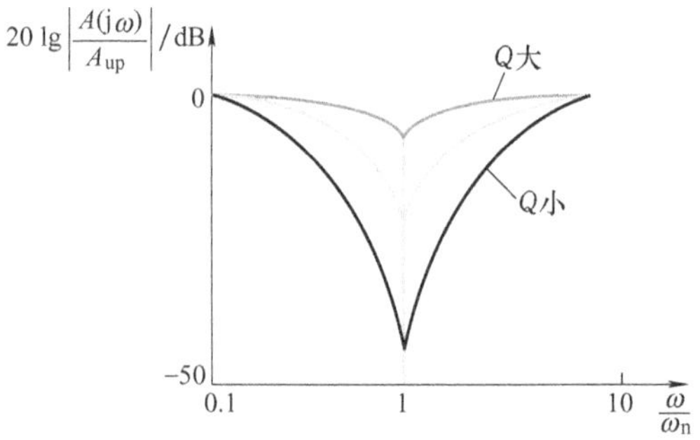

图 8.5.18　二阶有源带阻滤波电路的频率特性

1）求电路的传递函数 $A(s)$，通过与表 8.5.1 所列四种标准传递函数的对比，可求出 A_{up}、ω_n、Q、f_{bw}。

2）令 $s=j\omega$，求出频率特性 $A(j\omega)$，并令 $\omega\to0$ 和 $\omega\to\infty$，观察此时频率特性的幅值，综合传递函数的表达形式，判断滤波电路的功能。

表 8.5.1　四种二阶有源滤波电路的传递函数汇总

	二阶低通滤波电路	二阶高通滤波电路	二阶带通滤波电路	二阶带阻滤波电路
传递函数	$\frac{A_{up}\omega_n^2}{s^2+\frac{\omega_n}{Q}s+\omega_n^2}$	$\frac{A_{up}s^2}{s^2+\frac{\omega_n}{Q}s+\omega_n^2}$	$\frac{A_{up}\frac{\omega_n}{Q}s}{s^2+\frac{\omega_n}{Q}s+\omega_n^2}$	$\frac{A_{up}(s^2+\omega_n^2)}{s^2+\frac{\omega_n}{Q}s+\omega_n^2}$

在信号处理电路中，有源滤波电路是常用电路之一，有源滤波电路经常采用运算放大器设计。一阶有源滤波电路的设计比较简单，二阶有源滤波电路设计参数的确定，需要通过较为复杂的计算获得，二阶以上滤波电路的设计更为复杂，需要借助计算机进行。在工程应用中，一些滤波电路设计软件为有源滤波电路的设计提供了便利，如 Filter solution、Filter Wiz Pro、FilterCAD、FilterLAB、FilterPro 等。Filter solution 由滤波电路设计软件的行业领军企业 Nuhertz 公司出品，这些软件能够根据滤波电路的参数要求，确定出电路中电阻和电容的参数，并提供幅频特性和相频特性的仿真曲线，实用性很强，可在滤波电路设计中采用。

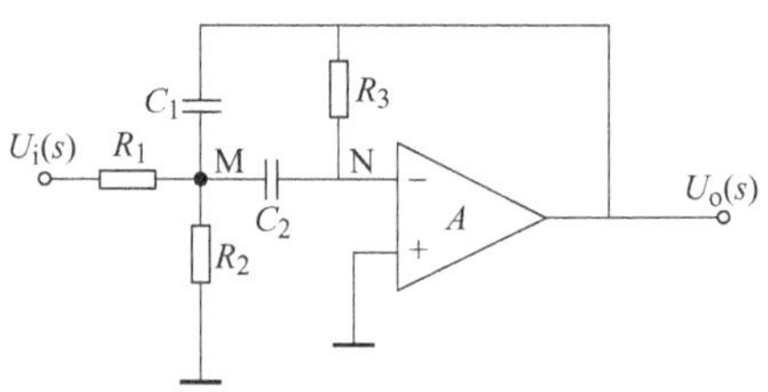

图 8.5.19　例 8.5.1 图

【例 8.5.1】 电路如图 8.5.19 所示，求传递函数和主要性能参数，并说明滤波电路的功能。

解： 1）求电路的传递函数 $A(s)$。对于节点 M，列电流平衡方程

$$\frac{U_i(s)-U_M(s)}{R_1}=\frac{U_M(s)}{R_2}+U_M(s)sC_2+[U_M(s)-U_o(s)]sC_1$$

对于节点 N，电流平衡方程为

$$U_M(s)sC_2=\frac{-U_o(s)}{R_3}$$

联立求解以上两式得

$$A(s)=\frac{U_o(s)}{U_i(s)}=\frac{-\frac{1}{R_1C_1}s}{s^2+\frac{C_1+C_2}{R_3C_1C_2}s+\frac{R_1+R_2}{R_1R_2R_3C_1C_2}}$$

与上面讨论的各类滤波电路传递函数的标准形式比较，$A(s)$ 与带通滤波电路的传递函数形式一致。比较 $A(s)$ 与带通滤波电路传递函数式（8.5.10）得到

$$\omega_n=\sqrt{\frac{R_1+R_2}{R_1R_2R_3C_1C_2}} \qquad \frac{\omega_n}{Q}=\frac{C_1+C_2}{R_3C_1C_2}$$

则

$$Q=\omega_n\frac{R_3C_1C_2}{C_1+C_2}$$

又由于

$$A_{up}\frac{\omega_n}{Q}=A_{up}\frac{C_1+C_2}{R_3C_1C_2}=-\frac{1}{R_1C_1}$$

因此有

$$A_{up}=-\frac{R_3C_2}{R_1(C_1+C_2)}$$

2）求出频率特性，判断滤波电路的功能。由带通滤波电路传递函数式（8.5.11）有

$$|A(j\omega)|=\frac{A_{up}}{\sqrt{1+Q\left(\frac{\omega}{\omega_n}-\frac{\omega_n}{\omega}\right)^2}}$$

当 $\omega\to0$ 时，$|A(j\omega)|=0$，当 $\omega\to\infty$ 时，$|A(j\omega)|=0$，因此该滤波电路为带通滤波电路。当 $\omega=\omega_n$ 时，$|A(j\omega)|=A_{up}$，为通带增益值。

8.6 运算放大器应用电路设计

8.6.1 设计运算放大器应用电路的一般步骤

1. 选定需要的反馈类型

作为信号处理的运放应用电路，通常需要引入深度负反馈。设计时，需要根据需要，选择合适的反馈类型。选择反馈类型可参考 7.5.5 小节。

2. 确定反馈系数的大小

通常情况下，假设引入的是深度负反馈，由设计指标及 $A_f\approx\frac{1}{F}$的关系，确定反馈系数 F 的大小。

3. 适当选择反馈网络中的电阻阻值

多数情况下，反馈网络由电阻和电容组成。对一个给定的反馈系数值，往往可由不同的电阻值组合获得。例如，当电压反馈系数 $F=\frac{R_1}{R_1+R_2}=0.1$ 时，可以取 $R_1=1\Omega$、

$R_2=9\Omega$，也可以取 $R_1=0.3\Omega$、$R_2=2.7\Omega$ 等。为满足设计要求，必须适当选择反馈网络中的电阻值，以减小反馈网络对放大电路输入端口和输出端口的负载效应。显然，反馈类型不同，对反馈网络中电阻值的要求也就不同。在串联负反馈中，当反馈网络输出端口的等效阻抗远小于基本放大电路的输入阻抗时，它对放大电路输入端口的负载效应才能被忽略。相反，在并联负反馈中，当反馈网络输出端口的等效阻抗远大于基本放大电路的输入阻抗时，它对放大电路输入端口的负载效应才能被忽略。为减小反馈网络输入端口对放大电路输出端口的负载效应，在电压负反馈中，反馈网络输入端口的等效阻抗应该远大于基本放大电路的输出阻抗；而在电流负反馈中，反馈网络输入端口的等效阻抗应该远小于基本放大电路的输出阻抗。

4. 如果必要，用计算机辅助分析软件，分析设计的电路，检验是否符合设计目标

设计中所用元器件的性能参数需要参阅器件的数据手册，设计完成后，可用计算机辅助分析软件 Multisim 进行仿真验证，然后进行实验室调试和现场测试。如有必要，需要进一步完善设计和调整电路参数，以全面达到设计要求。下面结合例题说明以上设计过程。

8.6.2　设计举例

【例 8.6.1】 用集成运放设计一个负反馈放大电路，它的输入信号来自一个内阻 $R_s=2k\Omega$ 的电压源 u_s，输出所接的负载电阻 $R_L=50\Omega$。要求该电路向负载提供的输出电压 $u_o=10u_s$，且当负载变化时，输出电压趋于稳定。设计中所用集成运放的参数为开环增益 $A_{uo}=10^5$，$R_i=200k\Omega$，$R_o=100\Omega$。

解： 1）选择反馈类型。因为所用信号源是内阻 $R_s=2k\Omega$ 的电压源，为减少放大电路对信号源的负载效应，待设计的反馈放大电路必须有很高的输入电阻，因此，电路中必须引入串联负反馈。根据设计要求，当负载变化时，输出电压趋于稳定，因此，电路中必须引入电压负反馈。综上所述，需要设计一个电压串联负反馈放大电路，结构如图 8.6.1 所示。

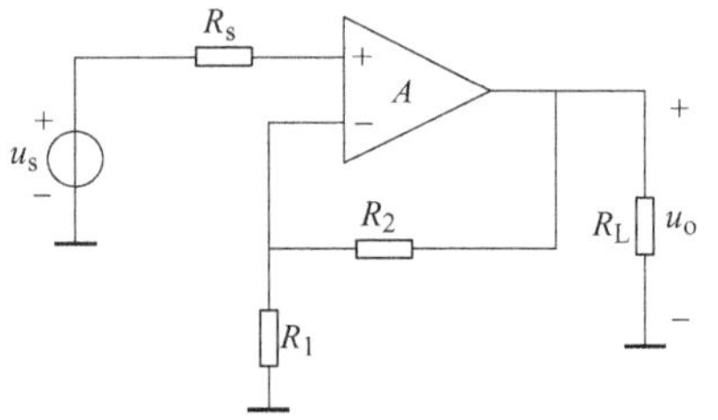

图 8.6.1　例 8.6.1 图

2）确定反馈系数 F_u。由设计要求知，该反馈放大电路对电压源的闭环源电压增益为 $A_{usf}=\dfrac{\dot{U}_o}{\dot{U}_s}=10$，又由于 $A_{usf}=\dfrac{\dot{U}_o}{\dot{U}_i}\dfrac{\dot{U}_i}{\dot{U}_s}=A_{uf}\dfrac{R_{if}}{R_s+R_{if}}$。而电路的闭环输入电阻 $R_{if}=(1+A_{uo}F_u)R_i$ 远大于 R_s，所以有 $A_{usf}\approx A_{uf}$。又因在深度负反馈条件下，$\dfrac{1}{F_u}\approx A_{uf}\approx A_{usf}=10$，所以 $F_u=0.1$。由此可知，反馈深度 $1+A_{uo}F_u=1+10^5\times0.1\gg1$。由于 $R_{if}=(1+A_{uo}F_u)R_i=10^4\times2\times10^2k\Omega=2\times10^6k\Omega$，其值很大，而电路闭环输出电阻 $R_{of}=R_o/(1+A_{uo}F_u)=0.01\Omega$，其值很小，这样输入电阻和输出电阻几乎是理想的，因此可以确保负载变化时，输出电压稳定。

3）确定反馈网络中 R_1、R_2 的阻值。因为 $F_u=\dfrac{R_1}{R_1+R_2}=0.1$，所以 $R_2/R_1=9$。由图

8.6.1 可见，在放大电路的输出端，反馈网络也是放大电路的负载，为了减少反馈网络对输出电压的影响，即减小反馈网络输入端口的等效电阻对放大电路输出端的负载效应，要求 R_2+R_1 远大于放大电路的输出电阻 R_o。同时，由于反馈网络的输出端口与放大电路输入端口串联，为了减小反馈网络对放大电路输入电压 u_{ID} 的影响，即减小反馈网络对放大电路输入端的负载效应，要求 $R_1//R_2$ 远小于 R_i。综合上述原因，选择 $R_1=500\Omega$，$R_2=9R_1=4.5\text{k}\Omega$。实际电路中，$R_2$ 可用一个小阻值的可变电阻串联一个固定电阻替代，以减小电阻公差对闭环增益精度的影响。

下面介绍一个光电传输系统，然后为光电隔离器设计一个带负反馈的驱动放大电路。光电隔离器由发光二极管和光电二极管构成，由光电隔离器构成的光电传输系统的基本组成框图如图 8.6.2 所示。

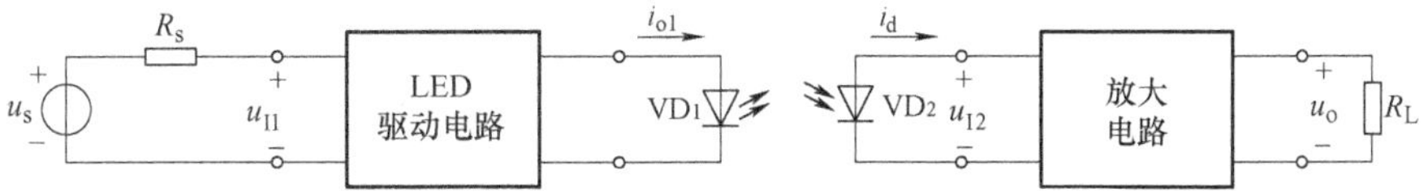

图 8.6.2 光电传输系统的基本组成框图

发光二极管（LED）也具有单向导电性，其电压电流特性与普通二极管的电压电流特性相似，只是正向电压稍大一些，大约是普通二极管正向压降的 2 倍。当外加正向电压使正向电流足够大时，发光二极管会发光。发出光的强度与其正向电流成正比。光电隔离器中的光电二极管接收到发光二极管的光信号后，将其转换为电流，此电流的大小与入射光的发光强度成正比。显然，利用光电隔离器可以实现输入、输出信号间没有直接电气连接的信号传输。但是，要实现信号的线性传输，并使负载上得到放大了的电信号，必须在电路中加入驱动电路和放大电路，如图 8.6.2 所示。如果去掉发光二极管的驱动电路，即将输入信号电压直接加在发光二极管上，由于发光二极管的 *I-U* 特性的非线性，将使发光二极管的发光强度成为输入电压的非线性函数，从而使光电二极管的电流及负载上的电信号也是输入电压的非线性函数。为了使流过发光二极管的电流正比于 u_s，必须设置发光二极管的驱动电路。在图 8.6.2 所示系统的输出回路中，为了使负载上得到与输入电压 u_s 成比例的输出电压，需要将光电二极管的电流转换成电压，因此，输出回路的互阻放大电路也是必不可少的。

【例 8.6.2】 用集成运放为图 8.6.2 中的光电隔离器设计一个带负反馈的驱动电路。设信号源电压 u_s 的变化范围为 0～5V，内阻 $R_s=500\Omega$。要求发光二极管的电流为 $i_{o1}=10^{-3}u_s\text{A}$。所用集成运放的开环增益 $A_{uo}=10^5$，开环输入电阻 $R_i=200\text{k}\Omega$，开环输出电阻 $R_o=100\Omega$。

解： 因为输入信号来自一个有内阻的电压源，所以需要设计一个高输入电阻的放大电路，即需要引入串联负反馈，以减少放大电路对信号源的负载效应。又因为要求向发光二极管提供的电流 $i_{o1}=10^{-3}u_s\text{A}$，且不失真，所以需要引入电流负反馈。因此，需要设计一个电流串联负反馈放大电路。设计可采用图 8.6.3 所示的电路结构。

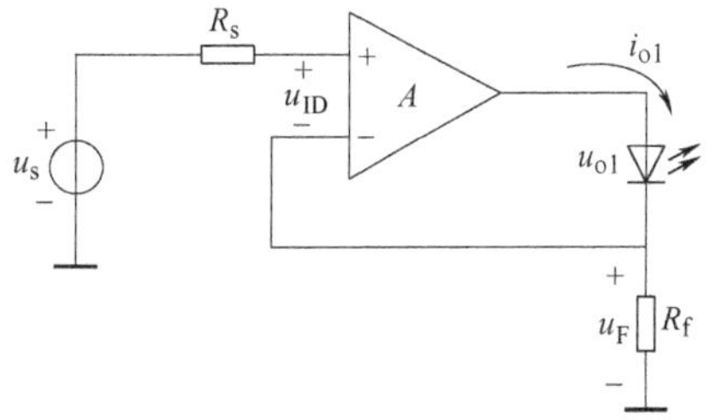

图 8.6.3 例 8.6.2 图

由设计要求知，该反馈放大电路的闭环互导增益

$$A_{\mathrm{iusf}}=\frac{\dot{I}_{\mathrm{o1}}}{\dot{U}_{\mathrm{s}}}=10^{-3}\mathrm{A/V}=1\mathrm{mA/V}$$

又

$$A_{\mathrm{iusf}}=\frac{\dot{I}_{\mathrm{o1}}\dot{U}_{\mathrm{i}}}{\dot{U}_{\mathrm{i}}\dot{U}_{\mathrm{s}}}=A_{\mathrm{iuf}}\frac{R_{\mathrm{if}}}{R_{\mathrm{s}}+R_{\mathrm{if}}}$$

而闭环输入电阻 $R_{\mathrm{if}}=(1+A_{\mathrm{uo}}F_{\mathrm{u}})R_{\mathrm{i}}$ 远大于 R_{s}，所以有 $A_{\mathrm{iusf}}\approx A_{\mathrm{iuf}}$。因在深度负反馈条件下 $A_{\mathrm{iuf}}\approx\frac{1}{F_{\mathrm{ui}}}\approx A_{\mathrm{iufs}}=1\mathrm{mA/V}$，所以 $F_{\mathrm{ui}}=1\mathrm{k\Omega}$。又因为 $F_{\mathrm{ui}}=\frac{\dot{U}_{\mathrm{f}}}{\dot{I}_{\mathrm{o1}}}=\frac{\dot{I}_{\mathrm{o1}}R_{\mathrm{f}}}{\dot{I}_{\mathrm{o1}}}=R_{\mathrm{f}}$，所以取$R_{\mathrm{f}}=1\mathrm{k\Omega}$。

【例 8.6.3】 设计一个能将图 8.6.2 中光电二极管 VD_2 的电流转换为输出电压的放大电路。假设光电二极管的 $r_{\mathrm{d}}=75\Omega$，放大电路的负载电阻 $R_{\mathrm{L}}=500\Omega$。要求输出电压 $u_{\mathrm{o}}=\pm10^3 i_{\mathrm{d}}\mathrm{V}$，$i_{\mathrm{d}}$ 为光电二极管中的电流（±号表示输出电压可以与输入信号同相，也可以反相）。设计中所用集成运放的参数同例 8.6.2 。

解：设计要求将光电二极管的电流转换为输出电压，即电路的功能是实现电流-电压的转换，为此应设计一个互阻放大电路，而且为了减少放大电路输入端及输出端的负载效应，要求放大电路的输入电阻和输出电阻都应该很小，因此应在放大电路中引入电压并联负反馈。其电路结构如图 8.6.4 所示。其中，直流电源 U_{bias} 是光电二极管工作时需要的反向偏置电压。信号源 $i_{\mathrm{d}}r_{\mathrm{d}}$ 及内阻 r_{s} 是光电二极管的低频小信号模型。

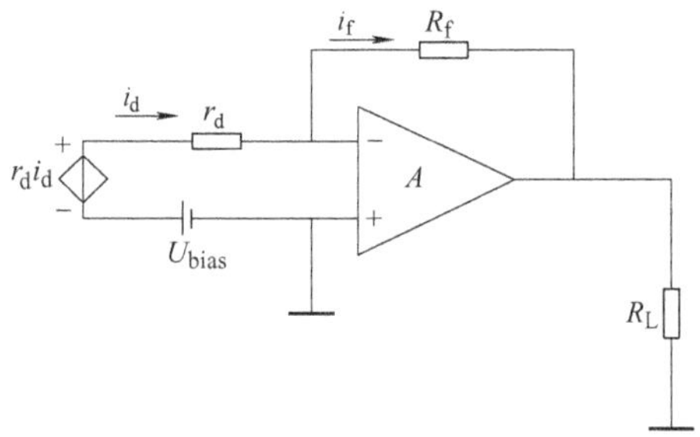

图 8.6.4　例 8.6.3 图

由已知条件，可求得图 8.6.4 所示电路的闭环互阻增益 $A_{\mathrm{uif}}=\frac{\dot{U}_{\mathrm{o}}}{\dot{I}_{\mathrm{d}}}=-10^3$。在深度负反馈条件下，$\dot{I}_{\mathrm{d}}\approx\dot{I}_{\mathrm{f}}=\frac{-\dot{U}_{\mathrm{o}}}{R_{\mathrm{f}}}$，$F_{\mathrm{iu}}\approx\frac{\dot{I}_{\mathrm{f}}}{\dot{U}_{\mathrm{o}}}=\frac{-\dot{U}_{\mathrm{o}}/R_{\mathrm{f}}}{\dot{U}_{\mathrm{o}}}=-\frac{1}{R_{\mathrm{f}}}=-10^{-3}$，所以选择 $R_{\mathrm{f}}=1\mathrm{k\Omega}$。

本章小结

本章主要学习了基本运算电路和有源滤波电路，各部分归纳如下：

1. 基本运算电路

集成运放引入负反馈后，可以实现模拟信号的比例、加减、乘除、积分、微分、对数和指数等各种基本运算。求解运算电路输出电压与输入电压运算关系时，为简化计算，将集成运放近似为理想运放。基本方法有两种：

1）节点电流法。列出集成运放同相输入端和反相输入端及其他关键节点的电流方程，并利用“虚短”和“虚断”的概念，消去中间变量，求出输出量和输入量之间的运算关系。

2）叠加原理。对于有多个输入信号的电路，可以先分别求出每个输入信号单独作用时的输出量，然后将它们相加，就得到所有信号同时作用时输出量和输入量之间的运算关系。

对于多级电路，一般均可将前级电路的输出看成后级的输入，且前级的输出电阻近似为零。故可分别求出各级电路的运算关系式，逐级代入后级的运算关系式，从而得出整个电路的运算关系式。

2. 有源滤波电路

1）有源滤波电路一般由 RC 网络和集成运放组成，主要用于信号处理。按其幅频特性可分为低通、高通、带通、带阻和全通滤波电路。根据传递函数分母多项式的次数不同，有一阶滤波电路、二阶滤波电路和高阶滤波电路，高阶滤波电路可由一阶和二阶滤波电路组成，二阶低通、高通、带通、带阻滤波电路的传递函数的分母多项式是一致的，区别仅在于分子多项式不同。应用时应根据有用信号、无用信号和干扰等所占频段来选择合理的滤波电路类型。

2）有源滤波电路一般均引入负反馈，因而集成运放工作在线性区，故分析方法与运算电路基本相同。常用传递函数表示输出与输入的函数关系，用频率特性描述其滤波性能。

学完本章后，希望能够达到下列要求：

1）掌握集成运放构成的基本运算电路的工作原理、分析方法。能够应用“虚短”和“虚断”的概念，分析常见运算电路的输出和输入电压关系，能够根据应用需要，合理选择电路。

2）了解模拟乘法器的原理与应用。

3）掌握常见有源滤波电路的分析方法，理解 LPF、HPF、BPF 和 BEF 的组成及特点，并能够根据需要合理选择电路。

4）了解实际运算放大电路的运算误差；了解运算放大器应用电路的设计。

思　考　题

8.1　运算电路中集成运放工作在线性区还是非线性区？

8.2　如何识别电路是否为运算电路？如何分析运算电路输出电压与输入电压的运算关系？

8.3　如何识别集成运放所组成的电路是否为有源滤波电路？它与运算电路有什么异同？

8.4　如何判别滤波电路是 LPF、HPF、BPF 还是 BEF？是几阶电路？

习　　题

8.1　图 T8.1 中，运放均为理想器件，求出各电路的输出电压并写出详细求解过程。

8.2　图 T8.2 中，运放 A 均为理想器件，试求出各电路的电压放大倍数。

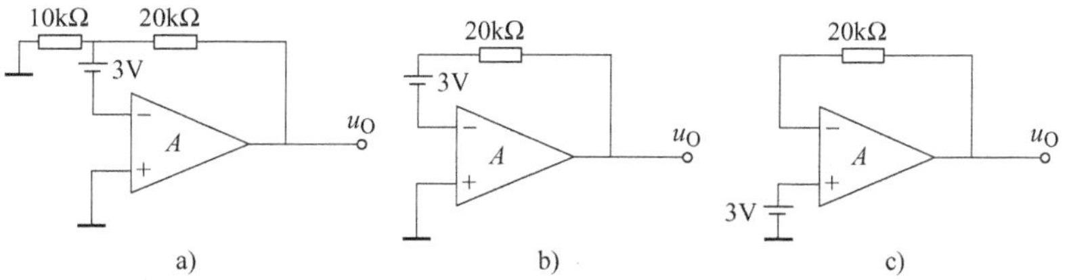

图 T8.1

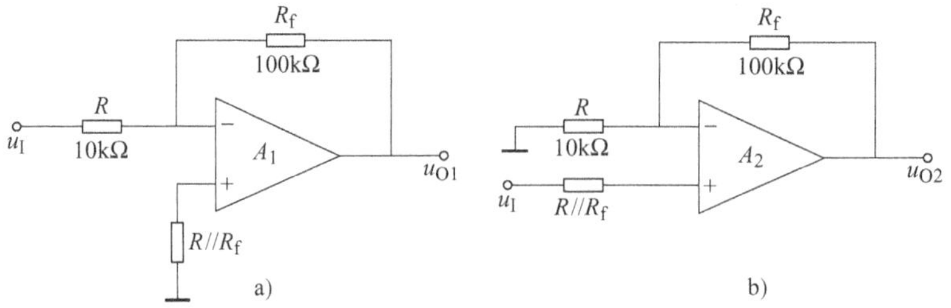

图 T8.2

8.3　电路如图 T8.3 所示，试求其输出电压和输入电压之间的关系。

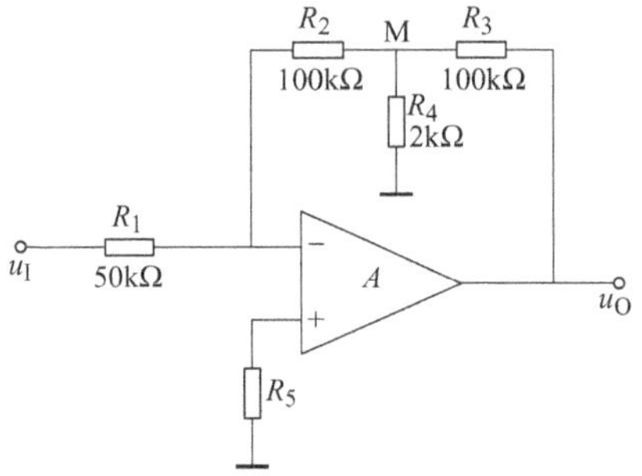

图 T8.3

8.4　试求图 T8.4 所示各电路输出电压与输入电压的运算关系式。

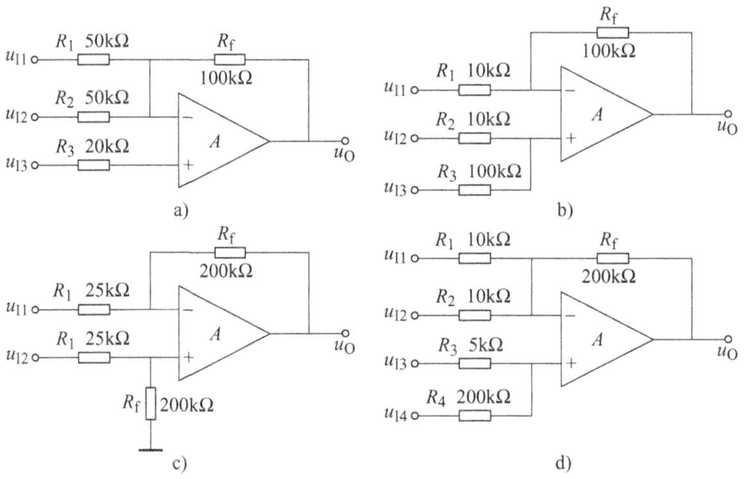

图 T8.4

8.5　电路如图 T8.5 所示。

（1）写出 u_O 与 u_{I1}、u_{I2} 的运算关系式；

（2）当 R_P 的滑动端在最上端时，若 $u_{I1}=10\text{mV}$，$u_{I2}=20\text{mV}$，则 $u_O=?$

（3）若 u_O 的最大幅值为 ±14V，输入电压最大值 $u_{I1\max}=10\text{mV}$，$u_{I2\max}=20\text{mV}$，最小值均为 0V，则为了保证集成运放工作在线性

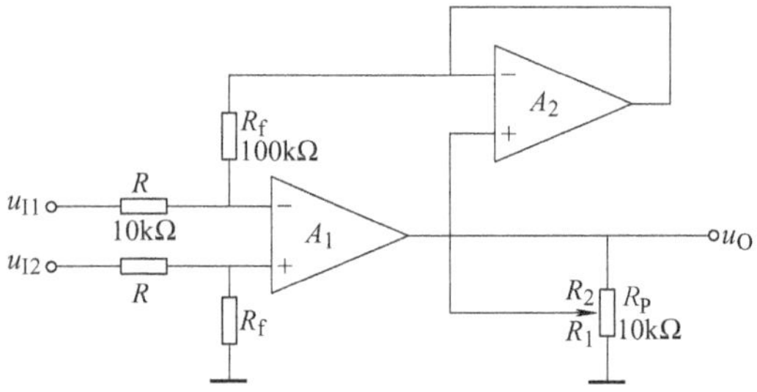

图 T8.5

区，R_2 的最大值为多少？

8.6　分别求解图 T8.6 所示各电路的运算关系。

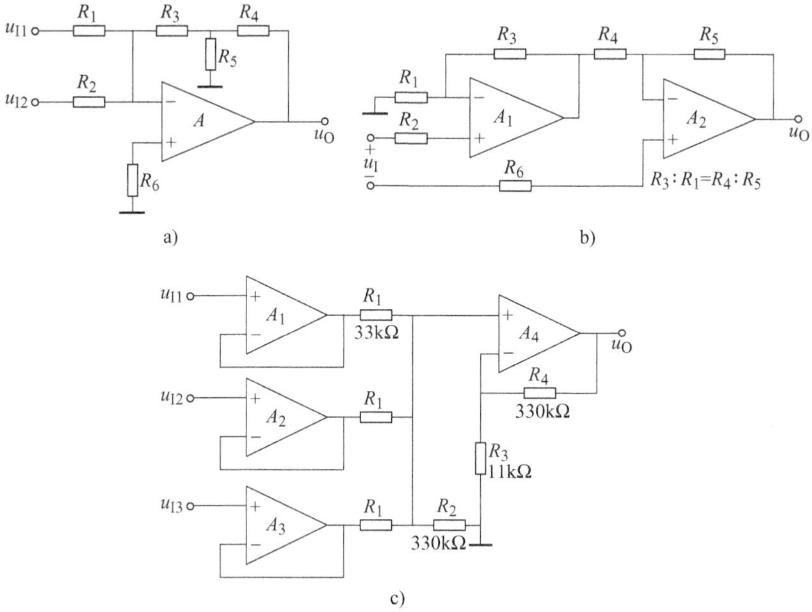

图 T8.6

8.7　图 T8.7 所示放大电路中，已知 $R_1=R_2=R_5=R_7=R_8=10\text{k}\Omega$，$R_6=R_9=R_{10}=20\text{k}\Omega$ 列出 u_{O1}、u_{O2} 和 u_O 的表达式；设 $u_{I1}=0.3\text{V}$，$u_{I2}=0.1\text{V}$，则输出电压 $u_O=$？R_3、R_4 分别应选多大范围的电阻？

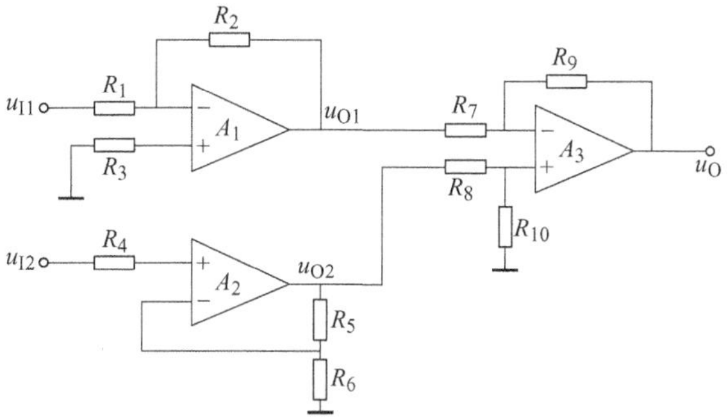

图 T8.7

8.8　设图 T8.8 中的运放是理想的，求出输出电压和输入电压的关系式。

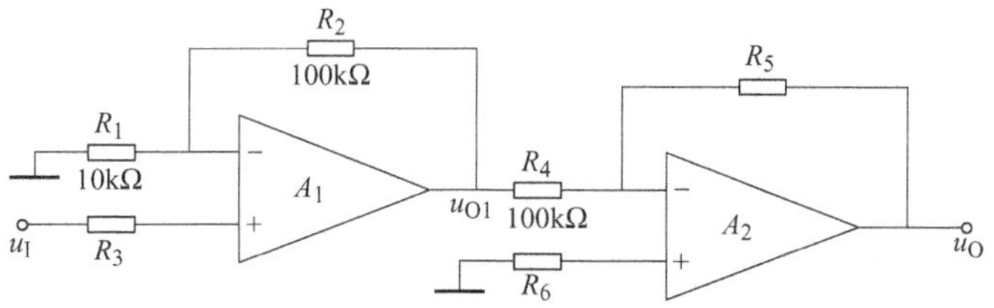

图 T8.8

8.9　电路如图 T8.9 所示，要求同上题。

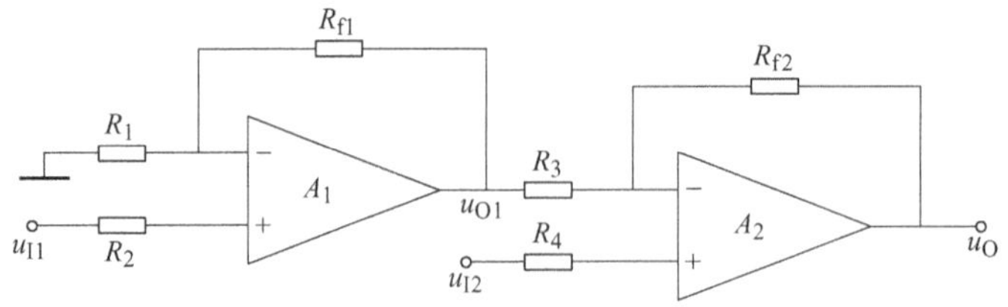

图 T8.9

8.10　电路如图 T8.10 所示，试推导输出电流 i_L 与输入电压 u_I 的关系。

8.11　图 T8.11 所示为恒流源电路，已知稳压管工作在稳压状态，试求负载电阻中的电流。

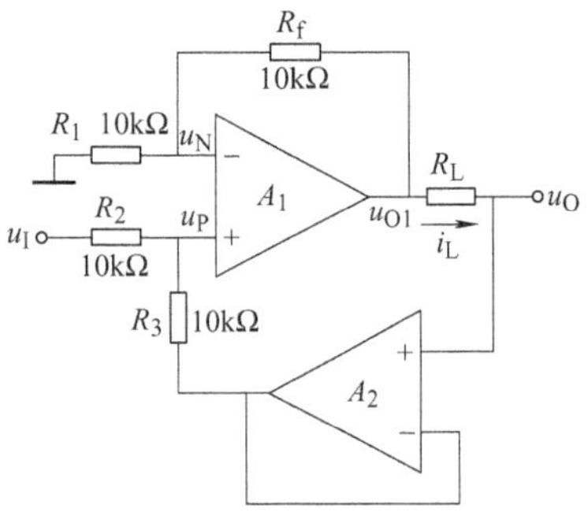

图 T8.10

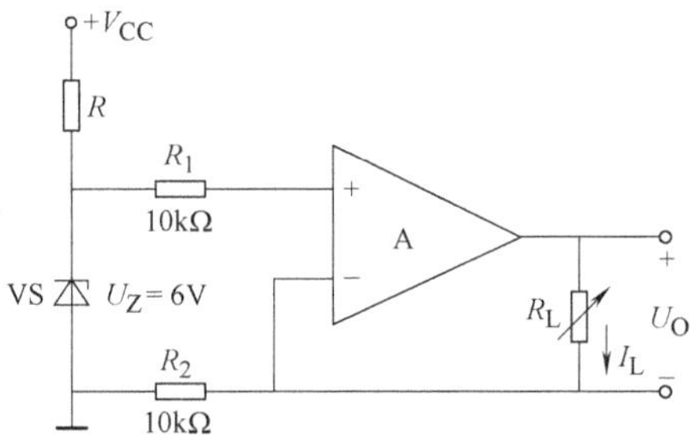

图 T8.11

8.12　在图 T8.12 所示电路中，正常情况下四个桥臂电阻均为 R。当某个电阻因受温度或应变等非电量的影响而变化 ΔR 时，电桥平衡即遭破坏，输出电压 u_O 反映非电量的大小。设 $R_1 \gg R$，试证明：

$$u_O = \frac{V_{CC}}{4} \frac{\frac{\Delta R}{R}}{1+\frac{\Delta R}{2R}}$$

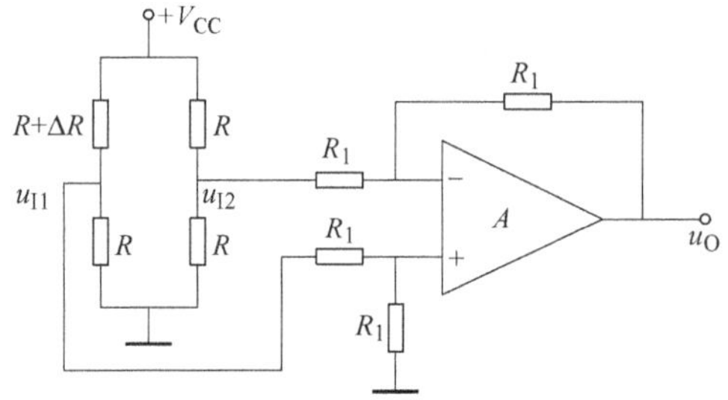

图 T8.12

8.13　图 T8.13 所示是运放测量电压的原理电路，共有 0.5V、1V、5V、10V、50V 五种量程，求 R_{i1}、R_{i2}、R_{i3}、R_{i4}、R_{i5}（输出端接有满量程为 5V、500μA 的电压表）。

8.14　图 T8.14 所示是应用运算放大器测量小电流的原理电路，求 R_{f1}、R_{f2}、R_{f3}、R_{f4}、R_{f5} 的阻值（输出端接有满量程为 5V、500μA 的电压表）。

8.15　图 T8.15 中的 VD 为一个 PN 结测温敏感元件，它在 20℃ 时的正向压降为 0.56V，其温度系数为 −2mV/℃，设运放是理想的，其他元件参数如图中所示，试回答：

（1）I 流向何处？它为什么要用恒流源？

（2）第一级的电压放大倍数是多少？

（3）u_O 的数值是如何代表温度的（u_O 与温度有何关系）？

（4）当 R_P 的滑动端处于中间位置时，u_O(20℃)=？u_O(30℃)=？

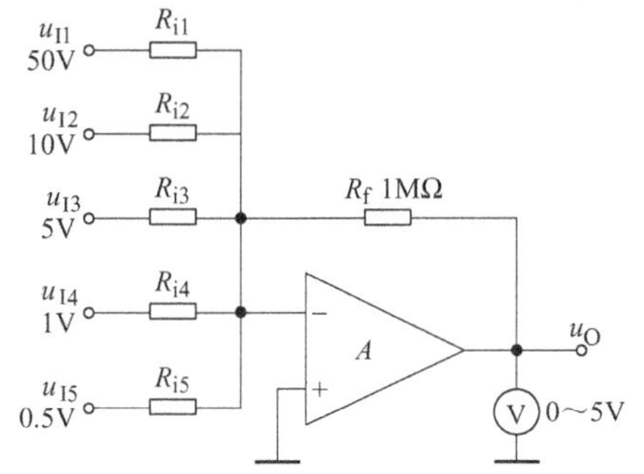

图 T8.13

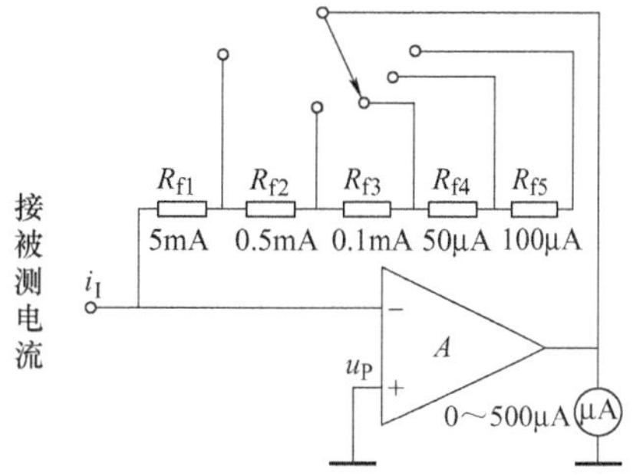

图 T8.14

(5) 温度每变化一摄氏度，u_O 变化多少伏？

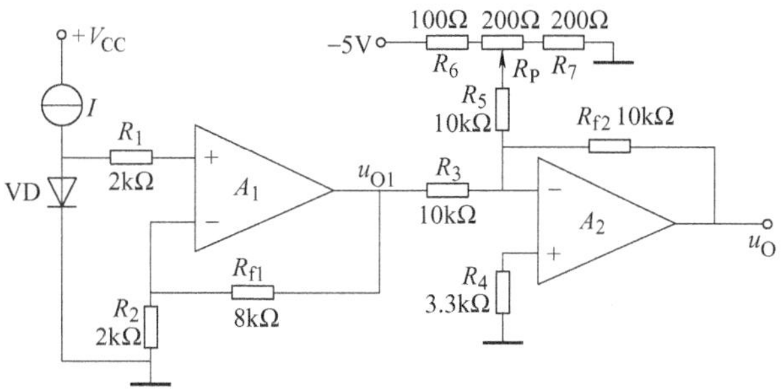

图 T8.15

8.16　在图 T8.16a 所示电路中，已知输入电压 u_I 的波形如图 T8.16b 所示，当 $t=0$ 时 $u_O=0$。试求出输出电压与输入电压之间的关系并画出输出电压 u_O 的波形。

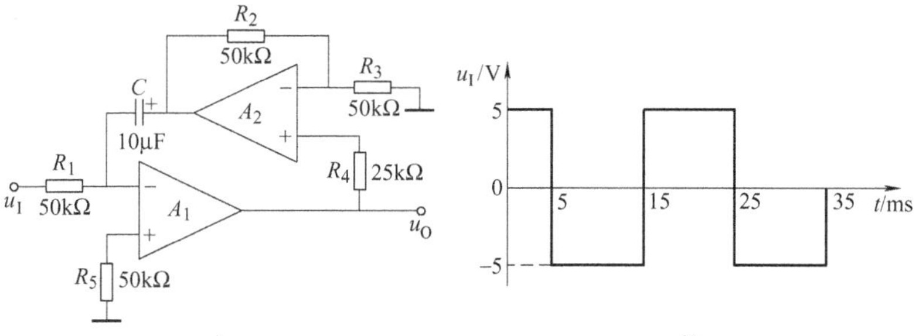

a)　　b)

图 T8.16

8.17　已知图 T8.17 所示电路中的集成运放为理想运放，试求解该电路的运算关系。

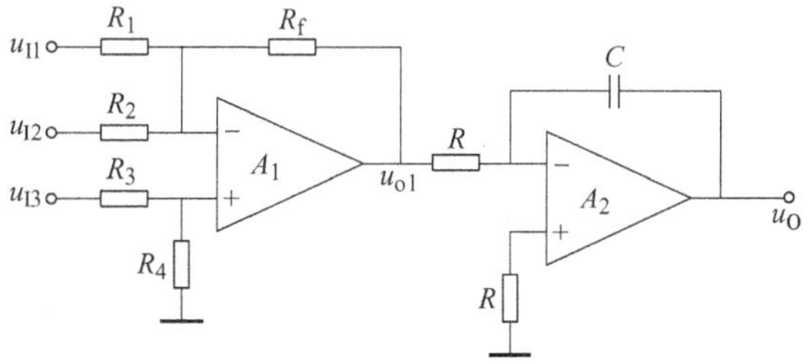

图 T8.17

8.18　设图 T8.18 中各运放是理想的，分别求出各电路的运算关系。

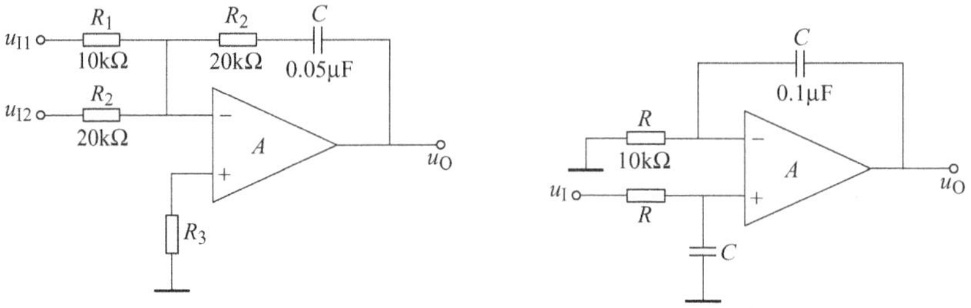

a)　　b)

图 T8.18

8.19　在图 T8.19 所示电路中，已知 $u_{I1}=5V$，$u_{I2}=2V$。回答下列问题：

(1) 当开关 S 闭合时，分别求解 A、B、C、D 和 u_O 的电位；

(2) 设 $t=0$ 时 S 断开，问经过多长时间 $u_O=0$？

8.20　求出图 T8.20 所示电路的运算关系。

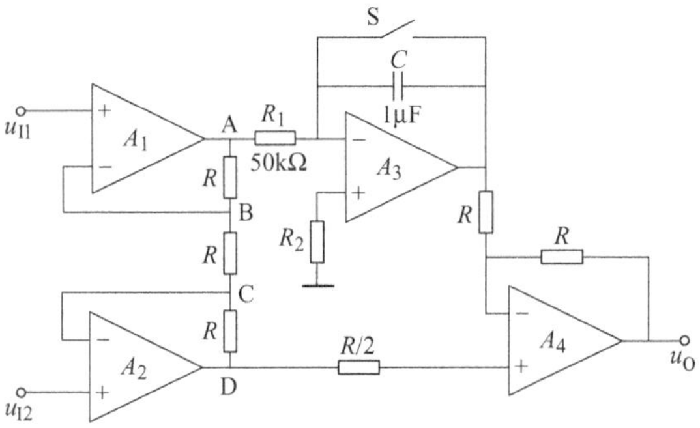

图 T8.19

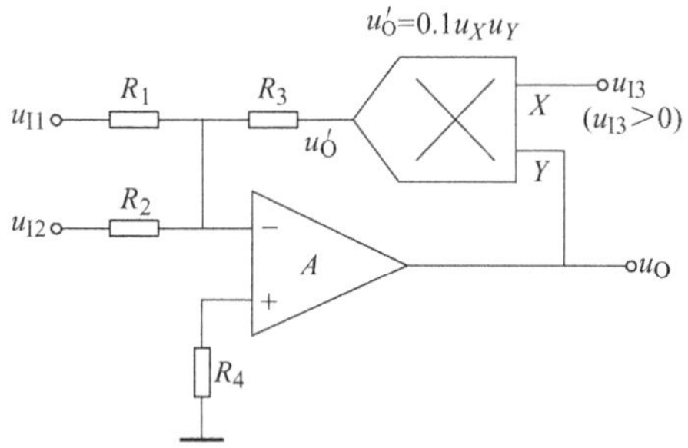

图 T8.20

8.21　为了使图 T8.21 所示电路实现除法运算，试：

(1) 标出集成运放的同相输入端和反相输入端；

(2) 求出 u_O 和 u_{I1}、u_{I2} 的运算关系式。

8.22　已知图 T8.22 所示电路中的集成运放为理想运放，模拟乘法器的乘积系数 k 大于零。试求解电路的运算关系。

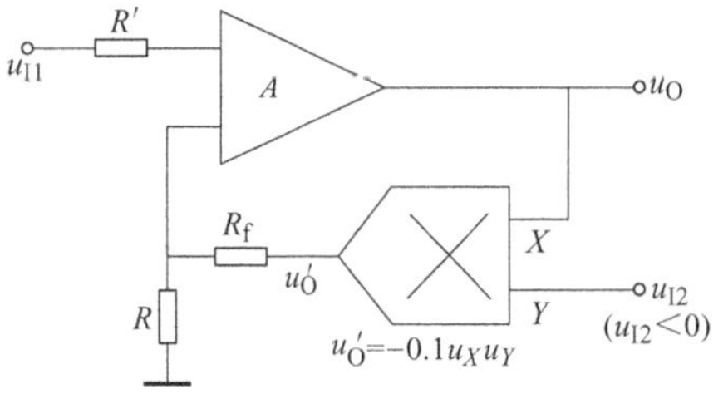

图 T8.21

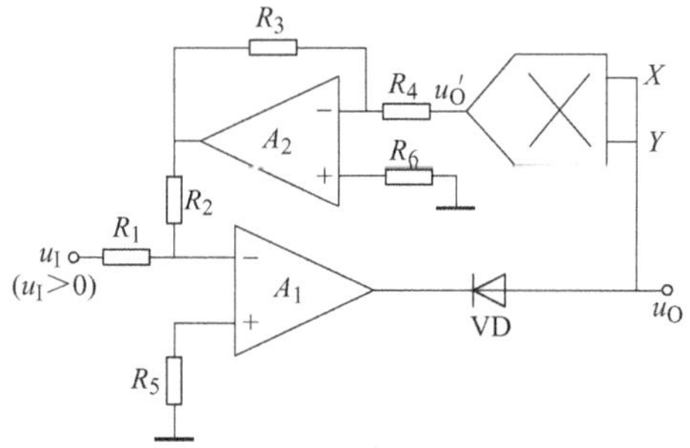

图 T8.22

8.23　利用模拟乘法器，分别设计四次方运算电路和四次幂运算电路。

8.24　分析图 T8.24 所示的电路，回答下列问题：

(1) A_1、A_2、A_3 与相应的元件各组成何种电路？

(2) 设 A_1、A_2、A_3 均为理想运放，输出电压 u_O 与 u_{I1}、u_{I2} 有何种运算关系（写出表达式）？

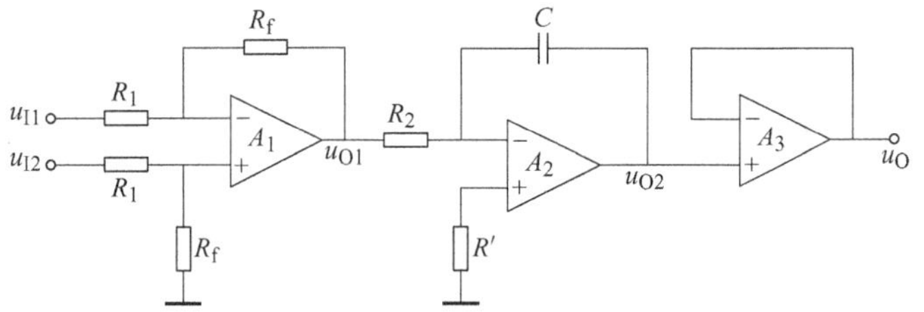

图 T8.24

8.25　分别推导出图 T8.25 所示各电路的传递函数，并说明它们属于哪种类型的滤波电路。

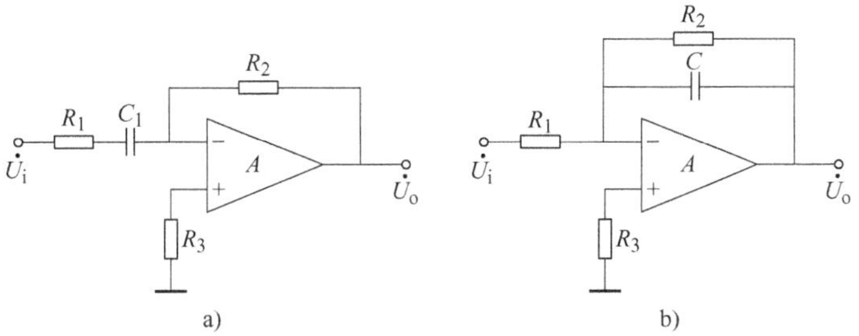

图 T8.25

8.26　试说明图 T8.26 所示各电路属于哪种类型的滤波电路，是几阶滤波电路，并简单说明原因。

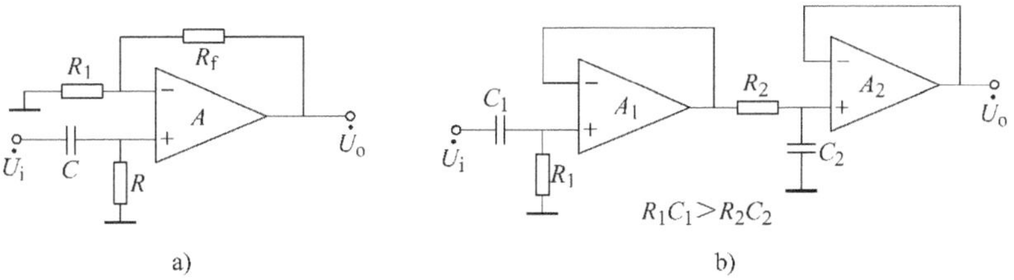

图 T8.26

8.27　一心电信号放大电路如图 T8.27 所示。设各集成运放都具有理想的特性。试求：

(1) $A_{u1}=(\dot{U}_{o1}-\dot{U}_{o2})/\dot{U}_i$ 的数值是多少？

(2) 整个电路的中频电压放大倍数 $A_{um}=\dot{U}_o/\dot{U}_i$ 是多少？

(3) 整个电路的上、下限截止频率的值是多少？

8.28　用 Multisim 分析图 T8.28 所示电路的输出 u_{o1}、u_{o2} 和 u_{o3} 分别具有哪种滤波特性 (LPF、HPF、BPF、BEF)？

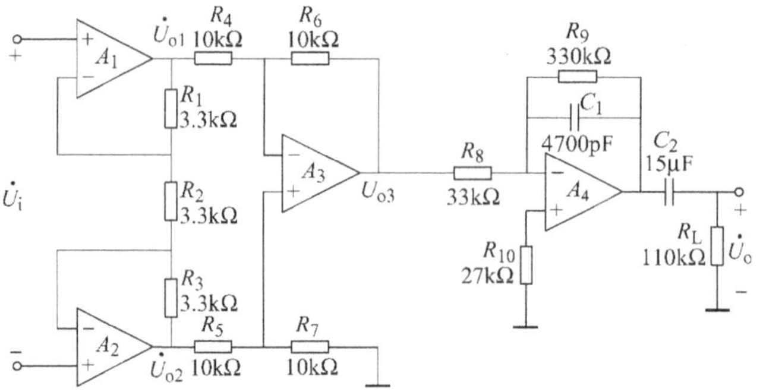

图 T8.27

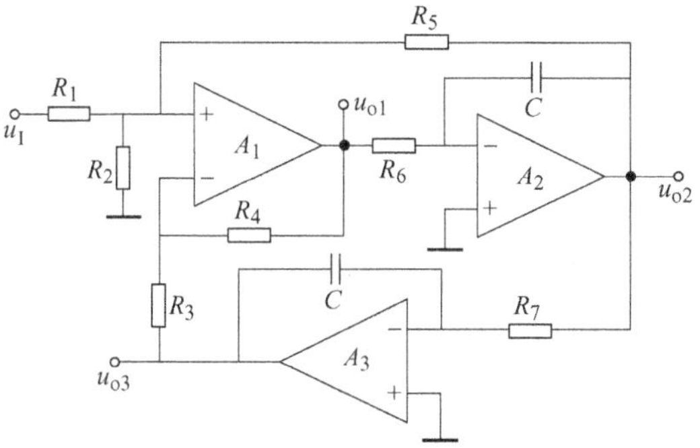

图 T8.28

8.29 用 Multisim 研究图 T8.27 所示电路的幅频特性，分别研究 Q 值对二阶滤波电路频率特性的影响。

第9章　信号的产生与变换电路

引言

前面讨论的信号运算与处理电路中，电路的输出和输入之间满足一定的关系。本章讨论的信号产生电路，一般不需要输入信号就能产生周期性的输出信号，这种电路也称为信号发生器，信号产生电路是构成振荡源的主要电路，根据输出波形的不同，分为正弦波信号产生电路和非正弦信号产生电路。电压比较器是非正弦信号产生电路的基本组成部分，广泛应用于测量和自动化系统中。将电压信号变换为电流信号（或反之），或将一种形式的电压（电流）信号变换为另一种形式的电压（电流）信号的电路称为信号变换电路，是集成运放的另一种基本应用电路。

本章是集成运放应用电路的继续，但主要讨论其工作在非线性区的情况，即运放电路引入正反馈或工作在开环状态，此时，前述的“虚断”仍然成立，而“虚短”不成立。

9.1　*RC* 正弦波振荡电路及振荡条件

正弦波振荡电路用来产生一定频率和幅度的正弦交流信号，本质上是对一定频率的信号具有正反馈的电路。

9.1.1　正弦波振荡电路的振荡条件

引入正反馈的放大电路框图如图 9.1.1 所示。该电路在无外加输入，即 $\dot{X}_i=0$ 时，可画为图 9.1.2。

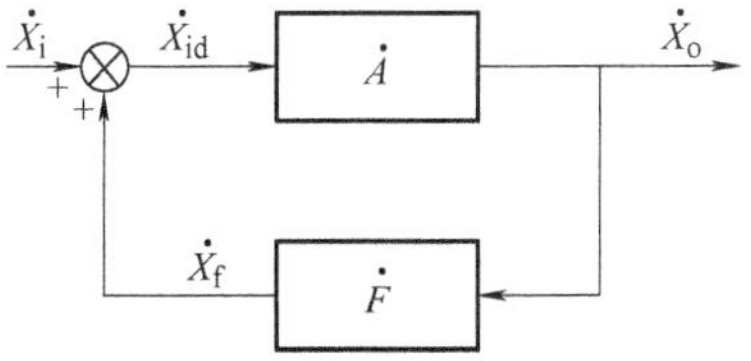

图 9.1.1　具有正反馈的放大电路

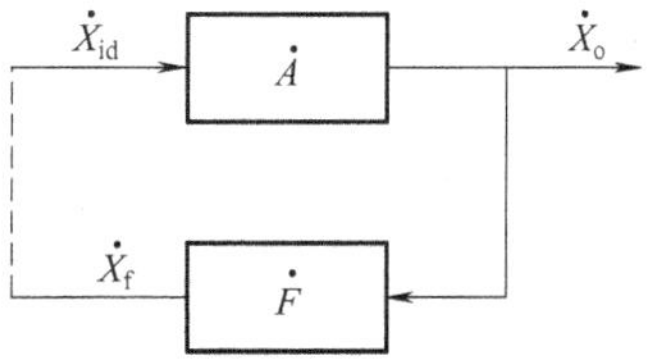

图 9.1.2　外加输入为零时的情况

图 9.1.2 中，$\dot{X}_f=\dot{A}\dot{F}\dot{X}_{id}$，若 $\dot{X}_f=\dot{X}_{id}$，则放大部分的输入 $\dot{X}_{id}$ 可由 $\dot{X}_f$ 提供，$\dot{X}_o=\dot{A}\dot{X}_{id}$ 将维持不变，电路产生了自激振荡。故产生自激振荡的条件为

$$\dot{A}\dot{F}=1 \tag{9.1.1}$$

对应的幅值和相位条件为

$$|\dot{A}\dot{F}|=1 \tag{9.1.2}$$

$$\varphi_{AF}=\varphi_A+\varphi_F=2n\pi \qquad n=0,1,2,3,\cdots \tag{9.1.3}$$

要产生正弦波振荡，式（9.1.2）和式（9.1.3）的幅值条件和相位条件只能在某一个频率 f_0 下满足，因此，振荡电路中需包含选频网络。调整该网络的参数，使其对频率为 f_0 的信号满足幅值和相位条件，而对其他频率的信号，不满足上述条件，则电路可产生稳定的正弦波输出。

要使振荡电路的输出从无到有，除了满足式（9.1.3）的相位条件外，还需满足 $|\dot{A}\dot{F}|>1$ 的条件。当输出幅值达到要求的值时，应使 $|\dot{A}\dot{F}|=1$，故振荡电路中需有稳幅环节，它的作用是在振荡建立后，由 $|\dot{A}\dot{F}|>1$ 自动演变为 $|\dot{A}\dot{F}|=1$。

由图 9.1.2 所示的框图及上述振荡条件分析可知，一个完整的正弦波振荡电路应由放大电路、正反馈网络、选频网络和稳幅环节组成。其中，正反馈网络只对某个频率的信号满足上述自激振荡的幅值和相位条件，其经常和选频网络合二为一。根据选频网络的不同，正弦波振荡电路分为 *RC* 振荡电路和 *LC* 振荡电路两大类。

9.1.2 *RC* 正弦波振荡电路

RC 振荡电路中，选频网络由 *RC* 电路构成。根据 *RC* 电路的不同，有 *RC* 桥式振荡电路、双 T 网络式振荡电路和移相式振荡电路等。其中，*RC* 桥式振荡电路是本章学习的重点。

1. *RC* 桥式正弦波振荡电路的构成

RC 桥式正弦波振荡电路如图 9.1.3 所示。运放 *A* 和 R_f、R_1 构成电压串联负反馈，从 $\dot{U}_f$ 到 $\dot{U}_o$，为同相比例放大电路。*RC* 电路构成选频网络，同时构成正反馈环节，形成反馈电压 $\dot{U}_f$。此电路的另一种画法如图 9.1.4 所示，故得名 *RC* 桥式振荡电路。

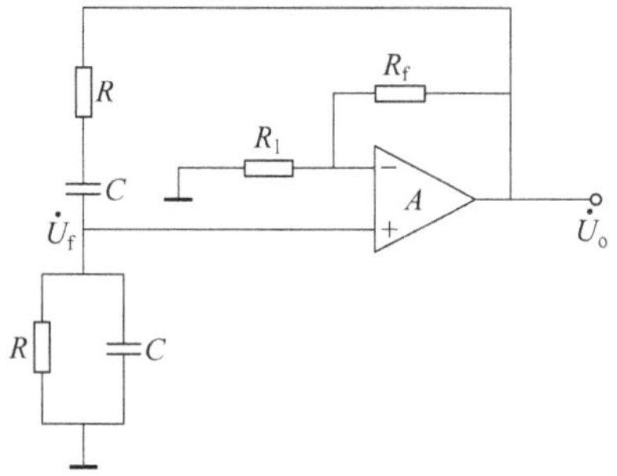

图 9.1.3　*RC* 桥式正弦波振荡电路

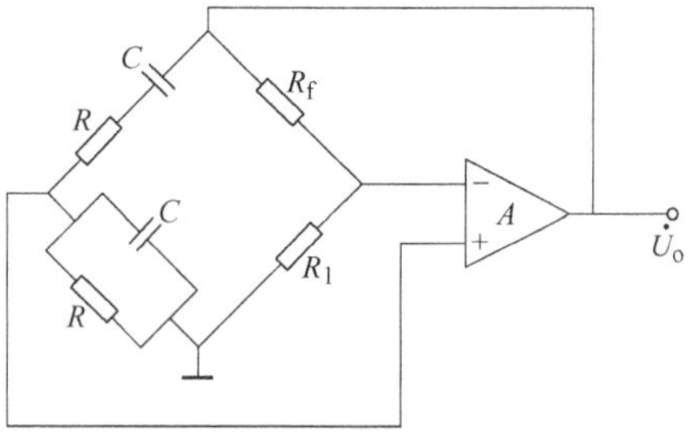

图 9.1.4　*RC* 桥式正弦波振荡电路的另一种画法

2. *RC* 电路的选频特性

RC 选频网络的输入取自放大电路的输出 $\dot{U}_o$，输出为送到运放同相输入端的电压 $\dot{U}_f$，如图 9.1.5 所示。

RC 选频网络的输出电压和输入电压之比为反馈系数 *F*，按下式计算：

$$F=\frac{\dot{U}_f}{\dot{U}_o}=\frac{Z_2}{Z_1+Z_2} \tag{9.1.4}$$

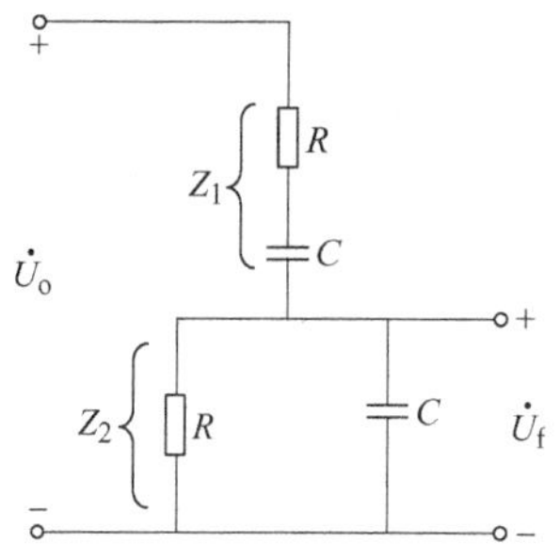

图 9.1.5　*RC* 选频网络

由于

$$Z_1=R+\frac{1}{j\omega C}\qquad Z_2=\frac{R\frac{1}{j\omega C}}{R+\frac{1}{j\omega C}}=\frac{R}{1+j\omega RC}$$

代入式（9.1.4）有

$$F=\frac{\frac{R}{1+j\omega RC}}{R+\frac{1}{j\omega C}+\frac{R}{1+j\omega RC}}$$

上式分子分母同乘以 $j\omega C(1+j\omega RC)$，再同除以 $j\omega RC$，得到

$$F=\frac{j\omega RC}{j\omega RC+1+j\omega RC+j\omega RC(1+j\omega RC)}=\frac{1}{3+j\left(\omega RC-\frac{1}{\omega RC}\right)}$$

令

$$\omega_0=\frac{1}{RC} \tag{9.1.5}$$

为特征角频率，则

$$F=\frac{1}{3+j\left(\frac{\omega}{\omega_0}-\frac{\omega_0}{\omega}\right)} \tag{9.1.6}$$

F 的幅频特性为

$$|F|=\frac{1}{\sqrt{3^2+\left(\frac{\omega}{\omega_0}-\frac{\omega_0}{\omega}\right)^2}} \tag{9.1.7}$$

F 的相频特性为

$$\varphi_F=-\arctan\frac{\frac{\omega}{\omega_0}-\frac{\omega_0}{\omega}}{3} \tag{9.1.8}$$

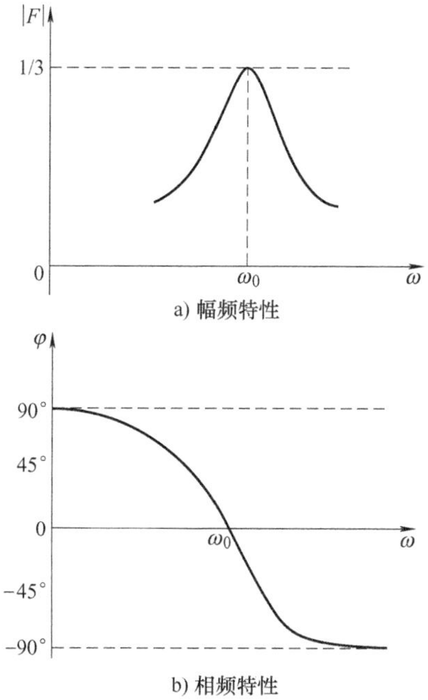

图 9.1.6　幅频特性和相频特性

式（9.1.7）和式（9.1.8）对应的幅频特性和相频特性如图 9.1.6a、b 所示。

从图 9.1.6a 可以看出，当 $\omega=\omega_0$ 时，$|F|$最大，为 1/3，当 ω 偏离 ω_0 时，$|F|$很快下降。从相频特性可以看出，当 $\omega=\omega_0$ 时，$\dot{U}_f$ 与 $\dot{U}_o$ 同相位，其相位差为零，而当 ω 偏离 ω_0 时，$\dot{U}_f$ 与 $\dot{U}_o$ 相位差不为零，故 *RC* 网络具有选频特性。

3. 振荡条件和起振条件

在图 9.1.3 所示 *RC* 桥式正弦波振荡电路中，*RC* 选频网络对 $\omega=\omega_0$ 的信号，$\varphi_F=0°$，

$|F|=1/3$。除 RC 网络之外的放大部分为同相比例放大电路，其$\varphi_A=0°$，放大电路的放大倍数 $A=1+\dfrac{R_f}{R_1}$。故 $\varphi_{AF}=\varphi_A+\varphi_F=0°$，满足振荡的相位条件。使电路维持振荡的幅值条件为 $|\dot{A}\dot{F}|=1$，即$\dfrac{1}{3}\left(1+\dfrac{R_f}{R_1}\right)=1$，则只要$\dfrac{R_f}{R_1}=2$，图 9.1.3 的电路就可持续振荡。因此上述电路中，当 $\omega=\omega_0$ 时，相位条件满足，形成正反馈，只要$\dfrac{R_f}{R_1}=2$，幅值条件也能满足，电路满足振荡条件，输出为幅值恒定的正弦波。

而对 $\omega\neq\omega_0$ 的信号，相位条件不满足，不能形成正反馈，振荡不能建立。

在电路接通瞬间，振荡有一个从小到大的过程，即振荡的建立过程。此过程中电路应满足的条件为起振条件，具体如下：

相位条件

$$\varphi_{AF}=\varphi_A+\varphi_F=2n\pi, n=0,1,2,\cdots$$

幅值条件

$$|\dot{A}\dot{F}|>1$$

对图 9.1.3 所示的电路，应满足的条件为

$$\frac{1}{3}\left(1+\frac{R_f}{R_1}\right)>1$$

即

$$\frac{R_f}{R_1}>2$$

在电路接通电源后，振荡如何从无到有呢？在电路接通电源瞬间，电路中产生噪声，其频谱分布很广，其中含 ω_0 的成分，对 ω_0 的信号，由于 $\varphi_{AF}=2n\pi$，$|\dot{A}\dot{F}|>1$，因此频率 ω_0 的信号在环路中不断放大，输出不断增大；在此过程中，由于半导体器件的非线性，随着输出信号的增大，放大倍数将逐渐减小，使$|\dot{A}\dot{F}|$由大于 1 逐渐演变为等于 1，电路输出幅值稳定下来，如图 9.1.7 所示。

4. 振荡幅度的稳定

为进一步改善输出电压幅度的稳定性，常在负反馈回路中采用非线性元件来自动调整放大部分的增益，以维持输出电压恒定。

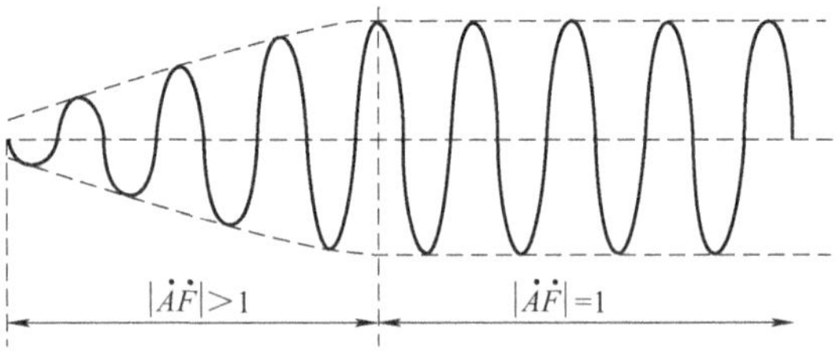

图 9.1.7　振荡的建立过程

（1）反馈支路接入热敏电阻

如图 9.1.8 所示，R_f 为热敏电阻，且具有负温度系数。其稳定输出电压幅值的过程为，当 u_o 上升时，R_f 中的电流也上升，使 R_f 的功耗增加，其温度上升，R_f 的阻值减小，放大电路的增益相应减小，限制了输出电压的增大。当 u_o 减小时，R_f 的阻值增大，放大电路的增益相应增加，限制了输出电压的降低。

如果 R_1 用一正温度系数的热敏电阻代替，也可达到相同的目的。

（2）反馈支路接入限幅电路

在反馈支路接入由 VD_1、VD_2 和 R_3 构成的限幅电路，如图 9.1.9 所示。当输出电压在规定的范围内时，VD_1、VD_2 均截止，反馈支路的电阻为 R_2 与 R_3 的和，电压放大倍数较大；当输出电压正向超过一定值时，VD_2 导通，而当输出电压负向超过一定值时，VD_1 导通，这两种情况下，反馈电阻仅为 R_2，电压放大倍数下降，输出电压幅度被限制在一定的范围内。

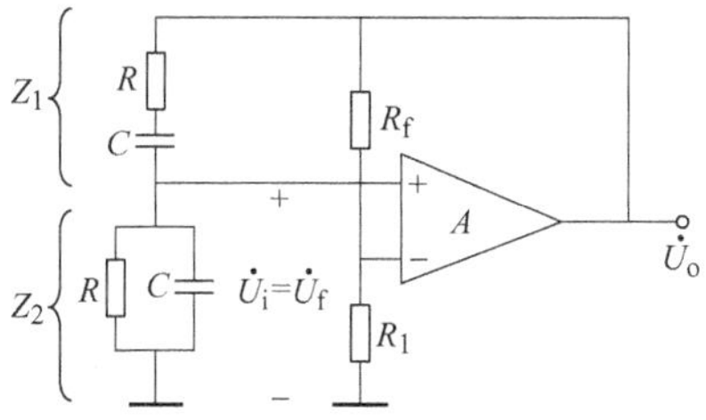

图 9.1.8　反馈支路接入热敏电阻

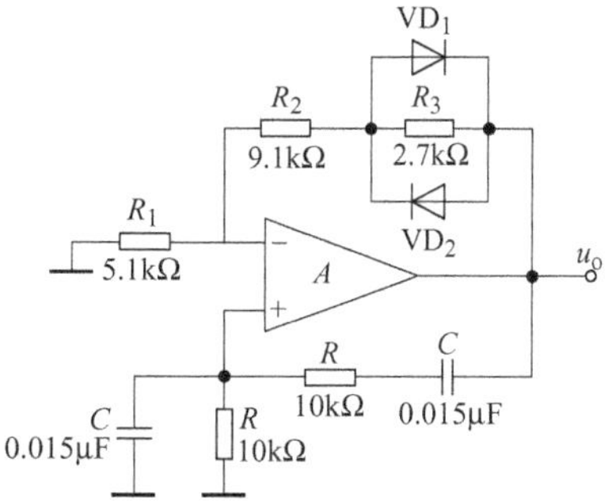

图 9.1.9　反馈支路接入限幅电路

(3) 反馈支路接入非线性器件

反馈支路或 R_1 支路接入场效应晶体管等非线性器件，并使场效应晶体管工作在可变电阻区，如图 9.1.10 所示，即场效应晶体管作为电压控制的电阻使用，改变控制电压 u_{GS}，即可改变场效应晶体管漏-源极之间的电阻 R_{DS}，从而改变放大倍数，维持输出幅值稳定。

一个采用 JFET 稳幅的音频信号振荡电路如图 9.1.11 所示。其中，VD、R_4、C_3 构成整流滤波电路，JFET 为压控电阻。放大电路的电压增益为

$$A=1+\frac{R_{P3}}{R_3+R_{DS}}$$

稳幅原理如下：当 u_o 上升时，u_{GS} 的绝对值增大，JFET 漏-源极之间的电阻 R_{DS} 增加，放大电路的增益减小，使输出幅值维持恒定。

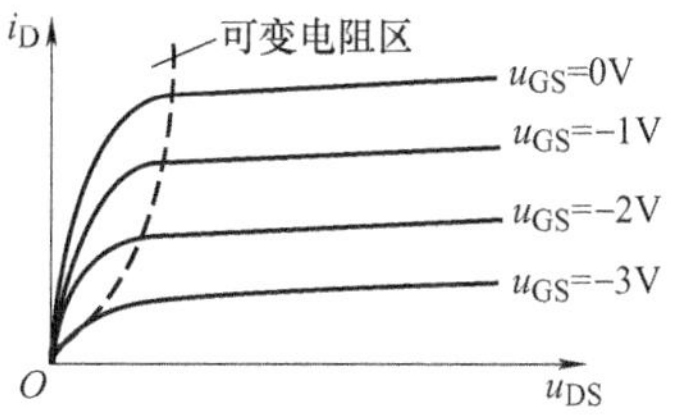

图 9.1.10　场效应晶体管的输出特性

图 9.1.12 所示是由运放 TL082 构成的 RC 正弦波发生器。该电路采用 RC 桥式结构，但增加了由第二个 TL082 运放和场效应晶体管构成的自动增益控制（AGC）电路，保证了输出正弦波幅值的稳定。

5. 振荡频率的计算

RC 振荡电路中，放大电路的输出为 RC 选频网络的信号源，该信号源的内阻可忽略，而放大电路的输入可认为是 RC 网络的负载。因为该负载电阻为放大电路的输入电阻，可认为是∞，故可忽略放大电路对 RC 网络的影响，整个电路输出正弦信号的频率，为 RC 网络的特征角频率，即式（9.1.5）。其频率为

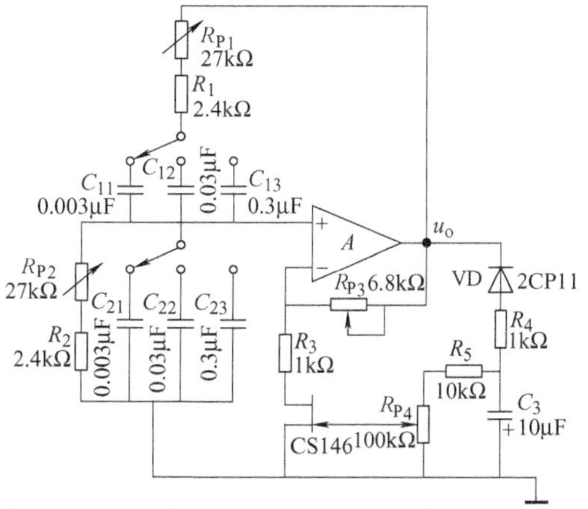

图 9.1.11　采用 JFET 稳幅的音频信号振荡电路

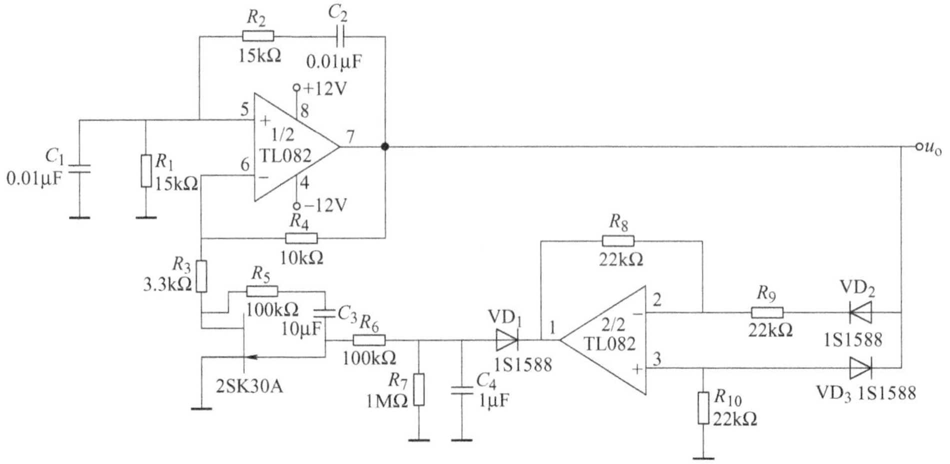

图 9.1.12　自动增益控制的 *RC* 正弦波发生器

$$f_0=\frac{1}{2\pi RC} \tag{9.1.9}$$

若希望提高 f_0，需使 R 或 C 减小。R 减小会增加选频网络对运放电路的影响，C 减小又会使集成电路中结电容效应的影响加剧，故 RC 桥式振荡电路一般用于产生中低频信号，如频率低于 1MHz 的正弦信号，而更高频的信号由 LC 振荡电路产生。

6. *RC* 移相式正弦波振荡电路

3 级 RC 高通网络级联电路如图 9.1.13 所示，其相移为 0°~270°，对某一频率 f_0，可使相移 $\varphi_F=180°$。以此电路作为振荡电路的选频网络，放大部分采用反相比例运算电路，得到的 RC 移相式正弦波振荡电路如图 9.1.14 所示。

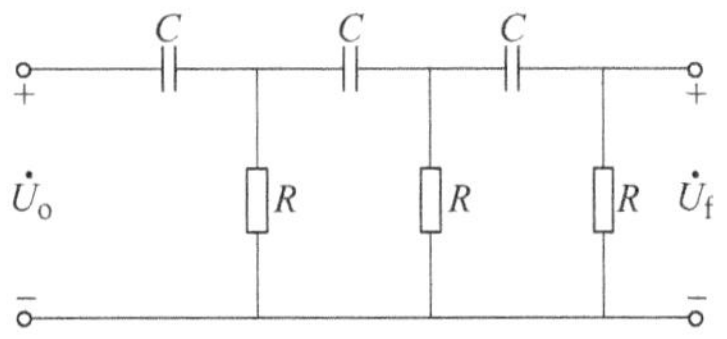

图 9.1.13　*RC* 高通网络级联电路

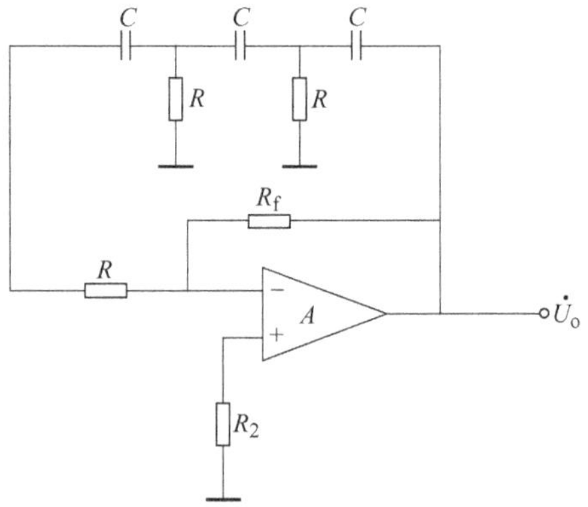

图 9.1.14　*RC* 移相式正弦波振荡电路

经简单推导，选频网络的反馈系数为

$$F=\frac{\dot{U}_f(j\omega)}{\dot{U}_o(j\omega)}=\frac{1}{1-5\left(\frac{1}{\omega RC}\right)^2-j\left[\frac{6}{\omega RC}-\left(\frac{1}{\omega RC}\right)^3\right]}$$

为使 $\varphi_F=180°$，应使上式虚部为 0，即

$$\frac{6}{\omega RC}-\left(\frac{1}{\omega RC}\right)^3=0$$

解之得

$$\omega_0=\frac{1}{\sqrt{6}RC} \tag{9.1.10}$$

此时反馈系数为

$$F=\frac{1}{1-5\left(\frac{1}{\omega RC}\right)^2}=-\frac{1}{29}$$

即当 $\omega_0=\frac{1}{\sqrt{6}RC}$时，有 $\varphi_F=180°$成立，且此时 $F=-\frac{1}{29}$。

由于放大部分为反相比例电路，故 $\varphi_A=180°$，因此，$\varphi_{AF}=\varphi_A+\varphi_F=360°$，自激振荡的相位条件满足。为了满足幅值条件，只要 $|A|=\frac{R_f}{R}=29$，就可使 $|\dot{A}\dot{F}|=1$，即可产生稳定的正弦振荡。而在振荡建立过程中，除了要满足上述的相位条件外，需使 $|\dot{A}\dot{F}|>1$，振荡即可逐渐建立。

9.2　*LC* 正弦波振荡电路

9.2.1　*LC* 选频电路

常见的 *LC* 选频电路如图 9.2.1 所示。下面分析其频率特性。

图 9.2.1 所示电路的输入阻抗为

$$Z=\frac{\frac{1}{j\omega C}(R+j\omega L)}{\frac{1}{j\omega C}+R+j\omega L}$$

一般情况下，$R\ll\omega L$，因此

$$Z=\frac{\frac{1}{j\omega C}j\omega L}{R+j\left(\omega L-\frac{1}{\omega C}\right)}=\frac{\frac{L}{C}}{R+j\left(\omega L-\frac{1}{\omega C}\right)} \tag{9.2.1}$$

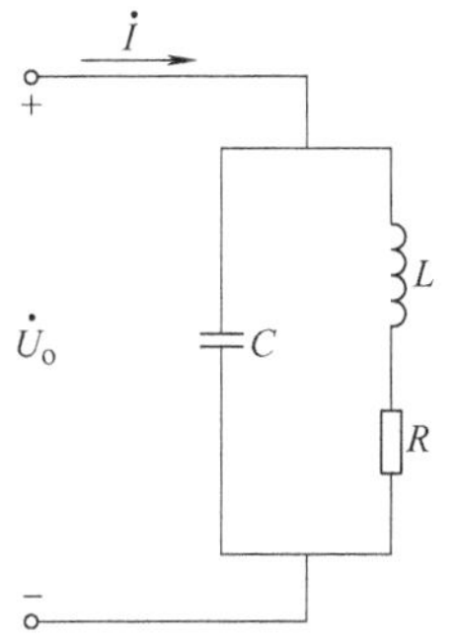

图 9.2.1　*LC* 选频电路

当 $\omega L-\frac{1}{\omega C}=0$ 时，$\omega=\omega_0=\frac{1}{\sqrt{LC}}$，电路输入阻抗呈纯电阻性，且为最大值，为 $Z_0=Z_{max}=\frac{L}{RC}$。电路谐振，ω_0 为谐振角频率。

定义

$$Q=\frac{\omega_0 L}{R}=\frac{1}{R\omega_0 C}=\frac{1}{R}\sqrt{\frac{L}{C}} \tag{9.2.2}$$

为电路的品质因数，则谐振时，电路的阻抗可写为

$$Z_0=\frac{L}{RC}=Q\frac{1}{\omega_0 C}=Q\omega_0 L$$

对式（9.2.1）进一步变换，有

$$Z=\frac{\frac{L}{RC}}{1+\mathrm{j}\frac{1}{R}\left(\omega L-\frac{1}{\omega C}\right)}=\frac{\frac{L}{RC}}{1+\mathrm{j}\frac{\omega L}{R}\left(1-\frac{1}{\omega^2}\frac{1}{LC}\right)}=\frac{\frac{L}{RC}}{1+\mathrm{j}\frac{\omega L}{R}\left(1-\frac{\omega_0^2}{\omega^2}\right)}=\frac{\frac{L}{RC}}{1+\mathrm{j}\frac{\omega L}{R}\frac{(\omega+\omega_0)(\omega-\omega_0)}{\omega^2}}$$

若所讨论的 Z 只限于谐振频率附近，可认为

$$\omega\approx\omega_0 \qquad \frac{\omega L}{R}\approx\frac{\omega_0 L}{R}=Q \qquad \omega+\omega_0\doteq 2\omega_0 \qquad \omega-\omega_0=\Delta\omega$$

则

$$Z=\frac{Z_0}{1+\mathrm{j}Q\frac{2\Delta\omega}{\omega_0}}$$

阻抗的幅值为

$$|Z|=\frac{Z_0}{\sqrt{1+\left(Q\frac{2\Delta\omega}{\omega_0}\right)^2}} \tag{9.2.3}$$

或写为

$$\frac{|Z|}{Z_0}=\frac{1}{\sqrt{1+\left(Q\frac{2\Delta\omega}{\omega_0}\right)^2}} \tag{9.2.4}$$

阻抗角为

$$\varphi=-\arctan Q\frac{2\Delta\omega}{\omega_0} \tag{9.2.5}$$

以 $\frac{2\Delta\omega}{\omega_0}$ 为横坐标轴，表示信号频率偏离谐振角频率的程度，以 $\frac{|Z|}{Z_0}$ 为纵坐标轴，即可得到式（9.2.4）和式（9.2.5）的频率特性曲线，如图 9.2.2 所示。

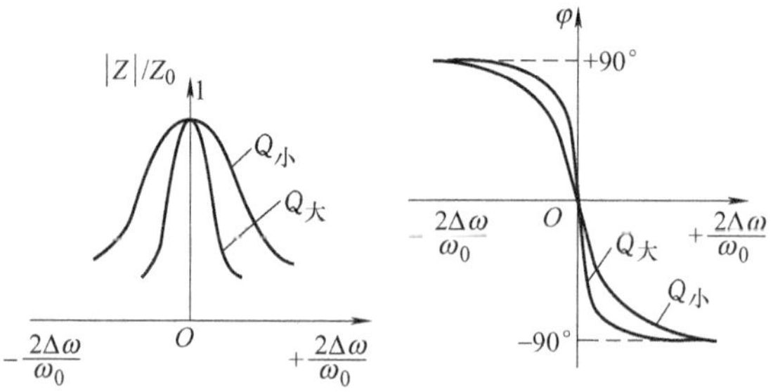

图 9.2.2　LC 选频电路的频率特性

从图 9.2.2 可以看出：

1）当 $\omega=\omega_0$ 时，出现并联谐振，电路阻抗最大，为 Z_0；当 ω 偏离 ω_0 时，阻抗值下降。

2）当 $\omega=\omega_0$ 时，阻抗呈电阻性，阻抗角为 $\varphi=0$。

3）当 $\Delta\omega>0$，即 $\omega>\omega_0$ 时，$\varphi<0$，阻抗为容性；当 $\Delta\omega<0$，即 $\omega<\omega_0$ 时，$\varphi>0$，阻抗为感性。

4）阻抗频率特性曲线的尖锐程度和 Q 有关，Q 越大，曲线越尖锐，幅值特性随 ω 偏离 ω_0 程度的增大而下降更快，同时相位变化也加快。

9.2.2 变压器反馈式 LC 正弦波振荡电路

按照选频电路所在位置的不同，变压器反馈式 LC 正弦波振荡电路分为集电极调谐型、发射极调谐型和基极调谐型三类。

1. 共射集电极调谐型

共射集电极调谐型 LC 正弦波振荡电路如图 9.2.3 所示，放大部分为由晶体管构成的共射极放大电路。LC 构成的选频网络接于晶体管的集电极，选频网络的等效电路与图 9.2.1 相同。

对频率为 ω_0 的信号，LC 电路产生谐振，对外等效为一个电阻。基极的输入信号从输入端传输到集电极，产生 180°的相移，变压器的二次侧又引入 180°的相移，瞬时极性如图 9.2.3 所示，故 $\dot{U}_f$ 与 $\dot{U}_i$ 同极性，$\varphi_{AF}=0°$，构成正反馈，相位条件满足。只要适当选择放大电路的增益，即可满足自激振荡的幅值条件，电路能够输出稳定的正弦波。该正弦波的频率为

$$f_0=\frac{1}{2\pi\sqrt{LC}}$$

2. 共基发射极调谐型

共基发射极调谐型 LC 正弦波振荡电路如图 9.2.4 所示，放大部分为由晶体管构成的共基极放大电路。LC 构成的选频网络接于晶体管的发射极。若断开发射极加一瞬时极性为“+”的信号，则集电极信号瞬时极性也为“+”，由 L_3 的两端反馈到发射极的 $\dot{U}_f$ 与 $\dot{U}_i$ 同方向，满足振荡的相位条件。只要适当选择放大电路的增益，即可满足自激振荡的幅值条件，电路能够输出稳定的正弦波。

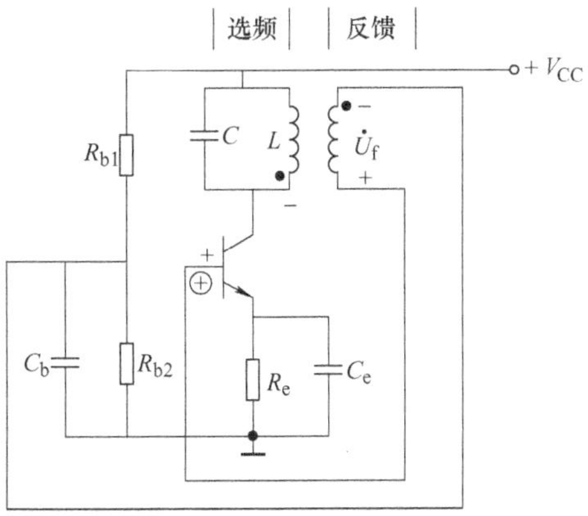

图 9.2.3 集电极调谐型 LC 正弦波振荡电路

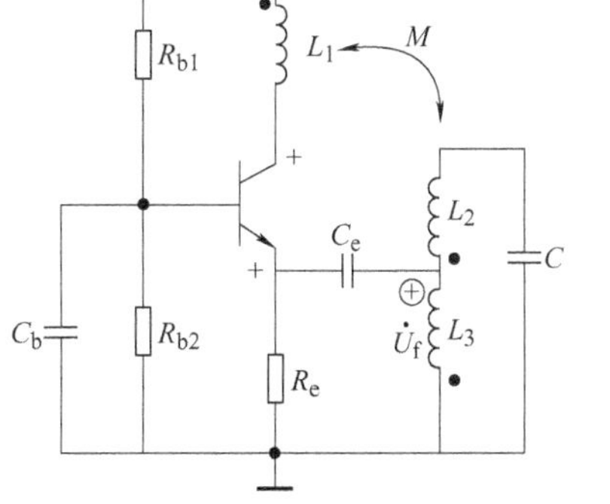

图 9.2.4 共基发射极调谐型 LC 正弦波振荡电路

3. 共射基极调谐型

共射基极调谐型 LC 正弦波振荡电路如图 9.2.5 所示，放大部分为由晶体管构成的共射

极放大电路。LC 构成的选频网络接于晶体管的基极。L_2 上的反馈电压送入放大电路的基极和发射极之间，为正反馈，满足产生振荡的相位条件。

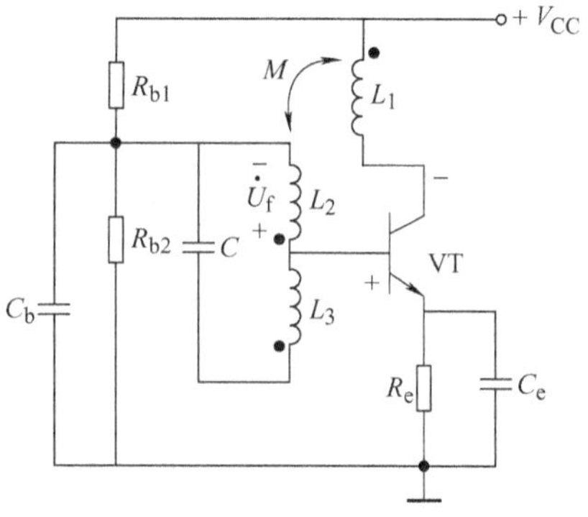

图 9.2.5　共射基极调谐型 LC 振荡电路

9.2.3　LC 三点式正弦波振荡电路

1. LC 三点式振荡电路的一般结构

LC 三点式振荡电路的选频网络由电感和电容网络组成，同时承担正反馈电路的功能。反馈信号可以送入运放的同相端，构成同相放大，如图 9.2.6a 所示，也可以送入运放的反相端，构成反相放大，如图 9.2.6b 所示。

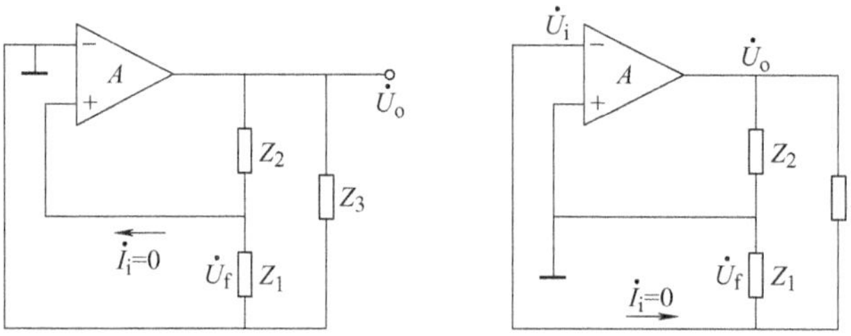

a) 同相放大　　　b) 反相放大

图 9.2.6　LC 三点式振荡电路的一般结构

下面以图 9.2.6b 所示的反相放大电路为例，对其自激振荡条件进行分析。$\dot{U}_f$ 为反馈信号，由于 $\dot{I}_i=0$，则运放的负载 $Z_L=Z_2//(Z_1+Z_3)$

设运放在负载开路时的放大倍数为 $\dot{A}_{uo}$，运放的输出电阻为 r_o，则加 Z_L 负载后的等效电路如图 9.2.7 所示。加 Z_L 负载后的增益为

$$\dot{A}_u=A_{uo}\frac{Z_L}{r_o+Z_L}$$

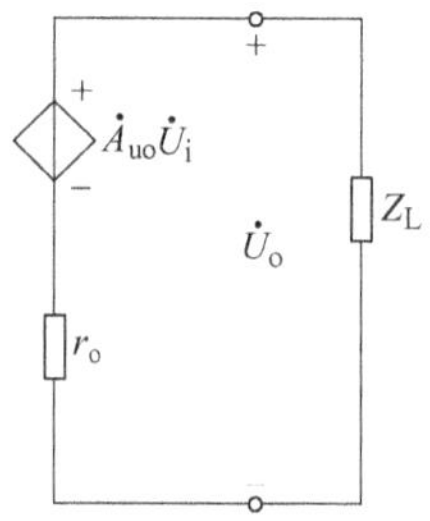

图 9.2.7　运放输出端的等效电路

图 9.2.6b 所示反馈网络的反馈系数为

$$\dot{F}_u=\frac{\dot{U}_f}{\dot{U}_o}=\frac{Z_1}{Z_1+Z_3}$$

则

$$\dot{A}_u\dot{F}_u=\frac{A_{uo}Z_1Z_2}{r_o(Z_1+Z_2+Z_3)+Z_2(Z_1+Z_3)}$$

设 $Z_1=jX_1$，$Z_2=jX_2$，$Z_3=jX_3$，则有

$$\dot{A}_u\dot{F}_u=\frac{A_{uo}X_1X_2}{-X_2(X_1+X_3)+jr_o(X_1+X_2+X_3)} \tag{9.2.6}$$

自激振荡时，需要 $\dot{A}_u\dot{F}_u=1$，则式（9.2.6）应为实数，分母虚部应为 0。即

$$X_1+X_2+X_3=0 \tag{9.2.7}$$

则自激振荡时

$$\dot{A}_{u}\dot{F}_{u}=\frac{A_{uo}X_1X_2}{-X_2(X_1+X_3)}=-\frac{A_{uo}X_1}{X_1+X_3}=\frac{A_{uo}X_1}{X_2} \tag{9.2.8}$$

因此，当满足自激振荡的条件，即 $\dot{A}_{u}\dot{F}_{u}=1$ 时，由式（9.2.8）知，X_1 和 X_2 的符号应相同，而由式（9.2.7）知，X_3 与 X_1 和 X_2 异号。即，若 Z_1 和 Z_2 为电感，Z_3 必为电容；或 Z_1 和 Z_2 为电容，Z_3 必为电感，且同性质元件的连接点需接公共端。

对同相放大电路结构，也可得出相同的结论。

2. LC 三点式振荡电路

由运放构成的电感三点式和电容三点式振荡电路如图 9.2.8a、b 所示。电路中同性质元件的连接点接运放的同相端和地，同性质元件连接起来后的两端中，一端接运放的输出，另一端接运放的反相输入；另一个不同性质元件跨接在运放的输出端和反相输入端之间。

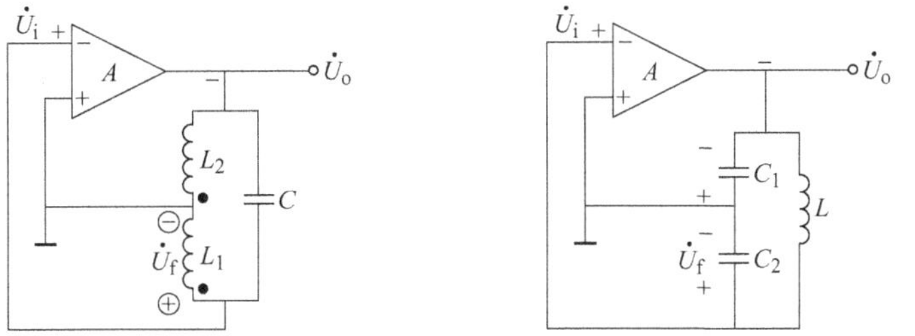

a) 电感三点式振荡电路　　b) 电容三点式振荡电路

图 9.2.8　LC 三点式振荡电路

图 9.2.8a 所示 LC 三点式电路的振荡频率为

$$f_0=\frac{1}{2\pi\sqrt{L'C}}$$

式中，$L'=L_1+L_2+2M$。

图 9.2.8b 所示电容三点式电路的振荡频率为

$$f_0=\frac{1}{2\pi\sqrt{LC'}}$$

式中，$C'=\dfrac{C_1C_2}{C_1+C_2}$。

由晶体管共射极放大电路构成的电感三点式和电容三点式振荡电路如图 9.2.9 所示，其

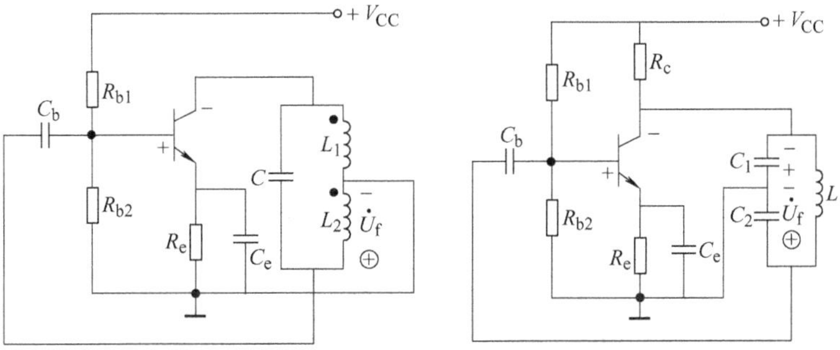

a) 电感三点式振荡电路　　b) 电容三点式振荡电路

图 9.2.9　晶体管共射极放大电路构成的 LC 三点式振荡电路

工作原理与图 9.2.8 相同。

图 9.2.10a 所示是一个实用的 LC 振荡电路，图 9.2.10b 所示是其交流通路。该电路的振荡频率由 C_1、C_2、C_3 和 L 决定，因为一般选取 $C_1 \gg C_3$、$C_2 \gg C_3$，所以振荡频率基本上由 L 和 C_3 决定。该电路也称克拉泼振荡电路，其振荡频率高，频率稳定性好。

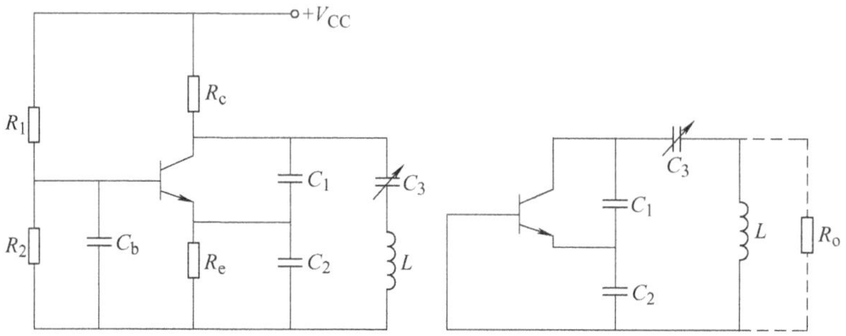

a) 克拉泼振荡电路　　b) 克拉泼振荡电路的交流通路

图 9.2.10　克拉泼振荡电路

图 9.2.11 所示是西勒（Seiler）振荡电路，振荡频率由 C_1、C_2、C_3、C_4、L_1 决定，因为其一般选取 $C_1(C_2) \gg C_3(C_4)$，所以振荡频率基本上由 L_1、C_3 和 C_4 决定。和克拉泼电路相比，西勒电路的振荡频率高，频率稳定性更好，性能更好，因而应用甚广，电视机本地振荡器几乎都采用这种振荡电路。

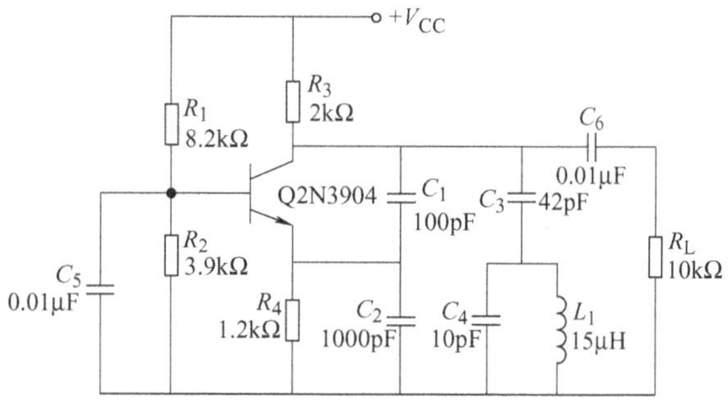

图 9.2.11　西勒振荡电路

9.2.4　石英晶体振荡电路

1. 振荡电路的频率稳定问题

振荡电路的频率稳定度定义为$\dfrac{\Delta f}{f_0}$，其中，Δf 表示相对于 f_0 的频率偏移量，f_0 为标称振荡频率。频率稳定度用于衡量振荡电路的频率稳定性，该值越小，意味着振荡电路的频率越稳定。在定时、测量等电路中，对振荡电路的频率稳定性有很高的要求。

影响振荡电路频率稳定度的主要因素有：

1）谐振电路参数 R、L、C。

2）谐振电路的品质因数 Q。

Q 值越高，选频特性越好，频率稳定度越好。LC 或 RC 振荡电路的 Q 一般在数百范围内，而石英晶体振荡电路的 Q 值可达 $10^4 \sim 10^6$。因此，LC 或 RC 振荡电路的频率稳定性较差，而采用石英晶体振荡电路可获得更高的频率稳定性。

2. 石英晶体的基本特性与等效电路

石英晶体是一种各向异性的晶体，按一定的方位角切下的薄片称为晶片。在晶片的对应表面涂敷银层作为金属极板，并安装外壳和机架，即构成石英晶体产品，如图 9.2.12 所示。

石英晶体的基本特性是其压电效应。当外加机械力时，晶体极板间产生电场。当极板间加电场时，晶体产生机械变形，即产生机械振动，而这种机械振动又会产生交变电场，这种物理现象称为压电效应。机械振动的固有频率与晶片尺寸有关，当交变电场频率等于固有频率时，振幅最大，产生压电谐振。

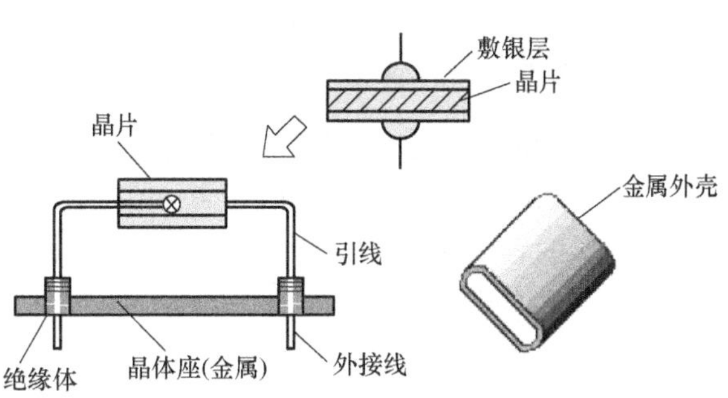

图 9.2.12 石英晶体的构成

石英晶体的电路图形符号如图 9.2.13 所示。为了电路分析的方便，常用 RLC 元件的组合电路等效石英晶体的基本特性，其等效电路如图 9.2.14 所示。当石英晶体不振动时，可用金属极板之间的静态电容 C_0 等效，其值决定于晶片的几何尺寸和电极面积。等效电路中的 R 代表振动的摩擦损耗，L 和 C 分别代表晶体振动的惯性和弹性。一般情况下 $C \ll C_0$。石英晶体的品质因数为

$$Q=\frac{1}{R}\sqrt{\frac{L}{C}}$$

由于石英晶体的 C 和 R 数值很小，而 L 很大，因而具有很高的惯性与弹性比（L/C），所以其品质因数 Q 很高。

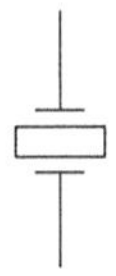

图 9.2.13 石英晶体的电路图形符号

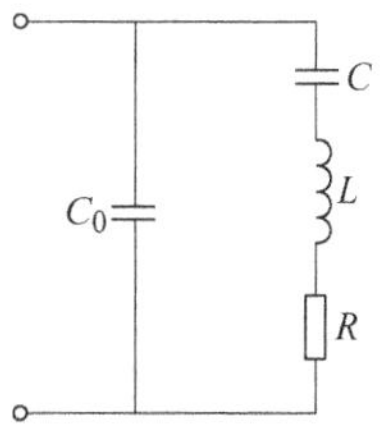

图 9.2.14 石英晶体的等效电路

图 9.2.14 电路中，当忽略电阻 R 时，端口的等效电抗为

$$X=\frac{-\frac{1}{\omega C_0}\left(\omega L-\frac{1}{\omega C}\right)}{-\frac{1}{\omega C_0}+\omega L-\frac{1}{\omega C}}=\frac{C(\omega^2 LC-1)}{C+C_0-\omega^2 LCC_0} \tag{9.2.9}$$

当式（9.2.9）的分子为零时，得到电抗为零的频率点 ω_s

$$\omega_s=\frac{1}{\sqrt{LC}} \tag{9.2.10}$$

当式（9.2.9）的分母为零时，得到电抗为无穷大的频率点 ω_p

$$\omega_p=\frac{1}{\sqrt{LC}}\sqrt{1+\frac{C}{C_0}}=\omega_s\sqrt{1+\frac{C}{C_0}} \tag{9.2.11}$$

根据式（9.2.9）~式（9.2.11），可以画出石英晶体的电抗频率特性如图 9.2.15 所示。当 $\omega=\omega_s$ 时，晶体的电抗为零，电路发生串联谐振，谐振角频率为 ω_s，晶体等效阻抗为纯

阻性，其值为 R。谐振频率 ω_s 下，石英晶体的阻抗为 R 和 C_0 的并联，因为 $R\ll\frac{1}{\omega C_0}$，故可近似认为石英晶体等效为电阻 R。当 $\omega_s<\omega<\omega_p$ 时，晶体等效阻抗为感性，将与 C_0 支路产生并联谐振，谐振角频率为 ω_p。由于 $C\ll C_o$，由式（9.2.11）可见，ω_p 和 ω_s 相差很小。并且，C 和 C_0 的容量相差越悬殊，ω_s 和 ω_p 越接近，石英晶体呈感性的频带越窄。当 $\omega<\omega_s$ 或 $\omega>\omega_p$ 时，晶体等效阻抗为容性。

石英晶体的标称角频率既不是 ω_p 也不是 ω_s，而是外接一小电容 C_s 校正后的振荡频率，如图 9.2.16 所示，其中 C_s 的值应大于 C 的值。改变 C_s 可使振荡频率在小范围内调整，加入 C_s 后的振荡角频率按式（9.2.12）计算。

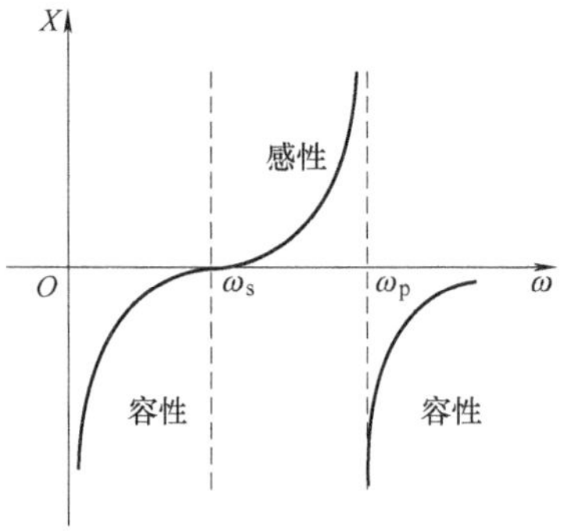

图 9.2.15　石英晶体的电抗频率特性

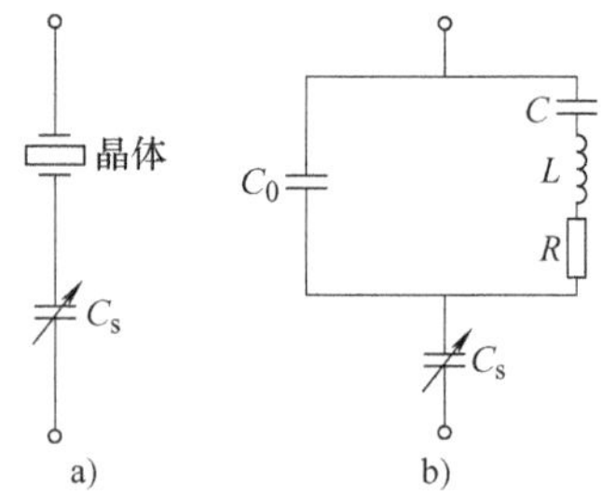

图 9.2.16　外接小电容的石英晶体

$$\omega_s'=\frac{1}{\sqrt{LC}}\sqrt{1+\frac{C}{C_0+C_s}}=\omega_s\sqrt{1+\frac{C}{C_0+C_s}} \tag{9.2.12}$$

由于 $C\ll C_0+C_s$，上式展开成幂级数，并略去高次项得到

$$\omega_s'=\omega_s\left[1+\frac{C}{2(C_0+C_s)}\right] \tag{9.2.13}$$

从式（9.2.12）可以看出，$C_s\to0$ 时，$\omega_s'=\omega_p$；$C_s\to\infty$ 时，$\omega_s'=\omega_s$。则调整 C_s 可使 ω_s' 在 ω_s 和 ω_p 之间变化。

3. 石英晶体振荡电路的类型

基本石英晶体振荡电路有并联型和串联型两种。前者石英晶体以并联谐振的形式出现，而后者则以串联谐振的形式出现。图 9.2.17 所示为一并联石英晶体振荡电路，晶体呈感性，和电容一起构成电容三点式振荡电路。

由于 $C_1\gg C_s$，$C_2\gg C_s$，故振荡频率主要取决于石英晶体和 C_s 的谐振频率，约为石英晶体的并联谐振频率 f_p。由于晶体呈感性，其等效电感很大，而 C_s 又很小，因此电路有极高的 Q 值。

图 9.2.18 所示为晶体管放大电路构成的并联型石英晶体振荡电路，其工作原理与图 9.2.17 所示电路相同，读者可自行分析。

两级晶体管放大电路构成的串联型石英晶体振荡电路如图 9.2.19 所示。电路的第一级为共基极放大电路，C_b 为旁路电容，对交流信号可视为短路。第二级为共集电极放大电路。电路有关节点的瞬时极性如图 9.2.19 所示。晶体工作在 ω_s 处时，呈电阻性，此时，正反馈

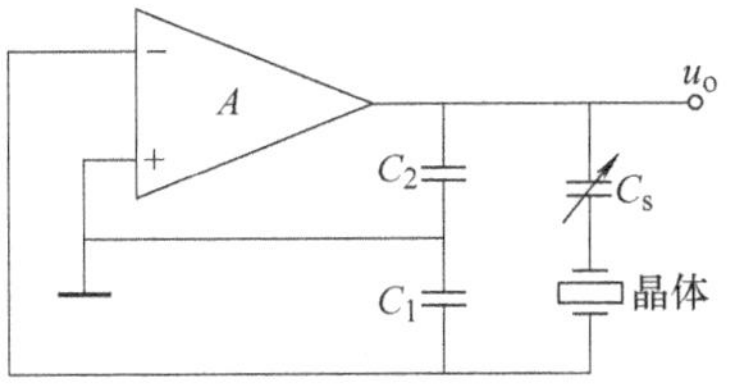

图 9.2.17　运放构成的并联型石英晶体振荡电路

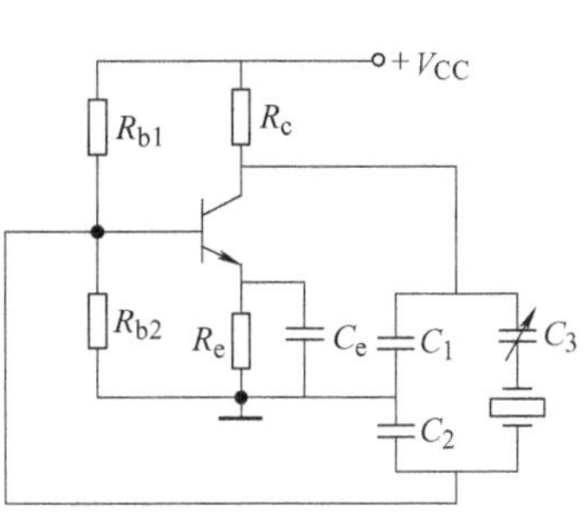

图 9.2.18　晶体管放大电路构成的并联型石英晶体振荡电路

作用最强，满足自激振荡条件。而对 ω_s 以外的其他频率，不满足自激振荡条件。因此，电路的振荡频率为石英晶体的串联谐振频率 f_s。

图 9.2.20 所示是单级放大电路构成的串联型石英晶体振荡电路，其工作原理与图 9.2.19 相同，振荡电路输出信号频率为石英晶体的串联谐振频率 f_s。

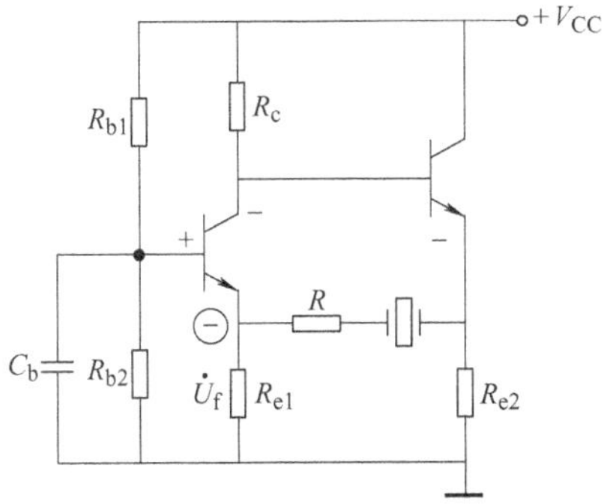

图 9.2.19　两级放大电路构成的串联型石英晶体振荡电路

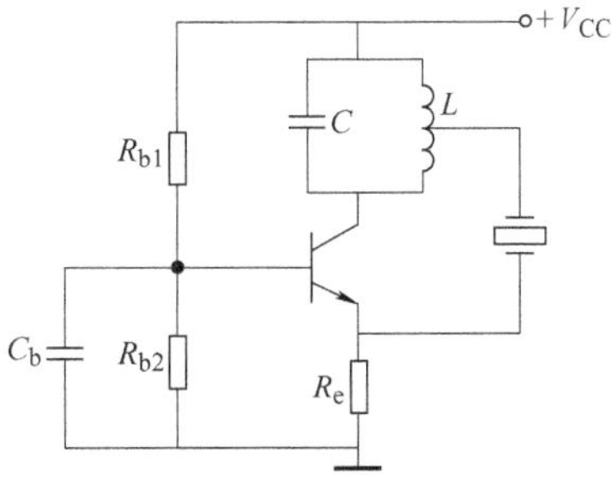

图 9.2.20　单级放大电路构成的串联型石英晶体振荡电路

9.3　电压比较器

电压比较器是对输入电压进行鉴幅和比较的电路，是组成非正弦信号发生器的基本单元电路，在测量和控制中应用广泛。本节主要讨论单限比较器、滞环比较器和集成电压比较器。

9.3.1　单限比较器

在电压比较器电路中，运放工作在开环状态，开环增益很大，其电压传输特性如图 9.3.1 所示，其中 $u_{ID}=u_+-u_-$。

当 $u_{ID}>0$，即 $u_+>u_-$时，$u_o=U_{OH}$，输出为运放的正向限幅值 U_{OH}。当 $u_{ID}<0$，即 $u_+<u_-$时，$u_o=U_{OL}$，输出为运放的负向限幅值 U_{OL}。

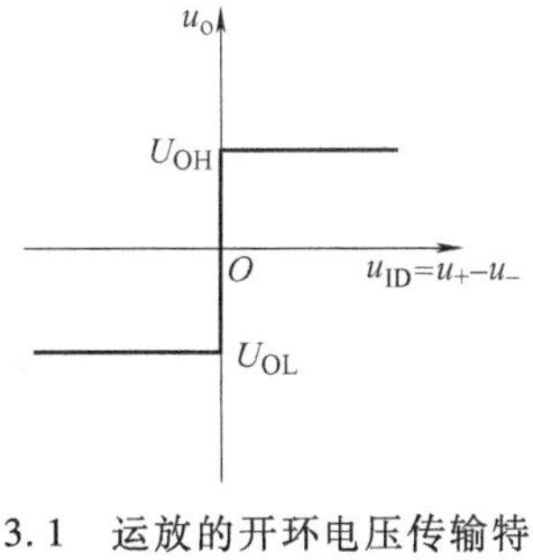

图 9.3.1　运放的开环电压传输特性

由运放构成的一种单限比较器如图 9.3.2 所示，

其中，$u_-=U_{REF}$，$u_+=u_I$。

首先讨论 $U_{REF}=0$ 的情况。由于 $u_-=0$，当 $u_{ID}>0$，即 $u_I>0$ 时，$u_o=+U_{OH}$；当 $u_{ID}<0$，即 $u_I<0$ 时，$u_o=U_{OL}$。由此可画出输入电压 u_I 与输出电压 u_o 之间的关系，如图 9.3.3 所示，称为比较器的电压传输特性。把输出从一个电平跳变为另一个电平的输入电压值，即使 $u_+=u_-$ 或 $u_{ID}=0$ 时的输入电压称为阈值电压 U_T。图 9.3.2 所示电路的阈值电压 $U_T=0$，因此图 9.3.2 所示电路也称为过零比较器。

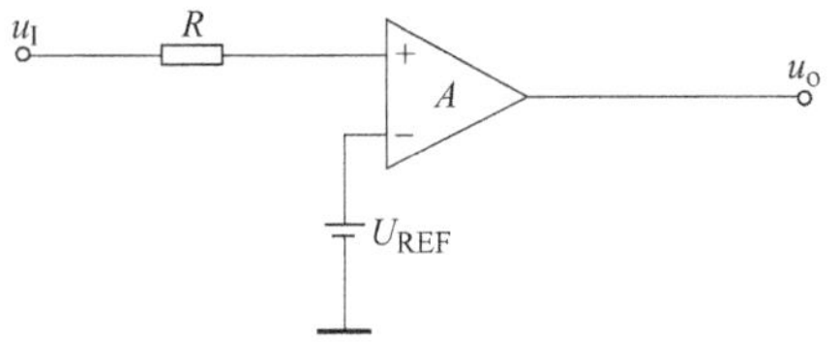

图 9.3.2　单限比较电路

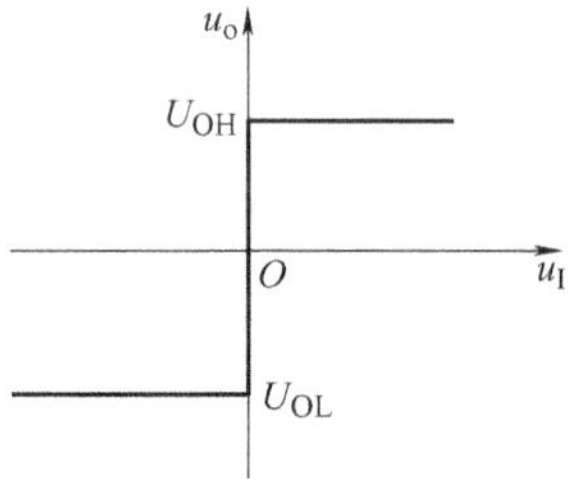

图 9.3.3　单限比较器的电压传输特性

在图 9.3.2 中，若已知输入电压的波形，根据图 9.3.3 所示的传输特性，可以得到输出电压的波形。如 $u_I=U_m\sin\omega t$，如图 9.3.4a 所示，则可得到输出电压波形，如图 9.3.4b 所示。

实用的过零比较器常加输入和输出限幅，如图 9.3.5 所示。其中，R_1、VD_1 和 VD_2 构成输入限幅电路，R_2 和 VS 构成输出限幅电路。由于输出限幅电路的存在，比较器的输出分别为 $+U_Z$ 和 $-U_Z$。当输入正弦波时，输出将为幅值为 $\pm U_Z$ 的方波，如图 9.3.4b 中的虚线所示。

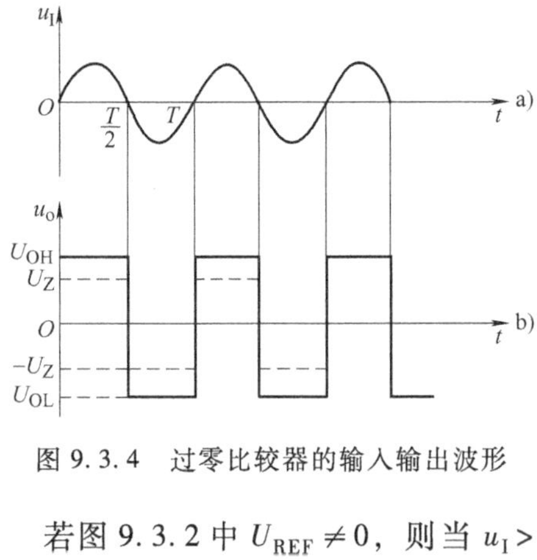

图 9.3.4　过零比较器的输入输出波形

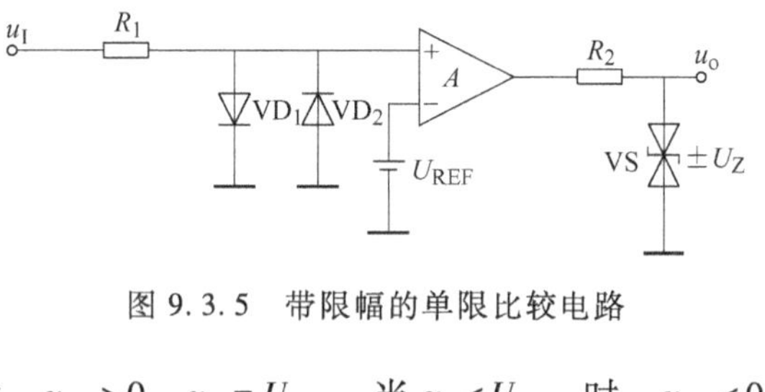

图 9.3.5　带限幅的单限比较电路

若图 9.3.2 中 $U_{REF}\neq 0$，则当 $u_I>U_{REF}$ 时，$u_{ID}>0$，$u_o=U_{OH}$，当 $u_I<U_{REF}$ 时，$u_{ID}<0$，$u_o=U_{OL}$。若 $U_{REF}>0$，则其传输特性如图 9.3.6 所示，比较器的阈值电压 $U_T=U_{REF}$。此时，若输入为正弦波，则输出电压波形如图 9.3.7b 所示。

若比较器中，输入电压从运放的反相端送入，如图 9.3.8 所示，则在 $U_{REF}=0$ 和 $U_{REF}>0$ 两种情况下，其传输特性如图 9.3.9a、b 所示。

【例 9.3.1】　比较器电路如图 9.3.10 所示，求阈值电压及传输特性。

解： 1）求阈值电压：应用叠加原理有

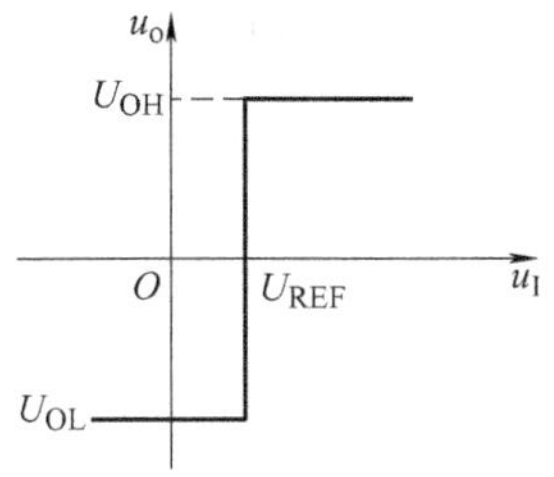

图 9.3.6 $U_{REF}>0$ 时的电压传输特性

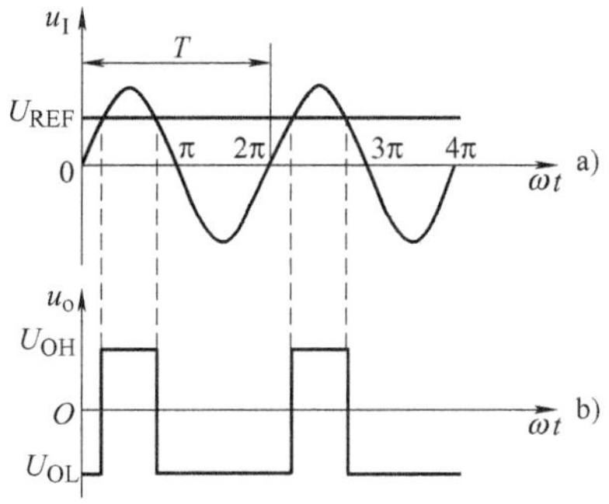

图 9.3.7 $U_{REF}>0$ 时的输出电压波形

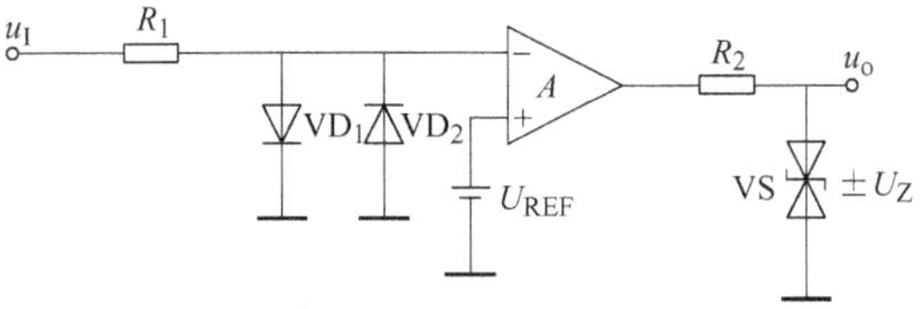

图 9.3.8 反相输入的单限比较器

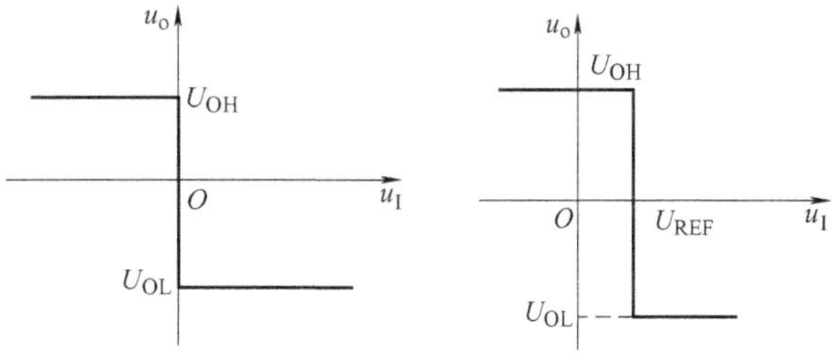

a) $U_{REF}=0$时的传输特性　　b) $U_{REF}>0$时的传输特性

图 9.3.9 反相输入的单限比较器传输特性

$$u_-=\frac{R_1}{R_1+R_2}U_{REF}+\frac{R_2}{R_1+R_2}u_I$$

输出电压的跳变点发生在 $u_+-u_-=0$ 处，阈值电压为满足 $u_+=u_-$的输入电压值。图中 $u_+=0$，因此阈值电压满足的方程为

$$\frac{R_1}{R_1+R_2}U_{REF}+\frac{R_2}{R_1+R_2}u_I=0$$

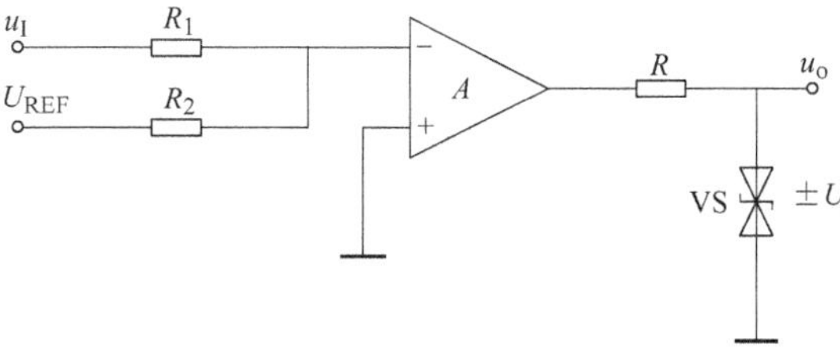

图 9.3.10 例 9.3.1 的电路

解之得 $u_I=-\frac{R_1}{R_2}U_{REF}$，则阈值为 $U_T=-\frac{R_1}{R_2}U_{REF}$。

2）传输特性：当 $u_I<U_T$ 时，$u_-<u_+$，$u_o=U_Z$，为高电平；当 $u_I>U_T$ 时，$u_->u_+$，$u_o=-U_Z$，为低电平，传输特性如图 9.3.11 所示。

【例 9.3.2】 电路如图 9.3.12 所示，求阈值电压及传输特性。

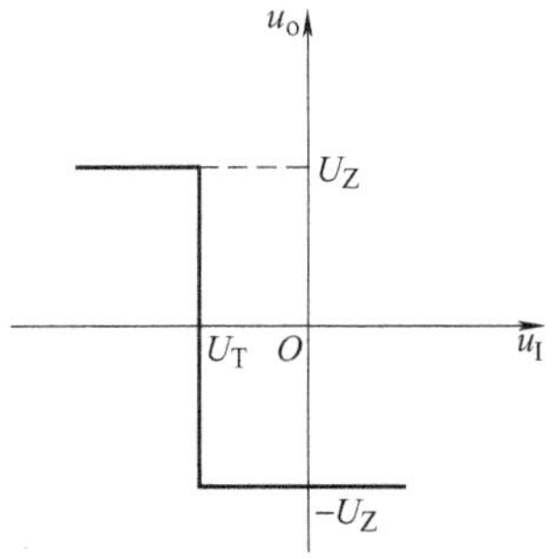

图 9.3.11 例 9.3.1 的电压传输特性

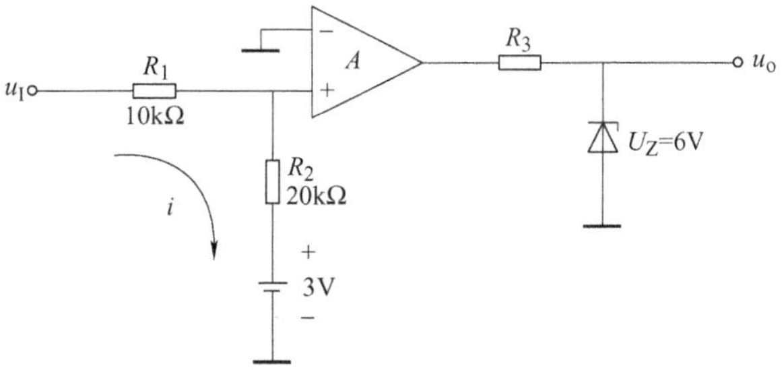

图 9.3.12 例 9.3.2 的电路

解：1）先求 u_+。在图 9.3.12 所示电路的输入回路中有 $i=\frac{u_I-3}{R_1+R_2}$，则 $u_+=R_2i+3=\frac{2}{3}u_I+1$。

2）求阈值电压。在阈值电压点，有 $u_+=u_-=0$，即 $\frac{2}{3}u_I+1=0$，则阈值电压为 $U_T=-\frac{3}{2}V$。

3）求传输特性。当 $u_I>U_T$ 时，$u_+>0$，输出为正向限幅值；当 $u_I<U_T$ 时，$u_+<0$，输出为负向限幅值。则有传输特性如图 9.3.13a 所示。

4）画出输出波形。在输入为正弦波的情况下，输入和输出波形如图 9.3.13b 所示。

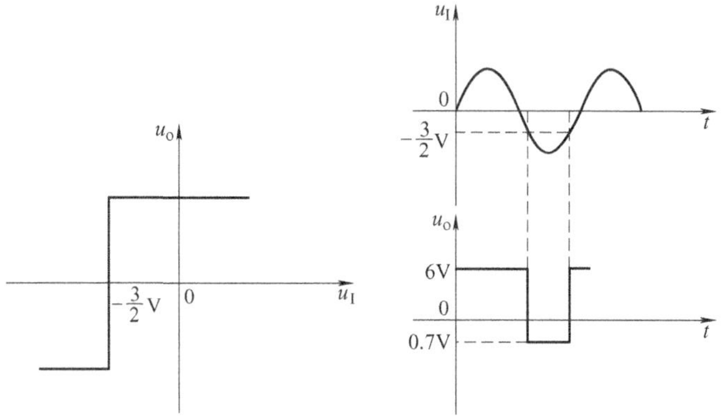

a) 传输特性　　b) 输入输出波形

图 9.3.13　例 9.3.2 传输特性及输入输出波形

9.3.2　滞环比较器

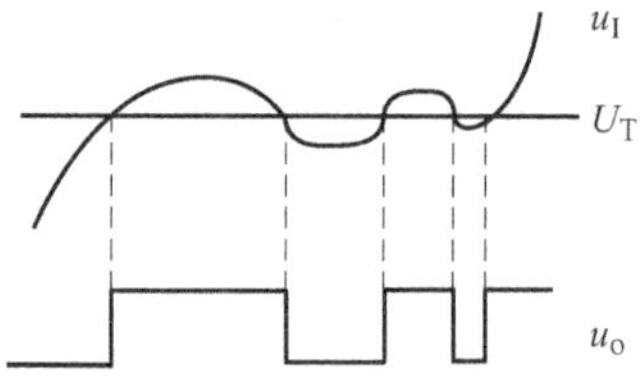

图 9.3.14　单限比较器的工作波形

在单限比较器电路，当输入中存在噪声时，u_I 可能在阈值附近变化，导致输出发生多次跳变，如图 9.3.14 所示。如果该输出送到执行机构，会使执行机构反复开闭。实际工程中要求，当输入在阈值附近一定范围内时，输出不要变化，而当超过设定的范围时，输出再发生变化，满足这种要求的电路就是下面要讨论的滞环比较器。

上小节讨论的反相输入单限比较器如图 9.3.8 所示，在此基础上，引入由 R_1、R_2 构成的正反馈网络，形成具有双阈值的反相输入滞环比较器，如图 9.3.15 所示。其中，U_{REF} 为参考电压。

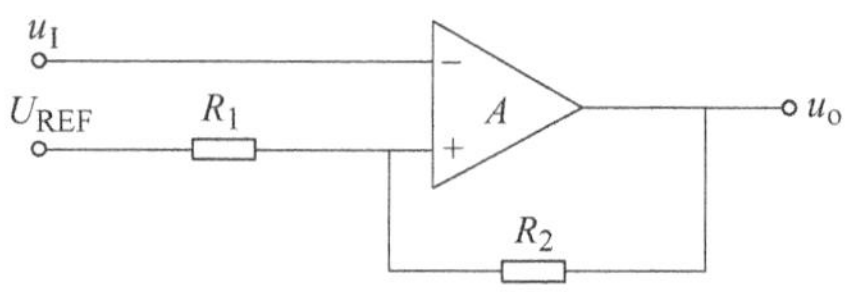

图 9.3.15　滞环比较器

下面讨论该电路的阈值电压和传输特性。

和单限比较器相同，$u_+=u_-$ 的输入电压为阈值电压。且 $u_+-u_->0$ 时，$u_o=U_{OH}$；$u_+-u_-<0$ 时，$u_o=U_{OL}$。

在图 9.3.15 中，$u_-=u_I$，$u_+=\frac{R_2}{R_1+R_2}U_{REF}+\frac{R_1}{R_1+R_2}u_o$。输出发生变化的输入电压应满足的方程为

$$\frac{R_2}{R_1+R_2}U_{REF}+\frac{R_1}{R_1+R_2}u_o=u_I$$

当 u_o 取不同的值时，上式的 u_I 有不同的解。

当 $u_o=U_{OH}$ 时，u_I 的解为

$$U_{T+}=\frac{R_2}{R_1+R_2}U_{REF}+\frac{R_1}{R_1+R_2}U_{OH} \tag{9.3.1}$$

当 $u_o=U_{OL}$ 时，u_I 的解为

$$U_{T-}=\frac{R_2}{R_1+R_2}U_{REF}+\frac{R_1}{R_1+R_2}U_{OL} \tag{9.3.2}$$

因此，该电路有两个不同的阈值 U_{T+} 和 U_{T-}，两个阈值之间的差，称为滞环宽度或回差，其值为

$$\Delta U_T=U_{T+}-U_{T-}=\frac{R_1}{R_1+R_2}(U_{OH}-U_{OL})$$

求得阈值之后，如何知道其传输特性呢？

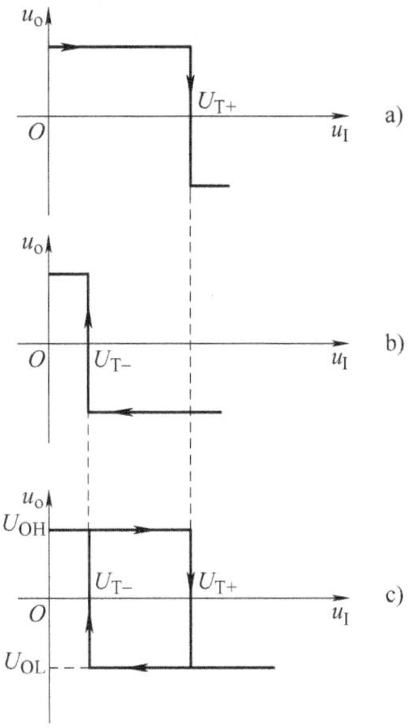

图 9.3.16　滞环比较器的传输特性

当 $U_o=U_{OH}$ 时，若输入增加到 $u_I>U_{T+}=\frac{R_2}{R_1+R_2}U_{REF}+\frac{R_1}{R_1+R_2}U_{OH}$，则 $u_->u_+$，输出由 U_{OH} 变为 U_{OL}，如图 9.3.16a 所示。当 $U_o=U_{OL}$ 时，若输入减小到 $u_I<U_{T-}=\frac{R_2}{R_1+R_2}U_{REF}+\frac{R_1}{R_1+R_2}U_{OL}$，则 $u_-<u_+$，输出由 U_{OL} 变为 U_{OH}，如图 9.3.16b 所示。

综合图 9.3.16a 和图 9.3.16b，得到图 9.3.15 所示滞环比较器的传输特性，如图 9.3.16c 所示。从电压传输特性上可以看出，当 $U_{T-}<u_I<U_{T+}$ 时，u_o 可能是 U_{OH}，也可能是 U_{OL}。如果 u_I 是从小于 U_{T-} 逐渐增大到 $U_{T-}<u_I<U_{T+}$，则 u_o 是 U_{OH}。如果 u_I 是从大于 U_{T+} 逐渐减小到 $U_{T-}<u_I<U_{T+}$，则 u_o 是 U_{OL}。

改变参考电压 U_{REF} 的大小和极性，滞环比较器的电压传输特性将产生水平方向的移动。改变 U_{OH} 和 U_{OL}，将使电压传输特性产生垂直方向的移动。当 U_{OH} 和 U_{OL} 一定时，改变电阻 R_1 和 R_2，将改变滞环宽度 ΔU_T。

【例 9.3.3】　电路如图 9.3.17 所示，已知 $U_{REF}=0$，$U_{OH}=10V$，$U_{OL}=-10V$，u_I 的波形如图 9.3.19a 所示。求比较器的传输特性，并画出输出电压波形。

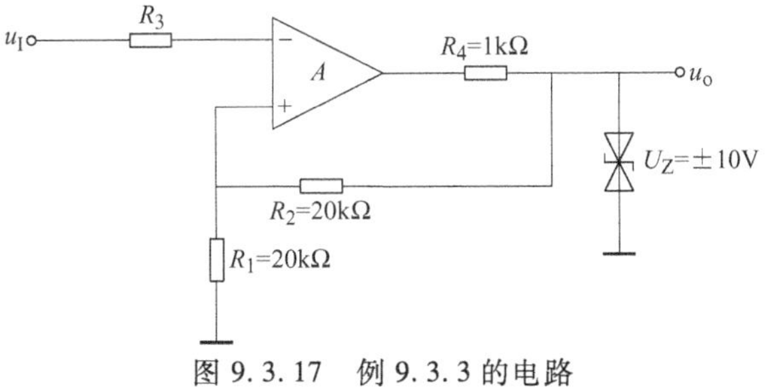

图 9.3.17　例 9.3.3 的电路

解： 1）求阈值电压。由于 $U_{REF}=0$，$U_{OH}=U_Z=10V$，$U_{OL}=-U_Z=-10V$，因此

$$U_{T+}=\frac{R_1}{R_1+R_2}U_{OH}=5V,\ U_{T-}=\frac{R_1}{R_1+R_2}U_{OL}=-5V$$

2）传输特性如图 9.3.18 所示。

3）输入波形以及对应的输出波形如图 9.3.19 所示。

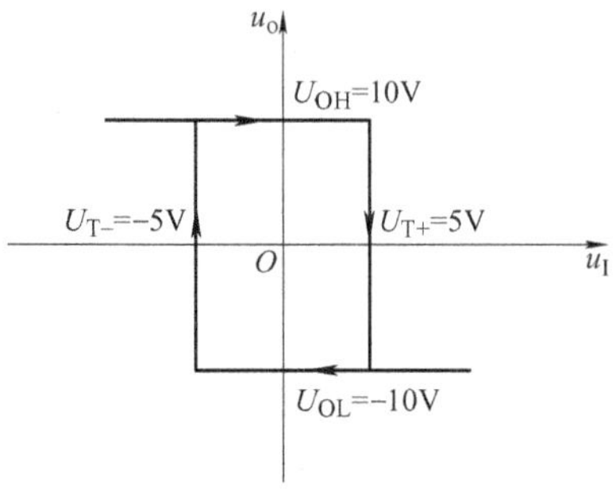

图 9.3.18　例 9.3.3 的传输特性

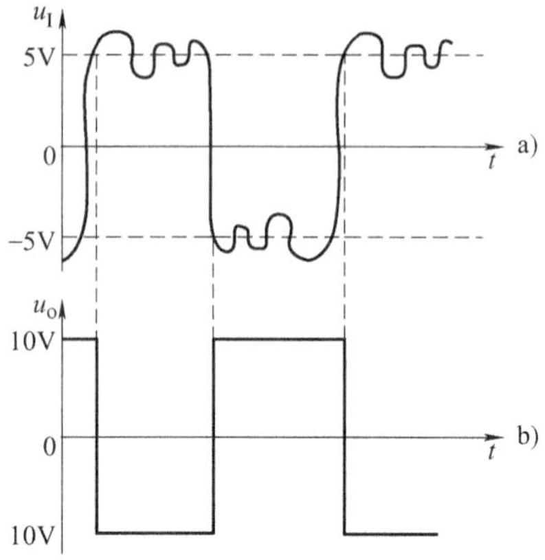

图 9.3.19　例 9.3.3 的输入和输出波形

若输入作用在同相输入端，则 $U_{REF}=0$ 的滞环比较器如图 9.3.20 所示。

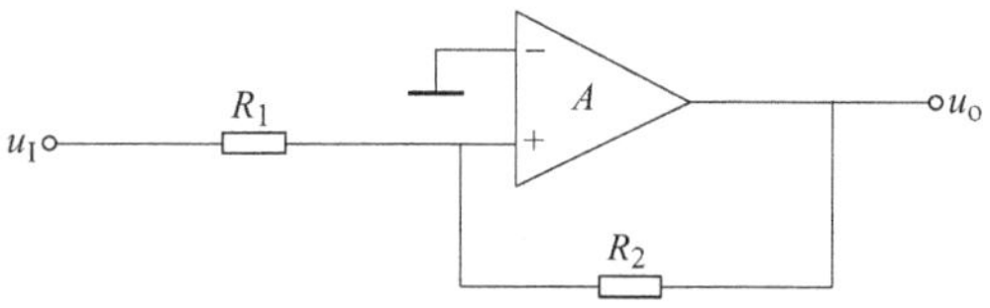

图 9.3.20　输入作用在同相输入端的滞环比较器

在 $u_+=u_-$的阈值点上，有

$$u_+=\frac{R_2}{R_1+R_2}u_I+\frac{R_1}{R_1+R_2}u_o$$

当 $u_o=U_{OH}$ 时，u_I 的解为

$$U_{T-}=-\frac{R_1}{R_2}U_{OH}$$

当 $u_o=U_{OL}$ 时，u_I 的解为

$$U_{T+}=-\frac{R_1}{R_2}U_{OL}$$

当 $u_o=U_{OH}$ 时，若 $u_I<U_{T-}$，则 $u_+<u_-$，输出由 U_{OH} 变为 U_{OL}。当 $u_o=U_{OL}$ 时，若 $u_I>U_{T+}$，则 $u_+>u_-$，输出由 U_{OL} 变为 U_{OH}，得到图 9.3.20 所示滞环比较器的传输特性，如图 9.3.21 所示。

9.3.3　窗口比较器

与集成运放比较，窗口比较器的开环增益较低，共模抑制比小，失调电压较大，但其响应速度快，而且，一般不需外加限幅电路就可直接驱动 TTL、CMOS 等数字集成电路。如常见的 LM339，其片内集成了四个独立的电压比较器，采用了集电极开路的输出形式，使用时可以将各比较器的输出端直接连接，共用一个外接电阻 R。采用 LM339 内部两个比较器组成的窗口比较器如图 9.3.22 所示。

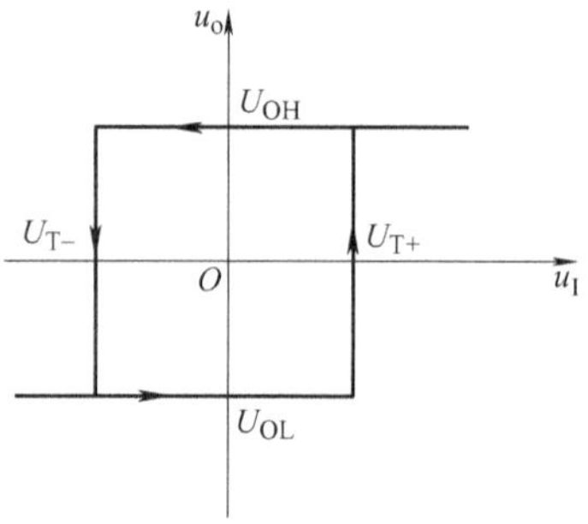

图 9.3.21　图 9.3.20 滞环比较器的传输特性

图 9.3.22 中，设 $U_{REF1}<U_{REF2}$，电路分析如下：

当 $u_I<U_{REF1}$ 时，$u_{o1}=U_{OL}$，$u_o=U_{OL}$。当 $u_I>U_{REF2}$ 时，$u_{o2}=U_{OL}$，$u_o=U_{OL}$。当$U_{REF1}<u_I<U_{REF2}$ 时，$u_{o1}=U_{OH}$，$u_{o2}=U_{OH}$，$u_o=U_{OH}$。

由于图 9.3.22 的电路采用单电源供电，U_{OL} 为接近 0V 的低电平，U_{OH} 为接近电源电压的高电平，因此图 9.3.22 所示电路的传输特性如图 9.3.23 所示。如果输入为正弦波，则有输出波形如图 9.3.24 所示。

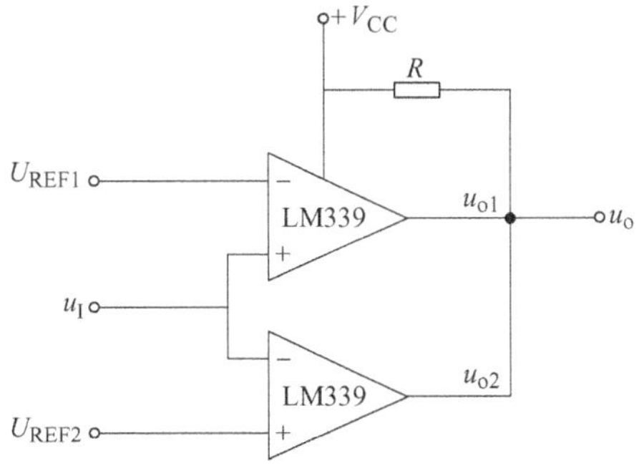

图 9.3.22　集成双限比较器

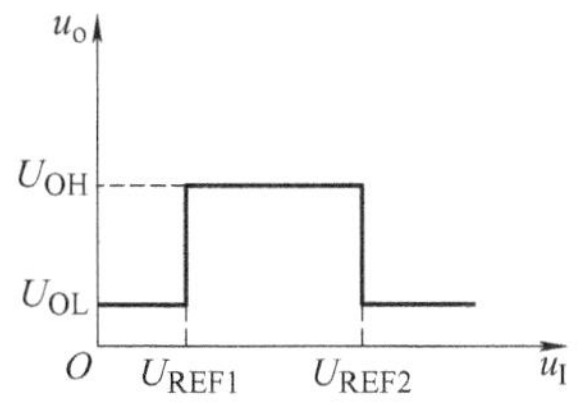

图 9.3.23　双限比较器的传输特性

通过上述各种电压比较器的分析，可以看出：

1）电压比较器中，集成运放工作在开环状态，输出电压只有高电平和低电平两种情况，因此常作为模拟电路和数字电路的接口。

2）比较器输出电压和输入电压之间的关系用传输特性描述。

3）求取传输特性的三个要素分别是：阈值电压，输入经过阈值电压后输出电压的变化方向，以及输出电压的高、低电平。

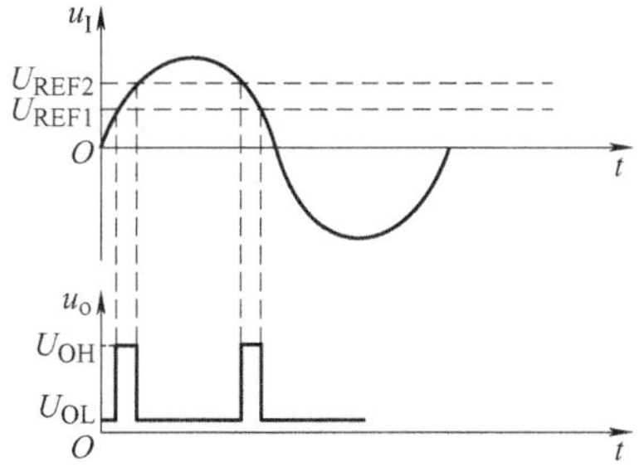

图 9.3.24　双限比较器的输入输出波形

9.4　非正弦信号产生电路

电子系统中，常见的信号除了正弦波外，还有矩形波、三角波、锯齿波、脉冲波等。下面主要分析常用的矩形波、三角波产生电路。

9.4.1　矩形波产生电路

1. 电路构成及工作原理

在图 9.3.15 所示输入作用在反相输入端的滞环比较器基础上，使 $U_{REF}=0$，增加由 RC 网络构成的延时环节，该环节同时作为反馈网络，电容 C 上的电压作为运放反相端的输入电压，如图 9.4.1 所示，即构成了基本的矩形波产生电路。

在图 9.4.1 所示基本的矩形波产生电路基础上，增加 R_3 和稳压管组成的限幅电路，即构成具有限幅功能的矩形波产生电路，如图 9.4.2 所示。

由于矩形波含有丰富的谐波，故该电路又称为多谐振荡电路。

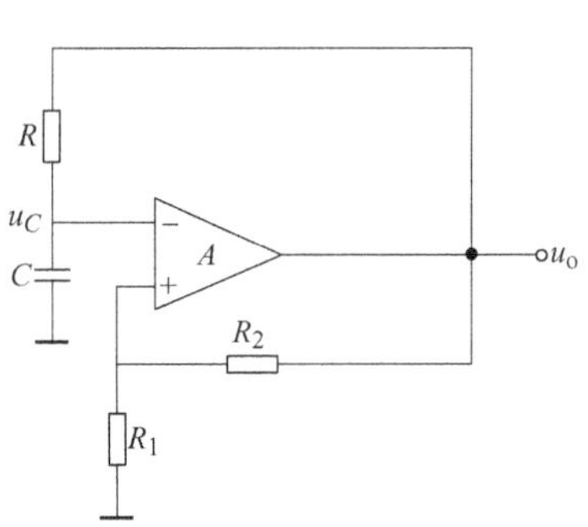

图 9.4.1　基本矩形波产生电路

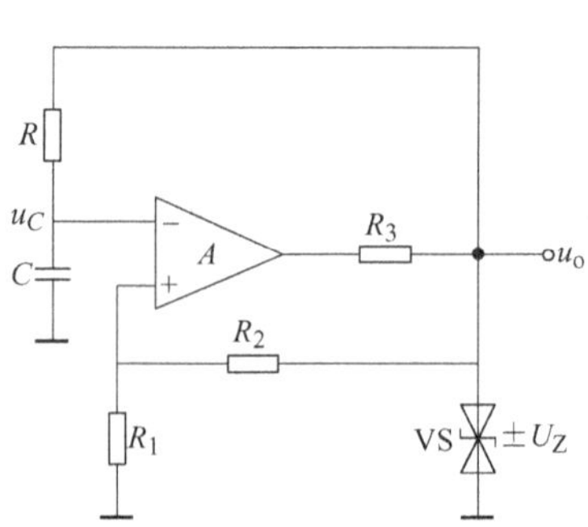

图 9.4.2　具有限幅功能的矩形波产生电路

2. 工作过程分析

R_1、R_2 构成正反馈部分，其反馈系数为

$$F=\frac{R_1}{R_1+R_2}$$

电源接通瞬间，输出电压为正向限幅值或负向限幅值，纯属偶然。设输出为正向限幅值，即 $u_o=U_Z$，则反馈到运放同相端的电压为

$$u_+=Fu_o=FU_Z=\frac{R_1}{R_1+R_2}U_Z$$

运放反相输入端上的电压为 u_C，u_C 不能突变，故 C 通过 R 由 $u_o=+U_Z$ 充电，充电电流为 i^+，如图 9.4.3 所示。u_-即 u_C逐渐升高，当 u_C 上升到$+FU_Z$ 时，运放的 $u_-=u_+$；而当 u_C 继续上升到略高于$+FU_Z$ 时，$u_->u_+$，输出电压立即从$+U_Z$ 翻转到$-U_Z$，得到从 $t=0$ 到 $t=\frac{T}{2}$ 期间的 u_C 和 u_o 的波形如图 9.4.4a、b 所示。当输出电压等于$-U_Z$ 时，$-U_Z$ 又使 C 在另一个方向放电，放电电流为 i^-，如图 9.4.3 所示。使 u_-即 u_C 逐渐降低，当 u_C 降低到$-FU_Z$ 时，运放的 $u_-=u_+$；而当 u_C 继续下降到略低于$-FU_Z$ 时，$u_-<u_+$，输出立即由$-U_Z$ 翻转到$+U_Z$，得到从 $t=\frac{T}{2}$到 $t=T$ 期间的 u_C 和 u_o 的波形如图 9.4.4a、b 所示。此时输出电压为$+U_Z$。当

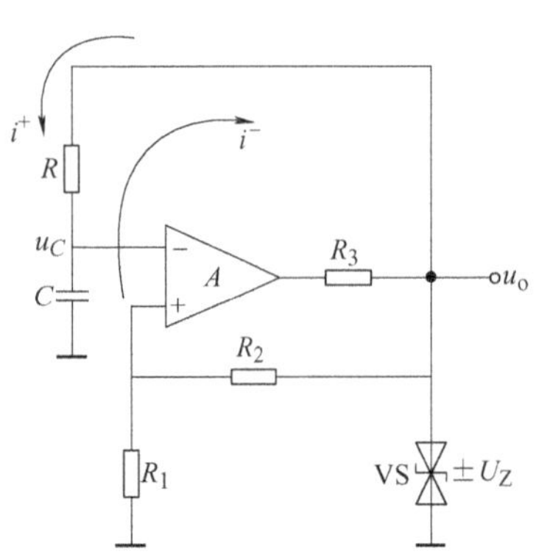

图 9.4.3　电容 C 的充放电过程

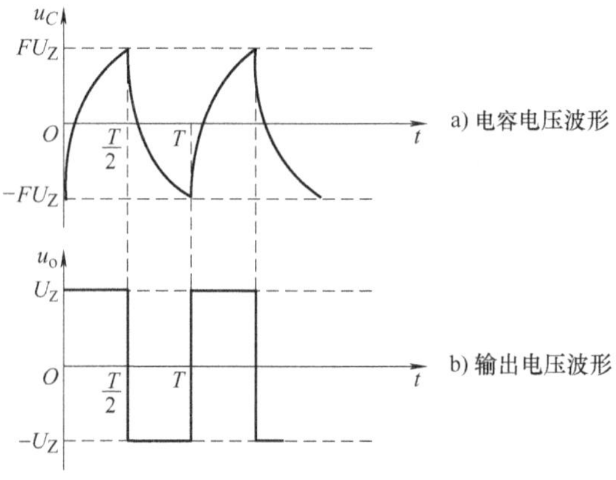

图 9.4.4　电容电压和输出电压波形

$t>T$ 后，重复上述过程，在输出端形成周期为 T 的矩形波输出。

3. 矩形波周期的计算

设方波周期为 T，C 的充放电时间相同，均为$\frac{T}{2}$，u_C 将在$\frac{T}{2}$内由 $-FU_Z$ 变化到 $+FU_Z$ 或反之。

按照电路中三要素法公式

$$u_C(t)=u_C(\infty)+[u_C(0_+)-u_C(\infty)]\mathrm{e}^{-\frac{t}{\tau}} \tag{9.4.1}$$

在 $t=0$ 到 $t=\frac{T}{2}$期间，当 $t=0_+$时，$u_C(0_+)=-FU_Z$。当 $t=\infty$ 时，$u_C(\infty)=U_Z$。当 $t=\frac{T}{2}$时，$u_C\left(\frac{T}{2}\right)=FU_Z$。电路的充放电时间常数 $\tau=RC$。

以上结果及 $t=\frac{T}{2}$代入三要素法公式（9.4.1），有

$$FU_Z=U_Z+(-FU_Z-U_Z)\mathrm{e}^{-\frac{T}{2RC}}$$

消去 U_Z 得到

$$1-F=(1+F)\mathrm{e}^{-\frac{T}{2RC}}$$

则

$$T=2RC\ln\frac{1+F}{1-F}=2RC\ln\left(1+2\frac{R_1}{R_2}\right) \tag{9.4.2}$$

若适当选择 R_1、R_2 的值，使 $F=0.47$，则 $\ln\frac{1+F}{1-F}=1$，有

$$T=2RC$$

矩形波发生器输出信号的频率

$$f=\frac{1}{T}$$

通常将矩形波的高电平持续时间占振荡周期的比值称为占空比。上述矩形波中，占空比为 50%，也称方波。若需要占空比不为 50%的矩形波，可通过改变 C 的充、放电时间常数的方法得到。如图 9.4.5 所示，充电由 RC 支路完成，放电由 $R'C$ 支路完成，则输出电压高电平的时间由 RC 决定，低电平的时间由 $R'C$ 决定，从而得到占空比不为 50%的矩形波。按照与式（9.4.2）相同的推导过程，有高电平持续时间

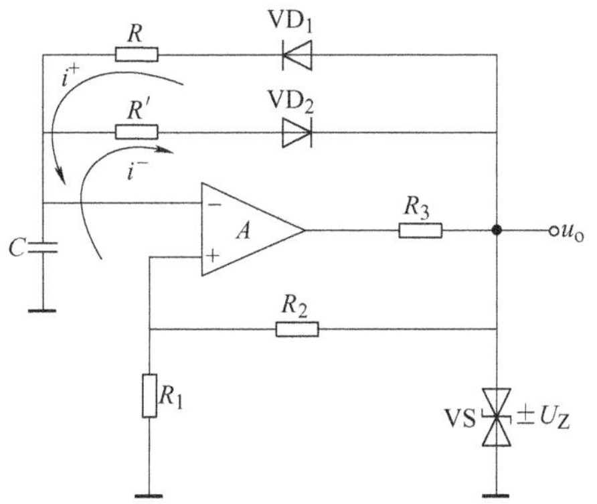

图 9.4.5　占空比不为 50%的矩形波产生电路

$$T_1=RC\ln\left(1+2\frac{R_1}{R_2}\right)$$

低电平持续时间

$$T_2 = R'C\ln\left(1+2\frac{R_1}{R_2}\right)$$

矩形波的周期

$$T=(R+R')C\ln\left(1+2\frac{R_1}{R_2}\right)$$

矩形波的占空比

$$D=\frac{T_1}{T}=\frac{R}{R+R'}=\frac{1}{1+\dfrac{R'}{R}} \tag{9.4.3}$$

调整 R 或 R'，可调整占空比 D。

9.4.2　三角波产生电路

1. 电路组成和工作原理

一种三角波产生电路如图 9.4.6 所示，A_1、R_1 和 R_2 构成同相输入的滞环比较器，其输入取自 A_2 的输出 u_o，滞环比较器的输出经限幅电路后，送至由 A_2、R_4、C 构成的积分电路，形成三角波发生器。

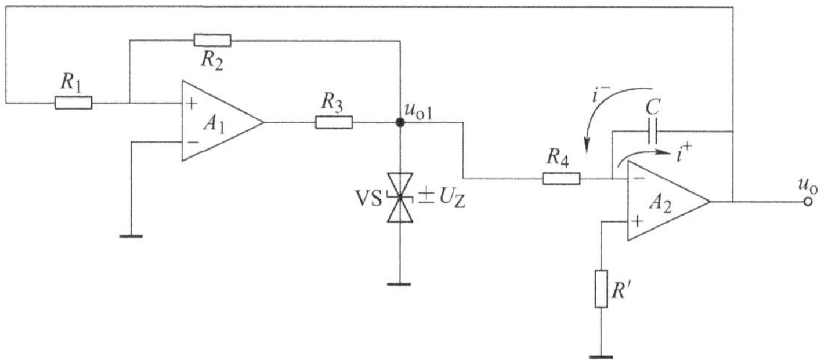

图 9.4.6　三角波产生电路

2. 工作过程分析

接通电源瞬间，即 $t=0$ 时，假设 $u_{o1}=+U_Z$，u_{o1} 经 R_4 给 C 充电，充电电流为 i^+，u_o 下降，得到 $t=0\sim t_1$ 期间 u_{o1} 和 u_o 的波形如图 9.4.7 所示。在此期间，A_1 的同相端电压为

$$u_+=\frac{R_1}{R_1+R_2}U_Z+\frac{R_2}{R_1+R_2}u_o$$

随着 u_o 的下降，A_1 的 u_+ 也逐步降低，当下降到 $u_+=u_-$时，下式成立：

$$u_+=\frac{R_1}{R_1+R_2}U_Z+\frac{R_2}{R_1+R_2}u_o=u_-$$

由于 $u_-=0$，因此，有

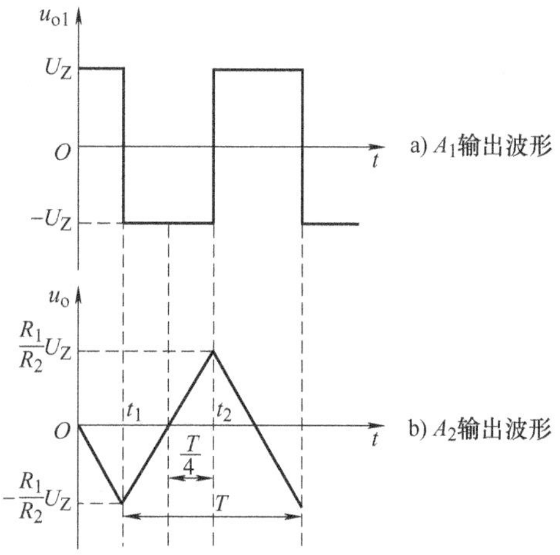

图 9.4.7　输出波形

$$\frac{R_1}{R_1+R_2}U_Z+\frac{R_2}{R_1+R_2}u_o=0$$

解之有

$$u_o=-\frac{R_1}{R_2}U_Z$$

此时，A_1 的 $u_+=u_-$。随着 u_o 的进一步下降，对于 A_1，有 $u_+<u_-$，u_{o1} 从 $+U_Z$ 跳变到 $-U_Z$。u_{o1} 经 R_4 使 C 放电，电流为 i^-，u_o 上升，得到 $t=t_1\sim t_2$ 期间 u_{o1} 和 u_o 的波形如图 9.4.7 所示。在此期间，A_1 的同相端电压

$$u_+=-\frac{R_1}{R_1+R_2}U_Z+\frac{R_2}{R_1+R_2}u_o$$

随着 u_o 的上升，u_+也逐步提高，当上升到 $u_+=u_-$时，下式成立：

$$-\frac{R_1}{R_1+R_2}U_Z+\frac{R_2}{R_1+R_2}u_o=0$$

解之有

$$u_o=\frac{R_1}{R_2}U_Z$$

当 u_o 进一步上升时，对 A_1，有 $u_+>u_-$，u_{o1} 从 $-U_Z$ 跳变到 $+U_Z$，得到图 9.4.7 中 $t=t_1\sim t_2$ 期间 u_{o1} 和 u_o 的波形。

在 $t>t_2$ 后，上述过程重复，电路持续输出三角波，同时在 A_1 的输出端输出矩形波。

3. 三角波周期的计算

由 A_2 构成的积分电路中，在 $t=0\sim t_1$ 期间，有

$$u_o(t)=-\frac{1}{R_4C}\int u_{o1}\mathrm{d}t=-\frac{1}{R_4C}U_Zt+u_o(0)=-\frac{1}{R_4C}U_Zt$$

当 $t=t_1=\frac{T}{4}$ 时，$u_o\left(\frac{T}{4}\right)=-\frac{R_1}{R_2}U_Z$

则

$$-\frac{R_1}{R_2}U_Z=-\frac{1}{R_4C}U_Z\frac{T}{4}$$

$$T=4R_4C\frac{R_1}{R_2} \tag{9.4.4}$$

则三角波的频率为

$$f=\frac{1}{4R_4C}\frac{R_2}{R_1} \tag{9.4.5}$$

改变 R_4 和 C 的值，可以改变三角波的频率，而改变 R_1 和 R_2 的值，可以改变三角波的幅值。

4. 锯齿波产生电路

在上述三角波产生电路的基础上，改变图 9.4.6 中电容 C 充放电的时间常数，就可使输出 u_o 上升到规定幅值和下降到规定幅值的时间变化，从而得到锯齿波。如图 9.4.8 所示，由 R_4、R_5、C 和 A_2 构成的积分电路，结合图 9.4.6 中由 A_1 构成的滞环比较器，即可得到锯

齿波产生电路。

与式（9.4.5）的推导过程相同，可得到 C 的充电时间

$$T_1=2R_4C\frac{R_1}{R_2}$$

放电时间

$$T_2=2R_5C\frac{R_1}{R_2}$$

锯齿波的周期

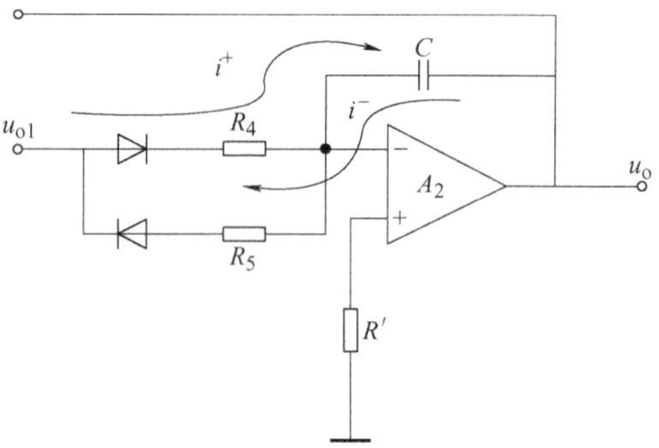

图 9.4.8　锯齿波产生电路

$$T=T_1+T_2=2(R_4+R_5)C\frac{R_1}{R_2} \tag{9.4.6}$$

图 9.4.9 所示是运放构成的实用三角波产生电路，可以输出矩形波和三角波。图 9.4.10 所示是由 MAX038 构成的波形产生电路，MAX038 是由 MAXIM 公司生产的集成波形

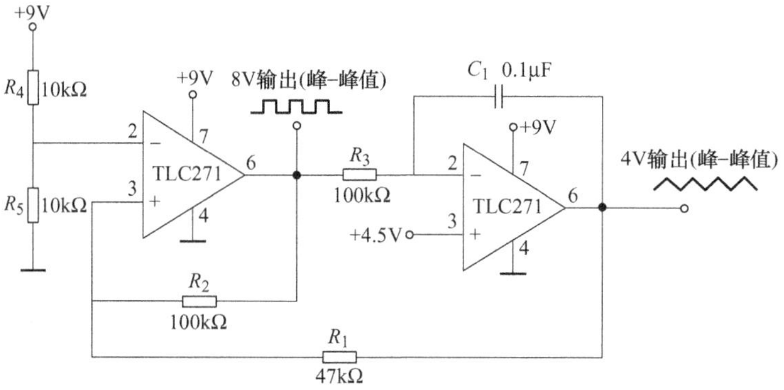

图 9.4.9　三角波和矩形波产生电路

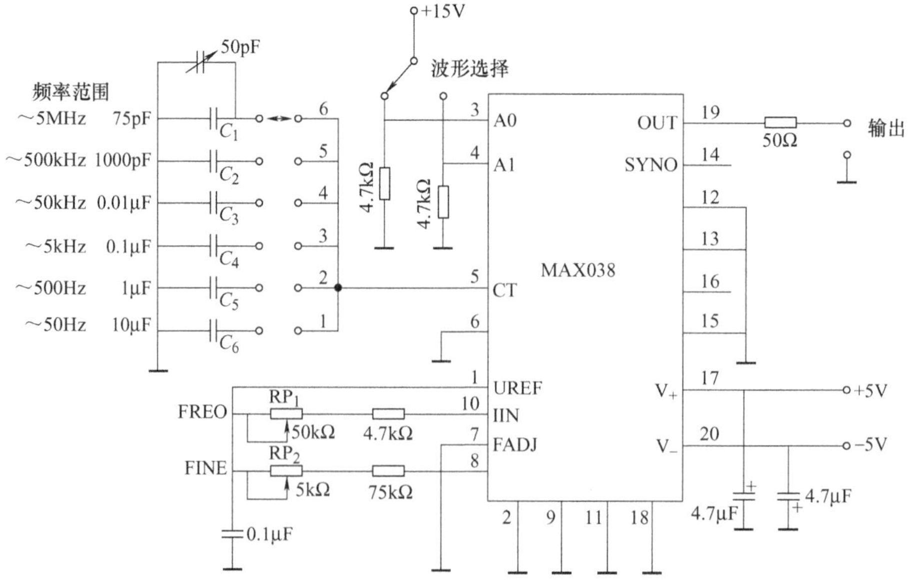

图 9.4.10　MAX038 构成的波形产生电路

发生器，可以产生正弦波、三角波、矩形波，其外围电路简单，使用方便。具体可参考 MAX038 的数据手册。

9.5　信号变换电路

实际应用中，常需要对信号进行各种变换，如将电压信号变换为电流信号、将交流信号变换为直流信号等。集成运放常用来实现上述变换。

9.5.1　电压电流变换电路

在控制系统中，为了驱动执行机构，如继电器、电磁阀等，常需要将电压信号变换为电流信号。在集成运放构成的放大电路中引入适当的反馈，即可实现上述变换。下面举例说明。

电路如图 9.5.1 所示，其中 $R_1=R_2=R_3=R_4=R$，求负载电阻 R_L 中的电流。

由于

$$u_{o1}=\left(1+\frac{R_2}{R_1}\right)u_{P1}=2u_{P1} \tag{9.5.1}$$

$$u_{o2}=u_{P2}$$

而

$$u_{P1}=\frac{R_4}{R_3+R_4}u_I+\frac{R_3}{R_3+R_4}u_{o2}=0.5u_I+0.5u_{P2} \tag{9.5.2}$$

则

$$u_{P2}=2u_{P1}-u_I$$

负载 R_L 中的电流等于 R_o 中的电流，为此先求 R_o 上的电压。考虑式（9.5.1）、式（9.5.2），有

$$u_{R_o}=u_{o1}-u_{P2}=2u_{P1}-2u_{P1}+u_I=u_I$$

则 R_L 的电流为

$$i_o=i_{Ro}=\frac{u_{Ro}}{R_o}=\frac{u_I}{R_o}$$

可见，流经 R_L 的电流只与 u_I 成正比，而与 R_L 的值无关，实现了电压到电流的转换。利用这种方法也能够完成压控电流源的功能。

图 9.5.1 所示电路中电流源的电流由运放 A_1 输出，其电流一般只有毫安级。如果需要电流较大的电流源，可采用图 9.5.2 所示的电路，电流由晶体管输出，提高了电路的电流输出能力。

9.5.2　精密整流电路

把交流电压变换为直流电压的电路称为整流电路，最简单的二极管整流电路如图 9.5.3 所示。如果二极管认为是理想的，在输入为正弦信号的情况下，输出波形如图 9.5.4 所示。

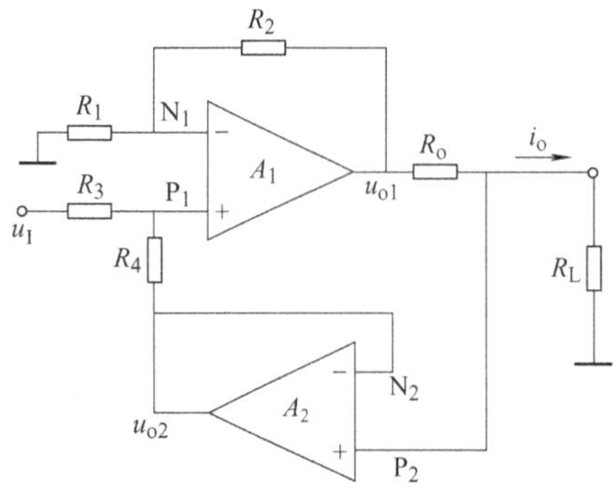

图 9.5.1　电压电流变换电路

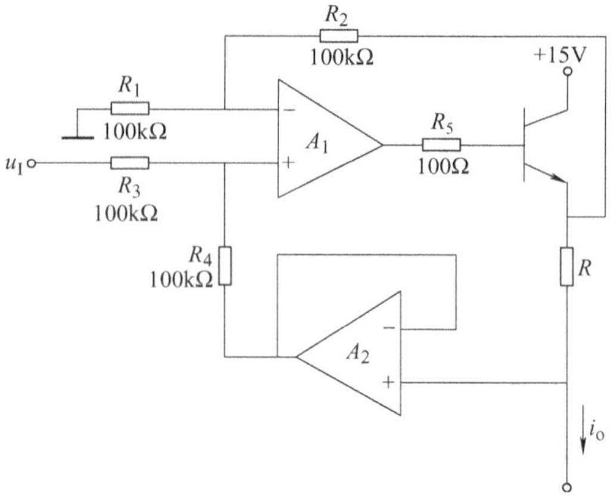

图 9.5.2　扩大输出电流的电流源电路

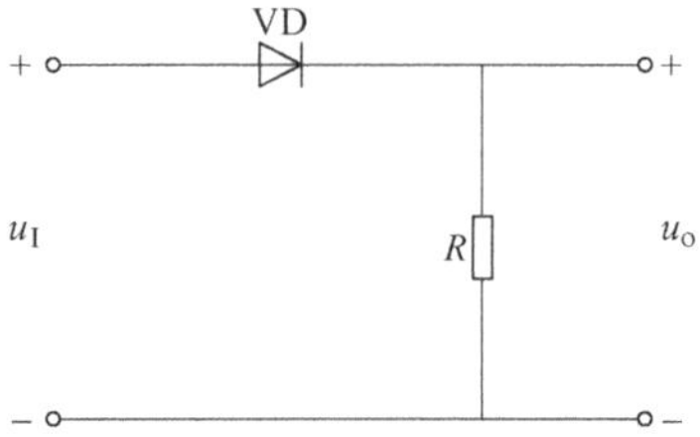

图 9.5.3　二极管整流电路

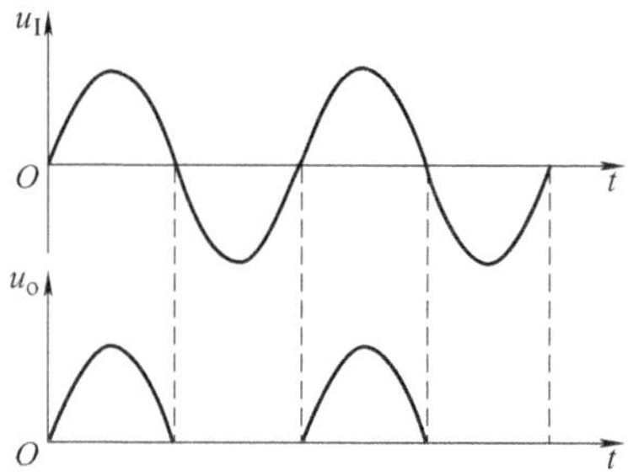

图 9.5.4　输入输出波形

这种电路中，输入信号的负半周没有输出，称为半波整流电路，而且实际上二极管有死区电压，输出信号的正半周并不能和输入信号的正半周完全一致。为克服上述问题，需要更为精密的整流电路。由运放构成的精密整流电路如图 9.5.5a 所示，电路的工作过程分析如下：

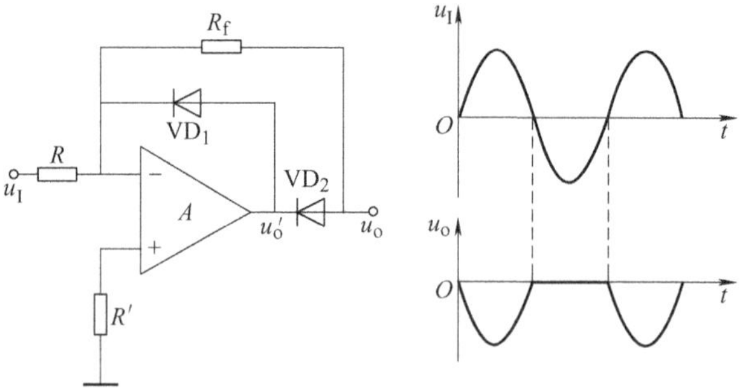

a) 整流电路　　b) 输入输出波形

图 9.5.5　运放构成的精密整流电路

1）当 $u_I>0$ 时，有 $u_o'<0$，使 VD_2 导通，VD_1 截止，电路实现反相比例运算

$$u_o=-\frac{R_f}{R}u_I$$

若 $R_f=R$，则有 $u_o=-u_I$。

2）当 $u_I<0$ 时，有 $u_o'>0$，使 VD_1 导通，VD_2 截止，反馈支路由 VD_1 构成，等效反馈电阻为 0，输出电压 $u_o=0$。

在输入为正弦信号的情况下，输出波形如图 9.5.5b 所示，电路实现了更为精密的半波整流。

一种实用的精密全波整流电路如图 9.5.6a 所示。该电路是在图 9.5.5a 所示电路的基础上，增加了由 A_2 和 R 构成的反相比例加法电路而形成的。电路的工作原理如下：

由于 $u_o=-u_{o1}-u_I$。由前面的分析可知，当 $u_I>0$ 时，$u_{o1}=-2u_I$，$u_o=2u_I-u_I=u_I$；当 $u_I<0$ 时，$u_{o1}=0$，$u_o=-u_I$。因此，该电路的输出输入关系是 $u_o=|u_I|$，即输出是输入的绝对值。图 9.5.6a 所示电路实现了绝对值运算。在输入分别为正弦信号和三角波信号的情况下，输出波形如图 9.5.6b、c 所示，实现了精密全波整流。

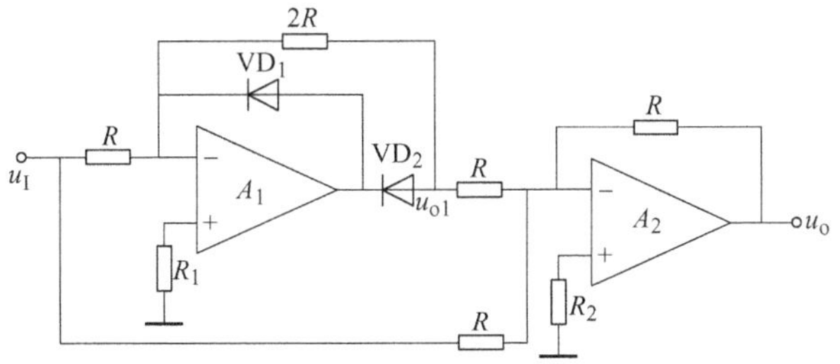

a) 全波整流电路

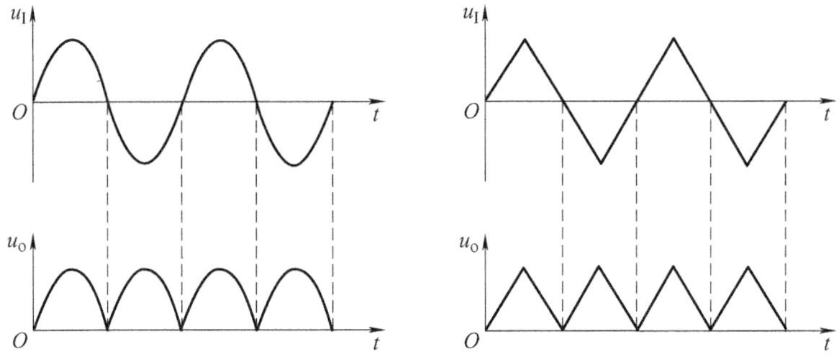

b) 输入正弦波时的输出波形　　c) 输入三角波时的输出波形

图 9.5.6　精密全波整流及输入输出波形

图 9.5.7 所示是由运放构成的另一种精密绝对值运算电路，在输出端可以获得输入信号的绝对值，读者可自行分析输入电压与输出电压之间的关系。

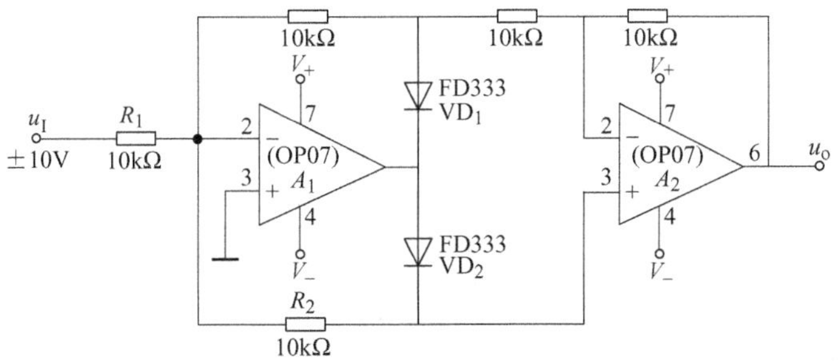

图 9.5.7　另一种精密绝对值运算电路

9.5.3　电压频率变换电路

电压频率变换电路（Voltage Frequency Converter，VFC）的功能是将输入的直流电压转换成频率与输入电压数值成正比的输出。通常，其输出为矩形波信号，也称为电压控制振荡电路（Voltage Controlled Oscillator，VCO），简称压控振荡电路。如果任何一个物理量通过传感器转换成电信号后，经预处理变换为合适的电压信号，然后去控制压控振荡电路，再用压控振荡电路的输出驱动计数器，使之在一定时间间隔内记录矩形波个数，并用数码显示，就构成了该物理量的数字式测量仪表，如图 9.5.8 所示。因此，可以认为电压频率变换电路是一种模拟量到数字量的转换电路，即模/数转换电路。电压频率转换电路广泛应用于模拟/数字信号转换、调频、遥控、遥测等各种设备之中。其电路形式很多，这里仅对基本电路加以介绍。

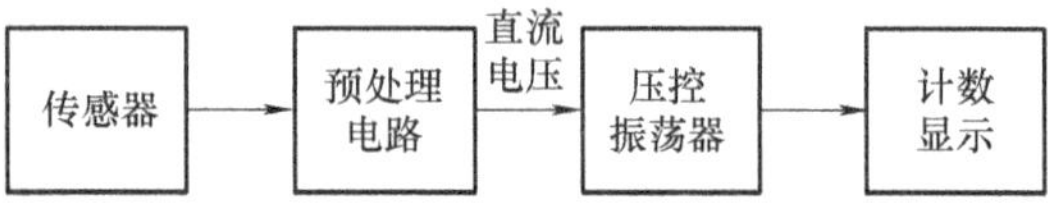

图 9.5.8　数字式测量仪表

图 9.5.9a 所示为电荷平衡式电压频率变换电路的原理框图，它由积分器和滞环比较器组成，S 为电子开关，受输出电压 u_o 的控制。

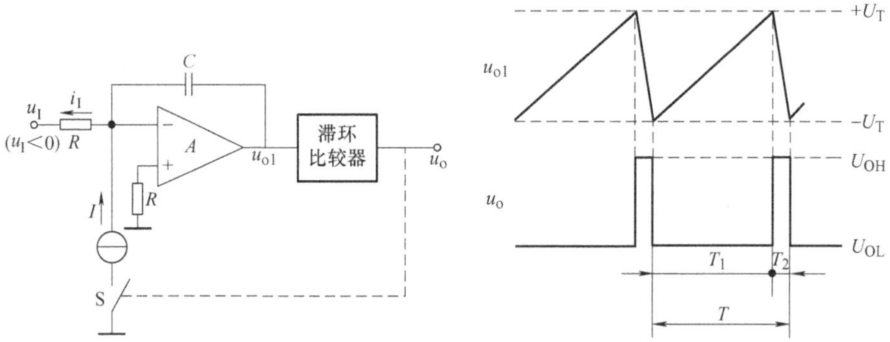

a) 原理　　b) 波形

图 9.5.9　电压频率的变换电路原理框图及工作波形

设 $u_I<0$，$|I|\gg|i_I|$；u_o 的高电平为 U_{OH}，u_o 的低电平为 U_{OL}；当 $u_o=U_{OH}$ 时，S 闭合，当 $u_o=U_{OL}$ 时，S 断开。若初始时，$u_o=U_{OL}$，S 断开，积分器对输入电流 i_I 积分，且 $i_I=u_I/R$，u_{o1} 随时间逐渐上升，形成图 9.5.9b 所示 u_{o1} 上升段的波形；当 u_{o1} 增大到一定数值时，滞环比较器使 u_o 从 U_{OL} 跃变为 U_{OH}，S 闭合，积分器对恒流源电流 I 与 i_I 的差值积分，且 I 与 i_I 的差值近似为 I，u_{o1} 随时间下降，形成图 9.5.9b 所示 u_{o1} 下降段的波形；当 u_{o1} 减小到一定数值时，u_o 从 U_{OH} 跃变为 U_{OL}，回到初态，电路重复上述过程，产生自激振荡，输出电压 u_o 的波形如图 9.5.9b 所示。因为 $|I|\gg|i_I|$，所以 u_{o1} 下降速度远大于其上升速度；使 u_o 为 U_{OL} 的时间 T_1 远大于为 U_{OH} 的时间 T_2，由于 $T_1\gg T_2$，可以认为振荡周期 $T=T_1$。而且，u_I 数值越大，充电电流越大，T_1 越小，振荡频率 f 越高，实现了电压到频率的转换，或者说实现了压控振荡。以上分析说明，电流源 I 对电容 C 在很短时间内放电（或称反向充电）的电荷量等于 i_I 在较长时间内充电（或称正向充电）的电荷量，故称这类电路为电荷平衡式电路。

图 9.5.10 所示为一种电荷平衡式电压频率转换电路，虚线左边为积分器，右边为滞环

比较器，二极管 VD 的状态决定于输出电压，电阻 R_5 起限流作用，通常 $R_5 \ll R_1$。滞环比较器的电压传输特性如图 9.5.11 所示，输出电压 u_o 的高、低电平分别为 $+U_Z$ 和 $-U_Z$，阈值电压 $\pm U_T = \pm\frac{R_2}{R_3}U_Z$。设图 9.5.10 所示电路的初态 $u_o = -U_Z$，由于 $u_{N1} = 0$，VD 截止，A_1 的输出电压和 A_2 同相输入端的电位分别为

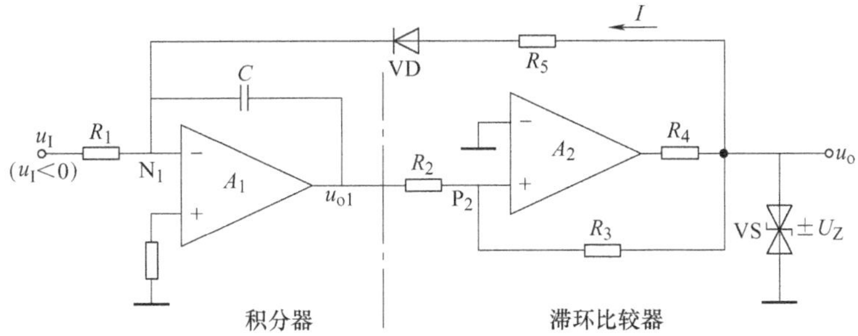

图 9.5.10　电荷平衡式电压频率转换电路

$$u_{o1} = -\frac{1}{R_1C}u_I(t_1-t_0)+u_{o1}(t_0)$$

$$u_{P2} = \frac{R_3}{R_2+R_3}u_{o1}+\frac{R_2}{R_2+R_3}(-U_Z) \tag{9.5.3}$$

随着时间增长，u_{o1} 线性增大，A_2 同相输入端的电位 u_{P2} 也随之上升。当 u_{o1} 达到并超过 $+U_T$ 时，输出电压 u_o 从 $-U_Z$ 跃变为 $+U_Z$，导致 VD 导通，积分器实现求和积分。若忽略二极管导通电阻，则

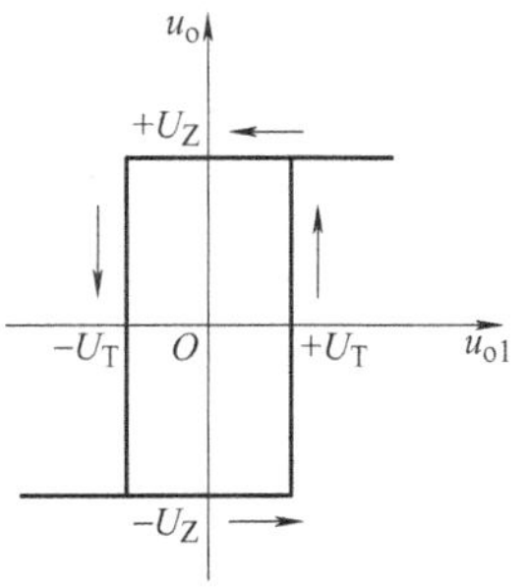

图 9.5.11　图 9.5.10 电路中滞环比较器的传输特性

$$u_{o1} \approx -\frac{1}{R_1C}u_I(t_2-t_1)-\frac{1}{R_5C}U_Z(t_2-t_1)+u_{o1}(t_1)$$

由于 $R_5 \ll R_1$，u_{o1} 的下降速度几乎仅仅决定于 R_5C，而且迅速下降至 $-U_T$，使得 u_o 从 $+U_Z$ 跃变为 $-U_Z$，电路回到初态。上述过程循环往复，因而产生自激振荡，波形如图 9.5.9b 所示，振荡周期 $T \approx T_1$。由于积分的起始电压为 $-U_T$，终了电压为 $+U_T$，时间常数为 R_1C，$\pm U_T = \pm\frac{R_2}{R_3}U_Z$，故可求出电路的振荡周期 T 和频率 f。

将 $t=T$，u_{o1}（T）$= U_T = \frac{R_2}{R_3}U_Z$，$u_{o1}$（$t_0$）$= -U_T = -\frac{R_2}{R_3}U_Z$，$t_0 = 0$ 代入式（9.5.3）得

$$T \approx \frac{2R_1R_2C}{R_3}\,\frac{U_Z}{|u_I|} \tag{9.5.4}$$

$$f \approx \frac{R_3}{2R_1R_2C}\,\frac{|u_I|}{U_Z} \tag{9.5.5}$$

可见，振荡频率正比于输入电压的数值。

应用中，常选择集成式电压频率转换电路，主要有电荷平衡式和多谐振荡式。电荷平衡式电路的满刻度输出频率高，线性误差小，但输入阻抗低，需双电源供电，且有较大的功耗。多谐振荡式电路功耗低，输入阻抗高，价格低，但不如前者精度高。

本章小结

本章主要学习了正弦信号产生电路、非正弦信号产生电路、电压比较器、信号变换电路。各部分归纳如下：

1. 正弦波振荡电路

1）正弦波振荡电路由放大电路、选频网络、正反馈网络和稳幅环节四部分组成。能够产生正弦波振荡的条件为 $\dot{A}\dot{F}=1$。对应的幅值条件为 $|\dot{A}\dot{F}|=1$，相位条件为 $\varphi_A+\varphi_F=2n\pi$（$n$ 为整数）。按选频网络所用元件不同，正弦波振荡电路可分为 RC 振荡电路、LC 振荡电路和石英晶体振荡电路。

在分析电路是否可能产生正弦波振荡时，首先观察电路是否包含上述四个组成部分，进而检查放大电路能否正常放大，然后利用瞬时极性法判断电路是否满足相位条件，即是否满足正反馈条件，必要时再判断电路是否满足幅值条件。

2）RC 正弦波振荡电路的振荡频率较低。常用的 RC 桥式正弦波振荡电路由 RC 桥式网络和同相比例运算电路组成。

3）LC 正弦波振荡电路的振荡频率较高。分为变压器反馈式和 LC 三点式振荡电路。谐振回路的品质因数 Q 值越大，电路的选频特性越好。

4）石英晶体振荡电路的频率非常稳定，广泛应用在高稳定度的时钟电路中。

2. 电压比较器

1）电压比较器能够将模拟信号转换成具有数字信号特点的二值信号，即输出不是高电平，就是低电平。电压比较器中的集成运放工作在开环状态。电压比较器既可用于信号转换，又是非正弦信号产生电路的重要组成部分。

2）通常用电压传输特性来描述电压比较器输出电压与输入电压的函数关系。决定电压传输特性的要素有三个：一是阈值电压，是指集成运放同相输入端和反相输入端电压相等时的输入电压值；二是输出高、低电平；三是输入电压经过阈值电压时输出电压的跳变方向。

3）单限比较器只有一个阈值电压；滞环比较器具有滞回特性，有两个阈值电压，输出电压能否跳变，除了和输入电压大小有关外还和输入电压经过阈值的方向有关，但当输入电压向单一方向变化时，输出电压仅跳变一次。窗口比较器有两个阈值电压，当输入电压向单一方向变化时，输出电压跳变两次。

3. 非正弦信号产生电路

模拟电路中的非正弦信号产生电路由滞环比较器和 RC 延时电路组成，主要参数是振荡幅值和振荡频率。滞环比较器引入了正反馈；延时电路使滞环比较器输出电压周期性地从高电平跃变为低电平，再从低电平跃变为高电平，而不停留在某一稳态，从而使电路产生振荡。

4. 信号变换电路

信号变换电路包括波形变换电路和信号变换电路。波形变换电路利用运算放大电路将一种形状的波形变为另一种形状的波形，信号变换电路可将电压信号变换为电流信号，也可将电流信号变换为电压信号。利用精密整流电路可将交流信号变换为直流信号。电压频率变换电路将输入的直流电压变换成频率与输入电压数值成正比的输出电压。

学完本章，希望达到如下要求：

1）掌握电路产生正弦波振荡的幅值条件和相位条件。掌握 RC 桥式正弦波振荡电路的组成和工作原理。了解变压器反馈式、电感三点式、电容三点式和石英晶体正弦波振荡电路的工作原理，熟悉振荡频率与电路参数的关系。能够根据相位平衡条件正确判断电路是否可能产生正弦波振荡。

2）掌握单限比较器、滞环比较器的电路组成、工作原理和性能特点。

3）理解由集成运放构成的矩形波、三角波和锯齿波产生电路的工作原理、波形分析和有关参数。

4）了解信号变换电路的工作原理。

思　考　题

9.1　正弦波振荡电路产生振荡的条件是什么？负反馈放大电路产生自激振荡的条件又是什么？二者的区别是什么？

9.2　一般正弦波振荡电路由哪几个功能模块组成？正弦波振荡是怎样建立起来的？它又是怎样稳定的？你能说出正弦波振荡电路的起振条件吗？

9.3　你知道哪几种类型的正弦波振荡电路？它们各有什么特点？

9.4　非正弦波振荡电路由哪几个功能模块组成？产生非正弦波振荡的条件是什么？

习　　题

9.1　电路如图 T9.1 所示。

（1）为使电路产生正弦波振荡，标出集成运放的“+”和“-”；并说明电路是哪种正弦波振荡电路。

（2）若 R_1 短路，则电路将产生什么现象？

（3）若 R_1 断路，则电路将产生什么现象？

（4）若 R_f 短路，则电路将产生什么现象？

（5）若 R_f 断路，则电路将产生什么现象？

9.2　图 T9.2 所示的桥式正弦波振荡电路中，$R_1=10\text{k}\Omega$，$R_3=3.3\text{k}\Omega$，$C=0.47\mu\text{F}$，要求电路的输出频率范围为 10~100Hz，试确定：

（1）电阻 R_2 至少为多少？

（2）电位器 RP 的取值范围为多少？

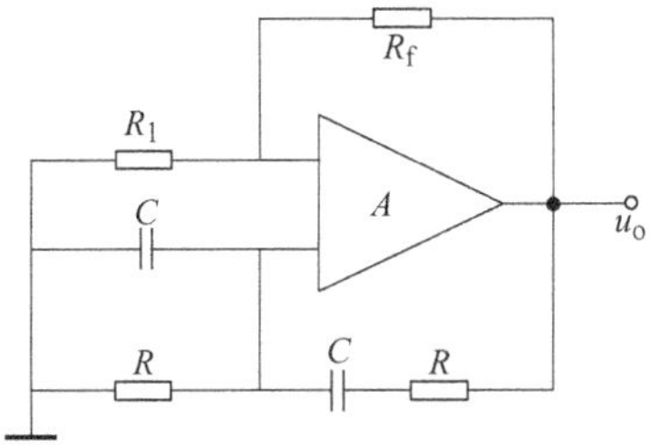

图 T9.1

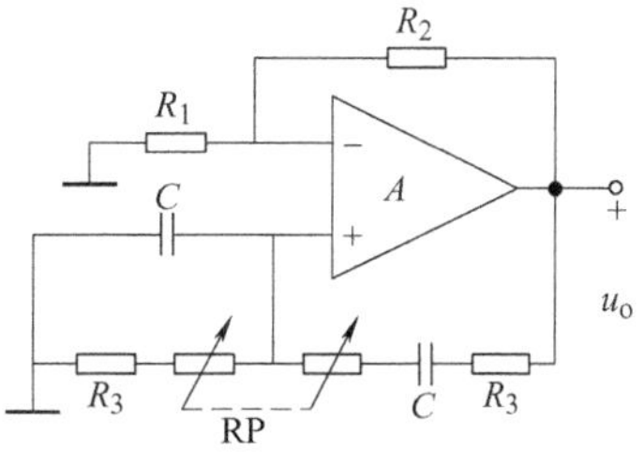

图 T9.2

9.3　判断图 T9.3 所示各电路是否可能产生正弦波振荡，并说明理由。设图 T9.3b 中 C_4 容量远大于其他三个电容的容量。

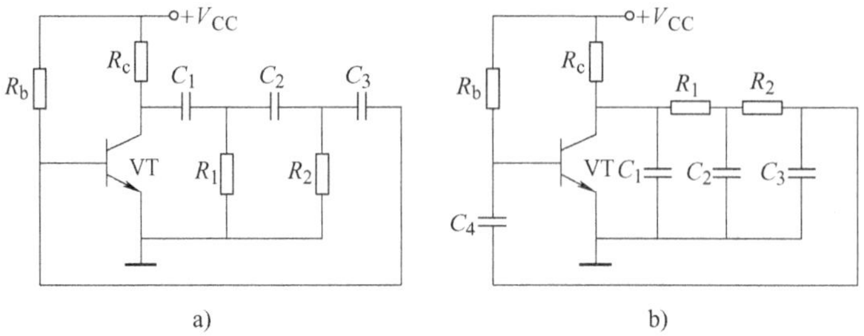

图 T9.3

9.4　电路如图 T9.3 所示，试问：

(1) 若去掉两个电路中的 R_2 和 C_3，则两个电路是否可能产生正弦波振荡？为什么？

(2) 若在两个电路中再加一级与其前级相同的 RC 电路，则两个电路是否可能产生正弦波振荡？为什么？

9.5　图 T9.5 所示电路为正交正弦波振荡电路，它可产生频率相同的正弦信号和余弦信号。已知稳压管的稳定电压 $\pm U_Z = \pm 6V$，$R_1 = R_2 = R_3 = R_4 = R_5 = R$，$C_1 = C_2 = C$。

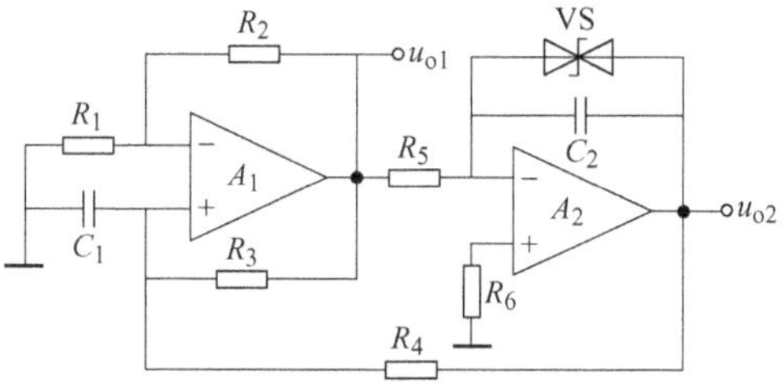

图 T9.5

(1) 试分析电路为什么能够满足产生正弦波振荡的条件；

(2) 求出电路的振荡频率；

(3) 画出 u_{o1} 和 u_{o2} 的波形图，要求表示出它们的相位关系，并分别求出它们的峰值。

9.6　试判断图 T9.6 所示的电路能否产生正弦波振荡，并说明原因。

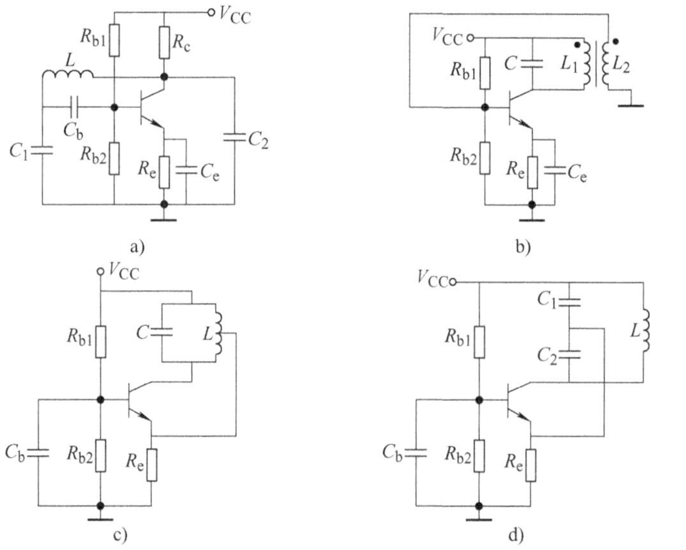

图 T9.6

9.7　试分别指出图 T9.7 所示两电路中的选频网络、正反馈网络和负反馈网络，判断电路是否满足正弦波振荡的相位条件，并说明理由。

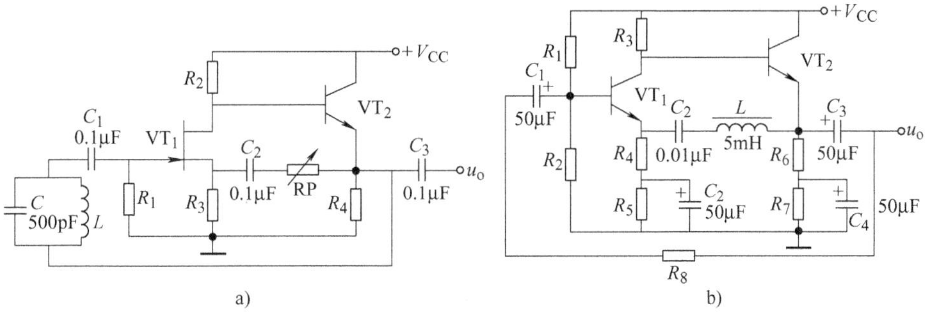

图 T9.7

9.8　试分别求解图 T9.8 所示各电路的电压传输特性。

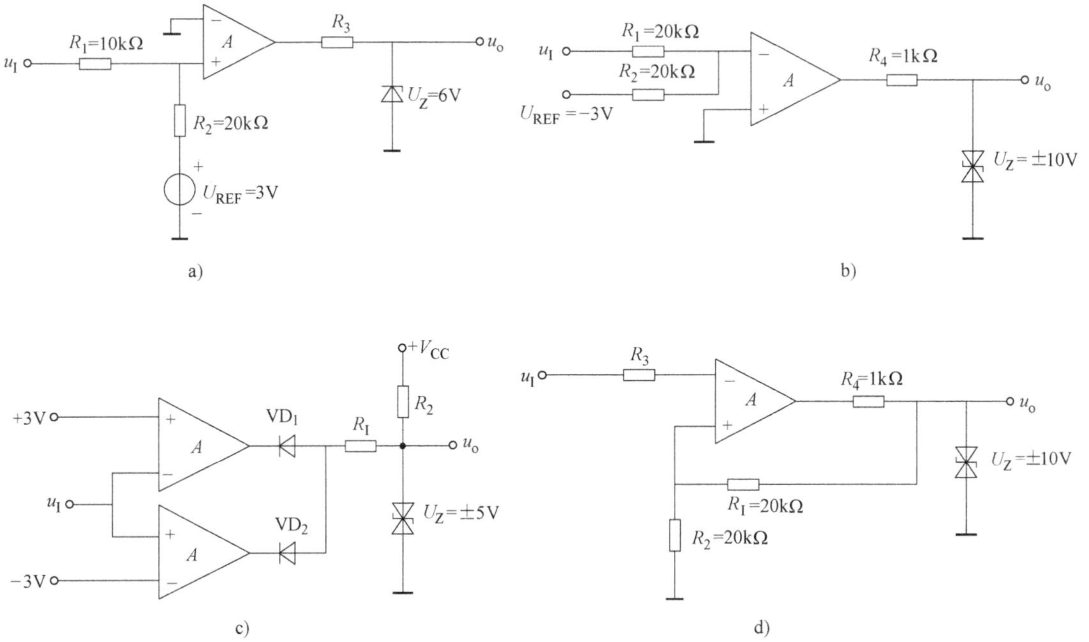

图 T9.8

9.9　电路如图 T9.9 所示，集成运放的最大输出电压幅值为±12V，u_I 的数值在 u_{o1} 的峰峰值之间。

(1) 求解 u_{o3} 的占空比与 u_I 的关系式；

(2) 设 $u_I=2.5V$，画出 u_{o1}、u_{o2} 和 u_{o3} 的波形。

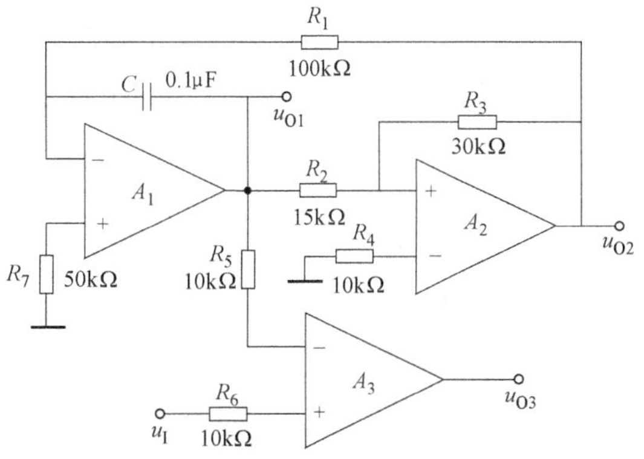

图 T9.9

9.10　图 T9.10a 所示的滞环比较器电路中，$R_1=R_2=10k\Omega$、$R_3=20k\Omega$、$U_Z=6V$。

(1) 计算比较器的阈值电压，画出其电压传输特性；

（2）若输入 u_I 如图 T9.10b 所示，画出输出 u_o 的波形。

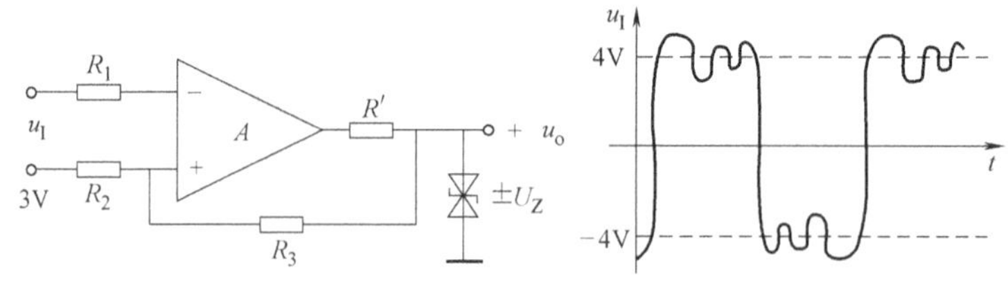

图 T9.10

9.11　在图 T9.11 所示电路中，已知 $R_1=10\text{k}\Omega$，$R_2=20\text{k}\Omega$，$C=0.01\mu\text{F}$，集成运放的最大输出电压幅值为±12V，二极管的动态电阻可忽略不计。

（1）求电路输出电压的振荡周期和占空比；

（2）画出 u_o 和 u_C 的波形。

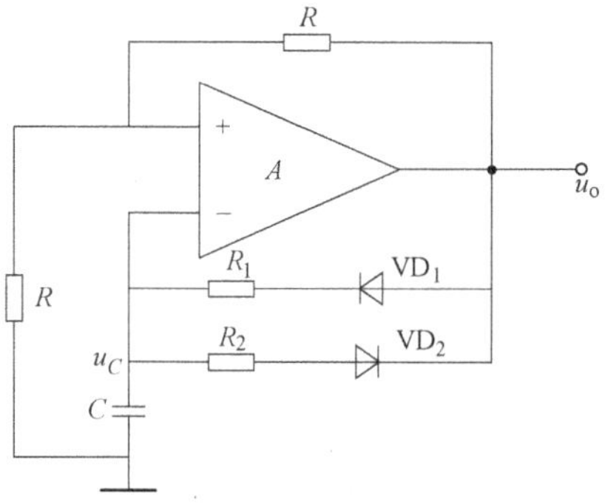

图 T9.11

9.12　图 T9.12 所示的电路中，$R_1=R_2=10\text{k}\Omega$，$R_3=20\text{k}\Omega$，$R_4=4\text{k}\Omega$，$C=5\mu\text{F}$，$U_Z=6\text{V}$，输入电压 $u_I(t)=3\sqrt{2}\sin\omega_0 t\text{V}$，$\omega_0=2\pi\times50\text{rad/s}$。

（1）计算比较器的阈值电压，画出电压传输特性；

（2）写出输出电压 u_o 与 u_{o1} 的关系表达式；

（3）设输出电压 u_o 在 2.5ms 处为 0，画出 u_o 的波形，标出相应的数值。

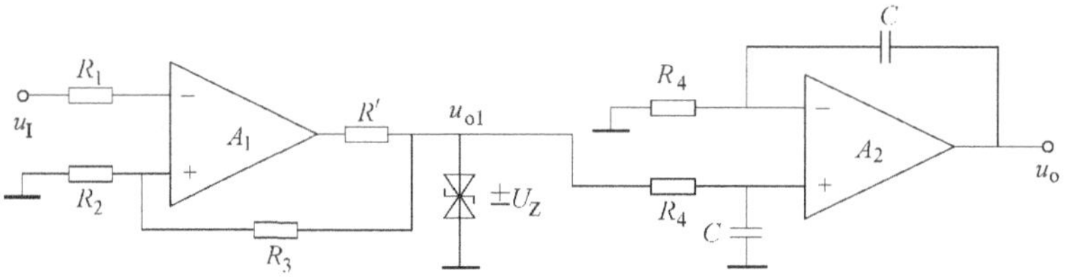

图 T9.12

9.13　如图 T9.13 所示的电路，试画出 u_C 和 u_o 的波形，并指出电路的功能。

9.14　如图 T9.14 所示的电路。

（1）画出 u_{o1} 和 u_o 的波形，指出电路的功能；

（2）若二极管 VD 开路，画出 u_{o1} 和 u_o 的波形，指出电路的功能。

9.15　试设计电路将正弦波电压转换为二倍频锯齿波电压，画出原理框图，并采用 Multisim 分析各部分输出电压的波形。

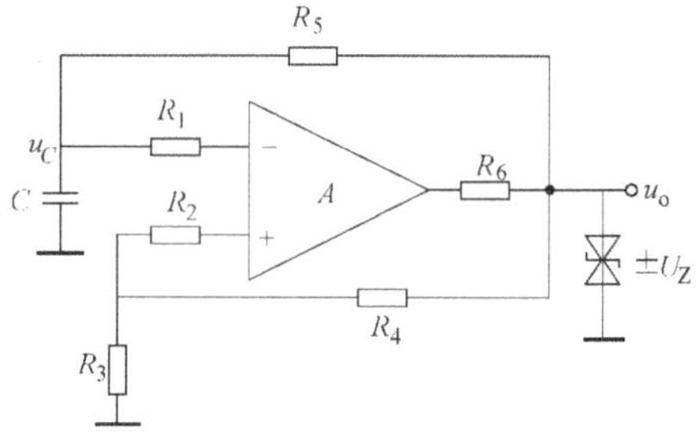

图 T9.13

9.16　电路如图 T9.16 所示。采用 Multisim 分析 u_{o1} 和 u_o 的波形，并估算振荡频率与 u_I 的关系式。

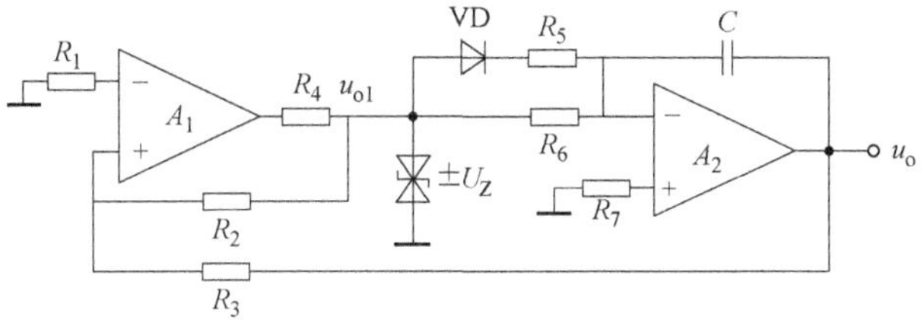

VD
R5
C
R1
R4 uo1
A1
R6
A2
±UZ
uo
R7
R2
R3

图 T9. 14

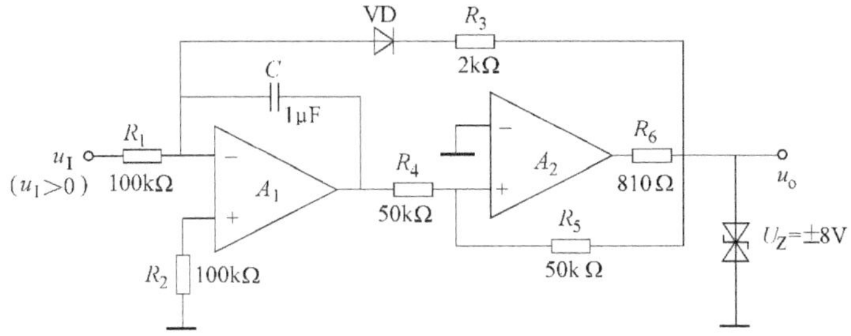

VD
R3
2kΩ
C
1μF
R1
uI
(uI>0)
100kΩ
A1
R4
50kΩ
A2
R6
810Ω
uo
R2
100kΩ
R5
50k Ω
UZ=±8V

图 T9. 16

第10章　直流稳压电源

引言

在电子电路中，通常需要电压稳定的直流电源供电。该直流电源需要利用电网提供的交流电压经过变换后得到，实现这种变换的电路称为直流稳压电源。本章主要学习单相小功率直流电源，其功能是将频率为50Hz，电压有效值为220V的单相交流电压转换为稳定的直流电压，该直流电压一般为几伏到几十伏，同时提供一定的输出电流。

图10.0.1所示为单相小功率直流电源的组成框图，由电源变压器，整流、滤波和稳压电路四部分组成。电源变压器的作用是将220V的交流电压降压为需要的交流电压，然后通过整流电路将交流电压变换成脉动的直流电压。由于此脉动的直流电压含有较大的谐波，因此需通过滤波电路将其滤除，得到平滑的直流电压。但该直流电压会受到电网电压波动(一般有±10%)、负载和环境温度变化的影响，需要加入稳压电路。稳压电路的作用是当电网电压波动、负载和环境温度变化时，保持输出直流电压的稳定。

本章首先讨论小功率整流电路、滤波电路，然后介绍串联型稳压电路的原理以及三端集成稳压器的应用。

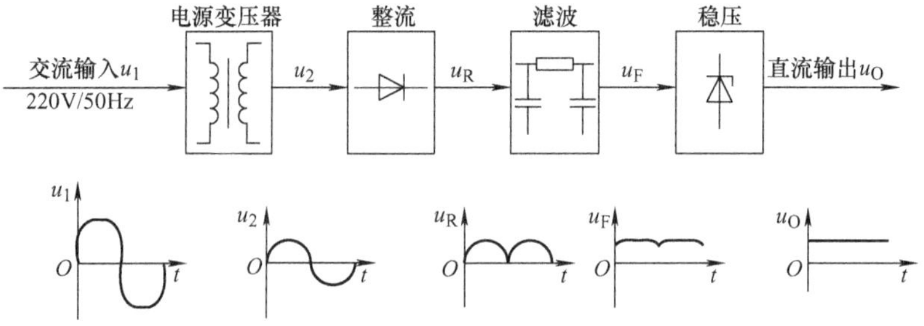

图10.0.1　单相小功率直流电源的组成

10.1　整流电路

整流电路的作用是将变压器二次侧的正弦交流电压变换为单一方向的脉动直流电压。常见的整流电路有单相半波整流电路和单相全波整流电路。

10.1.1　单相半波整流电路

1. 电路组成及工作原理

单相半波整流电路如图 10.1.1 所示，由二极管 VD 构成。设变压器二次电压

$$u_2=\sqrt{2}U_2\sin\omega t$$

式中，U_2 为变压器二次电压的有效值。

若二极管视为理想，电路的工作过程分析如下：

在电源电压的正半周，即 $\omega t=0\sim\pi$ 的范围内，u_2 的实际极性为上正下负，VD 因承受正向电压而导通，由于二极管的正向导通压降为 0，因此 $u_O=u_2$，得到输出电压 u_O 在 $\omega t=0\sim\pi$ 期间的半周波形，如图 10.1.2b 所示。

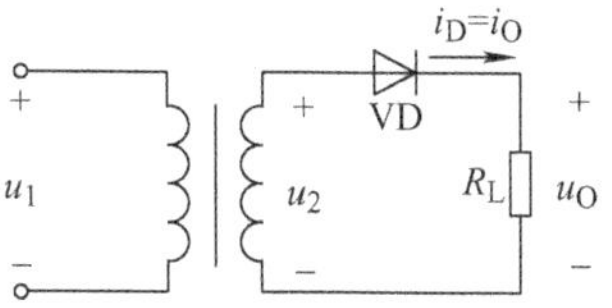

图 10.1.1　单相半波整流电路

在电源电压的负半周，即 $\omega t=\pi\sim 2\pi$ 的范围内，u_2 的实际极性为上负下正，VD 因承受反向电压而截止，此时负载所在回路的电流为零，因此 $u_O=0$，即输出电压 u_O 在 $\omega t=\pi\sim 2\pi$ 期间的值为 0。$\omega t>2\pi$ 后重复上述过程，得到输出电压 u_O 的波形如图 10.1.2b 所示，为单一方向的脉动直流电压。

由于二极管和负载串联，因此二者的电流相同，在 $\omega t=0\sim\pi$ 的范围内，二极管导通，$i_D=i_O=\dfrac{u_O}{R_L}$；在 $\omega t=\pi\sim 2\pi$ 的范围内，VD 截止，$i_D=i_O=0$。得到二极管和负载上的电流波形如图 10.1.2c 所示。

对二极管来讲，在 $\omega t=0\sim\pi$ 的范围内，VD 因承受正向电压而导通，$u_D=0$。在 $\omega t=\pi\sim 2\pi$ 的范围内，VD 因承受反向电压而截止，因 $u_O=0$，则 $u_D=-u_2$。得到二极管上电压 u_D 的波形如图 10.1.2d 所示，二极管的最高反向电压为$\sqrt{2}U_2$。

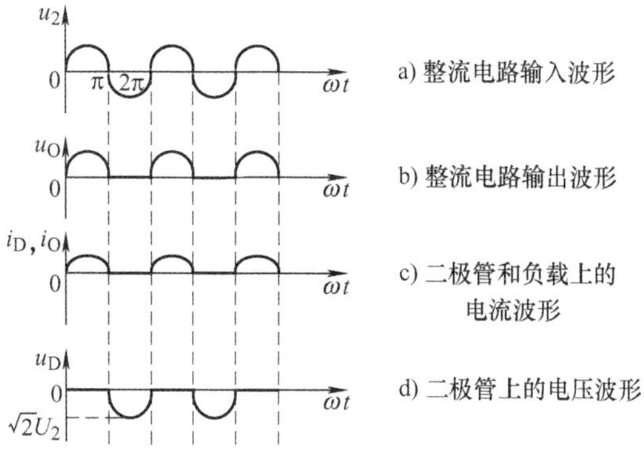

图 10.1.2　单相半波整流电路的波形

2. 负载电压和电流的计算

整流电路的输出一般以其输出瞬时电压、电流在一周的平均值表示。

(1) 输出电压的平均值 $U_{O(AV)}$

$U_{O(AV)}$ 为 u_O 在一周的平均值

$$U_{O(AV)}=\frac{1}{2\pi}\int_0^{\pi}\sqrt{2}U_2\sin\omega t\,d(\omega t)$$

上式积分的结果为

$$U_{O(AV)}=\frac{\sqrt{2}}{\pi}U_2=0.45U_2 \qquad (10.1.1)$$

另一方面，u_O 为周期性非正弦信号，其傅里叶分解为

$$u_O=\sqrt{2}U_2\left(\frac{1}{\pi}+\frac{1}{2}\sin\omega t-\frac{2}{3\pi}\sin2\omega t+\cdots\right) \tag{10.1.2}$$

式（10.1.2）中的直流分量即为整流电路输出电压的平均值。

（2）负载和二极管的平均电流

因二极管的电流波形与负载电流波形相同，故负载和二极管的平均电流相同，为

$$I_{O(AV)}=I_D=\frac{U_{O(AV)}}{R_L}=\frac{0.45U_2}{R_L} \tag{10.1.3}$$

3. 输出电压的脉动系数

输出电压的脉动系数 S 定义为整流输出电压的最低次谐波峰值与输出电压的平均值之比，反映整流输出电压的脉动程度，其值越小越好。

从上述输出电压 u_O 的傅里叶分解式（10.1.2）中可以看出，最低次谐波峰值为 $U_{O1M}=\frac{\sqrt{2}}{2}U_2$，则有

$$S=\frac{U_{O1M}}{U_{O(AV)}}=\frac{\frac{\sqrt{2}}{2}U_2}{\frac{\sqrt{2}}{\pi}U_2}=\frac{\pi}{2}=1.57 \tag{10.1.4}$$

可见半波整流电路输出电压的最低次谐波的峰值为输出电压平均值的1.57倍，脉动较大。

4. 二极管的选择

应用中，应使二极管的最大整流电流平均值 I_F 和最高反向工作电压 U_{RM} 至少有10%的裕量。通过上述分析可知，单相半波整流电路中二极管的最大反向电压为 $\sqrt{2}U_2$，二极管的电流和负载电流相同，因此，二极管可按下式选取

$$I_F\geqslant1.1I_D \tag{10.1.5}$$

$$U_R\geqslant1.1\sqrt{2}U_2 \tag{10.1.6}$$

式中，$I_D=I_{O(AV)}$。

10.1.2　单相桥式整流电路

1. 电路组成及工作原理

单相桥式整流电路如图10.1.3所示，由二极管 $VD_1\sim VD_4$ 构成。设变压器二次电压 $u_2=\sqrt{2}U_2\sin\omega t$，二极管视为理想，电路的工作过程分析如下：

1）在电源电压的正半周，即 $\omega t=0\sim\pi$ 的范围内，u_2 的实际极性为上正下负，VD_1、VD_3 因承受正向电压而导通，VD_2、VD_4 承受反向电压而截止。电流的流通路径为 a→VD_1→R_L→VD_3→b，在负载 R_L 上建立起上正下负的电压，且由于二极管的正向导通压降为0，因此 $u_O=u_2$，得到输出电压 u_O 在 $\omega t=0\sim\pi$ 期间的半周波形，如图

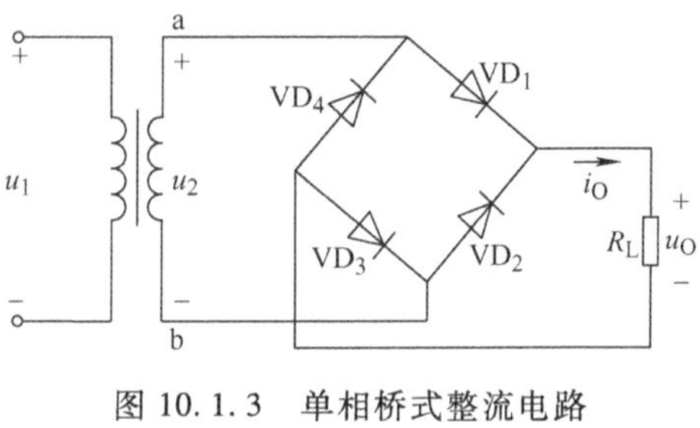

图10.1.3　单相桥式整流电路

10.1.4b 所示。

2）在电源电压的负半周，即 $\omega t=\pi\sim2\pi$ 的范围内，u_2 的实际极性为上负下正，VD_2、VD_4 因承受正向电压而导通，VD_1、VD_3 承受反向电压而截止。电流的流通路径为 b→VD_2→R_L→VD_4→a，在负载 R_L 上建立上正下负的电压，且由于二极管的正向导通压降为 0，负载电压 u_O 数值上等于 u_2，得到输出电压 u_O 在 $\omega t=\pi\sim2\pi$ 期间的半周波形，如图 10.1.4b 所示。$\omega t>2\pi$ 后重复上述过程，则输出电压 u_O 的波形如图 10.1.4b 所示，输出电压只有大小变化，而方向不变，为脉动的直流电压。相比图 10.1.2b 所示半波整流时负载电压的波形，由于在桥式整流电路中，电源电压正负半周都在输出电压中得到反映，因此也称为全波整流电路。

负载上的电流为负载电压除以电阻 R_L，其波形如图 10.1.4e 所示。

对二极管来讲，在 $\omega t=0\sim\pi$ 的范围内，VD_1、VD_3 承受正向电压而导通，$u_{D1}=u_{D3}=0$，VD_2、VD_4 承受反向电压，$u_{D2}=u_{D4}=-u_2$。在 $\omega t=\pi\sim2\pi$ 的范围内，VD_2、VD_4 承受正向电压而导通，$u_{D2}=u_{D4}=0$，VD_1、VD_3 承受反向电压，$u_{D1}=u_{D3}=-u_2$。得到二极管 VD_1、VD_3 上的电压波形如图 10.1.4d 所示，二极管的最高反向电压为$\sqrt{2}U_2$。二极管 VD_2、VD_4 上的电压波形，通过 VD_1、VD_3 上的电压波形前移 π 后即可得到。

对二极管中的电流，在 $\omega t=0\sim\pi$ 时，$i_{D1}=i_{D3}=i_O$，$i_{D2}=i_{D4}=0$；在 $\omega t=\pi\sim2\pi$ 时，$i_{D2}=i_{D4}=i_O$，$i_{D1}=i_{D3}=0$。得到二极管 VD_1、VD_3 上的电流波形如图 10.1.4c 所示，而二极管 VD_2、VD_4 上的电流波形通过将 VD_1、VD_3 上的电流波形后移 π 即可得到。

2. 负载电压和电流的计算

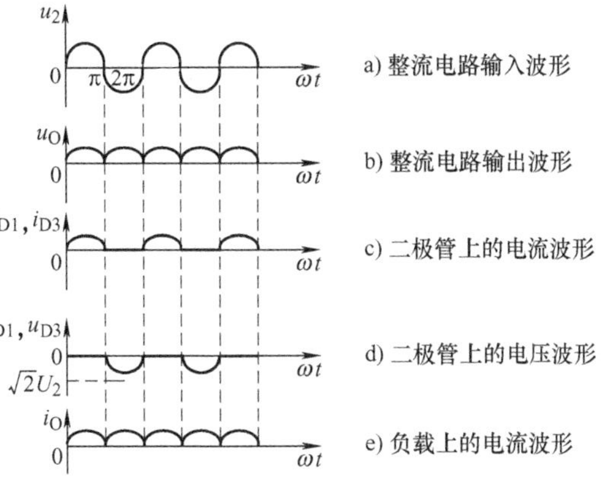

图 10.1.4 桥式整流电路的波形

1）输出电压的平均值 $U_{O(AV)}$。$U_{O(AV)}$ 为 u_O 在一周的平均值

$$U_{O(AV)}=\frac{2}{2\pi}\int_0^{\pi}\sqrt{2}U_2\sin\omega t\,d(\omega t)$$

上式积分的结果为

$$U_{O(AV)}=\frac{2\sqrt{2}}{\pi}U_2=0.9U_2 \tag{10.1.7}$$

u_O 的傅里叶分解为

$$u_O=\sqrt{2}U_2\left(\frac{2}{\pi}-\frac{4}{3\pi}\cos2\omega t-\frac{4}{15\pi}\cos4\omega t-\cdots\right) \tag{10.1.8}$$

式（10.1.8）中的直流分量即为整流电路输出电压的平均值。

2）负载和二极管的平均电流。二极管 VD_1、VD_3 上的电流相同，VD_2、VD_4 上的电流相同，其平均值均为负载电流平均值的一半。由于负载电流平均值为

$$I_{O(AV)}=\frac{U_{O(AV)}}{R_L}=\frac{0.9U_2}{R_L} \tag{10.1.9}$$

因此二极管上电流的平均值为

$$I_D=\frac{1}{2}I_{O(AV)}=\frac{0.45U_2}{R_L} \tag{10.1.10}$$

3）输出电压的脉动系数。输出电压 u_O 的傅里叶分解式（10.1.8）中，最低次谐波的

峰值为 $U_{O2M}=\frac{4\sqrt{2}}{3\pi}U_2$，则有

$$S=\frac{U_{O2M}}{U_{O(AV)}}=\frac{2}{3}=0.67 \tag{10.1.11}$$

相比半波整流，全波整流输出电压的脉动系数大为减小。

4）二极管的选择。二极管的选择原则和半波整流时相同。通过上述分析可知，全波整流电路中二极管的最大反向电压为$\sqrt{2}U_2$，二极管电流的平均值为负载平均电流的一半，即$I_D=\frac{1}{2}I_{O(AV)}$，二极管仍可按式（10.1.5）和式（10.1.6）选取。

10.1.3 倍压整流电路

前述的半波和全波整流电路的输出电压平均值均小于整流电路输入交流电压的有效值。倍压整流电路在将交流电压变为直流电压的同时，在一定的整流输入电压之下，得到高出它若干倍的直流电压。

倍压整流电路的基本原理是，利用二极管的单向导电性对电流的引导作用，将较低的直流电压分别存在多个电容器上，然后将它们按照相同的极性串联起来，得到较高的直流输出电压，故倍压整流电路的主要组成元器件是二极管和电容器。

1. 二倍压整流电路

二倍压整流电路如图 10.1.5 所示。其工作过程分析如下：当 $u_2>0$ 时，VD_1 导通，理想情况下，C_1 将充电至$\sqrt{2}U_2$，电流方向如图中①所示。当 $u_2<0$ 时，VD_2 导通，C_2 将充电至$\sqrt{2}U_2$，电流方向如图中②所示。负载上的电压为两个电容电压相加，负载开路情况下为$2\sqrt{2}U_2$。

2. 多倍压整流电路

依据上述原理，将多个电容串接起来，并安排相应的二极管分别引导给其充电，如图 10.1.6 所示，就可得到多倍的直流输出电压。其工作过程读者可依据上述原理自行分析。

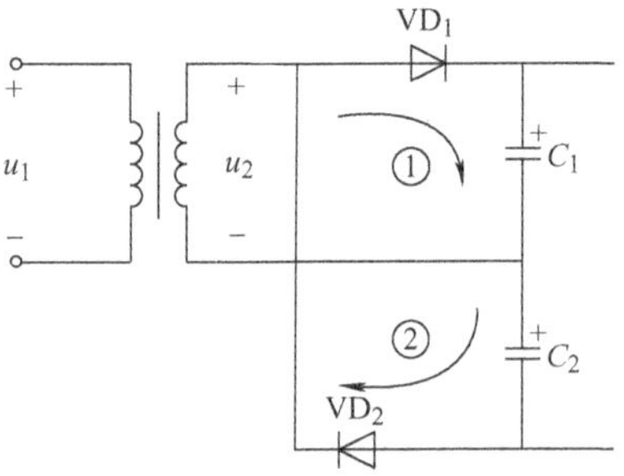

图 10.1.5　二倍压整流电路

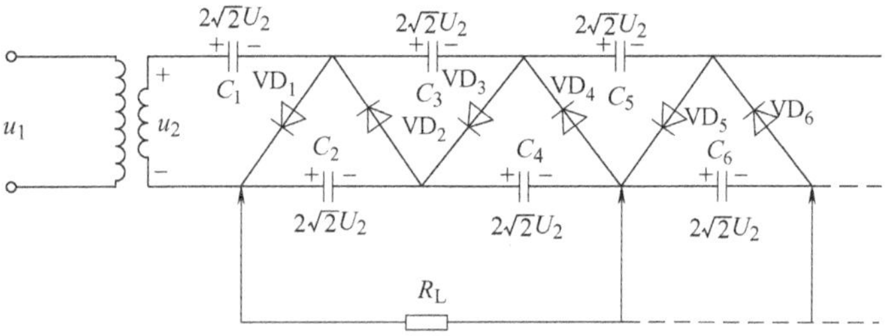

图 10.1.6　多倍压整流电路

10.2 滤波电路

整流电路的输出电压尽管是单一方向的，但其中含有较大的交流分量。因此，需要在整流之后，利用滤波电路滤除整流输出电压中的交流成分，而将其中的直流成分输出。直流电

源中一般采用无源滤波，常见的主要有电容滤波电路、电感滤波电路和复式滤波电路等。

10.2.1　电容滤波电路

1. 电路构成与滤波原理

电容滤波是直流电源中应用最为广泛的滤波电路。电容 C 直接并联在整流电路的输出端，即构成了电容滤波电路。图 10.2.1 所示为在桥式整流电路之后接电容 C 构成的整流滤波电路，其滤波原理分析如下：

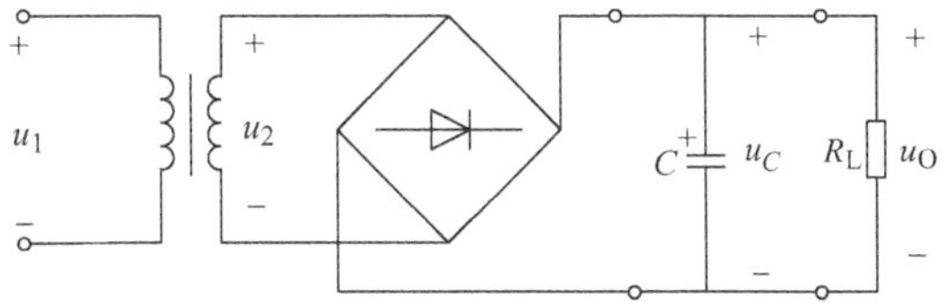

图 10.2.1　整流滤波电路

在电源电压的正半周，当 u_2 的数值大于电容 C 上的电压 u_C 时，VD_1、VD_3 导通，电流一方面流过 R_L，另一方面给电容 C 充电，电容电压随着电源电压 u_2 的上升而上升，如图 10.2.2 中的 ab 段；当电源电压上升到最大值，即到达 b 点后，电源电压开始下降，电容通过负载 R_L 放电，电压 u_C 也开始下降，趋势与 u_2 基本相同，如图 10.2.2 中的 bc 段；由于电容按指数规律放电，c 点以后，u_C 的下降速度小于 u_2 的下降速度，使 u_C 大于 u_2，导致 VD_1、VD_3 反向截止，电容 C 只通过 R_L 放电，u_C 按指数规律下降，如图 10.2.2 中的 cd 段。

在电源电压的负半周期间，当 u_2 的数值上升到大于电容 C 上的电压 u_C 时，VD_2、VD_4 导通，u_2 再次对电容 C 充电，如图中 d 点以后的部分，u_C 上升到 u_2 的峰值后又开始下降，下降到一定值后，VD_2、VD_4 截止，C 对 R_L 放电，u_C 按指数规律下降，重复上述过程，得到 u_C 和 u_O 的波形如图 10.2.2 中的实线所示。

2. 输出电压平均值

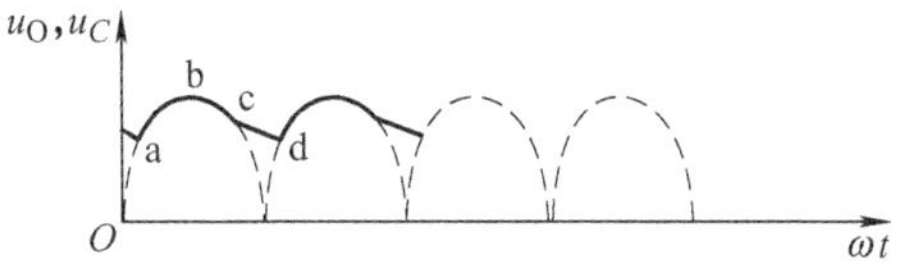

图 10.2.2　滤波电路的波形

当 R_L 开路时，电容将被充电到 u_2 的最大电压$\sqrt{2}U_2$，且保持不变。此时 $U_O=\sqrt{2}U_2=1.4U_2$。当 $R_LC\to 0$，即不接电容时，电路为不含滤波电容的桥式整流电路，输出电压 $U_O=0.9U_2$。一般情况下，取 $\tau=R_LC\geqslant(2\sim5)\dfrac{T}{2}$，$T$ 为交流电源周期，若该电容滤波加在全波整流之后，则滤波电路输出电压

$$U_{O(AV)}=(1.1\sim1.2)U_2 \tag{10.2.1}$$

若电容滤波加在半波整流之后，则滤波电路输出电压

$$U_{O(AV)}=U_2 \tag{10.2.2}$$

3. 整流二极管的选择

与不含滤波电容的整流电路相比较，二极管流过电流的时间比不加 C 时要短，且 C 越大，二极管的导通时间越短，在负载电流要求一定的情况下，对二极管的冲击电流更大。因此，选用二极管时，I_F 要留有更大的裕量，一般使 I_F 为实际通过二极管平均电流的 2 倍。

若滤波电容接在桥式整流电路之后，二极管的最大反向电压为$\sqrt{2}U_2$，则选择二极管时，应使

$$U_R \geqslant 1.1\sqrt{2}U_2 \tag{10.2.3}$$

若滤波电容接在半波整流电路之后，如图 10.2.3 所示，则当 R_L 开路时，在变压器二次电压 u_2 负向最大时，二极管的反向电压最大，为 $2\sqrt{2}U_2$，选择二极管时，应使

$$U_R \geqslant 1.1\times 2\sqrt{2}U_2 \tag{10.2.4}$$

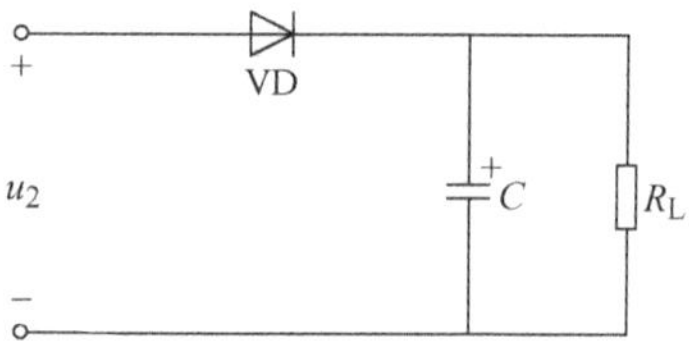

图 10.2.3　半波整流与滤波电路

10.2.2　其他形式的滤波电路

在大多数情况下，负载电阻 R_L 的值很小，采用电容滤波时，要求的电容容量很大，而且较大的二极管冲击电流，使电容器和二极管的选择变得困难。在整流电路和负载之间串联一个电感 L，就构成了电感滤波电路，如图 10.2.4 所示。由于通过电感的电流变化时，线圈中要产生感应电动势阻碍电流的变化，因此可使负载电流和电压的脉动大为减小。电感值越大，滤波效果越好。当忽略电感 L 的电阻时，负载上输出电压的平均值和不加电感时相同，即 $U_{O(AV)} = 0.9U_2$。电感滤波的缺点是笨重且体积大，一般适用于低电压、大电流场合。

电容和电感是基本的滤波元件，利用其对直流和交流呈现的不同电抗特点，合理组合，可构成复式滤波电路，以达到需要的滤波效果。图 10.2.5 所示为由 LC 构成的滤波电路，而图 10.2.6 所示为由 RC 构成的滤波电路。

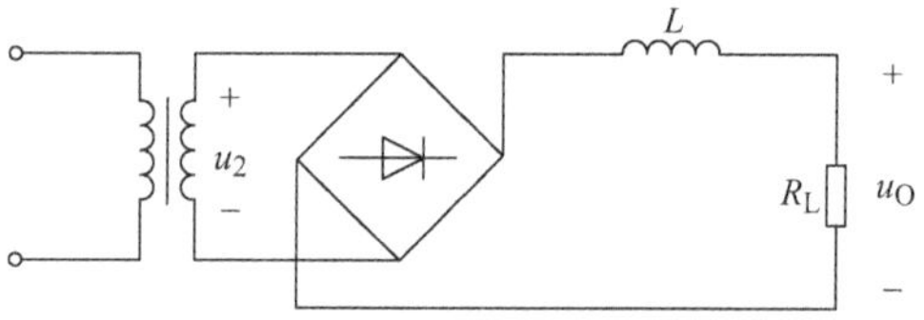

图 10.2.4　电感滤波电路

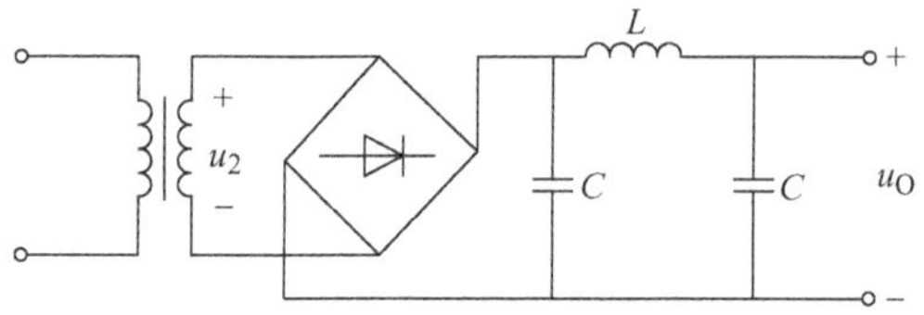

图 10.2.5　*LC* 滤波电路

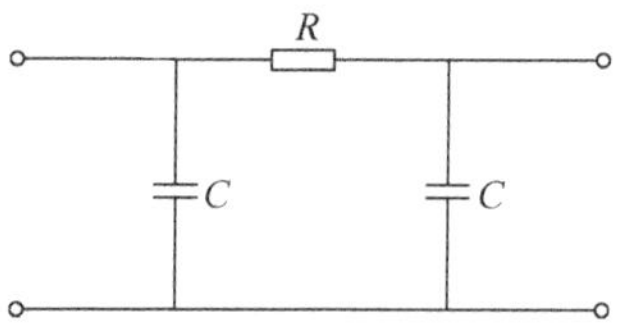

图 10.2.6　*RC* 滤波电路

10.3　稳压管稳压电路

10.3.1　稳压电路的功能和性能指标

1. 稳压电路的功能

前面介绍的整流滤波电路在实际应用中仍存在一定问题。

1）输出直流电压的平均值取决于变压器二次电压的有效值，而电网电压一般会有 10% 左右的波动，导致直流输出电压会有相应的波动。

2）整流滤波电路作为电压源，存在一定的内阻，当负载变化时，导致负载上的电压发生变化。

3）环境温度变化，导致整流滤波电路的参数变化，使输出直流电压波动。

为了获得稳定性更高的直流电压，需要在滤波电路之后增加稳压电路，以克服上述问

题。稳压电路的功能是，在交流电网电压波动、负载变化和环境温度变化情况下，使直流输出电压保持稳定。

本章主要介绍稳压管稳压电路、串联反馈式稳压电路和开关型稳压电路。

2. 稳压电路的性能指标

稳压电路的输出是其输入电压、负载电流和环境温度的函数，即

$$U_O = f(U_I, I_O, T) \tag{10.3.1}$$

当输入电压、负载电流和环境温度变化时，引起输出电压按式（10.3.2）变化。为了反映上述因素对输出电压的影响，定义稳压系数、输出电阻和温度系数作为稳压电路的性能指标，

$$\Delta U_O = \frac{\partial U_O}{\partial U_I}\Delta U_I + \frac{\partial U_O}{\partial I_O}\Delta I_O + \frac{\partial U_O}{\partial T}\Delta T \tag{10.3.2}$$

1）稳压系数：稳压系数 S_r 定义为在负载电流和环境温度一定的情况下，输出电压相对变化量与输入电压相对变化量的比值，即

$$S_r = \left.\frac{\Delta U_O/U_O}{\Delta U_I/U_I}\right|_{\Delta I_O=0,\Delta T=0} \tag{10.3.3}$$

稳压系数反映稳压电路输入电压变化对输出电压的影响，其值越小越好。

2）输出电阻：输出电阻定义为输入电压和环境温度一定的情况下，输出电压变化量与输出电流变化量的比值，即

$$R_O = \left.\frac{\Delta U_O}{\Delta I_O}\right|_{\Delta U_I=0,\Delta T=0} \tag{10.3.4}$$

输出电阻反映负载电流变化对输出电压的影响，其值越小越好。

3）温度系数：温度系数定义为输入电压和负载电流一定的情况下，输出电压变化量与环境温度变化量的比值，也称输出电压温度变化率，即

$$S_T = \left.\frac{\Delta U_O}{\Delta T}\right|_{\Delta U_I=0,\Delta I_O=0} \tag{10.3.5}$$

温度系数反映环境温度变化时，对输出电压的影响，其值越小越好。

有些文献中，也用电压调整率和电流调整率来描述稳压性能。在额定负载，且输入电压产生最大变化的条件下，输出电压产生的变化量 ΔU_O 称为电压调整率；在输入电压一定，且负载电流产生最大变化的条件下，输出电压产生的变化量 ΔU_O 称为电流调整率。

10.3.2 稳压管稳压电路的工作原理和限流电阻的选择

1. 稳压管稳压电路的工作原理

稳压管稳压电路由图 10.3.1 中的 R 和 VS 组成，其输入电压为滤波电路的输出电压 U_I，输出直接和负载并联，负载电压等于 VS 上的电压。VS 工作在图 10.3.2 中的击穿区，VS 中的电流须在 I_{Zmin} 和 I_{Zmax} 之间，以保证 VS 既能工作于击穿区，又不会因为电流太大而损坏。为此设有电阻 R 以限制 VS 中的电流，使其满足 $I_{Zmin}<I_Z<I_{Zmax}$，因此 R 称为限流电阻。

上述电路的稳压原理如下：

1）由于 $U_O=U_Z=U_I-RI_R$，U_I 不变，负载电阻 R_L 减小时，$I_O\uparrow$，导致 $I_R\uparrow$，$U_R\uparrow$，$U_O\downarrow$，$U_Z\downarrow$，$I_Z\downarrow$，使 $I_R=I_Z+I_O$ 保持不变，从而使得 U_O 保持不变。

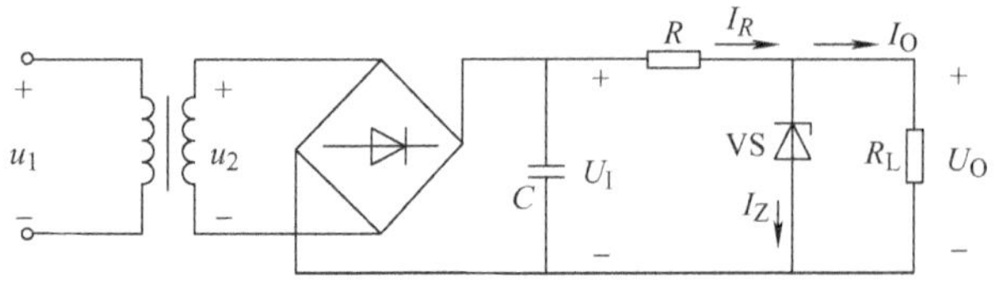

图 10.3.1　稳压管稳压电路

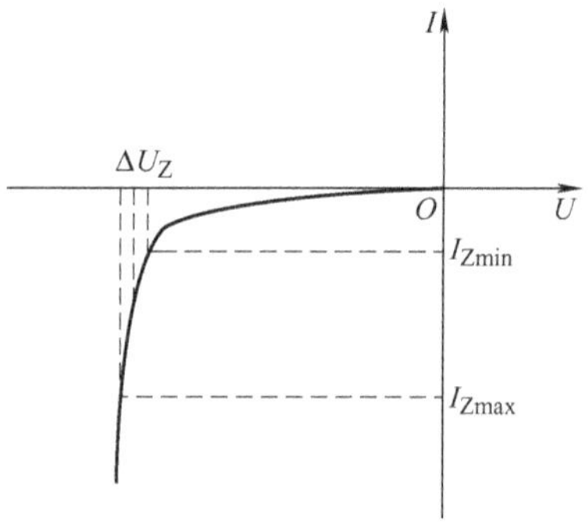

图 10.3.2　稳压管的击穿特性

2）R_L 不变，电网电压变化，如输入电压升高时，$U_2\uparrow$，导致 $U_O\uparrow$，$U_Z\uparrow$，$I_Z\uparrow\uparrow$，$I_R\uparrow\uparrow$，$U_R\uparrow\uparrow$，抵消 U_I 的增加，使 U_O 保持不变。

2. 限流电阻的选择

R 的选择应使电网波动或负载变化时，使 VS 始终能工作在稳压区，即 $I_{Zmin}<I_Z<I_{Zmax}$。

当电网电压最高，$U_I=U_{Imax}$，而负载电流又最小，$I_O=I_{Omin}$ 时，流过稳压管的 I_Z 最大，此时应有 $I_Z<I_{Zmax}$，由此可确定 R 的最小值

$$I_{Zmax}=I_{Rmax}-I_{Omin}=\frac{U_{Imax}-U_Z}{R_{min}}-I_{Omin} \tag{10.3.6}$$

$$R_{min}=\frac{U_{Imax}-U_Z}{I_{Zmax}+I_{Omin}} \tag{10.3.7}$$

当电网电压最低，$U_I=U_{Imin}$，而负载电流又最大 $I_O=I_{Omax}$ 时，I_Z 最小，此时应有 $I_Z>I_{Zmin}$，由此可决定 R 的最大值

$$I_{Zmin}=I_{Rmin}-I_{Omax}=\frac{U_{Imin}-U_Z}{R_{max}}-I_{Omax} \tag{10.3.8}$$

$$R_{max}=\frac{U_{Imin}-U_Z}{I_{Zmin}+I_{Omax}} \tag{10.3.9}$$

则 R 在上述最小值和最大值之间取值，即 $R_{min}<R<R_{max}$。

稳压管稳压电路虽然简单，但在应用中仍存在下列缺点：

1）输出电压由稳压管的型号决定，不可随意调节。

2）稳压二极管参数具有离散性，温度稳定性不高，所以稳压精度不高。

3）电路的限流电阻必不可少，而负载电流都要流经限流电阻，因此限制了电路的输出电流，使电路不适合负载变化太大的场合。

4）稳压二极管的击穿电流不可能做得很大，因此电路的输入电压范围有限，在电网电压变化太大时，电路将不能适应。

故而稳压二极管稳压电路只适用于对电压精度要求不高、输出电流不大、输入电压范围不大的应用场合。为了获得更好的稳压性能，常应用串联反馈式稳压电路。

【例 10.3.1】　图 10.3.3 所示稳压电路中，已知稳压管的稳定电压 U_Z 为 6V，最小稳定电流 I_{Zmin} 为 5mA，最大稳定电流 I_{Zmax} 为 40mA；输入电压 U_I 为 15V，波动范围为 ±10%；限流电阻 R 为 200Ω。

1）电路是否能空载？为什么？

2）保证输出电压稳定的负载电流范围是多少？

解： 1）由于空载时稳压管流过最大电流

$$I_{Z\max}=I_{R\max}=\frac{U_{I\max}-U_Z}{R}=52.5\text{mA}>40\text{mA}$$

因此电路不能空载。

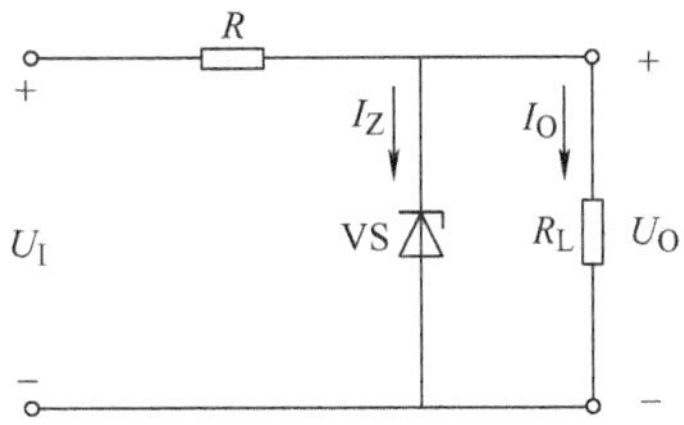

图 10.3.3 例 10.3.1 图

2）根据

$$I_{Z\min}=\frac{U_{I\min}-U_Z}{R}-I_{O\max}$$

负载电流的最大值为

$$I_{O\max}=\frac{U_{I\min}-U_Z}{R}-I_{Z\min}=32.5\text{mA}$$

根据

$$I_{Z\max}=\frac{U_{I\max}-U_Z}{R}-I_{O\min}$$

负载电流的最小值为

$$I_{O\min}=\frac{U_{I\max}-U_Z}{R}-I_{Z\max}=12.5\text{mA}$$

10.4 线性串联型稳压电路

10.4.1 线性串联型稳压电路的组成及稳压原理

1. 线性串联型稳压电路的组成

图 10.4.1 所示为线性串联型稳压电路的组成框图，其中，U_I 是稳压电路的输入，也是滤波电路的输出，U_O 是稳压电路的输出，也是负载电压。VT 为调整管，与负载串联，故称为串联型稳压电路。其稳压的本质是通过调整管的基极电压控制 VT 的导通状态。从而改变 U_{CE}，以使输出电压稳定。

图 10.4.1 中，基准电压产生电路产生与输出期望电压对应的 U_{REF}，采样电路取出实际的输出电压，在比较放大电路中对二者的差进行放大，放大后的信号送到调整管的基极，改变调整管 VT 的 U_{BE}，从而控制 U_{CE}，使输出电压稳定。比较放大环节可以是分立元器件构成的放大电路，也可以是差动放大电路或集成运放。

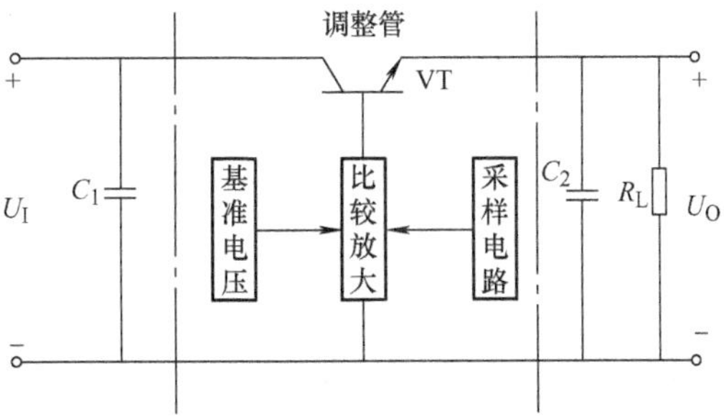

图 10.4.1 线性串联型稳压电路的组成框图

2. 稳压原理

以集成运放构成的比较放大电路为例，线性串联型稳压电路的原理电路如图 10.4.2

所示。其中，VT 为调整管，R 和 VS 产生基准电压 U_{REF}，R_1、R_2、R_P 构成采样电路，也是反馈电路，取出输出电压的一部分 U_F 作为反馈电压，运放 A 构成比较放大电路，其输出接至调整管 VT 的基极。

该电路的稳压原理如下：当由于电源电压的波动，导致 U_I 上升，或负载电阻 R_L 增大时，均会引起稳压电路输出电压 U_O 上升，当 U_O 略有上升时，引起如下反馈过程：

$$U_O\uparrow\rightarrow U_F\uparrow\rightarrow U_B\downarrow\rightarrow U_{CE}\uparrow\rightarrow U_O\downarrow$$

该反馈过程抑制了 U_O 的上升，使 U_O 保持稳定。

当由于电源电压的波动，导致 U_I 下降，或负载电阻 R_L 减小，引起 U_O 下降时，反馈限制了 U_O 的下降，使 U_O 稳定，读者可自行分析。

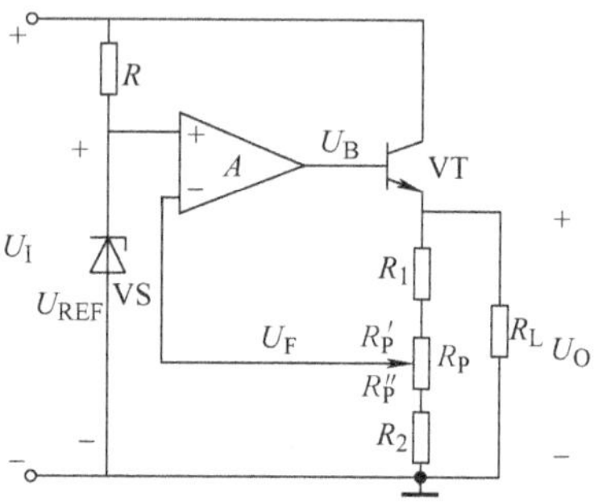

图 10.4.2　串联型稳压电路的稳压原理

3. 输出电压及其调节范围

集成运放构成的比较放大电路形成电压串联负反馈，反馈电压为 U_F，$U_F=FU_O$，与输出电压 U_O 成比例。集成运放的输出为 $U_B=A(U_{REF}-FU_O)$。

由于调整管 VT 为射极跟随器，若忽略其 U_{BE}，则有 $U_B\approx U_O$，即下式成立：

$$A(U_{REF}-FU_O)\approx U_O$$

解之有

$$U_O=U_{REF}\frac{A}{1+AF}$$

在深度负反馈情况下，$|1+AF|\gg1$，则有 $U_O=U_{REF}\dfrac{1}{F}$。由于反馈系数 $F=\dfrac{R_2+R''_P}{R_1+R_2+R_P}$，则输出电压

$$U_O=U_{REF}\left(1+\frac{R_1+R'_P}{R_2+R''_P}\right)\tag{10.4.1}$$

当 R_P 的滑动头在最上部时，R'_P最小，输出电压最小，其值为

$$U_{Omin}=U_{REF}\left(1+\frac{R_1}{R_2+R_P}\right)\tag{10.4.2}$$

当 R_P 的滑动头在最下部时，R'_P最大，输出电压最大，其值为

$$U_{Omax}=U_{REF}\left(1+\frac{R_1+R_P}{R_2}\right)\tag{10.4.3}$$

4. 调整管参数选取原则

图 10.4.2 所示串联型稳压电路中，调整管 VT 的电压、电流和功率为

$$I_{Cmax}=I_{Omax}$$
$$U_{CEmax}=U_{Imax}-U_{Omin}$$
$$P_{Cmax}=U_{CEmax}I_{Omax}$$

调整管 VT 应按下列原则选取：

1）$I_{CM}>I_{Omax}$。

2） $U_{(BR)CEO}>U_{CEmax}$。

3） $P_{CM}>U_{CEmax}I_{Omax}$。

10.4.2　稳压电路中的基准电压和保护电路

1. 稳压电路中的基准电压

稳压电路中的基准电压直接影响稳压电路的性能，因此要求基准电压源的输出电阻小，温度稳定性好。常用的一种带隙基准电压产生电路如图 10.4.3 所示，由 VT_1、VT_2，R_{c1}、R_{e2} 构成的微电流源以及 VT_3、R_{c2} 构成的温度补偿电路组成。其输入为 U_I，输出为基准电压 U_{REF}。

由于

$$U_{REF}=U_{BE3}+I_{C2}R_{c2}$$

I_{C2} 由微电流源电路提供，其值为

$$I_{C2}=\frac{U_T}{R_{e2}}\ln\frac{I_{C1}}{I_{C2}}$$

代入上式，得

$$U_{REF}=U_{BE3}+\frac{U_TR_{c2}}{R_{e2}}\ln\frac{I_{C1}}{I_{C2}} \qquad (10.4.4)$$

由于 $U_T=\frac{kT}{q}$，因此式（10.4.4）中的第二项具有正的温度系数，而

$$U_{BE3}=U_{go}+\alpha T$$

式中，$\alpha=-(1.8\sim2.4)$ mV/K，使 U_{BE3} 具有负的温度系数。

合理地选择$\frac{I_{C1}}{I_{C2}}$和$\frac{R_{c2}}{R_{e2}}$的值，即可用具有正温度系数的电压 $I_{C2}R_{c2}$ 补偿具有负温度系数的电压 U_{BE3}，使得基准电压的温度系数为零，其值为 $U_{REF}=U_{go}$。其中，U_{go} 为硅材料在 0K 时的能带间隙电压值，根据半导体物理的分析，其值为

$$U_{go}=1.205\text{V} \qquad (10.4.5)$$

该值与温度无关，具有很好的稳定性。常称图 10.4.3 所示电路为带隙基准电压源电路。

2. 保护电路

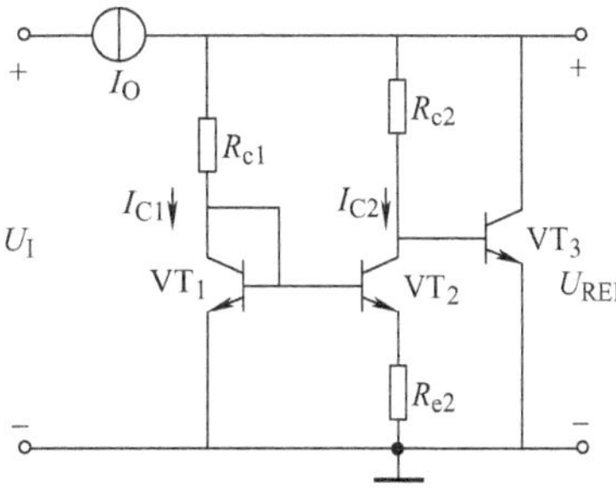

图 10.4.3　带隙基准电压源电路

稳压电路内部含有各种保护电路，如过电流保护、断路保护、调整管安全工作区保护等。由于串联型稳压电路的核心器件是调整管，流过它的电流近似等于负载电流，且电网电压波动或输出电压调整时，调整管的管压降也将产生相应的变化，因此各种保护电路主要是围绕调整管的保护进行。

对保护电路的要求是，稳压电路正常时，保护电路不工作。一旦发生过载或短路，保护电路立即动作，限制输出电流的大小或使输出电流下降为 0，以保护调整管，称为过电流保护。主要有限流型过电流保护电路和截流型过电流保护电路。

（1） 限流型过电流保护电路

在过电流时，使调整管发射极电流迅速减小的电路，称为限流型过电流保护电路。图10.4.4所示为一种限流型过电流保护电路，VT_1 为调整管，VT_2 和 R 构成保护电路，R 为取样电阻，其上电流近似等于输出电流 I_O。

1）当 I_O 较小时，电路正常工作时，$U_R<U_{BE2}$，VT_2 截止，保护电路不起作用，稳压电路正常工作。

2）当 I_O 增大到一定值，如 I_{Omax} 时，U_R 增大，VT_2 导通。产生 I_{C2}，使 I_{B1} 减小，限制了 I_O 的增大。

限流型过电流保护电路外特性如图10.4.5所示。这种保护电路简单，但在保护电路起作用后，调整管仍有较大的电流，因而也有较大的功耗，所以不适合大功率电路。

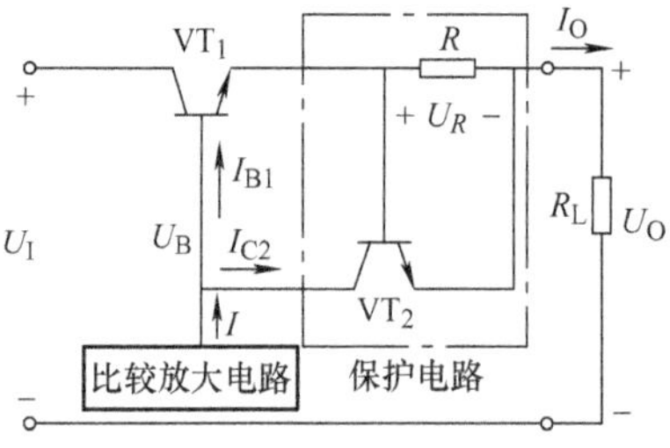

图10.4.4　限流型过电流保护电路

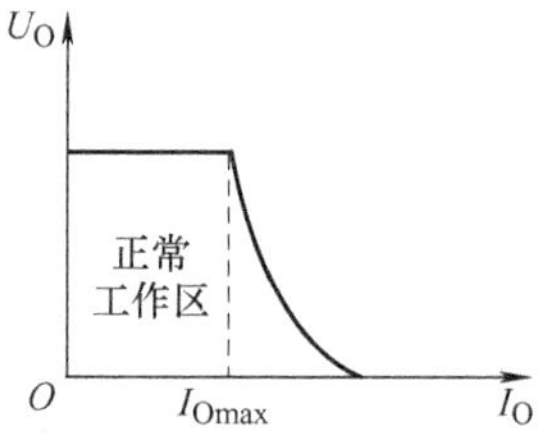

图10.4.5　限流型过电流保护电路的外特性

（2）截流型过电流保护电路

若在保护电路动作期间，调整管能够工作在接近截止状态，就能降低调整管对功率的要求，这种电路称为“截流型”保护电路，如图10.4.6所示。

保护电路由 R_1、R_2、R 和 VT_1 构成。$U_{BE1}=U_R-U_{R1}=I_OR-U_{R1}$。电路正常工作时，$I_OR<U_{R1}$，$VT_1$ 截止，保护电路对稳压电路没有影响。

当 $I_O>I_{Omax}$ 时，$U_R=I_OR>U_{R1}$，VT_1 导通，产生 I_{C1}，使 I_B 下降，导致 I_O 和 U_O 下降。由于 U_{R1} 为 U_O 的分压，因此，U_{R1} 也下降，使 U_{BE1} 上升，I_{C1} 增大，I_B 减小，使 I_O、U_O 进一步减小，一直进行到 VT_1 进入饱和，VT进入截止。此时 U_O 为0，I_O 减小到某一 I_{OS}，形成折返式限流特性，如图10.4.7所示。

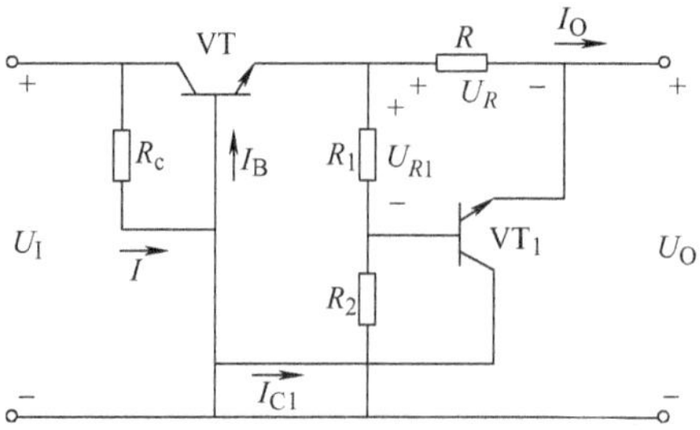

图10.4.6　截流型过电流保护电路

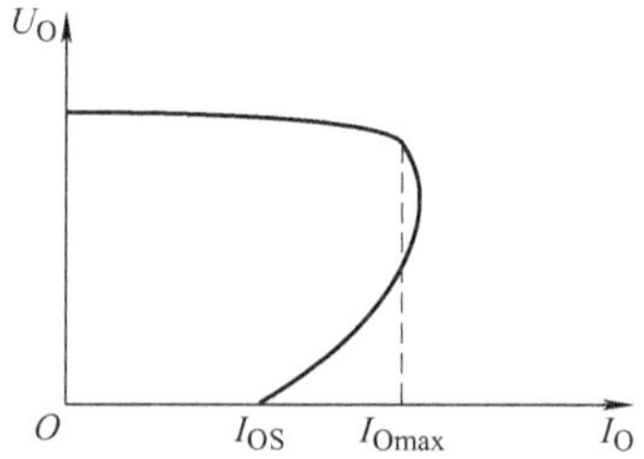

图10.4.7　截流型过电流保护电路的外特性

10.4.3　三端稳压器

将上述的线性串联型稳压电路、高精度基准电压电路、保护电路等集成在硅片上，即构成集成稳压器。串联型集成稳压器常有三个引出端，分别为输入端、输出端和公共端，故称为三端稳压器，如图 10.4.8 所示。根据其输出电压是否可调，三端稳压器分为固定式三端稳压器和可调式三端稳压器。

1. 固定式三端稳压器

固定式三端稳压器，主要有 W78 系列和 W79 系列。W78 系列输出正电压，W79 系列输出负电压，输出电压种类有±5V、±6V、±9V、±12V、±15V 和±24V 等。根据输出电流的不同，W78（W79）系列又有 W78xx、W78Mxx 和 W78Lxx，其输出电流分别为 1.5A、500mA 和 100mA。例如，输出电压为+5V，电流为 500mA 的三端稳压器，其型号为 W78M05，而输出电压为−5V，电流为 100mA 的三端稳压器，其型号为 W79L05。因此，型号 W78xx 中，xx 表示输出电压的标称值。W78xx 系列中，引脚 1 为输入端，引脚 2 为公共端，引脚 3 为输出端；W79xx 系列中，引脚 1 为公共端，引脚 2 为输入端，引脚 3 为输出端，如图 10.4.9 所示。

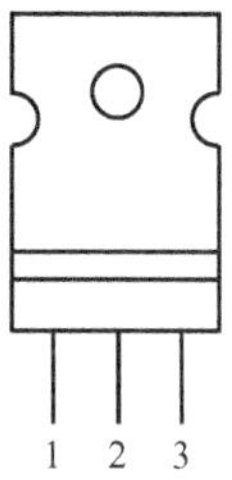

图 10.4.8 三端集成稳压器的引脚

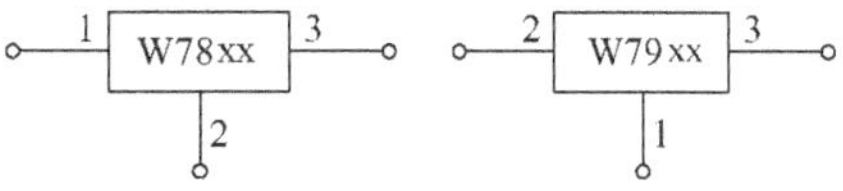

a) b)

图 10.4.9 三端稳压器的引脚分配

在环境温度为 25℃ 的情况下，W7805 的主要参数见表 10.4.1。其他型号的参数可参见相关数据手册。

表 10.4.1 W7805 的主要参数

参数名称	符 号	测试条件	单 位	W7805(典型值)
输入电压	U_I		V	10
输出电压	U_O	$I_O=500\text{mA}$	V	5
最小输入电压	U_{Imin}	$I_O\leqslant1.5\text{A}$	V	7
电压调整率	$S_U(\Delta U_O)$	$I_O=500\text{mA}$ $8\text{V}\leqslant U_I\leqslant18\text{V}$	mV	7
电流调整率	$S_I(\Delta U_O)$	$10\text{mA}\leqslant I_O\leqslant1.5\text{A}$	mV	25
输出电压温度变化率	S_r	$I_O=5\text{mA}$	mV/℃	1
输出噪声电压	U_{no}	$10\text{Hz}\leqslant f\leqslant100\text{kHz}$	μV	40

W78 系列和 W79 系列三端稳压器在使用时要注意以下几点：

1）为保证内部调整管工作在放大状态，输入端和输出端之间的压降要在 2.5~3V 以上。

2）常见的 W78/W79 系列器件有三种型号，如 W78 系列有 78xx、78Mxx、78Lxx，其中 78xx 最大输出电流 1.5A，78Mxx 最大输出电流 500mA，78Lxx 最大输出电流 100mA。

3）W78/W79 系列器件有三种封装。78xx 器件常见的有 TO-220 和 D-PAK 封装，78Mxx 常见的有 TO-220、TO-252、D-PAK 封装，78Lxx 常见的封装为 TO-92 和 SO-8，应用时可根据需要选择合适的封装。

4）输入电压不能过大，以防止损坏器件。

5）当三端稳压器输出电流较大，或输入与输出之间的压差较大时，器件的功耗会比较大，导致器件温度升高，因此，当功耗较大时，需要外加散热器散热。

固定式三端稳压器的基本应用电路如图 10.4.10 和图 10.4.11 所示。其中，C_1 用于防止自激振荡，C_2用于减小高频干扰，C_3用于减小输出纹波和低频干扰。

输出正、负电压的固定式三端稳压器的应用电路如图 10.4.12 所示，可方便地构成正、负两路输出的稳压电源电路。

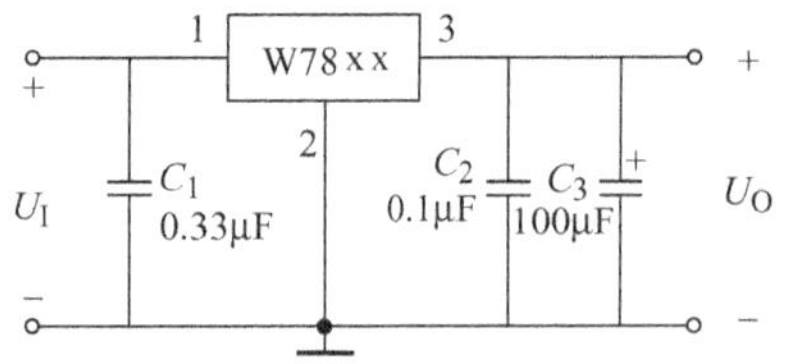

图 10.4.10　W78xx 系列的基本应用电路

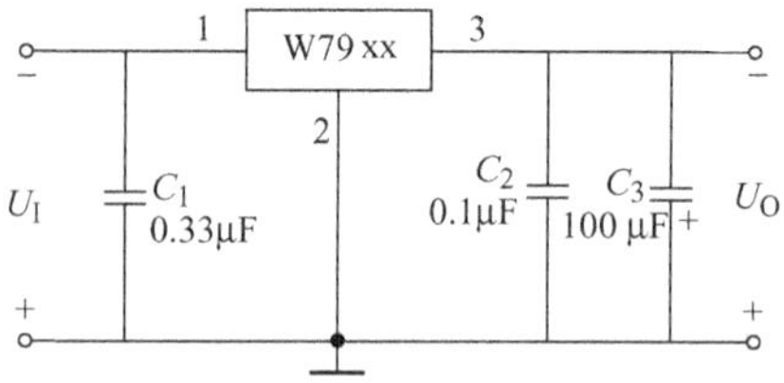

图 10.4.11　W79xx 系列的基本应用电路

应用固定输出电压的稳压器时，如果需要标称电压以外的其他电压，可通过外接电阻，使输出电压提高。图 10.4.13 所示电路中，改变电阻 R_2 的值，可使输出电压在大于稳压器输出电压的范围内调整。

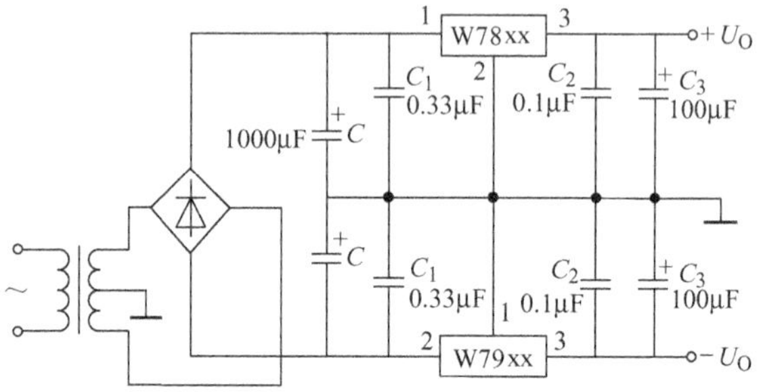

图 10.4.12　输出正、负电压稳压电源电路

在图 10.4.13 所示电路中，$U_O \approx \left(1+\frac{R_2}{R_1}\right) U'_O$，其中 U'_O为 W78xx 的标称电压值。

W 系列稳压电路的最大输出电流为 1.5A，若负载需要更大的电流，可在稳压器的基础上，接入功率晶体管 VT，以扩大输出电流。图 10.4.14 所示是一种扩大输出电流的电路。

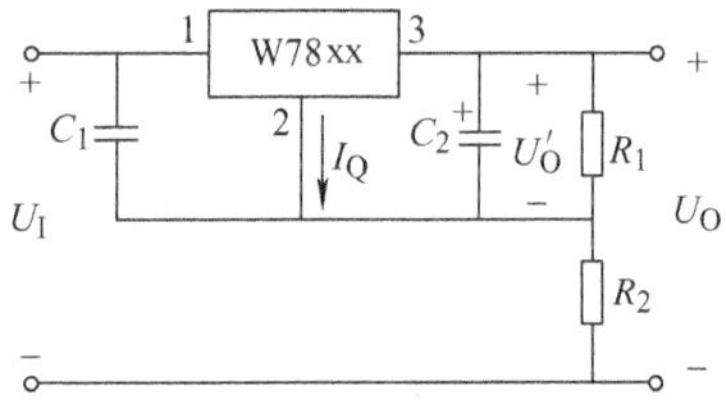

图 10.4.13　扩大输出电压的电路

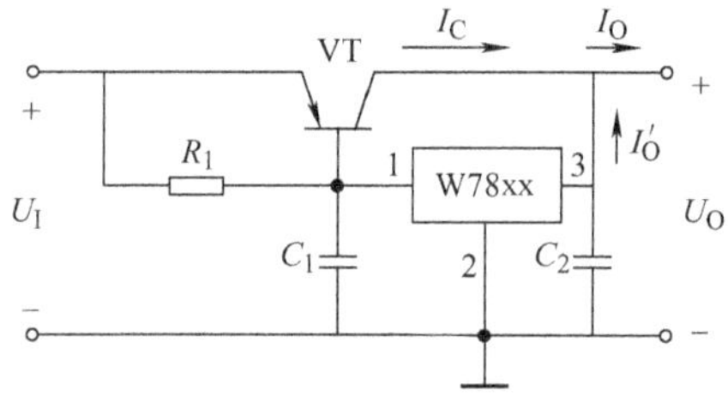

图 10.4.14　扩大输出电流的电路

由于

$$I_O = I_C + I'_O = \beta I_B + I'_O$$

式中

$$I'_O = I_B + I_{R_1} \qquad I_{R_1} = \frac{|U_{BE}|}{R_1}$$

若 $\beta=10$，$R_1=0.5\Omega$，$|U_{BE}|=0.3V$，W78xx 的输出电流 $I'_O=1A$，则 $I_{R_1}=0.6A$，$I_B=I'_O-I_{R_1}=0.4A$，$I_C=\beta I_B=4A$，输出总电流 $I_O=I_C+I'_O=5A$。

2. 可调式三端稳压器

可调式三端稳压器主要的型号有 Wxx7 系列，其中 W117、W217、W317 输出正电压，W137、W237、W337 输出负电压。可调式三端稳压器的三个端子分别为输入端、输出端和调整端，如图 10.4.15a、b 所示，其中，1 为输入端，2 为输出端，3 为调整端。

W117 的原理框图如图 10.4.16 所示。调整端是基准电压电路的公共端。R_1 和 R_2 为外接的取样电阻，调整端接在它们的连接点上。两个晶体管组成的复合管为调整管。

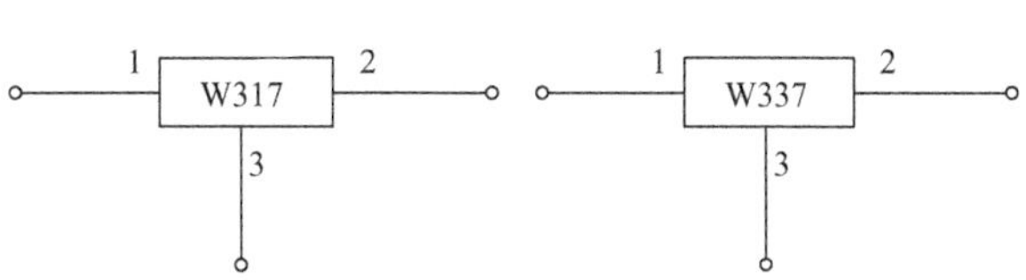

图 10.4.15　可调式三端稳压器的引脚分配

当输出电压 U_O 因某种原因（如电网电压波动或负载电阻变化）而增大时，比较放大电路的反相输入电压端电位随之升高，使得放大电路输出端电位下降，U_O 随之减小；当输出电压 U_O 因某种原因（如电网电压波动或负载电阻变化）而减小时，各部分的变化与上述过程相反；因而输出电压稳定。可见，与一般串联型稳压电路一样，由于 W117 电路中引入了电压负反馈，保持输出电压稳定。

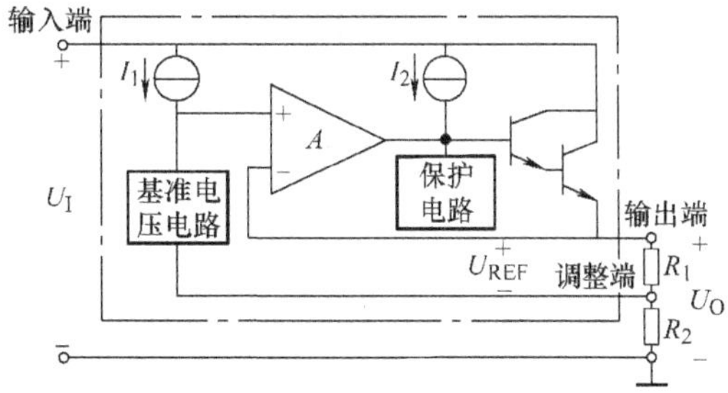

图 10.4.16　W117 的原理框图

使用 Wxx7 系列三端稳压器时，输入端和输出端的压降要在 1.8V 以上。Wxx7 系列有三种不同的输出电流规格，通过型号中的后缀体现，如果不加后缀，如 LM317，则最大输出电流 1.5A，如果加后缀 M，如 LM317M，则最大输出电流 500mA，如果加后缀 L，如 LM317L，则最大输出电流 100mA。

以 W317 为例，其基本应用电路如图 10.4.17 所示。其中，C_1、C_2、C_3 为滤波电容，VD_1、VD_2 为保护二极管。

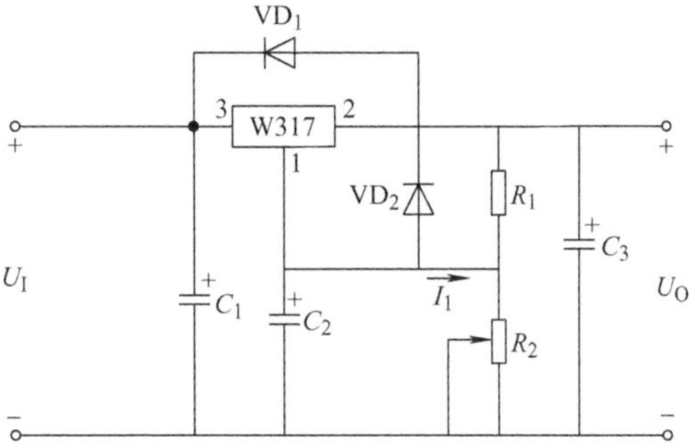

图 10.4.17　W317 的基本应用电路

W317 的引脚 2 与引脚 1 间为参考电压 U_{REF}，一般为 1.25V。由于

$$U_{R_2}=\left(\frac{U_{REF}}{R_1}+I_1\right)R_2$$

则

$$U_O=U_{R_1}+U_{R_2}=U_{REF}+\left(\frac{R_2}{R_1}U_{REF}+I_1R_2\right)$$

考虑到 I_1 很小，可忽略不计，则

$$U_O=U_{REF}\left(1+\frac{R_2}{R_1}\right)=1.25\left(1+\frac{R_2}{R_1}\right)$$

调整 R_2 即可调整 U_O，得到输出可调整的电压。例如，当 R_2 为 5.8kΩ 的电位器时，若 R_1 为 0.2kΩ，则输出电压范围为 1.25~37V，R_2 滑动头在最上端时，输出电压为 1.25V，R_2 滑动头在最下端时，输出电压为 37V。

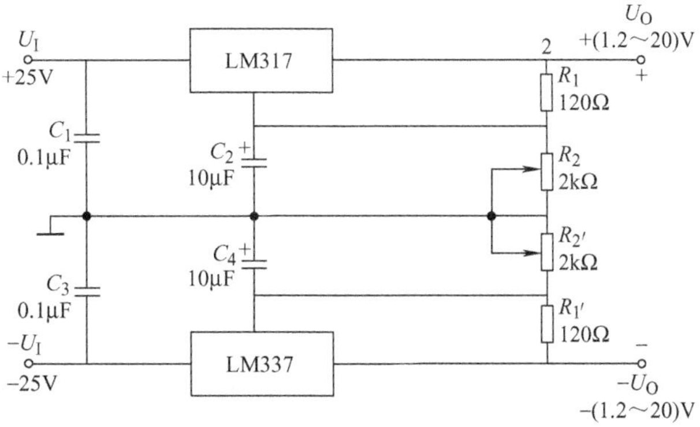

图 10.4.18　输出正、负可调电压的应用电路

输出正、负可调电压的应用电路如图 10.4.18 所示。

为保证 W78/W79 和 Wxx7 系列稳压器正常工作，这类器件的输出电压和输入电压之间需要一个差值，如 W78/W79 系列器件，该差值要在 2.5V 以上。因此，此类集成稳压器又称为降压式线性稳压器。低压差线性稳压器（Low Dropout Regulator，LDR）也是一种降压式线性稳压器，但其内部使用的晶体管可以工作在饱和状态，因此稳压器可以有一个非常低的输入和输出电压差，通常为 200mV 左右。使用 MOSFET 的 LDR 压降更小，可以到几十毫伏，在电池供电的便携式产品电源设计中，常采用这类低压差线性稳压器。

10.5 串联开关式稳压电路

10.5.1 问题的提出

前述的线性串联型稳压电路中，调整管工作在线性放大区，并与负载串联通过负载电流。由于输入电压和负载电流的波动，调整管两端的电压 U_{CE} 不能太小，一般有 3~8V，因此调整管的集电极损耗大，电源效率低，仅为 30%~40%。

如果使调整管工作在饱和与截止两种开关状态，饱和时 U_{CES} 很小，截止时，I_{CEO} 很小，就可降低调整管的损耗，提高整个电源的效率，形成开关式稳压电源。开关式稳压电源有串联开关式稳压电源和并联开关式稳压电源两类。开关式稳压电源具有效率高、输入电压适应范围大的特点，在工程中应用广泛。工程中，可以根据要求自行设计开关式稳压电源，也有不同参数的开关式稳压电源成品或模块可供选择。

10.5.2 串联开关式稳压电路的工作原理

串联开关式稳压电路的原理如图 10.5.1 所示，其中，U_I 为稳压电路的输入，U_O 为稳压电路的输出。VT 为调整管，工作在开关状态。R_1、R_2 构成取样电路，取出反馈电压 U_F。A_1 构成放大电路，对 U_{REF} 和 U_F 的差进行放大，其输出为 u_A；A_2 为比较电路，根据三角波 u_T 与 u_A 的比较，得到输出的矩形波 u_B。u_B 作为 VT 的基极电压，控制 VT 的通断，将 U_I 变成矩形波 u_E。u_E 经 LC 滤波输出平滑的电压。

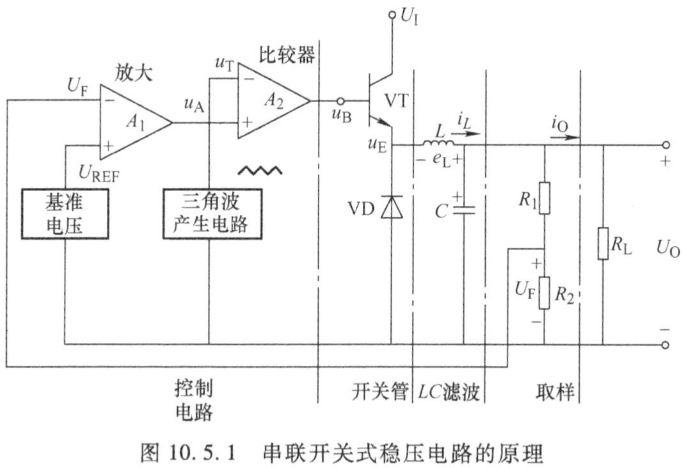

图 10.5.1　串联开关式稳压电路的原理

图 10.5.1 所示电路各点的波形如图 10.5.2 所示。具体分析如下：

在 $0\sim t_1$ 时间段内，$u_A>u_T$，比较器的输出 u_B 为高电平，VT 导通。U_I 经 VT 加到 VD 的两端，若忽略 VT 的饱和压降，则 $u_E=U_I$，此时 VD 反向截止，负载中有电流 i_O，电感 L 储存能量，同时 C 充电，输出电流增加，电压略有上升。

在 $t_1\sim t_2$ 时间段内，$u_A<u_T$，比较器输出 u_B 为低电平，VT 截止，L 产生如图 10.5.1 所示的感应电动势 e_L，使 VD 导通，e_L 通过 VD 向负载放电，使 R_L 中继续有电流，但电流略有下降。因此，VD 称为续流二极管，此时，$u_E=-u_D$，如图 10.5.2b 所示。

在 $t_2\sim t_3$ 时间段内，由于 $u_A>u_T$，因此工作状态与 $0\sim t_1$ 时间段相同。

可见，尽管调整管处于开关工作状态，但由于 VD 的续流作用和 L、C 的滤波作用，输出电压是比较平稳的，其平均值为 U_O。

图 10.5.2 中 t_{on} 为调整管的导通时间，t_{off} 为调整管的截止时间，$T=t_{on}+t_{off}$ 为开关转换周期。若忽略 L 上的直流压降，则输出电压的平均值为

$$U_O=\frac{t_{on}}{T}(U_I-U_{CES})+(-U_D)\frac{t_{off}}{T}\approx\frac{t_{on}}{T}U_I=DU_I \tag{10.5.1}$$

式中，D 为矩形波 u_B 的占空比，$D=\frac{t_{on}}{T}$，通过调节占空比 D，即可调节输出电压 U_O。

电路闭环时，电路能自动地调整输出电压。当 U_I 或 R_L 变化，使 U_O 变化时，可自动调整矩形波的占空比，使输出电压维持恒定。这种电路也称为脉宽调制（PWM）型开关电源电路。

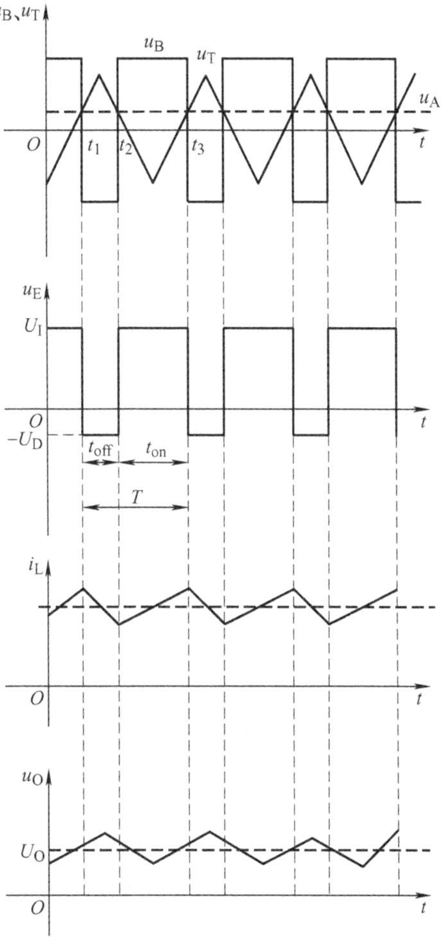

图 10.5.2 图 10.5.1 电路各点的波形

为了提高开关式稳压电源的效率，调整管 VT 应选择饱和压降 U_{CES} 及穿透电流 I_{CEO} 小的功率晶体管，且为减小损耗，要求开关转换时间尽可能小。二极管 VD 的选择也要考虑导通、截止和转换三部分的损耗，故应选择正向压降小、反向电流小及储存时间短的开关二极管，如肖特基势垒二极管。滤波电容 C 一般使用高频电解电容。

10.6 并联开关式稳压电路

串联开关式稳压电路中，调整管与负载串联，输出电压总是小于输入电压，故称为降压型稳压电路。在实际应用中，有时还需要将输入直流电压经稳压电路后，转换成大于输入电压的稳定的输出电压，称为升压型稳压电路。在这类电路中，开关管常与负载并联，故称之为并联开关式稳压电路；它通过电感的储能作用，将感应电动势与输入电压相叠加后作用于

负载，因而输出电压大于输入电压。

图 10.6.1a 所示为并联开关式稳压电路中的换能电路，输入电压 U_I 为直流电压，晶体管 VT 为开关管，u_B 为矩形波，电感 L 和电容 C 组成滤波电路，VD 为续流二极管。

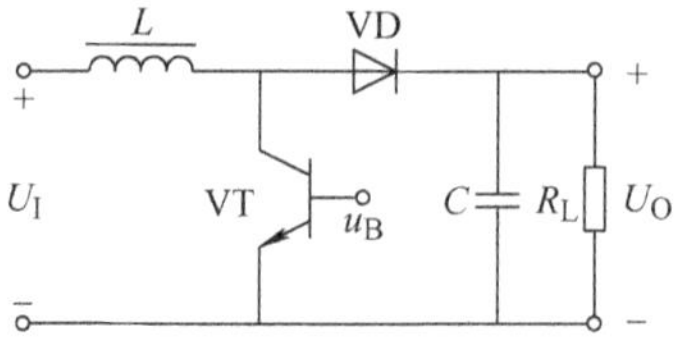

a)基本原理

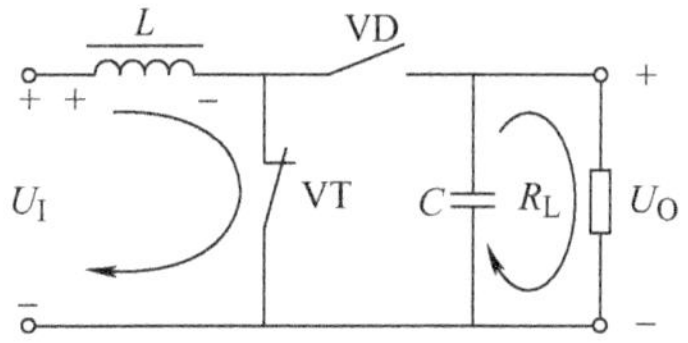

b) VT饱和导通时的等效电路

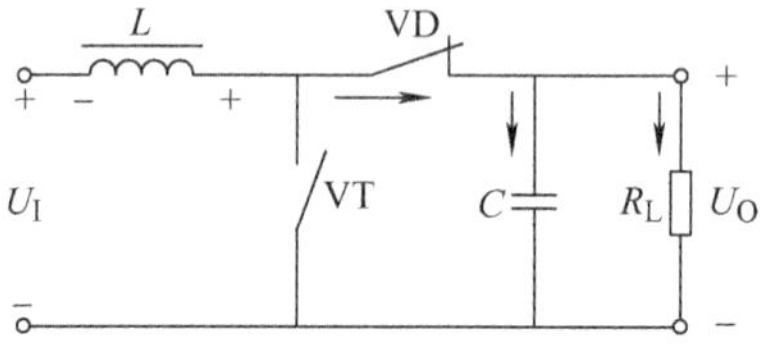

c) VT截止时的等效电路

图 10.6.1 并联开关型稳压电路的基本原理图及其等效电路

VT 的工作状态受 u_B 的控制。当 u_B 为高电平时，VT 饱和导通，U_I 通过 VT 给电感 L 充电储能，L 产生感应电动势，充电电流几乎线性增大，VD 因承受反压而截止，滤波电容 C 对负载电阻放电，等效电路如图 10.6.1b 所示。当 u_B 为低电平时，VT 截止，L 产生感应电动势，其方向阻止电流变化，因而与 U_I 同方向，两个电压相加后通过二极管 VD 对 C 充电，等效电路如图 10.6.1c 所示。因此，无论 VT 和 VD 的状态如何，负载电流方向始终不变，在输出端得到直流电压。

根据上述分析，可以画出控制信号 u_B、电感上的电压 u_L 和输出电压 u_O 的波形，如图 10.6.2 所示。从波形分析可知，只有当 L 足够大时，才能升压；并且只有当 C 足够大时，输出电压的脉动才可能足够小；当 u_B 的频率不变时，其占空比越大，输出电压将越高。

在图 10.6.1a 所示原理电路的基础上，加上脉宽调制电路后，可得到并联开关型稳压电路，如图 10.6.3 所示。其稳压原理与串联型开关稳压电路相同，读者可自行分析。

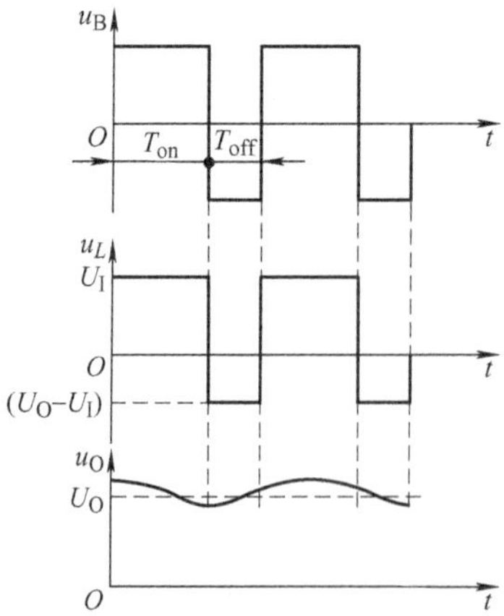

图 10.6.2 并联开关型稳压电路的波形分析

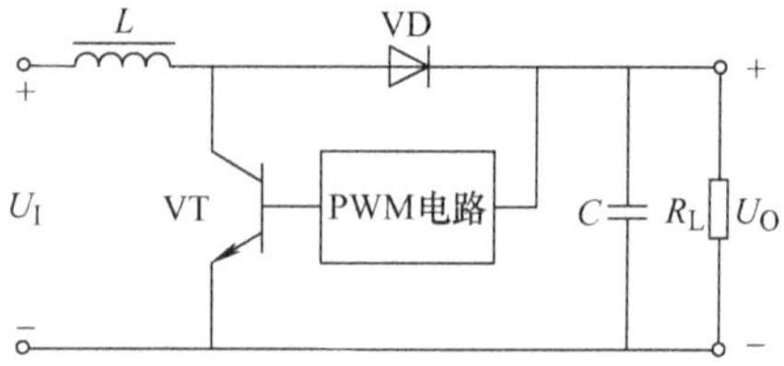

图 10.6.3 并联开关型稳压电路

目前，各集成电路公司，如 TI、LTC、NS、IR 等，生产了很多集成开关稳压器产品。这些产品主要有两种实现方式。一是将控制器和功率开关管集成在一个芯片上，构成单片集成开关稳压器，这些器件有降压型，也有升压型。LM2596 是其中的一种，该器件是降压型单片集成稳压器，内含开关管，能够输出 3A 的电流，同时具有很好的线性度和负载调节特性。LM2596 效率可达 75%～88%，开关频率可达 150kHz，封装形式有 5 脚 TO-220 和 5 脚 TO-263 两种，最大允许输入电压可达 40V，有固定输出和可调输出两种形式，固定输出版本有 3.3V、5V、12V，可调版本可以输出 1.2～37V 的各种电压。图 10.6.4 所示是 LM2596 构成的具有固定输出的 5V 电源。

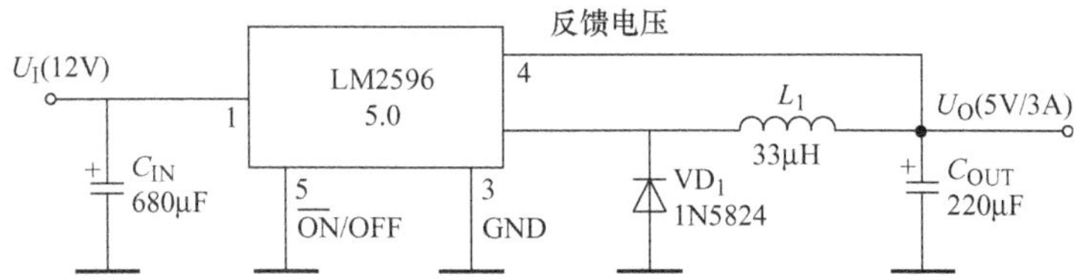

图 10.6.4　LM2596 构成的 5V 电源

另一类是功率开关管没有和控制器集成在一起，使用时，根据输出电流和电压要求，在控制器之外，选择合适的功率开关管，外加必要的其他元器件可实现开关电源设计。对于一些简单电源的设计，特别是单一输出的电源，采用这类器件可简化设计工作。图 10.6.5 所示是由 LT16192 构成的 3.3～5V 的稳压电源。

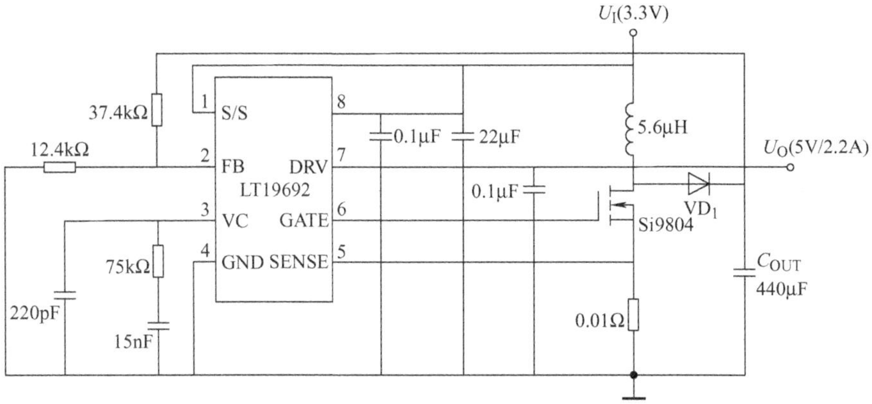

图 10.6.5　LT16192 构成的 3.3～5V 的稳压电源

本章小结

本章学习了直流稳压电源的组成，以及各部分电路的工作原理和各种不同类型电路的结构、工作特点和性能指标等。主要内容可归纳如下：

1）直流稳压电源由整流电路、滤波电路和稳压电路组成。整流电路将交流电压变为脉动的直流电压，滤波电路滤除脉动电压中的交流分量而输出直流电压分量，稳压电路的作用是在电网电压波动或负载电流变化时保持输出电压基本不变。

2）整流电路有半波和全波两种，最常用的是单相桥式整流电路，为全波整流。分析整流电路时，应分别判断在变压器二次电压正、负半周两种情况下二极管的工作状态（导通或截止），从而得到负载两端电压、二极管两端电压及其电流波形，并由此得到输出电压和电流的平均值，以及二极管的最大整流电流平均值和所承受的最高反向电压。

3）滤波电路通常有电容滤波、电感滤波和复式滤波，本章重点学习电容滤波电路。在$R_L C=(3\sim5)T/2$时，电容滤波电路的输出电压约为$1.2U_2$。当负载电流较大时，应采用电感滤波；当对滤波效果要求较高时，应采用复式滤波。

4）稳压管稳压电路结构简单，其中限流电阻必须合理，才能保证稳压管既能工作在稳压状态，又不至于因功耗过大而损坏。这种电路的缺点是输出电压不可调，仅适用于负载电流较小且其变化范围不大的情况。

5）线性串联型稳压电路由调整管、基准电压电路、输出电压采样电路和比较放大电路组成。电路通过引入电压负反馈，使输出电压稳定。由于线性串联型稳压电路的调整管始终工作在放大区，功耗较大，因而电路的效率较低。

6）集成稳压器仅有输入端、输出端和公共端三个引出端，故称为三端稳压器，使用方便，稳压性能好。W78xx（W79xx）系列为固定式稳压器，W117/W217/W317（W137/W237/W337）为可调式稳压器。通过外接电路可扩展输出电流和电压。

7）开关式稳压电路中的调整管工作在开关状态，因而功耗小，电路效率高，但一般输出电压的波纹较大，适用于输出电压调节范围小、负载对输出波纹要求不高的场合。

学习本章，应能达到下列要求：

1）理解直流稳压电源的组成及各部分的作用。

2）能够分析整流电路的工作原理、估算输出电压及电流的平均值。

3）了解滤波电路的工作原理，能够估算电容滤波电路的输出电压平均值。

4）掌握稳压管稳压电路的工作原理，能够合理选择限流电阻和稳压管。

5）理解串联型稳压电路的工作原理，能够计算输出电压的调节范围。

6）熟悉集成稳压器的工作原理及使用方法。

7）了解开关式稳压电路的工作原理及特点。

思考题

10.1　单相桥式整流电路中，若有一只二极管接反，将产生什么现象？

10.2　在单相桥式整流、滤波电路中，若有一只二极管断路，则输出电压的平均值是否为正常时的一半？为什么？

10.3　在稳压管稳压电路中，限流电阻的作用是什么？其值过小或过大将产生什么现象？

10.4　在串联型稳压电路中，若集成运放的同相端与反相端接反了，将出现什么现象？

10.5　为什么串联开关式稳压电路的输出电压会低于其输入电压？而并联开关式稳压电路的输出电压在一定条件下会高于其输入电压？条件是什么？

习　题

10.1　电路如图 T10.1 所示，变压器二次电压有效值为 U_2。

（1）画出 u_2、u_{D1} 和 u_O 的波形；

（2）求出输出电压平均值 $U_{O(AV)}$ 和输出电流平均值 $I_{O(AV)}$ 的表达式；

（3）写出二极管的平均电流 I_D 和所承受的最大反向电压 U_R 的表达式。

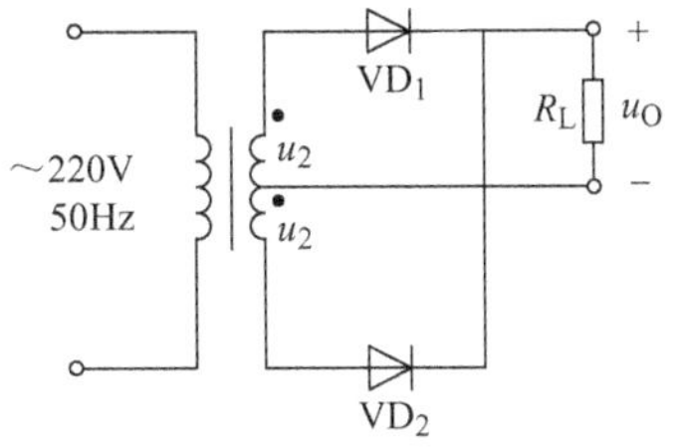

图 T10.1

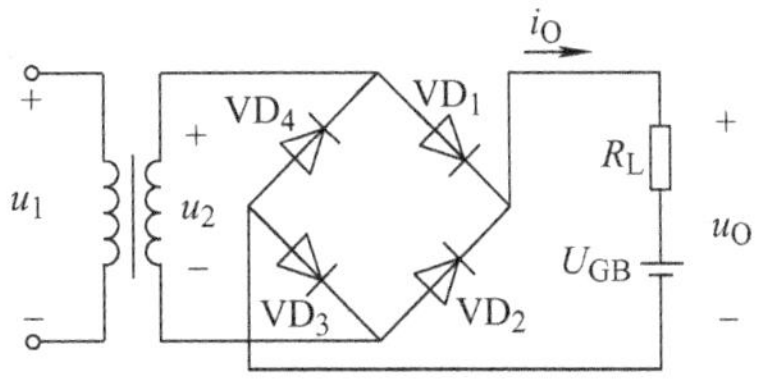

图 T10.2

10.2　在图 T10.2 所示的电路中，变压器的二次侧电压最大值 U_{2M} 大于电池电压 U_{GB}，试画出 u_O 及 i_O 的波形。

10.3　已知负载电阻 $R_L = 80\Omega$，负载电压 $U_O = 100V$。采用单相桥式整流电路，交流电源电压为 220V。试计算变压器二次电压 U_2、负载电流、二极管电流 I_D 及其最高反向电压 U_R。

10.4　将图 T10.4 所示各部分合理连线，使负载电阻 R_L 的 A 点电压平均值约为 18V。

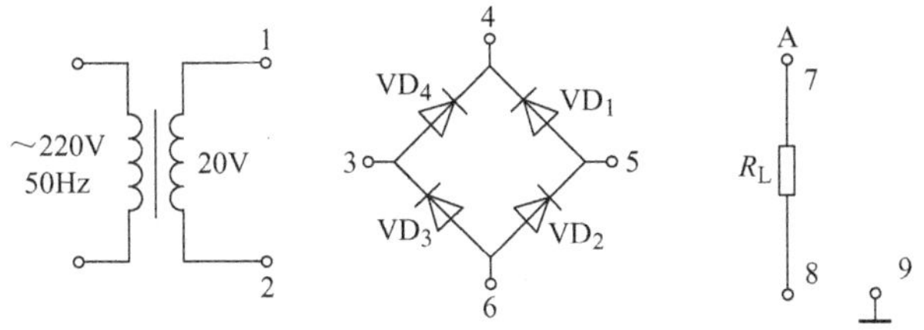

图 T10.4

10.5　直流稳压电源如图 T10.5 所示。

（1）说明电路的整流电路、滤波电路、调整管、基准电压电路、比较放大电路、采样电路等部分各由哪些元器件组成；

（2）标出集成运放的同相输入端和反相输入端；

（3）写出输出电压的表达式。

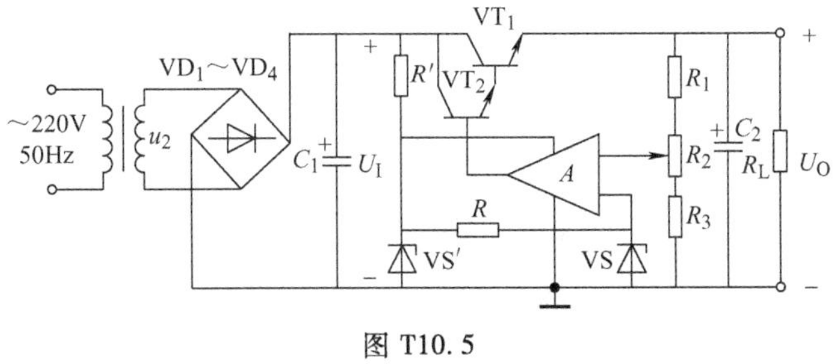

图 T10.5

10.6　分析图 T10.6 所示电路：

(1) 说明由哪几部分组成，各组成部分包括哪些元器件；

(2) 在图中标出 U_I 和 U_O 的极性；

(3) 求出 U_I 和 U_O 的大小。

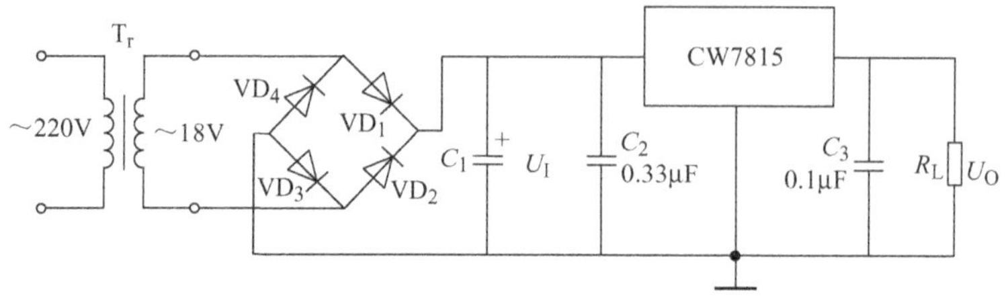

图 T10.6

10.7　试分别求出图 T10.7 所示各电路输出电压的表达式。

10.8　欲得到输出直流电压 $U_O=50\text{V}$，直流电流 $I_O=160\text{mA}$ 的直流电源，若采用单相桥式整流电路，试画出电路图，计算电源变压器二次电压 U_2，并计算二极管的平均电流 I_D 和承受的最高反向电压 U_{DRM}。

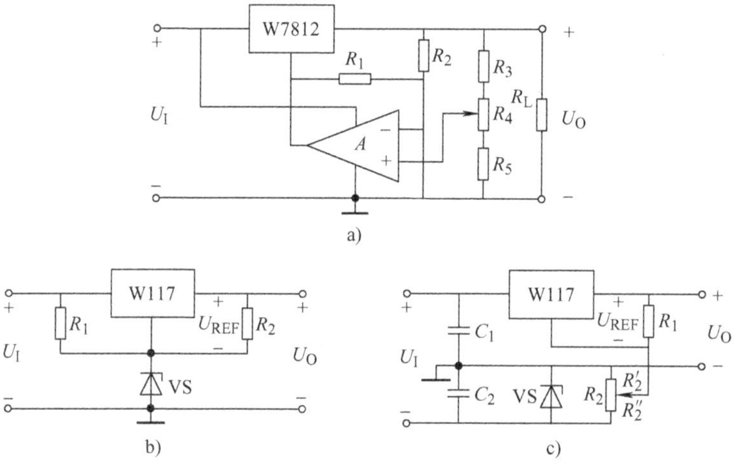

图 T10.7

10.9　用集成运放组成的串联型稳压电路如图 T10.9 所示，设 A 为理想运放，求：

(1) 流过稳压管的电流 I_Z；

(2) 输出电压 U_O。

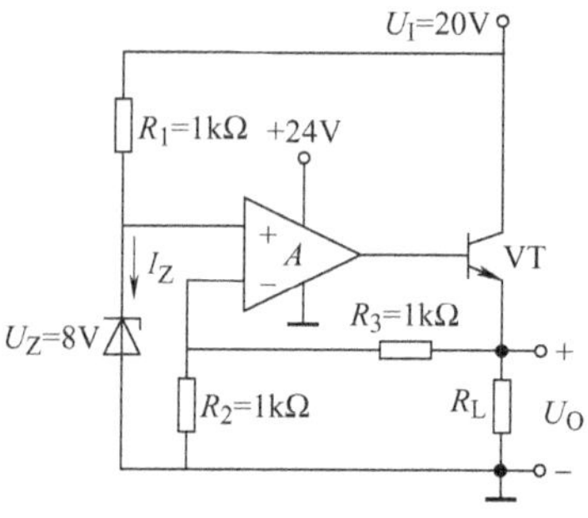

图 T10.9

10.10　图 T10.10 画出了三个直流稳压电源电路，输出电压和输出电流的数值如图所示，试分析各电路是否有错误。如有错误，请加以改正。

10.11　在图 T10.11 所示电路中，$R_1=240\Omega$，$R_2=3\text{k}\Omega$；输出端和调整端之间的电压 U_{REF} 为 1.25V。试求输出电压的调节范围。

10.12　图 T10.12 是由三端稳压器 W7805 构成的直流

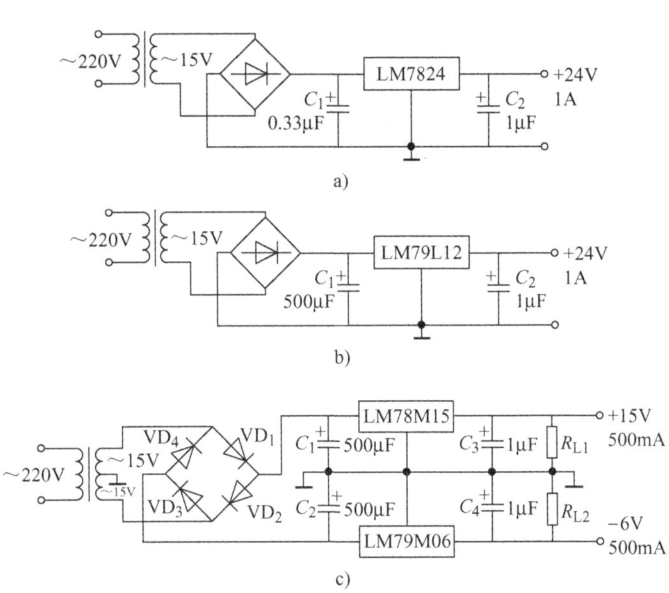

图 T10. 10

稳压电路，已知 $R_1=130\Omega$，$R_2=82\Omega$，$I_W=9\text{mA}$，电路的输入电压 $U_I=16\text{V}$，求电路的输出电压 U_O。

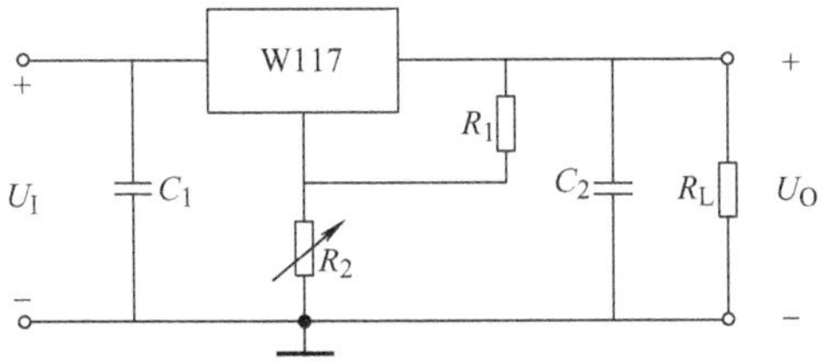

图 T10. 11

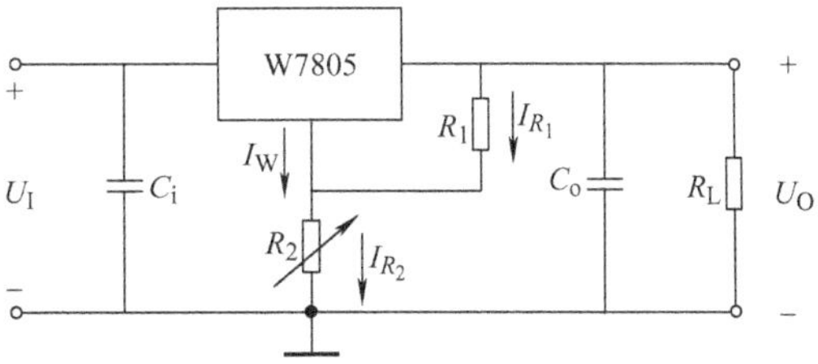

图 T10. 12

10. 13　在图 T10. 13 所示的电路中，$R_1=R_3=200\Omega$、$U_z=5\text{V}$。

(1) 要求当 R_2 的滑动端在最左端时，$U_O=15\text{V}$，电位器 R_2 的阻值应是多少？

(2) 在上述选定的 R_2 值下，当 R_2 的滑动端在最右端时，$U_O=$？

10. 14　简要说明图 T10. 14 所示电路的工作原理。

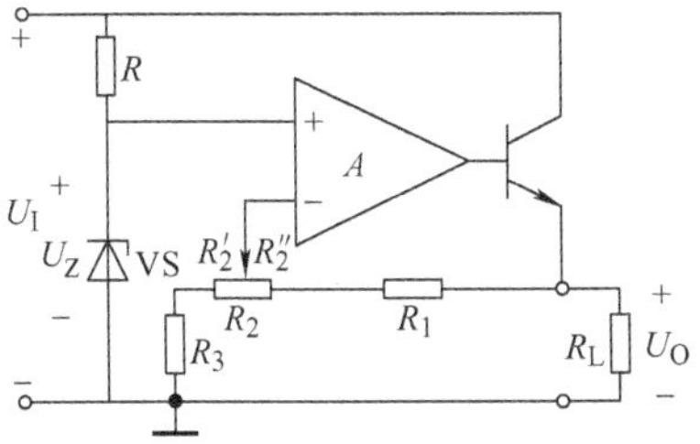

图 T10. 13

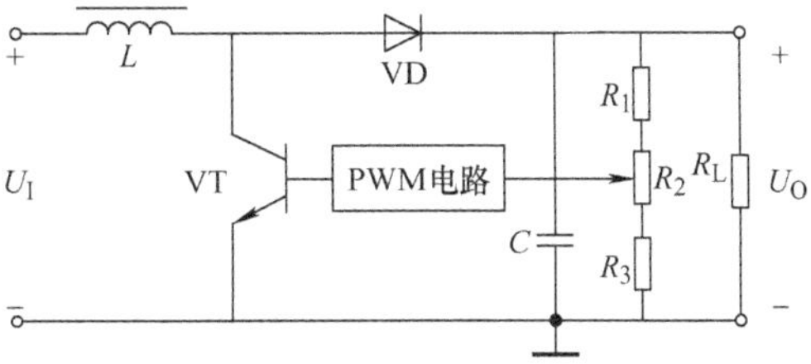

图 T10. 14

10. 15　利用 LM117 设计一个直流稳压电源，要求输出电压范围为 5~20V，最大负载电流为 400mA，利用 Multisim 软件对所设计的电路仿真，并测试其性能指标。

部分习题答案

第1章

1.1 解：图略。

1.2 解：图略。

1.3 解：灯泡 HL_2 发光最亮，二极管 VD_2 承受的反向电压最大。

1.4 解：a）VD 截止，-12V；b）VD 导通，15V；c）VD_1 导通，VD_2 截止，0V；d）VD_1 截止，VD_2 导通，-15V。

1.5 解：（1）U_0分别为 3.3V、6V、6V；

（2）稳压二极管因功耗过大而损坏。

1.6 解：图略。

1.7 解：$U_{01}=6V$，$U_{02}=5V$。

1.8 解：（1）S 闭合；（2）R 的范围为 $R_{min}\approx 233\Omega$，$R_{max}\approx 700\Omega$。

第2章

2.1 解：

（1）图 a 为 NPN 管，从左至右依次为 b、c、e，图 b 为 PNP 管，从左至右依次为 b、c、e；

（2）图 a：$\beta=40$，$\alpha=0.976$，图 b：$\beta=60$，$\alpha=0.993$。

2.2 解：a）1.01mA，NPN；b）5mA，PNP。

2.3 解：晶体管三个极分别记为上、中、下管脚，答案见解表 T2.3 所示。

解表 T2.3

管号	VT_1	VT_2	VT_3	VT_4	VT_5	VT_6
上	e	c	e	b	c	b
中	b	b	b	e	e	e
下	c	e	c	c	b	c
管型	PNP	NPN	NPN	PNP	PNP	NPN
材料	Si	Si	Si	Ge	Ge	Ge

2.4 解：a）不能。因为输入信号 V_{BB} 被短路。

b）可能。

c）不能。因为输入信号作用于基极与地之间，不能叠加在静态电压之上，必然失真。

2.5 解：a）放大，b）放大，c）饱和，d）饱和，e）放大。

2.6 解：（1）截止，$u_o=15V$；（2）放大状态，$u_o=5V$；（3）饱和状态，$u_o=0V$。

2.7 解：$\beta\geqslant 120$ 时，晶体管饱和。

2.8 解：（1）4V；（2）0.1V。

2.9 解：（1）7.5V；（2）26kΩ。

2.10 解：图略。

2.11 解：空载时，最大不失真输出电压有效值约为 3.75V；带载时，最大不失真输出电压有效值约为 1.63V。

2.12 解：（1）6.5V；（2）12V；（3）0.5V；（4）12V；（5）12V。

2.13 解：（1）空载时：$I_{BQ}=0.022\text{mA}$，$I_{CQ}\approx1.76\text{mA}$，$U_{CEQ}\approx6.2\text{V}$，$\dot{A}_u\approx-308$，$R_i\approx1.3\text{k}\Omega$，$R_o=R_c=5\text{k}\Omega$；

（2）带载时：$I_{BQ}=0.022\text{mA}$，$I_{CQ}\approx1.76\text{mA}$，$U_{CEQ}\approx2.3\text{V}$，$\dot{A}_u\approx-115$，$R_i\approx1.3\text{k}\Omega$，$R_o=5\text{k}\Omega$。

2.14 解：a）饱和失真，增大 R_b，减小 R_c；

b）截止失真，减小 R_b；

c）同时出现饱和失真和截止失真，应增大 V_{CC}。

若图中的晶体管换成 PNP 管，a）波形为截止失真，b）波形为饱和失真。

2.15 解：（1）Q_1 移到 Q_3 是因为 R_b 和 R_c 的减小，Q_3 移到 Q_4 是因为 V_{CC} 的增大；

（2）Q_2 易出现截止失真，Q_3 易出现饱和失真，Q_4 情况下最大不失真输出电压最大。

2.16 解：（1）$R_b=381\text{k}\Omega$；（2）$R_L=1.5\text{k}\Omega$。

2.17 解：当空载时：$U_{om}=4.88\text{V}$；当带载时：$U_{om}=2.65\text{V}$。

2.18 解：

（1）$I_{EQ}=1.5\text{mA}$，$I_{BQ}=15\mu\text{A}$，$U_{CEQ}=5.7\text{V}$，$\dot{A}_u\approx-12.44$，$R_i\approx3.4\text{k}\Omega$，$R_o=5\text{k}\Omega$；

（2）R_i 增大，$R_i\approx4.1\text{k}\Omega$，$|\dot{A}_u|$减小，$\dot{A}_u\approx-2.08$。

2.19 解：

（1）Q 点：$I_{BQ}=25\mu\text{A}$，$I_{CQ}=2\text{mA}$，$U_{CEQ}=3\text{V}$，$\dot{A}_u=-125$，$R_i=1.2\text{k}\Omega$，$R_o=5\text{k}\Omega$；

（2）设 $U_s=10\text{mV}$（有效值），则 $U_i=3.75\text{mV}$，$U_s=468.75\text{mV}$，

若 C_3 开路，则 $U_i=3.71\text{mV}$，$U_o=6.94\text{mV}$。

2.20 解：

$$I_{BQ}=\frac{V_{CC}-U_{BEQ}}{R_1+R_2+(1+\beta)(R_3+R_4)}$$

$$I_{CQ}=\beta I_{BQ}$$

$$U_{CEQ}=V_{CC}-(1+\beta)I_{BQ}(R_3+R_4)$$

$\dot{A}_u=-\beta\dfrac{R_2/\!/R_3}{r_{be}}$，$R_i=r_{be}/\!/R_1$，$R_o=R_2/\!/R_3$

2.21 解：

$$I_{BQ}=\left(\frac{R_2}{R_2+R_3}V_{CC}-U_{BEQ}\right)\Big/[(1+\beta)R_1]$$

$$I_{CQ}=\beta I_{BQ}$$

$$U_{CEQ}=V_{CC}-I_{CQ}(R_4+R_1)$$

$$\dot{A}_u=\frac{\beta R_4}{r_{be}},\ R_i=R_1/\!/\frac{r_{be}}{1+\beta},\ R_o=R_4$$

2.22 解：

$$I_{BQ1} \approx \frac{V_{CC}-U_{BEQ1}}{R_1+R_2}-\frac{U_{BEQ1}}{R_3}, I_{CQ2} \approx I_{CQ1}=\beta I_{BQ1}$$

$$U_{CQ2}=V_{CC}-I_{CQ2}R_4, U_{BQ2} \approx \frac{R_2}{R_1+R_2}(V_{CC}-U_{BEQ1})+U_{BEQ1}$$

$$U_{CEQ1}=U_{CQ2}-U_{BQ2}+U_{BEQ2}, U_{CEQ2}=U_{CQ2}-U_{BQ2}+U_{BEQ2}$$

$$\dot{A}_{u1}=-\frac{\beta_1 \dfrac{r_{be2}}{1+\beta_2}}{r_{be1}}, \dot{A}_{u2}=\frac{\beta_2 R_4}{r_{be2}}, \dot{A}_u=\dot{A}_{u1}\dot{A}_{u2}$$

$$R_i=R_2 /\!/ R_3 /\!/ r_{be1}, R_o=R_4$$

2.23　解：(1)

$$\dot{A}_{u1}=-\frac{\beta R_c}{r_{be}+(1+\beta)R_e} \approx -\frac{R_c}{R_e}=-1\quad, \dot{A}_{u2}=\frac{(1+\beta)R_e}{r_{be}+(1+\beta)R_e} \approx +1$$

(2) 图略。

2.24　解：

(1) Q 点：$I_{BQ}=28.4\mu A$，$I_{EQ}=2.87mA$，$U_{CEQ}=6.39V$；

(2) $R_L=\infty$ 时：$R_i=120k\Omega$，$\dot{A}_u=0.996$；

$R_L=3k\Omega$ 时：$R_i=86k\Omega$，$\dot{A}_u=0.992$；

(3) $R_o=29.5\Omega$。

2.25　解：

a) 不正确；

b) 正确，NPN 管，上端为集电极，中端为基极，下端为发射极，$\beta \approx \beta_1\beta_2$，$r_{be}=r_{be1}$；

c) 正确，PNP 管，上端为发射极，中端为基极，下端为集电极，$\beta \approx \beta_1\beta_2$，$r_{be}=r_{be1}$；

d) 不正确。

2.26　解：略。

第 3 章

3.1　解：管子依次为 N 沟道增强型管、N 沟道耗尽型管、N 沟道耗尽型管和结型管，三个极①、②、③与 g、s、d 的对应关系如解图。

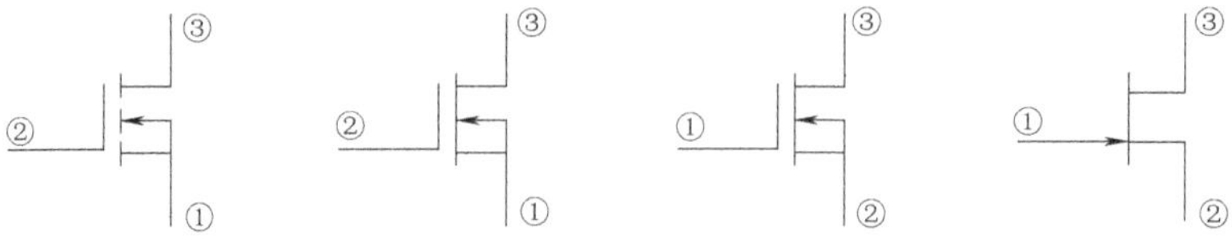

3.2　解：a) 放大或可变电阻区，b) 截止，c) 截止，d) 放大或可变电阻区。

3.3　解：$u_I=4V$ 时，VF 工作在截止区。$u_I=8V$ 时，VF 工作在恒流区。$u_I=12V$ 时，VF 工作在可变电阻区。

3.4　解：$U_{GSQ}=-2V$，$I_{DQ}=2mA$，$g_m=2mS$。

3.5　解：a) 击穿，b) 击穿，c) 放大，d) 放大。

3.6　解：a）放大区，b）截止区，c）可变电阻区，d）放大区。

3.7　解：a）没有电压放大能力，b）没有电压放大能力，c）没有电压放大能力，d）有电压放大能力。

3.8　解：$U_{GSQ}=3V$，$I_{DQ}=1mA$，$U_{DSQ}=7V$，$\dot{A}_u=-10$。

3.9　解：$\dot{A}_u=-g_m(R_d/\!/R_L)$，$R_i=R_3+R_1/\!/R_2/\!/R_4$，$R_o=R_d$。

3.10　解：(1)　$I_{DQ}=-0.5mA$，$R_{s1}=4k\Omega$；(2) $R_{s2}<22k\Omega$。

3.11　解：(1) $R_{g1}=4.7M\Omega$；(2) $I_{DQ}=1.18mA$；(3) $\dot{A}_{u1}=0.74$，$\dot{A}_{u2}=-0.74$。

第 4 章

4.1　解：$r_{b'e}=1.2k\Omega$，$g_m=41.67mS$，$C_{b'e}=0.64pF$，$f_\beta=36.46MHz$。

4.2　解：

$\dot{\beta}=\dfrac{100}{1+j\dfrac{f}{f_\beta}}$，$f_\beta=636.94kHz$，$f_T=63.69MHz$。

4.3　解：(1) $\dot{A}_{usm}=-178$；(2) $C'_{b'e}=1602pF$；(3) $f_H\approx175kHz$，$f_L\approx14Hz$；(4) 图略。

4.4　解：$\dot{A}_{um}=-72.8$，$f_L=72.3Hz$，$f_H=0.56MHz$，$f_{bw}\approx0.56MHz$，C_1 回路决定电路的下限截止频率。

4.5　解：C_L 接到集电极时：$f_{H1}=\dfrac{1}{2\pi R_C C_L}$，$C_L$ 接到发射极时：$f_{H2}=\dfrac{1}{2\pi RC_L}$，$R=R_e/\!/\dfrac{r_{be}}{1+\beta}$，由于 $R<R_C$，因此 C_L 接到发射极时，上限截止频率更大。

4.6　解：$R_c=2.6k\Omega$，$C_1\approx5.7\mu F$，$f_H\approx1.7MHz$。

4.7　解：C_3 决定电路的下限截止频率，第二级决定电路的上限截止频率。

4.8　解：$|A_{usm}|=200$，$GBP=2\times10^8$。

4.9　解：(1) $A_u(j\omega)=\dfrac{100\left(1+j\dfrac{\omega}{100}\right)}{\left(1+j\dfrac{\omega}{10^6}\right)\left(1+j\dfrac{\omega}{10^7}\right)}$；(2) $f_L=\dfrac{10^6}{2\pi}Hz$，$f_H=\dfrac{10^7}{2\pi}Hz$。

4.10　解：

(1) 饱和及截止失真；

(2) 出现频率失真；

(3) 不失真；

(4) 出现频率失真；

(5) 出现频率失真。

4.11　解：略。

第 5 章

5.1　解：

（1）$V_{CC}=18V$；（2）$I_{CM}=1.125A$，$U_{CEmax}=36V$；（3）$P_{Tmax}=2W$；（4）$u_{Imax}=18V$。

5.2　解：

（1）电路中 VD_1 和 VD_2 管的作用是消除交越失真；

（2）$P_{om}=6.25W$，$\eta=65.42\%$；（3）$P_{Tmax}=1.25W$；（4）$U_I=7.07V$。

5.3　解：（1）最大输入电压有效值：$U_{imax}=0.12V$；

（2）$U_o=80mV$。

若 R_3 开路，则只有 VT_3工作，u_o 只有负半周；若 R_3 短路，则 VT_2 基极电位为电源电压，输出 $u_o=V_{CC}-U_{BE}=14.3V$。

5.4　解：

（1）静态时 R_L 中电流为 0；

（2）失真小时，增大 R_2；失真较大时，减小 R_1；

（3）R_2、VD_1、VD_2 支路将开路，VT_1、VT_2 的基级电流和集电极电流较大，VT_1、VT_2 将可能因功耗过大而损坏；

（4）同（3）；（5）$U_{om}\approx8.65V$；（6）$i_{Lmax}\approx1.53A$；（7）$P_{omax}=9.53W$，$\eta=64\%$。

5.5　解：

（1）$P_{omax}=6.25W$；（2）$P_V=9.56W$，$\eta=65.4\%$；（3）$P_{Tmax}=1.83W$；

（4）$I_{Cmax}=1.25A$；（5）$U_{CEmax}=22V$；（6）$U_{imax}=10V$。

5.6　解：（1）5V；（2）VT_1、VT_2 可能因功耗过大而损坏。

5.7　解：$P_{omax}=4W$，$\eta=69.8\%$。

5.8　解：（1）$P_{omax}=12.25W$；（2）$I_{Cmax}=1.75A$，$U_{(BR)CEO}=32V$，$P_{Tmax}=3.25W$；

（3）$I_{Bmax}=\dfrac{I_{Cmax}}{\beta}=2.9mA$；

（4）$\beta=20$ 时，$I_{Bmax}=87.5mA$。

5.9　解：（1）OTL，OCL，BTL；（2）图 b、c；

（3）图 a 为 VT1，图 b 为 VT1，图 c 为 VT1+VT4；

（4）图 b；（5）图 c。

5.10　解：略。

第 6 章

6.1　解：

（1）$U_{CQ1}=U_Z+U_{BE}=4.7+0.7=5.4V$，$U_{CEQ1}=U_{CQ1}=5.4V$，$I_{Rb2}=0.035mA$，$I_{Rb1}=0.075mA$，$I_{B1}=0.004mA$，$I_{C1}=2.02mA$，$I_{RC1}=2.2mA$，$I_{B2}=0.18mA$，$I_{C2}=9mA$，$U_{RC2}=-4.5V$，$U_{CQ2}=7.5V$，$U_{CEQ2}=2.8V$

（2）$I_{C1}=2.02+2.02\times1\%=2.04mA$

若 U_{CQ1} 不变，I_{RC1} 不变，则 $I_{B2}=0.16mA$，$I_{C2}=7.99mA$，$U_{RC2}=R_{C2}I_{C2}=3.995V$，$U_{CQ2}=V_{CC}-U_{RC2}=8.005V$，$U_{CEQ2}=u_o=U_{CQ2}-U_Z=3.305V$，变化约为 0.5V。

6.2　解：$\dot{A}_u=\dfrac{\beta_1(R_3/\!/R_{i2})}{r_{be1}}\dfrac{\beta_2(R_6/\!/R_L)}{r_{be2}}$，$R_{i2}=r_{be2}/\!/R_5\approx r_{be2}$，$R_i=R_1/\!/R_2/\!/r_{be1}$，$R_o\approx R_6$

6.3 解：

（2）对于 VT_1：

$$I_{BQ1}=\frac{V_{CC}-U_{BEQ}}{R_{b1}+(1+\beta)R_{e1}},I_{CQ1}\approx\beta I_{BQ1}$$

$$U_{CEQ1}=V_{CC}-I_{EQ1}R_{e1}\approx V_{CC}-I_{CQ1}R_{e1}$$

对于 VT_2：

由于 $I_R\gg I_{BQ2}$，可得（估算）

$$U_{BQ}\approx\frac{R_{b21}}{R_{b21}+R_{b22}}V_{CC}$$

则 $I_{CQ2}\approx I_{EQ2}=\frac{U_{EQ}}{R_{e2}}=\frac{U_{BQ}-U_{BEQ}}{R_{e2}}$，$I_{BQ2}\approx\frac{I_{CQ2}}{\beta}$

$U_{CEQ2}=V_{CC}-I_{CQ2}R_c-I_{EQ2}R_{e2}\approx V_{CC}-I_{CQ2}(R_c+R_{e2})$；

（3）$R_i=R_{b1}/\!/[r_{be1}+(1+\beta_1)R_{e1}]$，$R_o=R_c$；

（4）$A_{u1}\approx1,A_u=A_{u1}A_{u2}=-\frac{\beta(R_c/\!/R_L)}{r_{be2}}$。

6.4 解：微变等效电路如图所示。

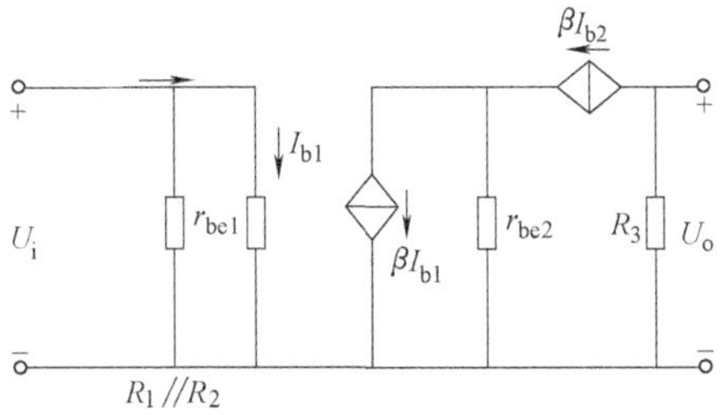

$$A_u=-\frac{\beta R_3}{r_{be1}}$$

$R_i=R_1/\!/R_2/\!/r_{be_1}$，$R_0=R_3$

6.5 解：$u_{Ic}=20\text{mV}$，$u_{Id}=10\text{mV}$，$A_d\approx-125$，$\Delta u_O=-1.25\text{V}$。

6.6 解：（1）$I_{CQ1}=I_{CQ2}=0.265\text{mA}$，$U_{CQ1}=3.57\text{V}$；（2）$A_{ud}\approx-32.68$，$u_I=48\text{mV}$，$u_O=3.08\text{V}$。

6.7 解：$A_d\approx-\frac{\beta_1\beta_2\left(R_c/\!/\frac{R_L}{2}\right)}{r_{be1}+(1+\beta_1)r_{be2}},R_i=2[r_{be1}+(1+\beta_1)r_{be2}]$

6.8 解：$A_{ud}=-40$，$R_i=\infty$。

6.9 解：A_{ud}、R_i 和 R_o 的表达式分析如下：

$$A_{u1}=\frac{\beta_1\{R_2/\!/[r_{be4}+(1+\beta_4)R_5]\}}{2r_{be1}},\quad A_{u2}=-\frac{\beta_4\{R_6/\!/[r_{be5}+(1+\beta_5)R_7]\}}{r_{be4}+(1+\beta_4)R_5}$$

$$A_{u3}=\frac{(1+\beta_5)R_7}{r_{be5}+(1+\beta_5)R_7},\quad A_u=A_{u1}A_{u2}A_{u3}$$

$$R_i=r_{be1}+r_{be2},\quad R_o=R_7/\!/\frac{r_{be5}+R_6}{1+\beta_5}$$

6.10　解：(1) $I_R=96\mu A$，$I_{C2}=\frac{2+\beta}{1+\beta}I_R\approx 96\mu A$；(2) $U_{C0}=1.4V$。

6.11　解：$I_{C2}=0.67mA$，$I_{C3}=0.5mA$。

6.12　解：(1) $I_{CQ1}=I_{CQ2}=0.5mA$，$U_{CQ1}=6V$；

(2) $A_{ud}=-220$，$R_i=2r_{be}=10.9k\Omega$，$R_o=2R_C=24k\Omega$；

(3) $A_{uc}=0.05$，$K_{CMR}=4400$ (72.87dB)。

6.13　解：(1) $I_{CQ1}=I_{CQ2}=0.5mA$，$U_{CQ1}=12V$，$U_{CQ2}=7V$；

(2) $A_{ud}=-87.72$，$R_i=2r_{be}=10.9k\Omega$，$R_o=R_C=10k\Omega$。

6.14　解：(1) 100μA 电流源的作用是作为 VT_1 的有源负载，并为 VT_1 和 VT_2 提供静态电流；

(2) VT_4 截止；

(3) 50μA 电流源为 VT_3 提供射极静态电流，建立合适的静态工作点；

(4) VT_5 与 R 组成保护电路。

6.15　解：VT_1 为共射放大电路的放大管；VT_2、VT_3 组成互补推挽输出级；VT_4、VT_5 和 R_2 组成偏置电路，用于消除交越失真。

6.16　解：(1) u_{I1} 是反相输入端，u_{I2} 是同相输入端；

(2) VT_3 与 VT_4 构成镜像电流源，作为 VT_1 和 VT_2 构成差分放大电路的有源负载；

(3) 电流源 I_3 的作用是为 VT_6 提供静态偏置工作电流，并作为 VT_5 和 VT_6 构成的共射放大电路的有源负载；

(4) VD_2 与 VD_3 的作用是克服交越失真。

6.17　解：$u_I=1\mu V$ 时，$u_O=-1V$；$u_I=10\mu V$ 时，$u_O=-10V$

$u_I=1mV$ 时，$u_O=-12V$；$u_I=1V$ 时，$u_O=-12V$

$u_I=-10\mu V$ 时，$u_O=10V$；$u_I=-100\mu V$ 时，$u_O=12V$

$u_I=-10mV$ 时，$u_O=12V$；$u_I=-10V$ 时，$u_O=12V$

6.18　解：(1) 3 个放大级，分别是输入级由 VT_1 和 VT_2 构成差分放大电路，中间级由 VT_3 构成共射放大电路，输出级由 VT_4 和 VT_6、VT_5 和 VT_7 分别构成复合管组成准互补推挽式功率放大电路。

(2) 元件 R_1、VD_1 和 VD_2 的作用是克服交越失真；R_3 和 C 构成校正网络用来进行相位补偿。

(3) $P_O=10.89W$。

第7章

7.1　解：均引入了反馈 a) R；b) R；c) 运放 A_2 组成的电路；d) R_1，R_2。

7.2　解：a) 直流反馈；b) 交流反馈；c) 交流和直流反馈。

7.3　解：a) 负反馈；b) 正反馈；c) 负反馈；d) 负反馈。

7.4　解：a) 电压反馈；b) 电流反馈。

7.5　解：a) 并联反馈；b) 串联反馈。

7.6　解：图 a R_2 和 R_3 构成反馈网络，直流负反馈；

图 b R_1 和 R_2 构成反馈网络，直流负反馈；

图 c R_2 和 A_2 构成反馈网络，交、直流负反馈；

图 d R_2、R_4 和 A_2 构成反馈网络，交、直流负反馈；

图 e R_1、R_2 和 R_3 构成反馈网络，交、直流负反馈；

图 f R_4 构成反馈网络，交直流负反馈；R_3 和 R_4 构成反馈网络，交流负反馈。

7.7 解：a）电压串联负反馈；b）电流串联负反馈；c）电压串联负反馈；d）电流并联负反馈；e）电压串联负反馈；f）电压并联负反馈。

7.8 解：a）电压串联负反馈；b）电流并联负反馈。

7.9 解：a）电流串联负反馈；b）R_{b1} 电流并联负反馈，R_f 电压串联负反馈；c）电压并联负反馈；d）电流串联负反馈；e）电压串联正反馈。

7.10 解：$\dot{U}_i=0.1V$，$\dot{U}_f=0.099V$，$\dot{U}_{id}=0.001V$。

7.11 解：$A_{uf}=\frac{u_O}{u_I}=\frac{u_O}{u_F}=\frac{R_3+R_4}{R_3}\ \frac{R_5}{R_5+R_6}\ \frac{R_7+R_8}{R_8}$。

7.12 解：$A_{uf}=1+\frac{R_6}{R_1}$。

7.13 解：置于 b 点，引入电压串联负反馈。电压放大倍数为 $A_{uf}=1+\frac{R_f}{R_{b2}}=51$。

7.14 解：（1）$A_{uf}=500$；（2）$\frac{dA_{uf}}{A_{uf}}=5\%$。

7.15 解：$A_u=2000$；$F_u=0.0009$。

7.16 解：$F_u=0.09$

7.17 解：（1）电压并联负反馈；（2）$F_u=0.0019$；（3）减小到原来的 1/20；（4）引入反馈后的电路的放大倍数为 500。

7.18 解：负反馈的深度为：$1+AF=100$，$F_u=0.099$，$A_{uf}=100$；

引入反馈后输入电压应增大到原来的 100 倍；

如果在提高信噪比的同时还要求提高输入电阻和降低输出电阻，应引入电压串联负反馈。

7.19 解：（1）电路应引入电流并联负反馈。电路中应将④与⑥、⑦与⑩、②与⑨分别连接起来；

（2）电路应引入电压串联负反馈。电路中应将④与⑥、③与⑨、⑧与⑩分别连接起来。

7.20 解：图 a 引入交流电流并联负反馈，$\dot{A}_{uf}==\frac{\dot{U}_o}{\dot{U}_i}=\frac{\dot{I}_oR_L}{\dot{I}_iR_s}=\left(1+\frac{R_f}{R_{e2}}\right)\frac{R_L}{R_s}$；

图 b 引入交流电压串联负反馈，$\dot{A}_{uf}=1+\frac{R_4}{R_2}$。

7.21 解：（1）引入电流串联负反馈，通过电阻 R_f 将晶体管的发射极与 VF_2 管的栅极连接起来；（2）$R_f=18.5k\Omega$。

7.22 解：（1）引入直流负反馈；（2）引入串联负反馈；（3）引入电压负反馈；（4）引入电压负反馈；（5）引入并联负反馈。

7.23 解：（1）电路一定会产生自激振荡；

（2）可在晶体管 VT_2 的基极与地之间加消振电容；（注：方法不唯一）

（3）可在晶体管 VT_2 基极和集电极之间加消振电容。

7.24　解：可实现题目（1）（2）（3）（4）要求的参考电路分别如图 a、b、c、d 所示。

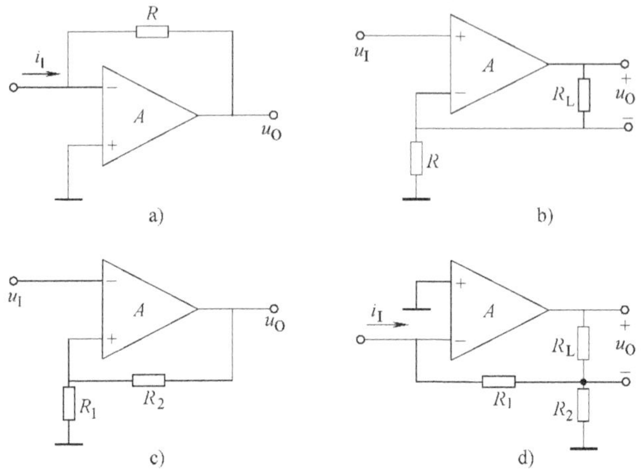

7.25　解：（1）电流串联负反馈；（2）电压串联负反馈；（3）电流并联负反馈；（4）电压并联负反馈；（5）电压串联负反馈；（6）电流并联负反馈。

7.26　解：（1）图 a：VT_1 构成共基放大电路，VT_2 构成共射放大电路，VT_3 构成共集电极放大电路；图 b：VT_1 构成共射放大电路，VT_2 构成共射放大电路，VT_3 构成共射放大电路；

（2）R_2，R_4 构成电流串联负反馈；R_3，R_7 构成电压并联负反馈。

7.27　解：（1）$A_{uf}=-\frac{R_2}{R_1}=-10$；（2）$P_o=0.0625W$，$P_V=0.955W$，$\eta=78.5\%$。

第 8 章

8.1　解：a）9V；b）3V；c）3V。

8.2　解：a）$\dot{A}_{uf}=-10$；b）$\dot{A}_{uf}=11$。

8.3　解：$u_O=-104u_I$。

8.4　解：a）$u_O=-2u_{I1}-2u_{I2}+5u_{I3}$；b）$u_O=-10u_{I1}+10u_{I2}+u_{I3}$；c）$u_O=8(u_{I2}-u_{I1})$；d）$u_O=-20u_{I1}-20u_{I2}+40u_{I3}+u_{I4}$。

8.5　解：（1）$u_O=10\frac{R_P}{R_1}(u_{I2}-u_{I1})$；（2）$u_O=100mV$；（3）$R_{2max}\approx9.86k\Omega$。

8.6　解：a）$u_O=-\left(R_3+R_4+\frac{R_3R_4}{R_5}\right)\left(\frac{u_{I1}}{R_1}+\frac{u_{I2}}{R_2}\right)$；b）$u_O=\left(1+\frac{R_5}{R_4}\right)(u_{I2}-u_{I1})$；c）$u_O=\frac{R_4}{R_1}(u_{I1}+u_{I2}+u_{I3})=10(u_{I1}+u_{I2}+u_{I3})$。

8.7　解：$u_{O1}=-u_{I1}$，$u_{O2}=1.5u_{I2}$，$u_O=2u_{I1}+3u_{I2}$；$u_O=0.9V$；$R_3=R_1//R_2=5k\Omega$，$R_4=$

$R_5//R_6=6.67\text{k}\Omega$。

8.8　解：$u_O=-\dfrac{R_5}{R_4}\left(1+\dfrac{R_2}{R_1}\right)u_I$。

8.9　解：$u_O=-\left(1+\dfrac{R_{f1}}{R_1}\right)\dfrac{R_{f2}}{R_3}u_{I1}+\left(1+\dfrac{R_{f2}}{R_3}\right)u_{I2}$。

8.10　解：$i_L=\dfrac{u_I}{R_L}$。

8.11　解：$I_L=0.6\text{mA}$。

8.12　解：证明略。

8.13　解：$R_{i1}=10\text{M}\Omega$；$R_{i2}=2\text{M}\Omega$；$R_{i3}=1\text{M}\Omega$；$R_{i4}=0.2\text{M}\Omega$；$R_{i5}=0.1\text{M}\Omega$。

8.14　解：$R_{f1}=10\text{M}\Omega$；$R_{f2}=1\text{M}\Omega$；$R_{f3}=0.1\text{M}\Omega$；$R_{f4}=0.01\text{M}\Omega$；$R_{f5}=0.001\text{M}\Omega$。

8.15　解：（1）I 流向二极管，提供偏置电流；（2）第一级的电压放大倍数：$A_{u1}=5$；（3）$u_O=-u_{O1}+\dfrac{5(R_7+R_P)}{R_6+R_7+R_P}=-5\times0.56\times(1-T\times0.002)+\dfrac{5(R_7+R_P)}{R_6+R_7+R_P}$（4）当 R_P 的滑动端处于中间位置时：

$$u_O(20℃)=17.8\text{V}$$
$$u_O(30℃)=2.744+15=17.7\text{V}$$

（5）温度每变化一摄氏度，u_O 变化 5.7944V。

8.16　解：输出电压的表达式为 $u_O=-\dfrac{1}{R_1C}\int u_I\text{d}t$

$t=5\text{ms}$ 时，$u_O=-0.25\text{V}$；$t=15\text{ms}$ 时，$u_O=0.25\text{V}$，因此输出波形如图所示。

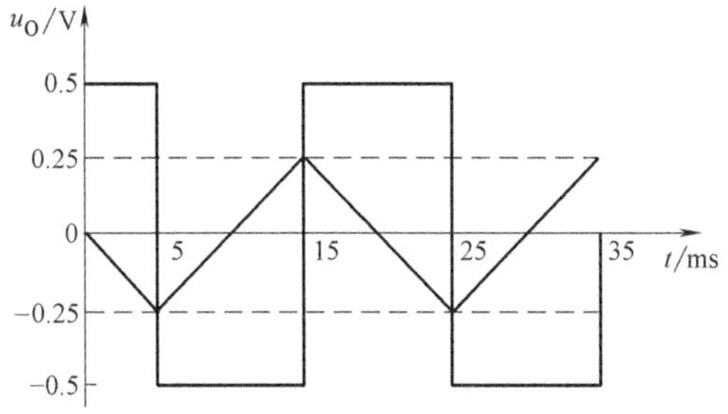

8.17　解：$u_{O1}=\left(1+\dfrac{R_f}{R_3//R_2}\right)\dfrac{R_4}{R_3+R_4}u_{I3}-\dfrac{R_f}{R_1}u_{I1}-\dfrac{R_f}{R_2}u_{I2}$；$u_O=-\dfrac{1}{RC}\int u_{O1}\text{d}t$

8.18　解：a）$u_O=-\left(\dfrac{R_2}{R_1}u_{I1}+\dfrac{R_2}{R_2}u_{I2}+\dfrac{1}{R_1C}\int u_{I1}\text{d}t+\dfrac{1}{R_2C}\int u_{I2}\text{d}t\right)$；b）$u_O=\dfrac{1}{RC}\int u_I\text{d}t$。

8.19　解：（1）$u_A=8\text{V}$，$u_B=5\text{V}$，$u_C=2\text{V}$，$u_D=-1\text{V}$，$u_O=-2\text{V}$；（2）$u_O=0$ 时，$t\approx12.5\text{ms}$。

8.20　解：$u_O=10\dfrac{R_3}{R_1}\dfrac{u_{I1}}{u_{I3}}+10\dfrac{R_3}{R_2}\dfrac{u_{I1}}{u_{I3}}$。

8.21　解：（1）A 的上端为“-”，下端为“+”；（2）$u_O=-10\dfrac{(R+R_f)}{R}\dfrac{u_{I1}}{u_{I2}}$。

8.22　解：$u_O=\sqrt{\dfrac{R_2R_3u_I}{kR_1R_4}}$

8.23　解：略。

8.24　解：(1) A_1 与相应的元件组成差动输入比例放大电路；A_2 与相应的元件组成积分电路；A_3 与相应的元件组成电压跟随器；

(2) $u_{O1}=-\dfrac{R_f}{R_1}(u_{I2}-u_{I1})$，$u_{O2}=-\dfrac{1}{R_2C}\int u_{O1}\mathrm{d}t=\dfrac{R_f}{R_1R_2C}\int(u_{I2}-u_{I1})\mathrm{d}t$，$u_O=u_{O2}=-\dfrac{1}{R_2C}\int u_{O1}\mathrm{d}t=\dfrac{R_f}{R_1R_2C}\int(u_{I2}-u_{I1})\mathrm{d}t$。

8.25　解：图 a $A_u(s)=-\dfrac{sR_2C}{1+sR_1C}$，故其为一阶高通滤波器；图 b $A_u(s)=-\dfrac{R_2}{R_1}\dfrac{1}{1+sR_2C}$，故为一阶低通滤波器。

8.26　解：图 a 所示电路为一阶低通滤波器，图 b 所示电路为二阶带通滤波器。

8.27　解：(1) $A_{u1}=3$；(2) 电路的中频电压放大倍数：$A_{um}=-30$；(3) 整个电路的上、下限截止频率分别为：$f_H=102.6\text{Hz}$，$f_L=0.96\text{Hz}$。

第 9 章

9.1　解：(1) 上“-”下“+”；(2) 输出严重失真，几乎为方波；(3) 输出为零；(4) 输出为零；(5) 输出严重失真，几乎为方波。

9.2　解：(1) $R_2\geqslant 20\text{k}\Omega$；(2) $R_{W\min}=88\Omega$，$R_{W\max}=30.58\text{k}\Omega$。

9.3　解：图 a 所示电路有可能产生正弦波振荡，图 b 所示电路有可能产生正弦波振荡。

9.4　解：(1) 不能；(2) 可能。

9.5　解：(1) 在特定频率下，由 A_2 组成的积分运算电路的输出电压 u_{o2} 超前输入电压 u_{o1} 90°，而由 A_1 组成的电路的输出电压 u_{o1} 滞后输入电压 u_{o2} 90°，因而 u_{o1} 和 u_{o2} 互为依存条件，即存在 f_0 满足相位条件。在参数选择合适时也满足幅值条件，故电路在两个集成运放的输出同时产生正弦和余弦信号；

(2) $f_0=\dfrac{1}{\sqrt{2}\pi RC}$；(3) $U_{o2\max}=U_Z=6\text{V}$，$U_{o1\max}=8.5\text{V}$；若 u_{o1} 为正弦波，则 u_{o2} 为余弦波。

9.6　解：a) 可能；b) 可能；c) 可能；d) 可能。

9.7　解：在图 a 所示电路中，选频网络：C 和 L；正反馈网络：R_3、C_2 和 RP；负反馈网络：C 和 L。电路满足正弦波振荡的相位条件。

在图 b 所示电路中，选频网络：C_2 和 L；正反馈网络：C_2 和 L；负反馈网络：R_8。电路满足正弦波振荡的相位条件。

9.8　解：图 a 所示电路为单限比较器，$U_T=-\dfrac{3}{2}\text{V}$。其电压传输特性如解图 9.8a 所示。

图 b 所示电路为单限比较器，$U_T=-\dfrac{R_1}{R_2}U_{REF}=3\text{V}$，其电压传输特性如解图 9.8b 所示。

图 c 所示电路为窗口比较器，$\pm U_T=\pm 3\text{V}$，其电压传输特性如解图 9.8c 所示。

图 d 所示电路为反相输入的滞回比较器，阈值电压 $U_{T1}=-5\text{V}$，$U_{T2}=5\text{V}$，其电压传输特性如解图 9.8d 所示。

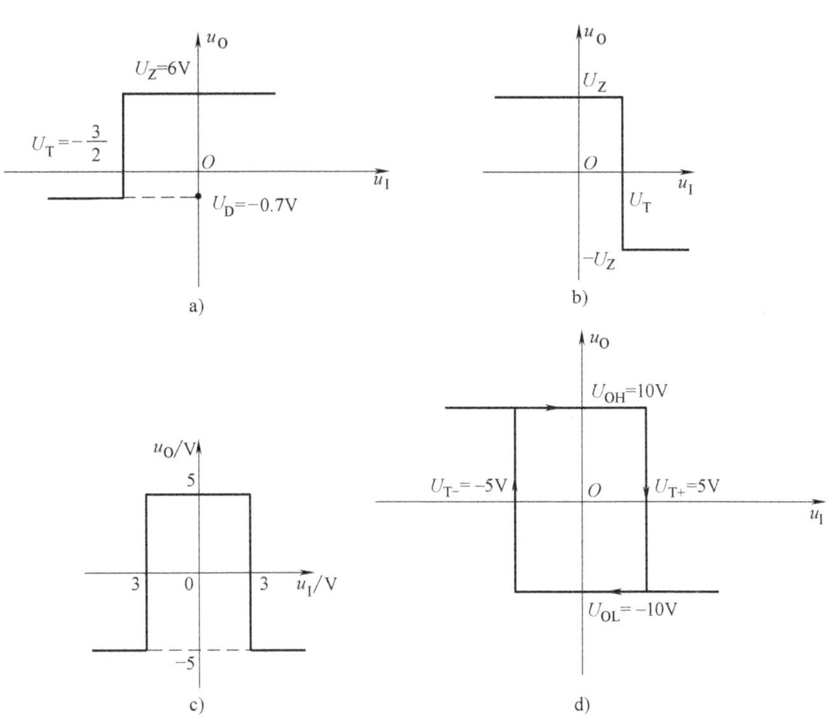

解图 9.8

9.9 解：(1) 占空比：$\delta=\frac{T_1}{T}=\frac{6+u_I}{12}$；(2) u_{O1}、u_{O2} 和 u_{O3} 的波形如解图 9.9 所示。

9.10 解：(1) 阈值电压：$U_{T+}=4V$；传输特性如解图 9.10a 所示。(2) 输出波形如解图 9.10b 所示。

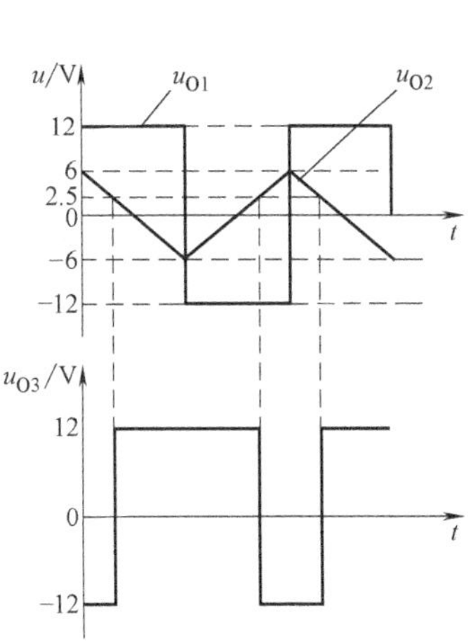

解图 9.9

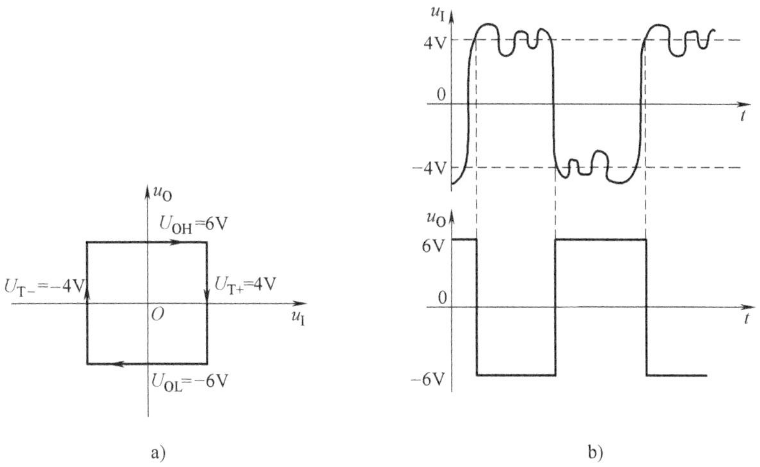

解图 9.10

9.11 解：(1) 振荡周期：$T\approx3.3$ms，占空比：33%；(2) 波形如解图 9.11 所示。

9.12 解：(1) $U_{T+}=2V$，$U_{T-}=-2V$，电压传输特性如解图 9.12a 所示；(2) $u_o=\frac{1}{R_5C}\int u_{o1}\mathrm{d}t=50\int u_{o1}\mathrm{d}t$；(3) 输出电压为三角波，波形如解图 9.12b 所示。

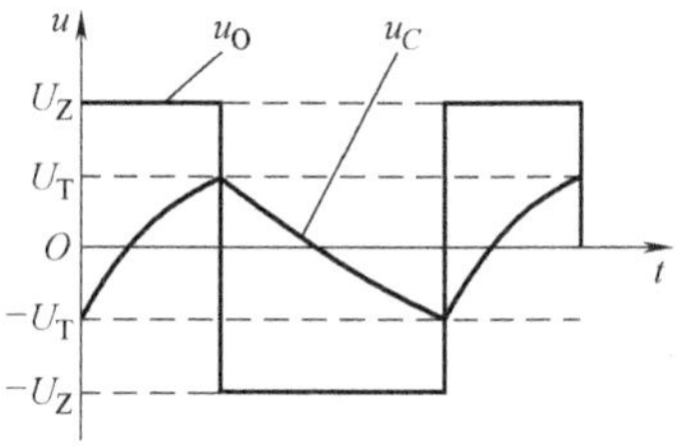

解图 9.11

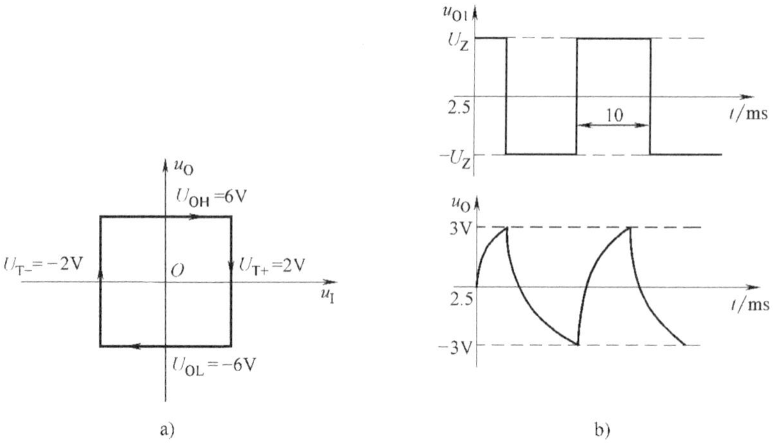

解图 9.12

9.13　解：电路为矩形波产生电路，波形如解图 9.13 所示，其中：$F=\dfrac{R_3}{R_3+R_4}$。

9.14　解：电路为锯齿波产生电路，波形如解图 9.14 所示。若二极管 VD 开路，则成为三角波产生电路。

9.15　解：略。

9.16　解：略。

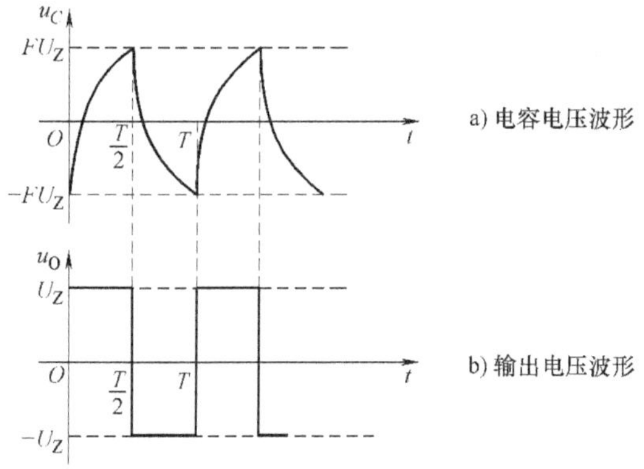

解图 9.13

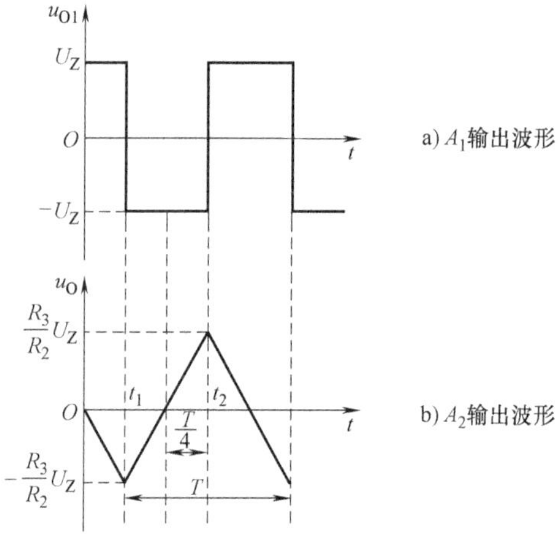

解图 9.14

第 10 章

10.1　解：（1）全波整流电路，波形略；（2）$U_{O(AV)}\approx 0.9U_2$，$I_{O(AV)}\approx\dfrac{0.9U_2}{R_L}$；（3）$I_D\approx\dfrac{0.45U_2}{R_L}$，$U_R=2\sqrt{2}U_2$。

10.2　解：略。

10.3　解：$U_2\approx 111.1V$，$I_O\approx 1.25A$，$I_D\approx 0.62A$，$U_R=313.91V$。

10.4 解：1 接 4，2 接 6，5 接 7、9，3 接 8。

10.5 解：(1) 整流电路：$VD_1 \sim VD_4$；滤波电路：C_1；调整管：VT_1、VT_2；基准电压电路：R'、VS、R、VS′；比较放大电路：A；采样电路：R_1、R_2、R_3。

(2) 为了使电路引入负反馈，集成运放的输入端上为“-”下为“+”。

(3) 输出电压的表达式为$\frac{R_1+R_2+R_3}{R_2+R_3}U_Z \leqslant U_O \leqslant \frac{R_1+R_2+R_3}{R_3}U_Z$。

10.6 解：(1) 电路由降压电路、整流电路、滤波电路、稳压电路组成；(2) 上正下负；(3) $U_I=18V$，$U_O=15V$。

10.7 解：a) $U_R=\frac{R_2}{R_1+R_2}U_{REF}$，$\frac{R_3+R_4+R_5}{R_3+R_4}U_R \leqslant U_O \leqslant \frac{R_3+R_4+R_5}{R_3}U_R$；b) $U_O=U_Z+U_{REF}=(U_Z+1.25)V$；c) $U_O=U_{REF}-\frac{R_2'}{R_2}U_Z=U_{REF}\sim(U_{REF}-U_Z)$。

10.8 解：$U_2 \approx \frac{U_O}{0.9} \approx 55V$，$I_D=\frac{1}{2}I_O=80mA$，$U_R=2\sqrt{2}U_2=155.54V$。

10.9 解：(1) $I_Z=12mA$；(2) $U_O=16V$。

10.10 解：图 a 有两处错误，一处是滤波电容太小，另一处是二次电压太小；图 b 有三处错误，一处是 79 系列是输出负电源，另一处是得不到 1A 电流，还有一处是二次电压太小；图 c 整流电路中的二极管 VD_2、VD_3 接反了。

10.11 解：输出电压的调节范围：$U_O \approx 1.25 \sim 16.9V$。

10.12 解：$U_O \approx 8.15V$。

10.13 解：(1) $R_2=200\Omega$；(2) $U_O=7.5V$。

10.14 解：开关稳压电源的效率高，电压范围宽，输出电压相对稳定，由于开关管工作在开关状态，功耗小，所以开关电源的工作效率可达 80%~90%。而通常的线性调整式稳压电源的效率仅达 50%左右。

如图 T10.14 所示为并联型开关稳压电源，其开关管与负载采用并接方式连接。

PWM 电路给 VT 基极输入正脉冲：开关管 VT 正偏导通，脉冲整流二极管 VD 反偏截止。负载上电压、电流由此前电容 C 上所充的电压提供。此时电容 C 起着对负载续流的作用，电容 C 称之为续流电容。

PWM 电路给 VT 基极输入负脉冲：开关管 VT 反偏截止，切断了电感 L 对地回路的电流，由于电感中电流不会突变，在电感上会感应出左负右正的感应电压，该电压与电源电压之和会使 VD 整流二极管处于正偏导通，并向电容 C 充电，且对负载供电。

10.15 解：略。

参 考 文 献

[1] 童诗白，华成英. 模拟电子技术基础 [M]. 4版. 北京：高等教育出版社，2006.

[2] DONALD A. NEAMEN. Electronic Circuit Analysis and Design [M]. 北京：清华大学出版社，McGraw-Hill Press，2000.

[3] 康华光. 电子技术基础（模拟部分）[M]. 北京：高等教育出版社，2003.

[4] SEDRA，ADEL S，SMITH KENETH C. Microelectronic Circuit [M]. NewYork：Oxford University Press，2009.

[5] 华成英. 模拟电子技术基本教程 [M]. 北京：高等教育出版社，2006.

[6] 康华光. 电子技术基础模拟部分 [M]. 6版. 北京：高等教育出版社，2013.

[7] 王淑娟，蔡惟铮，齐明. 模拟电子技术基础 [M]. 北京：高等教育出版社，2009.

[8] 杨拴科. 模拟电子技术基础 [M]. 北京：高等教育出版社，2010.

[9] 李哲英. 电子技术及其应用基础——模拟部分 [M]. 北京：高等教育出版社，2003.

[10] 陈大钦. 模拟电子技术基础 [M]. 北京：高等教育出版社，2000.

[11] 杨欣，LEN D M NOKES. 电子设计从零开始 [M]. 北京：清华大学出版社，2010.

[12] ROBERT L BOYLESTAD，等. 模拟电子技术 [M]. 李立华，等译. 北京：电子工业出版社，2008.

[13] 李翰荪. 电路分析基础 [M]. 北京：高等教育出版社，2000.

[14] 郑君里，应启珩，杨为理. 信号与系统 [M]. 北京：高等教育出版社，2000.

[15] 邱关源. 电路 [M]. 北京：高等教育出版社，2006.